# 第四届全国高校土木工程专业大学生论坛成果与论文集

邹超英　邵永松　主编



哈爾濱工業大學出版社

**图书在版编目(CIP)数据**

第四届全国高校土木工程专业大学生论坛成果与论文集/邹超英，邵永松主编. —哈尔滨:哈尔滨工业大学出版社,2018.1

ISBN 978-7-5603-7059-0

Ⅰ.①第… Ⅱ.①邹…②邵… Ⅲ.①土木工程-文集 Ⅳ.①TU-53

中国版本图书馆 CIP 数据核字(2017)第 282924 号

策划编辑 王桂芝
责任编辑 张 瑞 庞 雪 宗 敏 张艳丽
出版发行 哈尔滨工业大学出版社
社 址 哈尔滨市南岗区复华四道街 10 号 邮编 150006
传 真 0451-86414749
网 址 http://hitpress.hit.edu.cn
印 刷 哈尔滨市工大节能印刷厂
开 本 787mm×1092mm 1/16 印张 24.25 字数 590 千字
版 次 2018 年 1 月第 1 版 2018 年 1 月第 1 次印刷
书 号 ISBN 978-7-5603-7059-0
定 价 180.00 元

# 前　言

全国高校土木工程专业大学生论坛是由住房和城乡建设部全国高等学校土木工程学科专业指导委员会主办的一项旨在提高大学生创新能力的交流会。通过创建论坛为大学生提供一个轻松愉快、青春洋溢的交流平台，用以展示大学生对土木工程行业发展的新见解、新措施和新方法以及所取得的成绩。本次论坛通过名师讲座、论文交流、成果展示和趣味竞赛等多种活动，培养和激发学生对所学专业的认识、工程问题的理解、"一带一路"国家顶级战略对土木工程行业发展方向影响的关注，旨在塑造全面发展、勇于创新、面向未来的新一代土木工程技术人才。全国高校土木工程专业大学生论坛每两年举办一次，本届论坛于2016年8月在哈尔滨工业大学召开。

新时期下，国家先后提出创建"丝绸之路经济带"和"21世纪海上丝绸之路"的国家顶级战略，这对土木工程行业提出了新的要求与挑战。目前，土木工程行业正在呈现出结构安全性与耐久性要求提高、工程建设标准规范体制改革、土木工程计算机技术快速发展、材料科学与工程日新月异、现代高层建筑结构和大跨空间钢结构进展迅猛等发展势头。信息技术、生态技术、可持续发展理念等新技术、新理念与土木工程的有机结合，使土木工程本身正在成为众多新技术的复合载体。本届论坛以"面向'一带一路'的土木工程机遇与挑战"为主题，主要环节包括：展示社会热点与土木工程专业发展为主的专家报告，培养大学生创新精神的分组交流和实践成果展示，提升合作精神和动手能力的趣味竞赛以及增强工程项目体验的参观等环节。

此次论坛共收到来自哈尔滨工业大学、同济大学、清华大学、大连理工大学、浙江大学、北京建筑大学、华南理工大学和中国矿业大学等高校学生提交的60余篇学术论文，经专家评审，此次论坛共评选出30余篇优秀论文。现以《第四届全国高校土木工程专业大学生论坛成果与论文集》的形式正式出版。共有来自28所高校的120余名师生参加了本次论坛。

本书由邹超英、邵永松任主编，魏小坤、汪鸿山、李翔任副主编，参编人员包括孙毅仑、杨康康、孙沣鑫等。

希望本书的出版能够对培养和激发新一代的土木工程技术人才，加快推广土木工程行业新技术和新理论在"一带一路"国家顶级战略中的应用，促进我国土木工程行业的发展有所贡献。同时，向所有参加本次全国高校土木工程专业大学生论坛的同学表示热烈的欢迎，向所有为此次论坛付出辛勤劳动的专家、老师们表示由衷的感谢！

**编　者**

**2016年8月**

# 第四届全国高校土木工程专业大学生论坛
# 组织机构

■**主办单位** 住房和城乡建设部全国高等土木工程学科专业指导委员会

■**承办单位** 哈尔滨工业大学

■**指导委员会**

主任委员 李国强(同济大学)

副主任委员 叶列平(清华大学)

李爱群(东南大学)

邹超英(哈尔滨工业大学)

郑健龙(长沙理工大学)

委　员(按姓氏笔画顺序):

于江(新疆大学)

王湛(华南理工大学)

王立忠(浙江大学)

王起才(兰州交通大学)

白国良(西安建筑科技大学)

刘伯权(长安大学)

孙利民(同济大学)

朱彦鹏(兰州理工大学)

李宏男(大连理工大学)

张雁(中国土木工程学会)

余志武(中南大学)

周志祥(重庆交通大学)

赵艳林(桂林理工大学)

徐岳(长安大学)

高波(西南交通大学)

靖洪文(中国矿业大学)

薛素铎(北京工业大学)

于安林(苏州科技学院)

王燕(青岛理工大学)

王宗林(哈尔滨工业大学)

方志(湖南大学)

关罡(郑州大学)

孙伟民(南京工业大学)

朱宏平(华中科技大学)

吴徽(北京建筑工程学院)

祁皑(福州大学)

杨杨(浙江工业大学)

周学军(山东建筑大学)

岳祖润(石家庄铁道学院)

姜忻良(天津大学)

徐礼华(武汉大学)

曹平周(河海大学)

熊峰(四川大学)

魏庆朝(北京交通大学)

■**组织委员会**

主　席:丁雪梅　哈尔滨工业大学副校长

张洪涛　哈尔滨工业大学党委副书记、副校长

副主席:沈　毅　哈尔滨工业大学本科生院常务副院长

齐晶瑶　哈尔滨工业大学本科生院副院长、教务处处长

范　峰　哈尔滨工业大学土木工程学院院长

黄陆军　哈尔滨工业大学团委书记

委　员:

吕大刚　王玉银　关新春　魏小坤　武　岳　邵永松　郭兰慧　李素超

严佳川　张清文　耿　悦　张　瑀　马会环　汪鸿山　卢姗姗

# 目　录

## 一、土木工程与“一带一路”



## 二、结构设计与试验技术应用



## 三、土木工程防震减灾



## 四、新型土木工程材料与建筑设备

## 五、现代施工技术与工程管理



## 六、道桥设计与交通管理



## 七、地下空间结构



## 八、土木工程法规与人才培养

# 一、土木工程与“一带一路”

## “一带一路”背景下土木工程施工质量控制

刘　铂

（南京工业大学 土木工程学院，江苏 南京 210000）

**摘　要**　本文分析了土木工程施工质量方面的问题，得出要想提高对施工工作的管理和质量控制，就必须把握施工企业本身的运转工作流程这一结论。对各个国家的施工工况进行科学分析，构建完善的质量管理控制体系，在此基础上，才能在合作中有效地管理土木工程的施工质量，保障高水平的施工建设。

**关键词**　土木工程施工；质量控制；国际竞争力指数；“一带一路”

## 1　引　言

### 1.1　工程质量的责任制度落实不到位

在土木工程施工管理体制中，企业责任制和设计方案不能紧密连接起来。这种情况出现在土木工程施工中，容易造成在施工方和设计方不能及时沟通时，施工方只能按照设计方案施工，不方便进行调整的情况。如在施工过程中发现问题，需修改原始设计方案的情况，就只能要求其施工单位进行包干，但是这种现象原则上是不能由施工管理人员进行控制的。这样会造成施工单位对施工工程不负责任，为了自身利益而偷工减料，带来安全隐患。

### 1.2　工程监理质量不高

在土木工程施工中，其工程的监管质量不高会对整个工程的质量产生影响。当下我国主要是对工程验收和工程质量等少数几个方面进行监管，加上整体监管素质得不到相应的提高而导致的管理能力较低，容易造成在土木工程施工中的一些弊端，对工程质量有一定的影响。

### 1.3　实际操作未按标准进行

我国在土木工程施工质量控制过程中，存在施工质量控制点不科学、不符合工程实际情况的现状，其一方面是由于施工企业技术水平所限制，导致施工企业不能科学地进行施工质量控制点的设置；另一方面也是由于施工企业为了节省设计时间、减少施工质量控制点设置的工作量，而套用一般土木工程施工质量控制点的做法，导致了控制点不能很好地对工程进行控制与管理，影响了施工质量的控制。

# 2 “一带一路”战略

## 2.1 “一带一路”战略的背景与内涵

“一带一路”战略的提出主要基于以下两个背景。一方面,“一带一路”旨在推动中国与亚欧等地区的政治、经济和文化合作。2008 年金融危机后,全球经济增速减缓,贸易保护主义抬头,为扭转经济下滑和外贸失衡的局面,压制和孤立中国这一潜在竞争对手,美国推动了“跨太平洋伙伴关系协定(TPP)”和“跨大西洋贸易与投资伙伴协定(TTIP)”的谈判。为应对 TPP 和 TTIP 的挑战,中国通过实施“一带一路”战略来扩展对外开放的新格局。另一方面,改革开放以后,中国区域发展差距不断扩大。其背后的一个原因是之前的区域政策(如西部大开发战略、中部崛起战略、振兴东北等老工业基地战略等)主要侧重于纵向发展,较少强调横向联动。为此,中央试图通过“一带一路”战略促进东西部相互支撑、协调发展,平衡区域间的发展差距。

“一带一路”主要是一种依托大通道的国际经济走廊和一种区域合作方式。“一带”依托中国至欧洲的陆运通道,以沿线中心城市为支撑,重点打造新亚欧大陆桥、中蒙俄、中国-中亚-西亚、中国-中南半岛等国际经济合作走廊;“一路”以重点港口为节点,着重连通中国经印度洋至欧洲及非洲东北部的运输通道(图 1)。从制度设计看,“一带一路”主要涉及贸易、金融、投资、能源、科技、交通和基础设施等 10 多个领域的国际合作,其核心内容是“五通”,即政策沟通、设施联通、贸易畅通、资金融通、民心相通。从具体实施项目看,“一带一路”主要以重点经贸产业园区为合作平台,依托基础设施投资和口岸建设,推动海外投资和国际经贸合作。

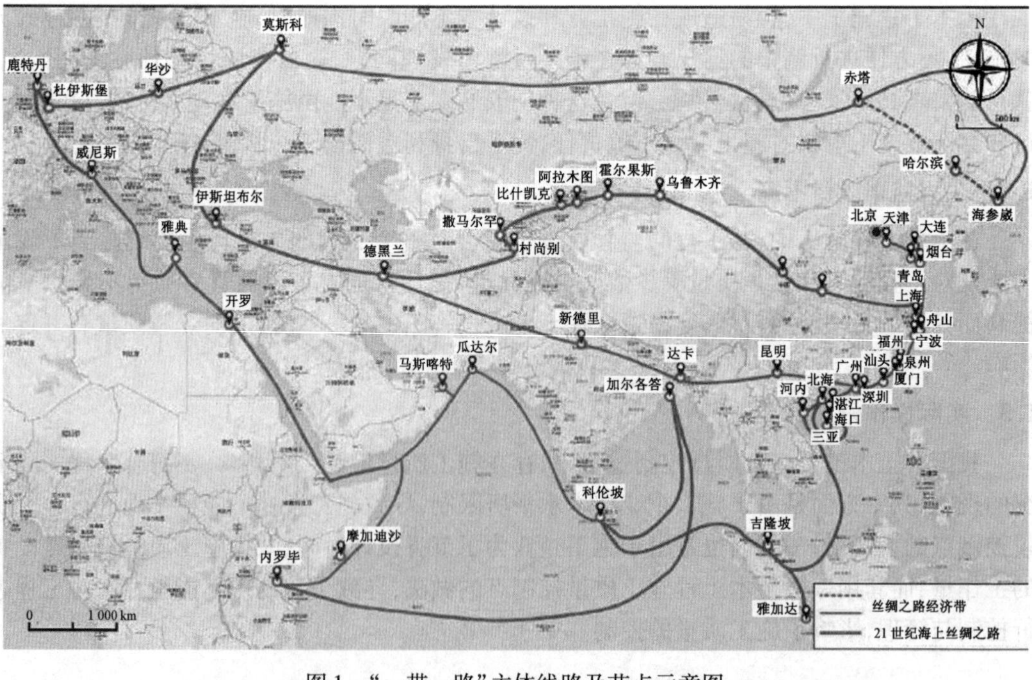


图 1 “一带一路”主体线路及节点示意图

### 2.2 “一带一路”战略的挑战

“一带一路”部分建设地区,地段偏远、人迹稀少,施工困难程度较大。首先,施工方生活条件非常艰苦;其次,缺乏配套的施工设施;第三,缺乏机器和人力。以巴基斯坦为例,大中型机械的运输和生产所需材料都需要从拉合尔、卡拉奇运到吉尔吉特;第四,施工过程中经常发生自然灾害,包括泥石流、雪崩等,以及恶劣的极端天气。

在南亚,各国的竞争力水平是影响其占领全球市场份额的重要因素。2015～2016 年南亚各国竞争力指数见表 1。

**表 1　2015～2016 年南亚各国竞争力指数**

| 国　家 | 总体指数 | | 基本要求 | |
|---|---|---|---|---|
| | 排名 | 分数 | 排名 | 分数 |
| 印度 | 55 | 4.31 | 80 | 4.41 |
| 巴基斯坦 | 126 | 3.45 | 131 | 3.37 |

这份竞争力指数排名表,反映了 2015～2016 年南亚各国的竞争力水平。其中,印度人口受教育和培训的程度在全球排在第 55 位,其劳动力的市场效率排在第 80 位;而巴基斯坦人口受教育的程度和劳动力的市场效率分别排在第 126 和 131 位。这反映出劳动者的受教育程度与其生产力直接相关。巴基斯坦虽有大量富余劳动力,但是缺乏高端人才,大量受教育水平低的人口就业困难。由于职业技能低下,难于胜任技术含量高的工作,他们只能从事一些低端的、无技术含量或技术含量很低的工作。劳动者收入很低,所从事的工作也没有发展的潜力。

## 3　加强土木工程施工质量控制

### 3.1　完善质量管理体系

对于施工方来说,质量管理体系的建立,可以促进自身质量控制体系的逐步完善。施工方必须在建立质量体系的过程中充分考虑当地的实际情况,并且结合自身的施工管理架构、工程情况、运作流程,避免传统施工质量控制体系不能满足工程实际而造成的质量控制不适应性。通过完善科学质量管理体系,可以促进土木工程施工质量控制的开展,并为土木工程施工奠定良好的质量保障基础。

### 3.2　加强建筑材料的验收工作

在土木工程施工中,如果施工材料和设备的质量达不到相关标准要求,就会直接影响整个土木工程的质量,并且会带来一系列的问题。所以,在异国选购建材的过程中,要注意其与我国材料标准的差别,根据实际情况来选择。需要严格把控采购标准,拒绝劣质产品进入工程施工现场,并对其进行质量监控,按照相关标准做好质量检测工作。

### 3.3　规范化施工

土木工程施工规划管理对工程施工质量有着非常大的影响,是现代土木工程施工质量控制与管理的重要工作。当前,因施工规划工作的不规范而造成的工程施工质量问题非常常见。在施工前,工程施工单位需要对施工现场进行科学的规划,同时对施工材料、设备的存放和设备的养护时间做出合理安排。

# 4 总 结

土木工程施工质量控制是土木工程施工的重点,同时也是展现我国土木生产能力,国内、国际作业能力,企业高效管理机制的主要方面。在“一带一路”战略机遇下,我国现代土木工程施工企业必须以科学严格的质量控制体系为基础,使用现代质量管理与控制方式提高施工质量,保障土木工程施工质量。对于施工单位来说,想要提高企业在异国的管理能力,就必须了解当地现状、提高相关人员的管理水平,从而有效地提高土木工程施工单位的施工效率和质量。

## 参考文献

[1] 喻华. 建设项目全过程工程造价管理和控制的研究[J]. 南通航运职业技术学院学报,2006(4):43-45.

[2] 王丰龙,张衔春,杨林川,等. 尺度理论视角下的“一带一路”战略解读[J]. 地理科学,2016,36(4):502-511.

[3] 王明,邓冬冬. 探讨提升土木工程施工项目质量管理的对策[J]. 门窗,2013(1):227-229.

[4] 李宏羽. 土木工程施工中的质量控制分析[J]. 品牌(下半月),2015,4(1):189.

# “丝绸之路经济带”上公路防沙工程设计浅析

杨高健

（华中科技大学 土木工程与力学学院，湖北 武汉 430072）

**摘　要**　随着“一带一路”发展战略的提出，“丝绸之路经济带”上必将新建数目可观的公路。由于该地区沙漠面积广大，且类型多种多样，导致公路的流沙掩埋问题和路基的风沙侵蚀问题层出不穷，因而迫切需要一套更好的公路防沙固沙方案来保障沙漠公路的正常运营和寿命，继而为“丝绸之路经济带”保驾护航。本文在总结以往公路防沙固沙技术的基础上，尝试自行设计一种综合性防沙固沙工程，并分析不同方案的优缺点与效益高低，对“丝绸之路经济带”上公路的防沙固沙进行了深入的思考。

**关键词**　道路工程；防沙工程；沙漠公路；综合设计

## 1　引　言

### 1.1　自然条件简介

“丝绸之路经济带”是中国与西亚各国之间形成的一个经济合作区域，大致在古丝绸之路范围之上。国内包括陕西、甘肃、青海、宁夏和新疆的西北五省区，重庆、四川、云南和广西的西南四省区市；国外则延伸到一些中亚及南亚国家。其中大部分地区的自然条件相对比较恶劣，主要表现为以下几个方面：

（1）水资源缺乏。

除西南几个省区市之外，“丝绸之路经济带”所经过的地区大多为温带大陆性气候，降水量偏少，多借助天山和青藏高原的冰山融水，且不少地区位于荒漠甚至沙漠区，水资源可以说是极度缺乏。

（2）土地退化和沙漠化程度严重。

目前，“丝绸之路经济带”沿线沙漠面积500多万 $km^2$。据不完全统计，沙化面积每年增长（1～3）万 $km^2$。每年约有1/3的农田遭受风沙危害，而因风沙危害造成的直接经济损失约为300亿元人民币。

（3）风化侵蚀作用明显。

由于“丝绸之路经济带”大多经过沙漠地区，其昼夜温差大、风力也很大的特点也将大大影响在经济带上的相关交通设施的修建与维护。

### 1.2　防沙工程分类

常见的沙害主要表现为风沙流对路基边坡和路面等建筑设施的侵蚀，及其携带的流沙对路面和边坡的压埋。而为了防止这些沙害，主要存在三种类型的防沙方法，分别为工程防沙、化学防沙与生物防沙。现今的防沙工程已经很少采用单一的方法，但这三种方法怎样才能有机而高效地结合还存在着较大的发展空间。

1.2.1　工程防沙

工程防沙是利用风沙的物理特性，通过设置相应的工程措施来防止风沙流与沙丘前移的一种防沙方法。其优点为起效快、能就地取材和建设成本较低，但存在着防护期短、维修工程量大等缺点。工程防沙主要有草方格沙障、柴草类覆盖沙面、防沙网、土类覆盖沙面以及阻沙沙障等几种形式。

1.2.2　化学防沙

顾名思义，化学防沙是采用相应的化学材料来达到防沙目的的一种防沙方法。其优点是收效快、效果较好，缺点主要是材料达不到全部要求。这种方法主要有两种形式：其一为表面固结法，通过化学加固剂在沙面形成薄膜来防沙；其二为渗入法，通过向沙体中渗入化学黏结剂，从而达到防沙目的。

1.2.3　生物防沙

现今生物防沙主要为植物防沙，是减少沙害最根本、最持久的方法。但由于其见效慢，对环境的要求较高，且其初期投入也很高，所以并不能够广泛普及使用。一般是在先采取化学防沙或工程防沙来改善环境之后才能使用。

# 2　公路防沙工程设计基础

## 2.1　设计原则

（1）设计之前应该收集沿线的气候、地质、水文等防沙工程所必须参考的资料。

（2）公路防沙工程应遵循“以防为主、防重于治的”原则。

（3）防沙工程设计应该因地制宜，尽量就地取材，且应做到尽量不破坏环境。

（4）需要兼顾经济效益、社会效益与生态效益。

（5）防沙工程一定要保证公路在使用年限内能够正常运营。

## 2.2　设计思路

2.2.1　根据气候地质条件设计

（1）半干旱的干草原地带。以生物治沙为主，辅以工程治沙。

（2）干旱的半荒漠地带。采用工程防沙与化学防沙相结合的方法，待环境改善好后再进行生物治沙。

（3）干旱的荒漠地带。大多只采用工程防沙或改进线路的方法。

2.2.2　根据沙害严重程度设计

（1）轻度沙害。表现为风沙流掏蚀路基、磨蚀路面和公路边积沙。设计时采用阻沙式半裸型防沙体系。

（2）中度沙害。与轻度沙害相比，区别主要在于，对存在密度在20% ~60%的沙丘分布需要考虑沙丘前移。设计时采用斑状封闭性防沙体系。

（3）重度沙害。因为沙丘密度更大，故考虑采用全封闭型防沙体系。

# 3　具体设计探究

在“丝绸之路经济带”上基本环境虽无较大的差异，但各地区间依然存在许多不同，故在此通过对塔克拉玛干沙漠里设计的一条公路进行相应的探究，并发现相应的优缺点与自身经济效益。

## 3.1　工程防沙设计

塔克拉玛干沙漠气候恶劣、昼夜温差大，对材料要求高，不宜优先考虑化学防沙；由于水资源不足，仅有一些芨芨草等禾草能存活，也不适宜优先考虑生物治沙，故应先考虑工程防沙。理论上首先考虑采用以半隐蔽草方格固沙沙障与高立式阻沙沙障相结合的工程防沙体系，最外侧采用芦苇或尼龙网做成的阻沙栅栏阻沙；而路基边坡与阻沙栅栏之间的固沙带中，则可通过芨芨草等制作的固沙草方格固沙。由于此处草方格的作用是固沙而非阻沙，故出于经济考虑，需探究草方格是否在饱和之后就要立即除沙。查阅以往案例发现，虽然已经积沙饱和，但因为草方格沙障的固沙能力较强，使得沙障外侧的各种沙粒将以风沙流的形式吹过公路。由于风沙流与沙丘的整体性运动相比弱了很多，故其中沙粒常处于不饱和状态。已经通过试验证实，当路堤高于0.5 m时，风沙流在吹过路面时一般不会沉积，而在塔克拉玛干沙漠地区多为中度以上的沙害，故在道路设计时一般不会采用低路堤、低路堑的形式，所以在草方格除沙方面可以延长清理周期来降低经济成本。结合实际情况，可以评定该设计是较为高效且经济的一种设计。工程防沙设计示意图如图1所示。

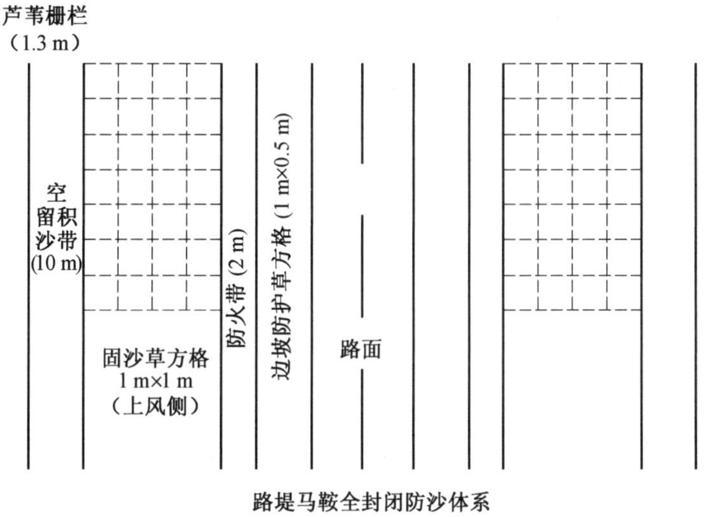


图1　工程防沙设计示意图

## 3.2　化学防沙设计

我国从20世纪60年代起开始化学固沙研究，先后试验了水玻璃液态高效复合材料、聚乙烯醇（PVA）、聚丙烯酰胺（PAM）、LVA、WBS及乳化沥青、乳化原油等固沙剂，但至今绝大多数材料都没能被真正广泛地使用，最大的问题就是这些材料不是价格比较昂贵就是效果不好，或对环境污染较大。当前世界各国应用化学固沙最广泛的材料为乳化沥青。考虑到塔克拉玛干沙漠严酷的环境和极大的昼夜温差,冻融循环是各种材料固沙时效的重要威胁。在这一威胁下,乳化沥青形成的固结层极易老化、变脆、发硬,最后开裂被风沙掏蚀(包兰铁路沙坡头段风沙危害防治中也证实了,虽然乳化沥青能有效固结流沙,但却并不持久),故决定采用SH高分子固沙材料。该固沙剂固结速度快,固结层强度较高,固沙效果明显,不污染环境,易于机械化作业。虽然成本较高,但它的固沙时效与乳化沥青相比要长得多,耐候性极强,且化学防沙并非要在全路段都实施,仅仅在一些特殊路段或为生物防沙保留土壤时才会用到,所以与乳化沥青比起来,SH高分子固沙材料等新型材料更能适应在沙漠中的固沙需要与未来的发展。SH固化沙体冻融试验情况与SH固化沙体人工老化情况分别见表1、表2。

**表1　SH固化沙体冻融试验情况**

| 冻融次数 | 强度/MPa | 强度损失率/% | 质量/g | 质量损失率/% |
|---|---|---|---|---|
| 0 | 5.40 | 0.00 | 584.00 | 0.00 |
| 1 | 5.48 | -1.48 | 582.60 | 0.24 |
| 3 | 5.64 | -4.44 | 582.07 | 0.33 |
| 6 | 5.93 | -9.81 | 581.43 | 0.44 |
| 8 | 5.70 | -5.56 | 581.14 | 0.49 |
| 10 | 5.16 | 4.44 | 581.08 | 0.50 |
| 15 | 5.14 | 4.81 | 580.15 | 0.66 |
| 20 | 4.46 | 17.40 | 578.86 | 0.88 |

**表2　SH固化沙体人工老化情况**

| 时间/h | 强度/MPa | 强度比例/% | 质量/g | 质量比例/% |
|---|---|---|---|---|
| 0 | 5.04 | 100.00 | 583.10 | 100.00 |
| 100 | 5.01 | 99.40 | 581.50 | 99.73 |
| 200 | 4.73 | 94.40 | 578.10 | 99.42 |
| 300 | 4.12 | 87.10 | 572.30 | 99.00 |

注:固化剂理论密度1.65 g/cm$^3$,固沙剂用量50 mL(国际上对固沙材料强度的要求一般为3 MPa)

### 3.3　生物防沙设计

理论上来说,工程防沙与部分化学防沙就能满足公路防沙的要求,但从长远的角度来看,要想更持久更彻底地解决沙害,还是应适当地进行生物防沙设计。塔克拉玛干沙漠地区除光热资源丰富这一点对植物生长有利外,其他的环境因素基本上均不利于植物生长。针对其干旱、多风、高温、土壤盐碱化和贫瘠等制约植被生长的因素,应当选择以沙生植物为基础的,适合塔克拉玛干沙漠地区公路生物防沙体系的植物种类。因此,在选择植物种类时要特别注意植物的耐盐、耐旱、耐寒、耐高温和耐风蚀沙埋等特性。结合相关的引种试验和调查研究结果发现,在塔克拉玛干沙漠地区公路生物防沙体系中植物的选择应以沙拐枣、柽柳和梭梭三类灌木树种为主(表3)。

**表3　主要树种选择参考表**

| 立地类型 | 高大沙丘、沙垄区 | 平缓沙地、低矮沙丘分布区 | 含有黏土层的沙地 | 低洼沙地(地下水位小于1.5 m) |
|---|---|---|---|---|
| 固沙 | 沙拐枣<br>柽柳<br>梭梭 | 沙拐枣<br>枸杞<br>梭梭 | 柽柳<br>枸杞<br>梭梭 | 沙拐枣<br>—<br>— |
| 绿化带 | 枸杞 | 柽柳 | 沙棘 | 枸杞 |
| 防风 | 沙拐枣<br>沙棘 | 沙拐枣<br>— | 柽柳<br>— | 沙拐枣<br>— |
| 阻沙带 | 柽柳 | 柽柳 | — | 柽柳 |

## 4　设计结果评估

该综合设计针对塔克拉玛干沙漠的具体情况做出了相应的选择与调整,在保证防沙效果的基础上,综合了设计的长远性和经济性。与20世纪修建的塔克拉玛干公路相比,既借鉴了其方案的优点,如在工程防沙中采用以半隐蔽草方格固沙沙障与高立式阻沙沙障相结合的工程防沙体系;又结合现有的技术做出了一定的改进,如减少草方格除沙次数来降低防沙成本;以及采用SH新型高分子固沙材料来替代乳化沥青材料等。故该综合设计在经济、社会和环境等方面均称得上是一项合格的设计。

## 5　结　论

在总结以往公路防沙固沙技术的基础上,通过自行尝试设计一项综合性防沙固沙工程,逐渐对“丝绸之路经济带”上的公路防沙固沙有了更深的了解,也做出了相对较为深入的思考。

可以预见的是,随着“一带一路”战略的继续发展,公路防沙固沙技术必将有着质的突破,尤其是在化学固沙材料上。希望在不久的将来,能够发展出一套完整的沙害处理体系,彻底解决公路的流沙掩埋问题和路基的风沙侵蚀问题,极大地促进工程与环境的和谐可持续发展,为我国的发展做出突出的贡献。

### 参考文献

[1] 张建稿. 沙漠公路防沙工程设计浅析[J]. 青海交通科技, 2010, 38(3): 30-31.
[2] 左合君,董智,魏江生,等. 沙漠地区高速公路工程防沙体系效益分析[J]. 水土保持研究, 2005, 12(6): 222-225.
[3] 金昌宁,李志农,董治宝,等. 塔克拉玛干沙漠公路固沙措施存在问题研究[J]. 公路交通科技, 2007, 24(5): 1-5.
[4] 庞国奇. 塔里木沙漠公路防沙设计[J]. 公路, 1998, 43(7): 19-21.
[5] 铁生年,姜雄,汪长安. 沙漠化防治化学固沙材料研究进展[J]. 科技导报, 2013, 31(Z1): 106-111.

[6] 王银梅,孙冠平,谌文武,等. SH 固沙剂固化沙体的强度特征[J]. 岩石力学与工程学报, 2003, 22(S2): 2883.
[7] 丁亮. SH 化学固沙材料固化体的工程性质研究[D]. 兰州:兰州大学, 2004.
[8] 张淑英. 塔里木沙漠公路沿线不同立地类型风沙土理化性质与植物种选择的研究[D]. 乌鲁木齐:新疆农业大学, 2004.
[9] 金昌宁,李森,刘健,等. 塔克拉玛干沙漠腹地典型路段沙害调查与分析[J]. 中外公路, 2008, 28(4): 20-24.
[10] 陈忠达,张登良. 塔克拉玛干风积沙工程特性[J]. 西安公路交通大学学报, 2001, 21(3): 1-4.
[11] 殷慧梅,王文娟. 对我国沙漠公路现状及设计的初探[J]. 硅谷, 2010(20): 88.

# 二、结构设计与试验技术应用

## 平面二维应力测量系统在工程上的应用

杨佳琦

（中南大学 土木工程学院，湖南 长沙 410083）

**摘　要**　光学测量是一种高精度且抗干扰能力强的测量方式，本文将光弹原理应用于土木工程领域，经过二维平面应力测量系统的处理，基于应力-光学原理以及光的衍射规律进行光谱分析后从而得到应力。本文采用独特的环氧树脂片，加强其反射和衍射效果，从而增强其可观察性和可试验性。对岩体结构的受力过程进行试验的研究结果表明：在狭小空间内可以利用反射光弹原理来实时监控岩体的应力改变，实时监控应力大小及其差值，将数据导入数据处理软件，从而得出应力分析报告。该系统可被应用在地下空间、隧道工程和岩土工程等领域。

**关键词**　光弹性；平面应力测量；光谱分析；光学试验

## 1　引　言

光学测试方法能够运用光学手段研究和解决结构内部或表面的应力、应变、位移和振动等力学信号的测试问题，其中光弹法是一种不受结构材料和几何尺寸的限制，被广泛应用于机械、航天、船舶、土木等领域，并且在工程结构和构筑物中都可进行的一种直观、高效的分析方法。由于其抗干扰能力强、精度高，并且可以在狭小空间内进行测量，所以近年来成为国内外应力分析的首选，并且大多数的复杂问题都是通过光弹的方法解决的，而系统中核心的测量工具——光弹仪，是由双折射透明材料制成的，对与构件相似的几何模型在偏振光场中进行观测，根据相似原理转换成原型应力。

光弹法的发展与现代光学技术和计算机图像处理技术的发展息息相关，是力学测试中一个非常重要的分支，如基于材料双折射效应的光弹性法和数字光弹法。原有的光弹仪体型庞大，需要将被测对象置于偏振光环境中，光学系统相对复杂。在进行光弹优化中，如何利用图像成形技术自动获取采集条纹图，并要求所获得的条纹图清晰准确是目前光弹性应力计应用亟待解决的核心问题。由于各种客观条件的限制，通过现有技术手段自动获得的条纹图一般人工可识别性较差，并且与标准图像的一致性也存在一定出入，这就需要借助计算机图像识别技术进行处理分析。另外，在一些缺乏实验室有效数据的情况下进行的实践应用中，可利用计算机技术进行试验的三维有限元数值模拟，并据此建立光弹性应力计标准条纹图库是目前摆脱人工测读误差，提高观测精度和准确性的根本途径。

在常温下，对于流动极限为400 MPa的钢材，对应的流动应变为0.2%。而对于较高弹性模量的光弹性贴片材料,其应力-应变和应变-条纹级次呈线性关系,最大的应变值可达10%。因此,当结构应变超过弹性应变时,光弹性贴片的应变仍处在弹性范围内,所以该平面系统还可以进行进一步的弹塑性应力分析。

国内光学公司的光学仪器主要将重点放在了云纹干涉法、全息干涉法等干涉方法上,来进行仪器的开发。国外方面,美国 Vishay 公司生产的 LF/Z-2 反射光弹系统包含匹配的图像处理和收集模块,具有体积小、重量轻、便于现场测量使用的优点。JGT-1 型激光光弹系统利用了散光光弹性法。激光光源出现后,开启了对光源优化问题的思考。QK1-V 型反射光弹系统能满足一般需求,但是斜射装置还有待改进,因需配备专用附件扩充适用范围的模块,从而失去了便携这一特点。

## 2 工作原理

反射式光弹仪器工作原理,如图 1 所示。

当一束光入射晶体后,出射时出现两束光,这种现象称为双折射现象,而平面二维应力测量系统的工作原理就是使光入射一个起偏镜,经过可以形成光程差为四分之一波长的四分之一波片形成的圆偏振光入射具有临时双折射效应的环氧树脂片,再反射到另一个四分之一波片,经过检偏镜可以在摄像头中观测到具有等差线的条纹图像。应力 - 光学定律为

$$\delta = Ct(\sigma_1 - \sigma_2) \tag{1}$$

式中,$C$ 为材料的光学常数,与材料和光波波长有关。如果用波长 $\lambda$ 的不同倍数 $n$ 来表示光程 $\Delta$ ,即令 $\Delta = n\lambda$,并代入应力 - 光学定律的公式(1) 可得

$$n\lambda = Ct(\sigma_1 - \sigma_2) \tag{2}$$

$$\sigma_1 - \sigma_2 = n\frac{f}{t} = nF \tag{3}$$

式中,$f$ 称为材料条纹值,$f = \frac{\lambda}{c}$,$F = \frac{f}{t}$,与材料性质有关,也和光源波长有关。

受力应变图如图 2 所示。

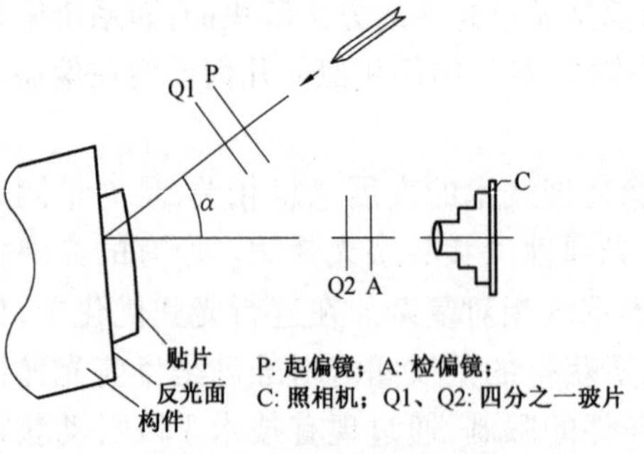


图 1　工作原理图

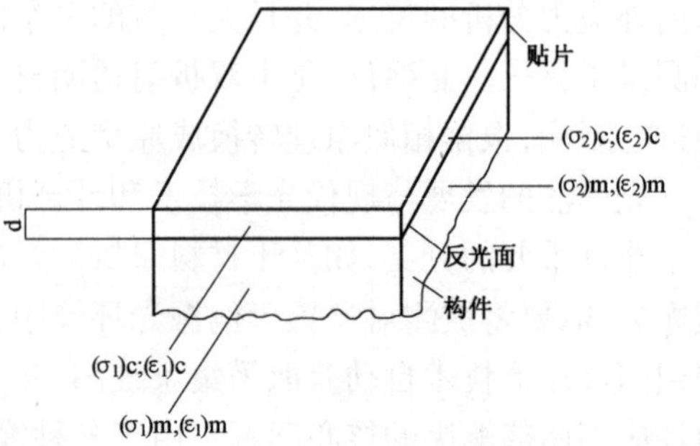


图 2　受力应变图

当构件受载后,由反射式光弹仪测得的等差线条纹数 $n$ 和等倾线参数 $\theta$,由应力 - 光学定律(3) 可得传感器上任意点的主应力差为

$$(\sigma_2)_c - (\sigma_2)_c = \frac{nf_\sigma}{2d_c} \tag{4}$$

由于光线两次通过贴片，所以式(4)分母乘2，由广义胡克定律得

$$\begin{cases}\varepsilon_1=\dfrac{1}{E}(\sigma_1-\mu\sigma_2)\\ \varepsilon_2=\dfrac{1}{E}(\sigma_2-\mu\sigma_1)\end{cases}\tag{5}$$

由式(5)可得

$$(\varepsilon_1)_c-(\varepsilon_2)_c=\frac{1+\mu_c}{E_c}[(\sigma_1)_c-(\sigma_2)_c]\tag{6}$$

$$(\varepsilon_1)_m-(\varepsilon_2)_m=\frac{1+\mu_m}{E_m}[(\sigma_1)_m-(\sigma_2)_m]\tag{7}$$

因为贴片与构件表面有相同的应变，故

$$\begin{cases}(\varepsilon_1)_c=(\varepsilon_1)_m\\ (\varepsilon_2)_c=(\varepsilon_2)_m\end{cases}\tag{8}$$

所以有

$$(\varepsilon_1)_c-(\varepsilon_2)_c=(\varepsilon_1)_m-(\varepsilon_2)_m\tag{9}$$

将式(4)代入式(6)、(9)，可得

$$(\varepsilon_1)_c-(\varepsilon_2)_c=(\varepsilon_1)_m-(\varepsilon_2)_m=\frac{1+\mu_c}{E_c}\frac{nf_\sigma}{2d_c}=\frac{nf_2}{2d_c}\tag{10}$$

式中，$f_2=\dfrac{1+\mu_c}{E_c}f_\sigma$，$f_2$称为贴片材料的应变条纹值，单位为cm/条。

把式(10)代入式(7)中可得

$$(\sigma_1)_m-(\sigma_2)_m=\frac{E_m}{1+\mu_m}\frac{nf_c}{2d_c}\tag{11}$$

当研究构件自由边界点时，垂直于自由边界的主应力为0，另一个主应力由公式(11)得

$$(\sigma_1)_m=\pm\frac{E_m}{1+\mu_m}\frac{nf_c}{2d_c}\tag{12}$$

自由边界点的主应变由式(5)和(12)得

$$\begin{cases}(\varepsilon_1)_m=\pm\dfrac{nf_c}{2d_c}\\ (\varepsilon_2)_m=-\mu(\varepsilon_1)_m\end{cases}\tag{13}$$

对于构件的非自由边界，构件表面上的任意点的应力由式(5)得

$$\begin{cases}(\sigma_1)_m=\dfrac{E_m}{(1-\mu_m^2)}[(\varepsilon_1)_m+\mu_m(\varepsilon_2)_m]\\ (\sigma_2)_m=\dfrac{E_m}{(1-\mu_m^2)}[(\varepsilon_2)_m+\mu_m(\varepsilon_1)_m]\end{cases}\tag{14}$$

把式(8)和式(5)代入式(14)得

$$\begin{cases}(\sigma_1)_m = \dfrac{E_m}{E_c(1-\mu_m^2)}[(\sigma_1)_c(1-\mu_m\mu_c)+(\sigma_2)_c(\mu_m-\mu_c)] \\ (\sigma_2)_m = \dfrac{E_m}{E_c(1-\mu_m^2)}[(\sigma_2)_c(1-\mu_m\mu_c)+(\sigma_1)_c(\mu_m-\mu_c)]\end{cases} \tag{15}$$

把式(15)代入式(5),则可以得到应变值大小。

## 3 工程应用

由于现在的工程大多数都采用电测法对岩石的应力进行测量,而电测法的优点在于其自动化强、操作简单,并且可以在短期内得出数据并进行处理,所以在目前的大多数公司中广泛应用。然而在大部分的工程中,当处于潮湿环境以及各种复杂磁场的干扰下作业时,常会导致读数精度失真,有时还由于受到水的影响进而导致人员安全等问题,此外现在大部分机器基于理论公式进行测量,存在一定的误差,所以得到的数据和实际的情况有些差距,故光测法逐渐得到应用。光测法具有精度高、抗干扰能力强和成本低廉的优势,所以在应力测量中很快就脱颖而出。由于它是一种利用试验进行测量的方法,所以其得到的结果更具有真实性,且十分接近真实数据。

目前,可以将平面二维应力系统应用于岩土工程中对离散颗粒进行应用分析,而对于离散颗粒,如土等性质变化差异很大,不容易进行理论分析的离散颗粒,通过一般的试验很难得到正确的结果,而采用平面反射光弹可以很好地解决这一工程问题。目前遇到的最大的难题就是传感器的制作,土的离散性使传感贴片很难完全贴合,不容易施加荷载,这也是目前最需要攻克的一个问题。

平面二维应力测量系统是以反射式光弹仪作为主要测量工具来对全局的应力进行测量。在单色光(可以由当今的 LED 灯提供,具有节省电能且光源稳定,被大多数光测系统采用)的入射下,通过环氧树脂片反射到荧幕上,通过等差线的测定获得应力差,进而获得应力。目前,部分工程由于在狭小的空间内,而无法将大型仪器引入其中,除非将一部分空间打通才可以放入仪器,这种做法不仅增加了成本并且还存在开通的隐患,而平面二维应力测量系统将大型仪器的直线光路转换成反射光路,从而缩短测量距离,使其可以在狭小空间内进行工作,具有携带方便、成本低和抗干扰能力强等优点。

**参考文献**

[1] 佟景伟,李鸿琦. 光力学原理及测试技术[M]. 北京:科学出版社, 2009.
[2] 贺玲凤. 反射式光弹仪在光弹性试验中的应用[J]. 试验技术与管理,2007(10):275-277.
[3] 计欣华. 工程试验力学[M]. 北京:机械工业出版社, 2005.
[4] 胡德麒. 岩体测试中一种光学传感器的研究[J]. 西南交通大学学报, 1997, 32(2):136-142.
[5] 严承藹. 光弹性贴片技术及工程应用[M]. 北京:国防工业出版社, 2003.
[6] 龙前. QK1-V 型反射光弹仪的结构及应用[J]. 起重运输机械,1965(S1):15-23.

# 不同倾角裂隙巴西圆盘力学特性试验研究

李二强 刘 恺 李 剑 高刚刚

（中国矿业大学 力学与建筑工程学院，江苏 徐州 221116）

**摘 要** 利用MTS-816电液伺服系统，对含不同倾角裂隙巴西圆盘岩样的力学特性进行室内单轴压缩试验。研究裂隙倾角$\alpha$以及裂隙有无填充对巴西圆盘强度、裂纹扩展及破裂演化过程等的影响规律。基于试验结果，首先分析含不同倾角裂隙岩样的强度。分析结果表明，含不同倾角裂隙岩样的力学参数均显著低于完整岩样，随裂隙倾角的增大，试样的峰值强度表现为先增大后减小的特征，倾角为30°时，峰值强度达到最大值。随后通过照相量测技术，探讨含不同倾角裂隙巴西圆盘的裂纹扩展特征，分析含预制双裂隙岩样裂纹扩展过程及其对宏观应力-应变曲线的影响规律。研究结果表明，倾角裂隙对岩样抗拉强度和裂纹扩展特征具有较大的影响。

**关键词** 岩土力学；巴西圆盘；双裂隙；黏结力

## 1 引 言

岩石是一种复杂的天然介质，在漫长的地质构造形成过程中，在其内部孕育了从微观（微裂隙）到细观（晶粒缺陷）再到宏观（断层、节理等）的各种尺度的缺陷，这些缺陷对岩体的强度和变形破坏特性有着重要的影响。因此，开展含缺陷岩石强度和变形破坏等力学特性的试验研究，对于确保节理裂隙岩石工程的稳定与安全具有重要实践意义。为了研究节理裂隙的存在对岩石力学行为的影响，近年来有大量学者对此进行了深入的研究。张伟等学者利用水泥砂浆试件模拟具有不同倾角的贯通裂隙岩体，结果表明，裂隙岩体的破坏具有脆性破坏的特征，其强度具有应变率敏感性，随着应变率的提高，强度也得到提高。Sagong通过研究多裂隙试样的破裂过程发现裂纹萌生主要存在拉伸裂纹和剪切裂纹，且剪切裂纹扩展较不稳定。明华军，徐小峰等学者建立了不同裂隙倾角下不同张开度的颗粒离散元数值模型，进行单轴压缩试验，研究了不同张开度裂隙对岩样力学特性的影响。Zhang和Wong采用二维颗粒流程序（PFC2D）对单条裂隙岩石试样和两条裂隙岩石试样进行了模拟，分析了不同裂隙数量对岩样的影响。杨圣奇、刘相如等学者对含孔洞裂隙砂岩岩样进行了单轴压缩试验，并分析了岩样的强度和变形特性。

前人的研究大多数是关于含裂隙岩样的压缩试验，然而从理论上分析，岩样的拉伸破裂状态更具破坏性，所以在实际工程中，岩样的破坏也以拉伸破坏为主。本文主要采用巴西圆盘试样测试岩样的拉伸强度。朱万成对不同倾角的中心裂隙巴西圆盘试样进行了RFPA系统分析，结果表明，试验结果与数值模拟结果吻合较好。Haeri对含预制单裂隙、多裂隙及不平行双裂隙的巴西圆盘试样进行了抗拉强度和破裂模式的研究,在此试验中采用了类岩材料,并借助数值软件 HDDM 开展了预制裂隙长度及不同倾角多裂隙对破裂模式的研究。杨圣奇、黄彦华等学者对断续双裂隙、孔槽式及节理与裂隙组合的巴西圆盘试样进行了颗粒流模拟,通过应力场的细观模型,分析了含预制孔洞裂隙的巴西圆盘试样的力学行为。

经典断裂力学中将岩石内的缺陷均简化为裂纹来进行分析,而实际岩石工程中孔洞和裂隙的力学特性则存在较大的区别。以往文献主要是针对岩石裂隙的破裂演化特征,而对于裂隙与裂隙之间的相互作用及其贯通机制方面却鲜有研究。鉴于此,本文在前人研究的基础上,使用类岩材料和云母片,通过试验的方法研究不同倾角裂隙巴西圆盘抗拉强度及破裂模式的影响。基于含裂隙类岩岩样单轴压缩试验结果,重点分析含裂隙类岩岩样的强度、变形、声发射以及裂纹扩展特征,并力图揭示含裂隙类岩岩样宏观变形特性与裂纹扩展演化之间的联系。

## 2 试样制作

试样采用均质性好的类岩材料进行制作,同时通过添加云母片的方式进行不同形状的节理和裂隙的预制,这一制作方法已经被广泛用于研究含缺陷岩体的性质。为了使类岩材料表现出良好的脆性特征,本试验使用白水泥、石英砂和水等材料,其标号和配合比如下:白水泥的标号为 32.5,石英砂筛孔尺寸为 0.11 ~ 0.21 mm,水为饮用自来水;按照水泥∶石英砂∶水 = 1∶0.86∶0.45 进行混合,制作砂浆。将上述混合材料倒入预制模具中制作直径为 50 mm,厚度为 25 mm 的巴西圆盘劈裂试样。将试样浸泡养护 28 d 后进行端面磨平和自然干燥,当其质量不变时认为已经达到干燥状态,此时就可以进行单轴压缩及巴西圆盘试验了。试验结果表明,该类岩材料的单轴压缩强度为 44.58 MPa,拉伸强度为 3.73 MPa,满足岩石脆性要求。试验分含充填材料裂隙与无充填材料裂隙。含充填材料裂隙采用厚度为 0.8 mm 的云母片作为充填材料,图 1 为闭合裂隙在巴西圆盘内的分布,裂隙长度为 $2a$,岩桥长度为 $2b$,倾角 $\alpha$ 是为了研究裂隙倾角对巴西圆盘试样的抗拉强度及破裂模式的影响。保持裂隙长度 $2a$ 为 12 mm, 岩桥长度 $2b$ 为 20 mm,裂隙倾角 $\alpha$ 分别设置为 15°、30°、45°、60°、75°和 90°。

## 3 试样加载程序

本试验均采用 MTS-816 电液伺服系统进行单轴压缩。该试验系统具有 3 套独立的闭环控制加载设备,可分别控制轴压、围压和孔隙压力,系统所能施加的轴向力可达 2 700 kN,位移加载速率为 0.15 mm/s。加载过程中利用 Teststarll 控制程序按预定的要求完成试验过程,同时记录相关物理量的值:轴向载荷和轴向位移。试验程序如下:①将巴西圆盘岩样(图 2)放在岩石试验机上;②在两端加上与岩样端部匹配的刚性垫块,以减小端面摩擦对试验结果的影响;③对岩样施加轴向应力使之失去承载能力而破坏。需要注意的是,测试岩样轴向荷载-变形曲线的同时,采用了 PCI-2 岩石声发射仪(图 3)测试,对部分岩样加载过程中的声发射特征进行了同步测量。该声发射系统可全自动高速采样、记录声发射信息,可直接统计单位时间内的声发射振铃计数率和能量计数率等声发射指标。试验系统经改进后,声发射探头与岩样之间直接耦合，避免了信号受缸体和缸内油液引起的信号幅度衰减和噪声干扰。

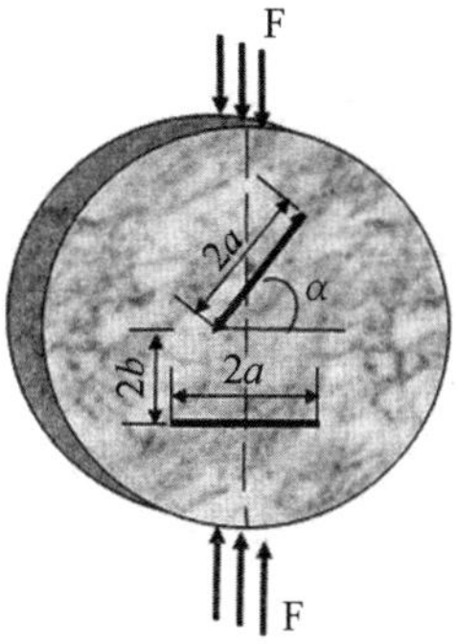


图 1　裂隙几何分布示意图

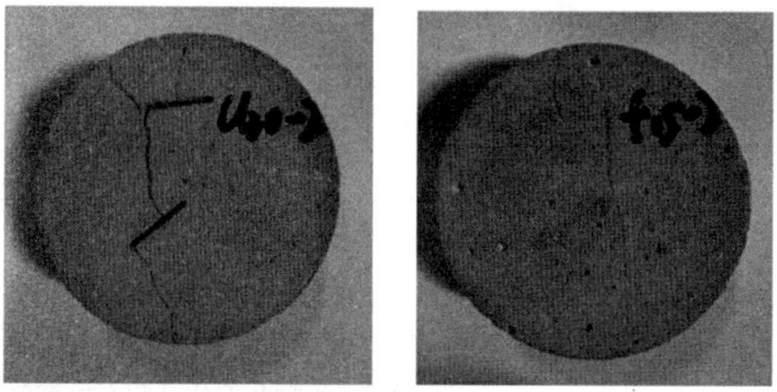

图 2　裂隙有无填充岩样

图 3　PCI-2 声发射仪

# 4　试验结果分析

## 4.1　抗拉强度随裂隙倾角的变化

每组倾角均设置 3 个相同的试件，以减少试验误差带来的影响。为提高数据可靠性，在得出最终结果前，对数据进行预处理。首先对偏差较大的数据进行数据清理，进一步减小误差。表 1 为最终筛选出的试验数据，图 4 为抗拉强度随裂隙倾角的变化。试验结果显示：裂隙有填充的试样和裂隙无填充的试样的抗拉强度均随裂隙倾角呈现出先增大后减小的规律，且在 $\alpha = 30°$ 时均达到最大值；在裂隙倾角 $\alpha = 30°$ 时，有填充试样的抗拉强度值为 3.39 MPa，无填充试样的抗拉强度值为 4.53 MPa，对比于完整试样的抗拉强度值 5.95 MPa，两者的抗拉强度均有降低，说明裂隙的存在对岩样的抗拉强度有较大影响，且随裂隙倾角的不同，影响的程度也不同。

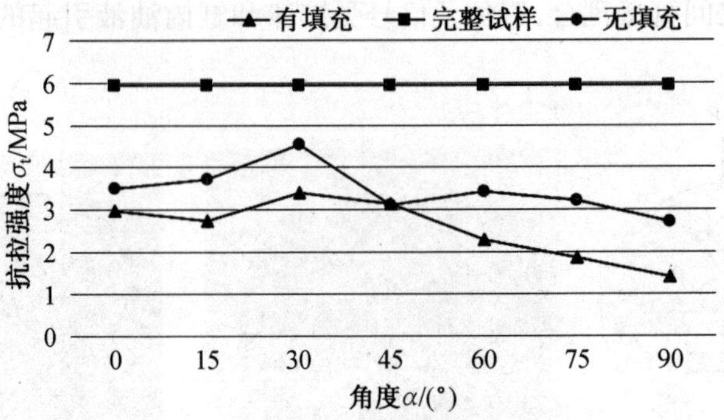


图4　抗拉强度随裂隙倾角的变化

**表1　试样几何尺寸和力学参数**

| 编号 | 直径/mm | 厚度/mm | $\alpha$ | $\sigma_t$/MPa | 备注 |
|---|---|---|---|---|---|
| f0—2 | 50.15 | 25.03 | 0° | 2.748 | 有填充0° |
| f0—3 | 50.29 | 25.72 | 0° | 3.171 | |
| f15—1 | 50.07 | 27.13 | 15° | 3.163 | 有填充15° |
| f15—3 | 49.69 | 21.96 | 15° | 2.306 | |
| f30—1 | 50.27 | 27.34 | 30° | 3.444 | 有填充30° |
| f30—2 | 49.98 | 25.05 | 30° | 3.333 | |
| f45—1 | 50.32 | 24.19 | 45° | 3.299 | 有填充45° |
| f45—2 | 50.73 | 24.48 | 45° | 3.346 | |
| f60—1 | 50.31 | 24.51 | 60° | 2.484 | 有填充60° |
| f60—2 | 50.09 | 25.19 | 60° | 2.067 | |
| f75—1 | 50.24 | 23.62 | 75° | 2.19 | 有填充75° |
| f75—2 | 50.12 | 25.16 | 75° | 1.54 | |
| f90—1 | 50.10 | 24.56 | 90° | 1.757 | 有填充90° |
| f90—2 | 49.91 | 26.44 | 90° | 1.046 | |
| u0—1 | 49.87 | 24.88 | 0° | 3.775 | 无填充0° |
| u0—2 | 50.40 | 24.35 | 0° | 3.211 | |
| u15—1 | 50.15 | 24.96 | 15° | 3.334 | 无填充15° |
| u15—2 | 49.68 | 24.18 | 15° | 3.719 | |
| u30—1 | 50.27 | 25.42 | 30° | 4.393 | 无填充30° |
| u30—2 | 50.13 | 25.98 | 30° | 4.667 | |
| u45—1 | 50.22 | 27.51 | 45° | 3.034 | 无填充45° |
| u45—3 | 49.92 | 24.37 | 45° | 3.156 | |

**续表 1**

| 编号 | 直径/mm | 厚度/mm | α | $\sigma_t$/MPa | 备注 |
|---|---|---|---|---|---|
| u60—2 | 50.45 | 23.15 | 60° | 3.553 | 无填充 60° |
| u60—3 | 50.18 | 25.62 | 60° | 3.291 | |
| u75—1 | 50.13 | 24.65 | 75° | 3.225 | 无填充 75° |
| u75—2 | 50.95 | 23.6 | 75° | 3.289 | |
| u90—2 | 50.85 | 25.83 | 90° | 2.966 | 无填充 90° |
| u90—3 | 50.53 | 25.52 | 90° | 2.695 | |
| I—1 | — | — | — | 6.701 | 完整试样 |
| I—2 | — | — | — | 5.184 | |

## 4.2 试样最终破裂模式随裂隙倾角的变化

4.2.1 含缺陷巴西圆盘裂纹扩展特性分析

图 5 给出了含不同倾角裂隙类岩材料巴西圆盘在单轴压缩下典型的宏观破裂模式。图中数字表示的是裂纹扩展顺序，但需要注意的是，数字上标中的字母仅是为了区别岩样中不同部位出现的裂纹。很显然，图 5 中含缺陷巴西圆盘岩样破裂模式与图 6 所示的完整岩样脆性破裂特征具有显著差异。含缺陷巴西圆盘岩样在轴向加载过程中，在裂隙附近以及裂隙尖端附近，甚至在与缺陷相距较远区域，均观察到了裂纹扩展。含不同倾角非填充裂隙类岩岩样均最先在裂隙尖端部位附近萌生出 1 条拉伸裂纹——x 裂纹，随着荷载的增加，在预留裂隙尖端左上方萌生裂隙 α 裂纹，继而相继萌生出 β、g 拉伸裂纹，最终裂纹沿着轴向荷载方向朝岩样下端部扩展，岩样破坏。对于不同倾角填充裂隙类岩岩样，裂纹最先萌生在预留孔隙尖端内侧的 N 裂纹，同时在孔隙另一侧产生裂纹 M，随着荷载的增加，M、N 裂纹向圆盘边缘扩展，直至破坏。

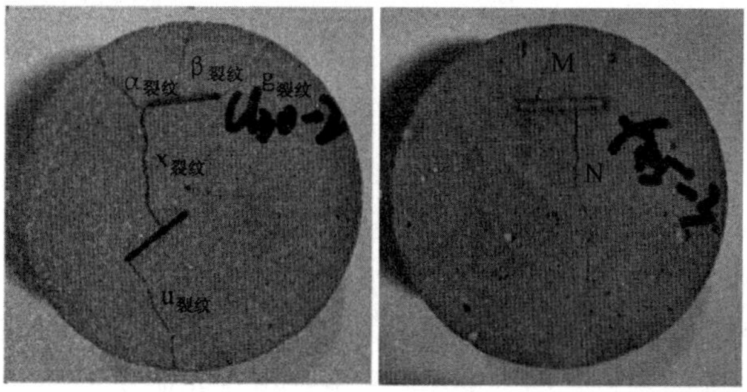


图 5　单轴压缩下含不同倾角裂隙巴西圆盘典型的破裂模式

完整巴西圆盘试样呈轴向劈裂脆性破坏特征，而双孔洞裂隙试样首先在孔洞上下边缘及裂隙尖端附近萌生初始裂纹，多条裂纹的扩展与贯通导致了试样的失稳，直至破坏。

4.2.2 含缺陷巴西圆盘裂纹扩展过程与变形特性关系

图 7 为单轴压缩下含不同倾角孔洞裂隙巴西圆盘裂纹扩展过程与宏观变形特性的关系。图 8 中每一个裂纹扩展模式，相应的裂纹扩展点对应的轴向应力与应变均在图 9 中给出。

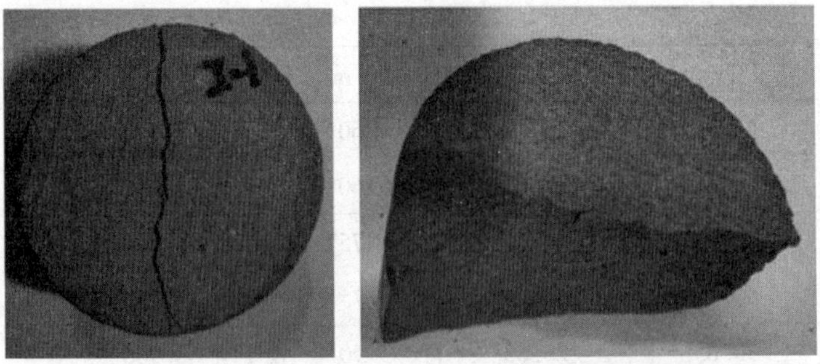

图 6　单轴压缩下完整巴西圆盘典型的破裂模式

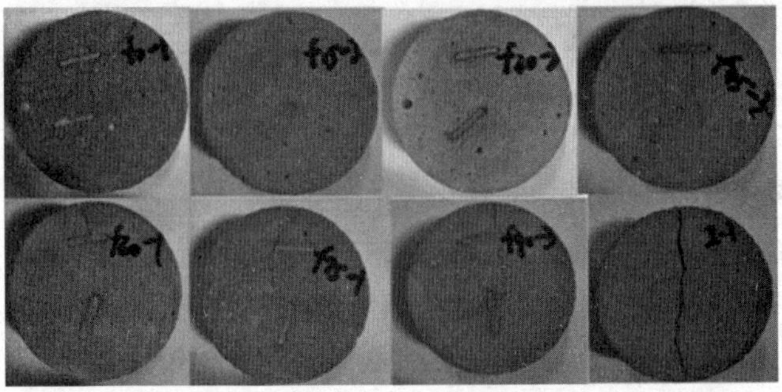

图 7　典型的不同倾角填充裂隙巴西圆盘裂纹扩展过程

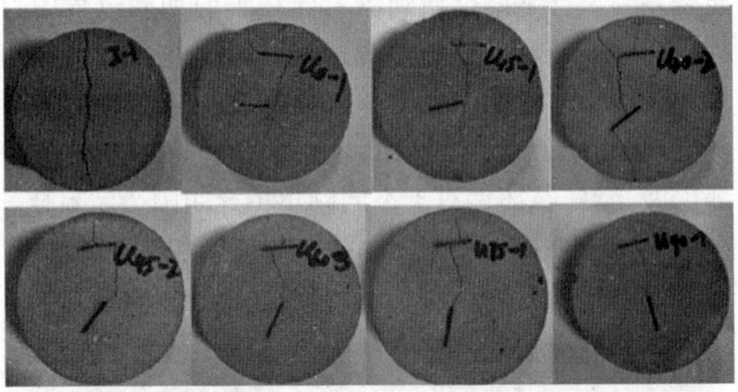

图 8　典型的不同倾角非填充裂隙巴西圆盘裂纹扩展过程

不同裂隙倾角试样的最终破裂模式图片如图 7、图 8 和图 10 所示，由此可看出裂隙倾角对试样的破坏存在一定程度的影响。当倾角 $\alpha$ 为 0°时，无填充裂隙试样先在中部出现拉伸裂纹，接着试样下端开始萌生裂纹，继续施加荷载，裂纹贯通，试样破坏；有填充裂隙试样的裂纹先从上部预制裂隙翼缘产生，然后向两边扩展，直到应力-应变曲线发生突变(图 9)。倾角 $\alpha$ 为 15°时，无填充裂隙试样的中部预制裂缝尖端首先萌生裂纹，与中部的拉伸裂纹结合，随后向两边扩展，与上部预制裂隙贯穿，此时岩样承载力迅速降低；有填充裂隙试样中部先出现拉伸裂纹，向上发展到上部预制裂隙时，抗拉强度降低。倾角 $\alpha$ 为 30°时，无填充裂隙试样的上部预制裂隙先于中部发展出裂纹，随后裂纹向中部扩展，到达中部的预制裂隙；有填充裂隙试样的中部预制裂隙尖端先于试样两端产生裂纹，随后裂纹向上部扩展至预制裂隙，使试样抗拉强度降低。从倾角 $\alpha$ 为 45°开始，无填充裂隙试样的破坏模式趋于一致，先从中部的预制裂隙尖端萌生裂纹，随后向上扩展至上部预制裂隙，使岩样抗拉强度降低；

有填充裂隙试样先从上部预制裂隙萌生裂纹并向两边扩展，裂纹到达试样中部时，试样抗拉强度产生突变。

图 9 反映了模型的应力-应变关系，为了更好地对比分析，也给出了含不同倾角裂隙类岩岩样材料和加载方式下破坏的应力-应变关系。从图中可以看出，试样 5 为完整脆性材料，其抗拉强度最大且表现出显著的脆性特征；预制裂隙的材料的抗拉强度与不含预制裂隙的材料相比降低了 50% 左右；含裂隙脆性材料中，试样 30°倾角的抗拉强度最大，试样 3 次之；试样 1 ~4 也表现出较为明显的脆性特征，抗拉强度的降低相对缓慢了一些。

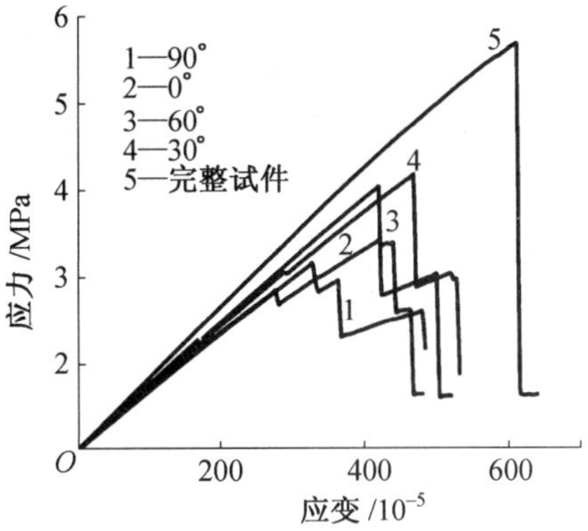


图 9　单轴压缩下含不同倾角巴西圆盘轴向应力-应变试验曲线

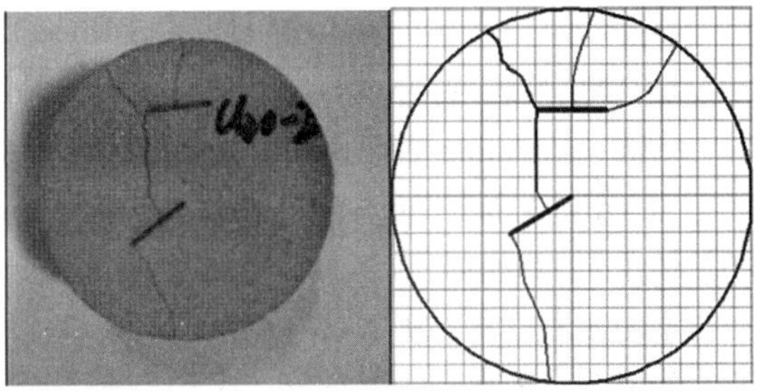

图 10　典型的含预制裂隙巴西圆盘试样破坏形态和素描图

综上可知，岩样中每一次较大的裂纹扩展也对应着轴向应力-应变曲线上较大的应力跌落，而岩样轴向应力-应变曲线形状的差异，也是岩样内部裂纹扩展过程不同的体现。

## 5　结　论

(1) 含不同倾角裂隙巴西圆盘岩样的力学参数均显著低于完整岩样；通过在类岩材料中添加云母片的方法研究了不同倾角双裂隙岩样倾角对试样抗拉强度及破裂模式的影响，结果表明，试样的抗拉强度随裂隙倾角的增大呈现先减小后增大的趋势；通过分析试样的破裂过程可以看出变化主要受到试样破裂模式的影响。

(2) 裂隙有无填充的试样的抗拉强度均随裂隙倾角呈现出先增大后减小的规律，且在 $\alpha=30°$ 时均达到最大值。无填充裂隙试样先在中部出现拉伸裂纹，接着试样下端开始萌生裂纹，继续施加荷载，裂纹贯通，试样破坏；有填充裂隙试样的裂纹先从上部预制裂隙翼缘产生，然后向两边扩展，直到应力-应变曲线发生突变。

(3) 通过应力场、位移场和裂纹演化揭示双裂隙试样裂纹扩展机制：首先在裂隙尖端附近和裂隙边缘形成应力集中区，随着应力逐渐提高导致岩样产生微裂纹；随后在应力集中区转移过程中不断产生新的微裂纹，微裂纹的汇集形成宏观裂纹，宏观裂纹的扩展贯通使得试样失稳破坏。

(4) 通过照相量测技术，探讨了含不同孔洞裂隙砂岩的裂纹扩展特征，分析了含缺陷巴西圆盘裂纹扩展过程及其对宏观应力-应变曲线的影响规律。岩样中每一次较大的裂纹扩展也对应着轴向应力-应变曲线上较大的应力跌落。

## 参考文献


[1] 张伟,周国庆,张海波,等. 倾角对裂隙岩体力学特性影响试验模拟研究[J]. 中国矿业大学学报, 2009(1):30-33.

[2] SAGONG M, BOBET A. Coalescence of multiple flaws in a rock-model material in uniaxial compression [J]. International Journal of Fracture, 2002(39): 229-241.

[3] 黄彦华,杨圣奇. 断续裂隙类岩石材料三轴压缩力学特性试验研究[J]. 岩土工程学报,2016(7): 1212-1220.

[4] ZHANG X P, WONG L N Y. Cracking processes in rock-like material containing a single flaw under uniaxial compression: a numerical study based on parallel bonded-particle model approach [J]. Rock Mechanics and Rock Engineering, 2012, 45(5): 711-737.

[5] ZHANG X P, WONG L N Y. Crack initiation, propagation and coalescence in rock-like material containing two flaws: a numerical study based on bonded-particle model approach [J]. Rock Mechanics and Rock Engineering, 2013(46):1001-1021.

[6] 杨圣奇,刘相如,李玉寿. 单轴压缩下含孔洞裂隙砂岩力学特性试验分析[J]. 岩石力学与工程学报,2012(S2):3539-3546.

[7] 朱万成, 黄志平, 唐春安. 含预制裂纹巴西盘试样破裂模式的数值模拟[J]. 岩土力学, 2004, 25(10): 1609-1612.

[8] HAERI H, SHAHRIAR K, et al. Experimental and numerical study of crack propagation and coalescence in pre-cracked rock-like disks [J]. International Journal of Rock Mechanics & Mining Sciences, 2014(67): 20-28.

[9] HAERI H, SHAHRIAR K, et al. Experimental and numerical analysis of Brazilian discs with multiple parallel cracks [J]. Arab J Geosci, 2015(8): 5897- 5908.

[10] 杨圣奇, 黄彦华, 刘相如. 断续双裂隙岩石抗拉强度与裂纹扩展颗粒流分析[J]. 中国矿业大学学报, 2014, 43(2): 220-226.

[11] 黄彦华, 杨圣奇. 孔槽式圆盘破坏特性与裂纹扩展机制颗粒流分析[J]. 岩土力学, 2014, 35(8): 2269-2278.

[12] YANG S Q, HUANG Y H. Particle flow study on strength and meso-mechanism of Brazilian splitting test for jointed rock mass [J]. Acta Mechanica Sinica, 2014, 30(4):547-558.

# 基于交互式遗传算法的平面桁架结构形态探索

胡佳丽　张诗雨　聂鹏博　孙旭东　林　鹏　王富玉　乔文涛

（石家庄铁道大学 土木工程学院，河北 石家庄 050000）

**摘　要**　桁架结构由于其自身的构造特点以及外荷载作用于其节点等约束条件，使得结构中的每根杆件均处于二力杆的受力状态。这种受力特性使得桁架结构较于普通梁可以跨越更大的范围，加之用料更为经济，因此桁架结构被广泛应用于屋盖、桥梁等大跨度空间结构中。为了设计出形态美观、样式丰富，同时又受力合理的桁架结构，本文介绍了一种基于交互式遗传算法的形态设计方法：首先说明了这种方法的基本原理和工作框架；然后对基于这种方法所编制的设计软件 structureFIT 进行了介绍；最后通过一个平面桁架的设计实例验证了这种设计方法的高效性与合理性。

**关键词**　桁架结构；遗传算法；形态设计；多样性；力学效能

## 1　引　言

桁架结构是格构化的一种梁式结构，由光滑的铰和杆连接而成，荷载均作用在铰节点上。由于水平方向的拉、压内力实现了自身平衡，整个结构不对支座产生水平推力。另外，它将横弯作用下的实腹梁内部复杂的应力状态转化为桁架杆件内简单的拉压应力状态，使我们能够直观地了解力的分布和传递，便于结构的变化和组合。桁架结构布置灵活，应用范围非常广。

图解法可以将力图示化，即通过图形表达力的大小，因此可以应用于桁架形态设计。图解静力学是由德国人卡尔·库曼于 1864 年正式提出的一门学科，自 1971 年至今，图解静力学已经进入了一个新的发展阶段，它作为一种设计方法进一步融入建筑设计，在教育和实践两个领域发挥了更大的作用。同时，就其学科内部而言，不仅从二维方法向三维方法发展，还开始结合计算机技术寻求新的发展方向。

本文介绍了一种基于交互式遗传算法的形态设计方法，以及以此方法为基础开发的设计软件 structureFIT。该软件通过对图解法和遗传算法的综合运用，达到设计桁架结构的目的。

## 2　交互式遗传算法设计框架

### 2.1　普通交互式遗传算法基本原理和缺陷

交互式遗传算法是一种普遍通用的优化方法，它以达尔文的进化学说为基础，在设定设计母本的前提下，通过模拟自然界中生物的遗传变异产生新的设计，以此导航设计空间。在运行算法时,系统先根据用户要求随机地产生第一代设计,然后基于结构性的指标对这些设计进行评估并排序,之后呈现给用户结构性能最好的几个设计。这时,用户可挑选中意的设计,并将之用于产生新一代设计群体。

虽然交互式遗传算法是作用于设计群体的方法,有利于用户的互动,但是现存算法中实现交互性的途径还很有限,设计者的很多需求和标准还不能在算法中实现。此外,由于缺乏筛选和对多样性的控制,通过交互式遗传算法得到的子代设计之间或相差甚微,或不合需要。而本文提到的交互式遗传算法框架有效地解决了这些问题。

## 2.2　改进交互式遗传算法设计框架

改进交互式遗传算法设计框架改编自通用的交互式遗传算法,因此它的基本原理和交互式遗传算法相同,所不同的是,它的交互性更强,多样性更加丰富,因此设计质量更高。如图1所示,它的终端包括变量、设计模型、分析引擎和群发生器,用户端是图形化用户界面。

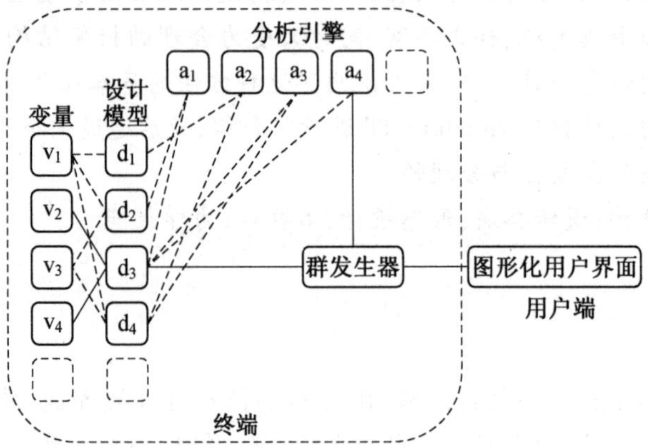


图1　算法框架

变量必须能够模拟杂交和变异的生物学概念,它可以是节点的横纵坐标,也可以是材料的性能和构件的拓扑结构等。从遗传学的概念上讲,杂交糅合来自母本的编码信息,变异产生新的信息。在该框架中,通过给诸多种子变量值加随机权重实现杂交;通过一个服从特定正态分布的随机变量得到突变值来实现突变,该正态分布的标准差与用户设置的突变率有关。当变量不是连续型而是离散型或整数型时,做一些微小的调整以后同样适用于此法,这印证了该框架支持多类型变量的强大功能。此外,该框架还支持变量和非变量间的函数关系,允许如坐标的对称和偏移变换等。为了简便快捷,在设置问题时,可以利用结构对称性减少变量的数量。

设计模型可以是桁架结构、框架结构以及连续固体结构等。每种设计模型有一种或多种类型的变量,并适用于多种类型的分析引擎。尽管该框架支持多功能分析引擎的使用,但是设计模型必须与至少一种分析引擎联系在一起。

分析引擎的基本作用是基于结构标准对给定的设计模型合理评分。用户通过界面输入的指标既可以作为主要的设计标准,也可以结合不同的标准用于后期检查处理和评分。

群发生器每次使用一种设计模型和一种特定分析引擎,它以设计模型和变量为原料,执行一个简单灵活的交互式遗传算法,通过杂交和突变创造新一代设计群体。该算法是一种迭代接近法，可以重复进行，直到用户满意为止。群发生器工作时，先根据用户的预设数值随机产生一个初代群，然后使用分析引擎给每个候选设计评分并排序。它与图形化用户界面相连，通过界面向使用者展示分数最高的前几个设计方案。之后，用户可以根据定性的目的或是个人喜好，选择几个设计作为下一循环的母本进入迭代进程。评估—排序—展示—挑选—生成—评估，该循环按照用户意愿一直进行下去。若用户不喜欢某次变异产生的任何方案而希望重新选择某代母本，可以直接返回前一代子群进行调整，然后继续执行算法。当然，用户也可以不选择任何设计作为下一循环的母本，此时算法重置，并从最初定义的结构重新开始。

图形化用户界面是实现交互性的重要媒介，它通过视频信息传递软件 SilverLight 在网页上实现，通过软件 structureFIT 来实现与用户的在线操作。structureFIT 是一款免费易得的独立软件，只要有网络浏览器，无论是什么类型的操作系统，无须下载和安装，任何人都可以使用。structureFIT 的设计简单且易操作，它可以提供强大的用户控制，下面是对 structure-FIT 的详细介绍。

# 3 structureFIT 简介

## 3.1 基本设计思想

structureFIT（Mueller，2014）是一款在网络浏览器上运行的二维桁架结构设计软件，它所使用的交互式遗传算法既使设计结果贴近用户的需求，又保证了多样性；为了确保输出结果的合理性，它在遗传算法的基础上，根据图解静力学的方法计算出结构形态的合理程度，对其进行性能评分，并选出最优的 10 种反馈给用户。这样得到的设计结果就满足了造型美观、受力合理、形态多样的条件，具有较强的实用性。

## 3.2 用户操作

这款软件具有友好的用户界面和简单的操作方法。如图 2 所示，用户首先在 problem setup 选项卡下选定一个基本的桁架结构，然后通过鼠标拖动以及键入节点坐标、外荷载大小进行一定的调整，完毕后点击左侧按钮，将此结构作为初始结构，此时界面自动跳转到 exploration选项卡。

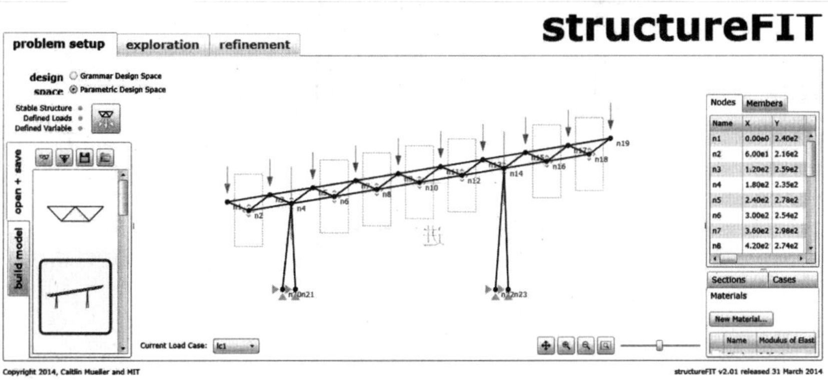


图 2　选定基本的桁架结构

在 exploration 界面(图 3),用户需要选定基础方案(Base Design)作为父本的方案以及“变异率”(mutation rate)和“子代规模”(generation size),然后点击按钮,软件将运用遗传算法产生 10 种设计方案,每个方案下注有各自的性能评分,其中基础方案评分为 1.00,评分越低性能越优,而基础方案可以在运行结果中重新指定。用户可以综合考虑性能评分和造型美观程度选定下一代的父本继续运行,直到选中一个满意的设计,此时界面将跳转到 refinement选项卡。

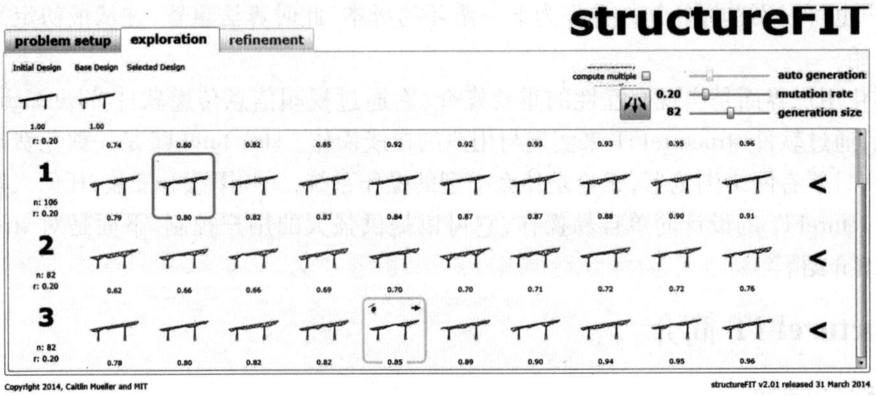


图 3　通过遗传算法得出的各个方案

在 refinement 界面(图 4),用户将对所选出的设计结果进行改进和细化。在这一步中,用户通过鼠标拖拽节点调整结构形态,并能得到即时性能评分。在操作界面中,构件为红色表示受压,蓝色表示受拉;程序会即时更新个别构件的所需厚度,直观地表现在图中,同时在列表中显示出数据。确定最终设计方案后,点击 DXF 键将其保存为 DXF 文件(图 5),随后可以在 AutoCAD 中打开(图 6)。

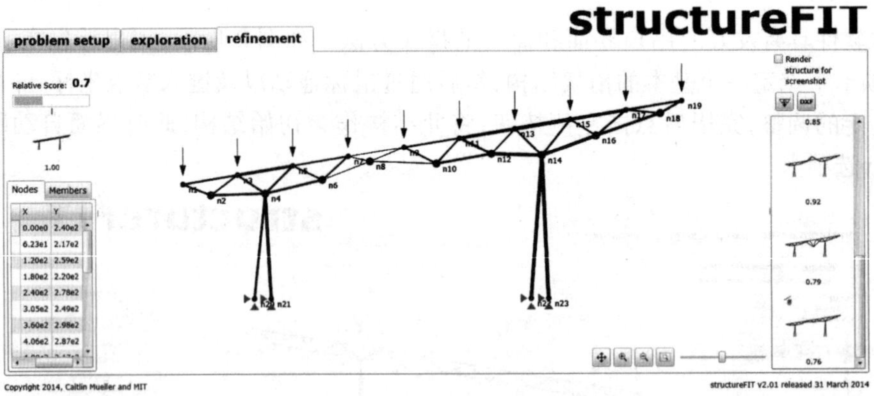


图 4　对结构进行改进和细化

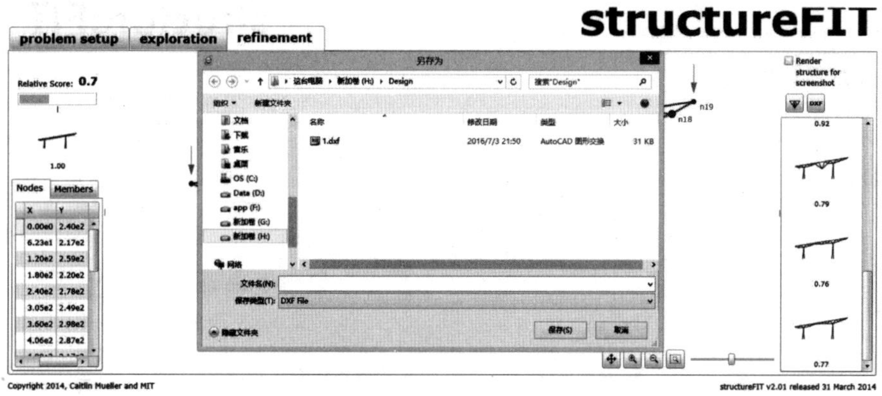

图 5　设计方案的导出

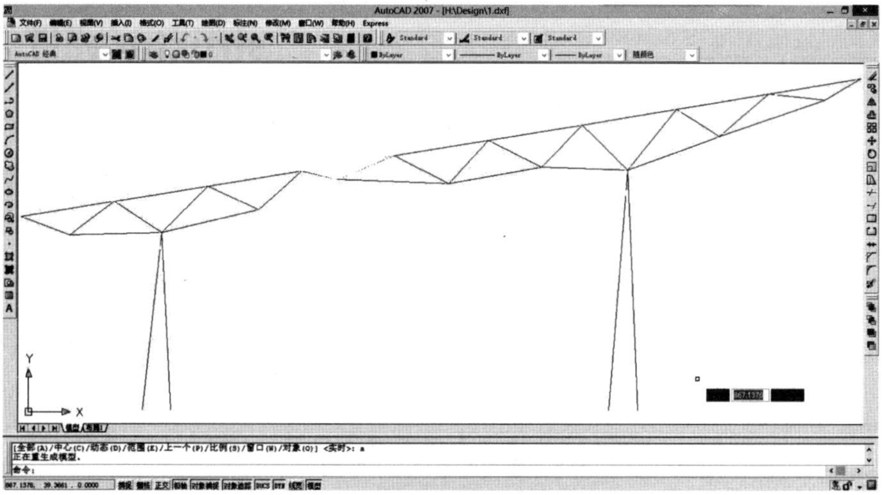

图 6　AutoCAD 界面下的桁架结构

# 4　算　例

在此我们通过一个双坡桁架屋顶的设计方案来验证这种设计方法的高效性和合理性。

在设计过程中,设计者首先需要在 problem setup 选项卡中选定一个基本的桁架模型。对于屋顶的设计要求,可以选择软件中内置的第三种桁架结构作为基本模型,默认屋顶节点处的荷载大小相等、均匀布置,如图 7 所示。

选定基本的桁架模型之后进入 exploration 界面。此时,设计者可以通过改变突变率来控制新样式桁架的出现概率,同时依据自己的设计需求做出定向的挑选,逐代选取与理想方案相近的结构(图 8)。

经过若干代的定向挑选之后,可以得到多个符合设计要求的方案,如图 9 所示(即第 11 代中的各个方案)。我们可以从中挑选一个较为平滑且节省材料的桁架结构来进行下一步——将设计方案细化。

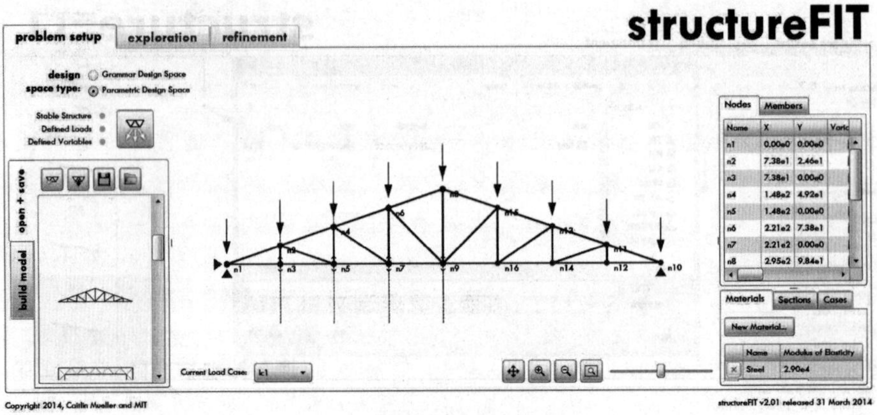


图7　选定基本的桁架模型

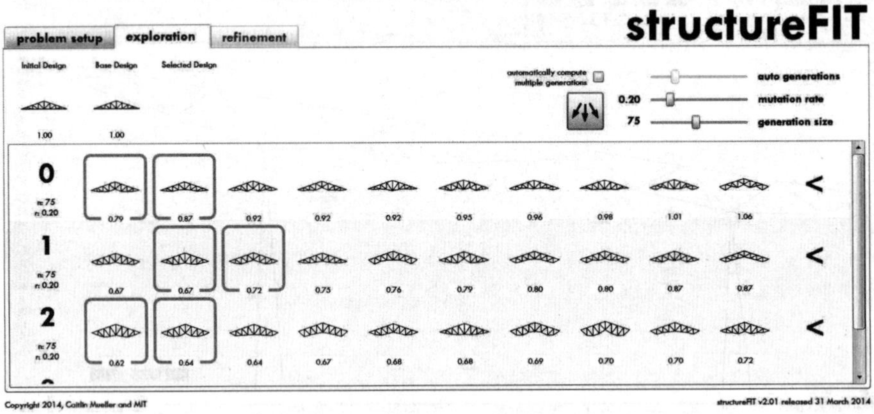


图8　逐代挑选合适的结构

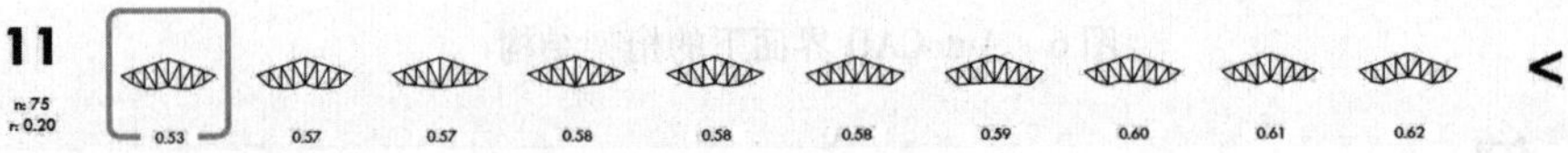

图9　第11代的各个方案

以其中的第一种方案为例(图10),在refinement界面下,设计者可以通过鼠标的点击和拖拉来调整节点位置,同时程序会即时更新构件所需的厚度,并在左下角的表格中显示出调整后的数据。虽然这一方案在材料的用量上节省了47%,但由于本算例中设计的是屋顶,所以其下弦杆的位置过低可能会影响到实用性,故在微调的过程中,我们将下弦杆的节点进行了上移,如图11所示。经过微调后,上弦杆及下弦杆的受力有所增大,斜杆上的力基本变为0,需用的材料相比于微调之前的方案增加了6%,但结构的平滑程度提高,整体体积减小,实用性更好,仍满足设计的各项要求,是一个合理的设计方案。

结构在微调后的具体位置数据可在屏幕左下角的表格处查得,将其导出后可得表1、表2,由此可确定具体的设计方案及受力情况。

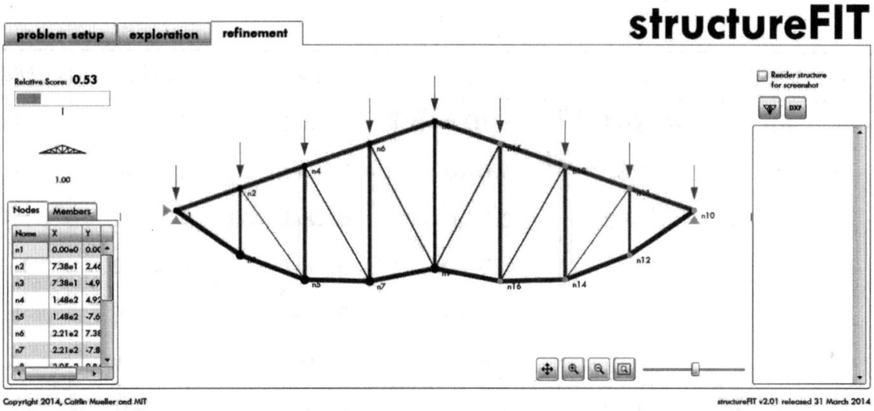


图 10　refinement 界面下的结构形态

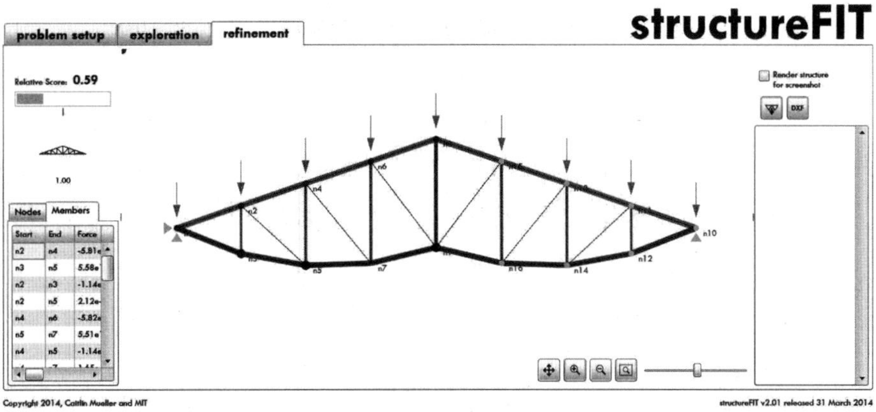


图 11　经过微调后的结构形态

**表 1　节点位置**

| 标号 | *X* | *Y* |
|---|---|---|
| n1 | 0.00e0 | 0.00e0 |
| n2 | 7.38e1 | 2.46e1 |
| n3 | 7.38e1 | -2.82e1 |
| n4 | 1.48e2 | 4.92e1 |
| n5 | 1.48e2 | -4.11e1 |
| n6 | 2.21e2 | 7.38e1 |
| n7 | 2.21e2 | -3.89e1 |
| n8 | 2.95e2 | 9.84e1 |
| n9 | 2.95e2 | -2.15e1 |
| n10 | 5.91e2 | 0.00e0 |
| n11 | 5.17e2 | 2.46e1 |
| n12 | 5.17e2 | -2.82e1 |
| n13 | 4.43e2 | 4.92e1 |
| n14 | 4.43e2 | -4.11e1 |
| n15 | 3.69e2 | 7.38e1 |
| n16 | 3.69e2 | -3.89e1 |

表2 构件信息

| 首端点 | 末端点 | 力 | 厚度 | 长度 | 面积 | 转动惯量 |
|---|---|---|---|---|---|---|
| n2 | n4 | -5.81e1 | 6.16e0 | 7.78e1 | 2.90e0 | 1.31e1 |
| n3 | n5 | 5.58e1 | 6.04e0 | 7.49e1 | 2.79e0 | 1.21e1 |
| n2 | n3 | -1.14e1 | 2.73e0 | 5.28e1 | 5.72e-1 | 5.07e-1 |
| n2 | n5 | 2.12e-1 | 3.72e-1 | 9.88e1 | 1.06e-2 | 1.74e-4 |
| n4 | n6 | -5.82e1 | 6.16e0 | 7.78e1 | 2.91e0 | 1.32e1 |
| n5 | n7 | 5.51e1 | 6.00e0 | 7.39e1 | 2.76e0 | 1.18e1 |
| n4 | n5 | -1.14e1 | 3.22e0 | 9.03e1 | 7.92e-1 | 9.75e-1 |
| n4 | n7 | 1.65e-1 | 3.29e-1 | 1.15e2 | 8.26e-3 | 1.06e-4 |
| n6 | n8 | -5.83e1 | 6.17e0 | 7.78e1 | 2.92e0 | 1.32e1 |
| n7 | n9 | 5.67e1 | 6.09e0 | 7.58e1 | 2.84e0 | 1.25e1 |
| n6 | n7 | -1.14e1 | 3.60e0 | 1.13e2 | 9.90e-1 | 1.52e0 |
| n6 | n9 | 2.01e-1 | 3.63e-1 | 1.21e2 | 1.01e-2 | 1.58e-4 |
| n1 | n2 | -5.79e1 | 6.15e0 | 7.78e1 | 2.90e0 | 1.30e1 |
| n1 | n3 | 5.88e1 | 6.20e0 | 7.90e1 | 2.94e0 | 1.34e1 |
| n11 | n13 | -5.81e1 | 6.16e0 | 7.78e1 | 2.90e0 | 1.31e1 |
| n12 | n14 | 5.58e1 | 6.04e0 | 7.49e1 | 2.79e0 | 1.21e1 |
| n11 | n12 | -1.14e1 | 2.73e0 | 5.28e1 | 5.72e-1 | 5.07e-1 |
| n11 | n14 | 2.12e-1 | 3.72e-1 | 9.88e1 | 1.06e-2 | 1.74e-4 |
| n13 | n15 | -5.82e1 | 6.16e0 | 7.78e1 | 2.91e0 | 1.32e1 |
| n14 | n16 | 5.51e1 | 6.00e0 | 7.39e1 | 2.76e0 | 1.18e1 |
| n13 | n14 | -1.14e1 | 3.22e0 | 9.03e1 | 7.92e-1 | 9.75e-1 |
| n13 | n16 | 1.65e-1 | 3.29e-1 | 1.15e2 | 8.26e-3 | 1.06e-4 |
| n10 | n11 | -5.79e1 | 6.15e0 | 7.78e1 | 2.90e0 | 1.30e1 |
| n10 | n12 | 5.88e1 | 6.20e0 | 7.90e1 | 2.94e0 | 1.34e1 |
| n15 | n8 | -5.83e1 | 6.17e0 | 7.78e1 | 2.92e0 | 1.32e1 |
| n16 | n9 | 5.67e1 | 6.09e0 | 7.58e1 | 2.84e0 | 1.25e1 |
| n9 | n15 | 2.01e-1 | 3.63e-1 | 1.21e2 | 1.01e-2 | 1.58e-4 |
| n15 | n16 | -1.14e1 | 3.60e0 | 1.13e2 | 9.90e-1 | 1.52e0 |
| n8 | n9 | 2.57e1 | 4.09e0 | 1.20e2 | 1.28e0 | 2.55e0 |

从表 1、表 2 中我们可以看出，上弦杆的内力基本相同，这样的受力情况是十分理想的，因为在布置上弦杆时可选用相同截面的材料，使结构更稳定，同时做到物尽其用。通过 structureFIT 得到的这一结果并非偶然，早在 1924 年，瑞士工程师 Robert Maillart 就设计出了相似的屋顶造型(图 12)，可以保证上弦杆受力相等，虽然造型不同于传统的屋顶结构，但这样的设计是有理可循的，同时也是合理的。对于这一点我们可以通过图解静力学的知识进行验证。在保证上弦杆内力相等的条件下，我们可以在数学软件中做出相应的下弦杆的形态分布(图 13)，与图 12 中的构件形态基本吻合，进一步印证了这种基于交互式遗传算法的形态设计方法的高效性与合理性。

图 12　Robert Maillart 设计的屋顶

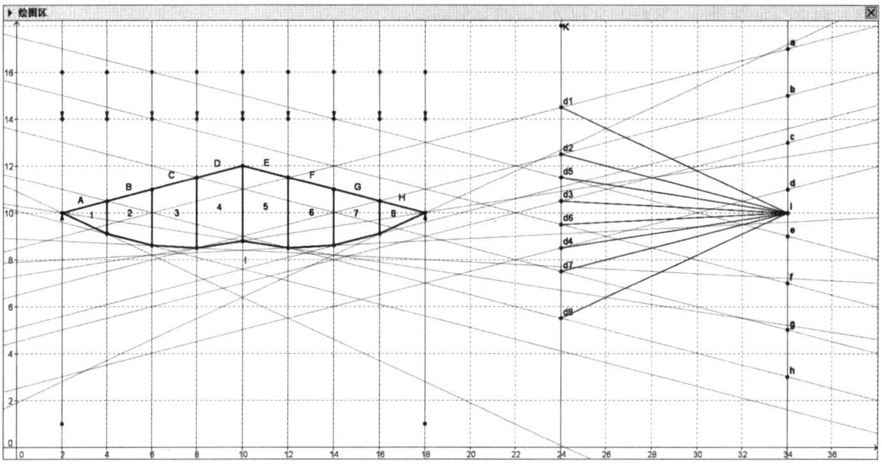


图 13　上弦杆内力相等时的下弦杆形态

从这一算例中可以看出，通过这种“优选+进化”得到的方案能够节省大约 40% 的材料。不仅如此，在设计过程中，structureFIT 可以在符合设计要求的情况下寻找出大量优于原结构的设计方案，这不仅为结构形态设计中的创新提供了极大的便利，也可以使结构在建筑美学的层面上提升一个新的高度。

## 5　结　语

遗传算法提供了一种求解复杂系统问题的通用框架，它不依赖于问题的具体领域，对问题的种类有很强的包容性，所以可以应用于很多科学研究，目前在函数优化、图像处理、人工生命、遗传编码等方面已经得到了广泛应用。

交互式遗传算法同样可以应用于桁架结构的形态设计，作为一个新的应用领域，目前这一方面有着很大的发展潜力。本文通过 structureFIT 这一软件对平面桁架的结构形态设计做出了一些探索，说明了这种设计方法的高效性与合理性。这种新颖的设计方法可以为建筑领域的设计者开拓新视野、激发新思路，能够帮助设计者更好更快地做出设计方案，同时兼顾结构的多样化与新型化，是一种难得的具有创新色彩的设计方法。

对于空间中的桁架结构设计，由于维度的增加，算法的复杂性进一步加大，目前仍有很多工作待做，需要进行更深入的研究与探索。

## 参考文献

[1] 沈周娅. 图解静力学结合参数化在自由形式设计中的应用[D]. 南京：南京大学，2013.

[2] 孟宪川，赵辰. 图解静力学简史[J]. 建筑师，2012，10(6)：33-40.

[3] 李艳娇. 基于改进遗传算法的刚架结构截面力学特性参数优化的研究[D]. 吉林：吉林大学，2009.

[4] MUELLER C, OCHSENDORF J. An Interactive Evolutionary Framework for Structural Design[C]. 7th International Seminar of the IASS Structural Morphology Group, London, 2011.

[5] 熊瑞生，冯波. 利用 AutoCAD 精确图解静定桁架的内力及支座反力[J]. 信阳师范学院学报(自然科学版)，2009，22(4)：603-606.

# 基于粒子群-力密度算法的张拉整体结构找形研究

沈 圣[1,2] 伍 艺[1,2] 李乐天[1,2] 陆金钰[1,2]

(1. 东南大学 吴健雄学院,江苏南京 210096)
(2. 东南大学 土木工程学院,江苏南京 210096)

**摘 要** 张拉整体结构是由拉、压单元构成,具有特定几何形态,通过施加预应力产生一定刚度而实现自平衡的结构,具有轻质、充分利用材料性能和易形成大跨等优点。本文针对张拉整体结构的找形问题,提出一种粒子群算法与力密度算法相结合的算法,并通过对节点坐标向量的后处理实现给定目标下的结构找形规划。首先,基于力密度算法,将寻找张拉整体结构自平衡状态转换为求解一系列平衡方程;其次,结合平衡方程设计适应度函数,借助粒子群算法进行全局搜索以获得最优的力密度,代回方程即可得到满足自平衡条件的节点坐标向量;最后,通过两个经典算例验证了该算法的有效性。对于所得节点坐标向量进行线性组合,通过解代数方程或利用优化算法对组合进行筛选,以获得满足给定目标的张拉整体结构,同时也通过两个经典算例验证了目标规划算法的有效性。本文算法有利于推动张拉整体复杂构型的确定及其在结构工程中的应用。

**关键词** 空间结构;多稳态;张拉整体;多模态找形;力密度算法;粒子群算法;目标规划

## 1 引 言

张拉整体结构是一种由一组离散的受拉单元与一组连续的受拉单元构成的空间结构,具有自支承、自平衡的特性。张拉整体结构的概念于20世纪20年代被美国建筑师富勒(R. B. Fuller)提出,因其质量轻、能充分利用材料的性能等优点,逐渐被应用于大跨空间结构、机械、航天和生物等领域。

张拉整体结构的刚度由拉压单元之间的平衡预应力提供,而实现自应力对于结构的几何形状提出了严格的要求,只有同时满足几何形状和对应的预应力条件时,才能构成张拉整体结构。因此,张拉整体结构的找形具有重要意义。中外许多学者对张拉整体结构的找形算法进行过研究,也提出了多种找形方法,这些方法的特点可大致分为以下三类:第一类,几何分析方法,主要针对具有较好对称性的多面体张拉整体进行几何分析,如Connelly等提出的两种适用于旋转对称张拉整体的解析方法;第二类,静力学方法,即通过静力学分析进行找形,主要包括力密度法及相应的改进算法,基于能量的找形方法等;第三类,动力学方法,即将找形问题转化为动力学问题进行分析,如动力松弛法等。这三类方法各自有其优点和不足,并且主要适用于相对较规则和规模较小的张拉整体找形问题。随着优化算法和计算机技术的发展,近年来智能算法也开始逐渐被应用于张拉整体结构的找形,如遗传算法、蒙特卡洛随机搜索算法、鱼群算法等。智能算法能够方便地处理复杂的优化问题,实现对于不规则、大规模张拉整体结构的找形,并且可以通过随机搜索得到多种形态的结构,对于张拉整体找形研究的发展起到了推动作用。

本文基于目前已有的各类算法,考虑将粒子群算法同力密度算法相结合,利用粒子群算法的全局搜索能力,对通过力密度算法得到的优化问题进行优化,从而得到满足自平衡条件的张拉整体结构。基于得到的自平衡张拉整体结构,对特征向量进行目标规划,以获得满足给定目标约束的节点坐标向量,从而使结构更符合工程实际要求。

# 2 找形算法

基于力密度算法建立平衡方程,根据平衡矩阵秩的条件确定目标函数,再利用粒子群算法在力密度空间中进行全局搜索以获得使目标函数最小的解,代回即得到自平衡的张拉整体构型。

## 2.1 力密度算法

2.1.1 平衡方程建立

力密度算法是以构件力密度为变量,结构静力平衡方程为约束条件的找形方法。基本参数包括结构拓扑关系、边界约束条件、平衡内力分布以及平衡状态下的结构几何形态。

结构拓扑关系通过拓扑矩阵 $\boldsymbol{C}$ 表示, $\boldsymbol{C} \in \boldsymbol{R}^{m\times n}$,将每个构件作为一个单元,$m$ 为单元数,$n$ 为节点数。定义结构拓扑矩阵的元素为

$$C_{ij}\begin{cases}1,j\text{ 为 }i\text{ 单元起点}\\-1,j\text{ 为 }i\text{ 单元终点}\\0,\text{其他}\end{cases} \tag{1}$$

平衡内力分布通过单元力密度向量 $\boldsymbol{q}$ 表示,$\boldsymbol{q} \in \boldsymbol{R}^{m}$。定义每个单元中的内力与长度的比值为该单元的力密度,即 $q_i = s_i/l_i$。为了平衡方程建立的便利,给单元编号时,将拉索排在前,压杆排在后。拉索单元力密度值为正,压杆单元力密度值为负。则力密度向量为

$$\boldsymbol{q} = [q_1, q_2, \cdots, q_m]^{\mathrm{T}} \tag{2}$$

将结构拓扑关系与平衡内力联合得到张拉整体结构平衡矩阵 $\boldsymbol{D} \in \boldsymbol{R}^{n\times n}$ 为

$$\boldsymbol{D} = \boldsymbol{C}^{\mathrm{T}}\boldsymbol{Q}\boldsymbol{C} \tag{3}$$

式中,$\boldsymbol{Q} = \mathrm{diag}(\boldsymbol{q})$。

平衡矩阵的元素也可表示为

$$D_{ij}\begin{cases}-q_k, j \neq i\text{ 且 }i\text{ 和 }j\text{ 为单元 }k\text{ 的节点}\\\sum\limits_{k\in S} q_k, j = i\\0,\text{其他}\end{cases} \tag{4}$$

式中,$S$ 表示与节点 $i$ 相连的所有单元的编号集合。

由于张拉整体结构为自平衡结构,忽略重力影响,则结构所承受外力为 0。建立节点力平衡方程组为

$$\begin{cases} \boldsymbol{D}_x = 0 \\ \boldsymbol{D}_y = 0 \\ \boldsymbol{D}_z = 0 \end{cases} \tag{5}$$

其中，$D_x$、$D_y$、$D_z$ 分别为节点在 $x$、$y$、$z$ 方向的坐标列向量。

2.1.2　方程有解条件

力密度法将张拉整体结构找形问题转换为求解上述平衡方程组。对于 $d$ 维 $n$ 节点的张拉整体，要使得方程组的解有实际意义，必须要求平衡方程有 $d$ 个线性无关的解，又因为方程本身存在一个元素全为1的解，因此必要条件为：平衡方程至少有$(d+1)$个线性无关解，即平衡矩阵 $\boldsymbol{D}$ 有$(d+1)$个零特征值。因此，$\boldsymbol{D}$ 的秩需要满足：

$$\text{rank}(\boldsymbol{D}) \leqslant n - d - 1 \tag{6}$$

值得注意的是，上述条件为张拉整体自应力的必要条件。在找到满足条件的力密度向量和平衡矩阵后，代入平衡方程可得到$(d+1)$个线性无关的特征向量，进行线性组合后即可得到结构所需的 $d$ 个坐标列向量。此外，还需对坐标列向量进行检验，以确定所得几何构型满足张拉整体结构的稳定性要求。

## 2.2　粒子群算法

粒子群算法是一种基于群智能的进化算法。它于 1995 年由 Eberhart 博士和 Kennedy 博士提出，源于对鸟群捕食的行为研究，其思想为利用群体中个体信息的共享引导群体向着更优的方向演化，以获得最优解，具有易实现、精度高、收敛快等优点。

粒子群算法将优化问题的每个潜在解视为一个粒子，表示为一个 $t$ 维向量 $\boldsymbol{X}_j=[x_{j1},x_{j2},\cdots,x_{jt}]$，由 $m$ 个粒子组成种群 $\boldsymbol{X}=[X_1,X_2,\cdots,X_m]$，每个粒子向下一步迭代的变化量称为速度，记作 $\boldsymbol{V}_j=[v_{j1},v_{j2},\cdots,v_{jt}]$。对于每个粒子计算目标函数作为其适应度，粒子演化过程中经历过的适应度最优的位置记作个体极值 $P_{\text{best}}$，群体中所有粒子经历过的最优位置记作群体极值 $G_{\text{best}}$。

每一次迭代，粒子的速度和位置按照以下方式更新：

$$\boldsymbol{X}_j^{k+1} = \boldsymbol{X}_j^k + \boldsymbol{V}_j^{k+1} \tag{7}$$

$$\boldsymbol{V}_j^{k+1} = c_1 r_1 (P_{\text{best}j}^k - \boldsymbol{X}_j^k) + c_2 r_2 (G_{\text{best}}^k - \boldsymbol{X}_j^k) + \omega^k \boldsymbol{V}_j^k \tag{8}$$

式中，$\omega$ 为惯性权重，较大时有利于全局搜索，较小时有利于局部搜索。本文采用如下取法：

$$\omega^k = \omega_{\max} - (\omega_{\max} - \omega_{\min})\left(\frac{k}{T_{\max}}\right) \tag{9}$$

式中，$\omega_{\max}=0.9$，$\omega_{\min}=0.4$；$c_1$、$c_2$ 为加速度因子，是给定的非负常数，本文取 $c_1=c_2=1.494$；$r_1$、$r_2$ 为$[0,1]$区间生成的随机数。为防止粒子盲目搜索，一般将其位置和速度限制在一定的区间内。

## 2.3　粒子群－力密度找形算法

本文以力密度算法为基础，利用粒子群算法在力密度空间中进行全局搜索，从而找到自平衡的张拉整体结构。

2.3.1　数学模型

变量为力密度向量 $\boldsymbol{q}$。

基于上述力密度算法，得到张拉整体结构实现自平衡的必要条件：对于 $d$ 维 $n$ 节点张拉整体的平衡矩阵 $\boldsymbol{D}$，应有 $(d+1)$ 个线性无关的零特征值对应的特征向量。可求解 $\boldsymbol{D}$ 的特征值并按照绝对值大小升序排列，求前 $(d+1)$ 个特征值的绝对值之和使其逼近 0。为避免力密度向量值逼近 0 的情况出现，故将特征值的绝对值之和乘以力密度的绝对值的倒数之和，将得到的值作为目标函数。

优化问题的数学表达式为

$$\min f = \left(\sum_{j=1}^{d+1} |\boldsymbol{\lambda}_j|\right)\left(\sum_{i=1}^{m} \frac{1}{|q_{ii}|}\right) \tag{10}$$
$$-1 \leqslant q_{ii} \leqslant 1, q_{ii} \neq 0, ii = 1,2,\cdots,m$$

式中，$\boldsymbol{\lambda}_j$ 为 $\boldsymbol{D}$ 的第 $j$ 个特征值（按照绝对值大小升序排列）；$q_{ii}$ 为标准化后的力密度，计算公式为

$$q_{ii} = q_i / \left(\sum_{i=1}^{m} |q_i|\right)^{1/2} \tag{11}$$

2.3.2　算法流程

根据上述优化问题表达式，用粒子群算法进行全局搜索，算法步骤如下：

(1) 设定参数，初始化 $N$ 个粒子（力密度向量）。

(2) 计算每个粒子对应的平衡矩阵 $\boldsymbol{D}$，求解特征值，计算适应度值（函数 $f$）。

(3) 根据速度、位置公式更新粒子位置。

(4) 判断是否满足收敛条件或达到最大迭代次数 $T_{\max}$，满足则结束计算并输出结果，否则返回步骤(2)。

# 3　算　例

## 3.1　三杆六索张拉整体

三杆六索张拉整体是一个平面结构，拓扑关系如图 1 所示，共有 6 个节点，6 个索单元（单元① ~ ⑥），3 个杆单元（单元⑦ ~ ⑨）。假定每个单元的力密度为一个变量，则力密度向量为 $\boldsymbol{q} = [q_1, q_2, \cdots, q_9]$。设定粒子群算法参数如下：种群规模 $N = 30$，最大迭代次数 $T_{\max} = 400$。

利用本文算法进行 5 次找形，对于得到的结果进行分析，发现算法具有较好的收敛性，迭代收敛曲线如图 2 所示，可得到多种稳定形态的张拉整体结构。其中一种张拉整体结构形态如图 3 所示，对应的力密度向量为[3.051 9，3.851 8，3.115 5，2.245 8，3.030 1，2.146 8，-1.637 8，-1.269 9，-1.295 0]。

若增加约束：所有索单元力密度都为 $q_s$，所有杆单元力密度都为 $q_g$，则力密度向量变为 $\boldsymbol{q} = [q_s, q_g]$。用本算法进行找形，得到结果为：$q_s = -2q_g$，与文献[3]中结果一致。得到的一种张拉整体形态如图 4 所示。

若增加约束：$q_1 = q_3 = q_5 = q_a, q_2 = q_4 = q_6 = q_b, q_7 = q_8 = q_9 = q_c$，则力密度向量变为 $\boldsymbol{q} = [q_a, q_b, q_c]$。用本算法进行找形，得到结果为：$q_a = q_b/2 = -3q_c/2$，与文献[3]中结果一致。得到的一种张拉整体形态如图 5 所示。

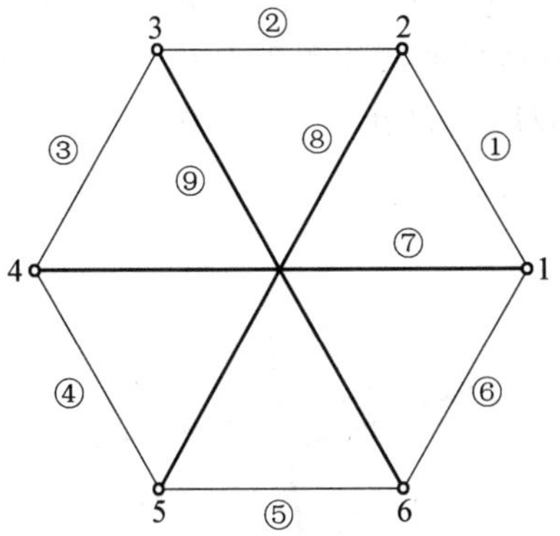


图 1　三杆六索张拉整体拓扑关系

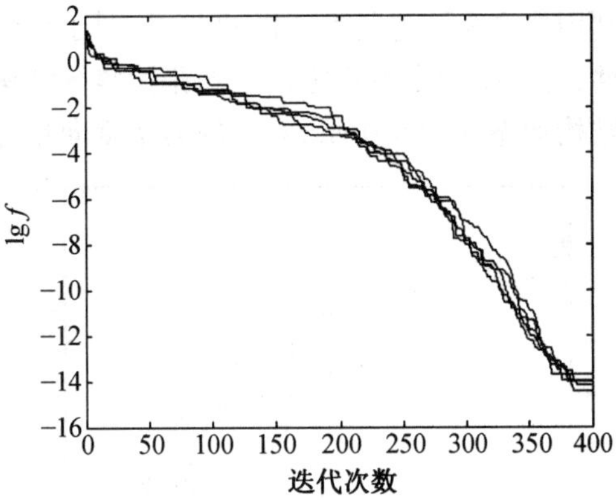


图 2　三杆六索张拉整体收敛曲线

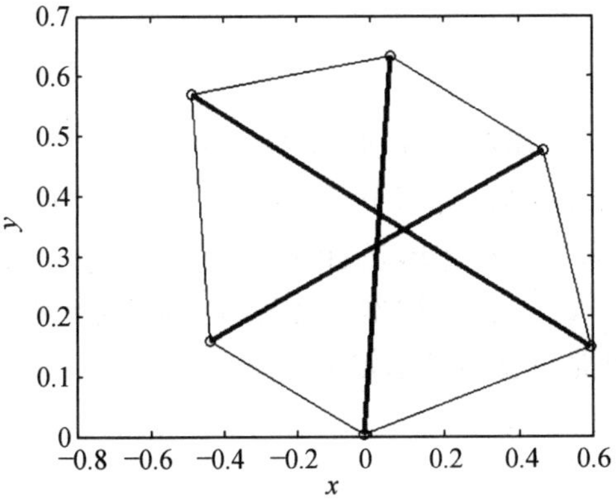


图 3　三杆六索张拉整体形态 a

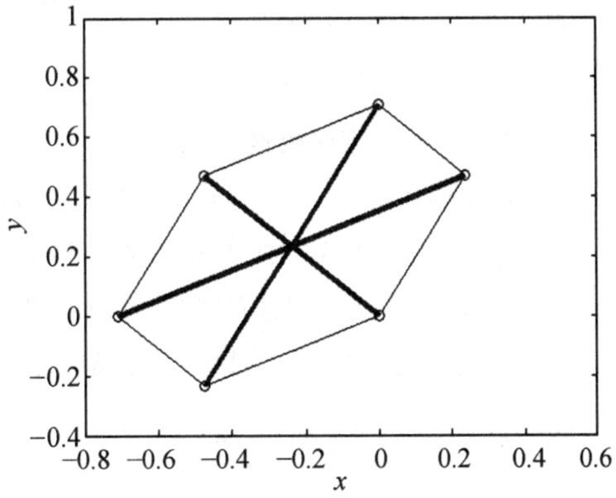


图 4　三杆六索张拉整体形态 b

## 3.2　三杆九索张拉整体

三杆九索张拉整体结构拓扑关系如图 6 所示，共有 6 个节点，9 个索单元（单元 ① ~ ⑨），3 个杆单元（单元 ⑩ ~ ⑫）。假定底索、竖索、上索各自的力密度值相同，杆的力密度为竖索的相反数，即 $q_1 = q_2 = q_3 = q_u$，$q_4 = q_5 = q_6 = q_x$，$q_7 = q_8 = q_9 = q_d$，$q_{10} = q_{11} = q_{12} = -q_x$。力密度向量为 $\boldsymbol{q} = [q_d, q_x, q_u]$。设定粒子群算法参数如下：种群规模 $N = 20$，最大迭代次数 $T_{max} = 300$。

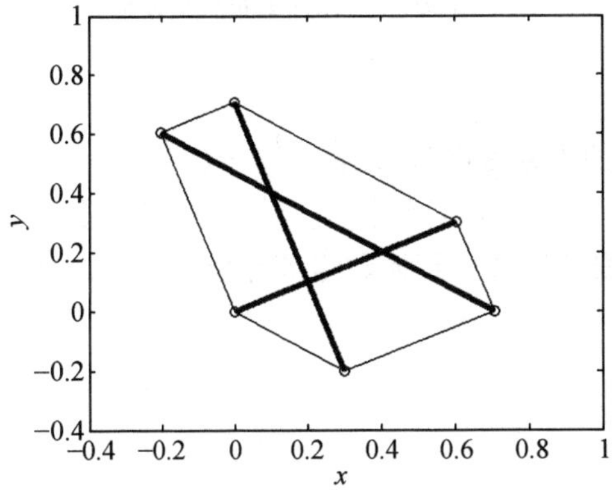


图 5　三杆六索张拉整体形态 c

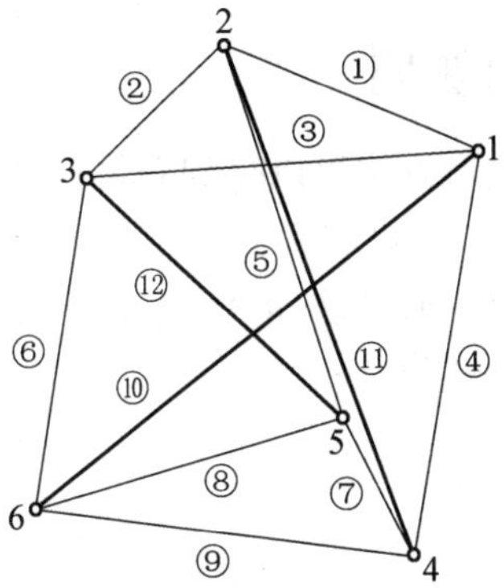


图 6　三杆九索张拉整体拓扑关系

利用本文算法进行5次随机找形，对于得到的结果进行分析比较，发现算法具有较好的收敛性，且可得到多种稳定形态的张拉整体结构，迭代收敛曲线如图7所示。其中一种张拉整体结构形态如图8所示，对应的力密度向量为[3.421 2,5.076 7,2.511 0]。

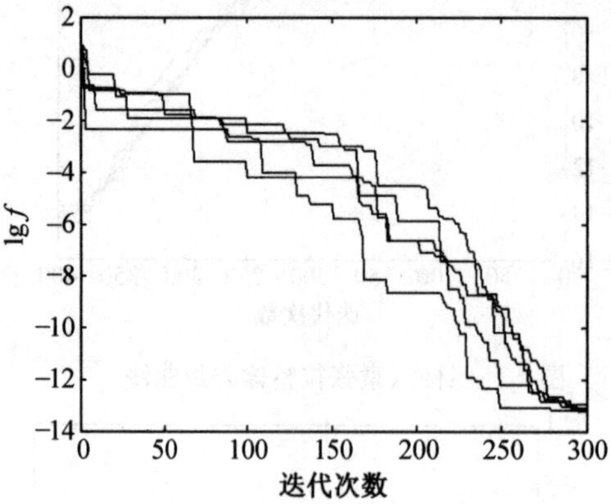


图7　三杆九索张拉整体收敛曲线

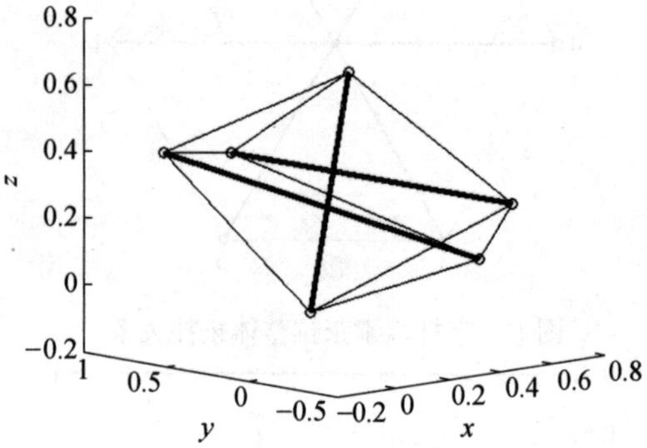

图8　三杆九索张拉整体形态 a

若增加约束：$q_u = q_d$，则力密度向量变为：$\boldsymbol{q} = [q_d,\ q_x]$。用本算法进行找形，得到结果为：$q_x = \sqrt{3}q_d$，与文献[3]中结果一致。得到的一种张拉整体形态如图9所示。

若增加约束：$q_u = q_x$，则力密度向量变为：$\boldsymbol{q} = [q_d,\ q_x]$。用本算法进行找形，得到结果为：$q_x = 3q_d$，与文献[3]中结果一致。得到的一种张拉整体形态如图10所示。

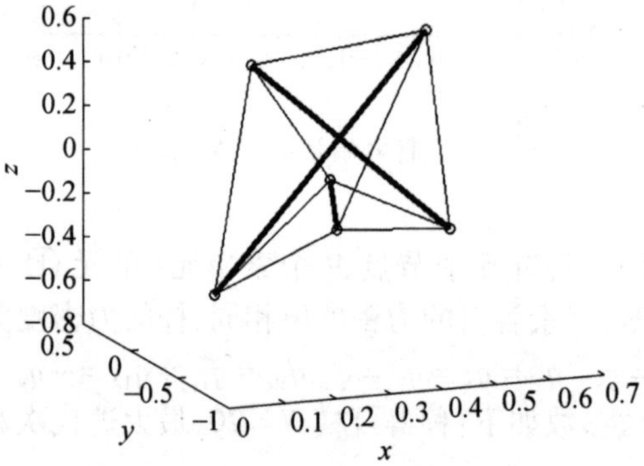

图9　三杆九索张拉整体形态 b

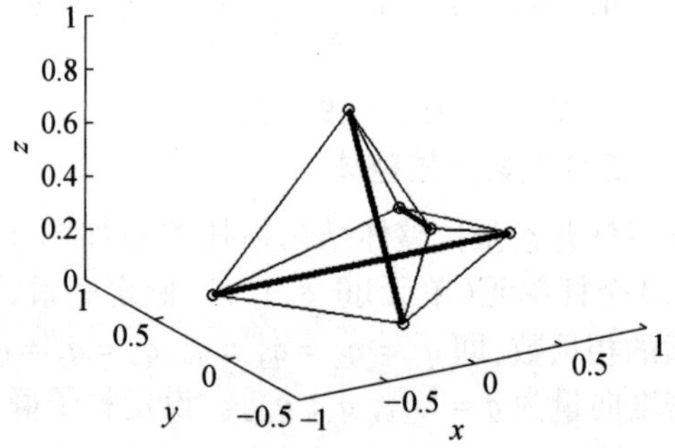

图10　三杆九索张拉整体形态 c

# 4　目标规划

上述找形方法可以得到满足自平衡条件的力密度向量，以及对应于$(d+1)$个零特征值的特征向量。由于矩阵运算的线性性质，特征向量的任意线性组合仍然满足平衡方程的要求，因此，可以通过这$(d+1)$个特征向量的线性组合得到无数组节点坐标向量。线性组合的数学表达式为

$$\begin{cases} x = \boldsymbol{V}w_1 = \sum_{i=1}^{d+1} v_i w_{1i} \\ y = \boldsymbol{V}w_2 = \sum_{i=1}^{d+1} v_i w_{2i} \\ z = \boldsymbol{V}w_3 = \sum_{i=1}^{d+1} v_i w_{3i} \end{cases} \tag{12}$$

式中，$\boldsymbol{V} = [v_1, v_2, \cdots, v_{d+1}] \in \boldsymbol{R}^{n\times(d+1)}$，为零特征值对应特征向量组成的矩阵；$\boldsymbol{W} = [w_1, w_2, \cdots, w_d] \in \boldsymbol{R}^{(d+1)\times d}$，为节点坐标系数矩阵。

可以对节点坐标设定目标约束，进行目标规划，通过调节系数矩阵使得最终得到的坐标向量满足设定的目标，从而使结构更加符合工程实际的要求。

### 4.1 解代数方程法

根据目标约束建立代数方程，当线性无关的方程个数不大于待定系数个数时，我们可以直接求解代数方程以得到满足要求的系数矩阵和坐标向量。

$$\boldsymbol{S}\begin{bmatrix} x \\ y \\ z \end{bmatrix} = \boldsymbol{S}\begin{bmatrix} \boldsymbol{V}w_1 \\ \boldsymbol{V}w_2 \\ \boldsymbol{V}w_3 \end{bmatrix} = \boldsymbol{S}(I_3 \times \boldsymbol{V})\begin{bmatrix} w_1 \\ w_2 \\ w_3 \end{bmatrix} = \begin{bmatrix} u_x \\ u_y \\ u_z \end{bmatrix} \tag{13}$$

式中，$\boldsymbol{S}$ 为目标约束方程的系数矩阵。

当各方向的目标约束方程相互独立时，上式可简化为

$$\begin{cases} \boldsymbol{S}_x = \boldsymbol{SV}w_1 = u_x \\ \boldsymbol{S}_y = \boldsymbol{SV}w_2 = u_y \\ \boldsymbol{S}_z = \boldsymbol{SV}w_3 = u_z \end{cases} \tag{14}$$

上述方程可以通过高斯消元法求解，得到节点坐标系数矩阵 $\boldsymbol{W}$，从而得到满足要求的节点坐标$(x, y, z)$。

以 3.1 中的 $q_s = -2q_g$ 的张拉整体为例，得到的一组特征向量为

$$\boldsymbol{V} = [v_1, v_2, v_3] = \begin{bmatrix} 0.4482 & -0.3100 & -0.4506 \\ 0.5413 & 0.2550 & -0.3768 \\ 0.0944 & 0.6177 & -0.3310 \\ -0.4456 & 0.4153 & -0.3591 \\ -0.5387 & -0.1497 & -0.4329 \\ -0.0918 & -0.5123 & -0.4786 \end{bmatrix}$$

假定两个方向的约束独立，对于 $x$ 方向，设定目标约束为

$$\begin{cases} x_1 = 1 \\ x_2 + x_3 = 0 \\ x_4 + x_5 + x_6 = -1 \end{cases}$$

则可建立代数方程为

$$\begin{bmatrix} 100\,000 \\ 011\,000 \\ 000\,111 \end{bmatrix} \cdot \boldsymbol{V} \cdot w_1 = \begin{bmatrix} 1 \\ 0 \\ -1 \end{bmatrix} \tag{15}$$

代入上述得到的 $\boldsymbol{V}$ 可以求解得到

$$w_1 = \begin{bmatrix} w_{11} \\ w_{12} \\ w_{13} \end{bmatrix} = \begin{bmatrix} 1.340\,7 \\ -1.008\,0 \\ -0.137\,3 \end{bmatrix}$$

最终节点坐标为

$$\boldsymbol{x} = \boldsymbol{V} w_1 = [11/2 - 1/2 - 1 - 1/21/2]^{\mathrm{T}}$$

### 4.2 优化算法

当目标约束方程个数大于未知数个数，或者目标约束具有非线性，便无法通过求解代数方程得到问题的解。对于这种情况，考虑根据目标约束选取目标函数，借助优化算法如粒子群算法对于此约束优化问题进行求解。

以3.2中 $q_x = \sqrt{3}\,q_d$ 的张拉整体为例。设定目标约束为：所有拉索单元的长度相同，所有压杆单元的长度相同。显然，约束个数大于未知系数个数。选取优化问题的目标函数为

$$g = \sqrt{\sum_{i=1}^{9} (l_i - l_{a1})^2 + \sum_{i=10}^{12} (l_i - l_{a2})^2} \Big/ l_a \tag{16}$$

其中

$$l_i = \sqrt{dx_i^2 + dy_i^2 + dz_i^2},\ i = 1, \cdots, 12$$

$$l_{a1} = \Big(\sum_{i=1}^{9} l_i\Big)/9$$

$$l_{a2} = \Big(\sum_{i=10}^{12} l_i\Big)/3$$

$$l_a = \Big(\sum_{i=1}^{12} l_i\Big)/12$$

以节点坐标系数矩阵 $\boldsymbol{W}$ 为粒子，设定种群规模 $N = 20$，最大迭代次数 $T_{max} = 100$，得到最终结果为

$$l_1 = l_2 = l_3 = l_7 = l_8 = l_9 = 1.845\,6$$
$$l_4 = l_5 = l_6 = 2.058\,5$$
$$l_{10} = l_{11} = l_{12} = 0.551\,6$$

目标函数最小值为0.191 1，表明使所有拉索单元长度相同、所有压杆单元长度相同的目标无法准确达到，而最接近目标的解即为上述将拉索单元长度分为两类、所有压杆单元长度相同的情况。得到最优解的张拉整体形状如图 11 所示。

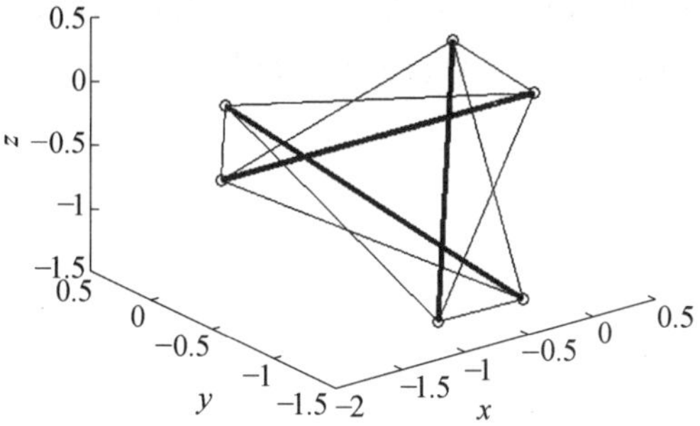


图 11　三杆九索张拉整体目标规划形状

# 5 结　论

(1)将粒子群算法同力密度算法相结合,利用力密度算法建立张拉整体平衡方程,根据方程有实际意义解的条件确定目标函数,再利用粒子群算法在力密度空间中进行全局搜索,以得到使目标函数最小的力密度值,代回得到满足自平衡条件的节点坐标向量;利用经典算例验证了该算法的有效性。

(2)将传统找形算法-力密度算法与智能优化算法-粒子群算法相结合,保证了找形算法的收敛性和稳定性,相较于传统找形算法,可以实现对于大型不规则复杂形态的张拉整体找形,并且能够得到多种满足自平衡条件的张拉整体结构形态。

(3)针对给定目标约束的张拉整体找形,通过两种方法进行目标规划。当约束个数不大于待定系数个数时,直接求解代数方程以确定节点坐标系数矩阵;当约束个数多于未知量个数时,利用优化算法(如粒子群算法)进行求解,最终得到的节点坐标在满足目标约束的同时更加符合工程实际要求。

## 参考文献

[1] FULLER R B. Tensegrity [J]. Partfolio and Artnews Annual, 1964(4): 112-127.

[2] SKELTON R E, OLIVEIRA M C. Tensegrity Systems [M]. New York: Springer, 2009.

[3] TIBERT G, PELLEGRINO S. Review of form-finding methods for tensegrity structures [J]. International Journal of Space Structures, 2003,18(4):209-223.

[4] VASSART N, MOTRO R. Multiparametered form-finding method: application to tensegrity systems[J]. International Journal of Space Structures, 1999, 14(2):147-154.

[5] TRAN H C, LEE J. Advanced form-finding of tensegrity structures[J]. Computers & Structures, 2010, 88(3-4):237-246.

[6] GRUBER P M. Handbook of Convex Geometry[M]. North-Holland, 1993.

[7] KOOHESTANI K. Form-finding of tensegrity structures via genetic algorithm[J]. International Journal of Solids & Structures, 2012, 49(5):739-747.

[8] LI Y, FENG X Q, CAO Y P, et al. A Monte Carlo form-finding method for large scale regular and irregular tensegrity structures [J]. International Journal of Solids & Structures, 2010, 47(s14-15):1888-1898.

[9] 林敏，李团结，纪志飞. 采用改进鱼群算法的张拉整体结构找形方法[J]. 西安电子科技大学学报(自然科学版)，2014，41(5):112-117.

# 碳纳米管加强混凝土柱抗侧性能试验研究

林　航　苏　航　梁雲憑

（同济大学 土木工程学院，上海 200092）

**摘　要**　已有研究表明，掺入碳纳米管可以显著提高水泥基材料的抗压和抗折性能。本文采用工业级碳纳米浆料，简化碳纳米混凝土制备程序，开展了不同掺量碳纳米混凝土材料力学性能测试和碳纳米混凝土柱低周反复加载试验。研究表明，碳纳米掺量为 0.15%（质量分数，下同）时，混凝土的立方体抗压强度提高最显著（30.5%）；此外，碳纳米管对于混凝土柱的能量耗散系数、延性系数以及刚度均有一定程度的提高，掺量为 0.05% ~0.2%时，能量耗散系数提升约 20% ~30%，相同位移下的柱刚度可提升 80% 左右，柱屈服位移、极限位移均减小，裂缝发展受到明显抑制，破坏时形态更加完整。

**关键词**　钢筋混凝土结构，碳纳米管混凝土柱，低周反复荷载试验，最优掺量

## 1　引　言

已有研究表明，多壁碳纳米管可以显著提升水泥基材料包括延性在内的力学性能。然而，一方面，碳纳米管尺寸小，比表面积大，易发生团聚，因而碳纳米混凝土制备工艺复杂，设备要求严格，制备费用显著高于普通混凝土；另一方面，碳纳米粉剂对人体有害，制备时需特殊防护装置。这些特点都阻碍了碳纳米材料在混凝土领域的应用。

近年来，随着碳纳米管工业化生产的发展，其成本已降至实验室生产时期的 1% 以下，碳纳米混凝土应用于工程实践的可行性大大提高。工业级碳纳米浆料质量稳定，价格更为合理，制备人员可以避免与碳纳米粉剂的直接接触。然而，目前国内外学者的研究主要针对实验室精细化调制、分散的碳纳米混凝土，缺乏对工业级碳纳米浆料制成的混凝土材料和混凝土构件力学性能的研究。

我国处于环太平洋地震带与欧亚地震带的交汇处，结构震害严重，需要深入了解结构所用材料和主要结构构件的刚度、承载力和耗能系数等性能指标。然而，目前对于碳纳米混凝土构件的研究主要集中于碳纳米管的分散方法和碳纳米复合材料机敏性能等方面，少有碳纳米混凝土构件抗震性能的研究成果。

综上，本文采用工业级碳纳米浆料制备碳纳米混凝土，通过碳纳米混凝土材料性能测试和碳纳米混凝土柱低周往复侧推试验，研究碳纳米管掺量对材料力学性能的影响，并基于试验结果归纳碳纳米材料的影响机理，分析碳纳米管最优掺量，为工程应用提供研究支撑。

# 2 标准混凝土立方体试块抗压试验

## 2.1 最优碳纳米管掺量

Al-Rub 等学者的研究发现,分散良好的碳纳米管可在混凝土中形成许多具有桥连功能的连接键。连接键弹性好、强度大,在试块受力时增加了混凝土的抗折性能和材料延性。碳纳米管尺度极小,质量很少的粉体就包含数目可观的管单体,无须添加太多即可满足加强需求。若掺入量过多,管体间会发生团聚。团聚物与基体间黏结差,使复合材料力学性能不升反降。为保证试验效果,在设计试件的碳管掺量时应首先确定最佳掺量范围。

文献记载显示,长期以来国内外研究人员在试验中采用的碳管规格不一、参数各异,各自试验得到的增强效果差异很大(表 1)。这也从一个侧面凸显了标准化、工业化生产碳纳米混凝土的必要性。

表 1 国内外碳纳米管加强水泥材料力学性能试验数据

| 学者 | 碳纳米管参数 | | | 最大强度增幅 | 对应掺量(质量分数)/% |
|---|---|---|---|---|---|
| | 直径 $d$/nm | 长度 $l$/μm | 纯度 | | |
| Abu Al-Rub 等 | 9.5 | 1.5 | >90% | 抗折强度 269%<br>延性 86% | 0.2 |
| Geng Ying Li 等 | 10 ~ 30 | 0.5 ~ 500 | >95% | 抗压强度 18.9%<br>抗折强度 25.1% | 0.5 |
| A. Cwirzen 等 | 10 | 10 | — | 抗折强度 10% | 0.042 |
| Maria S. Konsta-Gdoutos 等 | 20 ~ 40 | 10 ~ 100 | >97% | 抗折强度 30% ~ 40% | 0.08 |
| 罗建林 | 20 ~ 40 | 5 ~ 15 | >90% | 抗折强度 17%<br>抗压强度 28.3% | 0.1 |
| 韩瑜 | 20 ~ 40 | 5 ~ 15 | >97% | 断裂能像 165.1%<br>抗折强度 43.6%<br>韧度指数 52.8% | 0.08 |

各位研究者采用的材料,除表 1 所述的参数不同外,生产工艺、分散方式等对试验结果有重要影响的背景条件也不同。因而在采用不同规格的碳管进行试验前,进行预试验确定碳管最佳掺量范围是非常必要的。

本文首先进行了 6 组碳纳米混凝土立方体试块的标准抗压试验,确定了本试验所用碳纳米材料的最佳掺量范围,并在此基础上进行了 3 个混凝土半柱试件的低周反复荷载试验。

## 2.2 试验材料和试件设计

本次试验中,水泥采用 P. O 52.5 普通硅酸盐水泥;混凝土配合比为水泥 : 砂 : 碎石 : 水 = 1 : 1.5 : 2.9 : 0.4;细骨料为河沙,粗骨料为碎石;碳纳米管采用深圳某公司生产的工业级碳纳米浆料 NTP2021,厂家提供的碳纳米浆料产品参数见表 2。

**表 2　碳纳米浆料参数**

| 固体质量分数 | 碳纳米管质量分数 | 杂质质量分数 | | | | | | 磁性杂质质量分数 | 分散剂质量分数 | 分散介质 |
|---|---|---|---|---|---|---|---|---|---|---|
| | | Fe | Cu | Zn | Ni | Cr | Co | | | |
| (6.25±0.2)% | (5.0±0.2)% | $<50\times10^{-6}$ | $<10\times10^{-6}$ | $<10\times10^{-6}$ | $<10\times10^{-6}$ | $<10\times10^{-6}$ | $<100\times10^{-6}$ | $\leqslant1\times10^{-6}$ | 1.25±0.2% | $H_2O$ |

注:碳管规格为直径 5～15 nm,长度 15～25 μm,纯度大于等于 97%,比表面积 150～210 $m^2/g$

本文根据《普通混凝土力学性能试验方法标准》的要求制作了 6 组试件,每组包括 3 个边长为 150 mm 的标准立方体试块。除零掺量组外,其他 5 组试件的碳纳米管掺量(质量分数)分别为 0.05%、0.1%、0.15%、0.20%、0.25%,各组试件浇筑后在标准养护条件下养护 28 d。

### 2.3　测试方法和结果

试验在 NYL-2000D 压力试验机上进行,并依照《普通混凝土力学性能试验方法标准》测定混凝土立方体抗压强度值 $f_{cu}$,试验结果见表 3。

**表 3　试块抗压试验结果**

| 碳纳米管掺量/% | 0 | 0.05 | 0.10 | 0.15 | 0.20 | 0.25 |
|---|---|---|---|---|---|---|
| 立方体抗压强度 $f_{cu}$/MPa | 49.20 | 57.20 | 61.69 | 64.22 | 63.86 | 63.51 |
| 变异系数 | 0.089 | 0.063 | 0.112 | 0.064 | 0.086 | 0.067 |

试验结果表明,当用此种工业级碳纳米浆料制备混凝土时,添加 0.15% 左右的碳纳米管可获得最佳的混凝土力学性能。

## 3　混凝土半柱低周反复荷载试验

### 3.1　试验概况

3.1.1　试件设计

为研究添加碳纳米浆料的钢筋混凝土柱的抗侧性能,本研究制作了 3 个 200 mm×200 mm×700 mm 的半柱试件,试件底座尺寸为 300 mm×300 mm×600 mm。3 个试件除碳管掺量外,混凝土配合比、配筋等均相同。在针对碳纳米混凝土力学性能最优掺量的研究基础上,选定 3 个柱试件的碳纳米浆料的掺量分别为 0, 0.05% 和 0.20%。

通过反复摸索,本文得到了一种较合理的,适用于工业级浆料的碳纳米混凝土制备方法:先将水泥与粗、细骨料混合并干拌均匀,然后将分散均匀的碳纳米管浆料倒入水中充分混合,在搅拌锅中加入一半水并慢速搅拌 2 min,加入剩余水慢速搅拌 1 min,停 1 min,最后快速搅拌 4 min,而后振捣排除气泡。本次试验中所有柱试件采用立式浇筑,在自然状态下养护 28 d,试件配筋及具体尺寸如图 1 所示。

3.1.2　试验材料

试件混凝土的设计强度为 C50,配合比为水泥：砂：碎石：水=1：1.5：2.9：0.4;水

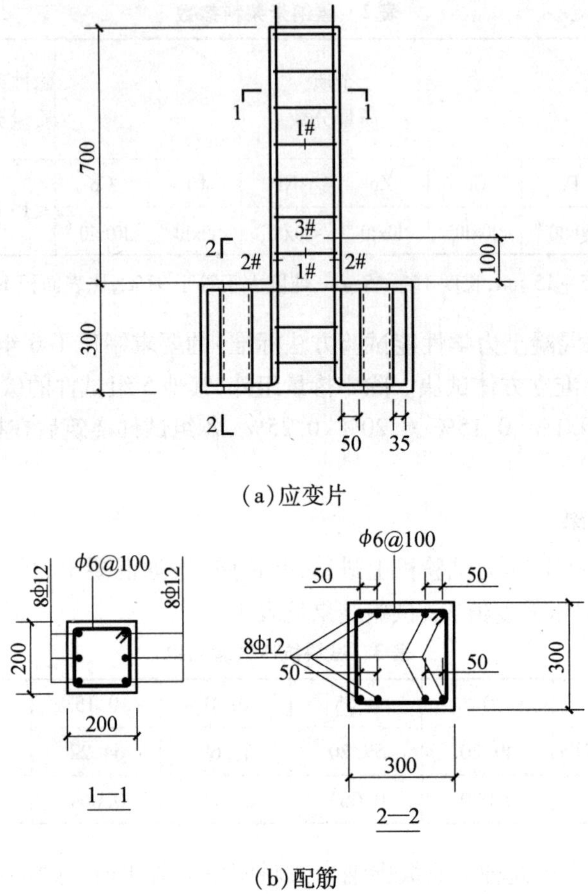


图 1　配筋及应变片布置(单位:mm)

泥采用 P. O52.5 普通硅酸盐水泥;细骨料为河沙,粗骨料为碎石。实测混凝土立方体抗压强度为 49.2 MPa;半柱沿受力方向单侧纵筋 3ϕ12,箍筋 ϕ6@100。纵筋实测屈服强度 342 MPa。

3.1.3　加载制度与量测方法

本次试验在同济大学建筑工程系建筑结构实验室 50 t 反复荷载试验机上进行。加载过程中,在竖向轴力保持恒定的同时施加水平反复荷载。竖向轴力由液压千斤顶施加并实现 0.5 的试件轴压比;水平反复荷载由液压伺服作动器施加并保持竖向千斤顶与水平作动器同步移动。

根据胡峰等人的研究成果,在半柱低周反复荷载试验中采用销绞加载装置可使竖向加载端及水平加载端的作用点汇交于销铰轴,有效模拟全柱试件的反弯点。这种加载装置由 L 形传力件和连接件两部分组成,两者通过销铰连接。L 形传力件两端分别连接试验机的水平向液压伺服作动器和竖向液压千斤顶。本试验采用这种加载装置。

试验加载制度参考《建筑抗震试验规程》(JGJ/T 101—2015),采取位移荷载综合控制法。试验开始前进行预加载,验证装置安装正确,试件对中。试验过程中,在采集系统上观察到柱两侧中任意一侧的纵筋应力-应变曲线出现明显拐点,且图线重新进入稳定直线段时即判断为试件纵筋屈服。在荷载下降段取最高荷载的 85% 为破坏荷载,停止试验。加载装置如图 2 所示。

试验布置 4 个线位移计,柱顶柱底各两个。箍筋应变片分别贴在距柱底 60 mm 和柱中位置处的箍筋表面,纵筋应变片布置在距柱底 50 mm 处。水平力作用平面内竖直粘贴混凝土应变片,水平力作用平面外水平粘贴混凝土应变片(图 2)。

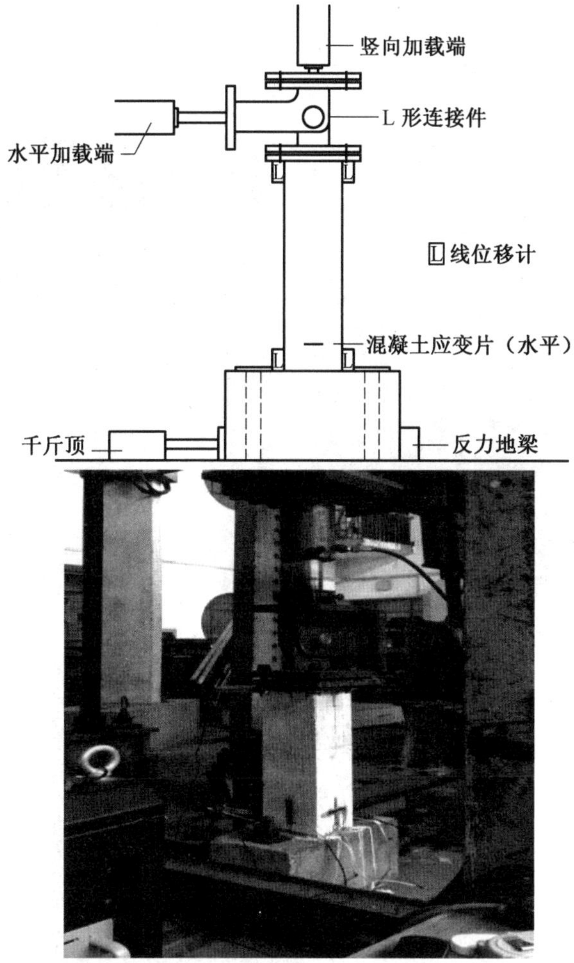


图 2　加载装置设计与实物

## 3.2　试验现象描述

本试验测试的 3 个柱试件的破坏形态如图 3 所示。

1 号试件(零掺量)在屈服前有细裂缝产生,屈服时裂缝数量较多,最大宽度为 0.08 mm;屈服时刻柱顶位移为破坏位移的 25% 左右,混凝土纵向应变 857 με;水平推力达到峰值时,柱顶位移约为破坏位移的 60%。在纵筋屈服后水平推力达到峰值前,柱底座以上30 ~ 200 mm范围内裂缝持续发展(长度约 120 ~ 150 mm,部分裂缝宽度已超过 0.2 mm 的宽度限值);当柱顶位移达到极限位移的 80% 时,柱与基础相接四角处开始剥落,同时柱正面下部 2/3 柱高范围内裂缝贯穿,宽度加大;当柱顶位移达到 20 mm 时,水平荷载值达到最大值的85%，柱根部混凝土大块剥落，试件发生破坏。

2号试件(碳纳米管掺量0.05%)屈服前无明显可见裂缝，屈服时刻相比其他两个试件裂缝数量最少，宽度最小(0.04 mm以下)；屈服时刻柱顶位移为破坏位移的27%左右；水平推力峰值对应的柱顶位移约为破坏位移的80%；在柱顶位移达到屈服位移2倍时，试件出现20~30 mm长的可见裂缝；随着水平荷载的不断施加，裂缝向柱底方向倾斜，柱底50~150 mm范围内的试件正面裂缝变宽并逐渐贯通，大部分裂缝宽度仍在0.2 mm限值范围内；当柱顶位移达到15 mm时，水平荷载值达到最大值的85%，柱根部表面混凝土开始剥落，新裂缝不再产生；柱整体形态完整，无明显剪切破坏。

(a)1号试件

(b)2号试件

(c)3号试件

图3　试件破坏形态

3号试件(碳纳米管掺量0.2%)裂缝数量少于1号试件而多于2号试件；试件第一条宽度为0.02 mm的可见裂缝在加载达到屈服荷载前后出现；屈服时柱顶位移为破坏位移的24%左右；水平推力峰值对应的柱顶位移约为破坏位移的82%；水平推力达到峰值时，试件表面混凝土开始部分剥落；当柱顶位移达到17 mm时，水平荷载值达到最大值的85%，柱底以上 200 ~ 500 mm 范围内的裂缝基本贯通，宽度超限并向柱根部发展，长度达 150 mm 以上，此时柱与基础交界四角处的混凝土开始剥落。

总体而言，在相同的轴压比（轴压比为 0.5）下，3 个试件的屈服位移均在 4 ~ 5 mm，碳纳米管对低周反复荷载作用下混凝土柱弹性阶段的结构响应影响不大，但加入碳纳米管后，试件破坏时柱顶位移减小，开裂时刻推迟，破坏时试件形态更加完整。

## 3.3 试验数据分析

### 3.3.1 滞回曲线

滞回曲线反映了构件在反复荷载作用下的变形特征、刚度退化及能量消耗，是进行结构抗震弹塑性动力分析的主要依据，也是结构抗震性能的综合体现。本文试验中各试件水平荷载-柱顶水平位移的滞回曲线如图 4 所示。由于试件加载过程中的损伤累积以及荷载和构件初始不对称，试验结果在正反向加载阶段有偏差。本次试验中，试件 3 的滞回曲线不对称性最为明显，这可能和试件制作和加载精度有关。

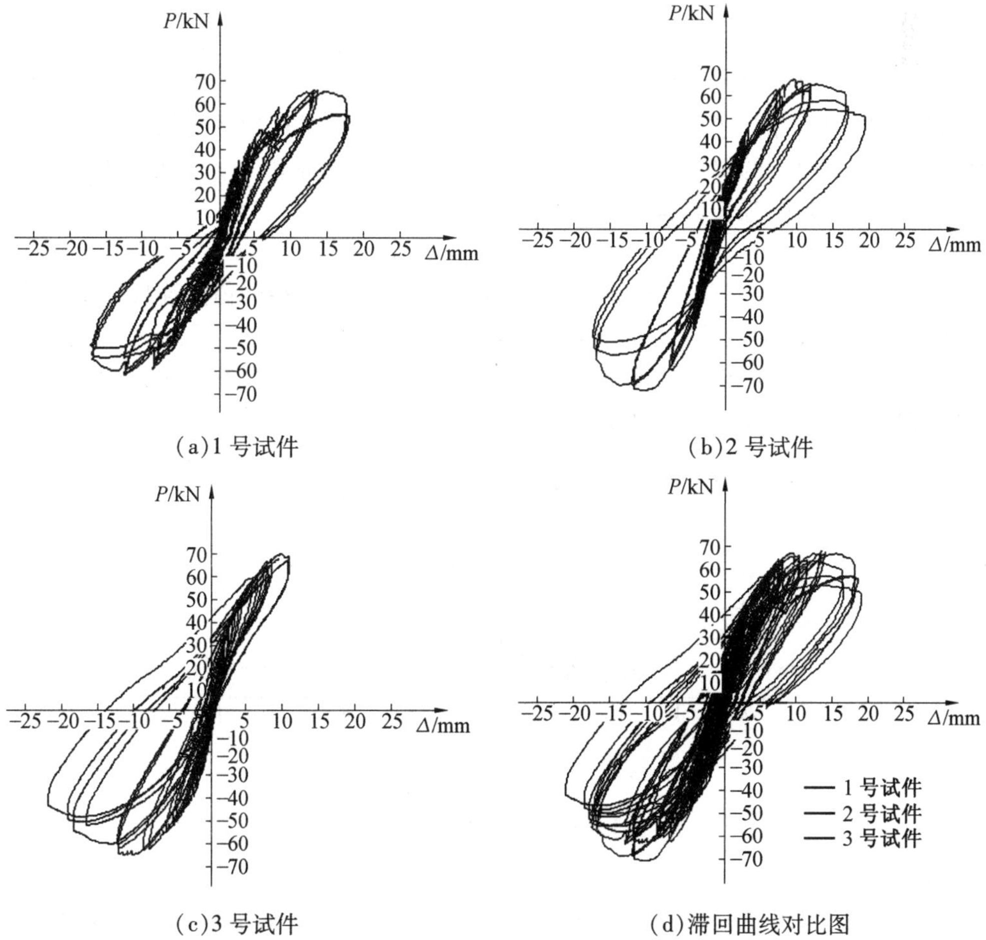


(a)1 号试件　(b)2 号试件　(c)3 号试件　(d)滞回曲线对比图

图 4　荷载-位移滞回曲线

分析图 4 可知，碳纳米管对试件弹性阶段的荷载位移曲线影响不大，3 个试件屈服前的图线均为直线，且相应侧移较小，3 个试件屈服后位移增大，$P$-$\Delta$ 线呈现出明显的非线性，卸载阶段存在残余变形，试件的屈服强度远小于极限强度。

3 个试件的极限承载力差异不大，加载达到峰值后，水平方向残余变形为 5～10 mm。但添加适量的碳纳米管可以使构件的滞回曲线更加丰满。其中，2 号试件的滞回曲线最饱满，呈梭形，反映出试件的变形能力强，具有良好的耗能能力；而 1 号试件滞回曲线形状最不饱满，包围面积最小，耗能能力差；3 号试件虽存在较大的不对称性，然而在较为完整的反向加载阶段，荷载-位移曲线依然具有良好的形状。

3.3.2　能量耗散能力

试件的能量耗散能力是试件抗震性能评价的一个重要指标。试件的能量耗散能力以荷载-变形滞回曲线所包围面积的大小来衡量。滞回环越饱满，曲线包围面积越大，说明试件的耗能能力越好。能量耗散系数可按《建筑抗震试验规程》推荐的方法计算，本文的计算结果见表 4。

**表 4　各试件能量耗散系数**

| 试件 | 1 号试件 | 2 号试件 | 3 号试件 |
|---|---|---|---|
| 能量耗散系数 $E$ | 1.49 | 1.99 | 1.80 |

试验结果表明，添加了碳纳米管的 2 号和 3 号试件的能量耗散系数相对于 1 号试件分别有 33.2% 和 21.1% 的提升，具有较好的变形能力与滞回耗能能力。多次循环后，2 号和 3 号荷载下降相对较小，损伤累积较慢。

3.3.3　骨架曲线

骨架曲线是低周反复荷载试验中每次循环的荷载-位移曲线峰值点连接后得到的包络线。骨架曲线能较全面地反映试件的刚度、承载力和延性等特征，并可用于确定试件的屈服点、最大荷载点以及极限点等特征点。本试验各试件的骨架曲线如图 5 所示，其中 2 号和 3 号试件曲线较平缓，强度的衰减速率较低，损伤累积较慢。

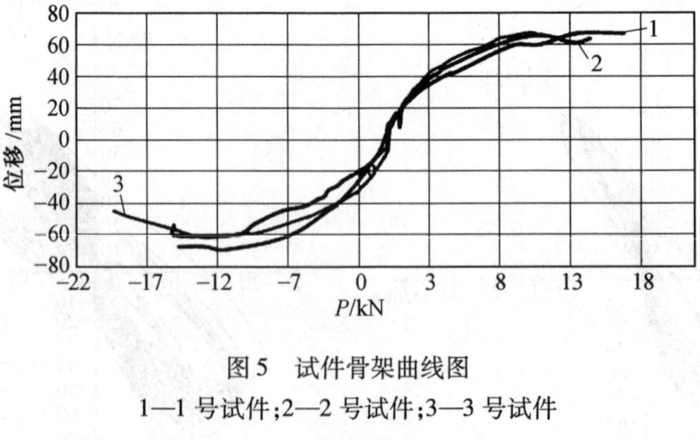


图 5　试件骨架曲线图

1—1 号试件；2—2 号试件；3—3 号试件

3.3.4　刚度

本文中，混凝土柱的抗侧刚度（用荷载位移曲线的割线刚度表示）按下式计算得到：

$$K_i=\frac{|+F_i|+|-F_i|}{|+X_i|+|-X_i|}$$

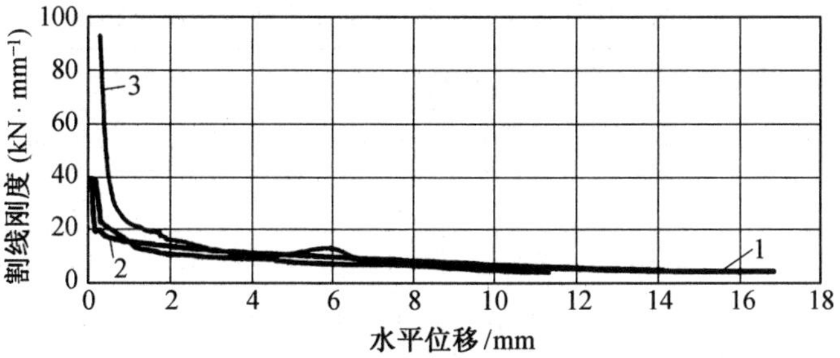


图6　试件割线刚度

1—1 号试件;2—2 号试件;3—3 号试件

式中，$F_i$ 是荷载位移曲线第 $i$ 次峰值点的荷载值，$X_i$ 是第 $i$ 次峰值点的位移值。按上式计算所得结果见表 5。

**表 5　试件刚度计算结果**

| | | | | | | | | |
|---|---|---|---|---|---|---|---|---|
| 1 号试件水平位移/mm | 0.36 | 1.57 | 3.53 | 4.71 | 6.50 | 9.85 | 14.30 | |
| 割线刚度/($kN \cdot mm^{-1}$) | 22.07 | 12.85 | 9.34 | 8.44 | 6.96 | 6.06 | 4.23 | |
| 2 号试件水平位移/mm | 0.19 | 0.35 | 0.67 | 2.94 | 3.99 | 7.71 | 11.34 | 14.57 |
| 割线刚度/($kN \cdot mm^{-1}$) | 38.84 | 28.07 | 19.29 | 12.41 | 11.04 | 7.93 | 5.96 | 4.49 |
| 3 号试件水平位移/mm | 0.18 | 0.43 | 0.64 | 1.41 | 3.76 | 5.05 | 8.00 | 15.32 |
| 割线刚度/($kN \cdot mm^{-1}$) | 46.56 | 30.16 | 24.85 | 18.50 | 11.56 | 9.78 | 7.32 | 3.59 |

由表 5 可知，添加碳纳米管后的试件初始刚度有较大提升，2 号和 3 号试件分别较 1 号试件提高 76.0% 和 110.9%。结构损伤会使试件刚度随加载级数的上升而下降，但掺加碳纳米管后刚度退化速度会变慢。比较 15 mm 柱顶位移时 3 个试件的刚度，1 号、2 号和 3 号试件分别下降到 5.59 kN/mm、7.92 kN/mm 和 7.31 kN/mm，相对于 1 号试件，2 号和 3 号试件损伤刚度分别提高 41.7% 和 30.8%。

试验还表明，碳纳米管对混凝土柱刚度的提升作用会随着试件的损伤累积而降低。此外，从刚度位移曲线(图 6)可知，3 个试件刚度的迅速下降段均处于 4 mm 范围内。因此可认为碳纳米管对于混凝土柱刚度大幅下降开始时刻的影响不大。

### 3.3.5　延性系数

延性是试件在达到弹性极限后，在没有明显强度或刚度退化情况下的变形能力。它是高强混凝土柱低周反复试验中评定试件抗震性能的主要参数之一。延性一般用位移延性系数和极限层间相对位移角两个指标来表征。按照《建筑抗震试验规程》中推荐的方法计算，可得本试验中各试件的屈服点、峰值点、极限点、延性系数和极限位移角，详见表 6。

表6 试件各阶段荷载位移值、延性系数及极限位移角

| 试件编号 | | 屈服点 | | 峰值点 | | 极限点 | | 延性系数 | 极限位移角 |
|---|---|---|---|---|---|---|---|---|---|
| | | $P_y$/kN | $X_y$/mm | $P_u$/kN | $X_0$/mm | $0.85P_u$/kN | $X_u$/mm | | |
| 1 | 正向 | 40.52 | 4.64 | 66.30 | 13.59 | 66.24 | 16.86 | 3.375 | 1/41 |
| | 负向 | -38.05 | -4.80 | -60.80 | -14.91 | -54.51 | -15.00 | | |
| 2 | 正向 | 44.35 | 4.15 | 65.01 | 11.15 | 62.97 | 14.49 | 3.665 | 1/45 |
| | 负向 | -43.66 | -3.82 | -70.07 | -11.52 | -67.99 | -14.65 | | |
| 3 | 正向 | 45.91 | 3.98 | 66.73 | 10.27 | 64.39 | 11.34 | 3.480 | 1/48 |
| | 负向 | -43.5 | -4.14 | -62.16 | -12.94 | -52.00 | -17.00 | | |

注:现行抗震规范要求在大震(罕遇烈度地震)作用下,钢筋混凝土框架结构的层间位移角应小于1/50,延性系数大于3

由表6可知,添加碳纳米管后的混凝土柱延性提升,极限转角减小。这主要是因为碳纳米管对混凝土柱刚度的提升使得试件的屈服位移和极限位移都变小,对于屈服位移影响更大。结合本文对试验现象的描述可知,采用碳纳米管加强混凝土柱可使结构的层间位移角和屈服位移减小,构件破坏后的形态保持更为完整,裂缝数量也可减少。

# 4 结　论

本文开展了添加工业级碳纳米浆料的混凝土材料力学性能和钢筋混凝土柱抗侧性能的试验研究,并总结了工业级碳纳米浆料的最优掺量,以及碳纳米钢筋混凝土柱的刚度、承载力、能量耗散系数和延性系数等性能指标和碳纳米管用量的关系。

研究结果表明,添加工业级碳纳米浆料的混凝土柱在低周反复荷载作用下的破坏模式与普通混凝土柱基本相同,试件滞回环更加饱满,掺量为0.05% ~0.2%时,能量耗散系数提升20% ~30%,在同级荷载多次作用下试件的损伤累积速率明显下降。同时,添加碳纳米管的混凝土柱的初始刚度有很大提升,掺量为0.05% ~0.2%时,相同位移对应的刚度可提升80%左右;试件裂缝出现时间推后,裂缝宽度变细且长度变短,试件破坏时的完整性大大提高。此外,添加碳纳米管后试件的屈服强度略有提升,屈服位移略有下降,延性有较大提升。

由于碳纳米混凝土材料及构件的力学性能受碳纳米管的分布影响较大,且试验中所用的混凝土质量也有一定的变异性,因而本文的主要结论还需通过更多试验结果进一步检验和修正。

## 参考文献

[1] BRYAN M, TYSON, RASHID K, et al. Carbon nanotubes and carbon nanofibers for enhancing the mechanical properties of nanocomposite cementitious materials [J]. Journal of Material in Civil Engineering, 2011, 23(7):1028-1035.

[2] 沈荣熹,王璋水,崔玉中. 纤维增强水泥与纤维增强混凝土[M]. 北京:化学工业出版社,

2006.

[3] ABU AL-RUB, RASHID K, et al. On the aspect ratio effect of multi-walled carbon nanotube reinforcements on the mechanical properties of cementitious nanocomposites[J]. Construction and Building Materials, 2012, 35(10):647-655.

[4] VAISMAN L, MAROM G, WAGNER H D. Dispersions of surface-modified carbon nanotubes in water soluble and water-insoluble polymers[J]. Advanced Functional Materials, 2006, 16(3):357-363.

[5] LI GENGYING, WANG PEIMING, ZHAO XIAOHUA. Pressure-sensitive properties and microstructure of carbon nanotube reinforced cement composites[J]. Cement and Concrete Composites, 2007, 29(5):377-382.

[6] 中华人民共和国住房和城乡建设部,中华人民共和国国家质量监督检验检疫总局. 混凝土结构设计规范:GB 50010—2010[S]. 北京:中国建筑工业出版社,2010.

[7] MARIA S, KONSTA-GDOUTOS, ZOI S, et al. Multi-scale mechanical and fracture characteristics and early-age strain capacity of high performance carbon nanotube/cement nanocomposites[J]. Cement and Concrete Composites, 2010, 32(2):110-115.

[8] 罗健林. 碳纳米管的分散性及其增强水泥材料力学性能[J]. 大连:建筑结构学报,2008,0(S1):246-250.

[9] 韩瑜. 碳纳米管的分散性及其水泥基复合材料力学性能[D]. 大连:大连理工大学,2013.

[10] 中华人民共和国建设部. 普通混凝土力学性能试验方法标准:GB 50081—2002[S]. 北京:中国建筑工业出版社,2003.

[11] 胡峰,张伟平,顾祥林. 钢筋混凝土柱低周反复荷载试验加载方法的比较研究[J]. 结构工程师, 2011, 27(2):95-101.

[12] 中华人民共和国住房和城乡建设部. 建筑抗震试验规程:JGJ/T 101—2015[S]. 北京:中国建筑工业出版社,2015.

# 基于机构原理的单边紧固螺栓设计与开发研究

郑宏伟　陈珂璠　李宇晗　陆金钰

（东南大学 土木工程学院，江苏 南京 210096）

**摘　要**　普通螺栓在施工中需要在连接件两端同时进行紧固作业，导致其在闭口截面钢构件上施工困难。目前国内外已有多种基于不同原理的单边紧固螺栓，施工中只需在闭口截面钢构件一侧安装螺栓，即可实现单边紧固，方便快捷、安全性高。当今结构工程领域大力提倡装配式理念，单边紧固螺栓具有较大的开发应用前景。本文对比了已有单边螺栓的不同紧固原理，针对基于机构原理的单边紧固螺栓提出了新的设计理念，展示了基于不同机构原理设计的新成果，为单边紧固螺栓在装配式钢结构领域的发展提供了新思路。

**关键词**　结构工程；单边紧固螺栓；机构原理；设计理念；装配式钢结构

## 1　引　言

建筑工业化是当今建筑结构领域生产方式发展的必然趋势。传统建筑生产方式将设计与建造环节分开，生产效率受到一定限制。建筑工业化是一种设计施工一体化的生产方式，它实现了标准化的设计，通过构配件的工厂化生产和整体结构的现场装配，极大提高了建筑生产效率。

具体来说，要推进建筑工业化在我国的发展，就必须大力推广装配式建筑。装配式建筑主要有装配式混凝土结构和装配式钢结构两种结构形式。装配式钢结构建筑是装配式建筑发展中的新兴主力军，总体上看，我国发展装配式钢结构的时机已经成熟：首先，钢结构与其他建筑结构形式相比，具有轻质高强、抗震性能好、施工周期短和工业化程度高等优点；其次，随着科学技术的发展，钢材的炼制成本大大降低，随之而来的是钢材产能的严重过剩，为此，国家政策开始明确支持钢结构的发展，并已进入实质性和强制性的推进阶段，如国务院《关于化解产能严重过剩矛盾的指导意见》就明确表示，要落实推广钢结构在建设领域的应用；同时，我国已陆续建成一批钢结构建筑，积累了丰富的工程经验，形成了包括《钢结构设计规范》在内的一整套较为系统的设计标准和施工质量验收规范。由此可见，随着建筑工业化的蓬勃发展，装配式钢结构必将成为我国未来建筑结构的重要形式。

焊接连接、螺栓连接和铆钉连接是钢结构的 3 种主要连接方式。在装配式钢结构领域，普遍使用螺栓连接。目前普遍使用的螺栓由螺杆和螺母构成。工人使用这种螺栓对工件进行紧固作业时，需要在工件开孔的一侧插入螺杆，在另一侧用扳手等工具将螺母拧紧，实现构件的紧固连接，因此施工人员需要在构件两边同时作业。但在钢结构工程当中，大量应用圆钢管、方钢管和钢管混凝土等闭口截面构件，普通螺栓很难在这些构件两侧同时操作。工程中为了解决这个问题，传统办法是在构件上开临时洞口，施工人员通过此临时洞口在构件另一端固定螺栓，施工完毕后再补上临时洞口。这种施工方法不仅烦琐费时，还破坏了构件的完整性，会直接导致结构承载力降低。

围绕此问题，国内外专家学者提出了单边紧固螺栓的概念。单边紧固，即只需要在闭口截面钢构件一侧安装，通过一定的原理使螺栓在构件另一侧自动锁固，不需要工人在构件两侧同时施工。单边紧固操作可极大简化闭口截面钢构件的连接，提高钢结构施工效率。

目前国内外已有许多学者开展了单边紧固螺栓的相关研究，获得了多种发明专利。基于不同的单边紧固原理，主要可以分为以下两类：①基于材料特性原理。通过在螺栓端部设计变形片，使之在强大预紧力的作用下，在构件另一端发生变形，形成扩大头支撑而实现单边紧固。②基于机构原理。通过在螺栓端部设计可展机构，使螺栓可在构件另一端展开，形成支撑而达到单边紧固的效果。本文将着重分析这两类螺栓的优点及不足，并在此基础上设计开发出新型基于机构原理的单边紧固螺栓，探讨其在装配式钢结构工程中的应用前景。

## 2　单边紧固螺栓的概念和原理

单边螺栓，又称单面螺栓、单向螺栓、暗螺栓、盲孔螺栓等。其在构件一侧实现单边紧固的原理是：通过设计使螺栓在构件另一端形成扩大支撑，施加足够的预紧力，足以形成可靠的自锁固端。单边紧固的概念同时也存在于其他用途的螺栓中，如穿芯高强螺栓、膨胀单向螺栓等。以膨胀单向螺栓为例，如图1所示。膨胀单向螺栓多用于吊板安装、管道固定等难以两侧同时操作的施工环节。膨胀单向螺栓存在的问题是无法对其施加强大的预紧力，其连接可靠性在较大荷载的工况下得不到保证。因此，普通膨胀单向螺栓无法应用于装配式钢结构的施工中，更无法替代目前普遍使用的高强螺栓。由此可见，为了使单边紧固螺栓可以用于一般钢结构构件连接，必须保证其可靠性。因此，其可施加的预紧力大小、抗拔指标、抗剪指标等均需满足一定要求。

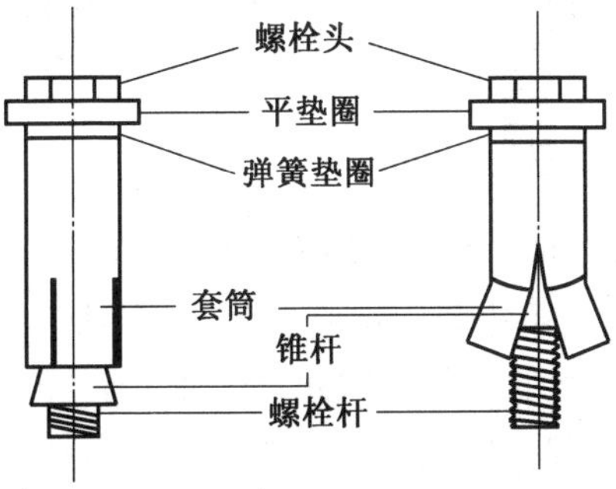


图1　普通膨胀单向螺栓

## 3　单边紧固螺栓研究现状

目前，基于单边紧固原理，国内外专家学者已获得许多相关发明专利，笔者通过整理归纳将其分为两类，一类基于材料特性原理，另一类基于机构原理。国内外均有基于此二类原理获得的相关发明专利。

### 3.1 基于材料特性原理的单边紧固螺栓研究现状

基于材料特性原理的单边紧固螺栓，通过在构件一侧拧紧螺母，使螺栓盲端(单边紧固端)的可变形部分受到沿螺杆方向的外荷载作用。此时，螺杆在套筒中背向盲端运动，从而对套筒上的变形片施压，变形片产生预定变形，形成鼓起扩大头支撑，达到单边紧固的效果。

20 世纪 60 年代，美国人 Orloff 申请了一种基于变形片变形的单边紧固螺栓专利，如图 2 所示。紧固螺栓时，通过螺栓杆盲端沿杆轴反向挤压变形片，使螺栓变形片在螺栓杆盲端变形形成扩大头支撑，起到紧固作用。

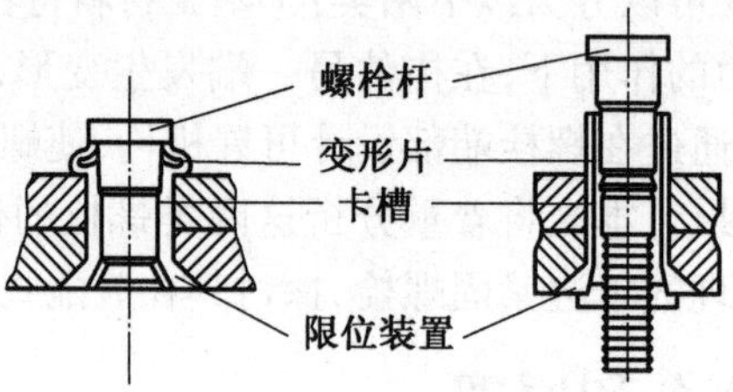


图 2　Orloff 提出的单边紧固螺栓

同一时期的美国人 Henry 则申请了一种基于端头变形的单边紧固螺栓专利，如图 3 所示。在限位装置的固定作用下，通过反向拧紧螺杆，使螺栓杆盲端套筒产生变形，向外鼓曲形成扩大头支撑，起到锁固作用。

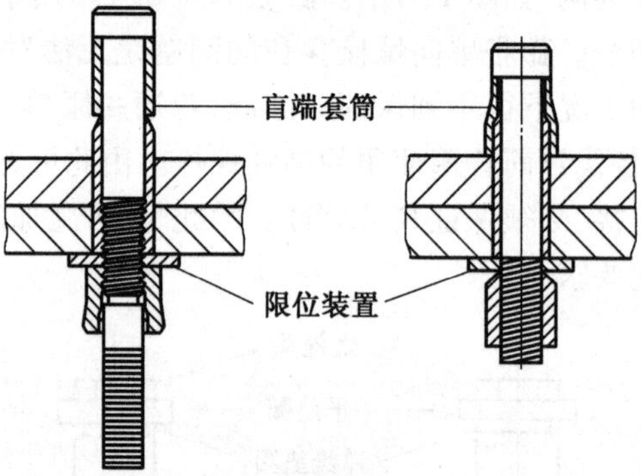


图 3　Henry 提出的单边紧固螺栓

20 世纪 90 年代之前授权的单边紧固螺栓专利，大多基于普通螺栓改进，难以实现高强螺栓所具备的可施加强大预紧力的功能。因此，从 20 世纪 90 年代开始，专家学者们开始致力于用单边紧固螺栓替代高强螺栓的研究。例如，美国 Huck 公司推出的 Ultra-Twist 螺栓便具有扭剪型螺栓的特点，可使用市场上的标准电动扭矩扳手进行安装，施工方便快捷。目前，该螺栓已在我国申请专利。Ultra-Twist 包括螺杆、球状套管、固定套管、承剪垫圈、承压垫圈和螺母 6 个零部件，如图 4 所示。

图 5 为 Ultra-Twist 安装前、后示意图。安装工具为扭剪型高强螺栓专用的标准电动扭矩扳手，扳头具有内外两个套筒，如图 6 所示。在使用电动扭矩扳手安装的过程中，随着内套筒的扭转，螺栓杆不断沿杆轴反向移动，螺栓头挤压球状套管，球状套管受到挤压发生鼓曲变形，最终形成内锁固头。最终，当内套筒扭转梅花头使螺杆中的预紧力达到设计值时，

梅花头沿切口剪断，安装完成。

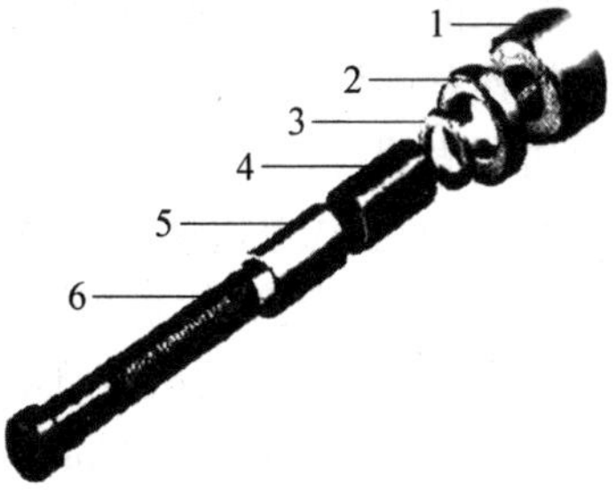


图 4 Ultra-Twist 组成部件

1—螺母；2—承压垫圈；3—承剪垫圈；4—固定套管；5—球状套管；6—螺杆

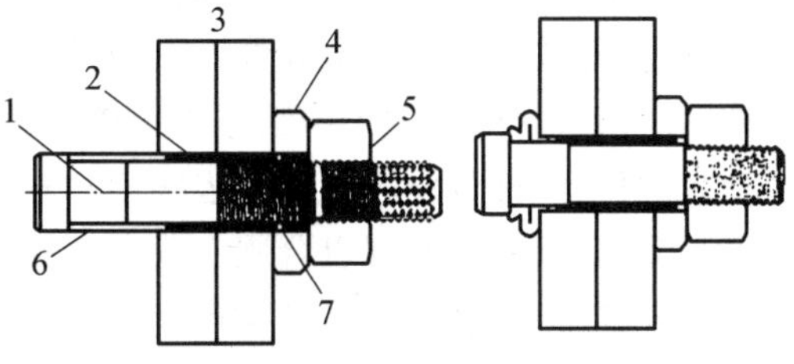


图 5 Ultra-Twist 安装前、后示意图

1—螺杆；2—固定套管；3—连接板；4—承压垫圈；5—螺母；6—球状套管；7—承剪垫圈

近年来，各种新材料的诞生为基于材料特性的单边紧固螺栓的开发提供了新思路。有研究人员提出应用软钢的材料变形原理实现单边紧固的效果，如可利用软钢作为变形片的扭剪型单边紧固螺栓，其利用两个套筒材料屈服强度的不同，在拧紧过程中发生变形展开，达到单边紧固的效果，如图 7 所示。

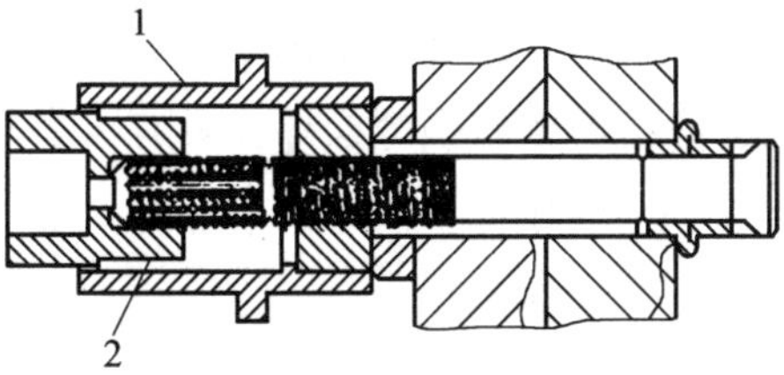


图 6 Ultra-Twist 安装工具构造示意

1—扭矩扳手外套筒；2—扭矩扳手内套筒

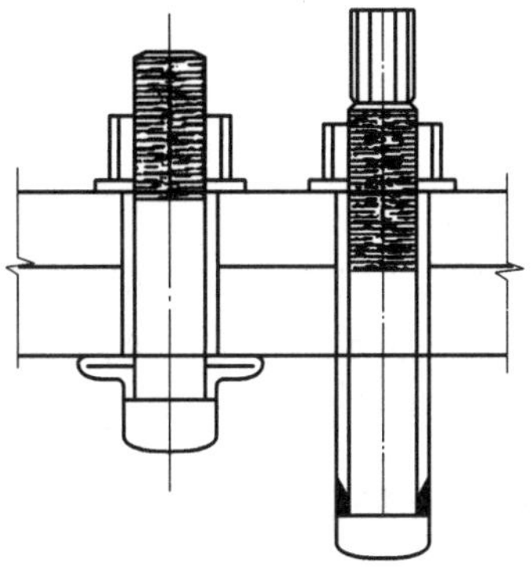

图 7 应用软钢材料变形原理的单边紧固螺栓

综上所述，从概念原理上看，基于材料特性展开的单边紧固螺栓已发展较为成熟。然而，与其有关的力学性能测试试验开展却很少，因此大部分基于材料特性展开的单边螺栓仅停留在设计阶段而未能投入使用。从现有工程经验来看，此类单边紧固螺栓大多仅能代替普通螺栓，而无法胜任高强螺栓的功能，原因主要有以下几点：①基于材料性能展开的单边紧固螺栓往往需要对螺栓盲端做特殊加工处理，生产工序烦琐，不利于工业化生产；②基于材料特性展开的单边紧固螺栓由于需要变形片发生变形，不可避免地会在变形区存在疲劳和应力集中的问题，安全性难以保障；③此类螺栓有些品种需要使用软钢等特殊材料，并且需要加工成复杂的形状，导致单个螺栓的制造成本远大于普通高强螺栓。

### 3.2 基于机构原理的单边紧固螺栓研究现状

基于机构原理的单边紧固螺栓，通过在螺栓杆或螺母处设置可展机构，借助机构的展开形成锁固端，实现单边紧固的效果。

国内外对于基于机构原理的单边紧固螺栓的研究起步较晚。国内对此展开研究较多的机构有合肥工业大学和同济大学等高校。合肥工业大学开发的基于机构原理的单边紧固螺栓有:一种弹开式单边螺栓紧固件、一种旋转闭合式单边螺栓紧固件和一种拉撑式单边螺栓紧固件。同济大学则开发了一组基于机械嵌套原理的单边紧固螺栓,分别是:一种嵌套式单边螺栓紧固件、一种分体嵌套式单边螺栓紧固件和一种旋转双嵌套式单边螺栓紧固件。

限于篇幅,笔者在此仅以合肥工业大学的弹开式单边紧固螺栓为例,其基本组成如图 8 所示。弹开式单边紧固螺栓,其实现单边紧固的原理是利用螺杆空腔中的机构杆旋转实现支撑块的弹出,以达到单边紧固的效果。此类螺栓在概念原理上可实现单边紧固效果,但其弹开机构的安全性和支撑块的强度是否能满足实用性的要求仍有待探讨。

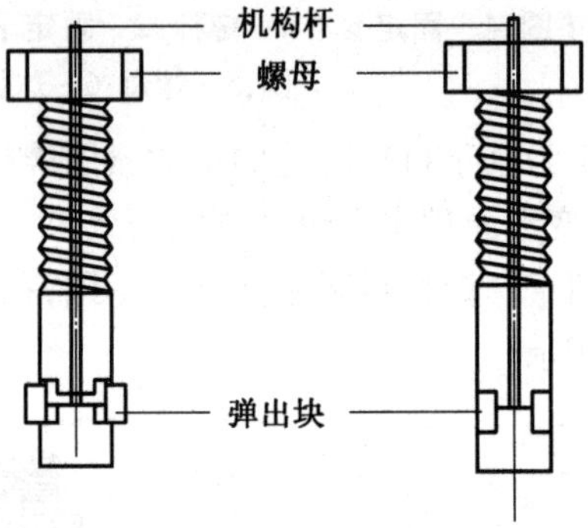


图 8　一种弹开式单边螺栓紧固件

以上探讨的几项基于机构原理的单边紧固螺栓,均尚未有相关试验测试数据发表,在工程中亦未得到广泛使用。同时,此类螺栓尚且无法像扭剪型高强螺栓那样具有可靠的紧固装置,无法保证其预紧力的合理施加,导致其可靠性得不到保障。

# 4　新型单边紧固螺栓设计

已有的基于机构原理的单边紧固螺栓,其原理和设计都各有千秋。近几年,许多研究者提出了一种研发新型单边紧固螺栓的新思路,即基于空间展开的新型机构原理。笔者所在团队依据此思路,构思出 3 种新型单边紧固螺栓专利——一种用于构件单边安装的伞式展开螺栓紧固件、一种用于构件单边安装的旋转式展开螺栓紧固件以及一种简易分体装配式螺栓紧固件。

## 4.1　伞式展开单边紧固螺栓

4.1.1　设计原理

伞式展开单边螺栓紧固件的设计灵感来源于伞的展开,由螺杆和套筒组成。套筒内壁光滑,使得螺杆可在内部自由滑动。此类螺栓在盲端模拟了伞的开合,螺杆伸入后,控制套筒将内柱拉出,同时支撑头像伞一样展开,再用螺母将结构固定,实现单边紧固,如图 9 所示。

4.1.2　主要零件

伞式展开单边螺栓紧固件主要由螺杆、支撑头、套筒、支撑杆、旋入螺帽和紧固螺帽构成，所有构件基于机构原理协调工作，共同实现伞式展开的效果，如图10所示。

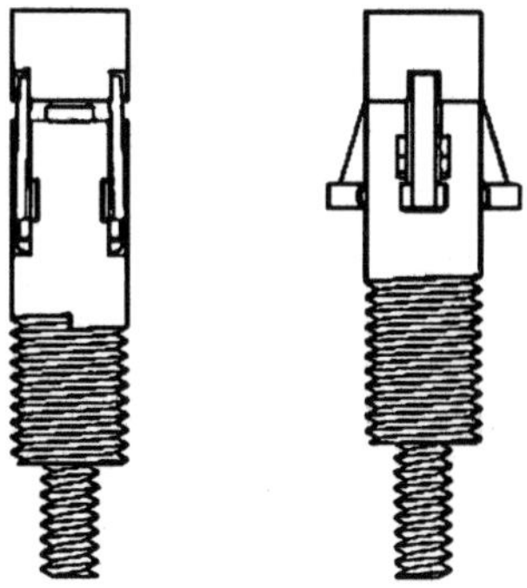

图9　伞式单边紧固螺栓

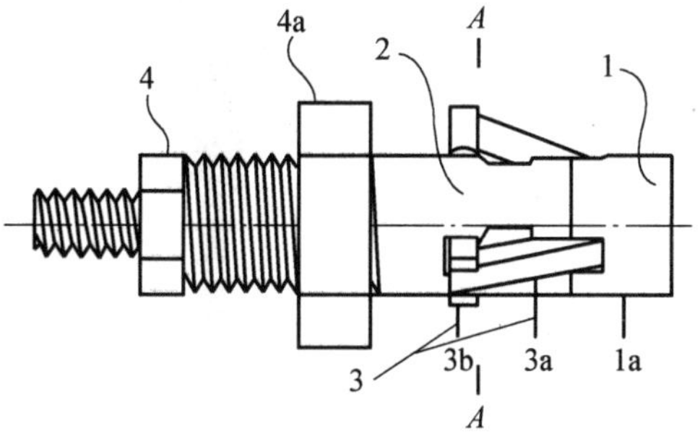


图10　伞式单边紧固螺栓主要零件

1—螺杆；1a—支撑头；2—套筒；3—支撑杆；3a—第一支撑杆；3b—第二支撑杆；4—旋入螺帽；4a—紧固螺帽

4.1.3　紧固效果

基于机构原理的伞式展开单边紧固螺栓，不使用特殊材料，不依靠材料变形形成扩大头支撑，杜绝了材料疲劳的隐患。同时，机构支撑受力直接，可靠性强。工作状态下，其三个支撑杆呈伞式展开，一端紧靠在被连接件上，与另一端的紧固螺帽配合工作，实现两个被连接件的可靠紧固。其最终紧固效果如图11所示。

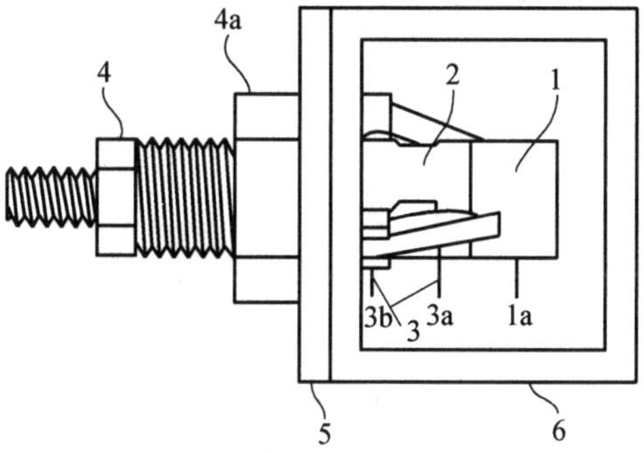


图11　伞式单边紧固螺栓紧固效果图

1—螺杆；1a—支撑头；2—套筒；3—支撑杆；3a—第一支撑杆；3b—第二支撑杆；4—旋入螺帽；4a—紧固螺帽；5—需连接构件；6—闭合截面构件

## 4.2　旋转式展开单边紧固螺栓

4.2.1　设计原理

旋转式展开单边螺栓紧固件的设计灵感来源于径向开合屋盖结构。其尾部为套筒结构，头部设计6瓣展开瓣，展开瓣内侧带有螺纹，与内螺杆上的螺纹相配合。随着内螺杆的旋入，螺杆上的螺纹带动6瓣展开瓣展开，再通过拧紧螺母，实现单边紧固，如图12所示。

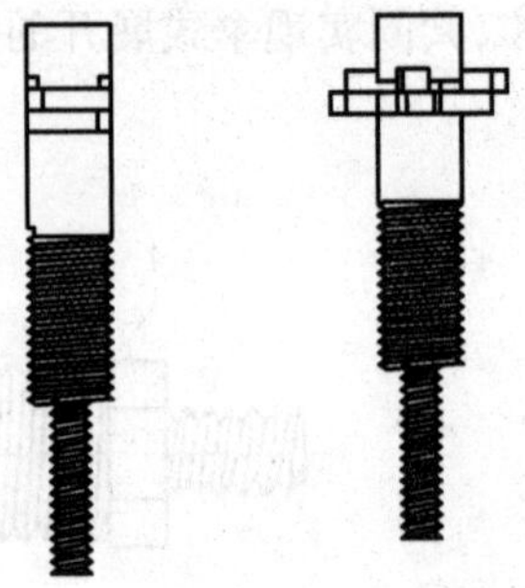

图 12　旋转式单边紧固螺栓

4.2.2　主要零件

旋转式展开单边螺栓紧固件主要由螺杆、支撑头、套筒、旋转片、旋入螺帽和紧固螺帽构成,所有构件基于机构原理协调工作,共同实现旋转式展开的效果,如图 13 所示。

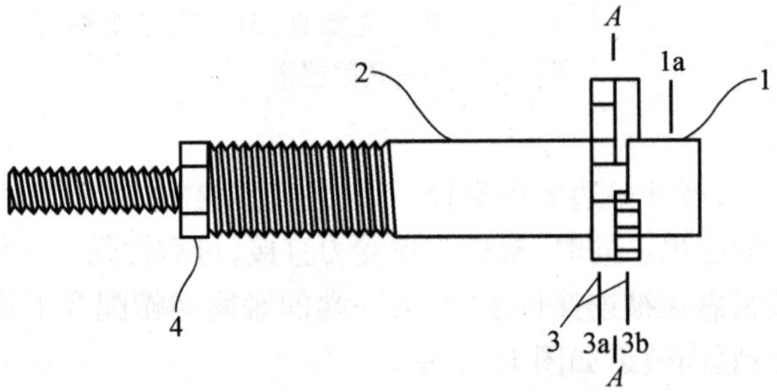


图 13　旋转式单边紧固螺栓主要零件

1—螺杆;1a—支撑头;2—套筒;3—旋转片;3a—第一旋转片;3b—第二旋转片;4—锁固螺帽

4.2.3　紧固效果

基于机构原理的旋转式展开单边螺栓紧固件,其紧固特点与伞式展开单边螺栓紧固件相同,设计精巧。工作状态下,其展开的 6 瓣展开瓣与被连接件压紧,与紧固螺帽配合实现单边紧固。其最终紧固效果如图 14 所示。

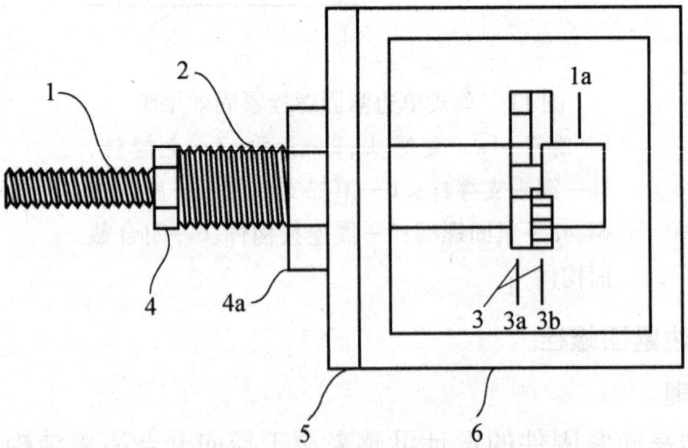


图 14　旋转式单边紧固螺栓紧固效果图

1—螺杆;1a—支撑头;2—套筒;3—旋转片;3a—第一旋转片;3b—第二旋转片;

4—旋入螺帽;4a—紧固螺帽;5—需连接构件;6—闭合截面构件

## 4.3 简易分体装配式单边紧固螺栓

### 4.3.1 设计原理

简易分体装配式单边紧固螺栓，由外套筒、内套筒和内螺杆构成双层套筒结构，通过推进内套筒，将设置在盲端的扇形支撑块外推，待扇形支撑块向外完全展开后依次拧紧旋进螺帽和紧固螺帽，实现单边紧固，如图 15 所示。

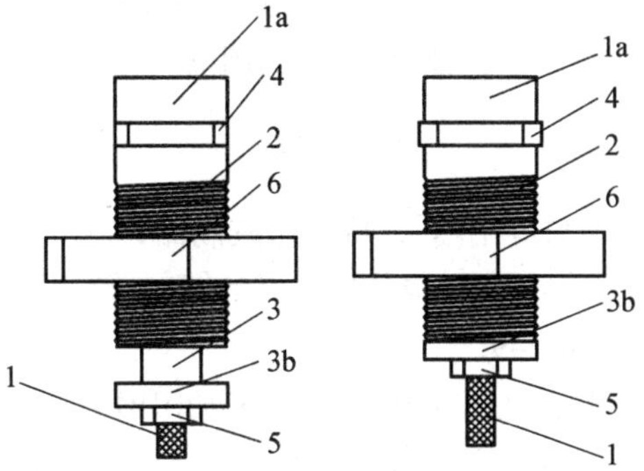


图 15　简易分体装配式单边紧固螺栓

1—内螺杆；1a—支撑头；2—外套筒；3—内套筒；
3b—支撑尾；4—扇形安装组件；5—小螺母；6—大螺母

### 4.3.2 主要零件

简易分体装配式单边螺栓紧固件主要由内螺杆、支撑头、外套筒、内套筒、扇形支撑块、旋入螺帽和紧固螺帽构成。所有构件基于机构原理协调工作，共同实现旋转式展开的效果，如图 16 所示。

### 4.3.3 紧固效果

简易分体装配式单边螺栓，采用面积和厚度均较大的扇形支撑块。工作状态下，扇形支撑块在内螺杆完全推进内套筒后完全展开，与被连接件接触压紧。支撑块在展开之后与被连接件之间有足够大的接触面积，配合拧紧螺帽形成可靠锚固，抗剪强度大，如图 17 所示。

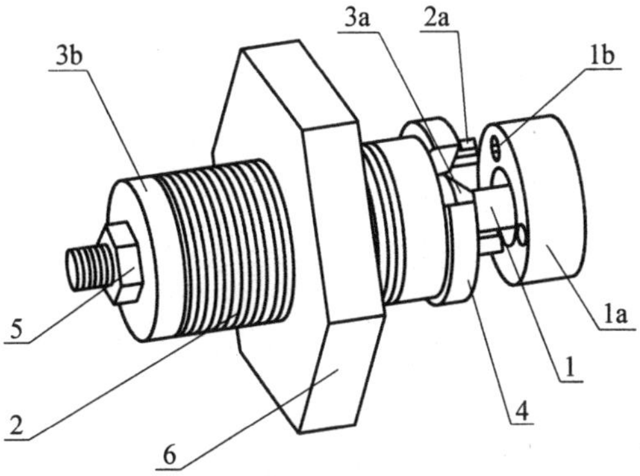


图 16　简易分体装配式单边紧固螺栓主要零件

1—内螺杆；1a—支撑头；1b—配合槽；2—外套筒；2a—外套筒端部凸起；3a—定位面；3b—支撑尾；4—扇形安装组件；5—小螺母；6—大螺母

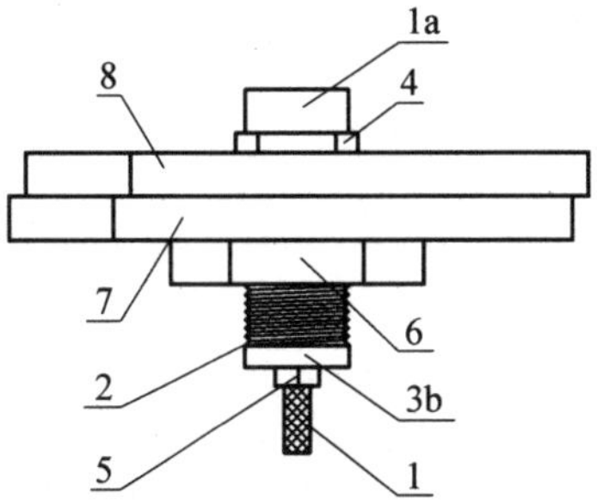


图 17　简易分体装配式单边紧固螺栓紧固效果图

1—内螺杆；1a—支撑头；2—外套筒；3b—支撑尾；4—扇形安装组件；5—小螺母；6—大螺母；7—第一连接构件；8—第二连接构件

# 5 单边紧固螺栓发展前景

随着我国建筑工业化的不断推进,装配式结构建筑的发展必将形成蓬勃之势。在各种装配式结构建筑的建造中,螺栓扮演着不可取代的重要角色。如今,专家学者们已经开发出许多便捷可靠的单边紧固螺栓,尤其适合在闭口截面构件中使用。当然,现有的不少单边紧固螺栓仍存在可改进之处,因此,可以预见在不久的将来,工程界还会出现更多新型的单边紧固螺栓,势必会极大地促进装配式结构建筑在我国的兴建。

## 参考文献

[1] 邓子嘉. 膨胀螺栓的原理与应用[J]. 特种橡胶制品, 1990(2):57-59.

[2] 毛德灿, 罗尧治. 径向开合屋盖结构分析与设计[J]. 第六届全国现代结构工程学术研讨会论文集, 2006(6):244-249.

[3] 东南大学. 一种简易分体装配式螺栓紧固件: CN201610106027.8 [P]. 2016-06-01.

[4] 沙里亚尔·M·萨德里,马克·R·普龙克特,马文·R·西克斯.加长夹紧范围内具有匀强夹紧的改进型高强度单面螺栓:美国,95115359.5.1996[P].2001-04-25.

[5] 东南大学. 一种扭剪型单边自紧螺栓紧固件: CN204284139.U[P].2015-4-22.

[6] 合肥工业大学.一种弹开式单边螺栓紧固件: CN201310007821.3[P].2013-4-10.

[7] 合肥工业大学.一种旋转闭合式单边螺栓紧固件: CN201310007783.1[P].2013-5-1.

[8] 合肥工业大学.一种拉撑式单边螺栓紧固件: CN201310007800.1[P].2013-5-1.

[9] 同济大学.一种嵌套式单边螺栓紧固件: CN201310516467.7 [P].2014-01-29.

[10] 同济大学.一种分体嵌套式单边螺栓紧固件: CN201310660709.X [P]. 2014-03-26.

[11] 同济大学.一种旋转双嵌套式单边螺栓紧固件: CN201310676811.9 [P]. 2014-04-09.

[12] 东南大学. 用于构件单边安装的伞式展开螺栓紧固件: CN201420623594.7[P]. 2015-3-4.

[13] 东南大学. 用于构件单边安装的旋转式展开螺栓紧固件: CN201420622440.6[P]. 2015-4-8.

# 防屈曲支撑装配式混凝土结构设计与建造研究

赵 鹏 李文静 王紫玫 祝 强

（合肥工业大学 土木与水利工程学院，安徽 合肥 230009）

**摘 要** 随着我国大力推进建筑工业化，装配式结构建筑得到快速发展和推广应用，但其仍面临抗侧刚度弱、节点连接部位质量不易保障等难题，在地震作用下的抗震能力有待提高。本文将防屈曲支撑与装配式混凝土结构进行巧妙组合，形成新型防屈曲支撑装配式混凝土框架结构。以新型结构体系的抗震性能试验为依据，分别对装配式混凝土结构的试验设计、预制、拼装等成套技术以及防屈曲支撑的设计原理、安装工艺等进行了介绍，研发了新型节点构造及连接方式。最后，提出了防屈曲支撑装配式混凝土结构的设计理念与方法。

**关键词** 结构设计；防屈曲耗能支撑；装配式混凝土结构；框架节点；连接构造

## 1 引 言

预制混凝土结构起源于西欧，发展于欧美，现已成为欧美等发达国家的一种主要建筑结构体系。随着我国大力推进建筑工业化，装配式结构建筑得到快速发展和推广应用，但仍面临抗侧刚度弱、节点连接部位质量不易保障等难题，其在地震作用下的抗震能力也有待提高，因此我国开始研究新型抗震结构组合体系，于是新型防屈曲支撑装配式混凝土结构逐步成为工程界与学术界关注的对象。

长期以来，装配式混凝土结构在使用时仍然处于保守状态，装配式混凝土结构在抗震性能研究方面较为少见是其中一个很重要的原因。近年来，装配式混凝土结构在地震作用下具有较好的性能体现。一些研究还表明，装配式混凝土的抗震性能可以通过优化节点连接构造和整体结构形式进行提高。

防屈曲支撑最先出现在日本。20 世纪 70 年代初，Wakabayashi 和 Yoshino 等都提出了在装配式混凝土板或者混凝土剪力墙内埋设一字截面钢板支撑以抑制其屈曲的理念，这是防屈曲支撑的初步模型。而真正意义上的屈曲支撑则出现在 20 世纪 70 年代中期，是内核采用一字钢板，外围采用钢管，并在中间填充砂浆的防屈曲支撑，Kimura 等提出了这种支撑并进行了试验研究。1988 年，Fujimoto 等对这种经典的内填砂浆钢管做外围的防屈曲支撑同时进行了理论和试验研究。

20 世纪 90 年代，防屈曲支撑得到迅速发展，各种形式的防屈曲支撑相继被研发出来。1993 年，Tada 提出了约束钢管内插的防屈曲支撑，将约束钢管内置，而直接承压的钢管包在外侧。1999 年，Clark 等进行了防屈曲耗能支撑的低周疲劳试验。2000 年，Iwata 等对 4 种不同截面形式的防屈曲耗能支撑进行了试验对比。同年，Nakamura 等通过足尺试验，研究了防屈曲支撑的疲劳性能。2001 年，Koetaka 等提出用圆钢管作为外围约束的防屈曲支撑，并进行了足尺试验研究。同年,中国台湾的蔡克铨等针对传统单核的防屈曲支撑与框架连接复杂的问题,提出了双套筒双内核的防屈曲支撑,并进行了理论分析和试验研究。2002年,Yamaguchi 等通过足尺振动台试验将普通支撑钢框架和防屈曲支撑钢框架进行了比较,进而得出了防屈曲支撑钢框架在抗震中有着更加良好的表现这一结果。2003 年,Sabelli 等对支撑为人字形布置的单跨防屈曲支撑钢框架进行了时程分析。2004 年,Kim 等对低层防屈曲支撑钢框架的设计问题进行了探讨,并提出了直接基于位移的设计方法。

与传统的结构体系相比,防屈曲支撑装配式混凝土结构体系具有结构简单、减震耗能效果明显、经济性和适用性好的优点。该结构体系将装配式混凝土结构与防屈曲支撑结合起来,使其共同作用,从而拥有稳定的耗能能力,并且能够有效地控制结构变形,因此该体系已经成为近年来一直被众多研究人员广泛关注的抗震结构体系。基于设计理念,采用防屈曲耗能支撑结构是提高建筑抗震性能的重要途径,目前国内外对于防屈曲支撑装配式混凝土结构体系的研究还不是很完备,其设计与建造技术及抗震性能皆有待研究。本文针对防屈曲支撑装配式混凝土结构体系的不足进行设计及建造技术的研究,并提出了一种新的设计及建造方法。

## 2 试验概况

### 2.1 试验设计

为研究新型防屈曲支撑装配式混凝土框架体系及其耗能机理,设计并制作预制装配后浇整体式混凝土框架,在低周反复荷载作用下进行加载试验的研究。通过观察试验现象和对结果的分析,考察框架的破坏模式、应力分布规律、滞回性能等参数,研究混凝土框架的构造形式、支撑节点板形式、装配式梁柱连接形式及防屈曲支撑布置形式对结构承载能力和抗震性能的影响。

本次试验对象为单层单跨的防屈曲支撑装配式混凝土框架。预制混凝土构件在合肥市某凝土预制构件有限公司的工厂制作,后浇混凝土及试验加载在合肥工业大学结构实验室进行。通过“两阶段”的设计方法达到“三水准”的设防要求:在多遇地震作用下防屈曲支撑和装配式混凝土框架处于弹性状态;在达到设防烈度的地震作用下防屈曲支撑屈服耗能,装配式混凝土框架发生变形但不屈服;在罕遇地震作用下,防屈曲支撑不失效,装配式混凝土框架不倒塌。

### 2.2 试验装置

为了解结构的承载情况和抗震性能,设计试验装置如图 1 所示。利用悬挂在反力框架上的千斤顶施加竖向压力,水平荷载通过 MTS 液压伺服加载器加载,液压伺服加载器固定在反力墙上。在梁端部和柱顶部设置预埋钢板,防止梁柱节点因加载而出现局部承压破坏。混凝土框架结构的柱脚通过螺栓和地脚连接在一起,牢牢固定,以免滑移。在整个框架的控制截面采用应变数据采集系统采集试件在试验过程中的各种反应,了解在地震作用下新型防屈曲支撑装配式混凝土框架的变形和耗能情况。

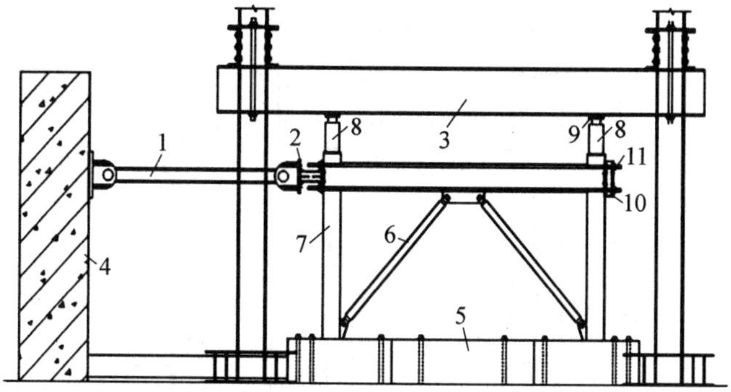


图 1　新型防屈曲支撑装配式混凝土框架抗震性能试验加载示意图
1—MTS 伺服加载系统；2—加载头；3—反力框架；4—反力墙；5—地梁；6—BRB 支撑；7—混凝土框架；8—千斤顶；9—四氟板；10—加载板；11—连接钢杆

# 3　预制框架构件的描述与制作

## 3.1　框架设计

参考国内外文献，从层高 4.2 m、跨度为 7.8 m 的多层装配式结构建筑中选取一榀框架进行模拟。根据试验条件，本次模型按照 1∶2 缩尺，即层高 2.1 m，跨度 3.9 m。构件截面按等截面惯性矩缩尺，柱端力按等比例缩小，缩尺后的新型防屈曲支撑装配式混凝土框架的构件尺寸均符合规范规定。

混凝土强度等级为 C40。采用套筒灌浆技术连接基础梁和柱，其连接质量对装配式混凝土结构的抗震性能有较大的影响。防屈曲支撑采用人字形双耳板的形式，控制防屈曲支撑的屈服起始层间位移角在 1/800 内。各试件配筋依据《混凝土结构设计规范》（GB 50010—2010）和《建筑抗震设计规范》（GB 50011—2010）设计。模型考虑了楼板对梁的影响。

## 3.2　框架柱

目前，装配整体式框架柱的纵筋连接方式常为套筒灌浆连接，以使结构满足强度、延性、耐久性及施工安装的要求。本次试验设计的右端预制框架柱，在距离基础梁顶面 600 mm 的位置采用套筒灌浆技术连接。根据试验要求，所有框架柱的截面尺寸为 250 mm × 250 mm，柱高为 2 370 mm。为使构件充分发挥其作用，设计非套筒区保护层厚度为 31 mm，套筒区保护层厚度为 20 mm。与此同时，为套筒区的每根钢筋预留直径为 42 mm 的 PVC 管，以便穿筋。柱内钢筋采用 HRB400，受力钢筋为 3 ⌀20，对称配筋，上下钢筋对应焊接，腰筋为 2 ⌀20。柱底和柱顶需要在一定范围内进行箍筋加密。为满足计算和构造要求，柱底加密区长度为 520 mm，柱顶加密区长度为 950 mm。加密区采用 $\phi$8@70，非加密区采用 $\phi$8@150。

为防止局部承压破坏，在梁端部位置和柱顶部位置安装预埋件 MB1 和 MB2。预埋件采用 Q345 钢材、M20 锚筋和 10.9 级 M24 螺栓，起连接固定的作用。框架柱和预埋件如图 2 所示。

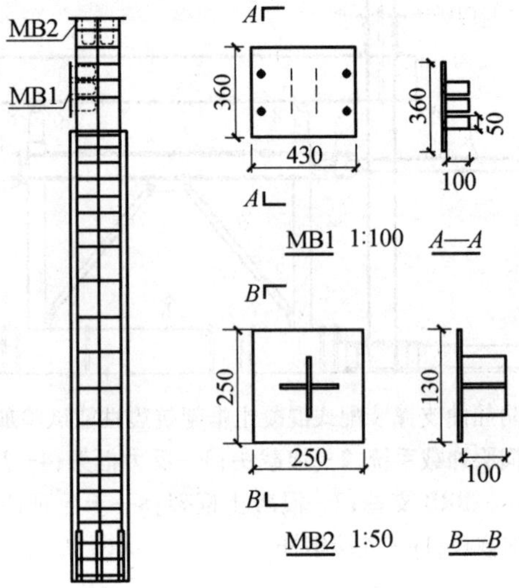


图 2　框架柱和预埋件(单位:mm)

### 3.3　框架梁

根据试验要求,本次试验设计为框架叠合梁。叠合梁能有效减轻吊装时构件的自重,同时由于后浇混凝土的存在,使得其结构的整体性较好,因而应用广泛。本次试验中梁的截面尺寸为 180 mm×360 mm,梁跨为 3 350 mm,梁两端预制部分的截面尺寸为 180 mm×210 mm。根据计算和构造要求,混凝土保护层厚度为 31 mm,受力钢筋采用 HRB400,上部钢筋为 3 ⌀20,下部钢筋为 6 ⌀20,设两排。梁内箍筋加密区为 $\phi$8@70,非加密区为 $\phi$8@150。梁柱现浇时,后浇区长度在保证正常施工的前提下尽量取较小值,同时保证预制构件和后浇混凝土两者之间牢固结合。

考虑到人字形防屈曲支撑的设置,在框架梁跨中的梁顶和梁底处设置预埋件。预埋件采用 Q345 钢材,长度为 1 000 mm,厚度为 20 mm,宽度为 180 mm。梁内锚筋采用 M20 进行预埋件和混凝土的锚固。框架梁和预埋件如图 3 所示。

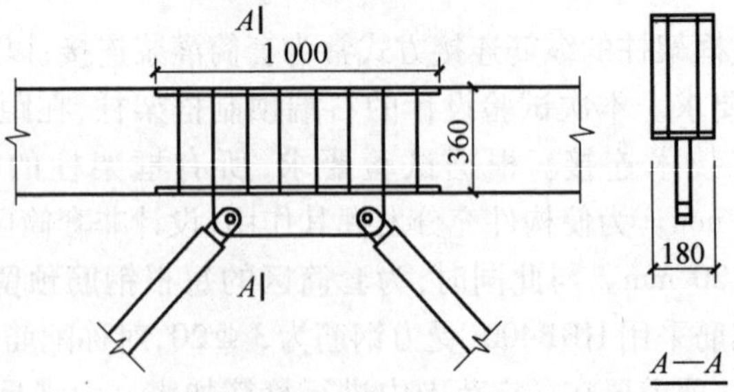


图 3　框架梁和预埋件(单位:mm)

### 3.4　基础梁

基础梁作为上部结构的基础,主要起将上部结构的荷载传递给地基的作用。本次试验设计的基础梁的截面尺寸为 575 mm×500 mm,长度为 1 500 mm。根据计算和构造要求,混凝土保护层厚度为 31 mm,基础梁内钢筋采用 HRB400,上部钢筋为 4 ⌀ 20,下部钢筋为 6 ⌀ 20,腰筋为 2 ⌀ 12,梁内箍筋采用 $\phi$8@100。

在基础梁的两端设置预埋件,预埋件采用 Q345 钢材,截面尺寸与基础梁的截面尺寸相同,厚度为 10 mm。为便于安装地锚固定框架,在基础梁指定位置利用 PVC 管预留地锚孔洞。基础梁和预埋件如图 4 所示。

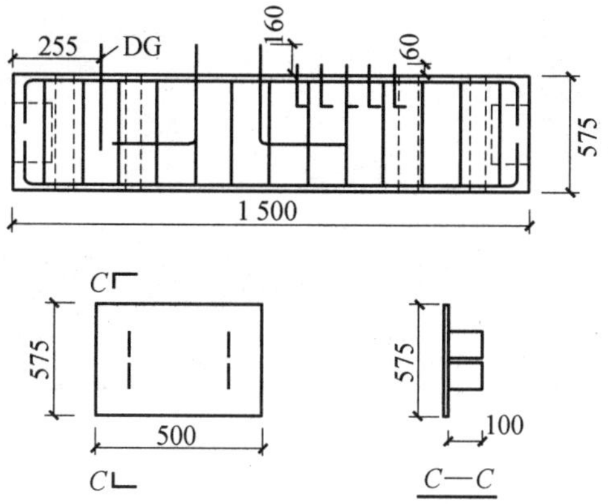


图 4　基础梁和预埋件(单位:mm)

## 3.5　预制构件的预制过程

### 3.5.1　钢筋绑扎和模具制作

钢筋绑扎和模具制作尺寸应严格符合有关规范和图纸的要求,提高试验的准确性。此次试验由于构件数量少、形式单一,主要采用木模板成型,同时配合使用钢模具。试验根据预制构件的尺寸大小,利用木质模板进行模具制作,此类模具一般应用于少量特殊且不进行大批量生产的构件,制作方便、简易且容易操作,缺点是浪费木材,拆卸麻烦。图 5 为预制梁的钢筋绑扎和模具制作实物图。

### 3.5.2　放置套筒和应变片

按照设计的要求,在指定的位置放置套筒和应变片(图 6)。根据力学模型,关注重要部位应变和位移,如梁端、跨中、节点域、柱脚、支撑芯板和连接处。因此,试验中要在这些重要部位分别放置应变片。根据连接要求,在基础中预留钢筋,在柱底部位安置套筒。

图 5　钢筋绑扎和模具制作

图 6　套筒和应变片

### 3.5.3　混凝土配制与浇筑

混凝土应严格按照规范设计要求进行配合比的计算和配制,本文所介绍试验均使用强度等级为 C40 的混凝土。采取人工浇筑的方式,在浇筑混凝土之前,对钢筋的位置、保护层,模板几何尺寸及预埋件等进行检查。木质模板在浇筑混凝土前进行洒水湿润,混凝土在现场搅拌,配用吊车将混凝土料斗下料入模,浇筑时随振随抹,整平表面,原浆收光。浇筑时要注意观察模板、支撑、钢筋和预埋件等的情况,发现有松动、移位、漏浆等现象应停止振捣,并在混凝土初凝前修整完好,再继续振捣直至成型。浇筑完后,应注明构件的型号、生产日期和生产班组,随后进行养护。图7为混凝土构件浇筑结束的实物图。

图7　混凝土浇筑

3.5.4　养护和拆模

混凝土养护好坏直接决定混凝土技术性能的实现,养护工艺的采用应根据施工天气状况及施工环境确定,充分考虑气温、湿度的影响,对养护用水也有要求。养护工艺通常分为自然养护、太阳能养护、蒸汽养护及加速硬化等。工地施工或工地预制场多采用自然养护工艺;工厂化施工为加速模具周转多采用蒸汽养护工艺。在实际操作中,通常将各种养护工艺混合运用。

对混凝土的养护就是要保持在一定时间内混凝土中水泥充分水化所需的适当温度和湿度,其有两个作用:一是防止混凝土成型后因暴晒、风吹、干燥等自然因素的影响而出现不正常的收缩和干裂;二是创造人为条件使水泥充分水化和加速混凝土硬化。对于大体积混凝土构件,还要考虑其内外温度控制,避免产生温度裂缝。

此次试验中的混凝土预制构件均严格按照有关规范进行标准养护,即在温度为20±3 ℃,相对湿度在90%以上条件下进行28 d的养护。在28 d养护结束后对混凝土试件进行强度测定,待混凝土达到一定强度后方可拆模。

3.5.5　吊装和安装

随着我国建筑工业化的不断推广,人们对装配式结构的吊装施工要求越来越高,确定行之有效的吊装方案是装配式结构施工不可或缺的一步。

在施工现场,装配式建筑的拼装首先是从柱开始的。第一步,吊装预制柱;第二步,吊装预制梁;第三步,现浇节点;第四步,现浇叠合梁。因装配率的大小不一,不同装配式建筑的预制率和现浇率也不同。

此次试验采取分件吊装法。首先在实验室进行基础梁定位,利用地锚将其固定;接着进行柱子吊装,根据柱子长细比选择合理的吊点位置和吊装方法,以免在吊装过程中产生裂缝或发生断裂,安装时还需要对柱子进行垂直度的校正;然后进行柱与基础的套筒灌浆连接,灌浆后进行封仓处理;接着起吊梁,梁柱采取现浇整体式接头,因为梁柱浇筑在一起的刚接节点抗震性能好。

在吊装和安装过程中,需要注意的原则有:整个过程需待混凝土构件达到吊装强度后方可吊装,吊装时应避免试件的碰撞,安装过程应准确。装配式混凝土结构在吊装时比现浇结构要复杂得多,尤其是柱子的竖直程度的控制。试验吊装采取机械吊装、人工控制相结合的方法,在保证构件安全性的同时,也可更好地控制安装质量。

3.5.6　后浇混凝土

在试验中,由于柱与基础采取套筒灌浆连接技术,因此在吊装柱以后,对柱与基础的连接处应进行套筒灌浆,然后进行封仓处理。

试验中对于梁柱节点采取节点现浇的形式,对于梁采取后浇叠合梁的形式。当梁吊装完成后,首先对梁柱节点进行后浇混凝土,然后浇筑叠合梁,保证框架的整体性。

3.5.7　防屈曲支撑安装

在装配式混凝土结构框架制作完成后,便可以进行防屈曲支撑的安装。防屈曲支撑作为成品构件,必须对其自身性能进行检查,在满足相关规范后方可投入使用。在吊装防屈曲支撑构件前,混凝土后浇已经施工完成,与防屈曲支撑连接的梁柱节点板校核完毕,各种安装设备和器具已经准备就绪。

利用防屈曲支撑自带的吊耳,用吊索直接穿入进行绑扎吊装。在穿入吊索时,必须保证穿过所有吊耳,有吊耳的一面必须朝上。防屈曲支撑的起吊为两端不等高起吊,先牵拉吊索使防屈曲支撑的下端达到指定的安装位置,再牵拉吊索使防屈曲支撑的上端达到指定的安装位置。在吊装过程中应避免碰撞损坏。安装时需要严格根据设计要求进行安装,保证安装质量。图 8 为防屈曲支撑安装后的效果图。

图 8　防屈曲支撑安装图

# 4　防屈曲支撑

## 4.1　防屈曲支撑工作原理

防屈曲耗能支撑在构造上通常由内核单元和外围约束单元两个基本部件组成,支撑的中心是可屈服的内核单元,其被置于一个钢套筒内,套筒内灌注混凝土,并且在内核单元与混凝土之间设置一层无黏结材料的狭小空气层。防屈曲支撑的力学性能仅取决于内核单元的横截面积和材料性能,这是由于受压时内核单元的屈服受到限制,使其受到的轴拉和轴压承载力基本相同。

## 4.2 防屈曲支撑的作用

防屈曲支撑框架作为一种耗能减震结构,其支撑具有两个作用:一是为装配式框架提供抗侧刚度,以满足结构在多遇地震下的变形要求;二是在罕遇地震下支撑屈服耗能,进入塑性状态,对主体装配式框架起到保护作用。

## 4.3 防屈曲支撑装配式混凝土结构的设计理念

本次试验的设计理念是将防屈曲耗能装置应用于装配式框架体系中,以弥补装配式框架在抗震方面的不足。地震能量通过防屈曲支撑来消耗,减小传给主体结构的地震力,以保证其他结构在设防烈度地震作用下仍处于弹性工作状态。在地震作用下,防屈曲支撑预制混凝土框架的优越性表现在能有效控制结构产生的位移、加速度等反应,这主要依靠与预制框架结构连接的防屈曲耗能支撑的附加刚度和滞回特性。

防屈曲耗能支撑为了能更好地发挥消耗地震能量的作用,主要布置在地震作用下的层间位移较大处和内力较大的支撑处,因此整体抗震设计的关键在于其与框架结构的连接,节点处的承载力必须满足要求才能保证防屈曲支撑耗能能力的发挥。因此,装配式钢筋混凝土梁柱构件与防屈曲支撑的连接构造将作为本文的一个创新点。

## 4.4 防屈曲支撑装配式混凝土结构的连接

本次试验的防屈曲支撑采用人字形设计,两端分别与柱和叠合梁连接。为便于砌筑时的搭接,节点板、贴板及埋件采用 Q345 钢材,叠合梁、柱、基础梁中埋件锚筋均采用 HRB400,直径均为 20 mm。防屈曲支撑耗能构件的节点连接处要求支撑达到极限承载力时节点仍未破坏,以满足强节点强锚固的抗震设计原则,从而保证节点在遭遇罕遇地震作用下可以承受其产生的最大内力。防屈曲支撑与主体结构之间为铰接节点,它们的连接是通过销轴来完成的。在本试验中,防屈曲支撑与装配式框架结构之间的连接主要有两处,分别为:支撑与上部混凝土框架梁的连接,支撑与柱脚节点处节点板的连接。

柱内预埋钢筋与叠合梁纵向钢筋连接采用坡口焊。为安装防屈曲支撑,分别在叠合梁和柱内放置预埋件,再将节点板与叠合梁和柱内预埋件焊接,随后吊装防屈曲支撑构件,使其两端与两个节点板孔对齐,之后用钢筋穿过孔洞固定防屈曲支撑,使防屈曲支撑与装配式混凝土框架形成一个整体。防屈曲支撑节点板预埋件与叠合梁连接方式如图 9 所示,防屈曲支撑节点板预埋件与柱脚连接方式如图 10 所示。

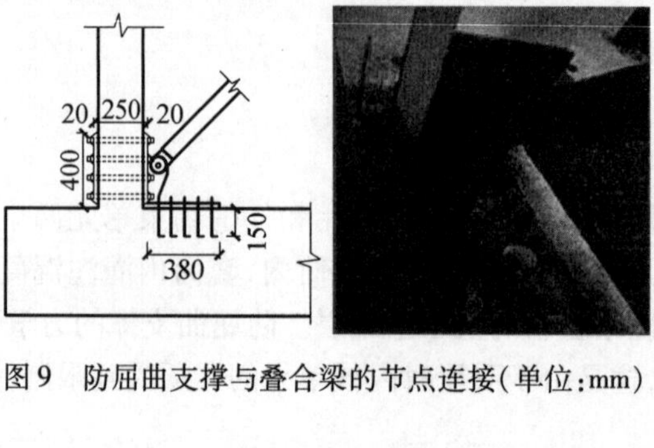


图9 防屈曲支撑与叠合梁的节点连接(单位:mm)

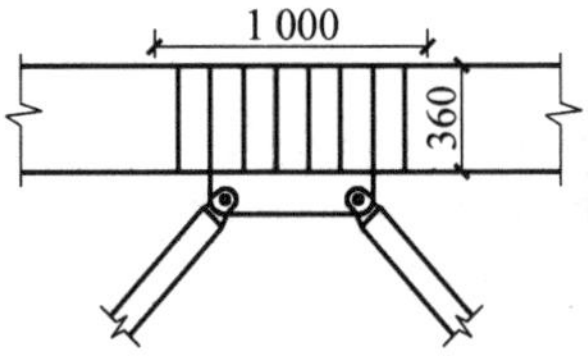

图 10　防屈曲支撑与柱脚的节点连接(单位:mm)

# 5　预制构件节点构造

本文中的“节点”主要指装配式混凝土框架梁与框架柱相接的节点,即节点核心区以及与其相连的柱端和梁端。预制构件的节点处连接方式对于装配式混凝土框架的抗震性能起着决定性作用,在本次新型防屈曲支撑耗能装配式混凝土框架的抗震性能试验中,将“钢筋套筒灌浆连接”技术应用于框架结构的预制构件连接,以完成受力纵筋的连接,保证框架的整体性。

## 5.1　节点连接方式

由于框架节点核心区受弯矩、剪力和轴力共同作用,其受力较为复杂,主要有:发生在节点核心区的斜向剪压破坏;发生在混凝土的交叉裂缝,甚至挤压剥落,发生在柱纵向受压筋的向外屈服;发生在梁纵向受拉筋的黏结失败;发生在梁柱交接处的局部破坏。节点破损后很可能致使结构失效或产生较大变形,并且节点处损伤的修护加固工程难度较大,因此应该尽量保证节点核心处的强度。装配式混凝土框架进行单元拆分后,预制梁柱节点核心区采用套筒灌浆的连接方式以达到“强节点,强锚固”的设计原则,为设计延性框架结构提供必要条件。因此,柱内预埋钢筋与叠合梁纵向钢筋连接时采用坡口焊,并且节点现浇,框架柱与基础梁采用钢筋套筒灌浆连接方法。

参照建筑结构相关规范及工程实践,框架设计满足在地震作用下,节点梁(柱)端在达到屈服后且非弹性变形状态之前,不发生剪切失效的抗震设计基本要求。

## 5.2　梁柱节点连接

在本文中所介绍的防屈曲支撑预制混凝土框架的柱与叠合梁的连接形式采用现浇的方法,框架梁柱节点如图 11 所示。叠合梁上部纵向钢筋应该贯穿于节点,该钢筋自柱边伸向柱内的搭接长度竖直段应不小于 $1.7l_a$,$l_a$ 为受拉钢筋锚固长度。为了保证框架梁“强剪弱弯”的原则,即保证梁柱端先发生脆性破坏,以保证塑性铰有足够的转动能力,在梁端塑性铰区范围内设置加密箍筋,同时为了防止纵筋过早压屈,对箍筋间距也应该加以限制。

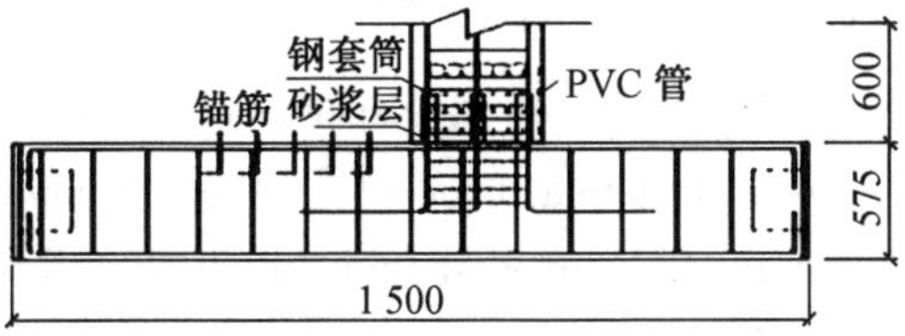


图 11　框架梁柱节点整浇(单位:mm)

### 5.3 柱与基础节点连接

本次试验中柱与基础梁的连接采用半灌浆接头的连接方式,一端钢筋用灌浆连接,另一端采用非灌浆方法连接。柱的纵筋伸入套筒长度为 21 mm,基础梁的纵筋伸入套筒长度为 211 mm,基础梁与柱之间设有 20 mm 厚垫层。为测量构件的应变和位移,在构件的控制截面布置应变片,在基础梁上部约 8 mm 处以及柱的跨中、顶部分别布置。基础梁与柱套筒灌浆连接如图 12 所示。

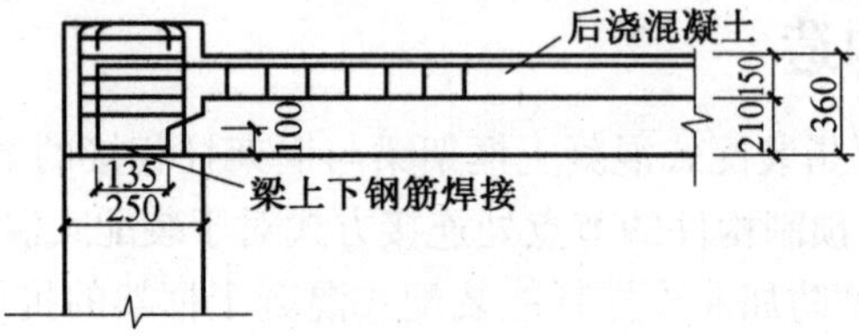


图 12　基础梁与柱套筒灌浆连接(单位:mm)

## 6 结　论

防屈曲支撑装配式混凝土框架结构是装配式混凝土框架结构与防屈曲支撑合理设计组合而成的。但是将消能减震的思想用于装配式钢筋混凝土结构,在目前的高校中,对此研究相对较少。

在本次试验方案中,将装配式混凝土框架结构与防屈曲耗能支撑组合,利用自主设计的新型节点将防屈曲支撑连接固定在主体框架上。通过对新型防屈曲支撑装配式混凝土框架结构的设计与建造研究,得出如下结论。

(1)随着建筑工业化的不断推进,装配式混凝土结构必然会成为时代发展的潮流,而防屈曲耗能支撑有着良好的耗能减震性能,将其应用在装配式混凝土框架上,可以弥补装配式混凝土框架抗震性能的不足。

(2)目前,消能减震的概念正得到大力推广,符合我国国情和实际的要求。利用防屈曲支撑消耗地震能量,在不久的将来必然会广泛应用。

(3)构件连接是预制混凝土结构的重点,本次试验采用套筒灌浆技术连接柱与基础梁,研究此技术在新型防屈曲支撑装配式混凝土结构中对承载力和抗震性能的影响。

(4)采用梁柱节点后浇,形成刚性节点,而预制梁采取后浇叠合梁则保证了装配式结构的整体性,从而提高框架结构的抗震能力。

**参考文献**

[1] WAKABAYASHI M, NAKAMURA T, et al. Experimental study of elastic-plastic properties of PC wall panel with built-in insulating braces[C]. Proc. Summaries of Tech,1973.

[2] YOSHINO T, KANO Y, et al. Experimental study on shear wall with braces: Part 2. Summaries of Technical Papers of Annual Meeting, Architectural Institute of Japan[C]. Structural Engineering Fascicle,1971.

[3] WAKABAYASHI M, NAKAMURA T, et al. Experimental study on the elasto-plastic behav-

ior of braces enclosed by precast concrete panels under horizontal cyclic loading: Parts 1 and 2. Summaries of Technical Papers of Annual Meeting, Architectural Institute of Japan[C]. Structural Engineering Section,1973.

[4] FUJIMOTO M, WADA A, et al. A study on the unbonded brace encased in buckling-restraining concrete and steel tube[J]. Journal of Structural and Construction Engineering,1988 (34B): 249-258.

[5] TADA M, KUWAHARA S, et al. Horizontally loading test of the steel frame braced with double-tube members[C]. Annual technical papers of steel structures,1993.

[6] NAKAMURA H, TAKEUCHI T, et al. Fatigue properties of practical-scale unbonded braces [R]. Nippon Steel Technical Report No. 82,2000.

[7]SABELLI R, MAHIN S, CHANG C. Seismic demands on steel braced frame buildings with buckling-restrained braces[J]. Engineering Structures, 2003,25(5): 655-666.

[8] KIM J, SEO Y. Seismic design of low-rise steel frames with buckling-restrained braces[J]. Engineering Structures,2004,26(5): 543-551.

[9] 赖伟山. 新型预制装配式消能减震混凝土框架节点抗震性能试验研究[J]. 土木工程学报, 2015(9):23-30.

[10] 彭仕国, 尹友良, 焦云州. 混凝土养护工艺应用[J]. 铁道工程学报, 2001(2):123-126.

[11] 柳炳康,沈小璞. 工程结构抗震设计[M]. 武汉:武汉理工大学出版社,2012.

[12] 杨卉. 装配式混凝土框架节点抗震性能试验研究[D]. 北京:北方工业大学, 2014.

# 甘肃渭源灞陵桥的构造与力学特性分析

田哲侃　王泽文　马　迪

（兰州交通大学 土木工程学院，甘肃 兰州 730070）

**摘　要**　始建于1919年的甘肃渭源灞陵桥是中国现存的唯一一座古代纯木伸臂曲拱叠梁桥，其结构体系属于伸臂木梁桥和贯木拱桥的组合体系，是全国重点保护文物，具有极高的艺术和科技价值，体现了我国古代木桥建筑的最高技术水平。本文以甘肃渭源灞陵桥为研究对象，基于现场实际测量获得的灞陵桥的结构尺寸，结合中国传统建筑特色和其历史背景，论述了灞陵桥的构造特点和艺术特征。在对该桥基于组合体系的传力机理分析的基础上，计算了桥梁在恒载和活载作用下的内力和变形规律，总结了该桥的主要力学行为。研究成果对该桥的保护和维修，以及现代木结构桥梁建设具有一定的理论指导价值。

**关键词**　木结构；伸臂曲拱叠梁桥；构造；美学；力学特性

## 1　引　言

在桥梁历史上，木材同石材一样，是最原始的用于建造桥梁的材料之一。在古代，木材由于抗震性能好、自重轻、加工方便等特点被广泛使用。木桥首先是以独木桥的形式出现，随着社会的进步，人们对桥梁功能和美观等方面的要求也逐步提高，逐渐出现了伸臂梁桥和木拱桥。由于木拱桥能充分发挥木材的受力性能，扩大桥梁的跨度，所以很多国家都修建了木拱桥。但由于木材本身存在的缺陷，如自重较轻而导致的容易被洪水冲垮、易腐蚀、耐久性差和各向异性等因素，目前历史上存留下来的古代拱桥很少，目前中国木拱桥传统建造技艺已被列入《世界非物质文化遗产名录》。

按材料划分，拱桥可分为木拱桥、石拱桥、混凝土拱桥、钢管混凝土拱桥和钢拱桥。已有的研究主要集中在石拱桥、混凝土拱桥、钢管混凝土拱桥和钢拱桥上。由于木拱桥存世不多、发现较晚，因此对木拱桥的研究相对滞后，缺少系统深入的研究。从完善拱桥体系研究角度来看，有必要对木拱桥进行科学系统的研究，更有必要对伸臂木梁桥和贯木拱桥组合体系的灞陵桥进行研究。

20世纪70年代末，以茅以升先生为代表的一批桥梁学家和建筑学家在闽北浙南一代发现了类似汴水虹桥的木拱桥，但只对其进行了简单的研究。目前对于灞陵桥的研究，主要着眼点还是集中于建筑学、考古学、历史学和民俗学等方面。虽然有部分研究学者对该桥梁结构开展了相关的研究，但研究成果尚处于初级阶段，还不够成熟，其合理性有待进一步探讨。目前对渭源灞陵桥受力性能的研究在国内外尚未见到详细报道。

灞陵桥位于我国西北部甘肃省渭源县南河滩清源河上。其优美的构造特征足可与北宋名画张择端《清明上河图》中的汴梁虹桥相媲美，故成为渭源县的著名旅游标志。经查阅相关资料，灞陵桥最初修建为平桥，历经风雨，经多次重建，最终成为如今的渭水虹桥——灞陵桥。

灞陵桥是全国跨度最大的伸臂木梁桥，也是中国古代现存的唯一一座纯木伸臂曲拱叠梁桥，是全国重点文物，其结构体系属于伸臂木梁桥和贯木拱桥的组合体系，是我国古代木结构独具匠心之作，体现了我国古代木桥建筑的最高技术水平，有着极高的艺术和科技价值。

本文以甘肃渭源灞陵桥为研究对象，基于现场实际测量，获得了灞陵桥的结构尺寸，结合中国传统建筑特色及其历史背景，论述了灞陵桥的构造特点和艺术特征。通过有限元分析，计算了桥梁在恒载和活载作用下的内力和变形规律，总结了该桥的主要力学行为。

# 2 灞陵桥的构造特点及艺术特征

## 2.1 构造特征

灞陵桥的结构体系属于伸臂木梁桥和贯木拱桥的组合体系，由两侧的伸臂木梁和跨中的贯木拱组成。本文基于现场实测，获取了目前渭源灞陵桥的结构尺寸。该桥全长 40 m，廊房 15 间(桥身 13 间，桥屋 2 间)，跨度 27.1 m，高 15.4 m，桥面宽 4.48 m，14 排 64 根柱(包括桥头屋 8 根柱)，如图 1 所示。

图 1　灞陵桥现状图

### 2.1.1 贯木拱桥体系的构造特点

贯木拱桥的主拱结构可以看成由两个系统组成：系统一由 1、2、3 根杆件 9 排并列组成；系统二由 4、5、6 根杆件 8 排并列组成。如图 2 所示。

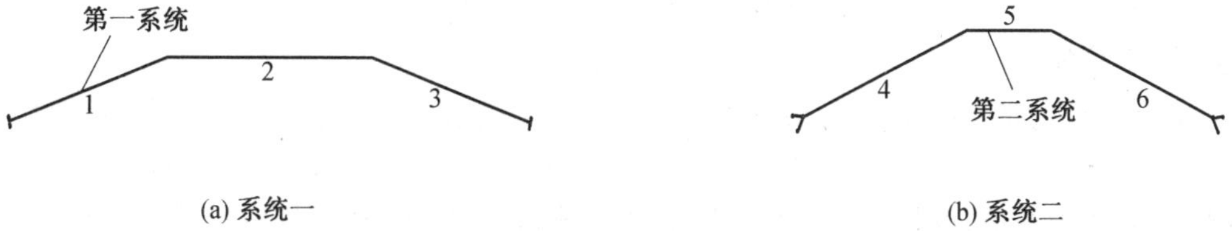


图 2　贯木拱部分结构体系

主拱结构是由 3 根杆件 9 排并列(第一系统)和 3 根杆件 8 排并列(第二系统)的长圆木相互搭接、交叉贯穿而成，再用较短的圆木构件(贯木)相互连接而形成的一个整体结构，如图 3(a)所示。其主要受力体系的木拱骨架由两组拱骨系统(第一系统和第二系统)构成,构件节点之间采用了我国古代经典木结构连接方式——榫接连接,节点与贯木之间通过铁件等进行箍扎,如图 3(b)所示。

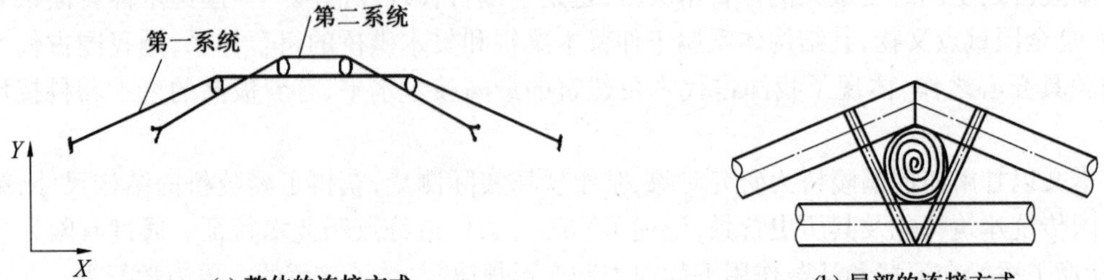


(a) 整体的连接方式　　(b) 局部的连接方式

图 3　两个体系间的连接方式

第一系统的跨度决定了桥跨的长度,第二系统的高度决定了桥面的高度。第一系统和第二系统均由三节杆(俗称三节苗)组成,两个三节杆相互贯穿,中间通过贯木进行连接,形成一个整体,共同承担桥面所传递下来的荷载。当荷载作用在桥面上时,荷载通过桥面板传递到桥面纵梁,再通过桥面纵梁分别传递到第一系统和第二系统拱肋,两个系统分别通过贯木共同承担荷载,然后通过伸臂段把荷载传递到两岸的石堤。

综上,贯木拱桥结构是一种特殊的桁架拱,第一系统与第二系统相互约束,共同受力,其中第一系统和第二系统的每个构件都是处于以受压为主的压弯状态。

2.1.2　伸臂梁桥体系的构造特点

历史文献记载,灞陵桥两侧的伸臂部分是仿照兰州握桥修建的,两侧的大圆木垒至 5 层,且每层由 9 根纵向并列的大圆木组成,这是为了与贯木拱更好地连接。而伸臂木梁桥的典型代表就是兰州握桥(现已拆除)。

伸臂木梁桥的修建方法为:在两岸石堤砌筑到一定高度时,把在一个平面上的 9 根纵向并列的大圆木的一头埋实在堤岸中,另一头上斜挑出堤岸 2 m 左右,即挑梁;在挑梁顶端,用一根横木将 9 根挑梁贯拴起来;挑梁上又横压大木一根,用木块塞紧有空隙的地方,构成第一层;按同样的方法垒第二 ~ 五层,两端相隔近 7 m 时,就在两边挑梁上安放简支木梁,再铺上横板桥面,建成全桥。该桥两侧的伸臂木梁起到主要的承重作用,其结构层层递进,逐层向前伸展直至与对面的梁相接,并将力传递到两端的石堤上。对其进行传力、受力分析将有助于研究伸臂木梁与贯木拱组成的叠合梁桥的力学行为。

### 2.2　艺术特征

灞陵桥南北而卧,从两岸桥墩逐次递级飞拱凌空腾起,飞檐式廊房的屋顶瓦能遮雨雪,坚实耐用。栏杆扶手可助攀登,亦可凭栏眺望。桥两端各有宽敞雄浑的卷棚式桥台与桥身连成一体,既为通道,也是厅间。整座桥琉璃瓦顶,脊耸兽飞,典雅别致,轻风吹拂,风铃叮咚,悦耳怡人。桥体雄伟壮观、结构独具、工艺精美,既具有浓郁的民族建筑艺术风格,又有很高的科学研究价值。

灞陵桥也叫廊桥,廊是中国园林建筑中调和园林组景诸要素的重要手段,廊的功能是通过其连接功能实现的,如连接空间、连接景观和连接其他建筑类型。廊在形之下,是中国传统园林建筑形式的组合;廊在形之上,是承载和积淀中国园林建筑的人文与自然思想要素。

灞陵桥的空间景观处理手法灵活多样又不失统一和整体感。灞陵桥形态构成体现了中国园林建筑的一大特点:单体经过组合后形成的整体效应。厅堂、楼阁、亭和廊等建筑部位以多种组合方式构成丰富多样的形态,以各种精致的"体宜"模式与自然取得和谐。

# 3 灞陵桥的力学特性

## 3.1 力学体系

(1)力学模型。

基于灞陵桥实测尺寸建立 Midas 有限元数值模型。在本文的有限元模型中,贯木拱和伸臂梁所用的木材杆件均采用梁单元来模拟。灞陵桥有限元模型如图 4 所示。

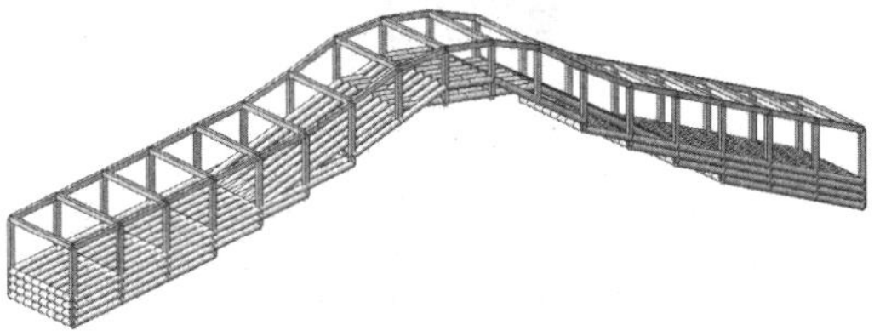

图 4 灞陵桥有限元模型

其边界条件为:伸臂梁的两端为固定端约束;同一系统的拱肋共用同一节点;伸臂梁与贯木、拱肋与贯木的连接均采用弹性连接模拟,即采用较大的线刚度来约束 $y$ 和 $z$ 方向的线位移,线刚度 $SD_y$、$SD_z$ 均取为 $1\times10^{11}$ kN/m,而采用较小的线刚度来约束 $x$ 方向的线位移,其线刚度取 2 000 kN/m;其中第一系统的两端插入伸臂梁很深,相当于固定端约束,而第二系统与伸臂梁的连接相当于活动铰支座的约束。

(2)加载工况。

为了研究灞陵桥的力学行为,分 4 种加载工况对其进行加载。

①自重工况。包括承重结构重量和屋盖、立柱等附属结构重量。其中承重结构重量按杆件密度、容重考虑。木材容重按 6.5 kN/m$^3$计算。附属结构重量由立柱传递到承重结构,折算到集中荷载为 5.2 kN,(其中 $5.2=6.5\times0.1\times4.48\times40/28+0.2\times0.2\times4\times6.5$)沿全桥 28 根立柱的轴线布置。

②自重+全桥人群工况。依据现行公路桥梁规范,人群荷载标准值为 3.0 kN/m$^2$,折算为沿跨度的均布荷载为 13.44 kN/m,人群荷载沿全跨布置。

③自重+半桥人群工况。人群荷载按照 13.44 kN/m,布置于左侧半跨。

④自重+贯木拱满布人群工况。人群荷载按照 13.44 kN/m,仅布置于跨中贯木拱部分。

## 3.2 力学行为分析

### 3.2.1 各工况下杆件正应力

经过有限元软件计算分析,得出 4 种工况下全桥各杆件的应力分布图,如图 5 所示。

由图可知:

(1)4 种工况下,结构受到的最大正应力均位于贯木拱结构的第一系统与石堤的连接处,其值分别为 1.901 74 N/mm$^2$,-6.924 74 N/mm$^2$,-6.912 04 N/mm$^2$和-6.645 83 N/mm$^2$,均小于经查阅资料得到的灞陵桥所用材料的容许应力 10 N/mm$^2$。这说明灞陵桥的材料强度满

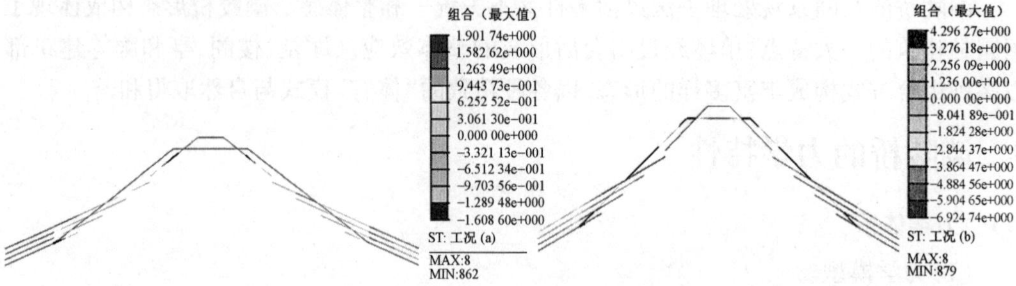


(a) 自重工况　　(b) 自重＋全桥人群工况

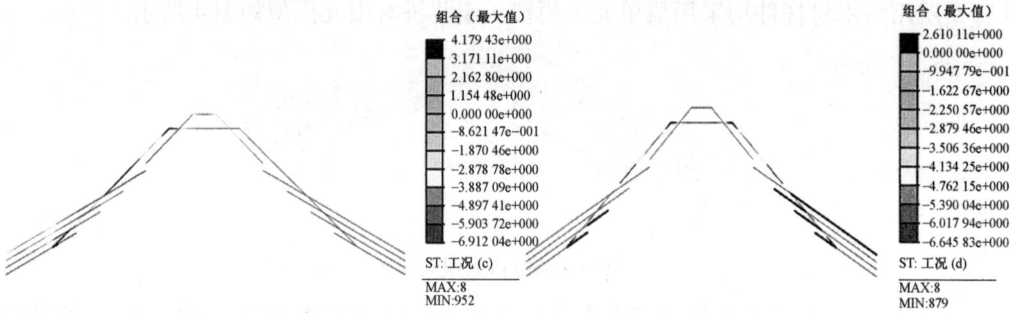


(c) 自重＋半桥人群工况　　(d) 自重＋贯木拱满布人群工况

图5　4 种工况作用下全桥应力分布图(单位:N/mm²)

足要求。

(2)在现行公路桥梁规范中的人群荷载作用下,灞陵桥各主要杆件应力分布较均匀,且符合规范规定的容许值。这说明灞陵桥的组合体系具有良好的受力性能。

(3)4 种工况下,应力在贯木拱内的分布较伸臂段要大一些。这说明贯木拱为灞陵桥主要的承重构件。

3.2.2　各工况下变形分析

经过有限元软件计算分析,得出 4 种工况下作用全桥变形图,如图 6 所示。

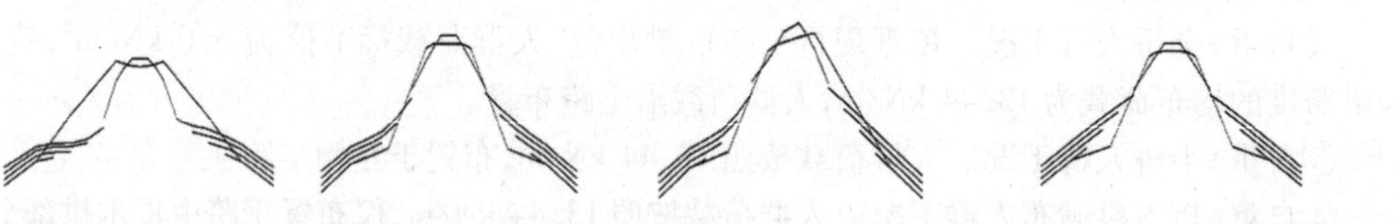

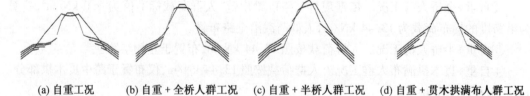

(a) 自重工况　(b) 自重＋全桥人群工况　(c) 自重＋半桥人群工况　(d) 自重＋贯木拱满布人群工况

图6　4 种工况作用下全桥变形图

由图可知:

(1)4 种工况下,全桥变形的最大值均位于贯木拱结构的第一系统与石堤的连接处,其值分别为 5.997 mm、20.128 mm、22.738 mm 和 20.481 mm,变形相对来说并不大。

(2)按照现行公路桥梁规范,容许的挠跨比为 1/600,4 种工况下的最大挠跨比为 20.481/27 100＝1/1 323,小于容许值,这说明该桥的刚度满足要求。

(3)最大正应力、最大变形的数值和位置对桥梁的维修和加固具有一定的指导作用。

# 4 灞陵桥的维护建议

## 4.1 破坏概况

灞陵桥历史悠久,查阅相关资料可知其始建于明朝洪武初年,多次被洪水冲毁并重建。在民国时重建成为纯木式悬臂拱桥(单梁),之后的七八年间,桥体发生倾斜,再次重建,形成现存的纯木式悬臂拱桥(叠梁)。

古桥被破坏的一个重要因素就是人为因素。据考察,全国范围内现存的真正意义上的古桥(中华人民共和国成立前)已不到10 000座,且消亡的速度十分惊人。诸多古桥由于保护不当(如不合理施加荷载、人为破坏等)等因素而不断被破坏。

## 4.2 维护建议

本文从承载力和耐久性两个方面对灞陵桥的维护做出如下建议。

(1)由力学分析可知应力和变形较大的杆件或部位,可以对这些杆件或部位进行局部加固维护,并定期检测。

(2)灞陵桥所用材料为木材,木材最大的问题在于长期暴露在外而受到虫蛀、风化等腐蚀,因而可以对建桥的材料进行特殊处理。

# 5 结　论

甘肃渭源灞陵桥是中国现存的唯一一座古代纯木伸臂曲拱叠梁桥,其结构体系属于伸臂木梁桥和贯木拱桥的组合体系。通过上述分析可知。

(1)基于现场实际测量,获取了灞陵桥的结构尺寸,全长40 m,廊房15间(桥身13间,桥屋2间),跨度27.1 m,高15.4 m,桥面宽4.48 m,14排64根柱(包括桥头屋8根柱)。

(2)结合中国传统建筑特色及其历史背景,论述了灞陵桥的构造特点和艺术特征。灞陵桥代表了最先进的梁拱组合结构体系,开创性地在拱桥中间加入贯木,并将伸臂梁和贯木拱结合起来,使其受力更合理,造型更具流线型。这种桥、廊、楼三位一体的构建方式,从桥梁结构自身而言体现了整体思想。桥廊可以避免木结构主体免受雨水侵蚀,提高桥梁寿命,同时桥廊和桥楼具有实用功能,还可以与中国传统的亭、台、楼、阁建筑风格结合,美化环境。

(3)基于有限元分析方法,计算了桥梁在恒载和活载作用下的内力和变形规律,得出桥的主要的受力承重结构为贯木结构,以及结构最大应力和最大变形的数值和位置,并将其与木材容许应力和现行公路桥梁规范的挠跨比相比较,发现均满足要求,说明灞陵桥结构安全可靠。本次研究成果对该桥的保护和维修,以及现代木结构桥梁建设具有一定的理论指导作用。

## 参考文献

[1] 唐寰澄. 中国木拱桥[M]. 北京:中国建筑工业出版社,2010.
[2] 程云杉. 以虹桥为原型的建筑形态研究[D]. 南京:东南大学,2004.
[3] 杨艳,陈宝春. 2010年古桥研究与保护国际学术研讨会论文集[C]. 北京:北京大学出版

社,2010.
[4] 陈宝春,杨艳. 第三届国际廊桥学术(屏南)研讨会论文集[C]. 北京:文化艺术出版社,2009.
[5] 刘杰. 第三届中国廊桥国际学术(屏南)研讨会论文集[C]. 北京:文化艺术出版社,2009.
[6] 茅以升. 中国古桥技术史[M]. 北京:北京出版社,1986.
[7] 姚洪峰,龚迪发. 福建贯木拱桥的建造技术[J]. 古建园林技术,2007,(4):11-14.

# 高矮建筑间风环境的风洞试验研究

戴伟顺　温作鹏　林天帆　余世策

（浙江大学 建筑工程学院，浙江 杭州 310058）

**摘　要**　风环境是影响人居舒适度的重要因素之一。本文设计了系列风洞试验，研究高矮建筑间行人高度风速的分布规律和建筑表面风压分布特性。通过改变低矮建筑和高层建筑的间距、低矮建筑的高度，分析楼间行人高度处风速以及两楼表面风压在不同工况下的变化规律，探索建筑间距、建筑高度等参数对楼间风环境的影响。研究结果表明，楼间行人高度处最大风速出现在楼间中点附近，最大风速比可达到1.7左右；建筑表面出现大面积负压区；楼间距和楼高比对楼间风环境影响很大。文章的成果对城市建筑规划和设计有一定的参考价值。

**关键词**　风工程；风环境；高矮建筑；风洞试验；风压分布；人行高度风速；城市规划设计

## 1　引　言

随着社会的发展，人们越来越关注生活和工作环境的舒适与健康，一个城市的宜居性成为衡量城市生活品质的重要指标。在国外，风环境问题早已成为公众关注的问题。北美的许多大城市，如波士顿、纽约、旧金山和多伦多等，新建建筑方案在获得相关部门批准之前，都需进行建前和建后的该地区建筑风环境的评估。随着我国城市化水平的不断提高，高层建筑不断涌现，城市风环境问题也越来越突出，该问题在未来的城市规划中势必成为非常重要的关注点。

## 2　国内外研究现状

袁秀岭等通过对高层建筑风环境影响因素的分析和调查研究，提出对高层建筑群不利风环境的相应改进措施。CHANG C H 等关注街道宽度和两侧建筑高度的不同比值对区域风场的影响，在研究建筑互相平行的时候，采用 FLUENT 求解器和 4 种模型，研究了街谷中涡流的分布情况。都桂梅对 5 种简单布局在不同风向下的风环境进行数值模拟分析和比较，获得了每种布局的风环境与风向之间的一些定性与定量的关系，为住宅小区前期规划提供一定参考。

作为人员活动区域，行人高度处是风环境研究的重点。关吉平等通过分析风洞试验数据，利用 Lawson 评估标准，对上海浦东一拟建大楼周围的行人高度风环境进行了评估。刘国光等利用 Lawson 评估标准和 Penwarden 舒适度判别准则，分析风洞试验中 Irwin 探头的实测风速结果，评估了超高层建筑行人高度风环境舒适度，并检验了风环境改善措施效果。谢振宇等以高层建筑周围风环境形成机理为依据，归纳高层建筑对室外风环境不利影响，结合计算机模拟,从高层建筑形态层面,提出改善建筑底部人行水平面风环境的高层建筑形态设计评价依据和可操作的优化策略。Tsang 等研究了高层建筑周围行人高度处高风速区与低风速区的分布,探究其与建筑物高度、宽度和间隔宽度的关系,并给出建筑外形参数设计的建议。

在我国的普通小区中,建筑物按前低后高排布方式排列是一种很常见的现象。从立面设计考虑,前低后高的布置形式有利于减少房屋之间的挡风,改善通风条件,但同时这种布局往往伴随着下洗涡流效应,事实上造成非常严重的风环境问题。黄艳通过风洞试验研究高层建筑对小区周围人行高度处风环境的影响,在改变高层建筑的高度、高距比及宽度比 3 个参数的情况下,得出 3 个参数对住宅小区风环境的影响。针对前低后高的建筑布局现象,国内也有一些数值模拟方面的研究。郁有礼研究了二维流场内前低后高建筑在不同楼间距下的流场规律,得到涡旋和压力的分布变化规律,并提出存在一个极值楼间距使得前后楼之间相互影响最大。张爱社在二维流场中研究前低后高建筑分布,在控制楼间距等于上游矮楼高度条件下,改变前后楼高之比,得到建筑物周围流场分布情况。时光研究了 7 种不同楼高和间距情况下竖向空间内风场流动特性。

实际上,研究风环境问题最理想的方式还是风洞试验。Whitea 阐释了通过风洞试验进行风环境测试的可行性,Tsang 等通过风速探头对典型的高层建筑风环境进行了研究,Stathopoulos 介绍了单体建筑和两个并排建筑的风环境风洞试验成果。

本文采用风洞试验对正面风作用下高矮建筑间的风环境问题进行系统定量研究,在风洞试验中通过改变矮楼高度以及高矮楼的间距,对建筑表面风压和楼间行人高度风环境进行研究,同时对下洗涡流效应的影响进行分析,为未来城市建筑考虑风环境问题时的规划设计提供参考。

# 3 试验概况

## 3.1 模型设计

为了使本文的研究具有一定的代表性,将高楼(A 楼)原型尺寸定为 60 m(宽)×160 m(高)×18 m(深),这种体量在国内非常常见;而将矮楼(B 楼)宽度定为 120 m,深度也为 18 m,高度共 5 种,分别为 20 m、32 m、44 m、56 m 和 68 m。两栋建筑布置的侧面图和平面图如图 1 所示。试验的几何缩尺比为 1∶200,模型采用工程塑料制作,矮楼采用拼装的形式,试验时将制作好的模块进行拼装形成不同高度的模型。

## 3.2 测点布置

采用 Irwin 全风向风速探头测定人行高度处风速分布,探头直径为 1.0 mm,高度均为 1 cm,对应原型 2 m 高行人高度。探头布置在中轴线上,分别位于距离高楼底边 $x=4$ m、8 m、13.6 m、17.6 m、21.6 m、27.6 m、38.2 m、47.2 m 和 56 m 处,如图 1 所示。为了研究气流对建筑表面风压分布的影响,在两栋建筑内侧面布置了一系列测点。高楼内侧共布置 22 层,66 个测点;矮楼内侧按高度布置不同的测点,最高的矮楼布置 48 个测点。因模型的对称性特点,所以测点布置也只布置一半,测点布置如图 2 所示。

## 3.3 流场模拟和试验工况

本次试验在浙江大学 ZD-1 大气边界层风洞中进行。采用尖劈和粗糙元模拟标准 B 类

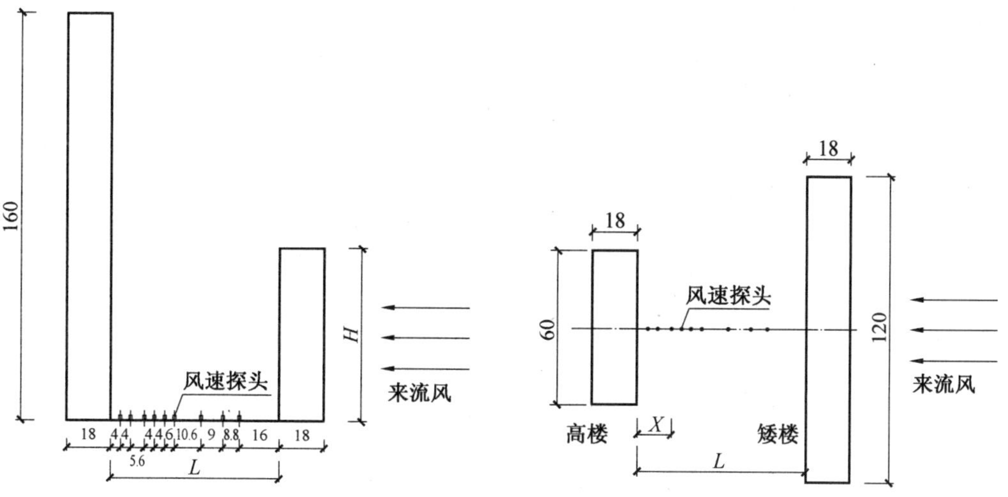


图 1　建筑侧面、平面布置及风速探头布置(单位:m)

地貌,流场模拟结果如图 3 所示,模型在风洞中的情形如图 4 所示。试验风速参考点选在高楼顶面高度 0.8 m 处,参考风速为 14.0 m/s,对应于原型 10 m 高度处,即风洞内 0.05 m 高度处的风速为 9.2 m/s。模型在风洞中最大阻塞比小于 5%,满足风洞试验要求,试验所得的无量纲参数可直接应用于建筑物实体。

本次试验仅研究来流风垂直于建筑的情形,风向如图 1 所示。为便于分析,将各尺寸进行无量纲化,定义楼间距与矮楼高度之比为 $\lambda = L/H_B$,定义矮楼与高楼高度之比为 $\beta = H_B/H_A$,试验中改变矮楼的高度 $H_B$ 和楼间距 $L$,$\lambda$ 从 0.6 到 1.4 进行变化,$\beta$ 从 0.125 到 0.425 进行变化,各试验工况对应的楼间距尺寸见表 1。

**表 1　各试验工况对应的楼间距 $L$**　m

| $\lambda$ \ $\beta$ | 0.125 | 0.200 | 0.275 | 0.350 | 0.425 |
|---|---|---|---|---|---|
| 0.6 | 12.0 | 19.2 | 26.4 | 33.6 | 40.8 |
| 0.7 | 14.0 | 22.4 | 30.8 | 39.2 | 47.6 |
| 0.8 | 16.0 | 25.6 | 35.2 | 44.8 | 54.4 |
| 0.9 | 18.0 | 28.8 | 39.6 | 50.4 | 61.2 |
| 1.0 | 20.0 | 32.0 | 44.0 | 56.0 | 68.0 |
| 1.1 | 22.0 | 35.2 | 48.4 | 61.6 | 74.8 |
| 1.2 | 24.0 | 38.4 | 52.8 | 67.2 | 81.6 |
| 1.3 | 26.0 | 41.6 | 57.2 | 72.8 | 88.4 |
| 1.4 | 28.0 | 44.8 | 61.6 | 78.4 | 95.2 |

### 3.4　流场示踪

在试验中,利用加湿器产生的水蒸气,通过烟雾示踪法观察到两楼间的风场形态如图 5

所示。可见,在矮楼和高楼间的风形成了下洗的涡流形态。

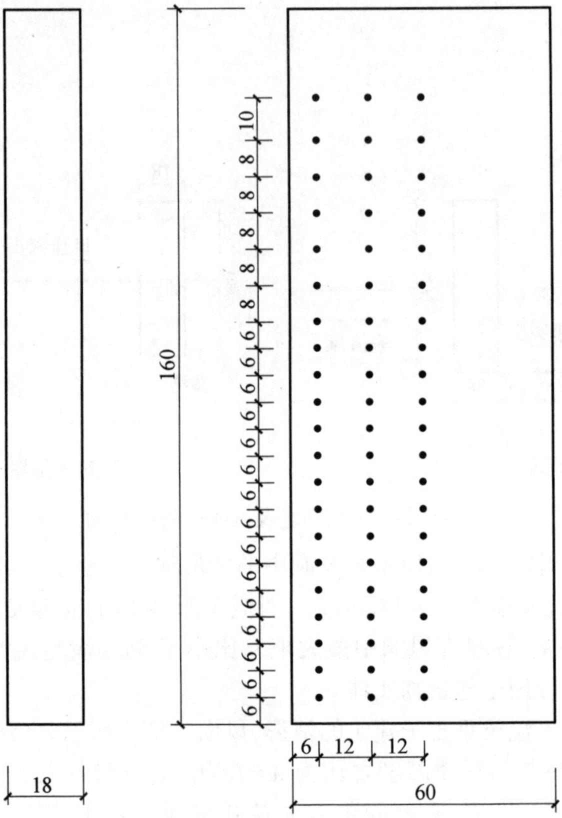

(a) 高楼测点布置图

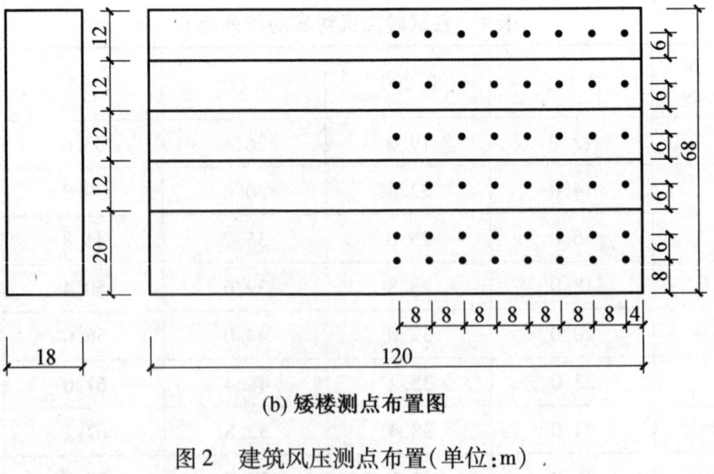

(b) 矮楼测点布置图

图2　建筑风压测点布置(单位:m)

# 4　楼间人行高度风速分布规律

## 4.1　风速比定义

根据《建筑工程风洞试验规程》规定,行人高度风速可采用风速比来评估,风速比表达

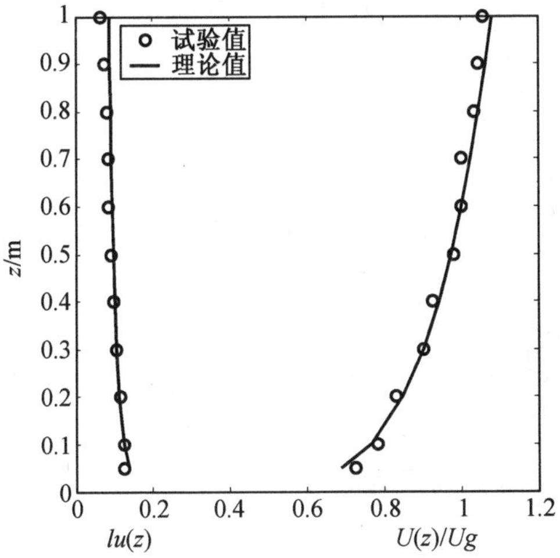


图 3　B 类地貌平均风速和湍流度分布模拟结果

图 4　试验模型示意图

图 5　楼间流场的烟雾示踪图

式为

$$R_i = V_i / V_{\mathrm{ref}} \tag{1}$$

式中，$R_i$ 为第 $i$ 个测点的风速比；$V_i$ 为各工况各测点的平均风速；$V_{\mathrm{ref}}$ 对应于原型 10 m 高度处，即风洞内 0.05 m 高度处的风速，$V_{\mathrm{ref}} = 9.2\ \mathrm{m/s}$。

### 4.2　CFD 模拟验证

为判定两楼之间最大风速和最小风速的分布位置，针对工况 $H = 22$ cm、$L = 30.8$ cm 进行 CFD 数值模拟，得到行人高度处平面内风速分布云图。

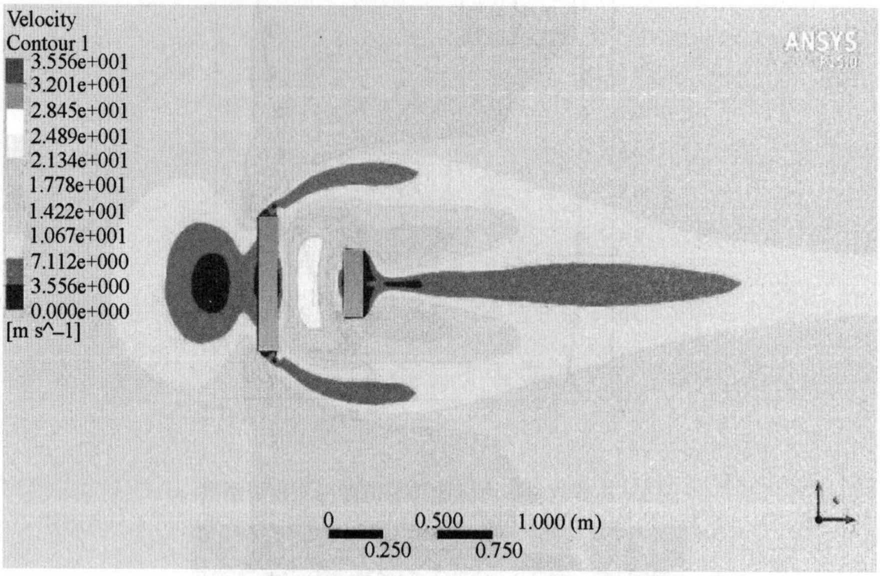


图 6　行人高度处风速分布云图

从图 6 中可看出，两楼间行人高度处中轴线上的风速处于最大风速区及最小风速区，因此，下文选取风洞试验中采集到的中轴线上的风速值来反映行人高度处最大及最小风速水平。

### 4.3　风速比分布规律分析

为探究不同距高比 $\lambda$ 情况下的楼间风速分布情况，图 7 和图 8 分别为 $\beta$=0.425 和 $\beta$=0.2 时风速比与测点相对位置关系图。可以看出，不同距高比 $\lambda$ 情况下，最大风速比 $R_{max}$ 出现的位置变化不大，大部分落在 $x/L$=0.5～0.6 之间，即两楼间中轴线中点附近的位置，这表明此时两楼中间位置沿道路的横向风速很大。

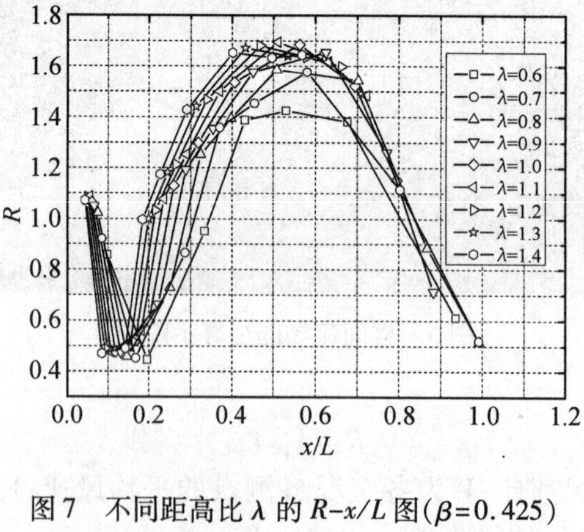


图 7　不同距高比 $\lambda$ 的 $R$-$x/L$ 图（$\beta$=0.425）

最大风速比是评估风环境一个重要指标，图 9 为不同 $\beta$ 情况下的 $R_{max}$-$\lambda$ 图。从图中可知，当 $\beta$ 一定，即矮楼高度不变时，随着高度的增加，$R_{max}$ 基本上呈上升趋势，然后进入平稳

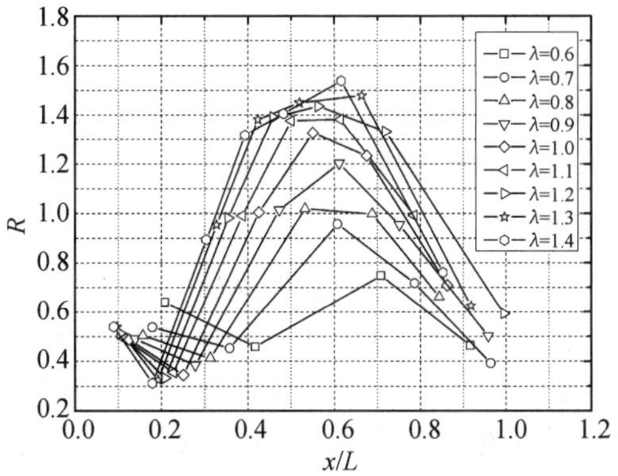


图8　不同距高比 $\lambda$ 的 $R$-$x/L$ 图($\beta=0.2$)

阶段，这说明在本文研究的距高比范围内并不存在一个明显的峰值。当 $\lambda$ 一定时，随着矮楼高度的增大，$R_{max}$ 也相应增大，这表明矮楼越高，下洗涡流效应产生的气流强度越大。在本文进行的所有工况中，最大风速比达到了1.7，远超规范中规定的限值1.2，这说明这样的高矮楼组合的确产生了非常严重的风环境问题。

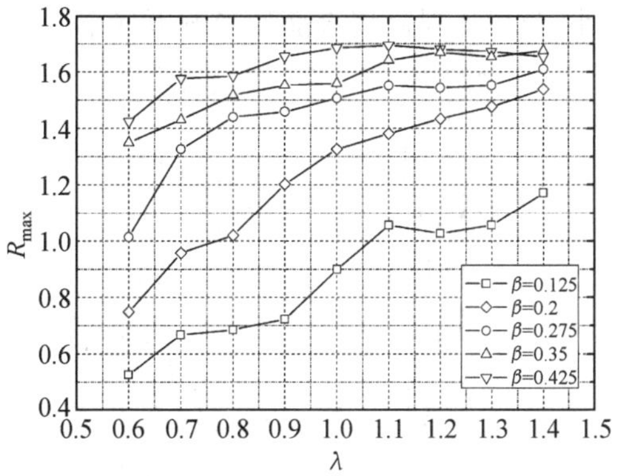


图9　不同 $\beta$ 情况下的 $R_{max}$-$\lambda$ 图

# 5　两楼表面风压分布规律

## 5.1　风压系数定义

模型表面测点的风压系数采样值按下式计算：

$$C_{p_i}^j=\frac{P_i^j-P_\infty}{0.5gV_\infty^2} \tag{2}$$

式中，$C_{p_i}^j$ 为模型表面测点 $i$ 第 $j$ 个采样点的风压系数；$P_i^j$ 为测点 $i$ 第 $j$ 个采样点的压力值；$P_\infty$ 为参考点静压值；$V_\infty$ 为参考点的风速，这里约定压力沿表面外法向指向表面为正，反之为负。

极值风压系数是幕墙设计的重要参数，这里采用峰值因子法估算各测点的极值风压系数公式为

$$C_{pm} = \bar{C}_{pi} \pm g\sigma_{pi} \tag{3}$$

式中,正负号分别表示极值正风压系数和极值负风压系数;$\bar{C}_{pi}$ 为各测点平均风压系数;$\sigma_{pi}$ 为脉动风压系数的标准差;$g$ 为峰值因子,本文取 $g = 3$。

### 5.2 高楼迎风面风压分布规律

图 10 为 $\beta = 0.275, \lambda = 1.0$ 时高楼迎风表面风压分布图。可以看出,当矮楼存在时,高楼迎风面风压自上而下呈"正－负－正"3 个区域分布,高楼中上部为正风压区,中部为负风压区,底部部分区域为正风压区。可见,由于下洗涡流效应,在高楼表面产生了显著的负压区。由于风的吸力,楼上居民的衣物等可能会被吸出窗外,引起楼层居民工作和生活的不便。负风压越大,负压影响区域越大,其不利影响也越显著。图 11 为 $\beta = 0.35$ 时所有工况下的高楼表面中轴线上平均风压系数曲线图,其中无矮楼时的结果也画出作为对比。从图上可以看出,当矮楼高度 $H_B$ 一定时,改变楼间距,高楼表面的正风压最大值基本不变,即矮楼对其的影响很小。与无矮楼工况相比,矮楼的阻挡使高楼下部产生很大的负压区,当矮楼高度一定且距高比 $\lambda$ 从 0.6 变化到 1.4 时,上部零风压值点高度大致保持不变,而下部的零风压等值点逐渐向上部移动,负压区高度范围相对缩小,即矮楼高度一定时,楼间距越大,受扰高楼表面负压区范围越小,负风压对高楼表面的影响也越小。

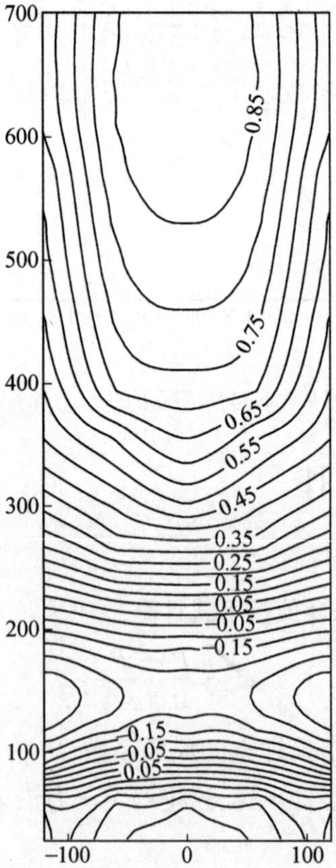


图 10 $\beta = 0.275$、$\lambda = 1.0$ 时高楼迎风表面风压分布图

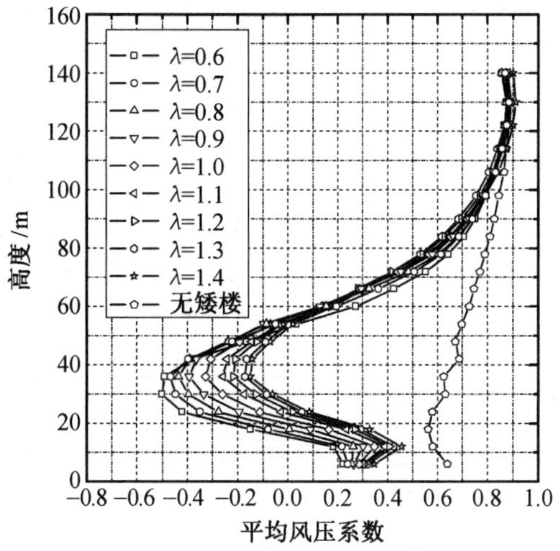


图 11　$\beta = 0.35$ 时所有工况下的高楼表面中轴线上平均风压系数曲线图

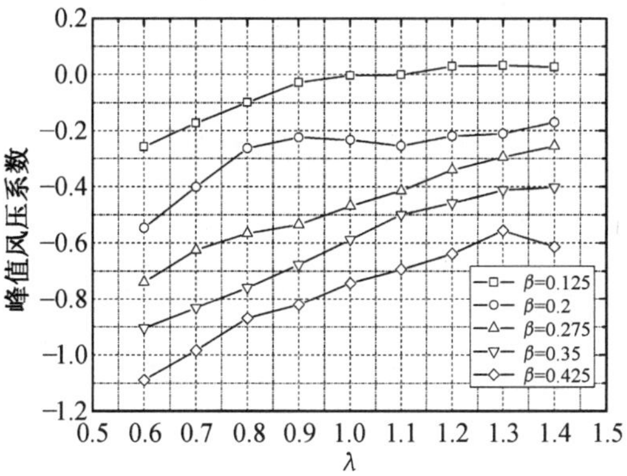


图 12　高楼表面最大极值负风压系数

极值风压更能体现楼表面受到的瞬间荷载。图 12 为高楼表面最大极值负风压系数随 $\beta$ 和 $\lambda$ 的变化而变化的情况，可以发现，当矮楼高度一定时，随着距高比 $\lambda$ 的增大(即两楼间距的增大)，高楼表面负风压区的最大值不断减小，而当 $\lambda$ 一定时，矮楼高度 $H_B$ 越大，则负风压区的最大负压极值越大。

## 5.3　矮楼背风面风压分布规律

矮楼背风面的风压分布也受到下洗涡流效应的影响。图 13 为 $\beta = 0.425$、$\lambda = 1.0$ 时矮楼背风表面风压分布图，可以看出矮楼背风面以负压为主。同样，将矮楼背风表面最大极值负风压系数随 $\beta$ 和 $\lambda$ 的变化绘于图 14，可以看出当矮楼高度一定时，随着距高比 $\lambda$(即两楼间距) 的增大，矮楼表面负风压极值呈减小的趋势，只是在矮楼很矮时存在一个最优 $\lambda = 0.8$。相比图 12 高楼表面的峰值风压，矮楼背风表面的负风压极值更大，表明矮楼背风面情况其实更为不利。

综上所述，增大两楼间距和降低矮楼高度都能够降低建筑表面风压的不利影响，而增大楼间距的方法相对更为有效。

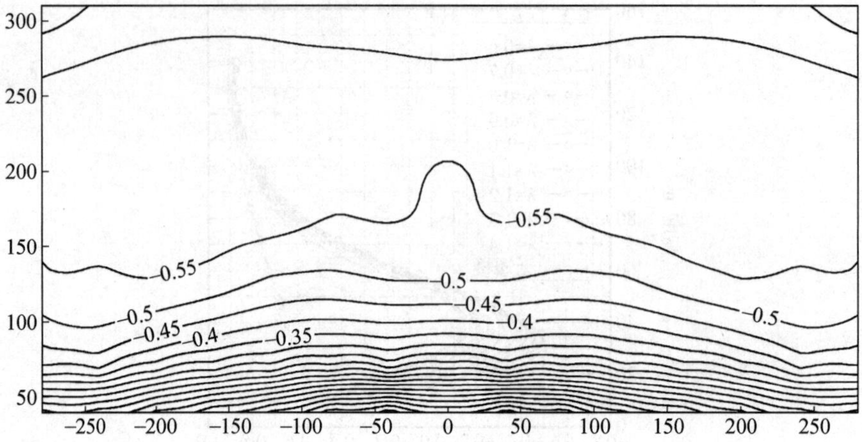


图 13　$\beta = 0.425$、$\lambda = 1.0$ 矮楼背风表面的风压分布图

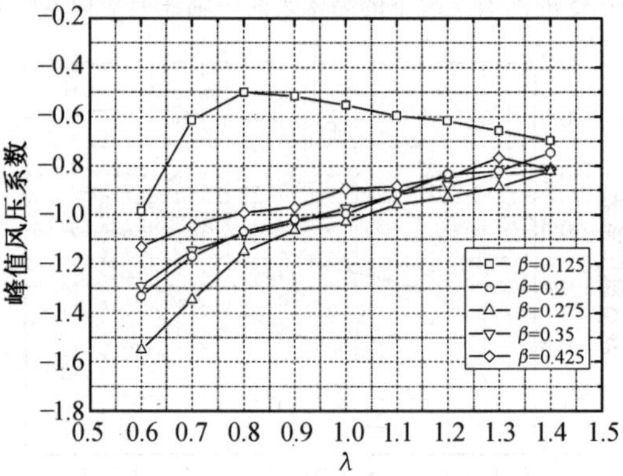


图 14　矮楼背风表面最大极值负风压系数

# 6　结　论

本文对针对下洗涡流效应对高矮楼在正面风作用下的风环境进行试验研究，得到以下结论。

(1)矮楼高度不变时，楼间距越大，则两楼表面负风压极值越小，而两楼间行人高度处最大风速比越大。因此在现实规划中，存在一个妥协的最优间距，以避免产生楼间距过大造成的楼间恶劣风环境，同时也需避免楼间距过小导致的两楼表面负风压峰值过大。

(2)楼间距与矮楼高度比值不变时，矮楼越高，则高楼表面负风压的绝对值越大，且两楼间行人高度处最大风速比越大。因此，在规划时矮楼高度不宜过高，需要将其高度设置小于某个值，避免过大的风速及过大的负风压对居民生活造成的不利影响。

(3)在一定范围内，行人高度处最大风速比出现的位置在两楼中点附近区域，因此可在两楼间中心位置设置绿化设施，以减弱强风对行人的影响。

## 参考文献

[1] 袁秀岭，于小平，付强. 高层建筑风环境探析[J]. 工业建筑，2007，37(S1):4-7.

[2] CHANG C H, MERONEY R N. Concentration and flow distributions in urban street canyons: wind tunnel and computational data[J]. Journal of Wind Engineering & Industrial Aerodynamics, 2003, 91(9):1141-1154.
[3] 都桂梅. 几种典型布局住宅小区风环境数值模拟研究[D]. 长沙:湖南大学, 2009.
[4] 关吉平, 任鹏杰, 周成, 等. 高层建筑行人高度风环境风洞试验研究[J]. 山东建筑大学学报, 2010, 25(1):21-25.
[5] 刘国光, 武志玮, 徐有华. 某超高层建筑行人高度风环境的风洞试验研究[J]. 科技通报, 2013(9):81-85.
[6] 谢振宇, 杨讷. 改善室外风环境的高层建筑形态优化设计策略[J]. 建筑学报, 2013(2):76-81.
[7] TSANG C W, KWOK K C S, HITCHCOCK P A. Wind tunnel study of pedestrian level wind environment around tall buildings: Effects of building dimensions, separation and podium [J]. Building & Environment, 2012, 49(3):167-181.
[8] 陈红, 赵冉. 自然通风在住宅建筑设计中的运用[J]. 中外建筑, 2008, 26(3):42-44.
[9] 黄艳. 考虑高层建筑与住宅小区相互影响的风环境试验研究[D]. 杭州:浙江大学, 2014.
[10] 郁有礼. 高层建筑物绕流风场的数值模拟研究[D]. 西安:西安建筑科技大学, 2005.
[11] 张爱社, 张陵, 周进雄. 两个相邻建筑物周围风环境的数值模拟[J]. 计算力学学报, 2003, 20(5):553-558.
[12] 时光. 引入风环境设计理念的住区规划模式研究[D]. 西安:长安大学, 2010.
[13] WHITEA B R. Analysis and wind-tunnel simulation of pedestrian-level winds in San Francisco[J]. Journal of Wind Engineering & Industrial Aerodynamics, 1992, 44(1):2353-2364.
[14] STATHOPOULOS T, WU H, et al. Wind environment around buildings: A knowledge-based approach[J]. Journal of Wind Engineering & Industrial Aerodynamics, 1992, 44(s1-3):2377-2388.

# 三、土木工程防震减灾

## TLD 水箱动力响应数值模拟及抗震性能分析

王　琛　许国山　侯佑夫　陈　琳

（哈尔滨工业大学 土木工程学院，黑龙江 哈尔滨 150090）

**摘　要**　调谐液体阻尼器(Tuned Liquid Damper，简称 TLD)作为一种被动耗能减震装置，由于遇到两种形态的物质之间的相互作用，真实准确地掌握其减震特性显得尤为困难，因此建立精确的流固耦合模型，进而对调谐液体阻尼器结构的抗震性能进行模拟是一件有挑战的工作。本文利用 ABAQUS 有限元分析软件建立了结构动力学模型和流体动力学模型，并利用其流固耦合分析模块对此模型进行瞬态分析，在此基础上通过动力时程分析得到调谐液体阻尼器流场的初步变化特性，对比分析后得出水箱液体高度对 TLD 的减振性能的影响最为显著，最后给出了 TLD 的设计建议。

**关键词**　调谐液体阻尼器；流固耦合；数值模拟；振动台试验

## 1　引　言

调谐液体阻尼器(TLD)，通常是将经过设计的水箱固定在结构楼层或屋面上用以耗能减振。如遇风荷载或地震荷载，将引起结构振动，从而带动水箱中水的晃动，而水箱在晃动过程中会受到水的晃动压力，水对水箱两壁的动压力差就构成了 TLD 对结构的减振力。根据结构的自振周期调整水的振荡周期，可得到最大的减振力，从而实现结构减振控制的目的。

TLD 系统的减振机理经大量研究证实，其中容器的尺寸以及容器中液体的频率、质量、黏滞性等因素都对 TLD 的减振作用有影响。在结构运动时，TLD 的减振控制力主要来源于液体所产生的惯性力和黏滞力。在设计水箱时，通过调整不同的液面高度可产生不同的减震效果。由于在实际中液体的黏滞力较小且不易模拟，故而在进行设计时通常不考虑黏滞力作用。

## 2　液固耦合有限元模型的建立

ABAQUS 被广泛地认为是功能最强的有限元软件之一，不仅可以分析复杂的固体力学结构系统，还可以进行流体介质计算，特别是能够驾驭非常庞大复杂的问题和模拟高度非线性问题。利用其自带的耦合模块可以不借助第三方软件进行流固耦合分析。本文采用 ABAQUS 建立流固耦合模型，对矩形 TLD 水箱进行数值模拟分析。

## 2.1 问题描述

水箱尺寸为600 mm×90 mm×200 mm,水箱中灌入的液体为水,分别控制液面高度为20 mm、30 mm、40 mm、50 mm、60 mm、70 mm、80 mm、90 mm、100 mm进行数值分析计算。其中,水的材料性质为牛顿流体,密度为1 000 kg/m$^3$,黏度为0.1。

在进行数值模拟计算时,为使计算结果更加接近实验室实际工况,荷载选取实验室钢框架的一阶阵型,质量为668.92 kg,正弦波加载,频率为2.75 Hz,与最优频率,即结构第一阶阵型频率接近。

## 2.2 耦合分析建立

利用有限元分析软件ABAQUS分析问题时,由以下3个阶段实现:前处理阶段、分析问题阶段和后处理阶段。

在前处理阶段分别建立水箱模型和水模型。水箱模型定义为Standard & Expliced类别,单元类别为实体,底面为固定面,内壁与水接触(图1);水为欧拉体,模型类别为CFD,考虑黏度,与水箱的接触面为位移、速度约束面,耦合约束用于将一个面的运动和一个约束控制点的运动约束在一起(图2)。整个装配件设置为无摩擦的通用接触,CEL算法是完全的流固耦合算法,分析类型为动态显式。以流体在欧拉单元中所占的体积分数来确定流体构型,流体材料可在欧拉单元中流动,并与固体单元相互作用,流体材料的性质通过密度来定义。

图1 水箱模型及网格划分

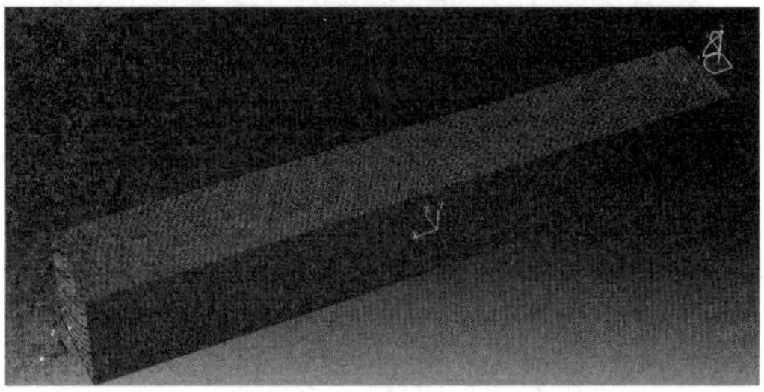

图2 液体CFD模型及网格划分

在CEL算法中,欧拉材料通过拉式体积分数(Eulerian Volume Fraction,EVF)来跟踪其经过网格的状态,所有欧拉单元需要通过指定EVF值来代表其充满欧拉材料的比例。如果EVF值等于1,则该欧拉单元完全被欧拉材料充满;而当EVF值为0时代表该欧拉单元中没有欧拉材料。拉格朗日材料和欧拉材料之间的接触通过基于罚函数接触算法的一般接触分析来计算,当欧拉单元中的EVF值为0时,拉格朗日单元能够没有任何阻碍地通过欧拉单元。因此,在有限元建立模型的过程中,采用8节点线形长方体欧拉单元EC3D8R,每个节点具有3个位移自由度,流体与水箱相互作用使用通用接触,刚体部分采用4节点三维四边形双线性刚体单元R3D4。

## 2.3 结果分析

水箱在地震荷载作用下的晃动模态描述了流固耦合状态下流场的变化过程,可以直观地看到TLD系统的减振过程,较为逼真地呈现出流体和固体的耦合作用。

通过对多组不同液面晃动模态的对比(图3),可以初步看出,液面高度为40 mm时液体晃动最为剧烈。依此推测,液面高度为40 mm时的减振力应最大,即减振效果最好。

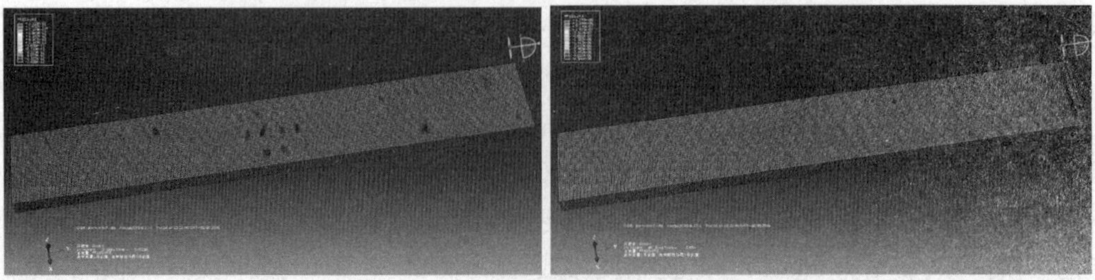

(a) $H=20$ mm

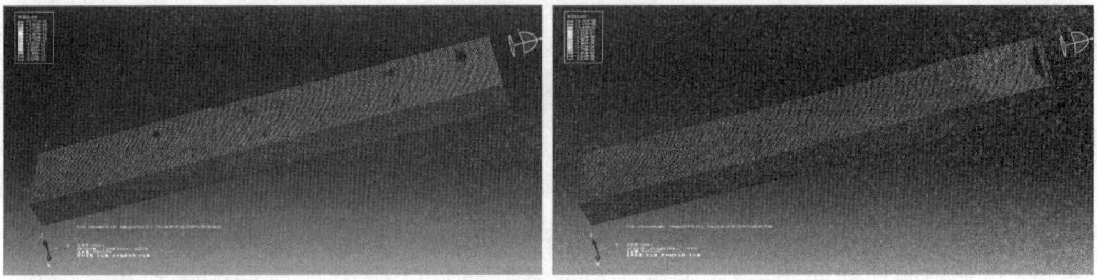

(b) $H=40$ mm

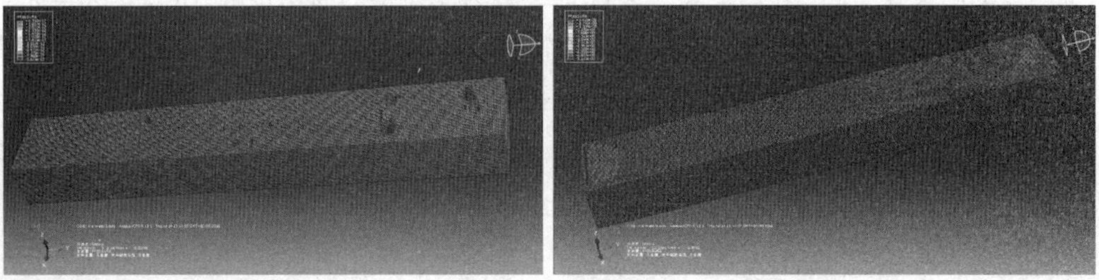

(c) $H=60$ mm

图 3　不同高度液体晃动应力图

# 3　振动台子结构试验

## 3.1　减震原理

依据结构的自振周期，将 TLD 水箱中水面高度做出适当的调整，使 TLD 中液体的惯性力最大，此时 TLD 对结构的作用力最大。水箱中液体在运动过程产生的动水压力主要是由 TLD 中液体的惯性力来提供的。大多数高层建筑都是多自由度的，根据图示的 TLD 系统减震模型图（图 4），其运动方程可以写为

$$[\boldsymbol{M}]\{\ddot{x}\}+[\boldsymbol{C}]\{\dot{x}\}+[\boldsymbol{K}]\{x\}=\{F\}-\{F_{\mathrm{TLD}}\}$$

式中　$[\boldsymbol{M}]$——结构质量矩阵；

$[\boldsymbol{C}]$——结构阻尼矩阵；

$[\boldsymbol{K}]$——结构刚度矩阵；

$\{F\}$——作用在结构上的外激励荷载；

$\{F_{\mathrm{TLD}}\}$——TLD 对结构的减震力。

改变水箱尺寸就可以实现对液体晃动频率的调整，同时也可以调整 TLD 系统的控制力。所以，通过改变水箱参数的方法就可以达到 TLD 系统对结构的最佳控制效果。

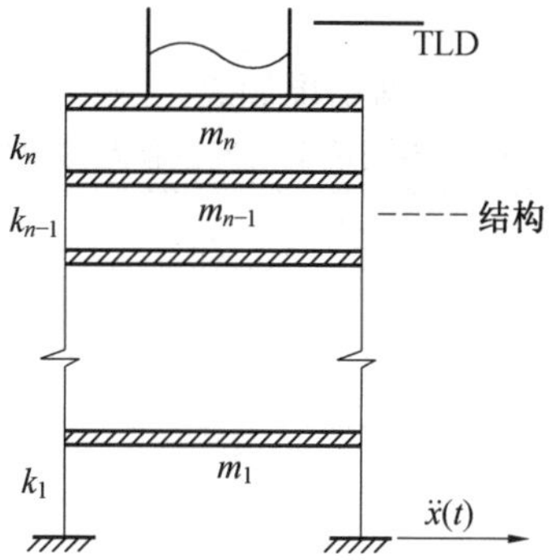


图 4　TLD 系统减震模型示意图

### 3.2　振动台子结构试验设计

TLD 水箱减震多用于高层建筑，但由于振动台尺寸和载重的限制，只能做缩尺模型试验。缩尺模型试验很难满足相似比的要求，也很难体现高层建筑在地震作用下的反应特征。故本文采用试验地震台子结构试验，将 TLD 水箱作为试验子结构置于振动台上加载，下部结构作为数值子结构进行模拟。采用 EL-Centro 波进行加载，加速度峰值为 3.417 $m/s^2$，特征周期为 0.4 ~0.6 s，作用时间为 15 s，加速度时间间隔为 0.02 s。

结构体系为 3 个自由度的集中质量结构，其试验示意图如图 5 所示，试验过程如下：

（1）假定初始时刻试验子结构的反力（即测量的剪力）为 0，数值子结构在外部激励与初始条件下经计算得出框架结构与 TLD 交互界面的运动量，本例中为框架第三层在这一时刻的位移、速度和加速度。

（2）将此运动量作为激励命令，以激励命令驱动地震模拟振动台，带动试验子结构，使其实现激励命令。

（3）在实现激励命令的时刻，测得试验子结构对数值子结构的反力。

（4）再把反力发送给数值子结构，在反力与外部激励的作用下计算出下一时刻的激励命令。

（5）重复以上步骤直到试验结束。

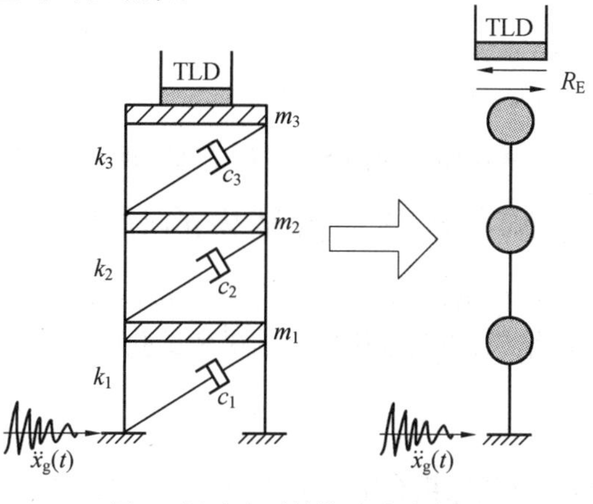


图 5　振动台子结构试验示意图

### 3.3 振动台子结构试验结果

经过多组对比、重复试验,处理数据结果如表1、表2、图6、图7所示。

**表1 不同液面高度位移减震效果**

| 液面高度/mm | 位移幅值/mm | 幅值减震率/% |
| --- | --- | --- |
| 0 | 19.08 | — |
| 20 | 19.29 | -1.08 |
| 40 | 16.47 | 13.67 |
| 50 | 18.41 | 3.51 |
| 60 | 18.46 | 3.23 |

**表2 不同液面高度加速度减震效果**

| 液面高度/mm | 加速度幅值/($m \cdot s^{-2}$) | 幅值减震率/% |
| --- | --- | --- |
| 0 | 4.070 | — |
| 20 | 3.506 | 13.87 |
| 40 | 3.205 | 21.27 |
| 50 | 3.473 | 14.68 |
| 60 | 3.497 | 14.07 |

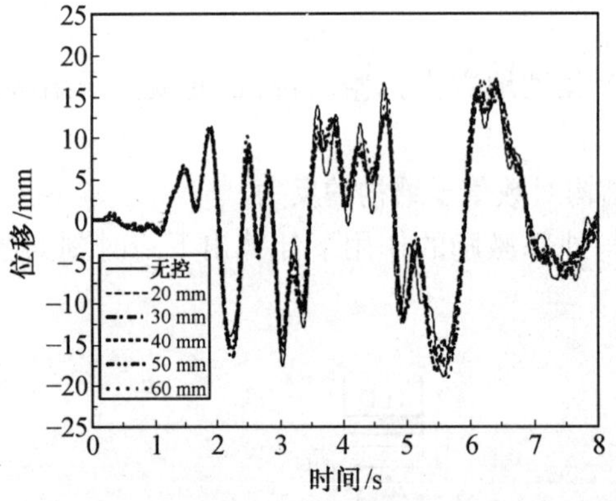


图6 液面高度对TLD位移减震效果的影响对比图

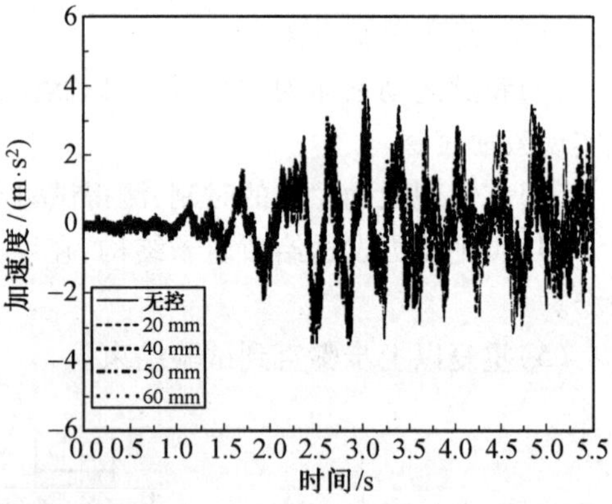


图7 液面高度对TLD加速度减震效果的影响对比图

## 4 振动台子结构试验与数值模拟结果的对比

由有限元数值模拟分析得出,在液面高度为40 mm时TLD水箱减振效果最好,而通过地震台试验之后验证了该结果,说明数值模拟结果和试验验证结果具有较好的吻合度。

## 5 结 论

在用ABAQUS进行三维流固耦合限元分析过程中,因为涉及流体和结构两个区域,区域之间的相互作用难以控制,且网格尺寸划分和荷载输入等因素极易造成模型的离散化,故而大规模的 TLD 计算对模型的要求极高,导致计算结果难以与试验结果很好吻合。在今后的研究中,可采用更精细的模型,模拟更加接近真实工况的时程反应,再通过建筑的频率、地震谱选定合适的水箱,根据滞回曲线分析确定减震效果最优时 TLD 水箱的尺寸,就能够对 TLD 水箱的规范化设计起到有利的辅助。

## 参考文献

[1] 许国山,郑震云,杨凯博,等. 基于等效力控制方法 TLD 减振结果振动台子结构试验[J]. 地震工程与工程振动,2015,36(5):113-119.

[2] 杨凯博. TLD 减振控制结构振动台子结构试验研究[D]. 哈尔滨:哈尔滨工业大学,2014.

[3] 辛洪强. 矩形水箱拟固体化数值模拟分析[D]. 内蒙古:内蒙古科技大学,2015.

[4] 郑果. 圆柱形 TLD 水箱拟固体化的数学模型[D]. 内蒙古:内蒙古科技大学,2015.

[5] 周惠蒙,吴斌. TLD 振动台子结构试验的数值仿真分析[J]. 震灾防御技术,2010,5(1):9-19.

[6]刘展. ABAQUS 6.6 基础教程与实例详解[M]. 北京:中国水利水电出版社,2008.

# 基于 BP 神经网络的洪灾损失预测

客博伟　李　超　赵宇蒙
（大连理工大学 建设工程学部，辽宁 大连 116024）

**摘　要**　本文以南方洪灾重灾区——深圳市为例，基于 BP 神经网络，综合考虑影响洪灾损失的因素，运用数学建模的方法，依次建立社会经济、海平面变化、洪灾强度以及防洪工程能力 4 个预测模型。对预测数据进行数理归一化后，用 BP 神经网络进行模拟训练。在与已知损失情况取得较好拟合效果后，预测得出 2020 年和 2050 年的洪灾经济损失，并利用模糊综合评价方法，对 5 个洪灾影响因素：受灾面积、人均 GDP、常住人口数量、海平面上升量和有效防洪能力各权值进行分配，从而得到各个因素在导致洪灾产生过程中的重要性，使有关部门在预防洪灾时能够采取有针对性的防范措施。

**关键词**　数学模型；BP 神经网络；模糊综合评价

## 1　引　言

### 1.1　问题背景

洪灾是南方城市经常出现的最为严重的自然灾害之一，会带来巨大的人员伤亡和经济损失。在这种情况下，洪灾的预测就显得尤为重要。

BP 神经网络模型是基于神经网络模型算法的一种误差反馈激励的算法，能学习和存贮大量的输入-输出模式映射关系，且无须事前揭示描述这种映射关系的数学方程。为保证最终预测结果的有效性和准确性，基于现有数据计算出各因素在洪灾损失预测中的重要程度，采用模糊综合评价的方法对各因子权值进行合理分配。

基于 BP 神经网络进行训练预测，并利用模糊综合评价方法进行各因素权值分配，同时运用数学建模的方法解决现实洪灾损失问题，是本研究的核心思路。

### 1.2　基本思路

本文以南方洪灾重灾区之一的深圳市为例。根据可能影响洪灾损失的因素，依次建立 4 个预测模型。

（1）根据深圳市统计年鉴获得近 20 年深圳市人均 GDP 和常住人口数量，用最小二乘法大体进行数据拟合，并作出拟合曲线，完成社会经济因素的预测模型。

（2）根据参考文献获得海平面变化量随时间变化的公式，并和已有的预测进行了很好的拟合，完成了海平面因素的预测模型。

（3）对洪灾受灾的强度因素进行考虑，首先根据深圳市的地域情况，将深圳市划分为 500 m×500 m 的网格，并通过网格由外向内蔓延表征受灾过程，随后根据已有的洪灾所致经济损失量,利用数学软件 MATLAB 作出 semilogy 型折线图,将近 10 年的洪灾分为 7 个等级,每个等级对应不同的受灾面积,通过不同的受灾面积表示不同的洪水强度,建立洪灾致灾因子预测模型。

(4)根据本年的防洪工程投入和上一年的洪灾损失呈正比的假设,实现了防洪工程防洪能力的预测模型。

然后运用数理统计的相关方法,对上述 4 个预测模型的数据进行归一化处理,将得到的结果用 BP 神经网络进行模拟训练,训练结果和已知经济损失量获得了很好的拟合效果。再由此预测得出 2020 年和 2050 年的洪灾经济损失。最后,利用模糊综合评价的方法,对 5 个洪灾影响因素:受灾面积、人均 GDP、常住人口数量、海平面上升量和有效防洪能力各权值进行分配,从而获得各个因素在导致洪灾产生过程中的重要性,为有关部门在预防洪灾时采取针对性的防范措施提供了理论基础。

# 2 模型建立

## 2.1 影响因素分析和模型假设

对于洪灾的损失预测,需要考虑很多因素。在查阅大量文献的前提下,总结出以下 4 个因素:社会经济因素、海平面上升因素、受灾面积因素和防洪能力因素。本文做出以下假设。

(1)人均 GDP 和常住人口数量在短期内增长规律符合二次函数曲线。

(2)海平面上升只与温室效应有关。

(3)以全球海平面上升的变化量来代替南海北部海平面上升变化量。

(4)深圳市地面沉降作用微小,可以忽略不计。

(5)深圳市地形可以网格化处理。

(6)洪灾造成的经济损失与洪灾受灾面积呈正相关。

(7)本年度的防洪工程投入和上一年的洪灾损失呈正比。

为了更好地阐述问题,下面给出本文中将会出现的符号,并简单说明。

$L(x)$——第 $x$ 年洪灾造成的经济损失(亿元);

$G(x)$——第 $x$ 年深圳市人均 GDP(元);

$N(x)$——第 $x$ 年深圳市常住人口数量(万人);

$C(t)$——第 $t$ 年二氧化碳排放浓度;

$K(x)$——第 $x$ 年深圳市防洪工程防洪能力;

$F(t)$——第 $t$ 年温室效应作用下的辐射强迫量;

$T(t)$——第 $t$ 年温度变化率;

$Z(t)$——第 $t$ 年海平面变化量;

$\boldsymbol{X}$——洪灾损失因素矩阵;

$\boldsymbol{Y}$——无量纲化标准矩阵;

$u_i$——$\boldsymbol{Y}$ 的各行向量的均值;

$s_i$——$\boldsymbol{Y}$ 的各行向量的标准差;

$\boldsymbol{w}$——各影响因素的权向量。

## 2.2 社会经济因素模型

### 2.2.1 模型分析

社会经济状况对洪灾导致经济损失的预测影响很大。在遭受相同程度洪灾的条件下，一个地区经济越发达，造成的经济损失会越高。因此本文引入两个影响因素，分别为 $G(x)$（深圳市人均 GDP）和 $N(x)$（深圳市常住人口数量）。人均 GDP 越高，常住人口数量越大，则发生洪灾损失越大，即 $L(x)$ 与 $G(x)$ 和 $N(x)$ 呈正相关。

### 2.2.2 模型求解

以 1994 年为第一年，用数学软件 MATLAB 最小二乘法散点拟合得出人均 GDP $G(x)$ 和常住人口 $N(x)$ 与年份 $x$ 的函数关系式，人均 GDP 随年份变化的曲线方程为

$$G(x)=290.9x^2-177.6x+19\ 954 \tag{1}$$

近 20 年来深圳市人均 GDP 如图 1 所示。

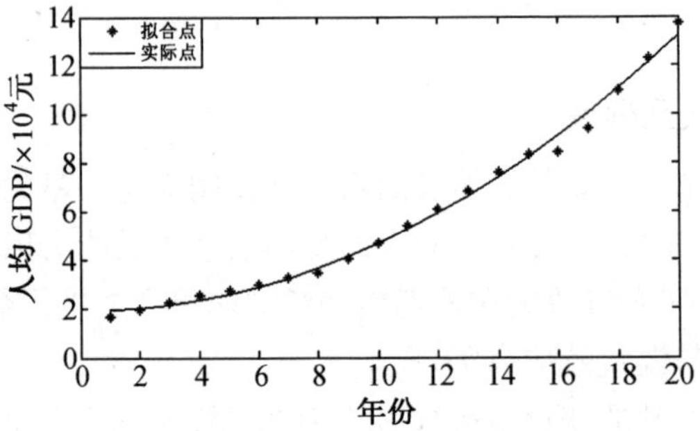


图 1 近 20 年来深圳市人均 GDP

虽然这段区间内的人均 GDP 量拟合得很好，但是根据二次函数的特性，随着年份的增加，数值会变得越来越大，因此以此函数预测未来人均 GDP 的数值量只在短期内有效。

常住人口数随年份变化的曲线方程为

$$N(x)=-0.638\ 6x^2+49.25x+354.5 \tag{2}$$

常住人口数量随年份变化的曲线如图 2 所示。

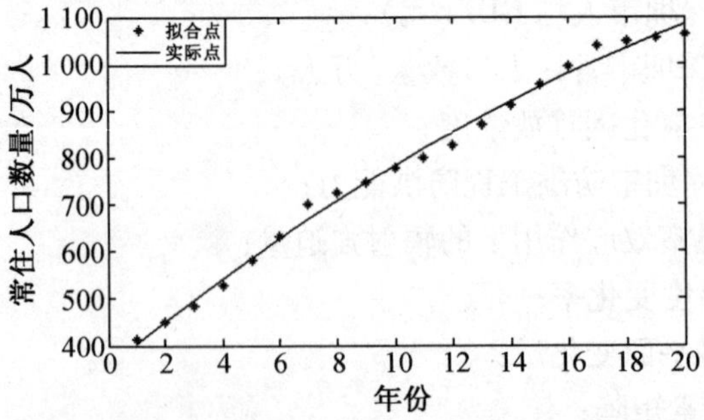


图 2 近 20 年来深圳市人口拟合曲线

根据此函数，可以看到深圳市常住人口有一个上限：在第 38 年，即在 2032 年取得最大值，为 1 304 万人，且越接近该年，人口变化越缓慢。之后，人口数又会下降。这与城市实际人口的发展趋势吻合，因此常住人口能够获得与实际更相符的预测值。

## 2.3 海平面上升因素模型

2.3.1 模型分析

海平面上升是导致洪灾的一项非常重要的原因。深圳市地处珠江三角洲入海口，因此在考虑造成深圳市洪灾暴发的因素时，需要对深圳市的海平面上升问题进行计算。考虑到海平面上升与温室效应有关，且温室气体以二氧化碳为主，因此本文用二氧化碳排放量为基础来计算深圳市海平面上升的数据。因为海平面上升是个长时间的观测过程，因此以下都以 1850 年为计算的起始年。

2.3.2 模型求解

(1)对每年二氧化碳排放浓度进行估计，得到如下表达式：

$$C(t)=c_0\exp[Bt\exp(at)] \tag{3}$$

其中

$$B=5.59\times10^{-4}$$

$$a=8.69\times10^{-3}$$

$$c_0=270.0$$

计算结果和实际相吻合，得到二氧化碳排放浓度随年份的变化关系如图 3 所示。

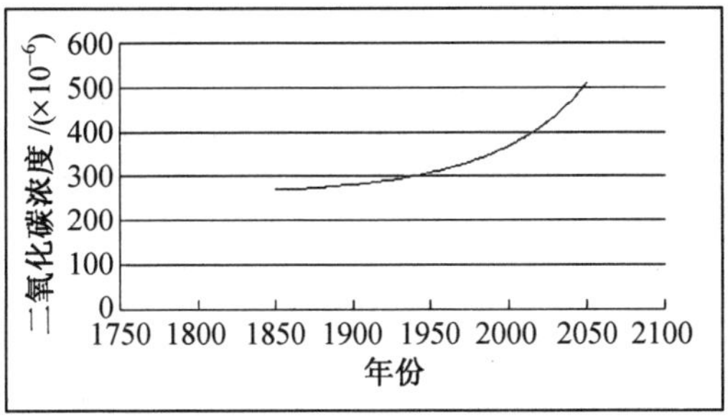


图 3　二氧化碳排放浓度随年份的变化

(2)对每年的辐射强迫量进行估计，得到如下表达式：

$$F(t)=a_0+b\ln[C(t)/270.0] \tag{4}$$

$F(t)$是关于 $C(t)$的函数，其中

$$a_0=1.81\ \mathrm{W/m^2}$$

$$b=2.95\ \mathrm{W/m^2}$$

$a_0$ 与 $b$ 的值是根据深圳市辐射强迫量经过适当调整后所得的值。计算结果如图 4 所示。

(3)温室效应主要会引起温度变化，其形成的主要原因是二氧化碳排放增加。因此二氧化碳排放增加会引起温度变化，由此得到如下表达式：

$$T(t)=xt\ln[ytC(t)/270.0]-0.5 \tag{5}$$

其中，$x=0.005\,93$，$y=0.011\,4$。为了方便计算海平面变化，把 1980 年的温度变化记为 0，得到温度变化趋势如图 5 所示。

(4)根据参考文献得到海平面预测模型方程：

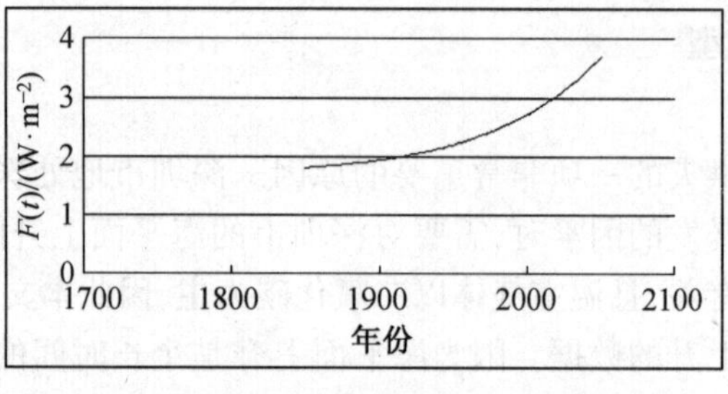


图4　辐射强迫量随时间的变化

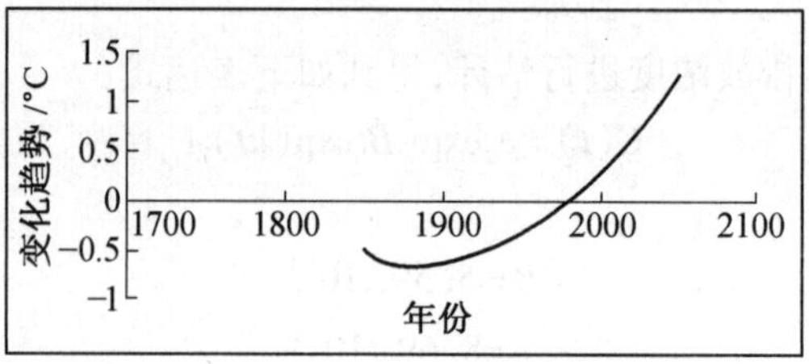


图5　1850～2050 年温度变化趋势图

$$Z(t)=[4.13+2.65F(t)]T(t)\times u^{0.221} \tag{6}$$

式中，$u$ 为海洋热扩散系数，取值范围为 0.5～3.0，这里取 $u$=0.634、1.2、2.0 和 3.0。在 4 种不同的海洋热扩散系数下，2020 年与 2050 年的海平面上升量见表 1。

**表 1　不同海洋热扩散系数下 2020 年和 2050 年的海平面上升量**　cm

| 系数$u$ \ 年份 | 2020 | 2050 |
|---|---|---|
| 0.634 | 6.446 388 872 | 15.479 216 43 |
| 1.2 | 7.422 561 928 | 17.823 225 51 |
| 2.0 | 8.309 643 716 | 19.953 306 59 |
| 3.0 | 9.088 633 095 | 21.823 833 72 |

由表 1 可知，至 2020 年，海平面将上升 6.4～9.1 cm；至 2050 年，海平面将上升 15.4～21.8 cm，与原文中 2050 年海平面将上升约 0.2 m 的数据相吻合，对于 4 种不同的海洋热扩散系数统计得到 1850～2050 年海平面变化，如图 6 所示。

现取 $u$=2.0，根据上述公式，得到 2004～2013 年的海平面上升量见表 2。

**表 2　2004～2013 年海平面上升量**

| 年份 | 2004 | 2005 | 2006 | 2007 | 2008 |
|---|---|---|---|---|---|
| 海平面上升量/cm | 4.20 | 4.43 | 4.66 | 4.89 | 5.13 |
| 年份 | 2009 | 2010 | 2011 | 2012 | 2013 |
| 海平面上升量/cm | 5.38 | 5.62 | 5.87 | 6.13 | 6.39 |

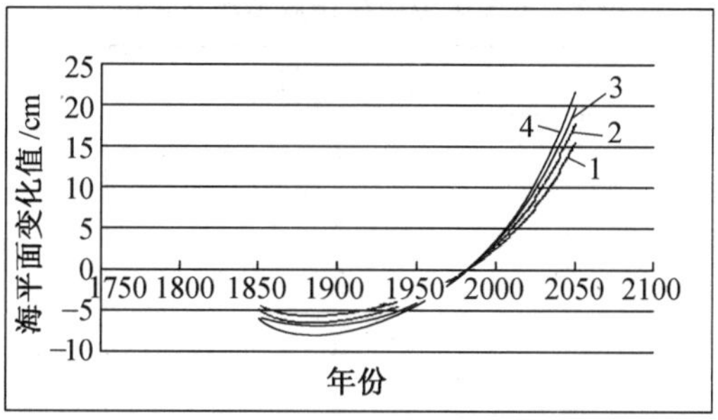


图6　4种系数下海平面变化趋势

1—$u=0.634$;2—$u=1.2$;3—$u=2.0$;4—$u=3.0$

## 2.4　受灾面积因素模型

### 2.4.1　模型分析

深圳市总面积2 020 $km^2$,其中特区面积325.7 $km^2$,地势多为低丘陵地,间以平缓的台地。考虑到深圳高度城市化,人工干预较多,并且地势变化并不明显。在利用地形特点做出高差网格没有取得很好的处理效果后,改为简单包围化处理,即参阅深圳地图,做出相应的简化网格图,其占地形状可用500 m×500 m的规则网格模拟处理,全部模拟范围321.25 $km^2$,共分1 285个网格。

### 2.4.2　模型求解

网格简化图如图7所示。假设洪水由城市外围向内部离散型蔓延,即洪水每到达一个等级,受灾面积由外围向里增加一周网格。考虑到经济损失与洪灾受灾面积呈正相关,用洪灾造成的经济损失量定性的划分洪灾等级,进而确定洪灾受灾面积。

由于每个年份之间经济损失差异明显,因此直接作图点位分离很大,故利用MATLAB作出semilogy型洪灾所致损失折线图,并由此将洪灾分为7个等级,折线图如图8所示。

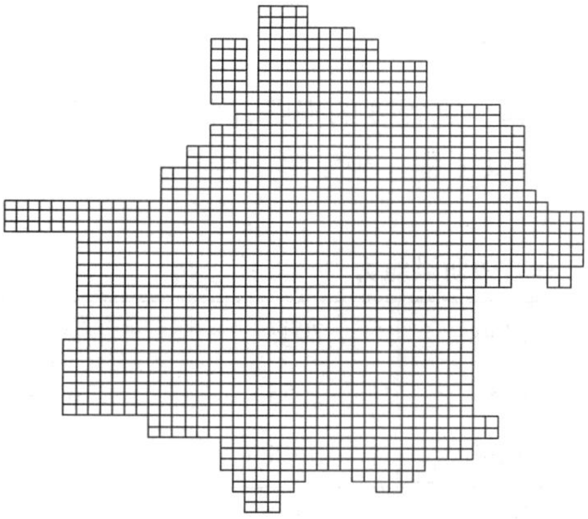

图7　深圳市网格简化图

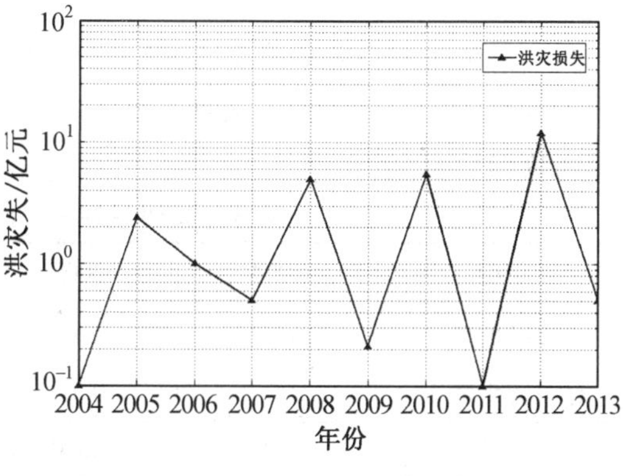


图8　洪灾损失折线图

依据图中点的分布将$Y$轴均分,于是洪灾分成了7个等级,不同洪灾损失对应的等级和年份见表3。

**表3　不同洪灾损失对应等级及年份**

| 洪灾损失范围/亿元 | 洪灾等级 | 对应年份 |
| --- | --- | --- |
| $10^{-1} \sim 10^{-0.9}$ | 1 | 2004,2011 |
| $10^{-0.9} \sim 10^{-0.7}$ | 2 | 2009 |
| $10^{-0.7} \sim 10^{-0.1}$ | 3 | 2007,2013 |
| $10^{-0.1} \sim 10^{0.1}$ | 4 | 2006 |
| $10^{0.1} \sim 10^{0.3}$ | 5 | 2005 |
| $10^{0.3} \sim 10^{1}$ | 6 | 2008,2010 |
| $10^{0.9} \sim 10^{1.1}$ | 7 | 2012 |

## 2.5　防洪能力因素模型

### 2.5.1　模型分析

洪水防御能力的强弱主要取决于防洪工程的质量,若防洪工程对洪水的防御能力强,当洪涝灾害发生之后,可以大大减小洪灾损失,而防洪工程的建设和经济的投入一般呈正比。

### 2.5.2　模型求解

根据假设,本年度的防洪工程投入和上一年的洪灾损失呈正比,设比例为 $K$。第 1 年的防洪能力为 20 年一遇,设为 1;第 10 年的防洪能力为 100 年一遇,设为 5。从而得到

$$\begin{gathered} K(1) = 1 \\ K(10) = 5 \\ K(x) - K(x-1) = K \times L(x-1) \end{gathered} \tag{7}$$

利用已知经济损失数据计算,得到

$$K = 0.15$$

$$K(x) = 0.15 \sum_{n=1}^{n=x-1} L(n) + 1 \tag{8}$$

深圳市每年都会遭受洪灾,防洪工程每年都会遭到一定程度的损毁,因此引入有效防洪能力 $K(x) - K(x-1)$ 来表示每年实际产生作用的防洪工程。规定第 1 年有效防洪能力为 1,得到数据见表 4。

**表4　近 10 年深圳市防洪工程有效防洪能力**

| 年份 | 2004 | 2005 | 2006 | 2007 | 2008 |
| --- | --- | --- | --- | --- | --- |
| 防洪能力 | 1 | 1.02 | 1.38 | 1.53 | 1.6 |
| 有效防洪能力 | 1 | 0.02 | 0.36 | 0.15 | 0.07 |
| 年份 | 2009 | 2010 | 2011 | 2012 | 2013 |
| 防洪能力 | 2.35 | 2.38 | 3.20 | 3.21 | 5 |
| 有效防洪能力 | 0.75 | 0.03 | 0.82 | 0.01 | 1.79 |

# 3 模型求解

## 3.1 BP 神经网络预测

3.1.1 技术思想

BP 神经网络,即误差反传,是误差反向传播算法的学习过程,由信息的正向传播和误差的反向传播两个过程组成。输入层各神经元负责接收来自外界的输入信息,并传递给中间层各神经元;中间层是内部信息处理层,负责信息变换,根据信息变化能力的需求,中间层可以设计为单隐含层或者多隐含层结构;最后一个隐含层传递到输出层各神经元的信息经进一步处理后,完成一次学习的正向传播处理过程,由输出层向外界输出信息处理结果。当实际输出与期望输出不符时,进入误差的反向传播阶段。误差通过输出层,按误差梯度下降的方式修正各层权值,向隐含层、输入层逐层反传。周而复始的信息正向传播和误差反向传播过程,是各层权值不断调整的过程,也是神经网络学习训练的过程,此过程一直进行到网络输出的误差减少到可以接受的程度,或者预先设定的学习次数为止。

其中输入层、隐含层与输出层的关系如图 9 所示。

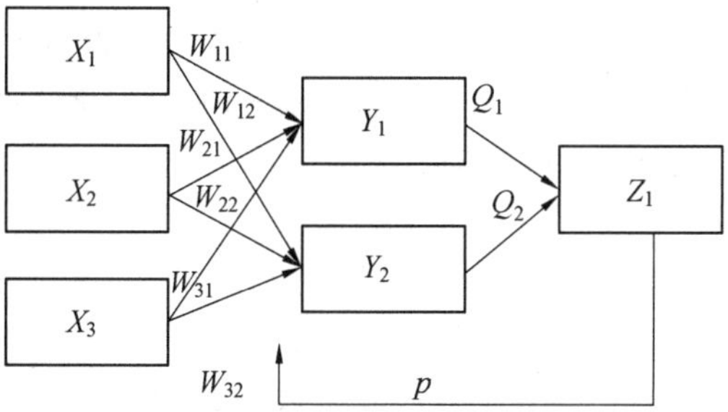


图 9　输入层、隐含层与输出层的关系

图中,$X_1$、$X_2$、$X_3$ 为输入层输入的三个元素;$Y_1$、$Y_2$ 代表隐含层过渡作用的两个元素;$Z_1$ 代表输出层;$W_{ij}$代表 $X_i$ 对 $Y_j$ 计算时的权重;$Q_j$ 代表 $Y_j$ 对 $Z$ 计算时的权重;箭头代表算法;$p$ 为 $Z$ 对权重的反馈影响。

对于预测深圳市 2020 年与 2050 年的洪灾损失,采用 BP 神经网络模型可以近似模拟出理想的预测结果。本次使用 MATLAB2010 中 BP 神经网络工具箱对已知数据经行训练,将上文预测的 2020 年与 2050 年的各项影响因素数据代入已经训练好的 BP 网络模型,对 2020 年与 2050 年的深圳市受洪灾损失进行模拟,得出结果。

3.1.2 求解过程

MATLAB2010 BP 神经网络工具箱的使用。

(1)将已经计算好的 2004 ~ 2013 年数据输入 MATLAB 中,并将受灾面积、人均 GDP、常住人口数量、海平面上升量和有效防洪能力作为输入层输入,将洪灾经济损失作为 BP 网络训练的结果用于 BP 网络数据的收敛,得到训练后的数据与此数据比较后计算误差。

(2)对数据的初始化。使用 premnmx 函数对数据进行归一,使得每一项的数据具有等价的效果,得到的数据见表 5。

**表5 归一化后近10年各影响因素的数值**

| 年份 | 受灾面积/% | 人均 GDP/元 | 常住人口数量/万人 | 海平面上升量/cm | 有效防洪能力 | 洪灾经济损失/亿元 |
|---|---|---|---|---|---|---|
| 2004 | −1 | −1 | −1 | −1 | 0.112 4 | −1 |
| 2005 | 0.476 5 | −0.842 2 | −0.794 3 | −0.79 | −0.988 8 | −0.613 4 |
| 2006 | 0.159 9 | −0.658 7 | −0.463 5 | −0.579 9 | −0.606 7 | −0.848 7 |
| 2007 | −0.188 1 | −0.470 5 | −0.148 6 | −0.369 9 | −0.842 7 | −0.932 8 |
| 2008 | 0.764 9 | −0.298 5 | 0.171 2 | −0.150 7 | −0.932 6 | −0.176 5 |
| 2009 | −0.586 2 | −0.280 8 | 0.482 | 0.077 6 | −0.168 5 | −0.979 8 |
| 2010 | 0.764 9 | −0.037 5 | 0.804 | 0.296 8 | −0.977 5 | −0.102 5 |
| 2011 | −1 | 0.328 9 | 0.876 8 | 0.525 1 | −0.089 9 | −1 |
| 2012 | 1 | 0.646 9 | 0.937 8 | 0.762 6 | −1 | 1 |
| 2013 | −0.188 1 | 1 | 1 | 1 | 1 | −0.932 8 |

（3）设定权重。$w_1$、$w_2$、$w_3$、$w_4$、$w_5$ 都是(−1,1)区间上的数据，设定由输入层向隐函数层传递与隐函数层向输出层传递的函数均为 tansig 函数（S 型对数函数），此函数对于计算深圳市实际受洪灾损失问题较适合。得到函数公式为

$$f(x)=\frac{1}{1+e^{-x}} \tag{9}$$

学习方法使用 learndm 函数（梯度下降动量函数）；训练函数使用 traingdm（梯度下降动量 BP 算法）；性能函数使用 mse（均方误差性能函数），即使用方差计算误差，方差越小，BP 网络训练出的结果与实际结果拟合得越好。

（4）使用 net 函数建立 BP 网络模型。

代码及解释如下：

>> net. trainParam. show=1 000；%每 1 000 步显示为计算 1 次（对结果无影响）

>> net. trainParam. Lr=0.015；%设定网络的学习速率为 0.015

>> net. trainParam. epochs=50 000 000；%训练步最大为 50 000 000 步，超出后自动跳出训练

>> net. trainParam. goal=0.000 5；%目标误差小于 0.05%后视为训练完成，跳出训练。

BP 神经网络的流程图如图 10 所示。

（5）训练及结果拟合。

①使用训练后的 BP 网络模型对 2004～2013 年的原始数据进行模拟，并与实际数据进行比较来检测模型的精确性，得到结果如图 11 所示。

图中可知，拟合后的数据与原始数据在 2004～2007 年时拟合较为接近，在 2008～2013 年时拟合基本为实际数据，因此，使用此 BP 网络模型对于 2020 年与 2050 年的数据经行模拟后的结果将的可信的。

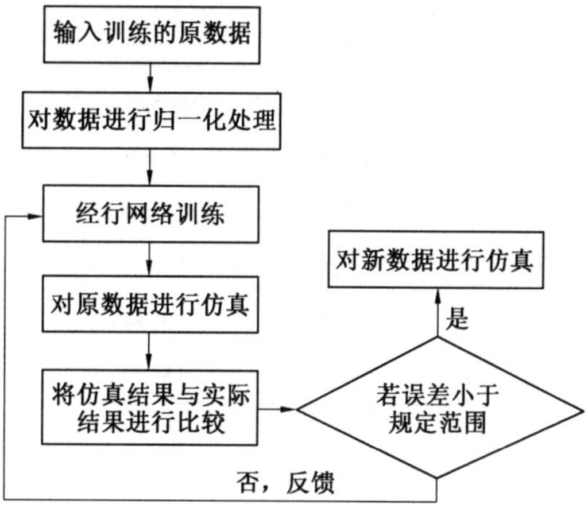


图 10　BP 神经网络的流程图

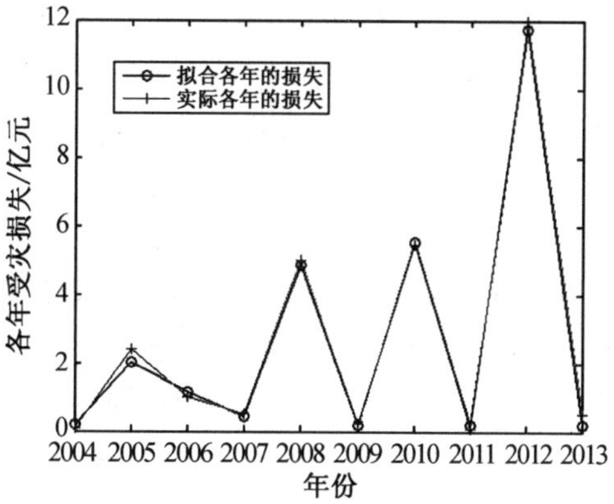


图 11　实际损失和拟合损失比较图

②数据处理。

对于 2020 年各项数据的处理为:受灾面积取 2004 ~2013 年受灾面积的最大值,预测受灾损失可能的最大损失,有效防洪能力取 1.00,其他数据依照前文得到预测结果。

对于 2050 年各项数据的处理为:考虑到 2050 年我国已经处于社会主义现代化阶段,经济发达,因此受灾面积取最大可以预测最大的损失,取最小,符合我国现代化社会的发展,所以分别取 77.4 与 13.6,人均 GDP 与人口可以参见前文数据;海平面数据为预测数据,为 19.94 cm;但考虑到 2050 年全球范围内人们观念的改变,节能减排导致二氧化碳排放量大大降低,或是开发利用新能源使得温室效应变得不明显,因此特别取得 15.00 cm 的海平面上升量作为 2050 年的可能值进行预测。其中,有效防洪能力取 1.00 的中间值,考虑 2050 年的科技发达原因,取 2.00 的最大有效防洪能力进行预测。

③使用训练好的 BP 网络模型对 2020 年及 2050 年的数据进行预测,并用控制变量法改变各种变量对所得数据进行经验验证以及对受灾损失评估。

通过上文中对洪灾影响因素的预测模型得到 2020 年及 2050 年的数据,其受灾损失见表 6。

表 6　2020 年和 2050 年经济损失预测

| 年份 | 受灾面积/% | 人均 GDP/元 | 常住人口数量/万人 | 海平面上升量/cm | 有效防洪能力 | 洪灾经济损失/亿元 |
|---|---|---|---|---|---|---|
| 2020 | 77.4 | 211 985 | 1 203.3 | 8.83 | 1.00 | 11.84 |
| 2050 | 77.4 | 922 271 | 1 109.8 | 19.94 | 1.00 | 5.78 |
| 2050 | 13.6 | 922 271 | 1 109.8 | 19.94 | 1.00 | 5.236 |
| 2050 | 13.6 | 922 271 | 1 109.8 | 19.94 | 2.00 | 1.250 |
| 2050 | 13.6 | 922 271 | 1 109.8 | 15.00 | 2.00 | 1.214 |

## 3.2　模糊聚类分析

### 3.2.1　技术思想

洪灾经济损失的预测是由多个洪灾影响因素共同决定的。上文列出的 5 个因子分别为:受灾面积、人均 GDP、常住人口数量、海平面上升量和有效防洪能力。为了保证最终预测结果的有效性和准确性,就必须基于现有数据计算出各因素在洪灾损失预测中的重要程度,也就是对各因子进行权值分配。下面使用模糊综合评价的方法,对各因子权值进行分配。

### 3.2.2　求解过程

(1)根据前文建立无量纲化等级标准矩阵,得到近 10 年来影响洪灾损失因素矩阵。

$$X=\begin{bmatrix} 13.6 & 60.7 & 50.6 & 39.5 & 69.9 & 26.8 & 69.9 & 13.6 & 77.4 & 39.5 \\ 54\,235 & 60\,801 & 68\,441 & 76\,273 & 83\,431 & 84\,167 & 94\,296 & 109\,543 & 122\,779 & 137\,476 \\ 800.8 & 827.75 & 871.1 & 912.37 & 954.28 & 995.01 & 1\,037.2 & 1\,046.74 & 1\,054.74 & 1\,062.89 \\ 4.20 & 4.43 & 4.66 & 4.89 & 5.13 & 5.38 & 5.62 & 5.87 & 6.13 & 6.39 \\ 1 & 0.02 & 0.36 & 0.15 & 0.07 & 0.75 & 0.03 & 0.82 & 0.01 & 1.79 \end{bmatrix}$$

由此建立无量纲化标准矩阵 $\boldsymbol{X}=x(ij)$,$(i=1,2,3,4,5;j=1,2,3\cdots 9,10)$。

其中

$$x_{ij}=\begin{cases} x_{ij}/\max(x_{ij})\ i\neq 5 \\ \min(x_{ij})/x_{ij}\ i=5 \end{cases}$$

$$Y=\begin{bmatrix} 0.175\,7 & 0.784\,2 & 0.653\,7 & 0.510\,3 & 0.903\,1 & 0.346\,3 & 0.903\,1 & 0.175\,7 & 1 & 0.510\,3 \\ 0.394\,5 & 0.442\,3 & 0.497\,8 & 0.554\,8 & 0.606\,9 & 0.612\,2 & 0.685\,9 & 0.796\,8 & 0.893\,1 & 1 \\ 0.753\,4 & 0.778\,8 & 0.819\,6 & 0.858\,4 & 0.897\,8 & 0.936\,1 & 0.975\,8 & 0.984\,8 & 0.992\,3 & 1 \\ 0.653\,7 & 0.693\,3 & 0.729\,3 & 0.765\,3 & 0.802\,8 & 0.841\,9 & 0.879\,5 & 0.918\,6 & 0.959\,3 & 1 \\ 0.01 & 0.5 & 0.027\,8 & 0.066\,7 & 0.142\,9 & 0.013\,3 & 0.333\,3 & 0.012\,2 & 1 & 0.005\,6 \end{bmatrix}$$

(2)计算各评价指标权重。

首先计算矩阵 $\boldsymbol{Y}$ 的各行向量的均值和标准差:

$$\mu_i=\frac{1}{10}\sum_{j=1}^{10}x_{ij} \tag{10}$$

$$s_i = \sqrt{\frac{\sum_{j=1}^{10}(x_{ij} - \mu_i)^2}{5}} \tag{11}$$

然后计算变异系数:

$$w_i = s_i - \mu_i \quad (i = 1,2,3,4,5) \tag{12}$$

最后对变异系数归一化,得到各指标的权向量为

$$\boldsymbol{w} = [0.286\,0, 0.108\,9, 0.037\,0, 0.050\,3, 0.517\,8]$$

得到5个因子影响洪灾损失的权重见表7。

**表7　各个影响因素的权重**

| 影响因素 | 权重 |
|---|---|
| 受灾面积 | 28.60% |
| 人均GDP | 10.89% |
| 常住人口数量 | 3.70% |
| 海平面上升量 | 5.03% |
| 有效防洪能力 | 51.78% |

# 4　结果分析

通过BP网络模型预测的2020年洪灾经济损失最大为11.84亿元,2050年最大经济损失为5.78亿元,若受灾面积为最小时,损失5.236亿元;若将防洪能力提升到最大时,损失1.25亿元;若海平面仅上升15 cm时,测得损失为1.214亿元。可见,当受灾面积越小、海平面上升越低以及有效防洪能力越高时,损失都是降低的,验证了BP神经网络模型训练后结果的正确性,增加了2020年与2050年预测损失结果的可信性。

根据模糊聚类分析,得到各影响因子的权重。其中有效防洪能力的比重达到50%以上,受灾面积的比重接近30%。说明对于防洪,我们最需要做的是加强防洪工程的建设。而对于受灾面积(即降雨的大小),面对海平面上升等不可抗力因素,我们只能加强对它们的观测,为进一步预测提供可能。

# 5　模型评价

根据深圳市的实际情况,模型中很多部分处理并不合理,如人口的处理过于简单、对于洪灾的强度只分了三个等级等,且海平面上升和地质沉降的数据也并不符合深圳市的实际情况,因此本次洪灾损失预测并不严谨。

但我们对其中的一些数据做了较细致的处理。对于洪灾严重程度,本文将深圳市网格化,并按照往年洪灾数据将受灾分为7个等级,对应不同的受灾面积。对于海平面的处理,考虑到了温室效应的因素,根据参考文献得出未来深圳市海平面的上升量,数据更准确可靠。对于地质沉降,经过查找资料,了解到过去50年深圳市地质沉降十分微小,且没有预兆未来会有较大的地质变化,故将其处理为常数,即不作为变量进行考虑。对于人口和经济,

通过最小二乘法拟合。

本文还考虑了防洪工程的防洪强度这个因素。防洪强度的增加量是根据前一年因洪灾导致的经济损失量决定的。由此得到近10年深圳市的有效防洪强度。根据模糊综合评价,得到防洪工程的防洪强度对于洪灾损失的预测所占的权重达到50%以上,因此,这个因素是必须要考虑的。由此也给出了我们对于洪灾预防的启示。

不足的是,对于人口和经济,我们只用了简单的最小二乘法进行拟合,且只限于最近20年,并没有对深圳市未来的发展趋势进行预测。因此,得出的结果只能在短期内有效,对于长期的预测,两个二次函数的科学性有待考验。

## 参考文献


[1] 胡飞辉. 改进的BP神经网络算法在洪灾损失评估中的应用研究[D]. 赣州:江西理工大学, 2012.

[2] 仇劲卫,陈浩,刘树坤. 深圳市的城市化及城市洪涝灾害[J]. 自然灾害学报,1998(02):67-73.

[3] 周红满. 基于相干点目标干涉测量分析方法监测深圳市城区地面沉降[D]. 长沙:中南大学, 2012.

[4] 梁保松,曹殿立. 模糊数学及其应用[M]. 北京:科学出版社,2007.

[5] 张锦文. 中国沿海海平面的上升预测模型[J]. 海洋通报, 1997(4):1-9.

[6] 蔡旭晖, 刘卫国, 蔡立燕. MATLAB 基础与应用教程[M]. 北京:人民邮电出版社, 2009.

[7] 王旭. 人工神经元网络原理与应用[M]. 沈阳:东北大学出版社, 2007.

# 基于智能手机的结构健康云监测系统开发

张　宽[1,2,3]　裴熠麟[1,2,3]　蔡恩健[1,2,3]　甘劲松[1,2,3]

(1. 兰州理工大学 土木工程学院,甘肃 兰州 730050;
2. 兰州理工大学 防震减灾研究所,甘肃 兰州 730050;
3. 兰州理工大学 西部土木工程防灾减灾教育部工程研究中心,甘肃 兰州 730050)

**摘　要**　本文针对当前结构健康监测系统成本高昂、覆盖群体少的缺陷,开发了基于智能手机的结构健康云监测系统。利用 Arduino 开发板、传感器模块和 LTE 传输模块,设计了云监测模块,可以实时监测结构健康数据并通过无线网络上传至云端服务器处理,利用云端服务器强大的数据运算量,降低了本地数据处理的压力和成本,便于数据统一管理。同时,通过编写服务器端软件和手机 APP,使服务器端能实时显示监测数据波形并给出分析报告,用户通过 APP 就可以轻松查看监测结果。此外,用户还可通过 APP 配合手机集成的传感器参与到短期结构健康监测当中。本研究极大地降低了结构健康监测成本,普及了结构健康监测范围。

**关键词**　智能手机;结构健康监测;无线传输;云计算

## 1　研究背景

### 1.1　问题提出

灾害包括自然灾害和人为灾害,其造成的后果是触目惊心的。一直以来,它对房屋建筑和桥梁结构的安全产生了巨大的威胁,并造成经济损失和人员伤亡。2012 年 12 月 16 日,中国浙江省宁波市江东区一栋建于 80 年代的居民楼由于长时间降雨后突然倒塌,造成 2 人被困,1 人死亡。1994 年 10 月 21 日,韩国首尔圣水大桥突然塌落,导致 7 辆汽车落入水中。

通常,灾害是难以预测的,所以为了最大限度地降低经济损失和保护人类生命健康安全,需要建立和覆盖比较全面的结构健康监测系统。目前的结构健康监测系统主要安装在大型工程项目中,需要昂贵的传感系统、数据采集系统和数据传输系统,同时需要专业人员实行操作,而对于一般民用建筑结构,由于成本、技术等原因,则缺乏覆盖。

综上所述,从防灾、减灾的角度出发,研发面向大众、低成本、可广泛推广的结构健康监测系统是十分必要的。

### 1.2　国内外研究现状

#### 1.2.1　云计算的研究现状

现阶段普遍使用的云计算定义是由美国国家标准与技术研究院(NIST)定义的:云计算

是一种按使用量付费的方式,这种方式提供快速的、按需的网络访问,进入可配置的计算资源共享域(包括网络、服务器、存储、应用软件和服务),而这些数据中心里的硬件和软件则被称为"云"。从技术角度而言,云计算最早的出身应该是超大规模的计算,说明云计算技术确实是在针对"大用户""大数据"和"大系统"的现状下,发展出来的一种新的、有效的实现机制。从技术应用的角度来看,云计算平台给出了一种新的计算资源的使用和管理思路。

1.2.2　结构健康监测的研究现状

结构健康监测技术主要起源于航空航天领域,其最初目是进行航空航天飞行器结构的动力载荷监测和预警。随着结构越来越复杂化、智能化和大型化,结构健康监测的内容愈加多元化。它不再针对单纯的载荷监测,而是向结构损伤定位、损伤监测、结构使用状况和剩余年限预测等方向推广。例如,上海的徐浦大桥就安装了一套结构健康监测系统,其主要针对温度、车辆荷载、应变、挠度、斜拉索振动及主梁振动6个方面建立了监测子系统。

# 2　设计原理

## 2.1　设计思路

一个完整的结构健康监测系统包含:①传感器子系统,其中传感器子系统为基本硬件监听系统,用于采集结构的荷载和效应信息。②数据采集处理及传输子系统,包括硬件和软件两部分。③损伤识别、模型修正和安全评定与安全预警子系统,由损伤识别软件、模型修正软件、结构安全评定软件和预警设备组成。④数据库管理子系统,其核心为数据库系统。本次研究选用了以下设备完成了结构健康监测系统的开发。

## 2.2　健康云监测系统开发

2.2.1　传感器子系统的开发

传感器子系统。本设计中的智能系统主要实现对用户要求的数据监听,并将最终处理数据传输到服务器端。以 FXLN8631 九轴加速度传感器为例。数据监听主要通过 FX-LN8361 三轴加速度传感器模块对用户要求的数据进行监听,当监听到振动频率时,实时传输到 Arduino 开发板,Arduino 开发板根据编写好的算法处理 FXLN8361 三轴加速度传感器采集到的数据,实现当有振动频率变化时系统通过网络实时传输到用户的服务器终端的操作,以便进一步分析与使用。FXLN8631 九轴加速度传感器兼容 Arduino 平台,通过拼针和 Arduino 开发板连接。FXLN8361 三轴加速度传感器是一款低功耗、高精度的三轴加速度传感器,在同类传感器中拥有最高的采样频率(2.8 kHz),并且可以模拟信号输出,具有广泛的兼容性。采用信号调理、单极低通滤波技术,提供 $2g$ 与 $8g$ 两档量程范围,可以根据不同精度的需求,选择合适的量程范围。

2.2.2　数据采集和传输模块的开发

(1)数据采集与处理子系统。

选用 Arduino 平台,它是一个基于开放源代码的软硬件平台,通过拼针搭接可以安装更多所需要的传感器。硬件构建于开放源代码 simple I/O 接口板(包括 12 通道数字 GPIO,4 通道PWM 输出,6 ~ 8 通道 10bit ADC 输入通道),具备使用类 Java 语言、C 语言的 Processing/Wiring 开发环境,优点是:①开放源代码的电路图设计。电路设计可根据使用需求在现有基础上直接修改,程序开发接口可免费进行下载,也可依据使用需求进行修改。②使用低功耗的微中央处理器(ATmega8 或 ATmega168)。可采用 USB-A 型接口供电,无须外接电源;也可采用外部 9VDC 电池输入电能。③Arduino 开发板支持 ISP 在线固烧入,可将新的 BbootLoader 固件烧入 ATmega8 或 ATmega 168 芯片。有了 BootLoader 之后,可以通过串口或者 USB to RS232 sideload 方式更新固件。因而采用 Arduino 平台可以体现在快速开发和降低成本方面的优势。

(2)数据传输子系统。

考虑到项目中采取的数据为振动频率,为了将设计过程中对信号干扰的因素降到最低,本项目中采用机智云智能家居物联网开发板串口 WiFi 模块和智能家居物联网开发板(Arduino UNO)扩展版(图 1)。此扩展版完全与 Arduino UNO 配合使用,在解决了便携性的问题上,将采集到的振动频率误差降到最低,确保了信号数据的可靠性。其在通信协议方面,完全支持 802.11b/g/n 无线标准,而自主开发的 MUU 平台,则支持无线和远程升级固件,方便用户使用。在没有 WiFi 的情况下,采用 3G、4G 网络同样可以使用,打破了系统使用的局限性。

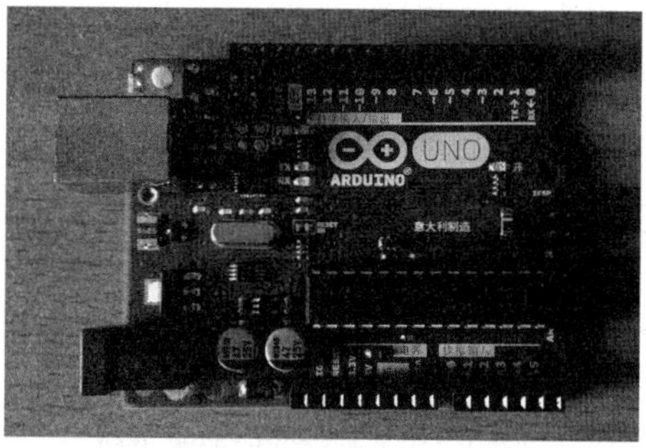


图 1　基于 Arduino 开发板的数据采集和传输模块

### 2.2.3　评定和数据管理系统的开发

评定和数据管理子系统。本项目编写了一套基于 C++语言的服务器端软件,可以实时接收、显示监测数据波形,并进行数据的分析,如采用快速傅立叶变换统计出各阶谐波动力荷载因子的分布规律并给相位角的分布,采集结果以 txt 文本的形式保存。数据分析、评定和管理由云端服务器完成,利用云端服务器强大的云计算、云存储能力,降低了本地处理的压力和成本。用户通过平板、笔记本和智能手机等设备接入数据中心,根据个人需求进行数据运算和结果查看 。

智能手机端是本文开发的结构健康云监测系统的核心。一方面,智能手机可以使用户实时从云端服务器查看结构健康监测数据和分析结果;另一方面,使用智能手机集成的传感器,可以使一般的非专业群体进行短期的结构健康监测,降低了结构健康监测的门槛,同时作为专业的结构健康监测系统的补充,也可以极大地增加结构健康监测的覆盖面。本项目中的监测模块和智能手机可以通过 WLAN 或 LTE 网络同云端服务器连接,保证了延迟低于 35 ms。在开发手机端 APP 的同时,设计了服务器端监听端口(PORT)的分配,给每一台连接的智能手机分配单独的监听端口,避免了数据传输之间的相互干扰。同时,在 WLAN 频段的选择上,选取 5 GHz 的频段,这一频段和传统的 2.5 GHz 频段相比有着更低的延迟和更高的传输速率(100 GBps),并且和微波炉、收音机和蓝牙的无线频段区分,降低了受到干扰的概率。

通过试验我们可以发现,当检测模块开启工作时,可以以 100 MHz 的采样频率采样线性加速度(可调节),采集的数据可通过 WLAN 或 LTE 网络直接上传至云端服务器处理(图 2)。通过编写的服务器端程序,可快速进行加速度的傅立叶变换(图 3),提取加速度特征值。用户可通过智能手机 APP 实时查看分析结果。

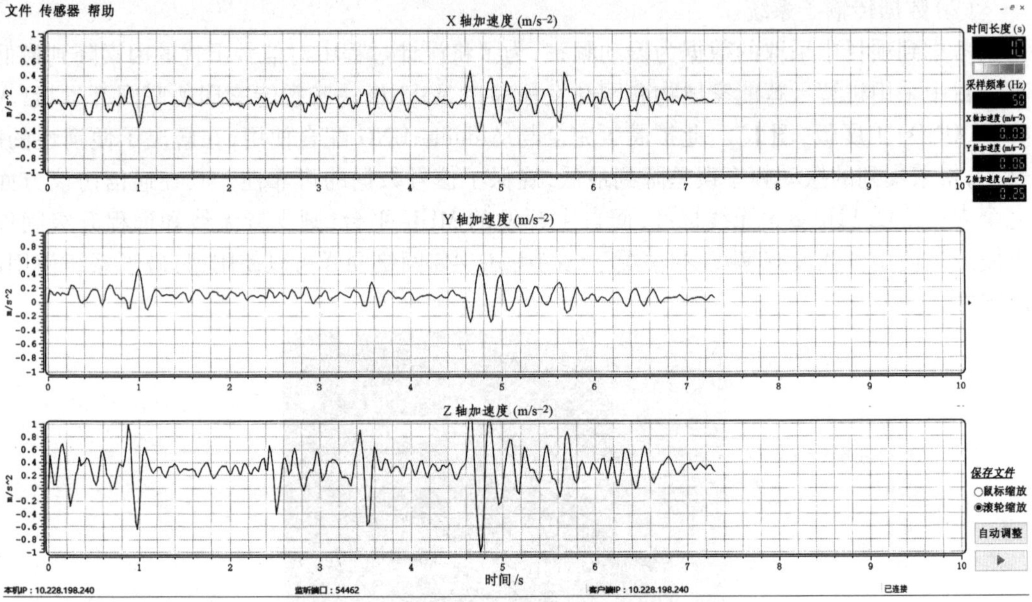


图 2　服务器端实时监测界面

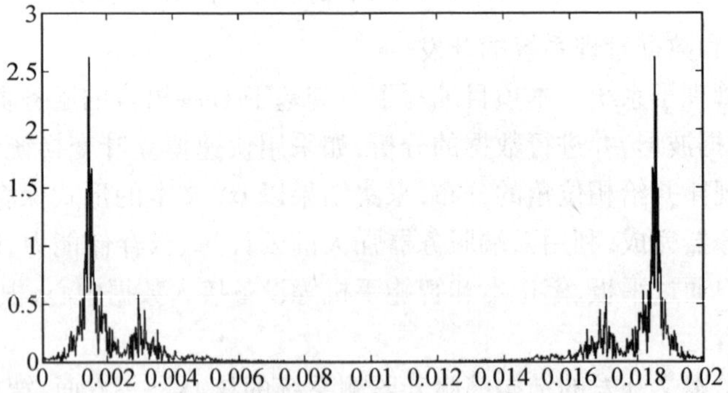

图 3　服务器端快速傅立叶分析界面

# 3　创新特色

(1)云监测概念的提出。云监测即是由本地数据采集模块进行结构数据的监听,并实时上传至云端服务器处理。由云端服务器进行数据存储、参数提取和数据运算并得出分析结果,根据运算后得出的特征参量进行结构健康状况的分析。凭借云的强大存储和计算能力,实现监测数据的横向比较,便于数据的统一管理。

（2）基于 Arduino 平台的低成本监测模块的开发。监测模块体积小，数据通过无线传输。可通过环氧树脂或螺栓固定，测点布置灵活。

（3）数据的无线传输。支持无线和远程升级固件，方便用户使用。在没有 WiFi 的情况下，采用 3G、4G 网络同样可以使用。

（4）云端服务器处理数据。利用云端服务器强大的云计算、云存储能力，降低了本地处理的压力和成本。

（5）用智能手机的云监测（图 4）。智能手机的互联网接入能力使得技术人员可以随时随地上传、获取和分析云端数据，大大简化了工程要求，让云监测有了大数据来源。同时，智能手机集成了大量传感器，可以作为结构健康监测的辅助设备，让更多非专业人员参与到结构健康监测工程中。

图 4　目前的手机端 APP

## 4　应用前景

（1）以兰州石化公司 140 万 t/年催化裂化装置作为研究对象（图 5）。根据已有数据进行初步统计，发现机泵类故障次数最多，其中轴承故障所耗费检修成本最多，这主要是由于国外此类设备检修价格相当昂贵，对于一般企业来说，难以负担经济成本购买使用，所以从经济角度考虑，采用本项目设计开发的结构健康云监测系统，经过反复试验，相比艾默生公司 CSI2130 可移式机械状态分析仪，误差最大也只有 8.23%，符合工程使用的要求。

（2）以兰州银滩黄河大桥桥梁拉索索力监测作为实际工程监测对象。在桥梁索力监测当中，无线传输模块发挥出了布置灵活的优势。分别选择了 3 个不同测点的试验：首先在实验室中进行索模型的试验，通过 4 个压电式加速度传感器与智能手机内置加速度传感器的对比，证明了利用智能手机进行加速度采集并完成数据上传的可行性；实验室内试验完成后，将该系统运用到实际桥梁中，在兰州银滩黄河大桥斜拉索中布置索力监测试验，通过本项目设计的结构健康云监测模块所采集数据，结合两座桥梁的索参数以及已有工程监测数据，可以发现本项目开发的智能手机云监测模块和已有监测数据误差在 3.2% 以内，验证了监测系统的可行性。

图5　兰州石化公司140万t/年催化裂化装置实地监测

本项目设计开发的云监测模块有极强的可扩展性,如可搭配烟雾传感器、可燃气体传感器等,可以搭建覆盖广大民用建筑的土木工程防灾、减灾智能联防系统,有效避免火灾、爆炸等灾害的出现。

我国目前有2亿智能手机用户,在本项目开发的结构健康监测系统中,智能手机配合开发的APP可以轻松查看云端服务器的处理结果,让广大非专业群体也可以轻松参与到结构健康监测当中。同时,由于智能手机集成了大量的传感器,配和APP可以实现短时间的监测,可作为专业监测的补充和推广。

## 参考文献


[1] STRASER E G. A modular wireless damage monitoring system for structures[D]. Stanford: Stanford University, 1998.

[2] JOHNSONE A, LAM H F, et al. Phase I IASC-ASCE Structural health monitoring benchmark problem using simulated data[J]. Journal of Engineering Mechanics, 2004, 130(1): 3-15.

[3] 熊海贝,李志强. 结构健康监测的研究现状[J]. 结构工程师,2006,22(5):86-90.

[4] 谢强,薛松涛. 土木工程结构健康监测的研究现状与进展[R]. 中国科学基金,2001.

[5] 李国强,李杰. 工程结构动力检测理论与应用[M]. 北京:科学技术出版社,2002.

[6] 李宏男,伊廷华,王国新. GPS在结构健康监测中的研究与应用进展[J]. 自然灾害学报,2004,13(6):122-129.

# 一种新型螺栓连接状态监测装置设计

裴熠麟　蔡恩健　张　宽　李玥一　关凌宇

（兰州理工大学 土木工程学院，甘肃 兰州 730050）

**摘　要**　螺栓连接作为一种高效连接方式，在机械、建筑等领域中得以广泛应用。在振动环境作用下，螺栓连接状态往往会发生松动、脱落甚至断裂等现象，从而对结构功能性和安全性造成严重影响。因此，建立一种有效的螺栓连接状态监测及辨识机制就显得至关重要。本文对风电塔筒螺栓连接状态监测这一关键问题展开研究，提出一种基于附加构件、结合信号处理技术的新型螺栓连接状态监测装置。利用 ANSYS 有限元软件对风电塔筒法兰螺栓及附加构件进行模拟分析，并建立相关测试试验，为进一步研究打下基础。

**关键词**　风电塔筒；螺栓连接状态；监测方法；附加构件；有限元模拟；测试试验

## 1　引　言

近年来，随着能源消耗量持续增加，世界能源匮乏及环境污染问题日益突出。风能作为一种温室气体零排放的清洁能源，因具有分布范围广、储量丰富和绿色无污染等特点，逐渐成为人类追求的对象。其中，风力发电作为目前较为成熟的可再生能源利用技术之一，得到了广泛应用。受全球风电产业快速增长的影响，近年来我国风力发电行业迅速崛起，尤其是大型风力发电机组得以高速发展。我国风力发电主要集中于华东、华北、西北和东北等地区，其中西北地区 5 省市约占 19% 左右，同时在甘肃酒泉还建立了我国第一个千万级风电基地。

在我国风电产业呈现出巨大潜力并取得高速发展的同时，其相应的风机损坏事故发生率也在逐年增加。例如，2010 年 1 月 20 日，大唐国际左云项目 43#风机组发生倒塌事故（图 1），工作人员在进行现场勘测时发现，风机主要从塔筒中、下段法兰连接处发生折断倒塌，法兰盘脖颈距端部 12 mm 处撕裂近 2/3（连接螺栓 83 孔）、1/3 螺栓发生断裂（42 个），如图 2 所示，中塔筒下法兰约 1/3 发生撕裂。3 月 4 日，该风电场 61#风机组中、下塔筒法兰连接螺栓断裂 48 个（共 125 个），其异常现象与倒塌的 43#塔筒情况基本一致，事故造成原因很可能在于螺栓质量不符合相关要求。

通过以上分析可知，螺栓作为风电塔架结构的重要连接部件，其连接状态对风电机组的安全性起到至关重要的作用，因此需对其进行重点监测。

## 2　国内外研究现状

风电结构中的关键零部件主要为塔架、主轴、叶片及轮毂等，其中塔架的连接、叶片与轮毂间的连接主要采用螺栓连接。在交变荷载作用下，螺栓连接件部位通常会发生极小幅度

图1　风力发电机倒塌

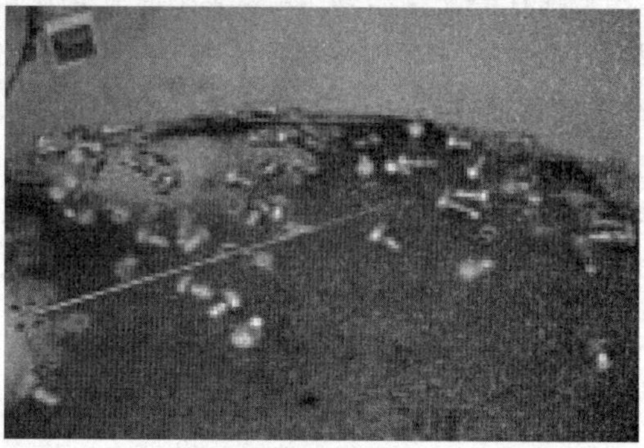

图2　塔筒内断裂的螺栓

的往复运动，易产生微动磨损，加速构件疲劳裂纹的产生及扩展，造成与结构连接处发生松动、滑移及功率损失等失效形式。若不及时进行维修，则会导致节点损伤扩展，在强风等外部荷载作用下甚至会引起结构倒塌。同时由于风电结构大多修建于野外，存在技术人员定期巡检困难等问题。因此，针对螺栓连接状态进行实时监测，并提出便捷有效的连接状态辨识机制显得尤为重要。

目前，世界各国对于螺栓连接状态的监测与辨识研究总体上仍处于空白阶段。现有的螺栓状态监测主要有以下几种方法。

(1)基于波传播的非线性模型。由于现场环境复杂，结构响应信号中包含大量噪声信号，或噪声信号淹没了有用信号，使得该检测方法并未用于工程实践。

(2)基于机电阻抗法的状态监测与辨识。由于分析设备体积大、价格昂贵而不适合现场应用。同时压电陶瓷材料易发生脆性破坏，不适合应用于弯曲变形和几何曲面中，因此该方法无法应用于实际工程中螺栓连接结构的状态监测。

(3)基于非线性动力学理论的状态监测与辨识研究。该方法目前还处于简单模型的理论模拟和试验阶段，没有对复杂的连接结构，特别是大型工程结构进行理论分析及试验对比，关于对螺栓连接结构各种非线性行为分析及监测辨识的系统报道也很少。

通过上述分析发现，现有的螺栓连接状态监测方法主要是基于压电阻抗或非线性分析理论展开的。该方法需要布置大量传感器或进行复杂的理论分析，不便于工程人员掌握及实际工程应用。因此，本文基于附加构件的思想，将螺栓作为附加构件的支撑(或边界)条件,提出一种简易的螺栓连接状态监测装置,为风电结构的安全运营提供保障。

# 3 螺栓连接状态监测装置设计

## 3.1 装置概况

本文提出一种基于附加构件的螺栓连接状态监测装置,通过在螺栓顶部焊接(或螺栓连接)连接板(或连接件)作为附加构件,该附加构件将所有的螺栓连接起来,形成一个整体结构(图3、图4)。螺栓作为附加结构的支撑条件,当其发生松动时,表现为附加构件的支撑条件发生变化,进而导致附加构件的状态改变。该装置通过对附加构件的动力特性参数进行实时监测,进而辨识螺栓的连接状态。

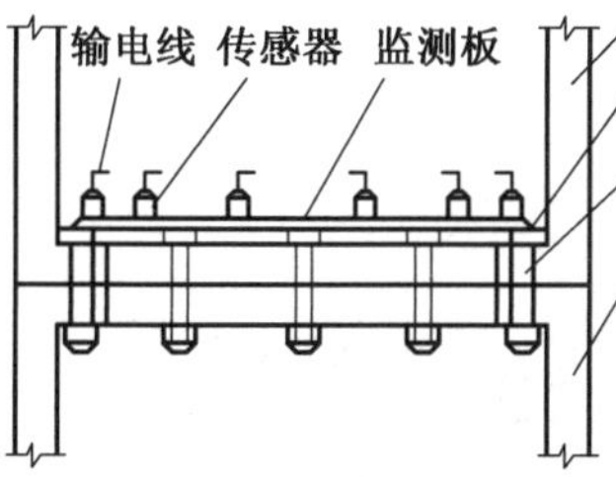

图3 连接部位剖面图

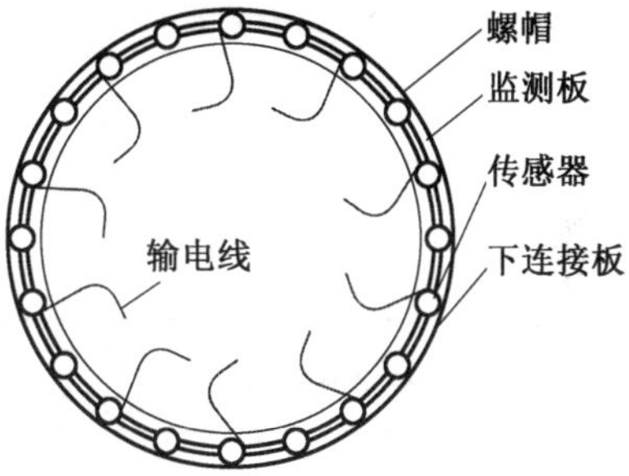

图4 连接部位正视图

其中,为提高该装置使用性能,在构件设计方面做以下要求。

(1)为区别整体结构的响应对螺栓响应的影响,所述附加构件包括连接件及与其螺纹相连接的螺栓,所述螺栓的螺帽上固定设有监测板。

(2)为降低附加构件的成本,所述监测板采用环形钢板。

(3)为起到更好的监测效果,所述连接件包括上连接件和下连接件。

## 3.2 传感器布置

本装置通过采集附加构件的动力响应信号,利用模态分析方法,识别附加构件的动力特性参数(如频率),将附加构件的动力特性参数作为状态监测指标监测螺栓连接状态,为风电塔筒的安全运行提供保障。

为提高监测效率,在监测传感器装置布置方面应遵循以下要点。

(1)在塔筒每层法兰盘上的附加构件处,沿圆周环向均布监测传感器,其布置数量与该层螺栓个数具有一定比例关系(图5)。

(2)对法兰螺栓及监测传感器编号后进行组合,使得每个螺栓的连接状态都有与其相对应的监测数据结果(图6)。

(3)使用同一电源对单个风电塔筒法兰螺栓附加构件上所有监测传感器进行控制。

## 3.3 监测方法

本装置所涉及的监测系统主要由5部分构成(图7)。利用监测传感器采集附加构件的动力响应信号,通过数据线传输至数据处理系统,经频谱分析后得到附加构件的动力特性参数,并与设定的预警阈值进行比较。

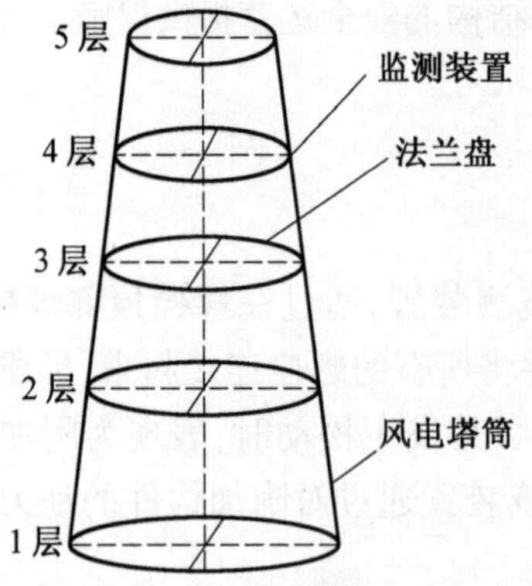


图5　监测装置布置图

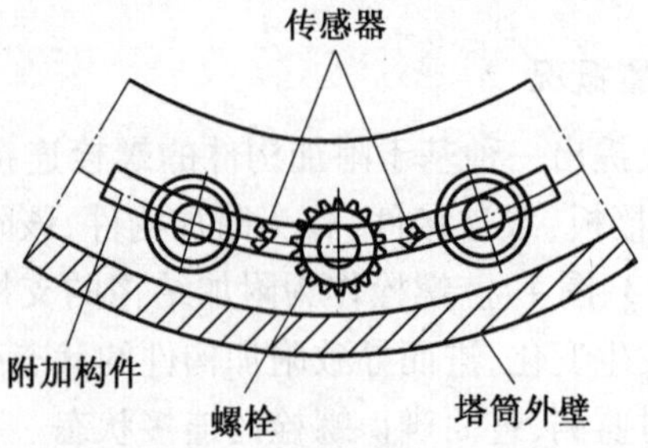


图6　传感器布置图

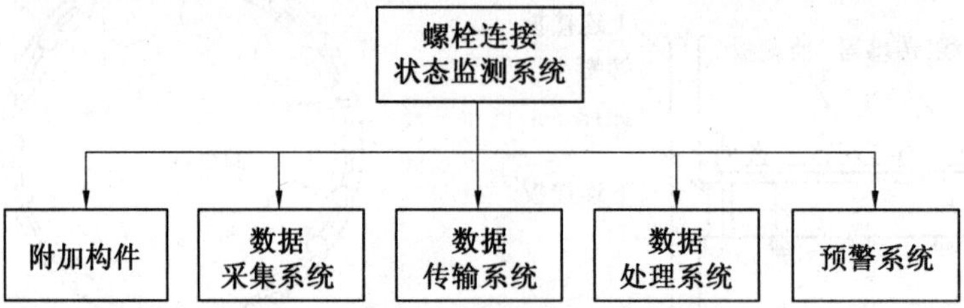


图7　螺栓连接状态监测系统构成图

本装置通过在法兰螺栓上的附加构件处安装非接触式监测传感器，从而实现动力响应信号的自动测量及控制。监测传感器采集到结构的整体动力响应信号，经信号分离技术，剔除（或分离）结构响应信号、噪声信号，提取附加构件响应信号，传输至响应保持电路中。结合已提出状态监测指标，由多路开关选择性地将信号输入 A/D 转换器进行转换，经频谱分析处理后将检测报告传递至主控柜，并最终显示在监控显示屏上。由于采样保持电路采用同源信号控制，故能够在同一时刻采集到各路信号参数，同时保证各信号参数之间的同步性。（图8）

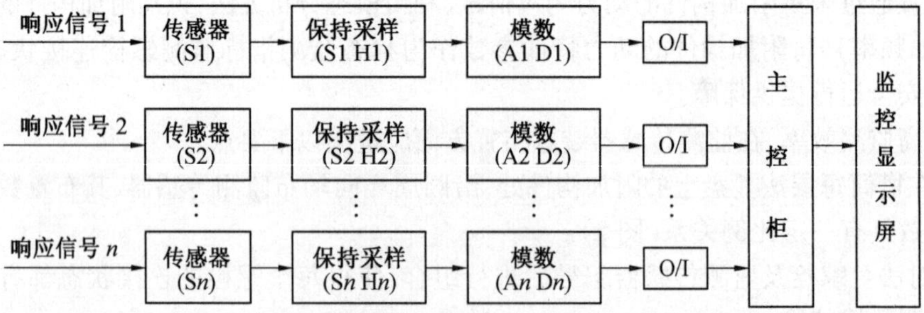


图8　响应监测与控制系统工作原理图

在利用该装置采集到不同螺栓连接状态下附加构件的动力特性参数后，经整理可建立螺栓连接状态预警系统。通过实时观测附加构件的动力特性参数，并与设定的预警阈值进行比较。若附加构件的动力特性参数超过预警线阈值，则发出报警，工程人员进行检修；若未超过预警线阈值，则结构正常运营（图9）。

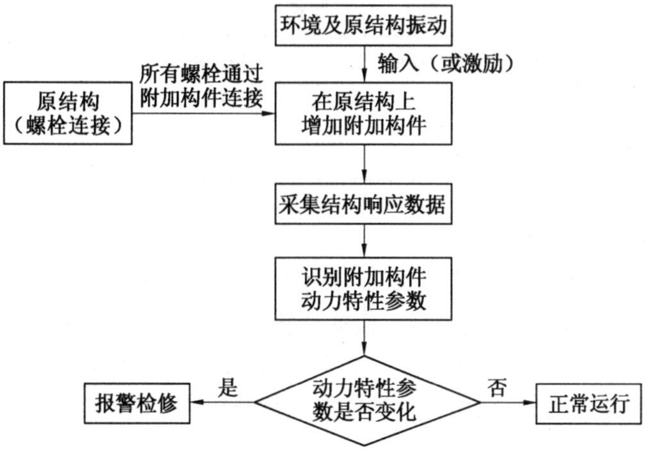


图 9　螺栓连接状态监测技术流程图

# 4　有限元分析

## 4.1　建立 ANSYS 有限元模型

为简化计算,将风电塔筒上部结构用一集中质量块代替,以塔筒下段结构为重点研究对象,对塔筒法兰盘、螺栓及附加构件进行建模。根据大量有限元分析结果验证可知,模拟过程可忽略对螺栓内齿的建模,通过在塔筒或法兰构件上直接施加荷载作用进行分析,其对螺栓连接作用效果基本相同。利用 SolidWorks2014 软件对塔筒及法兰螺栓构件进行三维实体建模,通过执行 Connection for Parasolid 命令,将其以 x_t 文件格式导入 ANSYS13.0 软件中。经分析后选取 Solid95 单元进行单位属性定义,选用 42CrMo 级螺栓材料和法兰材料 Q345E 钢材(具体材料属性详见表 1)。执行 MeshTool 操作对模型进行网格单元划分。在对模型设置边界条件约束后,为使分析结果更加精确可靠,通过选取预紧力单元并执行 PSMESH 预拉伸分网操作,模拟螺栓预紧力工况(图 10)。

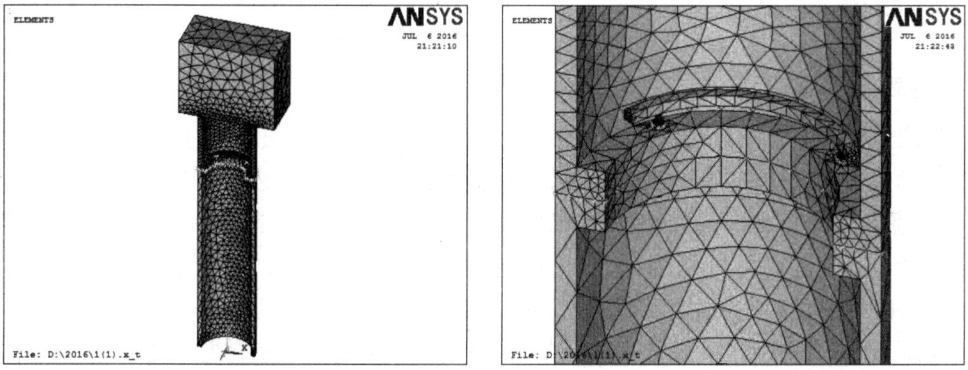


(a)风电塔筒模型图　　(b)法兰螺栓及附加构件模型图

图 10　风电塔筒结构有限元模型图

表1　材料属性设置

| 材料 | 屈服强度/MPa | 弹性模量/GPa | 泊松比 |
| --- | --- | --- | --- |
| 42CrMo | 930 | 212 | 0.28 |
| Q345E | 345 | 210 | 0.3 |

### 4.2　ANSYS 有限元模拟分析

为便于计算分析，在对有限元进行合理简化的基础上，利用 ANSYS13.0 建立风电塔筒法兰螺栓连接及附加构件的有限元模型。根据计算模型及所设置的边界约束条件，对塔筒模型相关部位选取关键点后，施加相应荷载命令流（如集中力、风荷载、地震波等）进行计算求解。在误差允许的范围内，对结构的力学性能进行分析（图 11）。

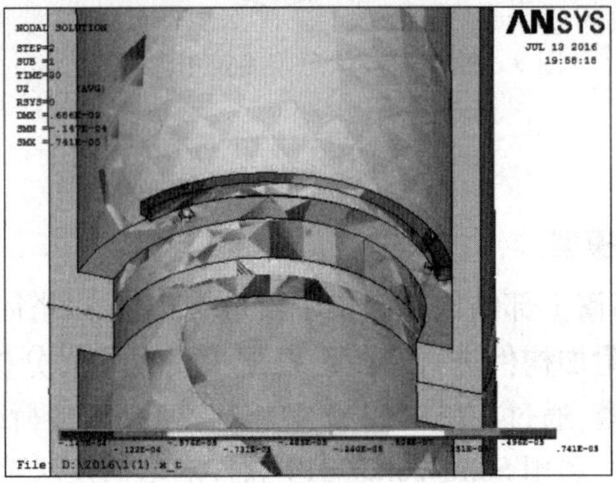


图11　集中力作用下模型变形云图

根据计算结果显示的相关等效变形云图可知，在环境激励作用下连接部位处附加构件的响应更大，监测效果更加明显。因此，通过有限元模拟分析可知，该螺栓连接状态监测装置具有良好的应用前景。

## 5　试验研究

### 5.1　试验概况

为验证该监测装置的可行性及有效性，设计试验模型进行相关测试（图 12）。利用两块方形钢板模拟实际结构中的上、下连接件，用螺栓连接固定。从中选取一个螺栓作为监测对象，对其松紧程度进行调控，其余螺栓的松紧程度均不再改变。将下连接件连接的细长螺杆嵌入至振动台隔板预留孔洞中，并进行锚固。在固定上、下连接件的螺栓上连接一钢板作为附加构件，在其中央安装有加速度传感器，通过数据线与计算机处理器相连。

为保证试验顺利进行、确保数据结果的可靠性，在试验过程中应注意以下细节。

（1）该试验过程中所使用的螺栓栓杆需具有一定长度，以便结构的连接及拆卸。

（2）对用于连接上下钢板的螺栓进行编号，以便后期试验操作及数据分析工作顺利进行。

（3）试验进行前应用力矩扳手对螺母进行拧紧，以保证结构连接处的可靠性，避免出现误判现象,从而影响试验结果。

(4)为使试验结果更加明显,对被监测螺栓松紧程度调幅较大,并通过细长螺杆将由于螺栓松动导致上部结构的响应放大。

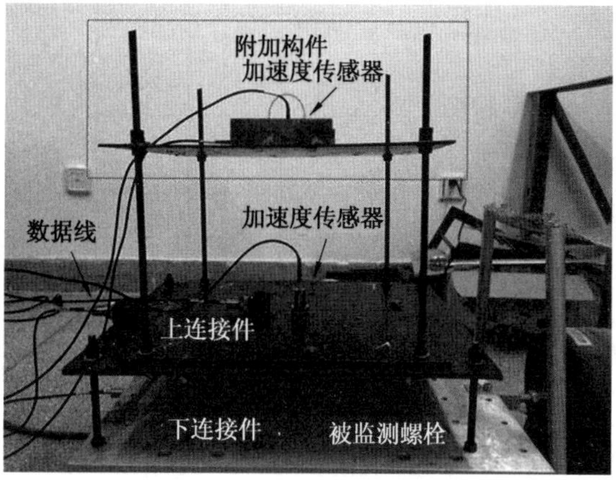


图 12　监测装置试验模型

## 5.2　试验测试与分析

通过振动台振动模拟实际环境激励作用效果。为得到附加构件的整体响应数据,利用 INV9823 型 IEPE 型加速度传感器,采集附加构件在不同螺栓连接状态下相应的动力响应数据(图 13)。

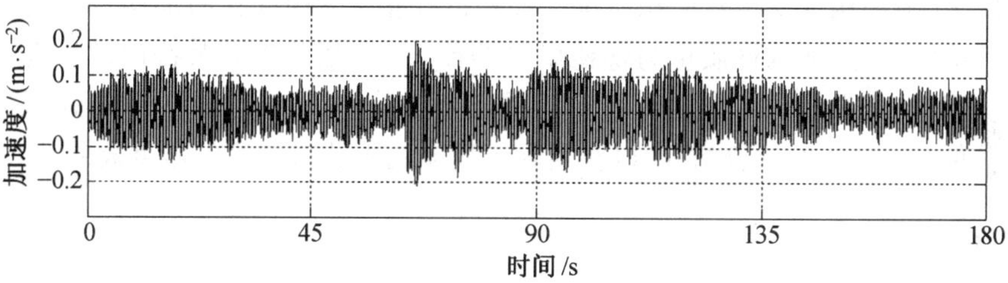


(a) 螺栓连接未松动状态

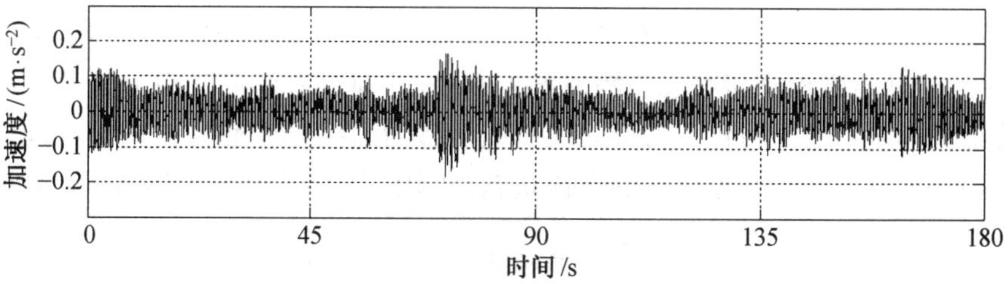


(b) 螺栓连接松动状态

图 13　环境激励作用下不同螺栓连接状态附加构件的加速度时程曲线图

为提取对螺栓松动状态辨识较敏感的特征指标,采用 HP-3582A 低频频谱分析仪,对螺栓连接松动与未松动状态下附加构件的动力响应数据进行处理分析,得出不同连接状态下附加构件的振动响应频谱图(图 14)。

由图可知,与螺栓连接处于未松动状态相比,当螺栓发生松动时,附加构件的前两阶频率将产生明显变化(降低约 5 ~6 Hz),从而验证了本装置监测效果的有效性。

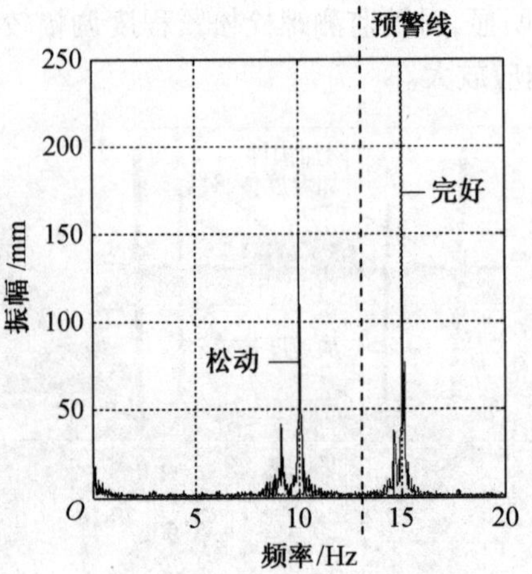


图 14　环境激励作用下螺栓松动与未松动状态下附加构件振动响应的频谱图

利用该试验装置,针对不同松动程度的螺栓连接进行大量试验研究,根据数据统计结果,可得出构件基频降低值的一般规律。根据相关建筑结构设计规范,查阅不同类型的建筑结构在不同使用条件下螺栓连接预紧力降低的界限值(即允许螺栓发生松动的最大限值),提出相应预警线阈值,最终建立螺栓连接状态预警系统。

除此之外,可通过对该装置中附加构件的高度比(附加构件支撑杆高度与螺栓高度的比值)、面积比(附加构件支撑杆面积与螺栓面积的比值)、刚度比(附加构件刚度与螺栓刚度的比值)、质量比(附加构件质量与螺栓质量的比值)等相关参数及特性设计进行更深一步的研究,对附加构件灵敏性进行探讨分析,提出附加构件的优化设计方案,并积极寻找对螺栓状态改变更加敏感的评价指标,以在实际工程应用中获得更好的监测效果。

# 6　结　论

风电塔筒法兰螺栓连接中存在着的复杂非线性耦合因素,使其成为结构健康监测研究中的一类特殊问题。本文在分析现有主要螺栓状态检测方法的基础上,基于附加构件思想,着重提出了一种新型螺栓连接状态监测装置与方法,并通过有限元模拟分析及建立相关测试试验,验证了本装置的可行性。希望此次研究能够为后续试验研究提供相应理论及技术支持,并应用于风电塔筒等大型结构的螺栓状态监测中,为结构的安全运营提供保障。

## 参考文献

[1] 徐永波. 输电塔法兰连接节点螺栓松动等效模型及风振响应分析[D]. 武汉: 武汉理工大学, 2007.

[2] 卢萍, 王宁, 陶俊林, 等. 基于声发射技术对螺栓连接结构微动磨损影响因素的研究[J]. 摩擦学学报, 2010, 30(5): 443-447.

[3] 简克彬, 王宁, 黎启胜, 等. 独管塔模型与底板螺栓连接状态的声发射辨识试验方法研究[J]. 西南科技大学学报, 2013, 28(3): 45-49.

[4] 陈淑玲，程斌，张蓓．基于 Matlab 的压力容器螺栓组连接优化设计[J]．机械，2014(12):36-38.

[5] 王丹生，朱宏平，等．基于压电导纳的钢框架螺栓松动检测试验研究[J]．振动与冲击，2007，26 (10):157-160.

[6] 魏泰，吴坤，黄军威．风机塔筒螺栓防松检测技术[J]．机械与电子，2013(8):78-80.

[7] 郑志军，王平．基于 ANSYS 鼓形齿联轴器螺栓连接有限元分析[J]．天津科技大学学报，2011，26(5):52-56.

[8] 董晓慧，马如宏，詹月林．风力机塔架螺栓连接状态监测与辨识研究进展[J]．现代制造工程，2013(3)：129-133.

[9] 王利恒，陶继增．基于机电阻抗方法的连接接头螺钉松动损伤识别研究[J]．航空工程进展，2012，3(1)：77-81.

[10] 傅俊庆，荣见华，张玉萍．螺栓连接接口轴向振动能量耗散特性研究[J]．振动．测试与诊断，2005，25(3)：205-209.

[11] 侯吉林．约束子结构模型修正方法[D]．哈尔滨:哈尔滨工业大学，2010.

[12] 熊先锋．压电阻抗技术用于结构健康监测的研究[D]．长沙:国防科学技术大学，2003.

[13] 王涛，杨志武，邵俊华，等．基于压电阻抗技术的螺栓松动检测试验研究[J]．传感技术学报，2014(10):1321-1325.

[14] 陈学前，杜强，冯加权．螺栓连接非线性振动特性研究[J]．振动与冲击，2009，28(7):196-198.

[15] 熊海贝，张俊杰．超高层结构健康监测系统概述[J]．结构工程师，2010，26(01)：144-150.

# 建筑结构抗爆设防的探讨
## ——以广东科学中心为例

马晓宇　李　卓　徐佳欣　杨　铭　肖文深　余　轩

（广州大学 土木工程学院，广东 广州 510000）

**摘　要**　本文统计了近些年来发生在国内的各类建筑结构爆炸事故，并进行了分类对比，总结出其中的规律。通过查阅大量文献、规范和实际工程资料，对广东科学中心进行了实地调查研究，阐述了科学中心进行抗爆设计的必要性，同时结合其公共建筑这一主要特性的使用功能要求，以结构的建筑材料、人口容量、类型、高度以及多项影响建筑爆炸受损严重程度的因素计算出相应的建筑易受损害的程度，并利用建筑结构易损度计算公式对广东科学中心进行了抗爆风险评估，从设计和社会两个角度提出了建筑结构抗爆设防的措施及建议。由此为例，总结了国内结构抗爆设计的应用现状和实际需求，希望借此成果提升国内工程设计界对结构抗爆设计的重视度，推广结构抗爆设计的理念。

**关键词**　建筑结构；抗爆设防；工程防灾；一带一路

## 1　引　言

随着我国经济的不断发展，全国各地建成的，用于生产以及休闲的公共建筑越来越多。同时由于各种原因引起的公共建筑的爆炸事故也越来越频繁，表 1 统计了 2010 年以来我国的爆炸事件。

由表 1 可见：我国大部分爆炸事故都发生在工厂；粉尘爆炸发生次数虽然不多，但是往往发生在人员密集的场所，导致人员伤亡惨重；煤气燃油遇到明火同样会发生爆炸，且发生频率仅次于化工厂爆炸；在国内几乎没有由恐怖袭击而引发的爆炸事故。由以上分析可知，我国爆炸事故发生频繁，炸弹爆炸、化学爆炸以及粉尘爆炸均易导致建筑结构的损坏，由此而导致了更多的人员伤亡和财产损失。综上所述，详细研究和分析如何减轻爆炸对建筑物造成的损害，保护人类生命财产安全是非常有必要的。在这种背景下，如何有效地防止建筑结构在各种突发性强烈爆炸作用下发生破坏和倒塌，已经成为各国科学研究和工程技术人员所面临的一项重要的课题。

本文以广东科学中心为例，旨在探讨大型公共建筑进行抗爆设防的必要性以及如何减少爆炸所造成的损失。由于公共建筑具有使用上的公共性、开放性，功能上的多样性，人流交通的大量性及建筑结构的复杂性等特点，在这种复杂多样的情况下，怎样增强建筑结构的抗爆性能，减少建筑结构在爆炸中所造成的损失是目前所面临的一项重要的课题。

**表 1　2010 年以来我国的爆炸事件统计**

| 时间 | 地点 | 起因 | 损失 |
|---|---|---|---|
| 2015 年 1 月 31 日 | 山东临沂华盛集团烨华焦化厂 | 设备爆炸 | 事故造成 7 人死亡 |
| 2015 年 3 月 11 日 | 山东金岭化工股份有限公司 | 氯烃一车间氯甲烷工段发生爆炸 | 造成 2 人死亡,1 人受伤 |
| 2015 年 3 月 18 日 | 滨州市沾化区境内的山东海明化工有限公司 | 已停用的双氧水设备发生一起闪爆 | 造成 4 人死亡,2 人受伤 |
| 2015 年 4 月 21 日 | 江苏省张家港市保税区的华昌化工集团 | 发生大爆炸,火焰高达数十米 | 损毁严重 |
| 2015 年 6 月 22 日 | 陕西省渭南市蒲城县 | 液化气站发生爆炸 | 致使 2 人遇难,1 人受伤 |
| 2015 年 6 月 28 日 | 鄂尔多斯市准格尔经济开发区伊东九鼎化工有限责任公司 | 发生氢气泄漏造成闪爆 | 致使 3 人死亡,6 人受伤 |
| 2015 年 8 月 11 日 | 贵州普安 | 煤矿事故,煤与瓦斯爆炸 | 死亡 12 人 |
| 2015 年 11 月 24 日 | 石家庄炼化分公司 | 化工作业部氨肟化车间双氧水装置爆炸 | — |
| 2014 年 12 月 31 日 | 广东佛山市广东富华工程机械制造有限公司 | 气体爆炸 | 造成 18 人死亡,30 余人受伤 |
| 2014 年 8 月 2 日 | 江苏省苏州市昆山市经济技术开发区的昆山中荣金属制品有限公司 | 抛光二车间,特别重大铝粉尘爆炸事故 | 事故共计造成 146 人死亡,114 人受伤 |
| 2014 年 7 月 31 日 | 台湾高雄市前镇区 | 可燃气体泄漏发生连环爆炸 | 共造成 32 人死亡 |
| 2013 年 11 月 22 日 | 青岛黄岛经济开发区 | 中石化黄潍输油管线泄漏引发重大爆燃事故 | 造成 55 人死亡,166 人伤 |
| 2013 年 10 月 8 日 17 时 56 分 | 山东省滨州市博兴县诚力供气有限公司 | 焦化装置的煤气柜在生产运行过程中爆炸 | 造成 10 人死亡, 33 人受伤 |
| 2013 年 6 月 11 日 | 江苏省苏州市一燃气公司 | 办公楼食堂发生爆炸 | 导致 11 人死亡,9 人受伤,约 400 平方米办公楼坍塌 |
| 2013 年 5 月 20 日 | 位于山东省章丘市的保利民爆济南科技有限公司 | 乳化震源药柱生产车间发生爆炸 | 造成 33 人死亡,19 人受伤 |
| 2011 年 11 月 1 日 | 贵州省福泉市 | 西南出海大通道兰海高速贵新段马场坪匝道口附近,炸药车发生爆炸 | — |
| 2011 年 4 月 11 日 | 北京市朝阳区 | 和平街 12 区 3 号楼 5 单元发生爆炸事故 | 造成楼体部分坍塌,共 6 人死亡 |
| 2011 年 1 月 17 日 | 吉林省吉林市 | 主干路解放大路东侧居民区发生大面积天然气泄漏,引发爆炸 | 3 人死亡,29 人受伤 |
| 2010 年 7 月 28 日 | 南京栖霞区 | 一个废弃的塑料化工厂发生爆炸 | 事故造成了 13 人死亡,120 人住院治疗 |

# 2 抗爆重要性等级及抗爆设计的意义

## 2.1 爆炸风险分析

爆炸是一种极为迅速的物理或化学的能量释放过程。在此过程中,体系中的物质以极快的速度把内部所含有的能量释放出来,转变成机械功、光和热等能量形态。建筑结构的爆炸风险分析就是要对某种特定的建筑结构遭遇爆炸荷载的可能性及可能造成的后果进行分析。

$$爆炸风险=抗爆重要性\times爆炸易损性 \tag{1}$$

其中,抗爆重要性表征建筑结构遭遇爆炸的可能性大小,爆炸易损性表征一旦遭遇爆炸可能造成的后果的严重程度。本文将依据抗爆重要性和爆炸易损性相关概念和计算公式,以广东科学中心为例分析其爆炸风险。

## 2.2 抗爆重要性

不同的建筑物在社会生活中的地位以及对国家以及省市的意义各有差异,一旦遭受恐怖爆炸袭击,所造成的影响程度不尽相同。由于遭遇恐怖主义分子爆炸袭击的可能性不同,建筑物功能的不同引起爆炸事故的原因也有所不同,所以在建筑设计中应当针对不同的建筑类型而制定不同的抗爆设计标准。

抗爆重要性是指建筑结构在抗爆设计中的重要程度,表征了该结构遭受潜在爆炸事故或恐怖爆炸袭击的概率大小。

基于建筑物的核心功能和我国的实际国情,可将建筑结构细致地分为:政府建筑、商业建筑、外交建筑、交通建筑、文体建筑、医疗建筑、居住建筑、军事建筑和工业建筑。根据建筑结构遭受爆炸事故或恐怖袭击的可能性大小,并结合我国实际国情,所提出的各类建筑物抗爆重要性等级见表2。

**表2 提出的各类建筑物抗爆重要性等级**

| 建筑物 | 描述 | 等级 |
|---|---|---|
| 政府 | 党政机关办公楼 | 1 |
| 商业 | A类:百货商店、超市、宾馆、菜市场及中小型商场、酒店等 | 2 |
| | B类:大型商场、会所和酒店 | 1 |
| 外交 | 外国驻华使领馆、国际组织驻华机构及涉外人员寓所 | 1 |
| 交通 | 地铁站、车站及机场等 | 1 |
| 文体 | 学校、图书馆、电影院、大型体育场馆等 | 2 |
| 医疗 | 主要以医院为主 | 2 |
| 居住 | 主要是城市居民的住宅楼和公寓楼 | 4 |
| 军事 | 军用港口、码头、机场,军事指挥所等 | 3 |
| 工业 | A类:生产易燃易爆或有毒有害的化学品工厂、核化工业设施和规模产值很大的工厂 | 2 |
| | B类:一般的工业建筑 | 3 |

注:该表从恐怖袭击角度划分抗爆重要性等级,存在一定局限性

### 2.3 抗爆设计的意义

爆炸的破坏效应的显著特点是:作用于建筑物的压强非常高,易发生巨大的破坏;产生的压力与爆炸点的距离成反比,且衰减迅速;爆炸的持续时间非常之短;建筑物的大质量对爆炸具有很强的减轻作用,可以减轻对爆炸作用的响应。

爆炸产生的破坏效应主要包括爆炸空气冲击波、碎片致伤、爆炸直接毁伤、爆炸地震和次声破坏效应。在这几种爆炸破坏效应中,空气冲击波是最主要的破坏形式。玻璃是建筑物中最容易破坏的部分,在爆炸事件中,在整体结构不倒塌的情况下,由高速玻璃碎片所造成的人员刺伤和割伤在各种伤害中所占的比例最大。

可见,爆炸破坏效应中占主要作用的是爆炸空气冲击波和碎片致伤。同时,FEMA426中指出:爆炸造成的人员伤害程度和方式主要取决于建筑物的破坏程度。

进行抗爆设计,可以设计出合理的建筑结构体系,使得建筑物在爆炸荷载下具有一定的抗爆承载力、防倒塌能力,从而减少人员伤亡和财产损失。进行过抗爆设计的建筑物能在很大程度上减轻建筑物对爆炸作用的响应,使得建筑物的破坏程度大大降低,大幅度降低了空气冲击波的破坏作用并减少碎片的数量,从而使爆炸造成的人员伤害程度和方式降到最低。因此,抗爆设计的意义是巨大的,尤其是对于爆炸作用下人员的保护和减少财产损失有不可估量的作用。

以广东科学中心为例。广东科学中心有面积约 2 000 $m^2$ 的餐厅,还有面积约 700 $m^2$ 的商场,里面摆放着具有广东科学中心特色的纪念品、小型展示模型、科普书籍和音像制品,以及各种大型展馆。广东科学中心的结构设计为大型钢框架结构,在爆炸荷载的作用下,若是导致结构柱倒塌损坏,可能引发结构的连续倒塌,从而导致整个结构的垮塌。作为文体型大型公共场所,馆内不仅人流量大,且拥有大量昂贵的科技设备,一旦发生爆炸事故将会导致大量的人员伤亡和财产损失,同时会在社会上造成恶劣的影响,故对其进行抗爆设计以保障人员及财产的安全十分重要。抗爆设计的采用或改进可以有效提高建筑物的安全性能。

## 3 易损性的计算——以广东科学中心为例

### 3.1 爆炸易损性概念

建筑结构的爆炸易损性是指遭遇爆炸袭击可能造成后果的严重程度,反映出建筑结构面对爆炸袭击的潜在弱点。

影响建筑物的易损性的因素有很多,其中影响较大的因素主要包括建筑结构有无危险材料、人口容量、可能造成的间接伤害、建筑结构类型和建筑结构高度。因为这些因素从根本上影响了该建筑物遭遇恐怖袭击可能造成后果的严重程度,不妨用易损度的概念来度量建筑物易损性,公式为

$$L=f(W,P,S,K,R) \tag{2}$$

式中,$L$ 为建筑物的易损度;$W$ 为建筑结构的人口容量;$P$ 为爆炸可能造成的间接伤害;$S$ 为存在危险材料的等级;$K$ 为建筑结构的类型;$R$ 为建筑结构高度。将每个影响因素的等级等分为 6 个等级,用数值量化为 0/1/2/3/4/5,各个因素的等级值相加即得到建筑物的易损度。

运用易损度计算公式求得建筑结构易损性可以计算相应的建筑结构各项指标,同时可以配合进行抗爆设防,因此易损度的计算公式在建筑结构抗爆设防中具有重要意义。

## 3.2 爆炸易损性计算

### 3.2.1 建筑结构人口容量

说明在给定时间内建筑内的最大人口数量。可以是最不利情况下的日平均人数或者是指定时间内高峰期的人数,建筑结构人口容量与等级值的对应关系见表3。

**表3 建筑结构人口容量等级值计算表**

| | 人口容量及等级值 | | | | | |
|---|---|---|---|---|---|---|
| 人口容量/人 | 0 | 1~250 | 251~500 | 501~1 000 | 1 001~5 000 | >5 000 |
| 等级值 | 0 | 1 | 2 | 3 | 4 | 5 |

根据在广东科学中心的实地调研及其官方网站的数据,选择其日常活动下高峰期人数3万次,则其建筑结构人口容量(大于)>5 000,等级值 $W$ 为5级。

### 3.2.2 爆炸可能造成的间接伤害

说明可能造成目标指定半径范围内(500 m)的间接伤亡数量,爆炸间接伤害与等级值的对应关系见表4。

**表4 爆炸间接伤害等级值计算表**

| | 伤亡人数及等级值 | | | | | |
|---|---|---|---|---|---|---|
| 伤亡人数/人 | 0~100 | 101~500 | 501~1 000 | 1 001~3 000 | 3 001~5 000 | >5 000 |
| 等级值 | 0 | 1 | 2 | 3 | 4 | 5 |

根据在广东科学中心的实地调研,主体建筑总长356 m,总宽254 m,总高64.5 m,根据高峰期的人数,可判断指定目标半径范围内(500 m)的间接伤亡数量为>5 000,则广东科学中心爆炸可能造成的间接伤害等级值 $P$ 为5级。

### 3.2.3 建筑物的危险材料等级

说明建筑物内危险(如易爆)材料等的储量及放置是否足以酿成灾难,建筑物危险材料与等级值对应关系见表5。

**表5 建筑物危险材料等级值计算表**

| 建筑物危险材料 | 等级值 |
|---|---|
| 现场无生化及放射性材料 | 0 |
| 生化及放射性材料中等,绝对受到控制,并位于安全位置 | 1 |
| 生化及放射性材料中等,受到控制 | 2 |
| 生化及放射性材料大,形成控制趋势,并保存在建筑内 | 3 |
| 生化及放射性材料大,形成中等程度控制趋势 | 4 |
| 生化及放射性材料大,非内部人员也可接近 | 5 |

根据在广东科学中心的实地调研以及相关资料可知,科学中心仅存有微弱的放射性材

料，由此可得建筑物危险材料等级值 $S$ 为 1 级。

3.2.4　建筑物的结构类型

说明建筑物的结构类型对爆炸袭击的有利程度，见表 6。

**表 6　建筑物结构类型等级值计算表**

| 建筑结构类型 | 等级值 |
| --- | --- |
| 地下空间 | 0 |
| 有特种抗爆手段的结构 | 1 |
| 钢筋混凝土结构 | 2 |
| 钢结构或砌体结构 | 3 |
| 轻型框架结构 | 4 |
| 木结构 | 5 |

根据在广东科学中心的实地调研以及相关资料可知，科学中心为钢结构大框架设计，即可得出其建筑物的结构类型等级值 $K$ 为 3 级。

3.2.5　建筑物的高度

说明建筑物的高度对爆炸袭击的有利程度。该评估类别针对的是结构的高度，范围是从地下空间到摩天大楼，见表 7。

**表 7　建筑物高度等级值计算表**

| 建筑结构高度 | 等级值 |
| --- | --- |
| 地下空间结构 | 0 |
| 单层结构 | 1 |
| 5 层以下结构 | 2 |
| 5 ~ 11 层的中高层结构 | 3 |
| 12 ~ 29 层的高层结构 | 4 |
| 高度在 30 层以上的摩天大楼结构 | 5 |

根据在广东科学中心的实地调研以及相关资料可知，科学中心总高度 64.5 m，层高非常规层高，与其周围广州大学的普通教学楼为对比可知，其应为 12 ~ 29 层高层结构，所以其建筑结构高度级别等级值 $R$ 为 4 级。

3.2.6　易损度计算

综合上述，5 个因素用数值量化为 0 ~ 25。根据 5 个因素评估的总值，即建筑物的易损度的大小，将建筑结构的易损性分为 5 个等级，见表 8。

**表 8　建筑结构易损性等级表**

| | 建筑结构易损性等级 | | | | |
| --- | --- | --- | --- | --- | --- |
| 易损性等级 | 极低 | 低 | 中 | 高 | 极高 |
| 数值 | 0 ~ 5 | 6 ~ 10 | 11 ~ 15 | 16 ~ 20 | 21 ~ 25 |

根据易损度计算公式以及以上各个因素所求出的等级值可知

$$L=f(W,P,S,K,R)=W+P+S+K+R=5+5+1+3+4=18$$

对应的易损性等级为高级。

### 3.3　爆炸风险分析

建筑结构的爆炸风险等级由爆炸易损性和抗爆重要性综合分析得到，共分为极高、高、中、低、极低5个等级，见表9。由于不考虑抗爆设计，因此不对重要性4级建筑结构的爆炸风险等级进行考虑。

表9　建筑结构爆炸风险等级

| 风险等级 | 重要性一级 | 重要性二级 | 重要性三级 |
|---|---|---|---|
| 易损性极高 | 极高 | 极高 | 高 |
| 易损性高 | 极高 | 高 | 中 |
| 易损性中 | 高 | 中 | 低 |
| 易损性低 | 中 | 低 | 极低 |
| 易损性极低 | 低 | 极低 | 极低 |

由表2可以得知，广东科学中心属于大型文体类公共建筑，因此其重要性等级为重要性2级，综合由易损度公式计算得出的易损性等级——高级，即可确定广东科学中心的建筑结构爆炸风险等级为高级。

### 3.4　抗爆设防标准

综合抗爆防护等级与建筑结构的爆炸风险等级，建立建筑结构抗爆设防标准，见表10。

表10　建筑结构抗爆设防标准

| 爆炸风险 | 极高 | 高 | 中 | 低 | 极低 |
|---|---|---|---|---|---|
| 设防等级 | 1 | 2 | 3 | 4 | 5 |

由此表可得，广东科学中心的抗爆设防等级为2级。

### 3.5　计算建筑结构易损度的意义

如前所述，由于我国目前的建筑结构在设计时都没有考虑抗爆设计的要求，在遭遇爆炸时有很大的安全隐患，爆炸袭击会对建筑结构造成破坏和人员损失，所以应当在设计时提前进行抗爆概念设计。本节以广东科学中心为例，引入建筑结构抗爆重要性和爆炸易损性概念，运用了易损度的计算公式，将建筑结构易损性等级计算求得，从而结合建筑结构重要性等级，建立抗爆设防标准，如广东科学中心抗爆设防等级为2级，然后根据相应的等级进行设防，如计算最小安全防护距离等，以降低发生此类爆炸等工程灾害带来的较大损失和人员伤亡，验证建筑结构易损度的计算在抗爆概念设计中的重要意义。

## 4　大型公共建筑的抗爆设计措施

大型公共建筑在该地区的经济发展与生产生活中往往扮演了重要的角色，并且也会在一定程度上成为该地区的名片，如法国的埃菲尔铁塔与伦敦的大本钟。特别地，一些大型公共建筑也具有人流量较大的特点,正因为此,大型公共建筑会成为一些不法分子袭击的首要考虑目标。此类建筑中一旦发生爆炸事故,会产生巨大的不利影响。所以,应当重视大型公共建筑的抗爆设计与结构设计,以确保人民群众的生命与财产安全。

### 4.1 设计方面

(1)在大型公共建筑的设计中,应当考虑到建筑的抗爆强度。设计者应当对建筑的关键部位进行处理,尤其是在建筑关键的承重梁与支架等部位,运用易损度公式对其进行评估,以判断应当进行何种程度的抗爆设防设计。以广东科学中心为例,广东科学中心在该地区承担了重要的区位作用,其易损度为18,爆炸风险等级高,对其进行建筑结构的抗爆设计是有必要的,因而在设计时设计者应该针对广东科学中心的重要结构进行加固处理。但是,限制于我国抗爆设计的发展状况,广东科学中心并未进行抗爆设计的相关设计,因此随着抗爆设计的发展和相关理论的成熟,应当对其关键结构进行抗爆设防的再处理。

(2)采用钢管混凝土柱能大幅度提升结构的抗爆性能。统计数据显示,绝大部分的爆炸不会导致建筑的整体垮塌,往往会由于关键柱的损坏导致整个结构的损坏,从而导致人员伤亡和财产损失。外包钢管自身刚度较大、强度较高、延性较好,能吸收大部分的能量,钢管能有效阻止破坏时产生的高速混凝土碎块的飞溅,且由于钢管内部的混凝土破坏时向四周膨胀,可以限制钢管屈曲,从而能拥有较好的抗爆性能。在设计大型公共建筑时,其底层关键柱可采用钢管混凝土柱,以取得较好的抗爆效果。

(3)大型公共建筑的结构应尽可能采用钢筋混凝土框架结构或者钢框架结构等抗爆性能较为优秀的建筑结构,同时在建筑设计时尽可能采用简单、规则、对称的平、立面布置形式。大型公共建筑在整个城市的建筑结构里往往具有独特的地位,建筑师往往会过分追求建筑的整体的美观与样式,而忽略了结构的一些特点,这会对建筑结构的抗爆能力产生不利的影响。从爆炸防护的角度讲,建筑应当采用规则有利的体型和结构总体布置,使建筑物利于抵抗外部爆炸产生的空气冲击波荷载,从而提高其抗爆性能。

(4)进行建筑结构的抗爆概念设计。抗爆概念设计在建筑物的抗爆设计中占有很重要的地位和具有不可替代的必要性,它是展现先进设计思想的关键。在特定的建筑空间中用整体的概念来完成结构总体方案的设计,其重要性主要体现在以下几个方面:①爆炸现象本身存在着很多不可确定因素和影响,很难做到完全的定量分析。②在结构方案设计阶段,初步的抗爆设计过程是不能借助于计算机来实现的,必须采用概念设计选择效果与经济兼备的方案。③在结构方案设计阶段,初步的抗爆设计过程是不能借助于计算机来实现的,必须采用概念设计选择效果与经济兼备的方案。譬如利用前文易损性计算公式,计算易损性来确定建筑结构的最小防护安全距离。抗爆概念设计要点应包括场地选择、结构优化以及非结构构件的抗爆防护。

### 4.2 社会方面

(1)由于我国在建筑结构抗爆防护和抗爆概念设计方面的研究起步较晚,迄今为止尚未制定出建筑结构的抗爆设防标准,严重制约了结构抗爆设计在我国建筑工程的应用。表2中对抗爆重要性等级的划分以遭受恐怖袭击爆炸为依据,存在较大的局限性,尤其是我国现阶段大部分的爆炸事件属于化学爆炸,遭遇恐怖袭击爆炸的可能性较小,所以在现阶段的抗爆设计的发展过程中，急切地需要能得到全国范围认可的抗爆设防标准，从而来规范抗爆设计的发展。

(2)抗爆设计的相关标准和理论的不完善，严重制约了抗爆设计的发展与普及。加紧对于抗爆设计的相关理论的研究，编写较为完善的标准和规范，明确规范对于哪种建筑结构应采取抗爆设计，完善标准和规范给相关人员明确的信息和准则，对于抗爆设计的发展和推广有重要的作用。目前我国对于一些特殊的建筑已有了可使用和参考的规范，如《抗爆间室结构设计规范》(GB 50907—2013)、《石油化工控制室抗爆设计规范》(GB 59779—2012)、《人民防空工程设计规范》(GB 50225—2005)、《人民防空地下室设计规范》(GB 50038—2005)，这些规范对其相关建筑的抗爆设计均有详细严格的规定。然而对于大型公共建筑，我国目前仍然缺乏相关的规范，严重制约了此类建筑抗爆设防的发展。

(3)加强对于抗爆设计的宣传工作，使人们真正意识到爆炸带来的危害。汶川地震之后，举国震惊，人们深刻地认识到了地震所带来的危害，建筑结构抗震设计得到了广泛的普及和应用，而这样的结果，媒体的宣传和报道功不可没。抗爆设计也应该如此，天津塘沽爆炸就是一个例子，如果加大宣传，人们对于爆炸的认识可以上一个台阶，从而大幅度增加社会对于抗爆设计的需求，推进抗爆设计的应用与发展。

(4)我国抗爆防护设计的研究起步较晚，相关建筑从业人员对抗爆设计的意识薄弱，缺乏相关的抗爆设计知识。任何一个行业的发展都离不开基层的工作人员，从实际接触中可以发现，从设计院、建设方到监理方再到施工方，大部分相关的从业人员都缺乏抗爆设计的意识，这是抗爆设计发展的一个“瓶颈”，只有当相关人员对抗爆设计有了足够的认识之后，抗爆设计的推广才能摆脱目前的窘境。因此，需要加强对于相关从业人员的知识培养，如相关从业公司可以开设抗爆设计的培训课程，相关培训机构增加抗爆设计课程内容，大学相关专业增加抗爆这门课程等。

综上，针对大型建筑的设计方案多种多样，设计与社会应该平衡各种因素，相辅相成，谋求最佳的平衡。

# 5 创新特色

(1)国内外频发的爆炸灾害给人类生活带来了较大损失，而国内依然没有较为完整的建筑结构抗爆规范和抗爆计算方式，所以本文提出一种建筑结构抗爆设防的初步的计算公式以提高和促进建筑结构抗爆设防的发展与完善。

(2)十八大后，随着“一带一路”的提出，中国国内各行各业势必将会以“一带一路”为契机，大力向海外发展。由于“一带一路”包含了大量的基础设施建设，所以提出建筑结构的抗爆设防对于响应“一带一路”具有很大的创新意义。

# 6 结论与展望

## 6.1 结　论

本文统计了近些年来发生在国内的各类建筑结构爆炸事故，并进行了分类对比，总结出其中的规律。通过查阅大量文献、规范、实际工程资料，对广东科学中心进行了实地调查研究，阐述了科学中心进行抗爆设计的必要性，同时结合其公共建筑这一主要特性的使用功能要求,以结构的建筑材料、人口容量、类型、高度以及多项影响建筑爆炸受损严重程度的因素通过易损性的计算公式计算出建筑易损性等级,从而得出相应的建筑易受损害的程度,以此对广东科学中心进行了抗爆风险评估,并从设计和社会两个角度提出了建筑结构抗爆设防的措施及建议。由此为例总结了国内结构抗爆设计的应用现状和实际需求,并对这种情况给予分析,提出解决的办法。

## 6.2 展　望

(1)大型公共建筑相关抗爆规范和标准急需完善。目前我国关于大型公共建筑的抗爆防护规范几乎没有,希望通过此文能引起国内相关学者的关注,从而完善相关的规范和标准。

(2)抗爆抗震联合设计。自汶川地震之后,抗震设计已经得到了极大地普及。抗震设计是目前结构设计中必要的考虑条件,而抗爆设计则是不断发展的防护要求。之所以要联合考虑抗爆设计和抗震设计,包括两方面原因:①结构只进行抗震设计而不进行抗爆设计,则不能抵抗未来可能遇到的爆炸袭击,只进行抗爆设计则安全隐患更大。②虽然爆炸和地震的作用方式不同,但抗震体系往往对抗爆体系是也有利的,因为地震作用和爆炸荷载都是建筑结构在试用期间有可能遇到的偶然荷载,建筑结构都可能因此遭遇破坏。其相似性在于:都具有随机性,都具有不可确定性,都具有间断发生、循环往复的特点,即周期性,都会产生一系列的非结构破坏和次生灾害。结构体系抗爆和抗震具有相同的设计理念。

(3)抗爆抗火联合设计。火灾是爆炸事件中最常见的次生灾害,对于经受爆炸荷载作用的钢结构,往往在次生火灾的作用下发生进一步破坏,甚至发生连续性倒塌。由爆炸引发的火灾对钢结构易造成毁灭性的破坏,如美国"911"事件由飞机爆炸引发的火灾直接导致了世贸中心的整体倒塌,造成了巨大的人员伤亡和财产损失。而对于大型公共建筑,相当大的部分为钢结构,由爆炸产生的火灾将可能导致结构的垮塌,产生严重的后果。据调查,钢结构在爆炸和火灾综合作用下的损伤评估并未得到足够的重视,目前的相关科研成果还相当有限。

## 参考文献

[1] 李忠献,师燕超. 建筑结构抗爆分析理论[M]. 北京:科学出版社,2015.

[2] FEMA. Reference Manual to Mitigate Potential Attacks Against Buildings(FEMA426)[S]. U. S: Federal Emergency Management Agency, 2003.

[3] 李霆,李宏胜,尹优,等. 广东科学中心大跨巨型钢框架结构设计[J]. 建筑结构,2010(8):6-11.

[4] SHI Y,HAO H,LI Z X. Numerical derivation of pressure-impulse diagrams for prediction of RC column damage to blast loads[J]. International Journal of Impact Engineering, 2008,35(11):1213-1227.

# 新型复合式三向智能隔震支座的理论设计与分析

蔡恩健[1] 裴熠麟[1] 张 宽[1] 关凌宇[1] 王国威[2] 赵 瑜[3]

(1. 兰州理工大学 土木工程学院,甘肃 兰州 730050;
2. 兰州理工大学 防震减灾研究所,甘肃 兰州 730050;
3. 兰州理工大学 西部土木工程防灾减灾教育部工程研究中心,甘肃 兰州 730050)

**摘 要** 传统隔震支座水平耗能效果不显著,且主要用于减轻上部结构的水平地震作用,而对竖向地震作用考虑则相对较少。针对上述问题提出一种新型复合式三向智能隔震支座的设计,该新型隔震支座集合了形状记忆合金的形状记忆作用和超弹性效应、碟形弹簧的竖向减震性能、环氧IPNs/碳纳米管压电摩擦板的水平智能隔震性能、位移限制箍的防止平面失稳性能等优点。本文描述了该隔震支座的具体设计理论及参数,并通过工程实例设计出该隔震支座各个部件具体尺寸,最后利用PKPM软件模拟地震作用并对其进行分析,验证该隔震支座具备良好的隔震效果。

**关键词** 压电摩擦;隔震支座;三向隔震;形状记忆合金;碟形弹簧

## 1 引 言

地震作为一种自然灾害,易威胁人类生命与财产的安全。我国是一个地震多发国家,据相关资料统计,我国地震发生次数约占全球大陆地震总次数的33%,平均每年发生5级以上地震30余次,6级以上强震6次,7级以上大震1次。同时由于地质构造等原因,我国地震活动具有震源浅、强度大、频度高、分布广等特征,对公民人身财产安全及社会经济发展造成严重危害。

隔震技术是在房屋的地基与上部结构之间增加一层隔震装置,地震时地面运动的能量部分被隔震装置耗散,从而减少向地上建筑物的传输的能量,降低上部结构的损坏程度,保障了上部结构和内部人员、设备的安全。大量地震灾害和研究结果表明,竖向地震作用对建筑结构的影响同样不能忽视。由于建筑结构竖向刚度较大,且其竖向基本周期与竖向地震波作用周期相近,导致竖向地震作用危害性可能将超过水平地震作用。因而结构在竖向震动特性方面备受关注。

## 2 国内外研究现状

国内外研究人员针对隔震支座进行了大量研究,提出了一系列的创新设计。

1969年Seigenthaler R在校园工程中使用了纯橡胶隔震支座,该支座是最初的三向隔震支座。1986年,Feuillade G, Richard P等人采用螺栓弹簧以及黏滞阻尼器组成竖向隔震系统,并应用于某核电站的竖向隔震。1996 年,Fujita S 等人提出了一种由螺旋弹簧以及橡胶支座组合的三维隔震体系,并对于装配该体系的模型进行三维隔震试验。1999 ~ 2002 年,Kashiwazaki 使用液压油缸以及储能器的组合作为竖向耗能系统,由铅芯橡胶隔震支座作为水平隔震系统,两个系统串联组成三维隔震系统,最终应用到实际工程中来。

我国学者在三向隔震方面也开展了一系列研究。2004 年,熊世树提出了一种具有三向刚度以及阻尼性能的铅芯橡胶碟形弹簧隔震支座(图 1),并进行了系统化的研究,为我国三维隔震支座研究起到了开创性的作用。但该支座的实际性能还需进一步研究证明。

2004 年,徐忠华利用碟形弹簧以及形状记忆合金设计了一种新型 SMA(形状记忆合金)-碟形弹簧三向隔震支座(图 2),根据三向地震波的输入作用对其隔震效果进行了响应性分析,得出该支座隔震性能良好的结论。但未对该支座的抗拔能力进行相关试验,故该支座的实际性能还需进一步的验证。

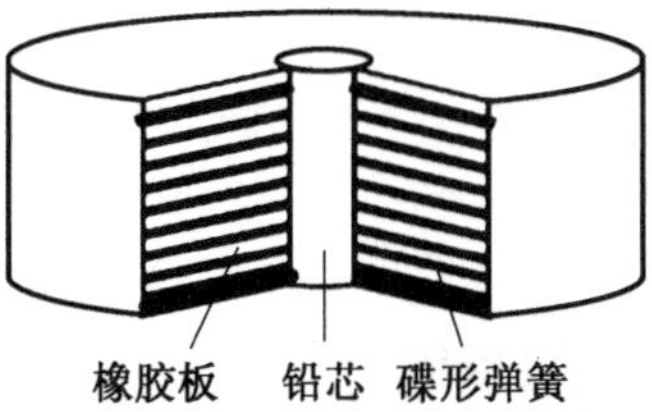


图 1　铅芯橡胶碟形弹簧隔震支座

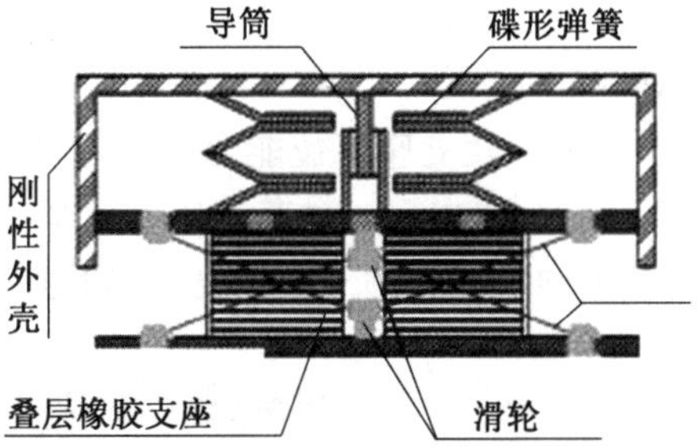


图 2　SMA-碟形弹簧三向隔震支座

2005 年,徐赵东等人设计了多维隔震减震系统,该装置制作方便,价格便宜,构造简单,但其试验性能以及实践效果至今未见报道。2006 年,庄鹏对由碟形弹簧与摩擦摆复合组成的三向隔震支座进行了初步研究,分析表明,该三维隔震支座在实际中的隔震效果优于水平隔震支座。2007 年,祝天瑞对碟形弹簧竖向隔震支座进行了试验研究,结果显示碟形弹簧竖向隔震支座可有效降低结构的地震响应。但上述隔震支座性能还有待试验和实践的进一步证明。

2015 年,刘雨东为形状记忆合金这一新型智能材料在工程结构振动控制领域发挥作用提供技术支持,并提出一种新型复合型隔震支座-形状记忆合金丝弹簧摩擦支座(SMA Spring-Friction Bearing,简称 SFB)(图 3),并对其进行试验研究分析(图 4),验证了形状记忆合金在隔震支座恢复力方面的作用。

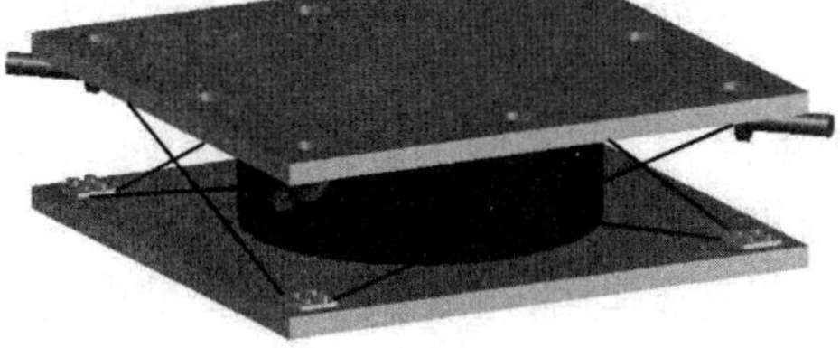

图 3　SMA-橡胶支座

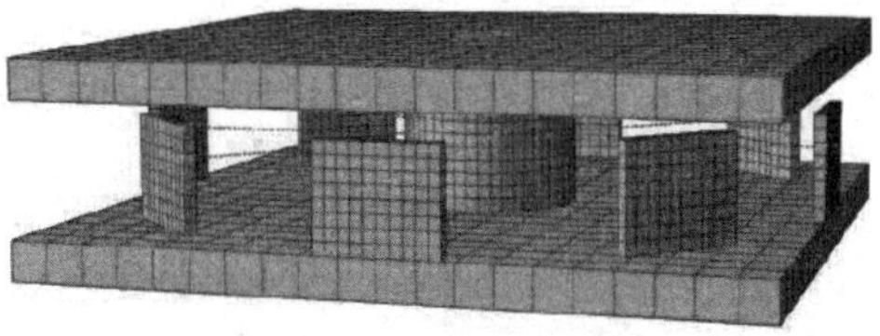

图 4　SFB 有限元模型

减震装置的智能控制同样是研究的热点,欧进萍等人提出了压电-T 型变摩擦减震器的设计 ,结合压电驱动器和 T 型摩擦减震器的特点,进行了压电-T 型变摩擦减震器的研究。

2015 年,贾金荣提出了关于环氧 IPNs/碳纳米管压电阻尼材料的制备与性能研究,并系统研究了复合材料的阻尼性能,为高强度宽温域的压电阻尼材料的开发和设计奠定了基础。

随着隔震支座发展的日益深入以及范围的不断扩大,也面临一些新的问题:①现有隔震支座的改进;②隔震支座应用领域的扩展;③新型隔震支座的开发。从研究现状来看,现今隔震支座主要用于水平方面的隔震,对于竖向方面的隔震功效较弱,故实际工程中可供选择的隔震支座也相对较少。

# 3 新型三向智能隔震支座提出

对于隔震支座的设计来说,需要解决的关键问题包括:

(1)支座承载力满足要求。

(2)良好的耗能能力。

(3)竖向隔震能力强。

(4)耐火,耐久性强。

(5)水平隔震以及支座复位能力强。

针对以上问题,提出了一种基于压电变摩擦板、形状记忆合金丝、碟形弹簧、位移限制箍的新型复合式三向智能隔震支座的设计,如图 5、图 6 所示。

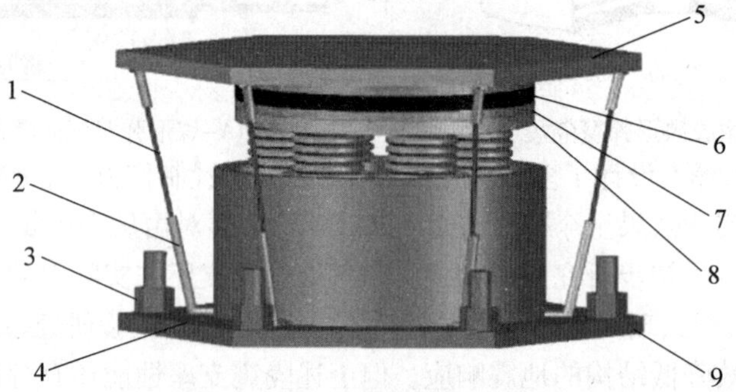


图 5　新型三向隔震支座立面图

1—形状记忆合金;2—固定套管;3—螺栓;4—支撑铰接链杆;5—菱形钢顶板;6—压电材料板;7—内摩擦板;8—外摩擦板;9—菱形钢底板

本文所提出的隔震支座中摩擦盘起到智能变摩擦作用,摩擦盘拟采用五层结构叠加组合。外侧两层分别为外摩擦板以及内摩擦板,中间一层是压电材料板。五层材料板通过螺栓锚固连接,在受力过程中,压电材料片通过电致形变使得螺栓锚固程度改变,从而智能调节摩擦板摩擦力。

菱形钢底板与菱形钢顶板在垂直投影面上完全重合。当二者间发生相对移动时,形状记忆合金丝通过连接菱形钢顶板,在碟形弹簧作用范围内带动摩擦盘与菱形钢顶板发生摩擦移动,同时菱形钢底板上的碟形弹簧对菱形钢顶板起支撑作用,并可在角柱支撑域内进行相应移动。碟形弹簧焊接在菱形钢底板上,当摩擦盘发生相对滑动时,可在一定范围内与形状记忆合金搭配,发挥控制相对移动的作用。碟形弹簧其截面圆心分别位于底板对角线上距离底板中心 52.7% 底板边长的 6 个点上,形状记忆合金的高度取碟形弹簧与摩擦盘高度

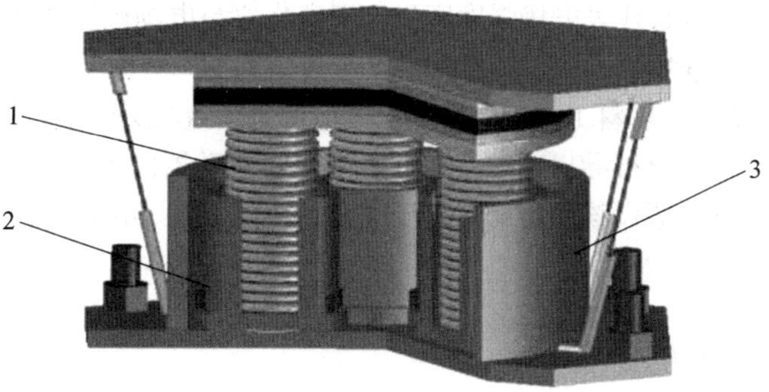


图 6　新型三向隔震支座剖面图

1—碟形弹簧;2—碟形弹簧套箍;3—外侧位移限制箍

之和。摩擦盘厚度不小于 0.9 cm,其与顶板接触的一面打磨抛平,另一面焊接于碟形弹簧上。碟形弹簧外侧套箍材质为钢材,主要起辅助作用,通过螺栓或铆钉将翼缘板固定到钢顶板摩擦盘上。菱形钢底板、菱形钢顶板六边形钻取螺栓孔,便于与建筑结构相连接。

在该装置中,通过对形状记忆合金丝施加预应力,利用压电材料受拉压释放电能,作用于形状记忆合金改变其温度,从而发挥不同性能。形状记忆合金丝在一定的温度条件下,具有恢复其原来形状的特性。根据不同的热力荷载条件,形状记忆合金呈现出高温相奥氏体相和低温相马氏体相两种相变(图 7)。

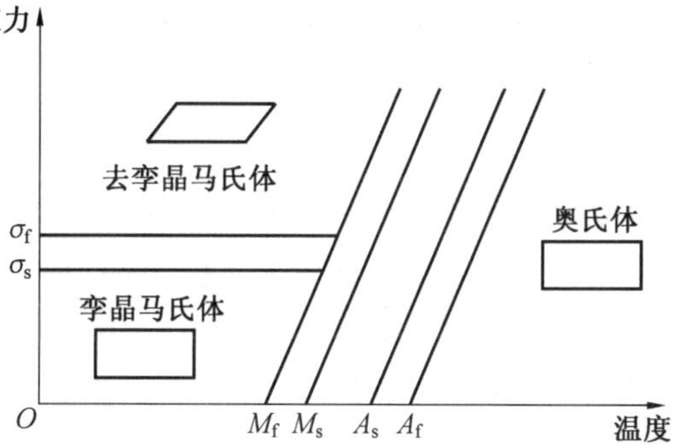


图 7　形状记忆合金的温度-应力曲线

# 4　三向智能隔震支座参数设计

理论上该支座的隔震效果主要取决于以下参数:所选压电材料的性能及厚度,摩擦板之间的摩擦系数 $\mu_0$ 及厚度,碟形弹簧规格,形状记忆合金丝的类型及直径 $d$。

## 4.1　压电材料可调压力模型

在压电材料的工作状态中,可忽略电学短路现象以及电路边缘现象,故压电材料的本构方程为

$$\varepsilon_3 = c^{E}\sigma + d_{33}E \tag{1}$$

$$D_3 = d_{33}\sigma + \varepsilon^{\sigma}E \tag{2}$$

式中,$E$ 为电场强度;$\varepsilon_3$ 为压电材料极化方向 3 的应变值;$c^{E}$ 为电场强度 $E$ 数值为零时的弹性

柔顺系数；$d_{33}$ 为压电常数，代表电场强度产生应变变化值与电场强度的比值；$D_3$ 为电位移；$\varepsilon^{\sigma}$ 为应力为零时的介电常数。

本构方程代表了压电材料工作器正逆压电效应的电学量与力学量之间的耦合关系。

根据上述压电方程，可推导出理想状态下压电材料驱动器的可调正压力计算公式。在理想压电材料驱动器中，假设该压电材料处于完全约束的状态，可得

$$\sigma = \frac{d_{33}}{c^{\mathrm{E}}}E \tag{3}$$

故可调正压力公式为

$$F_{\mathrm{p}} = A\sigma = \frac{d_{33}}{c^{\mathrm{E}}}EA \tag{4}$$

将理想状态下的压电材料等效为平板电容，故该电场计算公式为

$$E = \frac{V}{L} \tag{5}$$

将上述公式代入式(4) 得

$$F_{\mathrm{p}} = \frac{d_{33}}{c^{\mathrm{E}}}\frac{A}{L}V \tag{6}$$

式中，$L$ 为与压电材料驱动器有关的常数；$V$ 为驱动器可调电压；$A$ 为压电材料驱动器中压电材料横截面面积。

分析可得，可调正压力与压电常数 $d_{33}$、压电材料横截面积 $A$、电压 $V$ 成正比，与弹性柔顺系数 $c^{\mathrm{E}}$ 成反比。

### 4.2 摩擦系数的影响

增大摩擦系数 $\mu_0$ 可有效抑制上部结构的扭转作用，从而增加阻尼系数。对于隔震支座来说，$\mu_0$ 的取值对基底位移和隔震效果的影响较大，过大的 $\mu_0$ 使得隔震支座效果不佳，过小又会导致基底位移过大，故必须限制摩擦系数 $\mu_0$ 的大小。为保证该支座具有良好的隔震效果以及较小的基底位移数值，故选取值域为 $0.01 \leqslant \mu_0 \leqslant 0.15$。

### 4.3 碟形弹簧力学模型

$$P = \frac{ft^3}{\alpha D^2}K_4^2\frac{4E}{1-\mu^2} \tag{7}$$

$$\alpha = \frac{1}{\pi}\frac{\left(\frac{C-1}{C}\right)}{\frac{C+1}{C-1}-\frac{2}{\ln C}}, C = \frac{D}{d} \tag{8}$$

式中，$P$ 为单个弹簧的载荷；$t$ 为弹簧厚度；$K_4$ 为无支撑弹簧计算系数，取 1；$E$ 为弹性模量；$\mu$ 为泊松比；$D$ 为碟形弹簧外径；$d$ 为内径。

### 4.4 形状记忆合金丝力学建模

如图 8 所示，地震作用下，当支座上下两层钢板发生相对水平位移时，两组交叉的形状记忆合金丝与钢板一起运动，其中一组将会伸长，另外一组缩短。假设支座产生侧移 $d$ 时对应两组形状记忆合金丝的水平剪力为 $F$，故可建立平衡条件得

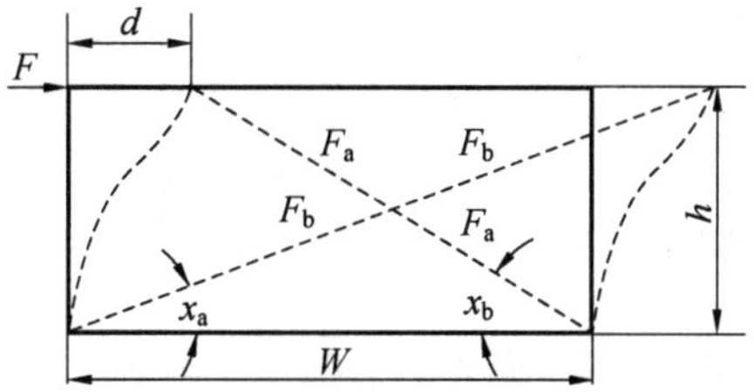


图 8　形状记忆合金受力简图

$$F = F_b\cos x_b - F_a\cos x_a = \sigma_b A_b\cos x_b - \sigma_a A_a\cos x_a \tag{9}$$

式中，$F_a$、$F_b$ 分别为 a 组以及 b 组形状记忆合金丝的拉力；$x_a$、$x_b$ 分别为两组形状记忆合金丝与水平地面的夹角；$\sigma_a$、$\sigma_b$ 分别为两组形状记忆合金丝的应力；$A_a$、$A_b$ 分别为两组形状记忆合金丝的横截面积。

假设两组记忆合金丝的预应变分别为 $\varepsilon_{oa}$ 和 $\varepsilon_{ob}$，发生侧移后的应变增量为 $\Delta\varepsilon_a$ 和 $\Delta\varepsilon_b$，故变形后的两组合金丝应变分别为

$$\varepsilon_a = \varepsilon_{oa} + \Delta\varepsilon_a \tag{10}$$

$$\varepsilon_b = \varepsilon_{ob} + \Delta\varepsilon_b \tag{11}$$

$$\Delta\varepsilon_a = \frac{\sqrt{(w-d)^2 + h^2} - l_0}{l_0} \tag{12}$$

$$\Delta\varepsilon_b = \frac{\sqrt{(w+d)^2 + h^2} - l_0}{l_0} \tag{13}$$

Graesser 在前人研究的基础上，建立了形状记忆合金本构方程，本构方程形式为

$$\dot{\sigma} = E\left[\dot{\varepsilon} - |\dot{\varepsilon}|\left|\frac{\sigma-\beta}{Y}\right|^{(n-1)}\left(\frac{\sigma-\beta}{Y}\right)\right] \tag{14}$$

$$\beta = E\alpha\left\{\varepsilon - \frac{\sigma}{E} + f_T|\varepsilon|^c \mathrm{erf}(a\varepsilon)[u(-\varepsilon\dot{\varepsilon})]\right\} \tag{15}$$

式中，$\sigma$、$\varepsilon$ 分别为一维应力和应变；$\beta$ 为一维背应力；$Y$ 为给定温度的屈服应力；$E$ 为弹性模量；$\alpha$、$f_T$、$n$、$c$、$a$ 为材料常数；$\mathrm{erf}(x)$ 为误差函数；$[u(x)]$ 为阶跃函数。

$$\mathrm{erf}(x) = \frac{2}{\sqrt{\pi}}\int_0^x \varepsilon^{-t^2}\mathrm{d}t \tag{16}$$

$$[u(x)] = \begin{cases} +1 & x \geqslant 0 \\ 0 & x < 0 \end{cases} \tag{17}$$

当隔震支座产生侧位移 $d$ 时，将 $d$ 代入式(12)、(13)即可得出 $a$、$b$ 两组形状记忆合金丝的应变量。

故该隔震支座的恢复力模型为

$$F = F_a - F_b = \sigma_a A_a - \sigma_b A_b \tag{18}$$

## 5　隔震支座设计实例及分析

某四层钢筋混凝土框架结构，如图 9、图 10 所示，梁为 250 mm×500 mm，柱为 500 mm×500 mm，板 100 mm，层高 4 m，采用 C30 混凝土，弹性模量 $E$=3 000 MPa，密度 $\rho$=2 700 kg/m$^3$，

泊松比 $\nu=0.2$，地震烈度 8 度（$0.3g$），场地类别二类，框架抗震等级三级。据计算得到竖向地震荷载下隔震支座承受上部荷载为 150 kN，由此可得隔震支座各个细部尺寸，并通过 PKPM 软件进行地震作用的模拟，验证该隔震支座的隔震作用。

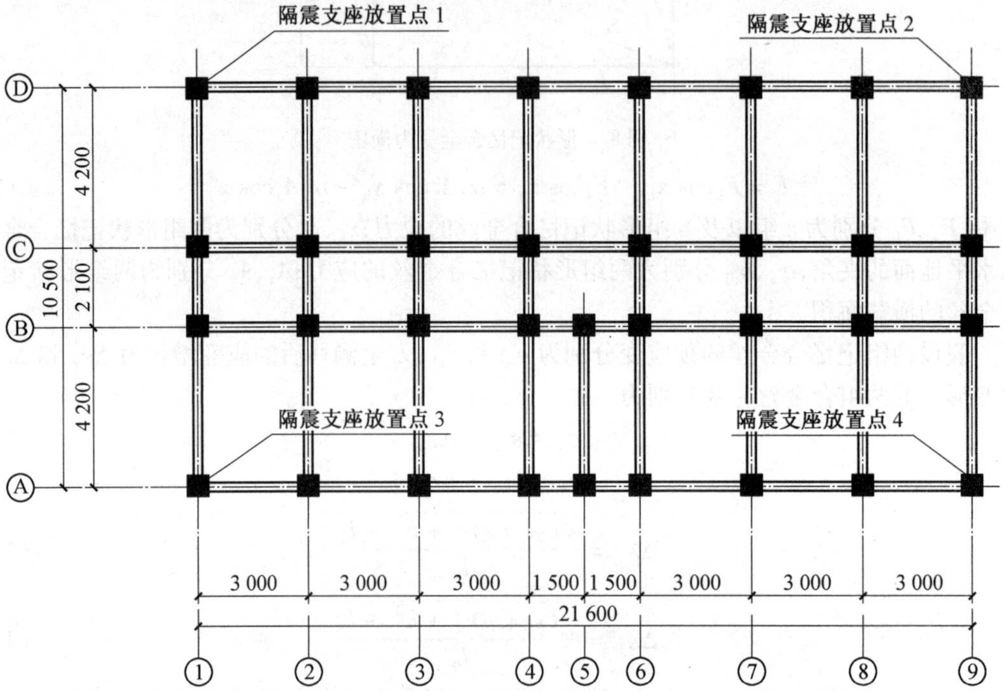


图 9　隔震支座布置平面图

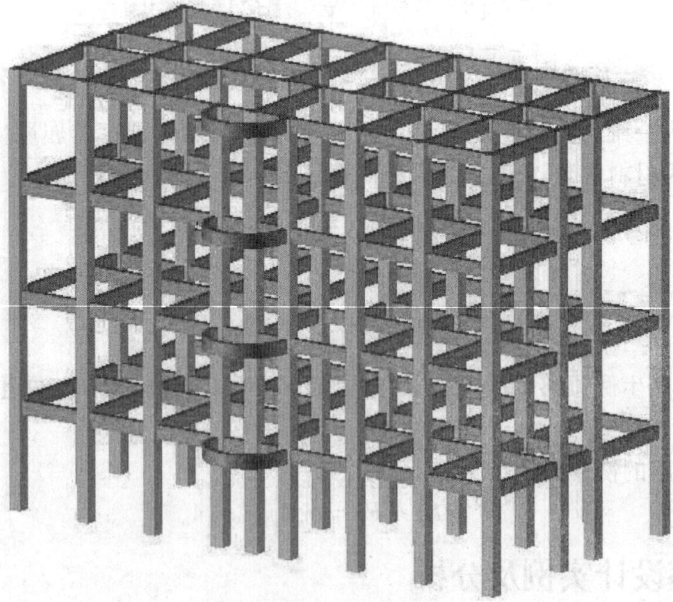

图 10　试验结构原型三维示意图

### 5.1　压电材料板的设计

由分析可知，压电常数 $d_{33}$ 越大，弹性模量 $E$ 越高，压电材料工作器横截面积 $A$ 越大，则该压电材料驱动器的可调压力越大。按照上述原理，本设计选用贾金荣 2015 年硕士生毕业论文中的环氧 IPNs/碳纳米管压电材料，该压电阻尼材料是由两种聚合物进行化学或物理混合得到的互穿网络聚合物，经研究发现，该压电阻尼材料比传统的压电陶瓷等单聚合物压电材料导电性能强 3 ~4 倍，且当 PU 组分为环氧的 50% 时，PU-EP IPNs 的最大损耗因子可达 0.816，有效阻尼温域可达 50.70 ℃，可在温差的剧烈变化范围内充分发挥其阻尼特性，出力性能也较大。该材料的各种参数见表 1。

**表 1　PU-EP IPNs 的最佳阻尼性能数据**

| | $T_g$/℃ | $\beta_{max}$ | 阻尼温域 | $\Delta T$/℃ |
|---|---|---|---|---|
| IPN-50 | 58.4 | 0.816 | 41.6 ~92.3 | 50.7 |

注：①$T_g$ 为玻璃化转化温度；
②$\beta_{max}$ 为最大损耗因子

为达到最佳的可调正压力，初步拟定菱形板的边长为 10 cm，支座整体高度 30 cm，故可将摩擦盘的半径定为 20 cm，环氧 IPNs/碳纳米管压电材料的厚度按照要求不小于0.9 cm，且可调正压力与弹性柔顺系数 $c^E$ 成反比，故本设计将其拟定为 1 cm。

### 5.2　形状记忆合金丝参数设计

目前采用形状记忆合金丝的隔震支座普遍较少，此处根据模型验证其隔震性能，采用合金丝参数如下：采用 NiTi 合金（马氏体），截面面积 $A_a=A_b=25\ \text{mm}^2$，初始长度 $l_{oa}=l_{ob}=325$ mm，初始应力 $\sigma_{oa}=\sigma_{ob}=400\ \text{N/m}^2$，初始拉应变 $\varepsilon_{oa}=\varepsilon_{ob}=2.9\%$，弹性模量 $E=9.66\times 10^{10}\text{N/m}^2$，屈服应力参数 $Y=6.695\ \text{N/m}^2$，材料性质常数为：$f_T=0.03$，$n=1$，$c=0.001$，$\alpha=0.187$，$a=900$，将上述参数代入 Graesser 模型得到力-位移滞回曲线模型（图 11）。

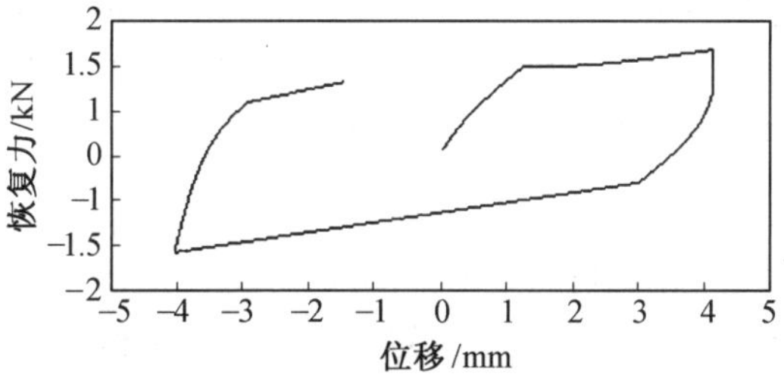


图 11　NiTi 合金（马氏体）的力-位移滞回曲线

为使隔震支座实际效果更佳，故拟采用 6 根直径 $d=3$ mm 的上述形状记忆合金丝，通过支承铰链链杆与隔震支座上、下钢底板连接，具体效果如图 5、图 6 所示。

### 5.3　摩擦系数 $\mu_0$ 的确定

由上述建模分析可得，当摩擦系数范围为 $0.01\leqslant\mu_0\leqslant 0.15$ 时较为合适。由于聚四氟乙烯摩擦系数为 0.04，较为合适且便宜易得，故此设计采用聚四氟乙烯作为内、外摩擦盘材料，为防止地震作用过于剧烈引起的摩擦盘失稳现象，将摩擦片厚度设置为 1 cm，与压电材料板同等厚度,半径定为 20 cm,与压电材料板竖直面重合。

### 5.4 碟形弹簧设计计算

该设计中钢框架结构总压为 150 kN,为达到最佳的隔震效果以及经济效应,碟形弹簧设计应满足竖向载荷达 150 ~ 170 kN,有如下方案可供选择:(1)规格为 160 mm×82 mm×10 mm×13.5 mm的碟形弹簧,对合组合;(2)规格 80 mm×92 mm×10 mm×14 mm 的碟形弹簧,对合组合;(3)规格为 100 mm×51 mm×3.5 mm×6.3 mm 的碟形弹簧,对合组合;(4)规格为 180 mm×92 mm×10 mm×14 mm 的碟形弹簧,三片叠合再对合;(5)规格为 160 mm×82 mm×6 mm×10.5 mm 的碟形弹簧,三片叠合再对合。考虑地震荷载过大,要求碟形弹簧具有良好的抗切、抗压强度,故选用内径较大的 180 mm×92 mm×10 mm×14 mm 碟形弹簧,组合方式为对合组合。由式(8)可得

$$\alpha = \frac{1}{\pi}\frac{\left(\frac{C-1}{C}\right)}{\frac{C+1}{C-1}-\frac{2}{\ln C}} = \frac{1}{\pi}\frac{\left(\frac{1.96-1}{1.96}\right)^2}{\frac{1.96+1}{1.96-1}-\frac{2}{\ln 1.96}} = 0.69$$

$$C = \frac{D}{d} = \frac{180}{92} = 1.96$$

$$P = \frac{ft^3}{\alpha D^2}K_4{}^2\frac{4E}{1-\mu^2} = \frac{4\times 2.06\times 10^5}{1-0.3^2}\times\frac{4\times 10^3}{0.69\times 180^2} = 162\ 013\ (\mathrm{N})$$

$$\frac{F_1}{P} = \frac{150\ 000}{162\ 013} = 0.926$$

为保证碟形弹簧隔震耗能能力,选定规格为 180 mm×92 mm×10 mm×14 mm 的碟形弹簧,采用对合组合方式。

综上所述,针对此四层钢筋混凝土框架结构的隔震支座各个具体参数如下:菱形板的边长为 10 cm;支座整体高度为 30 cm;压电材料板厚度为 1 cm;半径为 20 cm,采用环氧 IPNs/碳纳米管压电材料制作;6 根由 NiTi 合金(马氏体)制作的形状记忆合金丝,长度为 325 mm,直径为 3 mm;摩擦盘厚度设置为 1 cm,半径为 20 cm,材料采用聚四氟乙烯摩擦板;碟形弹簧,规格为 180 mm×92 mm×10 mm×14 mm,采用对合组合方式。

### 5.5 PKPM 模拟

以上内容已得到了该隔震支座的具体细部尺寸,为验证该支座隔震效果,通过 PKPM 软件进行弹性动力时程分析,比较设置与不设置隔震支座的结构最大位移曲线。为简化模拟,提出以下假设:考虑到本项目隔震支座的竖向刚度远大于水平方向的刚度,故近似认为隔震结构主要做水平运动,竖直方向变形相对较小;该建筑结构高度较大,层间刚度较小,可将其作为多质点结构体系进行分析。

多质点隔震体系动力分析模型如图 12 所示,将隔震体系简化为层间剪切模型,以单个楼层作为基本单元,将楼层所有竖向构件归并为一根竖杆,并将楼层剪切刚度等效为竖杆层刚度,再将所有活荷载与恒荷载按照相应比例组合集中成一个质点,构成一个“串联质点系”模型。

此处层间剪切模型基本假定有:

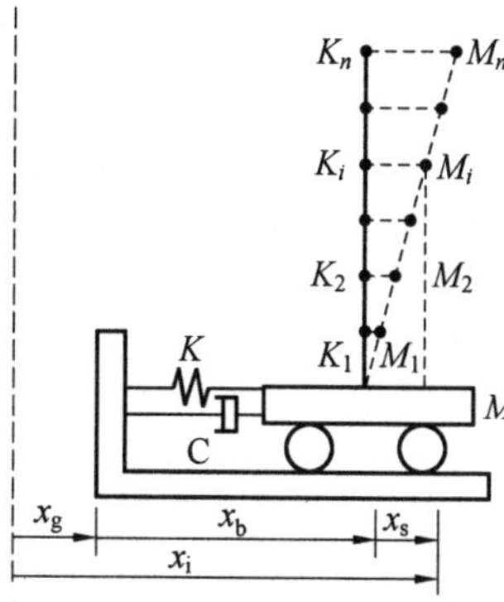


图 12　多质点隔震体系动力分析模型

(1)楼盖在自身平面内刚度无穷大;

(2)结构中水平构件刚度无穷大,不产生竖向弯剪变形;

(3)结构竖向构件在水平荷载作用下不产生轴向变形;

(4)层间刚度仅由本楼层竖向构件影响。

在 PKPM 软件中接 PM 生成 SATWE 数据,在结构弹性动力时程分析模块中分别输入 3 种地震波:TH4TG075(天然波,特征周期=0.75 s,如图 13 所示)、TH3TG075(天然波,特征周期=0.75 s,如图 14 所示)、RH1TG075(人工波,特征周期=0.75 s,如图 15 所示)。

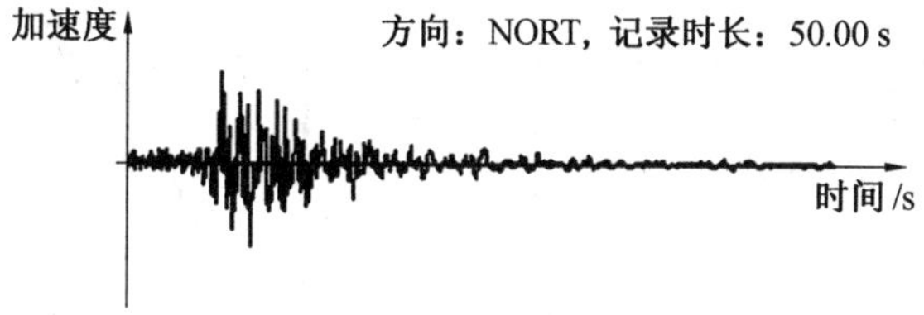


图 13　TH4TG075 主方向反应信息

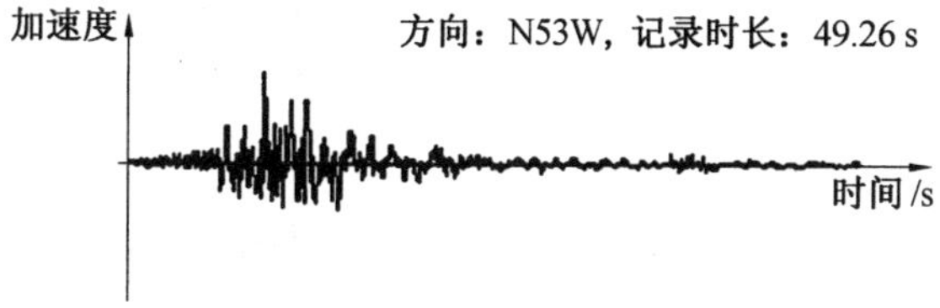


图 14　TH3TG075 主方向反应信息

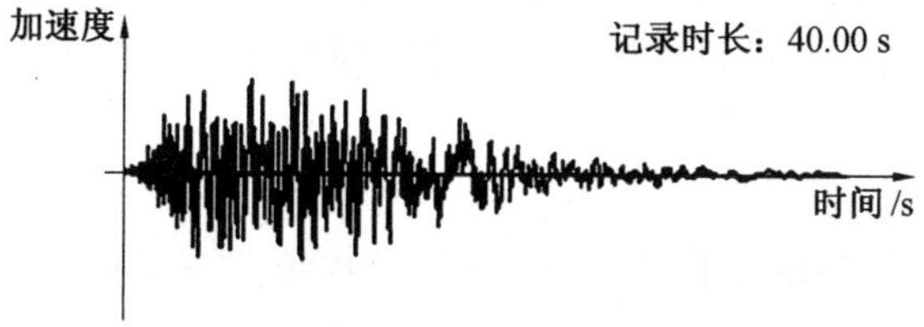


图 15　RH1TG075 主方向反应信息

考虑不设置隔震支座的结构体系与地面为固结连接,设置隔震支座的结构体系与地面连接处加设一层短柱,短柱尺寸与上述设计的隔震支座相同(类似于定向支座)。根据

PKPM弹性动力时程分析结果得出各个条件下的最大楼层位移曲线(图16、图17)以及最大层间位移角曲线(图18、图19)。

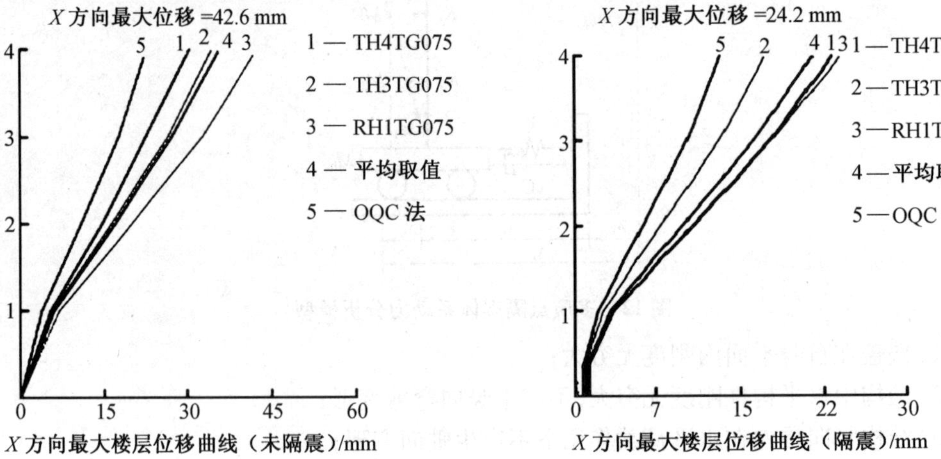


图16　未隔震与隔震条件下X方向最大楼层位移对比图

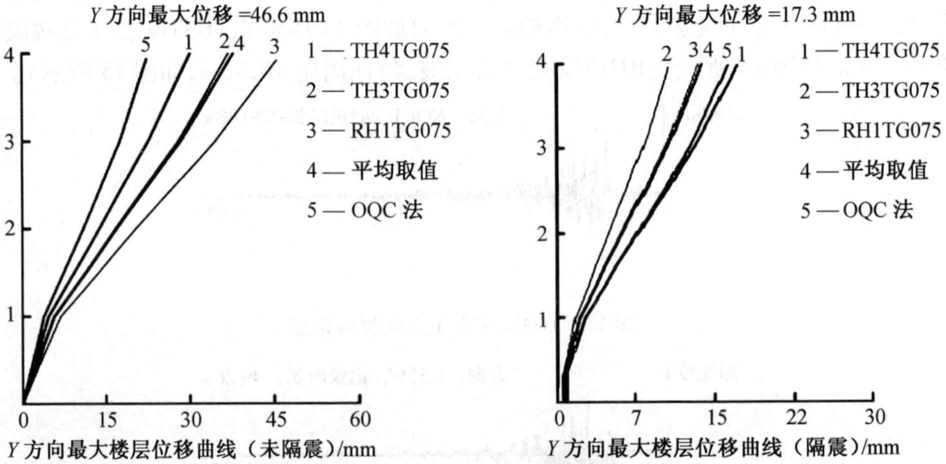


图17　未隔震与隔震条件下Y方向最大楼层位移对比图

由上述研究发现,在建筑物底部设置该隔震支座后,上部建筑结构的最大楼层位移较未设置隔震支座时有大幅度减少,隔震后上部结构的最大层间位移角与隔震前相比也减小很多。故可得出,在建筑物底部设置该隔震支座可得到明显的减震效果。

# 6　创新特色

(1)智能调节摩擦片间的摩擦力大小,改善了传统隔震支座减震效果单一、有限的状况;

(2)碟形弹簧与压电摩擦板搭配使用,横向与竖向共同隔震,解决三向隔震问题;

(3)形状记忆合金(马氏体)丝与菱形钢板连接并搭配使用,带动摩擦盘以及碟形弹簧工作,并为隔震支座提供较强的恢复力。

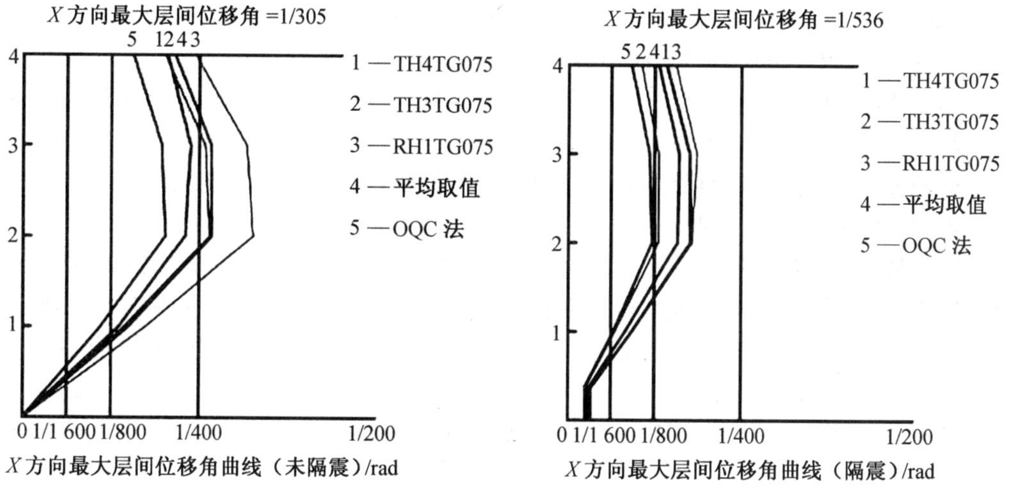


图 18　未隔震与隔震条件下 X 方向最大层间位移角对比图

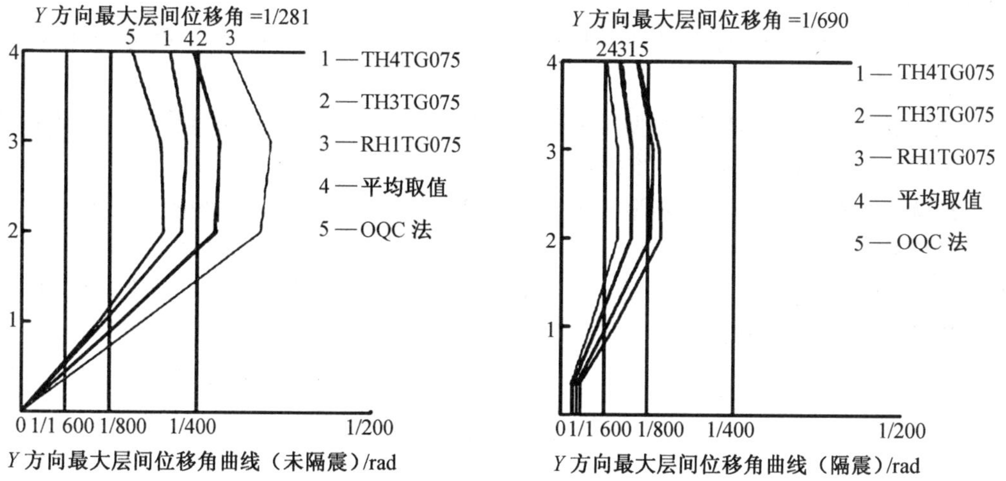


图 19　未隔震与隔震条件下 Y 方向最大层间位移角对比图

# 7　结　论

本文通过对该隔震支座理论分析，并通过工程实例进行各个具体参数的设计。通过 PKPM 软件对该支座的地震响应进行分析，证明该隔震支座具有良好的隔震效果。该隔震支座可应用于各种建筑结构的隔震，可大大降低地震对于建筑结构的破坏，从而为我国防灾减灾事业做出贡献。

## 参考文献

[1] SEIGENTHALER R. Earthquake-proof Building Supporting Structure with Shock Absorbing Damping elements[J]. SchweizerischeBauzeitung, 1970(20):102-09.

[2] KASHIWAZAKI A, MITA R, ENOMOTO T, et al. Three-Dimensional Base Isolation System

Equipped with Hydraulic Mechanism[J]. Tran-sactions of the Japan Society of Mechani-cal Engineers,1999,66(648): 146-151.
[3] 徐忠华. 应用三维隔震支座的网壳结构地震响应分析[D]. 阜新:辽宁工程技术大学,2007.
[4] 徐赵东 ,李爱群 ,叶继红. 大跨空间网壳结构减震控制的研究与发展[J]. 振动与冲击,2005(3):59-61,134.
[5] 熊世树. 三维基础隔震系统的理论与试验研究[D]. 武汉:华中科技大学,2004.
[6] 庄鹏. 空间网壳结构支座隔震的理论和试验研究[D]. 北京:北京工业大学, 2006.
[7] 祝天瑞. 碟形弹簧竖向隔震支座研究及其在网壳结构中的隔震分析[D]. 北京:北京工业大学, 2007.
[8] 刘雨冬. 超弹性 SMA 支座及在网架结构中的隔震研究[D]. 北京:北京建筑大学,2015.
[9] 欧进萍, 杨飏. 压电-T 型变摩擦阻尼器及其性能试验与分析[J]. 地震工程与工程振动, 2003, 23(4):171-177.
[10] 贾金荣. 环氧 IPNs/碳纳米管压电阻尼材料的制备与性能研究[D]. 武汉: 武汉理工大学, 2014.
[11] 戴纳新, 谭平, 周福霖. 新型压电变摩擦阻尼器的研发与性能试验[J]. 地震工程与工程振动, 2013, 33(3):205-214.
[12] 孙晓东, 隋杰英, 章蓉. 新型三维 SMA-滚球自复位隔震支座的理论设计[J]. 工程建设, 2014, 46(1):5-9.
[13] 薛素铎, 董军辉, 卞晓芳,等. 一种新型形状记忆合金阻尼器[J]. 建筑结构学报, 2005, 26(3):45-50.

# 基于实测数据的长周期地震动反应谱特征研究

陈志伟　沈明明　张　腾　梁瑞军

（武汉理工大学 土木工程与建筑学院 湖北 武汉 430070）

**摘　要**　通过分析实测地震动记录，对2011年东日本大地震的相关地震特性进行了研究。主要研究了长周期地震动反应谱随震级、持续时间及场地条件的变化情况。将庞杂的地震动数据按照场地条件分成了三类，并在三类数据中分别选取震中距相近的有代表性的地震动数据5条，对在震中距不变的情况下地震动反应谱随其他因素的变化情况进行了分析。结果表明，地震动反应谱在小于10 s的各个周期段的阻尼调整系数受持续时间影响较小，受场地条件影响较大。同时研究了不同阻尼比条件下（15种）的加速度反应谱变化情况。结果表明：阻尼比小于0.05时，阻尼比的变化对加速度反应谱影响较大，尤其是周期在5～10 s之间的情况；阻尼比大于0.05时，影响较小。当周期逐渐增大到15 s以后时，阻尼比的变化对加速度反应谱的影响逐渐变小。

**关键词**　抗震结构；阻尼比；长周期地震动；阻尼调整系数；有效持续时间

## 1　引　言

随着建筑业的不断发展，土木工程的结构形式越来越丰富，各种大跨度房屋结构、大跨度桥梁结构、隔震结构等长周期结构的应用在近年显著增加。一般高度200 m左右的超高层建筑自振周期可达4～6 s，隔震结构的自振周期最长可达8 s。对此类长周期结构，长周期地震动的作用可能使其产生持时长、位移大的强烈振动，或造成结构构件和室内设备的严重破坏。目前全球进入地震多发阶段，历次地震均造成难以估量的损失。随着社会文明程度的提高，人的生命愈加宝贵，如何通过减震、抗震在地震中减小损失成为本行业面临的突出问题。

由于长周期结构的广泛应用，近年来长周期地震动得到了广泛的关注和研究。通过研究将近场脉冲型长周期地震动和远场类谐和长周期地震动进行了区分，认为两类地震动成因、频谱特征和输入能量均不同。2011年3月11日在日本东北海域发生的9.0级地震，导致东京和大阪的超高层建筑振动最长达13 mm之久，同时在日本各地监测到大量长周期、长持时的地震动，这些地震动属于远场类谐和地震动。

为控制长周期地震动引起的结构响应，基于耗能减震的结构控制技术得到了广泛应用。当结构阻尼比提高时，其位移幅值和振动持续时间一般都降低。为量化阻尼比对结构的影响，结构设计规范中通常给出设计反应谱的阻尼调整系数，由参考阻尼比（通常取5%）的设计反应谱推算由高阻尼比反应谱。既有研究多基于常规地震动，地震动持续时间多在数秒到数十秒程度；对于低频成分丰富的长持时的长周期地震动，阻尼比对其反应谱的影响规律还没有进行系统的研究。

本文以2011年东日本大地震中的长周期地震动为对象，考虑不同场地类别的影响，研究阻尼比对位移、速度和加速度反应谱的影响规律，并比较实测地震动和日本国土交通省公布的长周期模拟地震动的阻尼调整系数等的异同，为基于长周期地震动的高阻尼比长周期结构设计提供参考。

## 2 地震动基本信息

基于日本防灾科学技术研究所Hi-net和KiK-net两个地震台网公布的地表加速度记录，经基线校正后选取PGA（最大地表加速度）大于50 Gal、Arias强度5%～95%之间、有效持续时间大于50 s的地震动。

K-net和KiK-net提供了绝大部分测点的有限深度内的地质柱状图，根据其公开的地层数据，基于公式(1)对场地特征周期进行了计算，并根据特征周期对场地进行分类。

$$T_G = \sum_{i=1}^{n} \frac{4H_i}{v_{si}} \tag{1}$$

式中，$H_i$为第$i$层土的厚度(m)；$v_{si}$为第$i$层土的剪切波速。若某土层剪切波速超过280 m/s，且厚度大于5 m，则将此土层作为"基底面"，取此土层以上的地层参数计算$T_G$。根据$T_G$计算结果，将场地分为三类：

$T_G < 0.2$ s，归为Ⅰ类场地(硬)；$0.2 \text{ s} \leqslant T_G \leqslant 0.6$ s，归为Ⅱ类场地；$T_G > 0.6$ s，归为Ⅲ类场地(软)。

根据以上方法，最终选取地震动记录568条，其中包括Ⅰ类场地364条、Ⅱ类场地168条、Ⅲ类场地36条。

## 3 反应谱随峰值加速度和有效持续时间的变化情况

因反应谱影响因素较多，为了便于研究，现在每一类场地条件中选取有代表性的震中相同或相近的地震动5条。具体研究如下：表1是选取的地震动数据，图1～图3反映的是第一类、第二类和第三类场地条件下5条地震动的位移和速度反应谱。

### 3.1 同一场地反应谱的变化情况分析

当场地条件相同或接近时位移或速度反应谱随峰值加速度、有效持续时间呈现相近的变化规律，现以第三类场地为例进行分析：

在位移反应谱中，峰值加速度越小，相同周期下反应谱谱数值越大。而且随着周期的增大，这种差别更加明显。当周期增大到20 s时，最大反应谱值(CHB019ew)已经达到最小反应谱值(KNG002ew)的两倍。

在速度反应谱中，当周期较小时，反应谱变化幅度较大，规律较复杂；当周期逐渐增大时，差距逐渐显现，仍然是峰值加速度较小的反应谱值较大(CHB019ew)。

**表 1 选取地震动数据**

| 场地 | 点号 | 震中距/km | PGA/(cm·s$^{-1}$) | 有效持续时间/s |
|---|---|---|---|---|
| 第一类 | MYG016 | 197 | 359.17 | 108.02 |
| | MYGH09 | 198 | 323.302 | 234.21 |
| | FKS031 | 199 | 407.778 | 83.18 |
| | FKS002 | 200 | 556.836 | 101.99 |
| | IWT026 | 200 | 396.312 | 94.76 |
| 第二类 | IBRH11 | 309 | 827.022 | 60.41 |
| | AKT002 | 311 | 57.722 | 118.56 |
| | IBR012 | 312 | 302.232 | 78.6 |
| | AOM021 | 313 | 80.262 | 206.51 |
| | AOM011 | 314 | 126.616 | 132.15 |
| 第三类 | CHB015 | 401 | 142.394 | 155.94 |
| | KNG001 | 401 | 147.882 | 86.19 |
| | KNG002 | 413 | 164.836 | 247.2 |
| | CHB019 | 428 | 80.262 | 142.49 |
| | KNG009 | 430 | 114.366 | 188.16 |

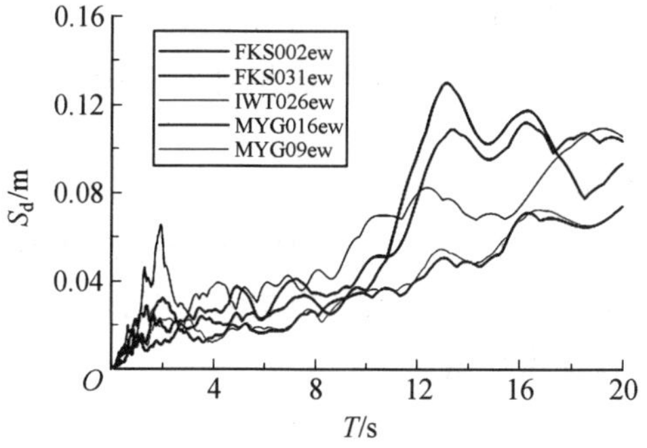


(a) 位移反应谱

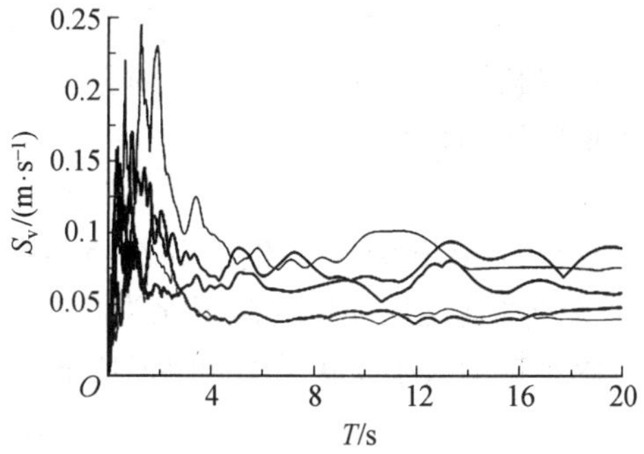


(b) 速度反应谱

图 1 第一类场地反应谱情况

### 3.2 不同场地反应谱的变化情况分析

由地震动表格数据(表 1)得知,第一类、第二类、第三类场地的震中距大约分别为 200 km、300 km、400 km。综合比较来看,震中距越小的地震动反应谱值越大,受地震影响较严重,同时持续时间越长,破坏力也更大。

## 4 阻尼调整系数公式比较

由于目前没有专门针对长周期地震动反应谱的阻尼调整系数,Takewak 等采用式计算

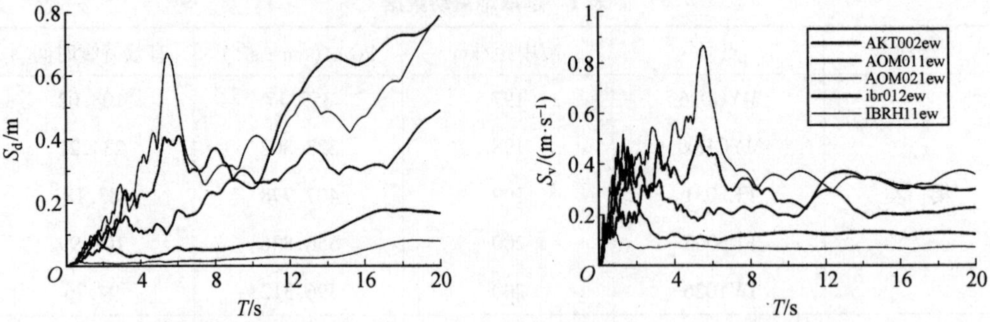


(a) 位移反应谱　　(b) 速度反应谱

图 2　第二类场地反应谱情况

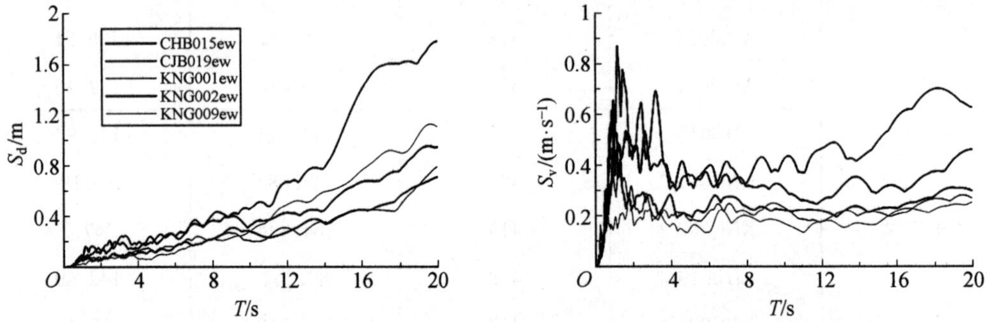


(a) 位移反应谱　　(b) 速度反应谱

图 3　第三类场地反应谱情况

阻尼比对长周期地震动反应谱值的影响,下式 *DMF* 为各种不同阻尼比相对于 0.05 阻尼比的谱值的比例系数。

$$DMF = 1.5/(1+10\zeta) \tag{2}$$

这里以 AKT004ew 为例给出了 15 种阻尼比下的加速度反应谱的相对情况,即 15 种阻尼比下的加速度反应谱与阻尼比为 0.05 时加速度反应谱的比值与周期的关系,如图 4 所示。纵坐标的大小反映了不同阻尼比下的加速度反应谱比值大小。

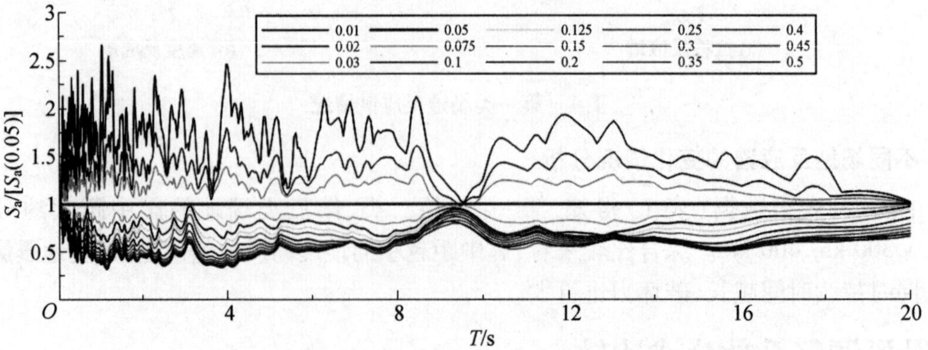


图 4　15 种阻尼比下加速度反应谱比值与周期的关系曲线

纵坐标为1(作为基准线)的是阻尼比为0.05的情况,在基准线上方的是阻尼比小于0.05的情况,共有3种情况,在基准线下方的是阻尼比大于0.05的情况,共有11种情况。

由图分析可知,阻尼比小于0.05时,阻尼比的变化对反应谱影响较大,尤其是周期在5~10 s之间的情况;阻尼比大于0.05时,阻尼比的变化对反应谱影响较小。当周期逐渐增大到15 s以后时,阻尼比的变化对反应谱的影响逐渐变小,最后影响十分微弱。

位移、速度反应谱受阻尼比变化的影响情况与加速度类似,这里不再赘述。

## 5 震中距与Arias强度的关系

(1)Arias强度是由将整个地震动所有数据叠加起来并乘以相应系数得到。根据部分专家学者的意见,Arias强度比峰值加速度描述一条地震动的强度更具有代表性的意义。

(2)本文以第一类场地为例进行研究(因第一类场地地震动条数有368条,数量多,具有广泛性和代表性),画出震中距与Arias强度的关系曲线(图5)并加以理论分析。

(3)由图5可知,第一类场地地震动在震中距为150 km左右时开始出现,这是因为2011年东京大地震发生在海上,陆地监测系统距离其较远。总的趋势是:随着震中距的增大,Arias强度逐渐减小,同时存在局部反弹的反常情况。这说明Arias强度变化情况较复杂,受多种因素共同影响。

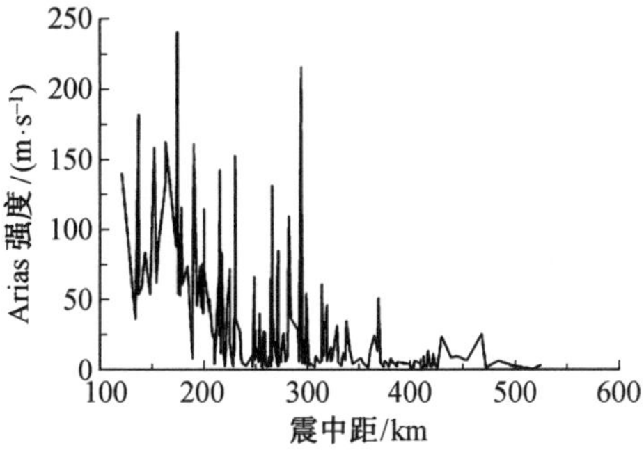


图5 Arias强度与震中距的关系曲线

## 6 结论

本文选取2011年东日本大地震的共计568条长周期、长持时地震动记录,对不同阻尼比下的反应谱情况做了分析,结果表明:

(1)在位移和速度反应谱中,峰值加速度越大,相同周期下的反应谱值反而越小,且随着周期的逐渐增大,这种差别更加明显。

(2)阻尼比对加速度反应谱的影响:阻尼比小于0.05时,阻尼比的变化对反应谱影响较大,尤其是周期在5~10 s之间的情况;阻尼比大于0.05时,影响较小;当周期逐渐增大,到15 s以后时,阻尼比的变化对反应谱的影响逐渐变小。

(3)随着震中距的增大,Arias强度逐渐减小,同时存在局部反常现象。运用Arias强度衡量地震动能量的方法有待进一步研究。

## 参考文献

[1] 王博,白国良,代慧娟. 典型地震动作用下长周期单自由度体系地震反应分析[J]. 振动与冲击,2013,32(15):190-196.

[2] BOMMER J J. The eftective duration of earthquake strong motion[J]. Journal of Earthquake Engineering, 1999,3(2): 127-172.

[3] MATSUMOTO S, KATAOKA S, KUSAKABE T. Estimation of natural period of subsurface layer and ground classification based on geomorphological land classitication (in Japanese)[J]. Journal of JAEE,2005(28): 56-61.

[4] 邵广彪,冯启民. 近断层地震动加速度峰值衰减规律的研究[J]. 地震工程与工程振动,2004,24(3):30-37.

[5] 杨帆,罗奇峰. 基于四区域椭圆模型的汶川 8.0 级地震加速度峰值衰减关系拟合[J]. 振动与冲击,2010,29(5):136-140.

[6] PU W, KASAI K, KABANDO E K, et al. Evaluation of the daiT1ping modification factor for structures subjected to near-fault ground motions[J]. Bulletin of Earthquake Engineering, 2016,14(6):1519-1544.

# 不同地貌下高层建筑风驱雨分布特性数值研究

李睿秋　金　伟　胡正生

（合肥工业大学 土木与水利工程学院，安徽 合肥 230009）

**摘　要**　风驱雨（Wind-Driven Rain，简称 WDR）是建筑外墙面主要水分来源之一，是影响建筑湿热性能和外墙面耐久性的重要因素。近年来极端天气频繁出现，WDR 效应所造成的影响不容忽视。因此有必要对不同环境条件下建筑立面 WDR 雨强分布特性进行研究，为减少实际工程中的建筑风雨灾害提供参考。目前，有关 WDR 的研究大多以单一地貌条件下的低矮建筑为对象，对于不同地貌条件下建筑立面 WDR 分布效应的研究较为缺乏。本文基于欧拉多相流模型，采用 CFD 数值模拟方法，对四种地貌条件下高层建筑 WDR 场进行研究，将各粗糙度下建筑立面中线及转角边缘线处 WDR 雨强沿高度方向的分布值进行对比，得到不同地貌下建筑外立面 WDR 的分布规律和特性，并分析产生偏差的原因。

**关键词**　建筑风驱雨；欧拉多相流模型；抓取率；地面粗糙度

## 1　引　言

风驱雨（Wind-Driven Rain，简称 WDR）是由于风的驱动而在垂直坠落过程中具有水平速度分量的斜雨。WDR 是建筑立面最重要的水分来源之一，极易引起如墙面渗水、壁面泛霜以及径流污染等诸多工程问题。特别是对于当前广泛使用的外墙外保温体系，外墙面渗入雨水会产生水汽凝结现象，严重降低保温材料性能，甚至可能导致保温材料失效。此外在某些极端天气情况下风雨联合作用所引起的建筑风驱雨荷载效应可能会加剧结构损伤，导致房屋结构破坏倒塌。因此迫切需要针对建筑立面 WDR 分布特性开展研究，为实际工程建筑抗风雨灾害设计提供科学有效的指导。

目前有关建筑立面 WDR 分布的研究方法主要有三种：现场实测、半经验模型和 CFD 模拟方法。其中，CFD 方法可以较为准确有效地模拟和预测建筑 WDR 分布。近年来Blocken、Choi 等针对不同体型建筑验证了 CFD 方法模拟建筑 WDR 分布的有效性。随后 Huang 等首次提出了使用欧拉多相流模型模拟计算 WDR 的方法，使得 CFD 方法能够更为精确地模拟和预测建筑立面 WDR 分布。

一直以来，有关 WDR 的研究主要针对单一地貌条件下的低矮建筑。由于建筑 WDR 受风速直接影响，不同地貌条件必然导致建筑 WDR 的分布存在差异，因此需要考虑地貌条件的差别，对建筑 WDR 的差异化分布开展研究；分析掌握不同地貌条件下建筑立面 WDR 的分布规律，为建筑抗风雨研究与设计提供必要的科学指导。本文基于 CFD 数值方法，采用欧拉多相流模型模拟计算四种地面粗糙度下高层建筑立面 WDR 雨强分布，获取其分布规律并将立面中线及转角边缘线处 WDR 雨强进行对比,分析存在偏差的原因,为实际工程应用以及后续研究提供参考。

# 2 数值方法

基于欧拉多相流模型的 CFD 数值方法模拟建筑 WDR 场,将风相和雨相处理成相互贯穿的连续介质,引入相体积分数表示雨滴中各雨相所占空间,从而得到流场中风相和雨相的质量和动量守恒方程。

## 2.1 控制方程

### 2.1.1 风相控制方程

对于风相,基于 3D 稳态雷诺平均 N-S 方程和 Realizablek-$\varepsilon$ 湍流模型建立控制方程为

$$\frac{\partial u_j}{\partial x_j}=0 \tag{1}$$

$$\frac{\partial \rho_a u_i}{\partial t}+\frac{\partial(\rho_a u_i u_j)}{\partial x_j}=-\frac{\partial p}{\partial x_i}+\frac{\partial \tau_{ji}}{\partial x_j}+S_{1i} \tag{2}$$

$$\frac{\partial \rho_a k}{\partial t}+\frac{\partial(\rho_a k u_j)}{\partial x_j}=\frac{\partial}{\partial x_j}\left[\left(\mu+\frac{\mu_t}{\sigma_k}\right)\frac{\partial k}{\partial x_j}\right]+G_k-\rho_a\varepsilon \tag{3}$$

$$\frac{\partial \rho_a \varepsilon}{\partial t}+\frac{\partial(\rho_a \varepsilon u_j)}{\partial x_j}=\frac{\partial}{\partial x_j}\left[\left(\mu+\frac{\mu_t}{\sigma_\varepsilon}\right)\frac{\partial \varepsilon}{\partial x_j}\right]+\rho_a C_1 S\varepsilon-\rho_a C_2\frac{\varepsilon^2}{k+\sqrt{\nu\varepsilon}} \tag{4}$$

式中,$\rho_a$ 为空气密度;$k$ 为湍动能,$\varepsilon$ 为湍动能耗散率;$G_k$ 为由于平均速度梯度引起的湍动能的产生项;$\mu$ 为空气动力黏性系数;$\nu$ 为空气运动黏性系数;$S_{1i}$ 为雨相对风相的动量贡献。

### 2.1.2 雨相控制方程

对于雨相,根据雨滴的不同粒径将雨滴分成 $N$ 相,每一相表示雨滴粒径范围在$[d_k-(\mathrm{d}d/2),d_k+(\mathrm{d}d/2)]$之间,d$d$ 指不同粒径的尺寸间隔。第 $k$ 相体积分数用 $a_k$ 表示,从而建立雨相控制方程为

$$\frac{\partial \rho_w a_k}{\partial t}+\frac{\partial(\rho_w a_k u_{kj})}{\partial x_j}=0 \tag{5}$$

$$\frac{\partial \rho_w a_k u_{ki}}{\partial t}+\frac{\partial(\rho_w a_k u_{ki} u_{kj})}{\partial x_j}=\rho_w a_k g_i+\rho_w a_k\frac{3\mu C_d Re_p}{4\rho_w d_k^2}(u_i-u_{ki}) \tag{6}$$

式中,$\rho_w$ 为雨水密度;$g_i$ 为 $i$ 方向重力分量;$C_d$ 为雨滴的阻力系数;$u_i$ 为 $i$ 方向风速分量;$\mu$ 为空气分子黏性系数;$u_{ki}$、$u_{kj}$ 分别为第 $k$ 雨相沿 $i$、$j$ 方向速度分量;$Re_p$ 是相对雷诺数。

## 2.2 WDR 雨量抓取率

当前 WDR 雨量抓取率主要通过抓取率 $\eta$ 和特定抓取率 $\eta_d(d)$ 两项参数来描述。考虑雨滴质量守恒(忽略湍流扩散效应),给出 $\eta$ 和 $\eta_d(d)$ 计算公式为

$$\eta_d(d)=\frac{R_{wdr}(d)}{R_h(d)}=\frac{a_d|V_n(d)|}{R_h f_h(R_h,d)} \tag{7}$$

$$\eta=\int_d f_h(R_h,d)\eta_d(d)\,\mathrm{d}d \tag{8}$$

式中，$a_d$ 为粒径为 $d$ 的雨滴对应的体积分数；$|V_n(d)|$为 $d$ 粒径雨滴在建筑表面法线方向上的速度值；$f_h(R_h,d)$ 为流量分数。

### 2.3 计算区域划分和边界处理

计算区域依据 Tominaga、Franke 等所提出的原则确定。计算区域内，入口和顶部边界设为速度入口，出口设为自由出流，侧面边界设为滑移壁面，地面及建筑壁面设为标准壁面函数。

对于风相，入口水平风速按照大气边界层内指数律风剖面确定，湍流边界则通过湍动能与湍流耗散率确定。对于雨相，沿竖直方向认为雨滴重力与空气阻力相平衡，即竖直方向速度分量等于雨滴降落的竖向末速度；沿水平方向认为雨相与风相之间相对速度为零，即雨滴水平方向速度大小等于水平风速。雨滴降落的竖向末速度计算公式为

$$V_t(d)=\begin{cases}0 & d\leqslant 0.03\ \text{mm}\\ 4.323(d-0.03) & 0.03\ \text{mm}<d\leqslant 0.6\ \text{mm}\\ 9.65-10.3\exp(-0.6d) & d>0.6\ \text{mm}\end{cases} \tag{9}$$

入口雨相体积分数 $a_k$ 表达式如下：

$$a_k=\frac{R_h f_h(R_h,d)}{V_t(d)} \tag{10}$$

式中，$R_h$ 为水平降雨强度(mm/h)。

考虑雨滴接触建筑物壁面和地面会产生依附、吸收及反弹等情况，为避免雨滴在此处积累，对壁面区域雨相进行处理：

$$\begin{cases}\dfrac{\partial a_k}{\partial n}=0,\dfrac{\partial \overrightarrow{V_k}}{\partial n}=0 & \text{当}\ \vec{n}\,\overrightarrow{V_k}\geqslant 0\\ a_k=0,\overrightarrow{V_k}=0 & \text{当}\ \vec{n}\,\overrightarrow{V_k}<0\end{cases} \tag{11}$$

式中，对于第一项，当雨滴撞击壁面时，设壁面位置处雨相体积分数及其速度沿壁面法向梯度矢量为零，表示雨滴将会穿透壁面；对于第二项，当雨滴从壁面位置背离计算区域时，若不考虑雨滴反弹，则设置壁面位置的雨相体积分数和速度矢量的值为零。

## 3 数值模拟计算和分析

本文针对不同地貌下高层建筑开展 WDR 模拟，分析地貌对建筑立面 WDR 雨强分布规律的影响。图 1 给出了模拟所取高层建筑的外形尺寸($L\times B\times H=20\ \text{m}\times 40\ \text{m}\times 50\ \text{m}$)，取基于荷载规范的 A 类、B 类、C 类、D 类四种地面粗糙度下建筑 WDR 场为研究对象，风向垂直于建筑壁面。采用贴体六面体结构化网格对计算区域进行剖分，并对建筑墙面所在区域网格进行适当加密，如图 2 所示。水平降雨强度设为 $R_h=5$ mm/h，计算风速设为 $U_{10}=10$ m/s。基于雨滴谱函数并按照体积分数占优原则，选取 0.5 mm、1 mm、1.5 mm、2 mm、4 mm 五种粒径雨滴作为代表进行模拟分析。对上述工况进行模拟后，侧重分析不同地面粗糙度下建筑迎风面 WDR 雨强分布规律并对立面中线和转角边缘线处沿高度方向的雨强分布值进行比较。

图 3 给出四种不同地面粗糙度条件下建筑迎风立面 WDR 抓取率分布云图。由图 3 可

知，各工况中 WDR 雨强均呈对称分布，且从下部到上部、从中间到两边呈逐渐增大趋势，最大值均出现在立面顶部两侧转角处；并且随着地面粗糙度增大，高层建筑上部区域 WDR 雨强也逐渐增大，从 A 类到 D 类，建筑立面 WDR 雨强最大值增长幅度高达 55%；在建筑下部地区，大部分区域 WDR 雨强也出现微小涨幅，仅最底部部分区域保持不变。

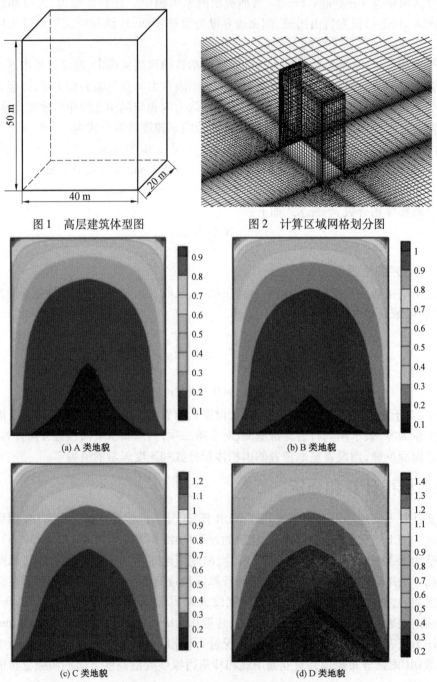

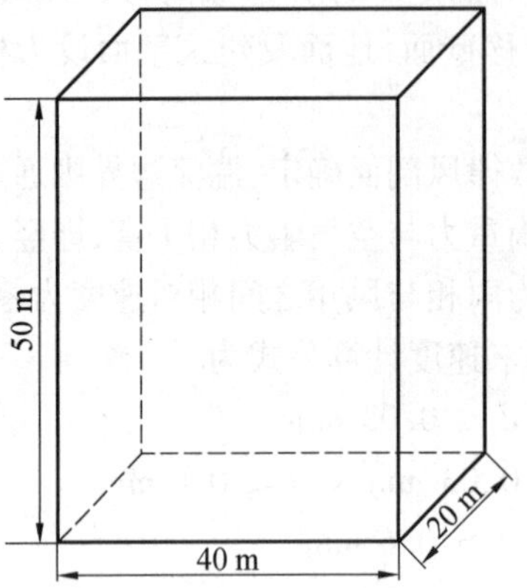


图 1　高层建筑体型图

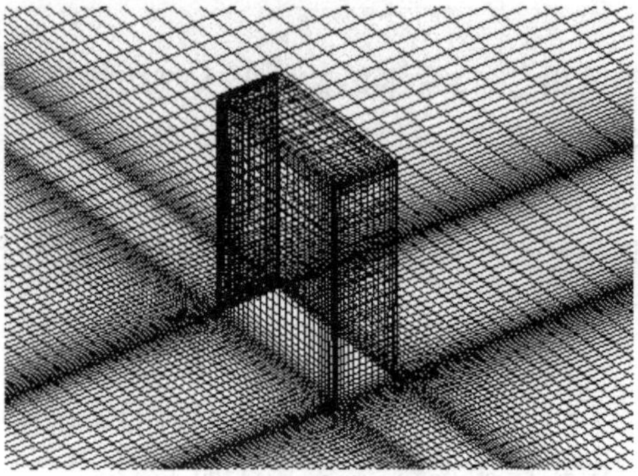

图 2　计算区域网格划分图

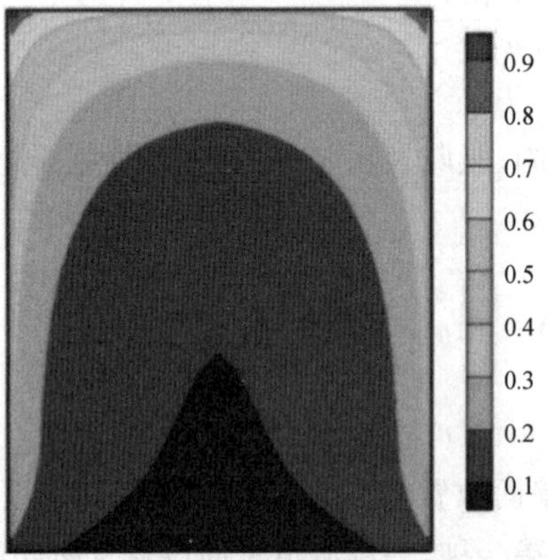


(a) A 类地貌

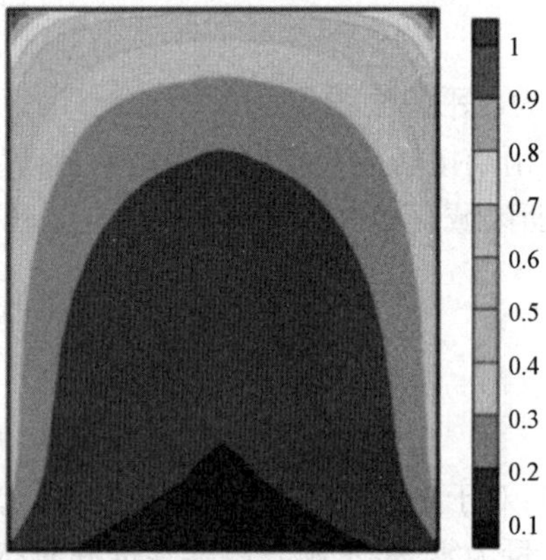


(b) B 类地貌

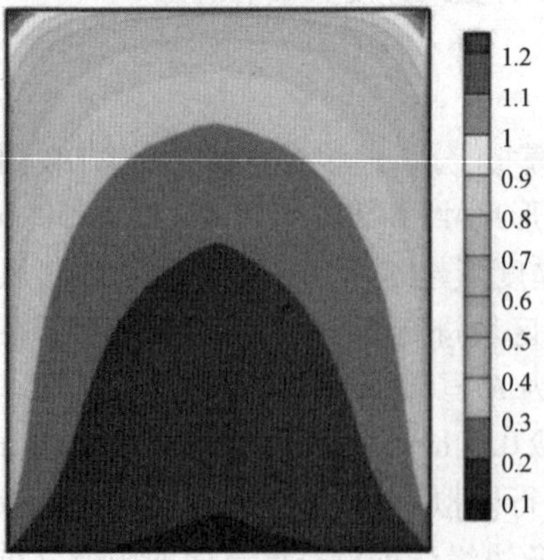


(c) C 类地貌

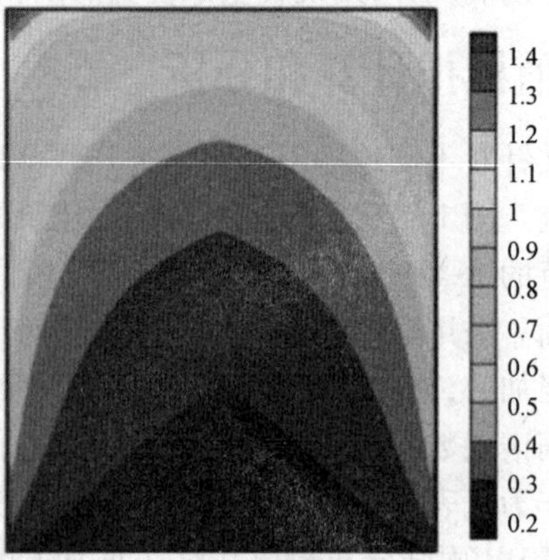


(d) D 类地貌

图 3　四类地貌条件下高层建筑迎风立面 WDR 抓取率云图

图 4 给出四种不同地面粗糙度条件下建筑迎风立面 WDR 雨强在其中线及转角边缘线上沿高度方向的 CFD 模拟分布值。对比分析可知，WDR 雨强在立面中线及转角边缘线处沿高度方向的分布值均随地面粗糙度的增加而增大，且相较建筑下部，上部区域处四类地貌 WDR 雨强偏差更大。对于 10 m 以下区域，不同地貌下立面 WDR 雨强较为接近，且与中线外相比，转角边缘线处 WDR 雨强沿高度方向的变化更快。

空气在流动过程中受地面障碍物的阻力影响，越接近地面风速越小。我国主要采用指数律风剖面模型描述风速在梯度风高度以下的分布情况。对于一般高层建筑，四种地貌下建筑四周风场分布差异主要在于粗糙度指数的不同。规范规定从 A 类到 D 类地貌粗糙度指数逐渐变大，当取同样的参考高度和参考风速时，在指数性质参考高度以上风速随着粗糙度指数增大而增大，参考高度以下则相反。由于 WDR 雨强随风速和雨强增大而增大，故建筑上部区域 WDR 雨强从 A 类到 D 类逐渐增大。而对于 10 m 以下区域，由于地面摩擦阻力大而导致风速较小，在风速、雨强的共同影响下，四类地貌 WDR 雨强较为接近。

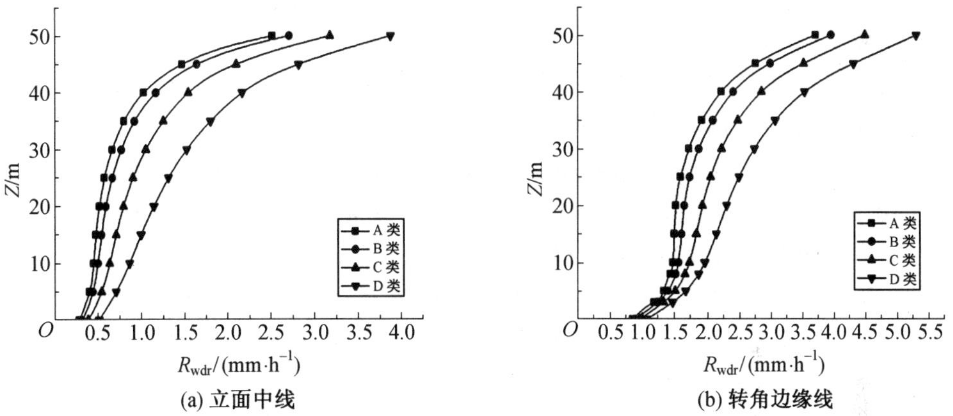


图 4　四类地貌条件下高层建筑立面中线及转角边缘线上 WDR 雨强沿高度方向的 CFD 模拟分布值

# 4　结　论

本文通过对四种不同地貌环境下高层建筑迎风立面 WDR 雨强分布开展 CFD 数值模拟，得出以下结论：

(1) 不同地面粗糙度条件下建筑迎风立面 WDR 雨强分布呈左右对称趋势，且从底部到顶端、从中间到边缘逐渐增大，最大值出现在两侧顶部拐角处；并且从 A 类到 D 类地貌，随着建筑群逐渐密集，在相同风速、雨强情况下，高层建筑上部区域 WDR 雨强呈增大趋势。

(2) 建筑迎风面 WDR 雨强沿高度方向的分布值也随地面粗糙度的增加而增大，且上部区域偏差更大。对于 10 m 以下部位，两侧边缘区域 WDR 雨强沿高度变化更为剧烈，但四种地貌下 WDR 雨强分布值较为接近。

(3) 对于高度较大的建筑，尤其是高层建筑地貌的影响更为明显，所以在实际工程设计时要考虑不同地区地形地貌差异对建筑抗风雨灾害的影响。

## 参考文献

[1] BLOCKEN B, CARMELIET J. A review of wind-driven rain research in building science [J]. Journal of Wind Engineering and Industrial Aerodynamics, 2004, 92 (13): 1079-1130.

[2] ERKAL A, D'AYALA D, SEQUEIRA L. Assessment of wind-driven rain impact related surface erosion and surface strength reduction of historic building materials[J]. Building and Environment, 2012(57): 336-348.

[3] BLOCKEN B, CARMELIET J. Overview of three state-of-the-art wind-driven rain assessment models and comparison based on model theory[J]. Building and Environment, 2010 (45): 691-703.

[4] KUBILAY A, DEROME D, BLOCKEN B. CFD simulation and validation of wind-driven rain on a building facade with an Eulerian multiphase model[J]. Building and Environment, 2013(61):69-81.

[5] CHOI C. Simulation of wind-driven-rain around a building[J]. Journal of Wind Engineering and Industrial Aerodynamics, 1993, 46(52):721-729.

[6] HUANG S H, LI Q S. Numerical simulations of wind-driven rain on building envelopes based on Eulerian multiphase model[J]. Journal of Wind Engineering and Industrial Aerodynamics, 2010, 98(12):843-857.

[7] TOMINAGA Y, MOCHIDA A, YOSHIE R. AIJ guidelines for practical applications of CFD to pedestrian wind environment around buildings[J]. Journal of Wind Engineering and Industrial Aerodynamics, 2008, 96(10-11): 1749-1761.

[8] FRANKE J, HELLSTEN A, SCHLUNZEN K H. The COST 732 best practice guideline for CFD simulation of flows in the urban environment: a summary[J]. International Journal of Environment and Pollution, 2011(44):419-427.

[9] 中华人民共和国建设部,国家质量监督检验检疫总局. 建筑结构荷载规范:GB 50009—2012[S]. 北京:中国建筑工业出版社,2012.

# 四、新型土木工程材料与建筑设备

## 仿生自愈性沥青混合料的开发及路用性能研究

王恒毅　彭　嫣　王颢翔　李　明

（北京建筑大学 土木与交通工程学院，北京 100044）

**摘　要**　道路病害中裂缝占总病害面积的50%以上，是其他道路病害的根本诱因。本研究基于仿生学中血小板凝血、止血功能的原理，开发了仿生自愈改性剂，将其添加到沥青混合料中，使得道路具有自主修补裂缝、阻止雨水下渗、抑制病害扩大的功能，并研发了沥青混合料自愈合评价设备及方法，对材料的自愈效果进行了试验评估。试验结果显示，仿生自愈性沥青混合料403 s即可实现瞬时阻水，4日内即可达到完全自愈。通过室内试验研究确定了自愈改性剂的最优掺量，综合考虑路用性能和自愈效果的平衡关系，最终研发出了一种能够使裂缝自主愈合的仿生自愈性沥青道路材料。

**关键词**　仿生自愈性沥青混合料；道路裂缝；路面养护；改性剂

## 1　引　言

交通基础设施建设是国家发展的基石。道路开裂不仅是病害的主要成分，而且是其他病害的主要诱因，本项目对京津冀地区道路进行了定点调查，结果显示裂缝面积占总病害面积的50%以上，印证了该论点。道路病害频发不仅会影响道路的使用寿命，而且会引发道路的交通安全问题。应对道路裂缝，目前的方法是在开裂发生后进行灌缝处理，此方法费时耗力，污染环境，碳排放量大，且治标不治本，因此减少裂缝的发生才是治理道路病害的有效方法。在此背景下，研发具有自愈性功能的道路成为道路工程发展的必然趋势。

近些年来，许多国家进行了自愈性材料的研究，其研究成果见表1。

**表1　国内外自愈性道路材料技术一览表**

| 研究单位 | 研究技术 | 技术优点 | 技术缺点 |
|---|---|---|---|
| 荷兰代尔夫特理工大学 | 沥青自愈毛细流动理论模型 | 恢复强度高 | 要求沥青处于牛顿流体状态，常温下无法实现自愈 |
| 东南大学孙铜生 | 加热诱导自愈合技术 | 愈合率大，可多次愈合 | 消耗能源多，环境污染大 |
| White | 微胶囊机制 | 愈合效率高，强度恢复效果好 | 技术要求高，胶囊不易均匀分散 |
| 同济大学沈俊逸 | 嵌入修复剂填充玻璃短丝 | 制作技术简便 | 玻璃短丝的断裂率无法控制 |

本研究通过模仿人体的愈合机制，研究出一种自愈性沥青道路材料，在不影响沥青路用性能的前提下使得道路具有类似人体的自主愈合功能，在裂缝出现后有效地修补路面或路基的裂缝，减少雨水对路面结构的破坏，延长道路的使用寿命，节约道路维修养护费用。

## 2 仿生自愈性沥青混合料的室内试验研究

本研究以 AC-13 型沥青混合料作为基础路面材料，选择三种具有膨胀性的材料（新型高分子材料、遇水膨胀止水胶和膨胀型无机非金属材料）进行自愈剂的初配试验，将配制好的自愈剂加入 AC-13 沥青混合料中，得到仿生自愈性沥青混合料（SHAC-13 改性沥青混合料），并对其瞬时阻水性和长期自愈性进行测试，判断三种膨胀性材料作为自愈剂的有效性，进行材料初选，平衡考虑混合料的工作性、瞬时阻水性、长期自愈性，进行复配设计，得出自愈剂的最佳材料组成，最后对自愈剂改性后得到的仿生自愈性沥青混合料的路用性能进行评估，判断其用于道路工程的可行性。其技术路线如图 1 所示。

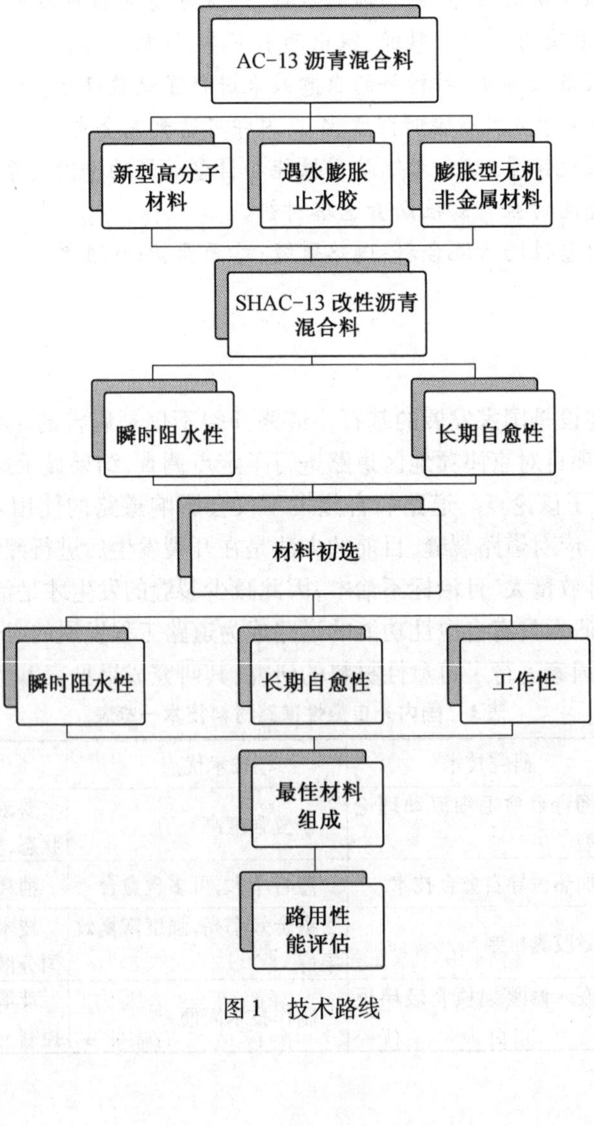


图1　技术路线

## 2.1 试验原材料

三种具有膨胀性的材料的性能指标见表2。

**表2 膨胀性材料性能指标**

| | 膨胀倍率 | 强度/MPa |
|---|---|---|
| 新型高分子材料 | >1 000% | 很弱 |
| 遇水膨胀止水胶 | 235% ~430% | 抗拉强度0.55~0.65 |
| 膨胀型无机非金属材料 | 0.000 8 | 抗压强度>15 |

## 2.2 自愈性材料的选择

2.2.1 设备方法介绍

本试验采用滴灌的方法,向裂缝中滴入水,测定渗出水量,作为自愈性材料瞬时阻水性和自愈性的评价指标,试验装置如图2所示。

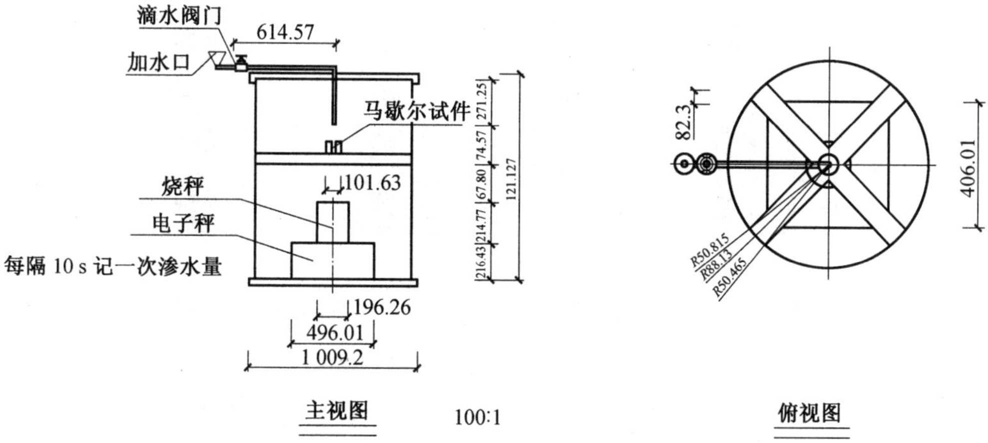


图2 试验装置示意图

2.2.2 瞬时阻水性分析

将三种具有膨胀性的材料(新型高分子材料、遇水膨胀止水胶和膨胀型无机非金属材料)分别以沥青混合料质量的1%的掺量掺入AC-13混合料中制成马歇尔试件,采用图2所示装置向裂缝中滴入水100 g,裂缝的宽度分别设定为0.5 mm、1 mm、3 mm和5 mm,记录渗出水量,如图3所示。由图可知,在各种裂缝宽度下,瞬时阻水性由优至劣的顺序均是新型高分子材料、膨胀型无机非金属材料、遇水膨胀止水胶,其中新型高分子材料的渗水量明显少于其他两种材料。

2.2.3 长期自愈性分析

同样将三种具有膨胀性的材料以沥青混合料质量的1%掺量混入基础材料制成马歇尔试件,每天加入100 mL水,分4天分别记录其渗出水量,如图4所示。从图中可以看出,随着时间的推移,新型高分子材料和遇水膨胀止水胶的阻水效果几乎没有发生改变,而膨胀型无机非金属材料在此过程中渗出水量呈明显下降趋势,这是因为它发生了水化反应,其自愈性逐渐显现出来,因此,长期自愈性由优至劣的顺序依次为膨胀型无机非金属材料、新型高分子材料、遇水膨胀止水胶。

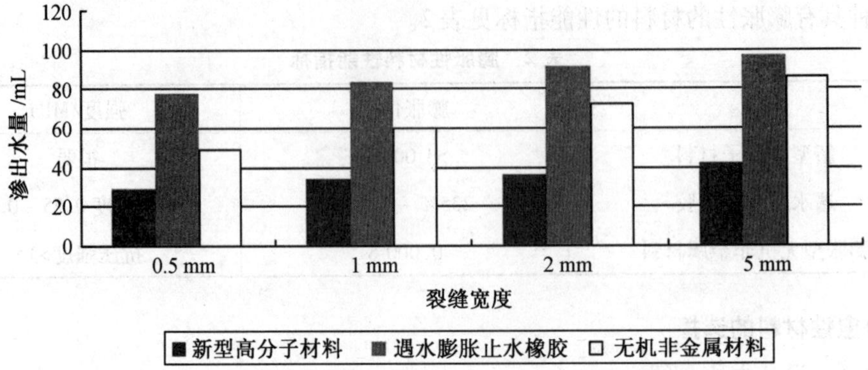


图3　不同仿生自愈性材料的瞬时阻水性

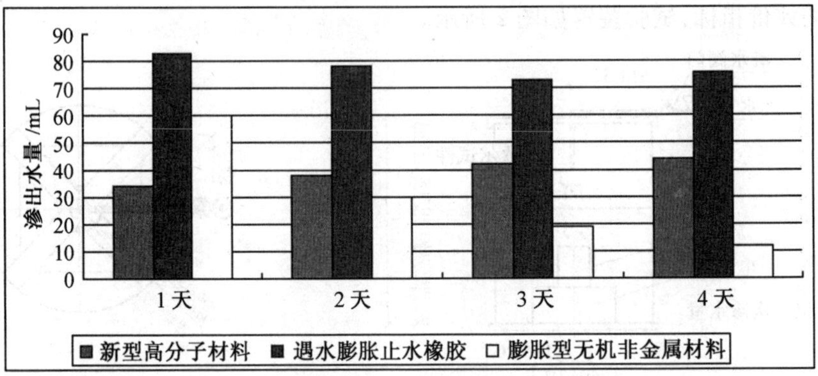


图4　不同仿生自愈性材料的长期自愈性

因此，我们可以得出，新型高分子材料瞬时阻水性最好，膨胀型无机非金属材料的长期自愈性最好。

为使自愈性沥青材料达到自愈效果最佳，本研究决定将两种材料进行复配。

## 2.3　最佳材料组成设计

在配制中发现了自愈剂在沥青混合料中分散不均匀，会影响自愈效果，因此决定向自愈剂中加入分散剂与增黏剂，提高其工作性和稳定性。在最优掺量分析中，我们用1%膨胀型无机非金属材料等质量替换矿粉，选取的新型高分子材料的掺量分别为1%、2%、3%，增黏剂的掺量分别为0.1%、0.2%、0.3%、0.4%、0.5%，分散剂的掺量分别为0.1%、0.2%、0.3%、0.4%、0.5%（所有比例均为占沥青混合料的质量比）。在实验室中，模拟2 mm裂缝宽度下，北京年最大降雨量200 mm/24 h（大暴雨级），测定其从加水开始至完全阻水的时间，即瞬时阻水时间，如图5所示。

由图可知，复配掺量为2%的高分子材料、0.2%的增黏剂、0.2%的分散剂的自愈剂瞬时阻水时间最短，为403 s。按此比例对复配的自愈性沥青混合料的长期自愈性进行了检测。结果显示：第4日渗水量即可达到新修路面标准，实现对裂缝的完全修复，自愈性良好。因此，仿生自愈剂的掺配比为：2%的高分子材料、0.2%的增黏剂、0.2%的分散剂，并用膨胀型无机非金属材料替换掉1%掺量的矿粉。

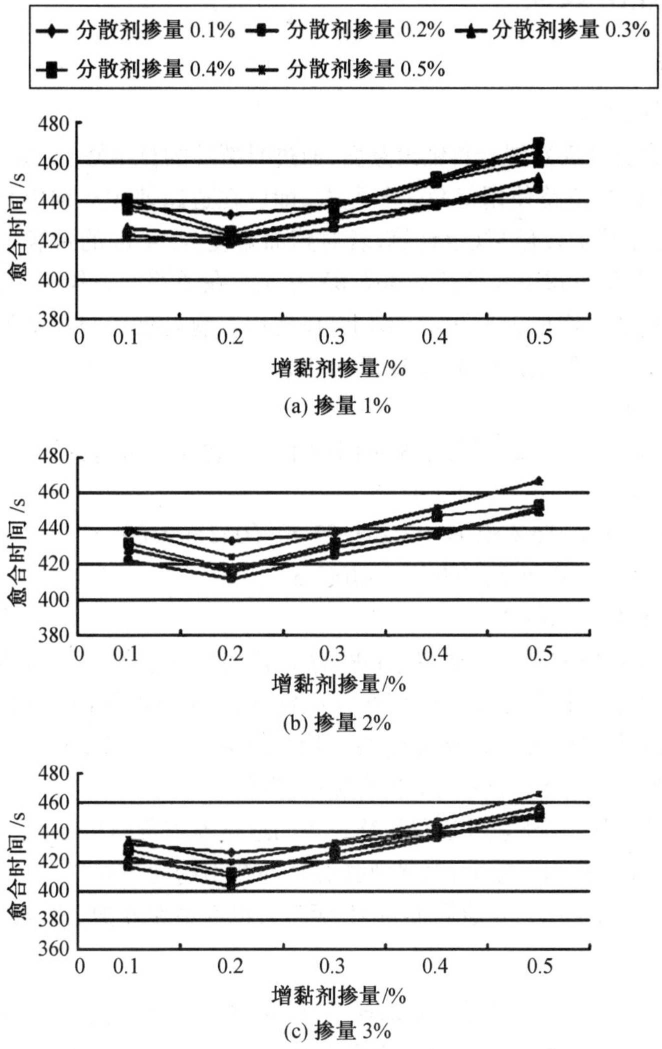


图5　不同掺配比下的瞬时阻水时间测定结果

## 2.4　路用性能分析

将最佳掺配比的自愈改性剂加入AC-13中，制成仿生自愈性沥青混合料（SHAV-13），分析其路用性能见表3。结果显示各项路用性能指标均满足规范要求，可用于道路铺筑。

**表3　仿生复配型自愈性沥青混合料路用性能测试结果**

| | 马歇尔稳定度/kN | 流值/mm | 动稳定度/(次·mm$^{-1}$) | 马歇尔残留稳定度/% | 冻融劈裂强度/% |
|---|---|---|---|---|---|
| 测试值 | 10.2 | 3.8 | 10 562.1 | 81.6 | 90.6 |
| 规范值 | ≥8 | 2~4.5 | ≥3 000 | ≥80 | ≥80 |

# 3　社会及经济效益

## 3.1　经济效益

### 3.1.1　罩面工作

采用仿生自愈性沥青混合料铺设路面，通过对裂缝的自主修复，减缓了水对道路结构和材料的损害，可延长道路使用寿命 3 年左右，即可在道路使用周期中至少减少一次罩面工作。根据《北京市养护定额》规定计算，若对路面宽度为 14 m 的带病害道路进行加铺铣刨两层处理，则每公里可减少养护开支 467.83 万元。在道路的整体使用周期中，铺设自愈合材料每公里材料费用增加 3.8 万元。综上，在使用自愈合沥青材料铺设路面后，每 15 年可在道路养护的罩面工作上减少 464.03 万元/km。

### 3.1.2　裂缝修补

根据《北京市养护定额》对每千米道路的平均灌缝费用进行计算：

$$S = W\times\omega\times\mu\times p/(l\times w)$$

$$= 561\ \text{km}\times 14\ \text{m}\times 55\%\times 10\%\times 2\,253.75\ 元/(0.2\ \text{m}\times 100\ \text{m}) + 561\ \text{km}\times 14\ \text{m}\times 55\%\times 90\%\times 257.6\ 元/(0.2\ \text{m}\times 100\ \text{m})$$

$$= 176\,045.101\ (元/年)$$

式中，$S$ 为每千米道路的平均灌缝费用；$W$ 为主干道平均宽度；$\omega$ 为调研得到的裂缝破损面积占总面积百分比的平均值；$\mu$ 为破坏严重系数（调研中宽度 6 mm 以上的占 10%，6 mm 以下的占 90%）；$p$ 为 100 延米修补裂缝的费用（6 mm 以上为 2 253.75 元，6 mm 以下的为 257.65 元）；$l$ 为 100 延米；$w$ 为裂缝折合宽度，取值为 0.2 m。

由上式计算得出，用于填补道路裂缝花费的道路养护费用每年每千米达到 17.60 万元，在 15 年的道路设计使用年限中，道路裂缝的修补费用约为 264.07 万元/km，再加上罩面工作费用 464.03 万元/km，自愈合路面每 15 年就可以在道路养护上节省 728.10 万元/km。

## 3.2　社会效益

根据《沥青混凝土单位产品能源消耗限额》标准规定，沥青混合料生产加工出厂产生的标准煤约为 15.00 kg/t。在道路设计使用年限中，由于减少了罩面工作，大幅度降低了沥青混合料生产过程产生的碳排放。根据《北京市养护定额》得到每年每千米用于灌封及罩面工作所需沥青混合料的质量为 78.7 t，则计算得出使用仿生自愈性沥青混合料铺设路面后，每年每千米可节约 1.18 t 标准煤，减少碳排放 2.91 t。以全国高速公路 11.19 万 km 里程计算，相当于每年为国家增加 877.65 $\text{hm}^2$ 森林，减少 1 325.25 t/年的 PM2.5 排放。

# 4　创新特色

（1）自主研发了一种仿生沥青路面自愈剂，其触发条件为水，其主要成分为遇水膨胀的新型高分子材料和膨胀型无机非金属材料，辅助成分为分散剂和增黏剂。添加了该自愈剂的仿生自愈性沥青混合料可在暴雨级雨量下实现 403 s 阻水、4 日裂缝初步自愈的效果。

（2）设计了仿生自愈性沥青路面结构，在路面上面层与中面层之间或路面面层与基层间设置仿生自愈性沥青混合料功能层。当裂缝发展至功能层，水渗入功能层，功能层中有效成分发生膨胀、自愈,抵御水下渗至路面基层而引起进一步的破坏。

# 5 结 论

本研究将仿生学的概念融入沥青裂缝的修补中,开发出一种具有类似人体自愈机制的复配型自愈沥青改性剂,掺入该改性剂不影响沥青混合料的路用性能,当路面产生裂缝,沥青混合料可像血小板一样“凝血”——吸附住渗入的水,随后“愈合”—— 封堵裂缝,阻止水分下渗,实现道路自愈合。通过研究得到以下结论:

(1)开发的仿生自愈改性剂主要组成成分及占沥青混合料的质量比如下:膨胀型无机非金属材料1%,高分子材料2%,增黏剂0.2%,分散剂0.2%。将其掺入混合料中可得到仿生自愈性沥青混合料。与现有技术相比,本技术无须加热诱导,生产工艺简单,无须对现有设备进行升级改造,自愈效果稳定,位置覆盖全面。

(2)研发的沥青混合料自愈性能评价设备及方法,可对路面材料的自愈效果进行评估。结果显示,本研究开发的仿生自愈性沥青混合料具有良好的自愈性能,在暴雨级雨量下,封堵2 mm裂缝的瞬时阻水时间仅需403 s,4日实现完全自愈合。

(3)投入使用后,在15年的道路设计使用期内,可减少裂缝修补费用约264.07万元/km,减少一次罩面工作,节约费用约464.03万元/km,相当于每千米可节约标准煤1.18 t/年,减少碳排放2.91 t/年。

## 参考文献

[1] 易志坚,黄宗明. 路面破坏与防治[M]. 北京:人民交通出版社,2012.

[2] 柯文豪,雷宇,陈团结. 基于路用性能的沥青路面全寿命周期设计方法[J]. 长安大学学报,2013,33(3):7-13.

[3] 徐辰,何兆益,吴文军,等. 沥青混合料裂缝潜在自愈机制研究[J]. 石油沥青,2013,27(3):68-72.

[4] 刘祥,李波,李艳博. 沥青混合料自愈研究综述[J]. 公路工程,2015,40(3):121-125.

[5] 金宏雷,黄瑞三,许孛皋. 沥青路面裂缝修补技术与灌缝材料分析[J]. 交通标准化,2013(1):8-11.

[6] 北京市质量技术监督局. 沥青混凝土单位产品能源消耗限额:DB 11/1149—2005[S]. 北京:北京市质量技术监督局,2015.

[7] HOU Y, WANG L B, PAULI T, et al. Investigation of the asphalt self-healing mechanism using a phase-field model [J]. Journal of Materials in Civil Engineering, 2015, 27(3): 04014118.

[8] HUANG L K, TAN L W, ZHENG W L. Renovated comprehensive multilevel evaluation approach to self-healing of asphalt mixture[J]. International Journal of Geomechanics, 2014, 16(1):B4014002.

# 热活化煤矸石作为水泥掺和料的试验研究

张长清　周　雯　于同生　元世栋　舒梦洁　邓余海

（华中科技大学 土木工程系，湖北 武汉 430074）

**摘　要**　本次试验研究的目的在于探索煤矸石利用的一种途径，即将煤矸石作为水泥的活性掺和料来使用。自然情况下煤矸石中活性 $SiO_2$ 和 $Al_2O_3$ 等的含量是极低的，为了提高煤矸石的活性，本试验采取了一系列活化步骤对煤矸石进行加工。在此基础下，用热活化煤矸石作为活性掺和料做了一些试验研究测试其对水泥性能的影响，试验的结论是热活化煤矸石作为活性掺和料是可行的，得到的最佳掺量为 10% ~20%。

**关键词**　煤矸石，热活化，水泥性能

## 1　引言

煤矸石是采煤和洗煤过程中产生的固体废物，是一种含碳量较低的岩石，主要成分是 $SiO_2$、$Al_2O_3$。在中国煤矸石的废弃量巨大，不加以利用的话，不仅堆积占地，而且污染环境。虽然目前煤矸石的利用力度不够大，但国内已有很多相关的研究。研究表明，煤矸石中 $SiO_2$、$Fe_2O_3$、$Al_2O_3$ 的总含量在 80% 以上，可以用来烧制各种特殊用途建筑水泥。

本次试验研究的目的在于探索煤矸石利用的一种途径，即将煤矸石作为水泥的活性掺和料来使用，这样既可以废物利用又能减少水泥用量。基于张长森、朱蓓蓉等的研究，初步设定煤矸石热活化温度为 800 ℃，煅烧时间为 60 min。

## 2　原材料和试验方法

### 2.1　原材料

水泥取自华新水泥厂，强度等级为 42.5，煤矸石取自河南平顶山矿区，砂取自华中科技大学实验室。

### 2.2　试验方法

（1）物料的加工。煤矸石经颚式破碎机破碎后，用 120 mm×120 mm×40 mm 耐高温匣钵盛装，置于箱式电阻炉中进行活化温度为 800 ℃，煅烧时间为 60 min 的高温活化，随炉冷却至室温后取出，用球磨机粉磨，水泥经 0.08 mm 方孔筛筛析，筛余量控制在 6% 以下。下文中所述的煤矸石均是指经过上述活化工序而得到的活化煤矸石。

（2）水泥相关性能的测定。相关性能指标如比表面积、密度、水泥标准稠度用水量、凝结时间、体积安定性、水泥胶砂强度等均按最新规范测定。

（3）水泥净浆配比设计。该组试验按煤矸石掺量分别为 0、10%、20%、30% 分为 A1、

B1、C1、D1 四个组，A1 为对照组。每组的水灰比为 $m_{水泥+煤矸石}:m_{水}=2.5:1$，$m_{水泥+煤矸石}=$ 1 200 g，煤矸石掺量为总质量的 0～30%，得到四个组的配比分别为

A1 $m_{水泥}:m_{煤矸石}:m_{水}=1\ 200:0:480$

B1 $m_{水泥}:m_{煤矸石}:m_{水}=1\ 080:120:480$

C1 $m_{水泥}:m_{煤矸石}:m_{水}=960:240:480$

D1 $m_{水泥}:m_{煤矸石}:m_{水}=840:360:480$

（4）水泥胶砂配比设计。该组试验按煤矸石掺量分别为 0、10%、20%、30% 分为 A2、B2、C2、D2 四个组，A2 为对照组。其中 $m_{水泥+煤矸石}:m_{砂}:m_{水}=2:5:1$，$m_{水泥+煤矸石}=500$ g。得到四个组的配比分别为

A2 $m_{水泥}:m_{煤矸石}:m_{砂}:m_{水}=500:0:1\ 250:250$

B2 $m_{水泥}:m_{煤矸石}:m_{砂}:m_{水}=450:50:1\ 250:250$

C2 $m_{水泥}:m_{煤矸石}:m_{砂}:m_{水}=400:100:1\ 250:250$

D2 $m_{水泥}:m_{煤矸石}:m_{砂}:m_{水}=350:150:1\ 250:250$

### 2.3 材料性能

2.3.1 水泥

水泥的物理性能测定结果见表 1。

**表 1 水泥的物理性能**

| 比表面积 /($m^2\cdot kg^{-1}$) | 密度 /($kg\cdot m^{-3}$) | 标准稠度/% | 体积安定性 | 细度 | 凝结时间/min | |
|---|---|---|---|---|---|---|
| | | | | | 初凝 | 终凝 |
| 330.0 | 3 187 | 25.4 | 合格 | 合格 | 150 | 310 |

2.3.2 煤矸石

此试验用的煤矸石烧失率大约为 20%，热活化之前是灰黑色，活化之后大部分呈灰色，少部分呈粉色。

## 3 试验结果与分析

### 3.1 煤矸石水泥浆的强度

3.1.1 试验结果

煤矸石水泥净浆不同龄期的强度及强度增长率见表 2。煤矸石水泥浆抗压强度柱形图，如图 1 所示。

**表 2 煤矸石水泥净浆不同龄期的强度及强度增长率**

| 编号 | 煤矸石掺量 /% | 7 d 抗压强度 /MPa | 28 d 抗压强度 /MPa | 60 d 抗压强度 /MPa | 28 d 强度增长率/% | 60 d 强度增长率/% |
|---|---|---|---|---|---|---|
| A1 | 0.0 | 48.0 | 59.4 | 60.0 | 23.7 | 25.0 |
| B1 | 10.0 | 43.5 | 59.0 | 60.8 | 35.6 | 39.8 |
| C1 | 20.0 | 33.2 | 53.3 | 65.1 | 60.4 | 96.1 |
| D1 | 30.0 | 30.5 | 51.9 | 56.4 | 70.2 | 84.9 |

注：28 d 强度增长率、60 d 强度增长率都是相对于各组的 7 d 抗压强度进行计算的

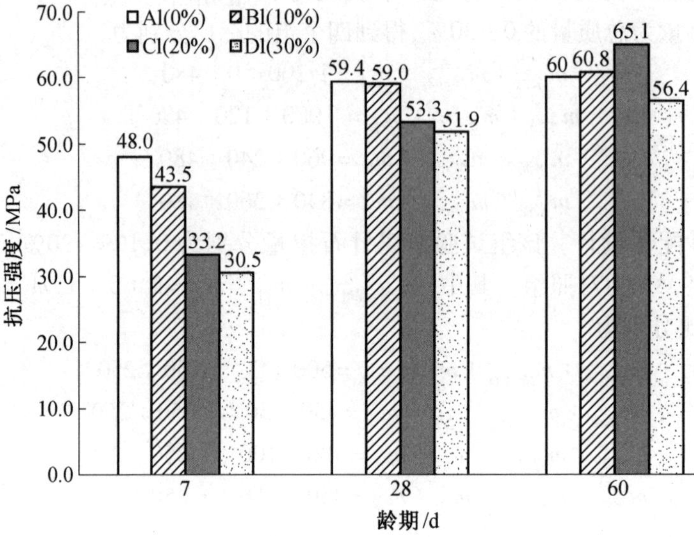


图 1　煤矸石水泥浆的抗压强度柱形图

由图表可以发现以下几个方面的规律：

(1)同一龄期，煤矸石掺量不同的立方体水泥试件抗压强度值会有所差异。

其 7 d 龄期的抗压强度随掺量增加而降低，说明水泥早期强度(对照组 A1)优于掺有煤矸石的组 B1、C1、D1。

28 d 龄期的试件抗压强度也随掺量增加而降低，与 7 d 龄期有所不同的是煤矸石掺量为 10% 的水泥试件(B1 组)抗压强度很接近对照组，而余下两组的强度则明显低于 B1 组，说明 28 d 龄期煤矸石的最优掺量为 10%。

60 d 龄期的试件，煤矸石掺量从 0 到 20% 抗压强度逐渐增加，掺量超过 20% 之后强度明显低于 C1 组，说明抗压强度发展后期煤矸石水泥的最优掺量为 20%。

(2)当掺量相同时，水泥的抗压强度随龄期不断增长。总的来说，前期增长较快，后期增长缓慢。

不同煤矸石掺量的煤矸石水泥试件其强度的增长速度不同，28 d 强度增长率随煤矸石掺量增加而增高；60 d 强度增长率随掺量先增加后有所降低，其中掺量为 20% 的煤矸石水泥试件 60 d 强度增长率高达 96%，说明煤矸石掺量较高时后期强度增长率会明显高于对照组。

3.1.2　活化煤矸石影响水泥强度的机理讨论

煤矸石水泥的 7 d、28 d 抗压强度低于对照组，而当煤矸石掺量为 20% 时 60 d 抗压强度超过对照组。对于这一现象的机理讨论如下：

水泥净浆试件的抗压强度来源主要有两个方面。一是水泥熟料中的活性物质：硅酸三钙($3CaO \cdot SiO_2$，简式 $C_3S$)、硅酸二钙($2CaO \cdot SiO_2$，简式 $C_2S$)、铝酸三钙($3CaO \cdot Al_2O_3$，简式 $C_3A$)、铁铝酸四钙($4CaO \cdot Al_2O_3 \cdot Fe_2O_3$，简式 $C_4AF$)等与水发生反应，使其硬化凝结；二是水泥水化反应生成的 $Ca(OH)_2$ 与煤矸石中的活性 $SiO_2$、$Al_2O_3$ 发生二次反应，生成水化硅酸钙和水化铝酸钙。由于水泥水化反应较早，所以主要体现净浆试件的前期强度，而煤矸石发生的火山灰反应相比之下则较晚，主要体现净浆试件的后期强度。

28 d 时，当煤矸石掺量在10% 以下时，对试件抗压强度贡献最大的是水泥熟料的含量，而煤矸石中的活性 $SiO_2$、$Al_2O_3$ 大部分没有发生反应或发生反应较晚，因此煤矸石掺量越大，与之相应的水泥熟料含量就越低，前期的净浆试件的强度也就越低。10% 的掺量较低，影响还较小，20% 以及 30% 的掺量较高，影响也越大。

60 d 时，净浆试件强度的两种来源都得到了较为充分的反应，此时其强度主要取决于反应产物的多少，10% 的煤矸石掺量时，由于掺量较低，煤矸石中的活性 $SiO_2$、$Al_2O_3$ 可以充分地与水泥水化生成的 $Ca(OH)_2$ 发生反应，而且水化硅酸钙和水化铝酸钙所提供的强度足以弥补由于水泥熟料减少所损失的强度，因此试件强度有所提高。20% 的煤矸石掺量同10% 原理相似，只是煤矸石掺量增加，活性 $SiO_2$、$Al_2O_3$ 的量也增加，而且此时水泥水化生成的 $Ca(OH)_2$ 量也足够发生火山灰反应，因此强度提升更多。相比之下，30% 的煤矸石掺量则由于煤矸石过多，以至于活性 $SiO_2$、$Al_2O_3$ 不能与足够的 $Ca(OH)_2$ 发生二次反应，导致水泥中提供强度的物质不足，因此与不添加煤矸石的水泥净浆相比抗压强度有所下降。

图 2 反映的是煤矸石掺量变化时煤矸石水泥的 28 d、60 d 强度增长情况。随掺和料的增加，28 d、60 d 的水泥强度增长率明显增大。其原因是掺了煤矸石的水泥 7 d 强度比较低，而后期强度逐渐发展，弥补了因水泥量减少而导致的强度损失，即计算强度增长时相应的分母值(7 d 强度)比对照组小很多，而分子值(28 d、60 d 的强度)与对照组相当。

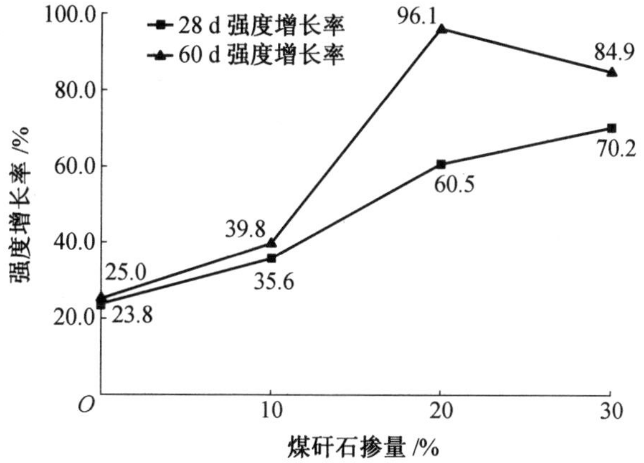


图 2　煤矸石水泥 28 d、60 d 强度增长率

## 3.2　煤矸石水泥的胶砂强度及收缩

### 3.2.1　试验结果

煤矸石水泥胶砂强度见表 3。

图 3 反映的是煤矸石掺量变化时煤矸石水泥胶砂的 28 d 强度。可以看出，煤矸石掺量对于胶砂试件的 28 d 抗折强度随煤矸石掺量的增加而减小，但影响并不明显；煤矸石掺量对于胶砂试件的 28 d 抗压强度影响较大，在掺量从 0 ~ 20% 变化时，抗压强度先增加后减小，10% 的掺量为本次试验中获得水泥胶砂抗压强度的最优掺量。

**表 3　煤矸石水泥胶砂强度**　　MPa

| 编号 | 28 d 抗压强度 | 28 d 抗折强度 |
|---|---|---|
| A2 | 36.4 | 7.3 |
| B2 | 39.7 | 6.6 |
| C2 | 31.0 | 6.5 |
| D2 | 32.2 | 6.4 |

图 4 反映的是各组试验中煤矸石水泥胶砂不同龄期的收缩率。可以发现：

(1)煤矸石掺量一定时，水泥胶砂收缩率随龄期持续增加。

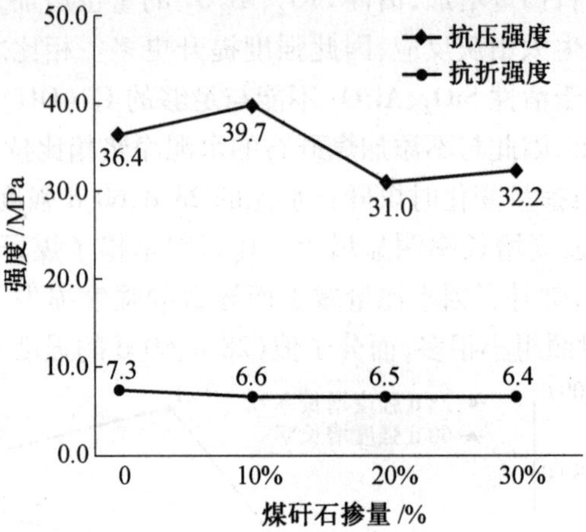


图 3　煤矸石水泥胶砂的 28 d 强度

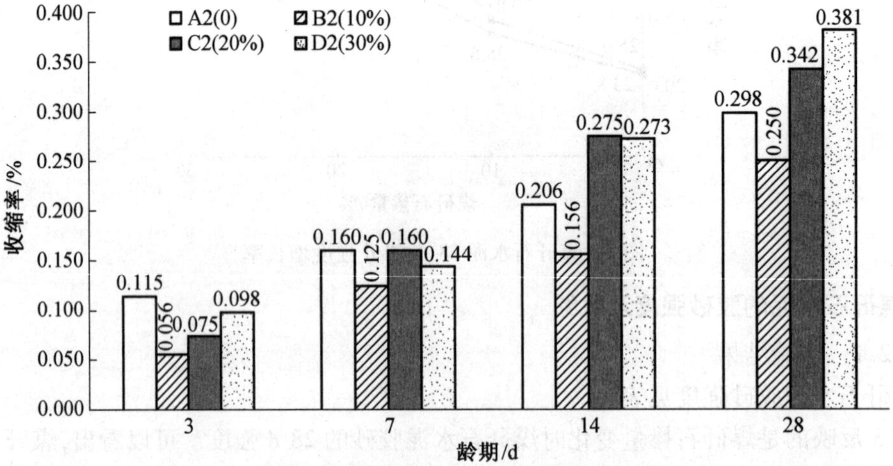


图 4　煤矸石水泥胶砂的收缩率

(2)同一龄期，不同掺量的煤矸石水泥胶砂试件的收缩率不相同。其中，对照组 A2 的 3 d、7 d 龄期的收缩率比其他三组掺了煤矸石的要高，说明煤矸石的掺入在早期降低了水泥的收缩。掺量为 10% 的煤矸石水泥胶砂试件每一个龄期的收缩率都明显低于其他三个组，而掺量为20%、30%的煤矸石水泥胶砂试件14 d、28 d龄期的收缩率均超过了对照组，说明在控制收缩率时10%为该试验的最优掺量，能有效地抑制水泥胶砂的收缩，而20%及以上的掺量则增加了其收缩。

3.2.2 活化煤矸石对强度和收缩的影响分析

水泥的收缩主要是由其内部结构空隙控制的，在3 d、7 d龄期的对比上，掺煤矸石试件的收缩率均小于不掺煤矸石的对照组，这主要是由于前期煤矸石反应较少，而主要发生反应的水泥熟料的量相比对照组较少，则由于反应而产生的空隙较少，所以收缩较小。与之相比的14 d、28 d龄期收缩率，10%掺量时的收缩率最小，且小于对照组，20%和30%掺量时的收缩率均大于对照组，且随着掺量的增加也变大，这是由于掺量较少的煤矸石其活性$SiO_2$、$Al_2O_3$可以与$Ca(OH)_2$发生充分反应，产生提供强度的物质，而且可以有效地填充前期水泥水化反应所产生的空隙，因此可以有效地抑制收缩；而掺量较大时煤矸石中的活性$SiO_2$、$Al_2O_3$不可以与$Ca(OH)_2$发生充分反应，剩余$SiO_2$、$Al_2O_3$所能够提供的强度有限，抵抗收缩的能力也有限，因此收缩反而更大。

结合图3和图4，可以发现每一组水泥胶砂的28 d强度是与其28 d收缩率大致相对应的，收缩率越小对应的强度越高。因为收缩率和强度值的比较都可以用上述反应原理来解释，直接受到水泥中空隙率的影响。

## 参考文献

[1] 魏小胜，严捍东，张长清. 工程材料[M]. 武汉：武汉理工大学出版社，2010.
[2] 张长森，许钢. 热活化煤矸石对水泥力学性能的影响[J]. 水泥，2004(1)：13-15.
[3] 张长森，蔡树元，张伟，等. 自燃煤矸石作活性掺和料配制高强混凝土研究[J]. 煤炭科学技术，2004，32(11)：47-51.
[4] 朱蓓蓉，杨全兵. 煤矸石颗粒表面热活化研究[J]. 建筑材料学报，2006，9(4)：484-487.
[5] 曹建军，刘永娟，郭广礼. 煤矸石的综合利用现状[J]. 环境污染治理技术与设备，2004，5(1)：19-22.

# 3D 打印技术应用于土木工程领域的机遇与挑战

贺文涛　付　果　胡伟业

（长沙理工大学 土木与建筑学院，湖南 长沙 410114）

**摘　要**　“一带一路”的提出，给土木工程领域带来了新的机遇与挑战。工程技术的创新与发展逐渐成为人们需要面对的一项重要任务。3D 打印技术是一种新兴的技术，目前已经初步应用于建筑领域。与传统施工技术相比较，拥有精确施工，产品多样，自动化程度高等优点，将其用于实际工程中，施工效率将显著提高。本文以第九届全国大学生结构设计竞赛为背景，对 3D 打印技术的原理及其现状进行简要分析，结合已有工程，归纳总结自身优势以及现存的问题。探究解决 3D 打印技术现存问题的解决方法，推测进一步研究的方向，并展望 3D 打印在工程实践中的运用前景。

**关键词**　3D 打印；建筑；一带一路；创新；精确；高效

## 1　引　言

“一带一路”战略构想的提出，为国家之间的合作、交流提供了新的平台，该构想顺利实现的先决条件便是沿线基础设施的完善。为加快实现这一伟大的构想，亟须提高基础设施建设能力及效率。尽管目前土木工程施工领域出现了大量的施工机械代替人工作业，但由于建筑产品的固定性、多样性和形体的庞大性，工厂中传统的自动化制造工艺难以应用于实际建筑中，建筑施工仍需投入大量的人工。近年来 3D 打印技术作为一种新兴的技术逐渐应用于工业、医疗、教育及建筑领域。英国著名的《经济学人》杂志将 3D 打印技术称为改变未来世界的新的创新性科技，认为 3D 打印技术将与其他数字化生产模式一起推动实现“第三次工业革命”。3D 打印在制作复杂的形体时具有无须增加成本、零技能制造及精确施工等优点，这使该技术广泛应用于土木工程领域成为可能。文章结合 3D 打印技术的特点及应用现状就其现存问题进行论述，并对其应用前景进行展望。

## 2　3D 打印技术的可行性

### 2.1　3D 打印技术的发展潜力

3D 打印技术适用于新产品开发、快速单件及小批量零件制造、复杂形状零件的制造、模具的设计与制造等，也适用于难加工材料的制造、外形设计检查、装配检验和快速反求工程等。美国《时代周刊》将 3D 打印产业列为“美国十大增长最快的工业”。因此该技术受到国内外各行业的广泛关注，并得到大量使用，为企业带来了可观的效益。同时，将有更多的人力、物力投入到 3D 打印技术的研究中，该技术将会得到更快、更好的发展，成本也会大大降低。随着各项技术“瓶颈”的突破以及使用成本的降低,3D 打印技术大量运用于土木工程施工过程中将成为一种必然趋势。

**2.2 3D 打印的优势**

经过大量的研究和实际应用,3D 打印技术已经有了长足的进步,并逐渐体现出了成本低廉、自动化程度高、施工准确等优势,具体表现为以下几点。

2.2.1 成本低廉

建筑业职工平均工资 2010 年较 2007 年同比增长 49.94%,而且始终保持着显著的上涨趋势,从中可看出企业面临着巨大的用人压力。3D 打印技术拥有自动化程度高,零技能制造的特点,可在很大程度上减少人工使用,直接降低建设成本。打印外形复杂的形体,其建设成本也不随之增加,可根据需要实现变截面结构的建造,既节约材料,又降低成本。

2.2.2 适合工程领域

不同结构的使用目的不同,因此其结构、外形的设计也千差万别,3D 打印技术在打印形状不同、截面变化的构件时无须特制模具,不增加建造成本,因此设计师可根据需要对结构进行设计,增加了设计的灵活性,使更具创意、结构截面形状更趋于合理的结构大量出现于现实生活中。

施工过程中因施工人员疏忽导致某个环节出现差错而导致质量问题的情况时有发生,重要环节出现质量问题甚至可能使整个结构出现安全隐患。而 3D 打印的全过程均由机械控制,其施工精度和准确度将明显提高,施工质量得以保证。

2.2.3 利于环保

目前,我国建筑垃圾年排放总量已超过 4 亿 t,且多为简易填埋,占用土地约 2 660 万 $m^2$。随着城市化的加速发展和大规模的旧城改造,我国建筑垃圾排放量逐年上升。预计到 2020 年,我国新增建筑垃圾将超过 50 亿 t。大量的建筑垃圾的运输、填埋本身就造成了极大的浪费。垃圾填埋占用了大量的土地、破坏了地下水系,对环境造成了极大的损害。3D 打印技术由计算机获取三维建筑模型的形状、尺寸等相关信息,经过自动处理后由系统控制机械装置按指定路径运动实现建筑物的自动建造。因此使用 3D 打印技术将能自动控制材料的用量,免去不必要的浪费,而且部分材料能够重复利用,使建筑垃圾更少,利于环保节能。

# 3 在土木工程领域的应用现状

几十年来,3D 打印技术有了一定进展。在过去的几年时间里,业界开始探索使用 3D 打印技术建造房屋结构且在不断进步。目前国内外部分技术成果如下:

(1)国内应用现状。2014 年 8 月,盈创公司在上海青浦建造了中国首批 3D 打印的房屋结构。该批建筑首先通过打印技术在工厂中完成所有构件的制作,然后各预制构件通过钢筋混凝土进行二次“打印”灌注,连成一体。虽然该建筑未能实现现场整体打印,但是为此技术进一步发展奠定了基础。随后的几年时间里,国内陆续出现了结构形式多样、美观、功能更全面的建筑。英国《镜报》于 2016 年 6 月 27 日报道,世界首个 3D 打印房屋 45 天完工。该房屋是在北京成功打造的一栋 2 层高,占地 400 $m^2$ 的别墅,建筑的墙体厚 2.44 m(图 1)。该别墅与之前出现的打印楼房有着本质的区别,它是全球首座实现现场整体打印的建筑。使用普通标号的混凝土和钢筋作为原材料,按照规范要求对墙体和楼板钢筋进行绑扎,利用

3D打印机直接浇筑成型技术逐层进行打印,全程由电脑程序操控。打印过程除专门技术人员进行监督外,极少需要人工参与,且质量检测结果表明,该建筑物的抗震级别达8级以上。建筑学家表示,这可能会引领一场住房建筑革命。

图1 3D打印别墅

(2)国外技术。2012年,由美国航天局(NASA)出资与美国南加州大学合作研发的"轮廓工艺"3D打印技术,使一栋大约232 $m^2$ 的两层楼房子在24 h之内就被打印出来,"轮廓工艺"3D打印技术目前已可以用水泥混凝土为材料,按照设计图的预先设计,用3D打印机喷嘴喷出高密度、高性能的混凝土,逐层打印出墙壁和隔间、装饰等,再用机械手臂完成整座房子的基本架构。该技术正朝着全自动化的方向发展,若发展顺利将有望代替人类在极端环境中进行施工作业。"轮廓工艺"的创造者比洛克·霍什内维斯提出该工艺具有探索外星环境的潜在能力。

# 4 现存问题

尽管3D打印技术经过发展,逐渐推广到各个领域中,并取得了有目共睹的惊人成就,揭开了建筑史的新篇章。但是不可否认的是该技术仍然处于初级阶段,存在许多还未解决的问题,目前仍无法广泛应用于建筑领域中。对此,需要进一步进行研究,或突破技术瓶颈;或对现有设计思路进行适当调整,结合现有的各类3D打印技术的优点,实现全自动建筑结构的打印。

## 4.1 改善材料性能

目前,3D打印的建筑材料还不够理想,我国有公司将建筑材料进行加工处理,制成牙膏状的"油墨"材料,国外则有采用黏土类材料、树脂及塑料等材料作为原料进行打印。此类材料抗压强度较高,但抗拉强度低,结构受拉易出现裂缝甚至破坏。尽管目前已经掌握了金属材料的3D打印技术,但价格非常高昂,应用于建筑结构中反而会使成本大大增加。因此,需要找出一种抗拉强度高、韧性好且成本足够低廉的材料,使3D打印技术能够得到推广使用。

## 4.2 增强黏结强度

当前主要采用沉积式打印,即通过大量的平面结构逐层叠加最后得到需要的空间结构。使用此方式进行打印时,下层打印好的结构需要具备足够的强度,防止结构变形,但同时存在层与层之间的黏结强度较低的问题。需要从改变打印方式、提高材料性能等方面解决以上问题。

### 4.3 同时打印多种材料

尽管可能找到抗拉强度高的材料，满足结构受力的需要，但根据传统的建筑材料的特点可以看出：用于受拉的构件如钢筋、碳纤维复合材料等的价格均高于用于受压的混凝土材料。因此，即使打印用的抗拉强度高的材料的成本降低，成本仍可能高于抗压材料。而且根据结构受力的需要，不同构件需要的性能也不尽相同，因此打印机需要同时具备打印多种材料的性能。目前，受施工工艺的限制，即使施工更便捷，进行结构设计时仍存在材料利用率不够高的情况。若能同时打印多种材料，则无须考虑施工工艺和施工便捷等问题，可建造出较传统建筑更加合理的建筑，使建筑更安全、成本更低。

## 5 应用前景

### 5.1 结点连接件的制作

现阶段，3D 打印的成本问题仍未解决，但是可根据需要对材料用量较少的构件进行打印，如打印拼装结构的结点。拼装结构中存在各式各样的构件，不同构件之间的连接方式、连接件的尺寸等各不相同。如果每种类型的节点仍采用传统的技术制作将产生高昂的成本。为降低成本，会尽量将外形、受力相同的连接件采用同一设计方案，不能充分体现结构设计的合理性。与传统生产工艺不同的是 3D 打印技术拥有打印不同外形的构件不增加成本的优点，根据需要使用软件对节点进行绘制便能得到设计需要的节点。如在第九届全国大学生结构设计竞赛中，首次引用 3D 打印技术进行结点连接件的制作。某高校代表队的参赛作品中连接件的数量与结构构件数量接近，达到二十余个，且每个节点连接件形状各异。为使连接件设计更加合理，实现同一连接件功能多样化的目的，对连接件的每个细节都进行了精心设计，最后通过 3D 打印技术制作出来(图 2)。正是基于对每个连接件进行个性化的设计，该参赛队在竞赛中取得了全国一等奖。结构设计竞赛只是实际工程的缩影，实际工程中的连接件将更加多样，且需将其设计成更具有特点的形式，使用 3D 打印技术将其打印出来，可在成本降低的前提下使拼装结构的连接更安全、更经济。

### 5.2 快速建造

生活中经常需要成本低、质量好的建筑，如工地的临时住房，难民住房等，在保证安全的前提下对其外形、内部构造均无个性化的要求，可建造统一形式的结构。因此，在建造同类型的结构时，仅需要带上一个载有经过精确设计的“模板建筑”的硬盘，将打印机安装到位，准备足够的材料，即可快速进行大量复制。该应用付诸实践中将在极大程度上降低设计成本，而且作为“模板建筑”，必然经过了设计师们更加严格、准确的设计，建筑的合理性、安全性也将大大提高。

### 5.3 极端环境中的应用

为进行科研探索，在许多极端环境中也需要建筑，为科学家提供藏身之所。

(1)在地球两极，最低温度可达到零下 100 ℃，人类几乎无法在该环境下正常工作，建造建筑物更成为一大难题。若能造出以水或冰为主要原材料的全自动 3D 打印机，在低温

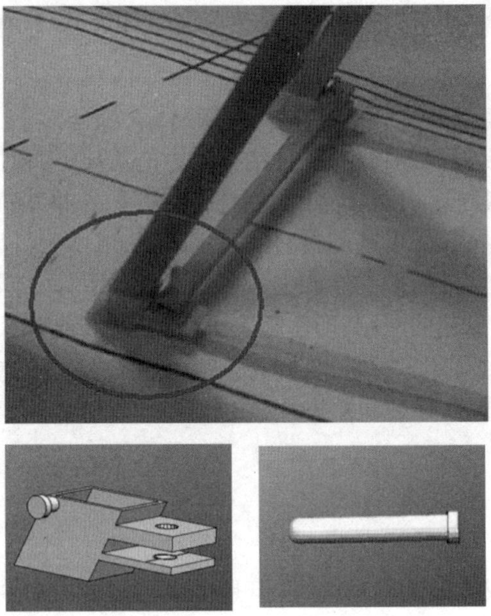

图 2　国赛结点连接件效果图

地区自动打印出大量的“冰房”，将使极地研究条件得到巨大的改善。由于“冰房”在超低温环境下工作，还能够有效减缓各建筑材料的腐蚀问题。

(2)在了解地球本身的同时，人类正在对太空进行探索，为科研、外星移民做准备。也许未来人类将通过 3D 打印技术，直接利用外星球的资源，建造大量的外星基地；或者能够克服失重的影响，只需在太空中搜集到足够的打印材料（如太空垃圾），便能建出完整的空间站，为科学家在外太空提供科研场所。3D 打印技术在这一领域的应用将大大加快人类探索宇宙，移民外星球的步伐。

## 6　结　论

土木工程专业是实践性和应用性很强的专业，需要不断地创新才能迎来更好的发展。故对最新的 3D 打印技术进行深入研究，结合其特点，将其应用于实际工程中的可行性进行具体分析，推测该技术在未来发展中可能面临和需要解决的问题。以其在实际工程中的应用为背景，结合第九届全国大学生结构设计竞赛，对该技术应用于节点连接件的制作、快速打印建筑及应用于极端环境中等前景进行展望。随着该技术的进一步发展，将为“一带一路”战略中的基础建设提供强有力的技术支撑。

### 参考文献

[1] 陈立，陈胜迁. 3D 打印——未来制造业的新模式[J]. 轻工科技，2013(9):66-67.
[2] 杜宇雷，孙菲菲，原光，等. 3D 打印材料的发展现状[J]. 徐州工程学院学报（自然科学版），2014(1):20-24.
[3] 徐有伟. 3D 打印：从想象到现实[N]. 中国信息化周报，2013-07-22(26).
[4] 任莉. 建筑（水利水电）工程人工成本上涨及控制分析[D]. 南昌：南昌大学，2014.

[5] 石世英,胡鸣明,何琼,等. 建筑垃圾资源化的长效机制研究:以重庆为例[J]. 世界科技研究与发展,2013(3):320-324.

[6] 丁烈云,徐捷,覃亚伟. 建筑3D打印数字建造技术研究应用综述[J]. 土木工程与管理学报,2015,32(3):1-10.

[7] 田伟,肖绪文,苗冬梅. 建筑3D打印发展现状及展望[J]. 施工技术,2015,44(17):79-83.

[8] 比洛克·霍什内维斯,安德斯·卡尔松,尼尔·里奇,等. 机器人登陆月球建造建筑——轮廓工艺的潜力[J]. 城市建筑,2012(10):40-48.

[9] 李志国,陈颖,简凡捷. 3D打印建筑材料相关概念辨析[J]. 天津建设科技,2014,24(3):8-12.

[10] 付果,马晓娟. 利用结构模型设计与训练基地培养创新型人才的探索[J]. 中国电力教育,2013(25):50-51.

# 生态控温彩色沥青混合料开发及性能试验研究

谢聪聪　刘思杨　朱蒙清　周儒刚　刘佳伟

（北京建筑大学 土木与交通工程学院，北京 100044）

**摘　要**　本文以降低路表温度，缓解热岛效应，减少道路对城市生态环境的影响为目的，复合采用材料相变控温技术和控制太阳辐射量吸收技术，自主研发了主动吸附保水改性剂(WRA)和高黏彩色胶结料，实现了路面吸水保湿、自控温功能，减少了对太阳辐射的吸收量，并基于控温效果与路用性能方面进行分析研究，提出了生态控温彩色沥青混合料组成的平衡设计方法。结果表明，生态控温彩色沥青混合料较传统沥青混合料，可使路表温度降低14.3 ℃，相应的热岛强度可降低4.8 ℃，且各项路用性能均满足道路规范要求。随着生态控温彩色沥青混合料的推广应用，预计北京中心城区 $PM_{2.5}$ 的浓度将降低38.7%，低碳环保效益显著。

**关键词**　路基工程；OGFC 透水路面；主动吸附保水；高黏彩色胶结料

## 1　引　言

随着城市化进程的加快，城市中原有土壤表面逐步被房屋、大型基础设施及各种不透水的场地和道路所取代。城市道路多采用平整度高、舒适性好、噪音低的沥青路面形式，但沥青是一种黑色吸热材料，太阳吸收率很高（达0.85～0.95），国内外的研究表明，当气温达到35 ℃时，沥青路表温度可达到60～65 ℃，造成严重的城市热岛问题。同时，高温沥青材料将释放大量挥发物使人居环境急剧恶化，并导致道路车辙等病害发生。基于北京市在2000年至2015年间157.68万个地温数据和实测21天北京市西城区路表12 096个温度数据，得知如北京这样的特大城市热岛强度显著，且日趋严重。因此，降低热岛效应，减少道路对城市生态环境的影响、节约水资源、提高沥青耐久性的清凉路面的建设将成为未来的发展趋势。

目前，国内外的道路工作者开始致力于研究抑制路面温度升高的控温路面铺装新技术，但整体上，存在的主要问题是控温效果不明显，且造价高，主要研究成果详见表1。

**表1　国内外控温技术一览表**

| 国内外研究 | 技术 | 主要优点 | 主要缺点 |
|---|---|---|---|
| 郭金波 | 透水路面 | 调节城市温度 | 易出现石料剥离，孔隙阻塞现象 |
| 李超 | 相变材料 | 性能稳定，比热容大 | 会增加沥青各项性能的温敏度 |
| 海德俊 | 彩色沥青 | 最多可降温10 ℃ | 造价高，国内单一，国外技术垄断 |

由表1可见，现有路面控温技术尚处于试验阶段，存在重要缺陷而无法大规模投入应用。本文以最大控温效果为最终目标，结合现有技术，突破传统思维，以材料相变控温和减少太阳能辐射吸收为主要技术手段，研发清凉道路铺装新材料。

# 2 室内试验研究

## 2.1 技术路线

本试验以提高路面控温效果为目标，以大孔隙路面+主动吸附保水改性剂+高黏彩色胶结料的复合优化技术研究为主线，从沥青混合料控温效果和路用性能方面进行试验研究，开发出新的彩色控温沥青混合料，科学地评估了其降温性、路用性和时效性。其中，自主研发的三种类型 WRA：有机 WRA，无机 WRA，复配型 WRA，可以自主地在路表形成一层水膜，达到吸水、保湿、自控温的目的。同时，自主研制出一种与沥青具有相同功能的高黏彩色胶结料，改变路表颜色，减少太阳辐射吸收量。

## 2.2 控温保水试验

### 2.2.1 原材料

本文以 OGFC-13 大孔隙沥青混合料为基础，试验中使用的原材料包括集料、有机 WRA、无机 WRA 和复配型 WRA。

### 2.2.2 控温保水效果试验研究

OGFC-13 沥青混合料中集料、有机 WRA、无机 WRA、复配型 WRA 的掺量分别是4%、6%、8%、10%，按照《公路沥青及沥青混合料试验规程》(JTGE 20—2011)的方法，制作含有三种不同 WRA 的车辙板试件，放入恒温、恒湿箱中，设置温度、湿度分别为10 ℃、20%；35 ℃、80%；20 ℃、60%，对应代表北方的春季、夏季和秋季的温度湿度情况，每12 h 称重一次，记录三天数据并计算出平均水膜厚度。结果如图1～图3所示。

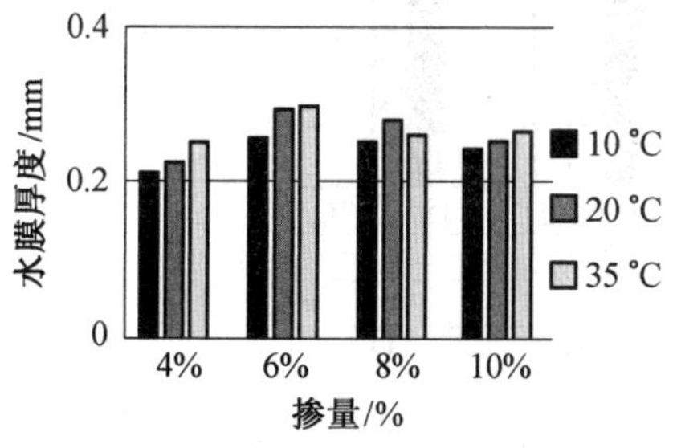


图1　有机 WRA 试件吸水量

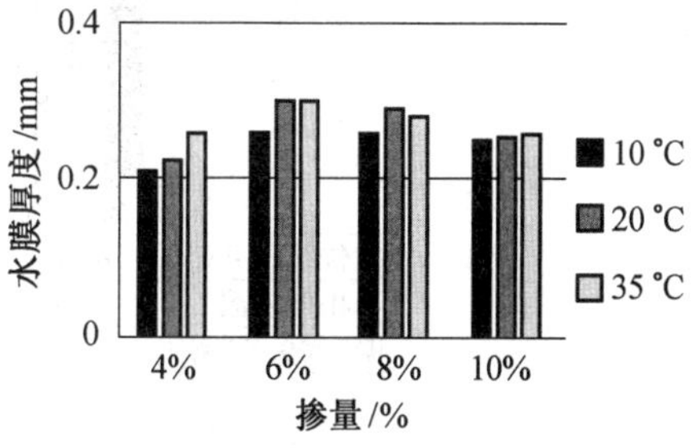


图2　无机 WRA 试件吸水量

由图1～图3可知，在华北地区春、夏、秋不同季节的温度、湿度环境下，添加三种 WRA 的车辙板试件都会吸收空气中的水分形成水膜，但其吸附水分的重量不相同，产生的效果也不同，复配型 WRA 的吸水保湿效果最好，水膜厚度达到0.61 mm。

### 2.2.3 控温保水材料最佳掺量

当复配型 WRA 掺量为8%时，均匀附着在300 mm×300 mm×50 mm 试件上的水膜厚度在模拟的春夏秋季环境中可达0.21～0.61 mm。本文以8%的最佳掺量进行拌和，测得夏季某天（当日气温26～33 ℃）中三种类型车辙板24 h 的表面温度数据，将数据绘制成如图

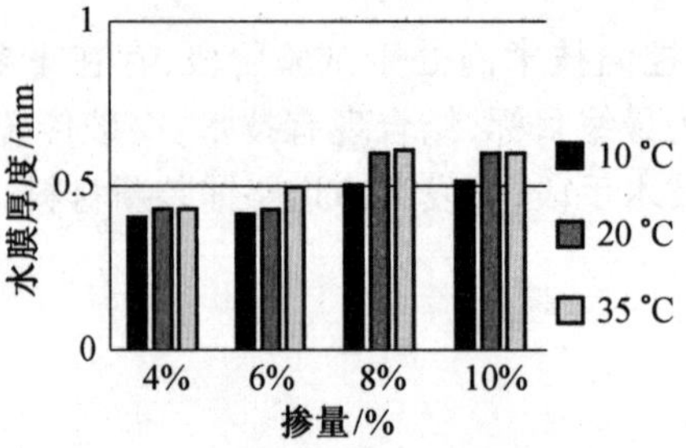


图3　复配型 WRA 试件吸水量

4 所示的折线图。其中，一天中最高温度、最低温度、白天平均温度(7:00～19:00)、夜间平均温度(19:00～7:00)以及全天平均温度如图5所示。

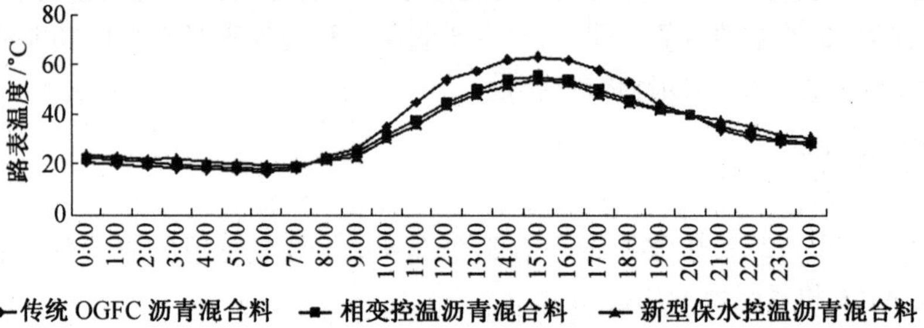


图4　三种类型车辙板的表面温度

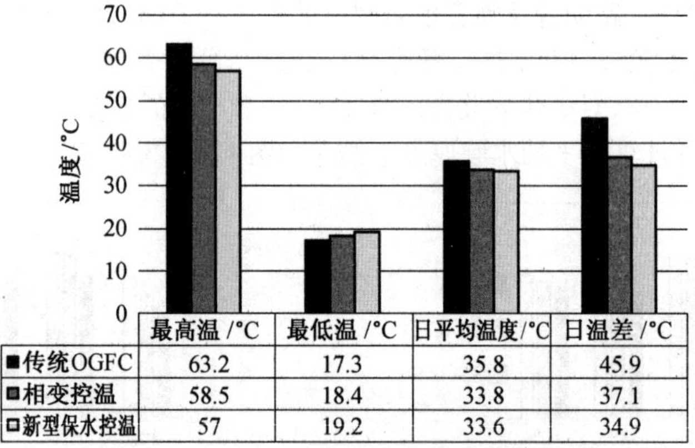


| | 最高温/℃ | 最低温/℃ | 日平均温度/℃ | 日温差/℃ |
|---|---|---|---|---|
| 传统OGFC | 63.2 | 17.3 | 35.8 | 45.9 |
| 相变控温 | 58.5 | 18.4 | 33.8 | 37.1 |
| 新型保水控温 | 57 | 19.2 | 33.6 | 34.9 |

图5　三种类型路面路表的特征温度

由图4、图5可知，特征温度传统 OGFC 沥青混合料>相变控温沥青混合料>新型保水沥青混合料，保水沥青混合料较传统 OGFC 沥青混合料低 6.2 ℃。主动吸附保水改性剂利用从空气中主动吸附的水来控制车辙板温度，较传统相变材料，水的比热容大，在吸收相同热量时升温较慢，操作工艺简单。达到同等降温效果，费用仅为国外相变材料的1/10。

## 2.3　高黏彩色胶结料试验

2.3.1　原材料

试验中使用的基础材料包括：石油树脂 A、B、C，高分子纤维，增稠剂及有机色粉，按照特定比例在一定温度下进行掺配,制备出浅色透明基质胶结材料。

2.3.2 高黏彩色胶结料的技术指标

本文以自制的透明胶结料代替沥青,测量其各项路用性能指标。指标均合格后加入有机色粉,根据最佳的掺量,对高黏彩色胶结料进行指标测试,包括针入度、延度、软化点、弹性恢复质量损失等五项指标,各项指标试验结果见表2。

**表2 自制彩色胶结料指标试验结果及技术指标**

| 试验项目 | 针入度(25 ℃,100 g,5 s)/0.1 mm | 延度(5℃,5 cm/min)/% | 软化点/℃ | 弹性恢复(25 ℃)/% | 动力黏度/(Pa·s) |
|---|---|---|---|---|---|
| 试验结果 | 66 | 64 | 66 | 96 | 52 700 |
| 标准 | 60~80 | ≥30 | ≥55 | ≥65 | ≥400 |

由表2可知,彩色胶结料的五大指标均满足标准要求,能够代替沥青作为石料的胶结材料在道路中使用,具有黏度高、弹性恢复强和延展性好的性能,同时可以提高混合料的水稳定性能。

2.3.3 高黏彩色胶结料的最佳掺量组成

平衡考虑降温效果与路用性能,确定透明基质胶结料的最佳掺量是:石油树脂A为24.1%、B为31.3%、C为31.3%,高分子纤维为5.0%,增稠剂为8.3%。按该比例在特定温度下进行掺配,如图6所示,制备出浅色透明基质胶结料。通过现有的测评设备和评定方法,对其进行相应的指标测试和路用性能测试,均符合规范要求。综上所述,彩色胶结料,可用于沥青混合料的制备。

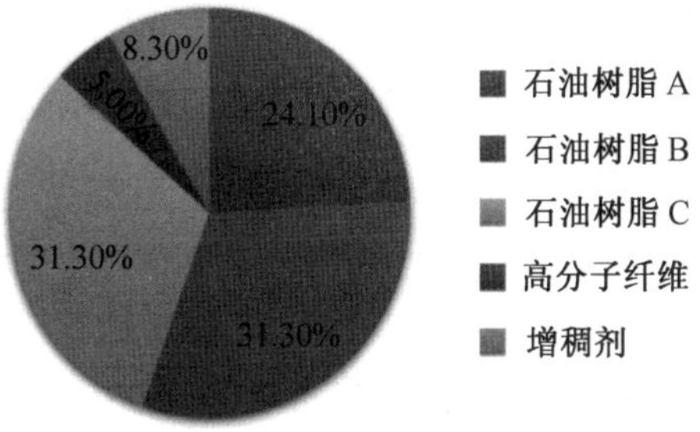


图6 原材料掺配比例

2.3.4 高黏彩色OGFC-13的路用性能

将彩色胶结料代替沥青拌和,成型开级配马歇尔和车辙板试件。与传统OGFC车辙板和马歇尔试件对比,相应的路用性能指标测试结果见表3。

**表3 路用性能试验结果比较**

| 指标 | 传统OGFC-13 | 高黏彩色OGFC-13 | 规范 |
|---|---|---|---|
| 马歇尔稳定度/kN | 4.1 | 4.4 | ≥3.5 |
| 车辙试验动稳定度/(次·$mm^{-1}$) | 9 000 | 14 000 | ≥3 000 |
| 冻劈裂强度/% | 75 | 82 | ≥70 |
| 残留马歇尔稳定/% | 84 | 92 | ≥80 |
| 摩擦系数 | 49.31 | 51.55 | ≥45 |

制成绿、黄、紫、红四种颜色的车辙板，与同样构造的黑色车辙板进行温度对照试验。每30 min测温一次，记录24 h内的温度数据，得出控温效果。五种颜色（绿、黄、紫、红、黑）路面路表的温度24 h内变化曲线如图7所示，（当日气温27～35 ℃）五种颜色路表的特征温度对比如图8所示。

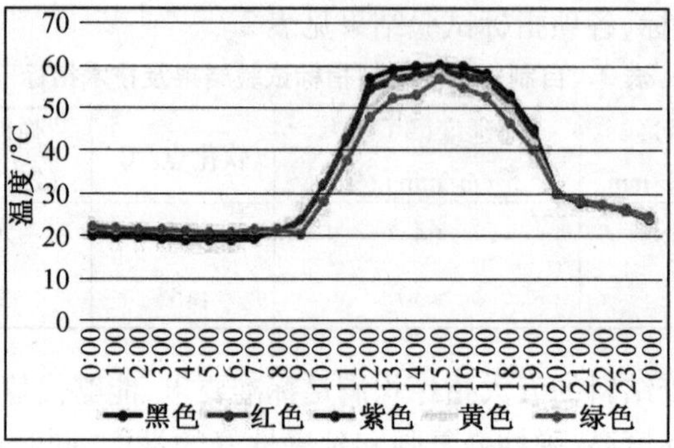


图7　24 h内五种颜色路面路表的温度变化

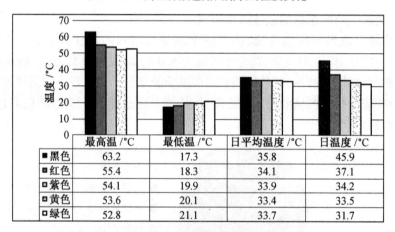

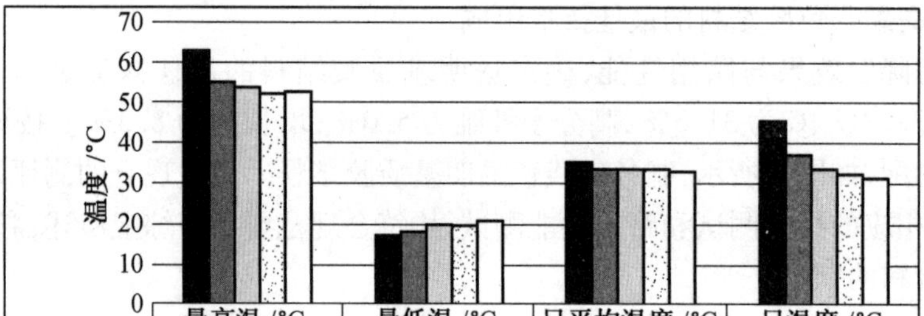


| | 最高温/°C | 最低温/°C | 日平均温度/°C | 日温度/°C |
|---|---|---|---|---|
| ■黑色 | 63.2 | 17.3 | 35.8 | 45.9 |
| ■红色 | 55.4 | 18.3 | 34.1 | 37.1 |
| □紫色 | 54.1 | 19.9 | 33.9 | 34.2 |
| □黄色 | 53.6 | 20.1 | 33.4 | 33.5 |
| □绿色 | 52.8 | 21.1 | 33.7 | 31.7 |

图8　五种颜色路表的特征温度

由图7、图8可知，特征温度对比：黑色沥青混合料>红色胶结料>紫色胶结料>黄色胶结料>绿色胶结料，绿色胶结料比黑色沥青混合料最高温低10.4 ℃，因此，改变路面颜色是一种有效的路面控温技术，不同颜色的路面控温效果不同，其中绿色路面降温效果最为显著。

## 2.4　彩色控温沥青混合料组成的平衡设计

通过调配不同颜色的胶结料进行对比试验，选取了降温效果最为明显的绿色胶结料作为沥青的成分，拌和大孔隙混合料，加入主动吸附保水改性剂，制成多颜色马歇尔试件（图9）。同时制成清凉路面车辙板，与标准车辙板进行温度对照试验，如图10、图11所示。

### 2.4.1　彩色控温沥青混合料的控温效果

对比两种车辙板的路表特征温度如图12所示，由图可知，彩色控温OGFC沥青混合料比传统沥青混合料最高温低14.6 ℃。

### 2.4.2　彩色控温沥青混合料的路用性能

用绿色胶结料成型马歇尔试件、车辙板试件进行测试，路用性能试验结果比较见表4。

结果显示,各项路用性能均满足规范要求。

图 9　多颜色马歇尔试件照片

图 10　彩色沥青车辙板对比照片

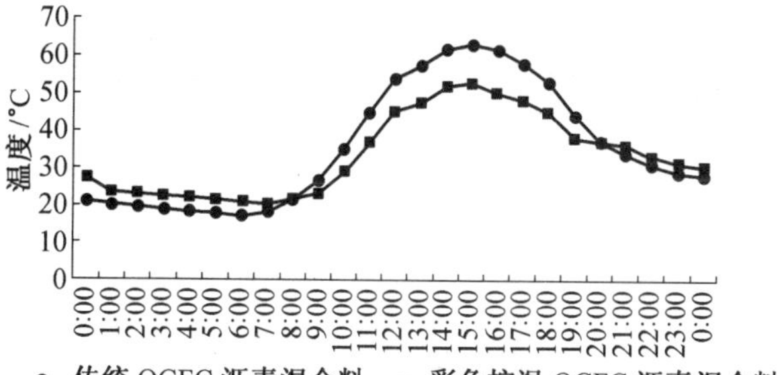


图 11　两类车辙板的路表温度对比曲线

**表 4　路用性能试验结果比较**

| 指标 | 传统 OGFC-13 | 彩色控温 OGFC-13 | 规范 |
| --- | --- | --- | --- |
| 马歇尔稳定度/kN | 4.1 | 4.8 | ≥3.5 |
| 车辙试验动稳定度/(次·$mm^{-1}$) | 9 000 | 13 000 | ≥3 000 |
| 冻劈裂强度/% | 75 | 80 | ≥70 |
| 残留马歇尔稳定/% | 84 | 91 | ≥80 |
| 摩擦系数 | 49.31 | 50.76 | ≥45 |

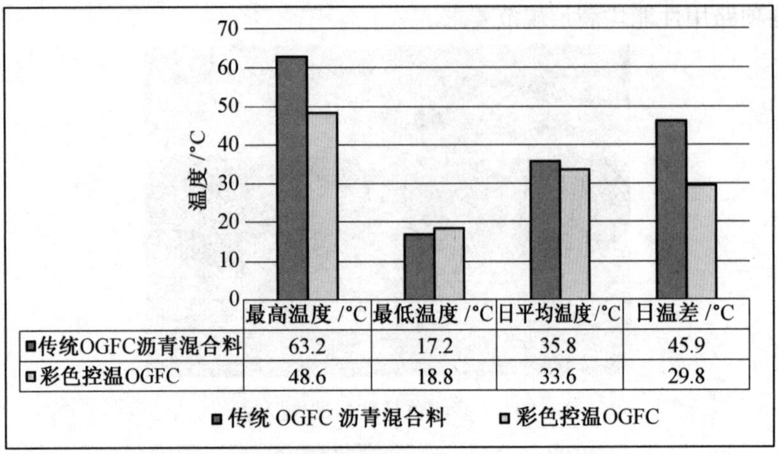


图 12　两类车辙板的路表特征温度

2.4.3　彩色控温沥青混合料的时效性分析

实验室模拟了北京市 10 年的降水量，主动吸附保水改性剂在 2%、4%、6% 三种掺配比例下冲刷清凉路面车辙板试件，将冲刷后的试件干燥处理称重放入恒温、恒湿箱中，设定温度为 35 ℃、湿度为 80%，每 12 h 记录一次，记录 3 天，试验结果如图 13 所示。结果表明，技术复配后主动吸附保水改性剂的最佳掺量为 4%，且在 10 年的使用时间里经冲刷干燥后的试件仍能继续保持降温功能。

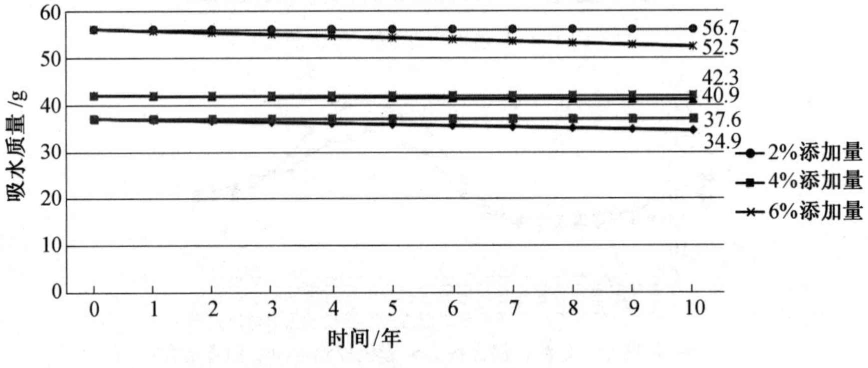


图 13　冲刷试验前后降温对比图

# 3　案例分析及社会效益

百子湾路位于北京市朝阳区 CBD 地区，总长为 6.4 km，面积为 4.8 万 $m^2$，人车流量大，夏季路面温度最高可达 70 ℃，车辙病害严重，交通事故频发。将本文试验成果应用于百子湾路的上面层，通过对项目的实际应用效果进行评估，若将清凉道路铺装新材料广泛应用于北京市，打造城市“绿带”，可降低城市热岛强度 4.8 ℃，取得如下社会效益。

## 3.1　降低路表温度

根据《气象学报》测算，清凉路面可降低路表温度 14.3 ℃，相应热岛强度可降低4.8 ℃。

### 3.2 减少碳排放

夏季节约电能、冬季减少煤炭燃烧,碳排放量可减少 644 万 t。

### 3.3 降低 PM2.5 浓度

可缓解城市热岛,降低 PM2.5 浓度 1 728 万 t,相当于每天限行 17 万辆车,由《环境与健康》相关研究得知,每天可减少 140 人次高温疾病患者死亡。

### 3.4 提高安全耐久性

由《中国公路学报》相关文献知,交通事故发生率可降低 20.9%,每年可减少交通事故 5 018 起,减少 1 025 人死亡。

## 4 结 论

通过研究得出如下结论:

(1)应用主动吸附保水改性剂(WRA)改性剂的 OGFC-13 混合料较传统 OGFC-13 混合料可降低路表温度 6.2 ℃。

(2)通过高黏彩色胶结料试验发现,不同彩色胶结料对路表温度的降低幅度不同,其中紫色胶结料降温效果最为明显,最高降低温度可达 10.4 ℃。

(3)将上述技术进行复配,开发的彩色控温沥青混合料可降低路表温度 14.3 ℃,相应热岛强度降低 4.8 ℃。

### 参考文献

[1] 姜会飞,廖树华,叶尔克江,等. 地面温度与气温的统计分析[J]. 中国农业气象,2004,25(3):1-4.

[2] 林学椿,于淑秋. 北京地区气温的年代际变化和热岛效应[J]. 地球物理学报,2005,48(1):39-45.

[3] 顾兴宇,袁青泉,倪富健. 基于实测荷载和温度梯度的沥青路面车辙发展影响因素分析[J]. 中国公路学报,2012,25(6):30-36.

[4] 邱海玲. 北京城市热岛效应及绿地降温作用研究[D]. 北京:北京林业大学,2014.

[5] 张昌顺,谢高地,鲁春霞,等. 北京城市绿地对热岛效应的缓解作用[J]. 资源科学,2015,31(6):1156-1164.

[6] 谈建国. 气候变暖、城市热岛与高温热浪及其健康影响研究[D]. 南京:南京信息工程大学,2008.

[7] 邢磊. 彩色路面胶结料制备技术及其录用性能研究[D]. 西安:长安大学,2012.

[8] 赵文昌. 空气污染对城市居民的健康风险与经济损失的研究[D]. 上海:上海交通大学,2012.

[9] ADDO J Q, SANDERS T G. Effectiveness and Environmental Impact of Road Dust Suppressants[J]. Seiences Engineering Medicine, 1995(3):146.

[10] SANDERS T G, ADDO J Q. Experimental Road Dust Measurement Device[J]. Journal of Transportation Engineering,2000,126(6):530-535.

# 国产 PVA-ECC 材料配合比优化设计及试验研究

杨 起 张天宇 吴 玫 王明池 孟少平

（东南大学 土木工程学院，江苏 南京 210089）

**摘 要** 传统水泥材料因其抗拉强度低、耐久性差、使用寿命短和开裂宽度难以控制等缺点而饱受诟病，而ECC（高延性水泥基复合材料）的出现弥补了传统水泥材料的缺陷，其高延性、高耐久性和多缝开裂的特性越来越受到科研人员的重视，但其高昂的价格往往让国内的厂商望而却步。本文创新性地提出了改变国产PVA纤维与其他材料配比的方法，以提高国产PVA纤维的利用率，以达到控制成本、推广使用的目的。采用的试验方法为控制变量法，制作多组不同配合比的试件，研究水胶比、PVA纤维体积渗量等参数对ECC抗拉强度、弯曲韧性和抗压强度的影响，根据试验结果优化配合比。

**关键词** ECC材料；国产PVA纤维；配合比优化

## 1 引 言

混凝土作为现代工程结构中最广泛使用的建筑材料，在现代工程建设中发挥着无可替代的作用。但是，混凝土材料本身存在诸如抗拉强度低、韧性差、可靠度低及开裂后裂缝宽度难以控制等缺点，使得很多混凝土结构在使用过程中甚至建设过程中就出现不同程度、不同形式的裂缝，极大地降低了结构的耐久性及使用寿命。

高延性水泥基复合材料（Engineered Cementitious Composites，简称ECC）是一种基于细观力学设计的具有超强韧性的乱向分布短纤维增强水泥基复合材料。其试件拉伸应力-应变曲线和裂缝发展情况，如图1所示。在纤维体积掺量为2%左右的情况下，其极限拉应变能达到3%以上，具有明显的应变-硬化及多缝开裂特性，且饱和状态的多缝开裂裂缝宽度多小于0.1 mm。最早采用聚乙烯纤维（Polyethylene，简称PE）配制ECC；1997年Victor C Li和Kanda等开始将聚乙烯醇纤维（Polyvinyl Alcohol，简称PVA）用于ECC，制成了PVA-ECC。目前国内外对ECC的研究主要集中在PVA-ECC。

在美国、日本和欧洲等发达国家及地区，ECC已经被大量应用于边坡加固、大坝表面的加固、桥梁连接板及抗震梁等领域。在国内，ECC的研究尚处于起步阶段，主要集中在实验室条件下的材料性能研究，ECC的工程应用实例还很少。

## 2 提高国产 PVA-ECC 材料利用率的意义与方法

### 2.1 ECC 材料的设计理论

ECC的设计依据是细观力学和断裂力学的基本原理。Victor C Li教授提出了随机分布短纤维增强水泥基复合材料的纤维桥接模型，并据此提出了此类材料在单轴拉伸作用下发生应变硬化和多缝开裂的准应变硬化模型，即要想获得稳定的开裂，则需要满足下列公式：

$$J_{tip} \leqslant \sigma_0\delta_0 - \int_0^{\delta_0} \sigma(\delta)\,d\delta = J'_b \tag{1}$$

$$J_{tip} = \frac{K_m^2}{E_m} \tag{2}$$

式中，$J_{tip}$ 为尖端韧度；$J'_b$ 为余能；$K_m$ 为基体断裂韧度；$\delta_0$ 为应力 $\sigma_0$ 对应的极限应变；$E_m$ 为基体的杨氏模量。

Marshall 和 Cox 在 1988 年重新定义裂缝尖端韧度 $J_{tip}$，即

$$J_{tip} = \sigma_{ss}\delta_{ss} - \int_0^{\delta_{ss}} \sigma(\delta)\,d\delta \tag{3}$$

式中，$\sigma_{ss}$、$\delta_{ss}$ 分别对应稳态开裂时的应力和应变。

图 2 清晰地表达了稳态开裂准则，即要求阴影部分的面积 $J_{tip}$ 小于 $J'_b$。

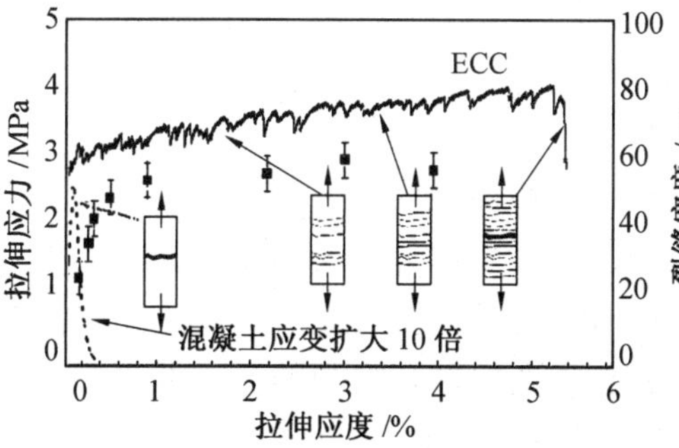


图 1 ECC 试件拉伸应力-应变曲线和裂缝发展

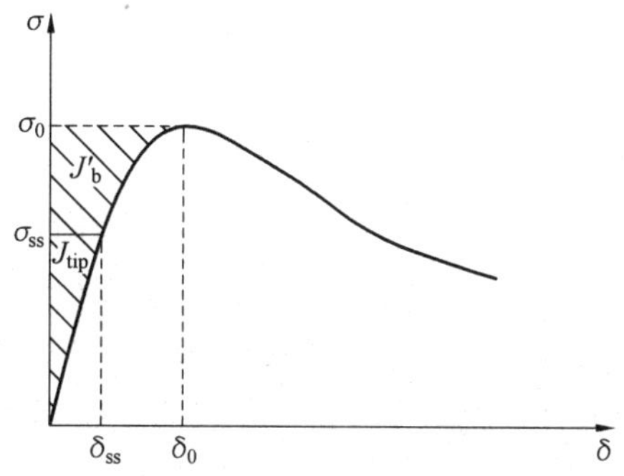


图 2 典型的纤维桥接应力-裂缝开口宽度曲线

## 2.2 PVA-ECC 在实际工程应用中的问题

(1)纤维价格较为昂贵。

目前市场上较为流行的是日本可乐丽公司生产的 PVA 纤维，但价格十分昂贵，且购买量有限制，是 ECC 在实际工程中难以得到大规模应用的重要原因。

(2)国产 PVA 纤维的性能较差。

根据试验，国产纤维比较软，纤维直径比较细，基本呈团状，很难分散下来，加入时需要用手捻开撒入。而日产纤维质量比较硬，呈颗粒状分散，在加入过程中很容易散开。

(3)尺寸效应巨大。

试件尺寸的大小在很大程度上影响了基体断裂韧度。因此，虽然有大量的试验数据，但所得到的参数并不一致。目前还没有很好的解决办法。

问题(1)和(3)超出了目前本文所能解决的范畴，而为了弥补国产纤维性能上的不足，首先需要通过对国产纤维与日产纤维进行对比，了解其优势和不足。

## 2.3 国产纤维和日产纤维的比较分析

国产典型 PVA 与日产 REC-15 型 PVA 力学性能参数对比见表 1。

**表 1　国产、日产纤维的物理和力学性能对比**

| 纤维来源 | 直径/μm | 长度/mm | 伸长率/% | 密度/(g·cm$^{-3}$) | 弹性模量/MPa | 名义拉伸强度/MPa |
|---|---|---|---|---|---|---|
| 国产 | 26 | 12 | 7 | 1.3 | 36.3 | 1 560 |
| 日产 | 39 | 12 | 7 | 1.3 | 42.8 | 1 620 |

两种纤维获得的复合材料桥接应力与相应的裂缝开口宽度的关系，如图 3 所示。

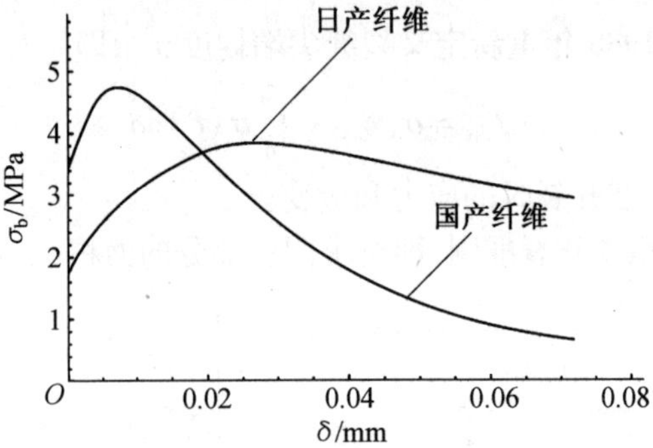


图 3　纤维桥接应力-裂缝开口宽度关系

从表 1 中可以看出，国产纤维直径略小，伸长率与日产纤维相同，密度接近，但由于国产纤维的摩擦黏结作用和化学黏结作用较大，相应的，最大桥接应力也较大，所造成的结果就是裂缝开口宽度减小，从而导致余能减小。为了使复合材料有饱和的多缝开裂的特征，Kanda等学者经过缜密的思考并通过试验研究得出结论并加以证明，认为准应变硬化性能参数满足的要求如下：余能 $J'_b$ 与尖端韧度 $J_{tip}$ 的比值大于 3。根据我们的计算，日产纤维的 $J'_b/J_{tip}$ 比值远远超过 3，而国产纤维的 $J'_b/J_{tip}$ 比值甚至达不到 1.5，所以，我们得出相应的结论：在此基本配比的情况下，日产纤维将呈现出稳定的多缝开裂的特征，而国产纤维则只能产生不饱和的多缝开裂、甚至是不能形成多缝开裂的特性。

我们就此提出提高国产 PVA 纤维利用率的试验目标，希望能够了解国产纤维的特性，通过对其配合比进行重新设计，达到提高利用率的目标。其中最为重要的是满足以下特性的要求。

（1）基体韧度。

由上文提到的稳态开裂准则可知，尖端韧度越小，准应变硬化模型中的强度准则越容易满足，因此，可以调整粉煤灰、水灰比的用量来降低 PVA 纤维的基体韧性。

（2）界面黏结特性。

图 4、5 表明，材料的余能受到纤维/基体界面黏结特性的影响。而水胶比与粉煤灰的用量同样对于摩擦黏结和化学黏结作用有较大的影响，水胶比的增加能够有效地降低化学黏结作用和摩擦黏结作用，而粉煤灰用量的增加同样能有效地降低化学黏结作用，从而起到增大材料的余能，使国产 PVA 纤维能够产生饱和的多缝开裂。

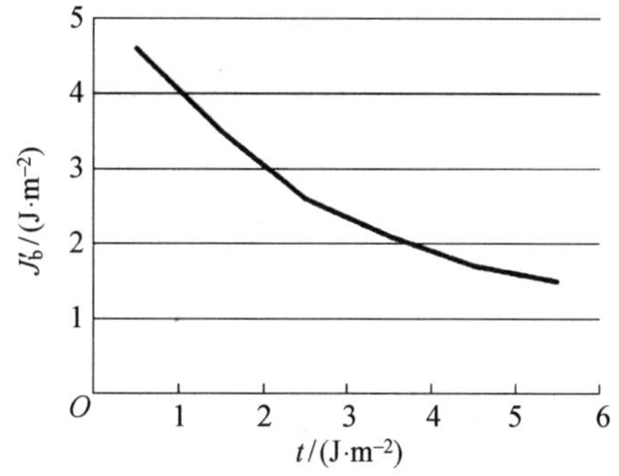


图 4　摩擦黏结作用对材料余能的影响

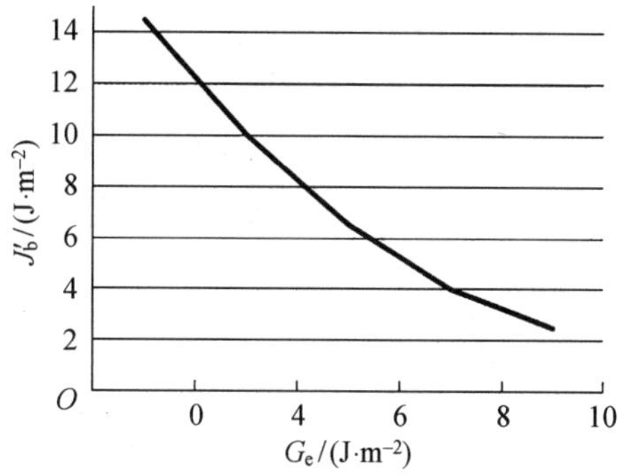


图 5　化学黏结作用对材料余能的影响

除此之外，纤维的体积掺入量也是一个重要的影响因素，尽管随着纤维体积掺入量的增加复合材料的桥接应力会增加，极限挠度也会增加，但因为国产 PVA 纤维自身的特点，直径略小，采用相同的体积掺量的情况下的整体数量较多，再加上国产纤维的表面未经过涂层处理，造成体积掺量在 1.5% 左右时纤维的分散性开始变差，搅拌也变得十分困难，难以均匀地拌和，容易在试件内结团，形成缺陷，反而使得性能下降，因此取体积掺量为 1.3% 作为一个参照。

## 3　国产 PVA-ECC 不同配合比的研究

本项目设计了 9 组不同的配合比（表 2），所制作的试件主要为两种，一种是 15 mm×50 mm×350 mm 的板型试件，另外一种是 70.7 mm×70.7 mm×70.7 mm 的正方体试件。其中板型试件用于进行四点弯试验，正方体试件用于进行单轴压缩试验。

**表 2　PVA-ECC 材料的配合比**

| 编号 | 水泥/kg | 粉煤灰/kg | 石英砂/kg | 水胶比 | 纤维体积率/% | 减水剂/kg |
|---|---|---|---|---|---|---|
| M1 | 1.0 | 1.2 | 0.36 | 0.30 | 1.3 | 0.005 4 |
| M2 | 1.0 | 1.8 | 0.36 | 0.30 | 1.3 | 0.005 2 |
| M3 | 1.0 | 2.4 | 0.36 | 0.30 | 1.3 | 0.005 0 |
| M4 | 1.0 | 3.0 | 0.36 | 0.30 | 1.3 | 0.004 8 |
| M5 | 1.0 | 1.8 | 0.36 | 0.28 | 1.3 | 0.008 3 |
| M6 | 1.0 | 1.8 | 0.36 | 0.32 | 1.3 | 0.004 5 |
| M7 | 1.0 | 2.4 | 0.36 | 0.28 | 1.3 | 0.008 0 |
| M8 | 1.0 | 2.4 | 0.36 | 0.32 | 1.3 | 0.004 2 |
| M9 | 1.0 | 1.8 | 0.36 | 0.30 | 0.0 | 0.002 0 |

M1 ~ M4 试验组以粉煤灰的掺量作为变量，M5 ~ M8 试验组以水胶比作为变量，M9 与 M4 进行比较以便直观地展现 PVA 纤维对于复合材料韧性的提升程度，并根据实际情况加入适量的减水剂。

### 3.1 PVA-ECC 弯曲强度和极限挠度的数据测量及分析

本项目所采用的试验机是深圳新三思公司制造的万能材料试验机，试验示意图如图6所示，试验数据经四点弯试验进行测量，可由计算机自动记录并绘制荷载-位移曲线。选取M2、M4、M9首先进行试验，所得到的试验曲线如图7所示。

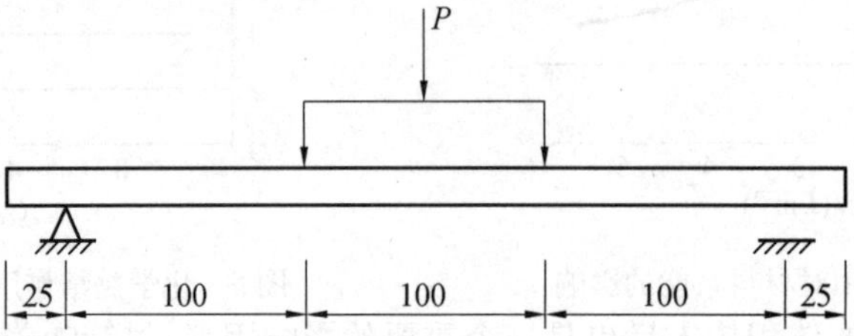


图6　四点弯试验示意图

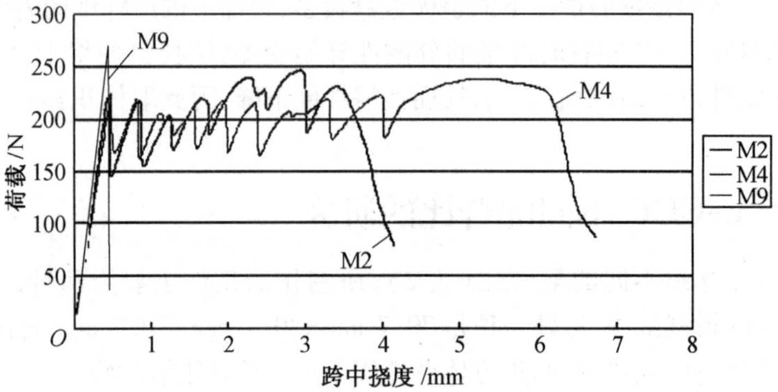


图7　典型的荷载-位移曲线

对于M9试验组，在没有添加纤维的情况下，该试件表现出了典型的荷载随着跨中挠度增加而线性增加的特性，在达到最大荷载时发生线性破坏，然后直线下降；对于M2与M4试验组，都表现出了基体材料随着跨中挠度线性增加，开裂后经历短暂下降后再次增加的特性。此过程持续若干周期后停止，由此呈现出多缝开裂的表面特征。M4较M2而言，往复次数更多，多缝开裂更加饱和，说明尽管都是使用纤维，但不同的配合比确实会造成弯曲强度、跨中挠度的不同，从而导致所造成的多缝开裂和应变硬化的效果也不同。

为了更加直观、深入地了解各因素所造成的影响，我们对试验组的弯曲强度和极限挠度进行了比较，如图8、图9所示。

从图8中可以看出，随着粉煤灰掺量的增加，复合材料的弯曲强度从5.50 MPa下降到4.80 MPa左右，跨中挠度的终值却从2.40 mm增加到5.10 mm左右。经过探讨，我们认为粉煤灰的增加降低了基体韧度，同时减少了摩擦和化学黏结作用，从而使得弯曲强度降低，根据之前提到的稳态开裂准则，使得复合材料更容易发生多缝开裂，极限挠度更大。

从图9中可以看出，随着水胶比的增加，复合材料的弯曲强度与加载点的挠度呈现出相似的趋势，其作用原理也与粉煤灰相同。但当粉煤灰掺量和水胶比都较大时，试件的跨中挠度呈现出降低的趋势。根据理论，这种情况下会造成基体的化学黏结和摩擦黏结强度均较低，从而导致界面的最大桥接应力下降到较低的应力值，容易导致PVA纤维过早进入应变软化。

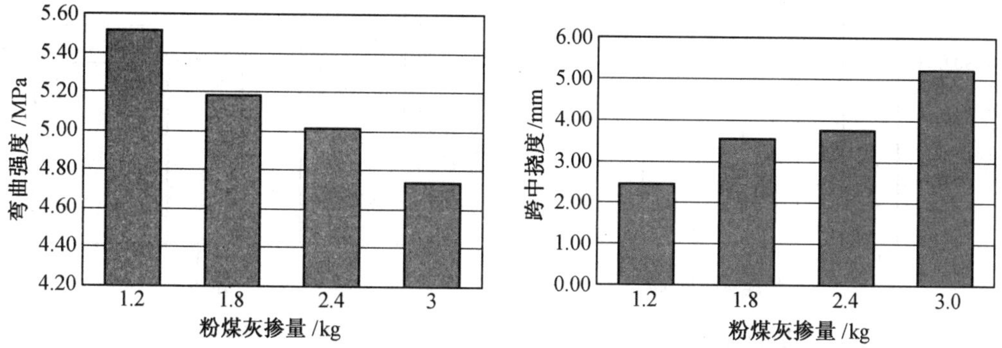


(a)粉煤灰掺量对弯曲强度的影响　　(b)粉煤灰掺量对跨中挠度的影响

图 8　粉煤灰掺量的影响

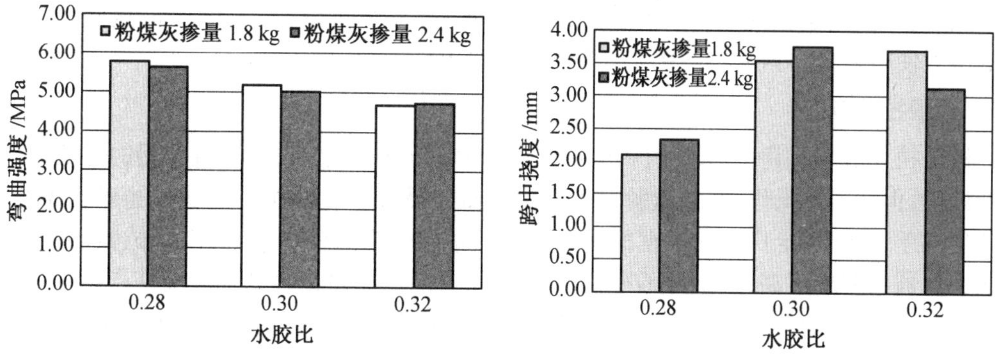


(a)水胶比对弯曲强度的影响　　(b)水胶比对跨中挠度的影响

图 9　水胶比的影响

## 3.2　抗压强度的测量和分析

《混凝土结构设计规范》(GB 50010—2010)规定:钢筋混凝土结构的混凝土强度等级不应低于 C20。因此,若要将 ECC 材料投入工程中使用,必须满足混凝土结构设计规范中的要求。采用单轴压缩试验进行抗压强度的测试,所采用的设备及装配方法如图 10 所示。

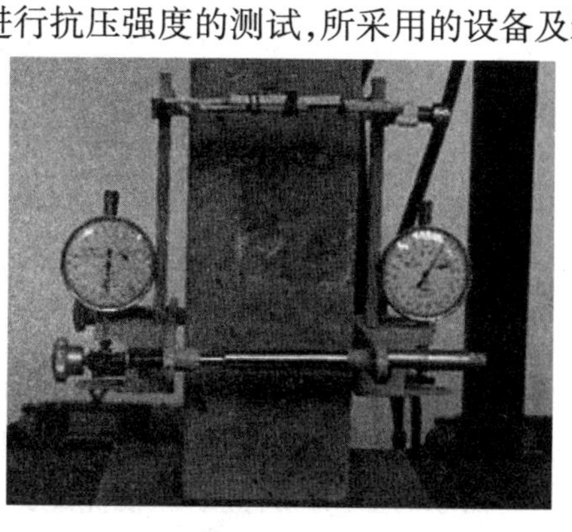

图 10　单轴压缩试验装配示意图

可用计算机读取相关数据,并绘制柱状图,如图 11、图 12 所示。

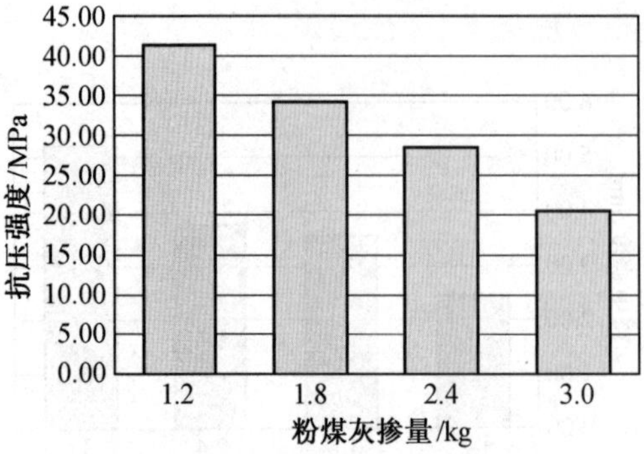


图 11 粉煤灰掺量对抗压强度的影响

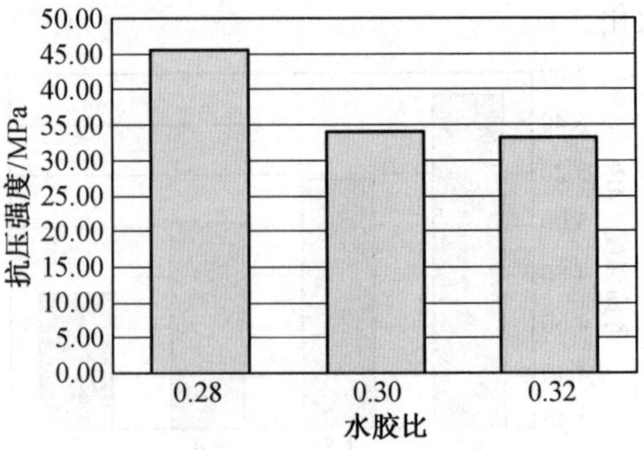


图 12 水胶比对抗压强度的影响

从图 11 中可以看出,随着粉煤灰掺量的增加,抗压强度由 41.3 MPa 降低到 20.6 MPa,这是因为粉煤灰相对水泥来说活性低,使得复合材料的水化作用变慢。图 12 中随着水胶比的增大,抗压强度也呈现出下降的趋势,由最初的 45.6 MPa 降至 33.0 MPa,这是由于水胶比的增大使得复合材料材料的密实性变差,从而导致抗压强度下降。

### 3.3 极限拉伸应变

极限拉伸应变是评价 ECC 材料的性能最为直接的指标之一,通常所采用的方法是单轴拉伸试验,但在实际操作中,该试验对于试验仪器的要求十分严苛,操作方法也较为困难,容易产生误差,不便于推广。而根据徐世烺教授及蔡向荣学者的研究,四点弯试验操作简单,对试验仪器的要求不高,且试件不存在对中问题,并且在试件的纯弯曲段允许产生变形硬化和多缝开裂,得到的荷载–变形曲线可以反映材料的延性和韧性性能,并且给出了利用荷载–位移曲线计算极限拉应变的公式:

$$\varepsilon_{t}=\frac{1}{s}\cdot\frac{kh}{l_0^2}f \tag{4}$$

式中,$l_0$为试件的跨度;$h$ 为试件高度;$f$ 为跨中极限挠度;$s$ 为 1/8;$k$ 值为 0.8。

由此,经过计算得到本试验中各组配比性能参数见表 3。

**表 3 各配比极限拉伸应变和单轴抗压强度**

| 配合比 | M1 | M2 | M3 | M4 | M5 | M6 | M7 | M8 | M9 |
|---|---|---|---|---|---|---|---|---|---|
| 极限跨中挠度/mm | 2.81 | 4.07 | 4.31 | 5.98 | 2.40 | 4.26 | 1.46 | 4.38 | 0.40 |
| 极限拉伸应变/% | 0.32 | 0.46 | 0.49 | 0.68 | 0.27 | 0.49 | 0.17 | 0.50 | 0.05 |
| 单轴抗压强度/($\times10^3$Pa) | 41.3 | 34.1 | 28.5 | 20.6 | 45.6 | 33.1 | 45.3 | 28.6 | 44.4 |

从表中可以看出,M4(水胶比为 0.30,粉煤灰掺量为 3.0)的极限拉应变为 0.68%,较没掺纤维的对照组 M9 有较大的提高,说明该复合材料的延性和韧性得到了较大的改善;M4 的抗压强度只有 20.6 MPa,相对偏低,而 M6 具有较大的拉伸应变,同时抗压强度也达到 33.1 MPa,更加满足工程应用的需求,是本组试验中的较优配比。

## 4 结 论

(1)国产纤维与日产纤维性能上的差异主要体现在国产纤维不能形成饱和的多缝开

裂，因而难以在实际工程中发挥 ECC 材料的优势。

（2）从理论和试验两个方面论证了国产纤维可以通过有限度地增加水胶比、粉煤灰的用量和纤维的掺量来改进其性能。

（3）过量地增加粉煤灰等用量会造成复合材料的抗压强度难以满足实际使用要求，因此需要综合考虑得出最佳配合比。

## 参考文献

[1] LI V C, WANG S, WU H C. Tensile strain-hardening behavior of PVA-ECC[J]. ACI Materials Journal, 2001, 98(6): 483-492.

[2] LI V C, WU H C. Conditions for pseudo strain-hardening in fiber reinforced brittle matrix composites[J]. Applied Mechanics Reviews, 1992, 45(8): 390-398.

[3] LI V C. From micromechanics to structural engineering-The design of cementitous composites for civil engineering applications[J]. Journal of Structural Mechanics and Earthquake Engineering, 1993, 10(2): 37-48.

[4] MARSHALL D B, COX B N. A J-integral method for calculating steady- state matrix cracking stresses in composites[J]. Mechanics of Material, 1988(7): 127-133.

[5] LIN Z, KANDA T, LI V C. On Interface Property Characterization and Performance of Fiber Reinforced Cementitious Composites[J]. Concrete Science and Engineering, 1999(1): 173-184.

[6] WU C. Micromechanical tailoring of PVA-ECC for structural applications[D]. Michigan: University of Michigan, 2001.

[7] KANDA T, LI V C. Practical Design Criteria for Saturated Pseudo Strain Hardening Behavior in ECC[J]. Journal of Advanced Concrete Technology, 2006, 4(1): 59-72.

[8] KANDA T, LI V C. Effect of Apparent Strength and Fiber-Matrix Interface Properties on Crack Bridging in Cementitious Composites[J]. Journal of Engineering Mechanics, 1999, 125(3): 290-299.

[9] LI V C, WU C. Interface Tailoring for Strain-Hardening Polyvinyl Alcohol-Engineered Cementitious Composite (PVA-ECC)[J]. ACI Material Journal, 2002, 99(9): 463-452.

[10] 曹磊. PVA 纤维增强水泥基复合材料力学性能试验研究[D]. 郑州：河南理工大学，2010.

[11] 蔡向荣，徐世烺. UHTCC 薄板弯曲荷载-变形硬化曲线与单轴拉伸应力-应变硬化曲线对应关系研究[J]. 工程力学，2010，27(1)：8-16.

[12] YANG E H, YANG Y Z, LI V C. Use of High Volumes of Fly Ash to Improve ECC Mechanical Properties and Material Greenness[J]. ACI Material Journal, 2007, 104(68): 303-311.

[13] 郑军兴. ECC 材料的发展现状及性能分析[J]. 四川建材，2013，39(3)：15-16.

[14] 朱桂红，田砾，郭平功，等. 工程复合材料(ECC)的耐久性能试验研究进展[J]. 工程建设，2006，38(5)：7-9.

[15] LI V C. 高延性纤维增强水泥基复合材料的研究进展及应用[J]. 硅酸盐学报, 2007, 35(4):531-536.

[16] 汪卫, 潘钻峰, 孟少平, 等. 国产 PVA 纤维增强水泥基复合材料力学性能研究[J]. 工业建筑, 2014(S1):958-964.

# 适用于高海拔地区的高黏高弹改性沥青的开发

李 鑫 郁振清 陈辉强 彭 庆 张 聃

（重庆交通大学 土木工程学院，重庆 40074）

**摘 要** 本文针对高海拔地区存在的温差大与紫外线强等复杂气候特征进行沥青改性设计，通过对沥青材料进行SBS与改性橡胶的复合改性，来开发出具备良好的弹性恢复能力、对集料更强的黏结能力以及具备一定的抗老化及耐疲劳性能的改性沥青，从而满足高海拔地区道路沥青面层所需。研究表明：不同类别的添加剂及其掺量对沥青性能影响很大，通过对比分析不同的改性剂对沥青改性的特点及效果，选用合适的改性剂组合。最后，从性能、经济、适用性等方面进行综合评价；选取合适的改性剂并确定其掺量，从而开发出成本合理且具有良好施工和易性的高黏、高弹沥青。

**关键词** 道路工程；高海拔地区；SBS；橡胶；复合改性

## 1 引 言

在高海拔地区由于年平均气温低、温差大、紫外线照射强烈、冻融循环频繁等特殊的自然条件加剧了路面开裂、水损坏等病害问题。近年来我国部分学者提出开级配大粒径沥青碎石混合料（Open-graded Large Stone Asphalt Mixes, OLSM），并将其作为裂缝缓解层设置在沥青面层的下面。针对OLSM缓解层沥青路面的研究仍处于室内试验及试验路铺筑阶段，针对高寒地区路面开裂问题的研究主要集中在半刚性基层或面层施工工艺上；本试验研究不同掺量下SBS改性剂与不同橡胶粉组合来提升改性沥青的黏弹性能，通过添加合理配方的抗老化剂改善沥青的抗老化性能，使沥青路面能够抵抗大温差气候条件的温度疲劳和由于冻融循环引起的面层水损坏等现象，以及防止紫外线大量照射引起的面层快速老化。

## 2 原材料及其特性参数

### 2.1 沥青

本项目试验选用A级70号道路石油沥青进行试验研究，其基本参数见表1。

**表1 A级70号基质沥青参数**

| 检测项目 | 实测结果 |
|---|---|
| 针入度(25 ℃,100 g ,5 s)/0.1 mm | 72.3 |
| 针入度指数 *PI* | -0.71 |
| 软化点/℃ | 51 |
| 延度(5 ℃,5 cm/min)/cm | 7.1 |
| 密度/(g·cm$^{-3}$) | 1.031 |
| 动力黏度(60 ℃)/(Pa·s) | 246 |

### 2.2 SBS 改性剂

在本项目中 SBS 采用的是 YH-791 型,其主要性能指标见表 2。

表 2 YH-791 型 SBS 的主要性能指标

| 性能指标 | 产品参数 |
|---|---|
| 结构类型 | 线型 |
| 嵌段比 $S/B$ | 30/70 |
| 挥发分/% | 0.5 |
| 熔体流动速率/($g \cdot 10\ min^{-1}$) | 1.5 |
| 灰分/% | 0.5 |

### 2.3 增黏组橡胶

试验主要研究 SBS 改性剂在不同掺量下与不同橡胶复合改性的效果。本项目中所备选的增黏组橡胶主要为以下几种:

(1)高黏沥青改性剂 SINOTPS 是以热塑性橡胶为主要成分,配以黏结性树脂、增塑剂等其他成分合成的改性剂固体颗粒。

(2)热塑胶 HVM-700,是采用热塑性橡胶、增黏剂和增塑剂联合制成的,经测试,由 HVM-700 改性的高黏度沥青具有更为良好的高温热稳定性、低温抗裂性和储存稳定性。除此之外,采用 HVM-700 改性的沥青还具有熔点低、拌和性好、易施工等优点。

(3)再生胶 Duroflex,是由多种高分子聚合物和其他功能成分组成的,能够使得所改性的沥青制备的沥青混合料具有优良的高温抗车辙能力和低温抗裂能力,对于各类极端气候的适应性能强。

(4)萜烯树脂,该材料在 SBS 系热溶胶黏剂中可以展现出优良的耐热、耐老化性及增黏效果。本试验采用 T-110 级萜烯树脂。

### 2.4 高黏、高弹沥青的性能参数确定

根据现有规定,60 ℃的动力黏度大于 20 000 Pa·s,弹性恢复率≥90%的改性沥青,可称为高黏、高弹改性沥青。国内目前并未对高黏高弹沥青的各项参数给予具体规定,故而本项目采用日本高黏沥青的相关标准(表 3)。

表 3 高黏高弹沥青的标准参数

| 检测项目 | 相关标准 |
|---|---|
| 软化点 | >80 |
| 针入度(25℃)/0.1 mm | <40 |
| 针入度指数 $PI$ | ≥+0.2 |
| 延度(5 ℃)/cm | >50 |
| 135 ℃黏度 | <3 |
| 黏韧性/(N·m) | >20 |
| 韧性/(N·m) | >15 |
| 薄膜加热质量变化率/% | ≤0.6 |
| 弹性恢复率/% | ≥92 |
| 60 ℃黏度/(Pa·s) | >20 000 |

# 3 高黏、高弹改性沥青制备及初步性能检测

## 3.1 改性沥青制备思路及工艺

由于目前我国 SBS 沥青改性技术较为成熟,因而选择 SBS 改性剂作为弹性组。橡胶改性剂的种类和掺量是本项目研究的关键,在恒定 SBS 掺量以后,调节橡胶改性剂的种类和掺量,对比各种情况下成品改性沥青的性能,以确定最后的改性方案。

本项目中各组改性沥青的改性制备过程如下:先采用油浴锅将基质沥青加热至 160 ~ 170 ℃,在 3 000 ~4 000 r/min 的速度运作下用高速剪切机逐渐加入线性 SBS,剪切 15 ~ 20 min;随后继续加入橡胶改性剂以及增容剂糠醛抽出油,将高速剪切机的转速提升至 5 000 ~6 000 r/min,持续剪切 30 ~40 min。最后降低转速至 3 000 ~4 000 r/min 加入过氧化二异丙苯后持续剪切 20 ~40 min,剪切完成后在 135 ~145 ℃条件下溶胀 1 ~2 h 发育。

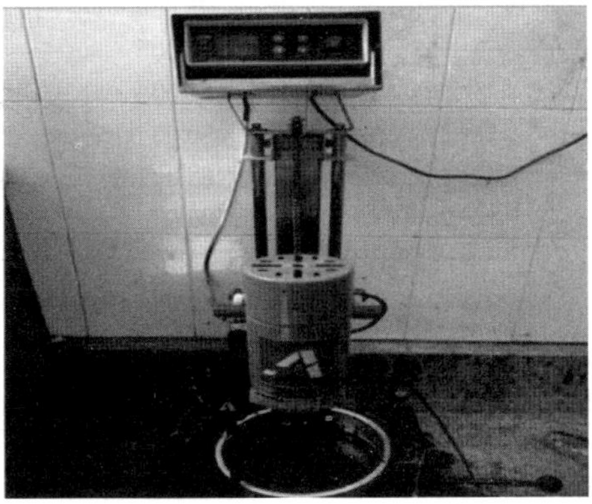

图 1　高速剪切机制备改性沥青

## 3.2 改性沥青的延度

对各类已制备完成的沥青,分别进行了延度试验,试验结果如图 2 ~图 5 所示。

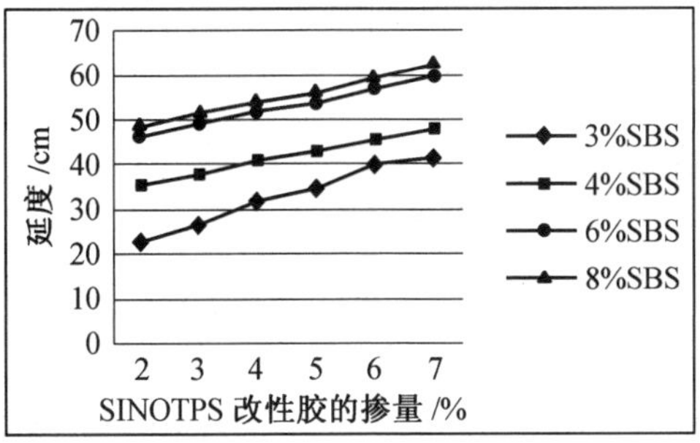


图 2　SBS 与 SINOTPS 改性胶

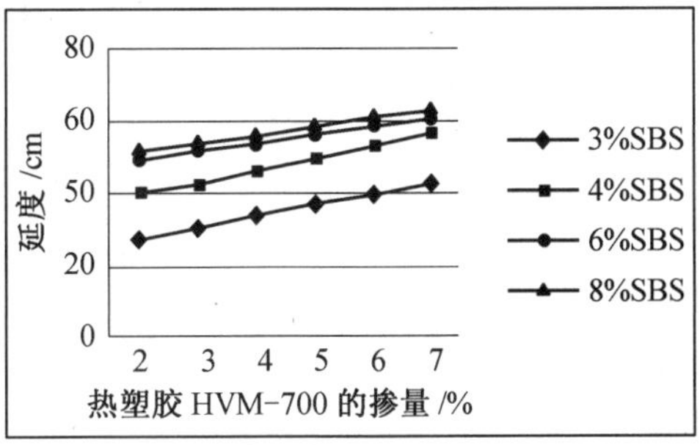


图 3　SBS 与热塑胶 HVM-700

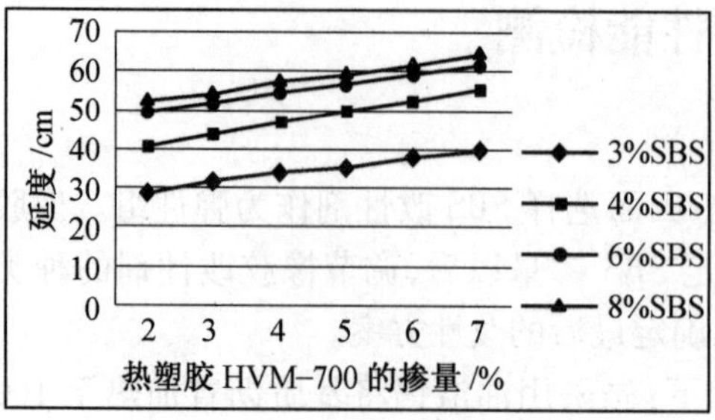


图 4　SBS 与再生胶 Duroflex

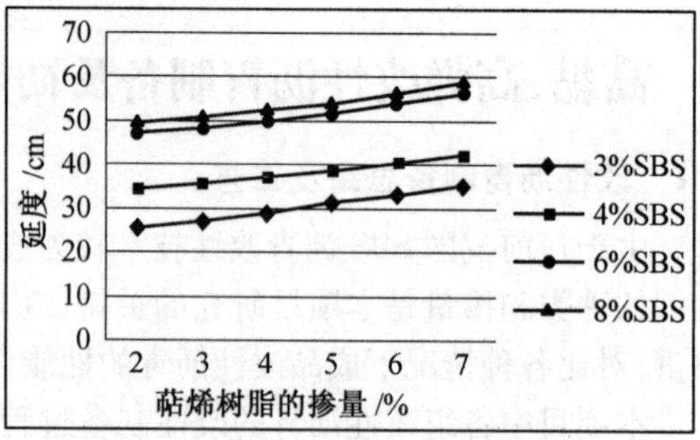


图 5　SBS 与萜烯树脂

## 3.3　改性沥青的弹性恢复

对各类已制备完成的沥青,进行部分组别的弹性试验,具体试验结果,如图 6 ~ 9 所示。

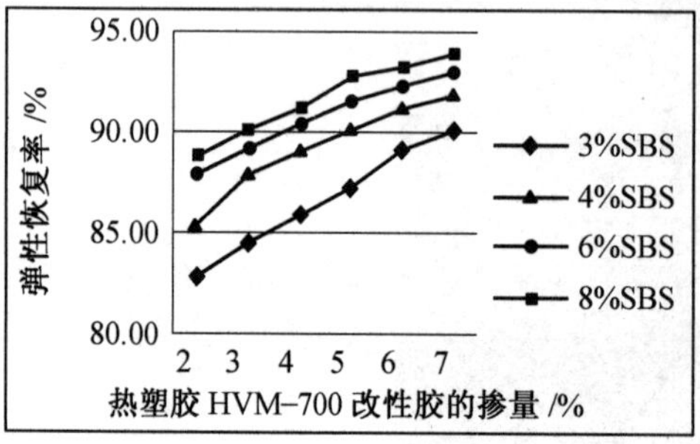


图 6　SBS 与热塑胶 HVM-700

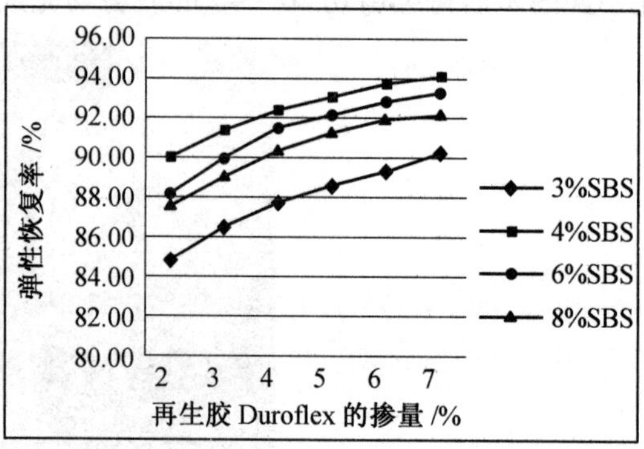


图 7　SBS 与再生胶 Duroflex

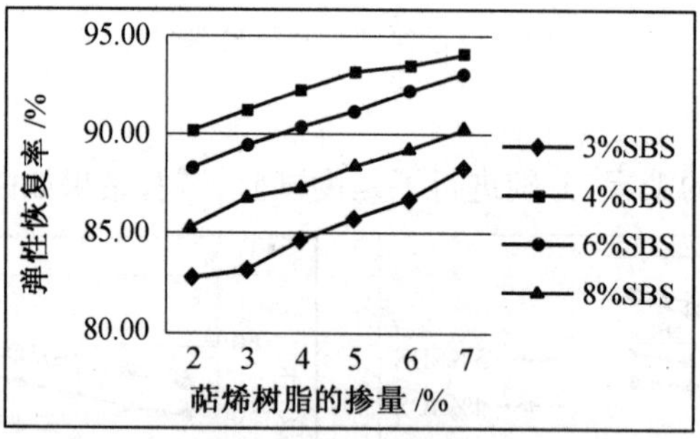


图 8　SBS 与萜烯树脂

# 4　结　论

根据上述各组延度、弹性恢复试验数据,可以得出以下结论:

(1)对于改性沥青而言,SBS 掺量的改变对于延度性能的影响很大,增黏组橡胶组分并不是改性沥青延度提升的主要原因。SBS 掺量在 4% ~6% 之间,对沥青延度的提升效果最为明显。在同一种增黏橡胶掺入的情况下,6% SBS 的掺入对比 4% SBS 的掺入可以使延度提升接近 35% 。可以发现,对于 SBS 改性剂而言,其极限值大约为 8% ,超过 8% 的掺入量反而会降低改性沥青的性能。因此,出于经济性和实用角度考虑,作为弹性改性组的 SBS

的掺入量在后续试验中选取为6%。

(2)虽然采用不同的增黏改性剂对延度的影响并不大,但是通过观察发现,在众多改性胶中再生胶对于延度的改性效果最佳、SINOTPS改性胶的效果稍有欠缺。

(3)试验表明,不同的橡胶粉添加剂对沥青的弹性恢复影响不同,SBS与热塑胶HVM-700组合跟SBS与再生胶Duroflex组合对沥青的弹性恢复影响较为明显。分析发现,在SBS改性剂掺量为6%时,再生胶Duroflex对于改性沥青的弹性恢复影响最为明显达93%。

根据上述结论,后续试验以6%SBS的掺量组合热塑胶HVM-700相比再生胶Duroflex改性剂进行后60 ℃动力黏度的检测。在此基础上,我们可以在采用单类增黏改性剂的思路上进行创新,进行各类增黏改性剂之间的复合改性试验,来完成高黏高弹沥青的改性优化。

## 参考文献


[1] 马驫,周雪艳,司伟,等. 青藏高寒地区沥青混合料的水稳定性与高温性能研究[J]. 冰川冻土,2015,37(1):175-182.

[2] 何成勇. 云南高海拔地区级配碎石基层材料组成及性能研究[D]. 重庆:重庆交通大学,2008.

[3] 郭红兵. 设置开级配大粒径沥青碎石裂缝缓解层的沥青路面抗裂机理研究[D]. 西安:长安大学,2013.

[4] 咸文林. 浅谈高海拔地区沥青混凝土路面的施工[J]. 青海科技,2010,17(6):71-72.

[5] 张明涛,陈华鑫. 改性沥青改性剂的选择和剂量的确定[J]. 内蒙古公路与运输,2004(1):3-5.

# 一种新型树脂透明混凝土的研究与制备

李忠华　张锡朋　焦思雨　杨明洁

（大连理工大学 土木工程学院，辽宁 大连　116024）

**摘　要**　透明混凝土作为一种新型建筑材料，是由大量的光纤或透明树脂等透光材料与普通混凝土制成，具有高透明度，凭借其导光的特性，能够大大提高建筑的采光效果，降低照明能耗，促进建筑节能。本文提出了采用环氧树脂替代光纤的新型透明混凝土生产工艺，制作出树脂透明混凝土成品，并针对其透光性能和力学性能进行深入研究。结果表明：当控制面积比为25%左右，导光体分支长度为100 mm，直径为16 mm时，导光体透光率约为55%，抗压强度为280 kN。同时满足透光的功能要求和抗压强度的使用要求，以制备集透光节能与良好的力学性能于一体的新型建筑材料。

**关键词**　透明混凝土；生产工艺；透光性能；力学性能；环氧树脂

## 1　引　言

目前我国正处于经济建设快速稳定增长时期，每年以土木水利工程为主的基础设施建设规模已经超过世界上其他所有国家的总和。随着城镇化进程的推进，我国每年要建造约7亿 $m^2$ 的住宅，采用工业化生产，建造绿色节能的装配式建筑，将是今后我国建筑发展的必然趋势。透明混凝土作为一种集透光、节能和智能感知于一体的新型建筑材料，对它的性能研究、大规模开发以及将其应用于装配式建筑结构契合了节能减排与未来建筑的发展方向，前景非常可观，对加速实现新型城镇化和建筑工业化也具有重要的意义。

透明混凝土学名 Litracon 光传输混凝土（Transtucent Concrete），即通过在混凝土中混入数以千计可传导光线的光学纤维，使混凝土达到半透明的外观效果。光线透过透明混凝土照射进来，营造出梦幻的色彩效果，而自然光的射入也可以减少室内灯光的使用，从而节约能源。透明混凝土凭借其良好的透光性能、感知、轻质、绝热特性以及多变的装饰效果，得到了越来越多建筑学者和科研工作者的青睐。

## 2　国内外研究现状

2001年，匈牙利建筑师 AronLosonczi 首次提出了透明混凝土的概念，并于2003年成功研制出了透明混凝土，通过在传统的钢筋混凝土中加入导光的光纤束，并调节光纤的粗细以及分布密度使混凝土表现出不同程度的透明性。德国亚深的 LiTraCon 公司研发出一种透光混凝土，借助于植入在混凝土内部的玻璃光导纤维，能让光线从混凝土的一端传入而后再从另一端传出，玻璃光导纤维可使材料的透光性能得到增强，用这种透光混凝土制成18 m厚的墙体，其透光性能与0.3 m厚的普通混凝土墙体大致相当。2004年美国博物馆展出了透明混凝土浇灌成的各种形状的制品。Joel Sosa 和 Sergio omar Galvan 研制出了一种透明的混凝土材料，它比普通混凝土的重量轻 30%，允许 80% 的光线通过。2010 年上海世博会上，意大利馆使用了透明混凝土建造场馆的外立面(图 1)，光线透过透明混凝土照射进来，利用各种成分的比例变化达到不同透明度的渐变，营造出梦幻的色彩效果，同时也可以减少室内灯光的使用，从而达到绿色节能的目的。这些应用实例使透明混凝土受到全世界的关注。

目前，国内也在逐步地深入对透明混凝土的研究。2009 年，北京榆构有限公司成功研制出透明混凝土预制砖;2011 年，北京工业大学的李锐应用纺织光纤技术进行了透光混凝土成型方法的研究，并用光纤平行排列法进行了制备具有设计透明形式的透明混凝土的研究。2013 年，大连理工大学的周智等提出了一种透明混凝土工程化施工方法，并开发出一套适用于该施工方法的施工设备。

作为一种新型的建筑材料，透明混凝土的问世只有短短十余年时间，和传统混凝土相比它的性能还不够成熟，相关的研究和实践还需要进一步完善。

鉴于此，本文提出了采用环氧树脂替代光纤的透明混凝土新型生产工艺，制作出树脂透明混凝土成品(图 2)，并针对其透光性能和力学性能进行深入研究，以制备出集透光节能与良好的力学性能于一体的新型建筑材料。

图 1　2010 年上海世博会意大利馆

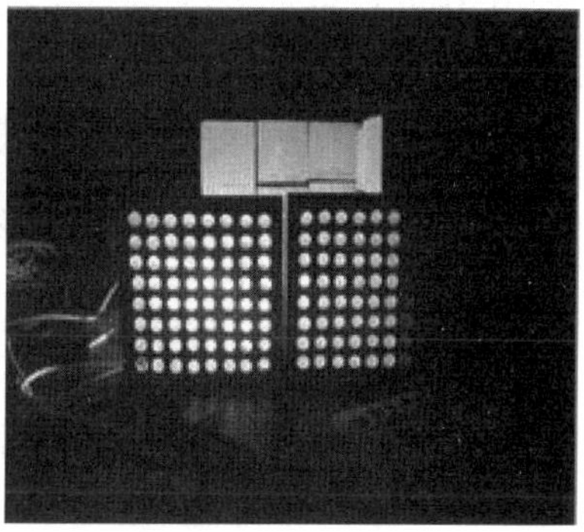

图 2　树脂透明混凝土

## 3　树脂透明混凝土的制备

树脂透明混凝土是将预制的树脂导光体浇筑于水泥基体中得到的，本试验的工艺流程包括导光体设计、模具制作、导光体成形和混凝土浇筑四步。其中，树脂导光体的制备是浇筑树脂透明混凝土的核心环节。

### 3.1　导光体设计

本试验中所制备的透明混凝土制品为 100 mm×100 mm×100 mm 的标准立方体(图 3)，树脂导光体共有 16 个导光分支(图 4)，每个导光分支截面直径为 16 mm。同时，为了将各导光体分支连为一个整体，在中间设置了边长为 90 mm、厚度为 9 mm 的连接部件。

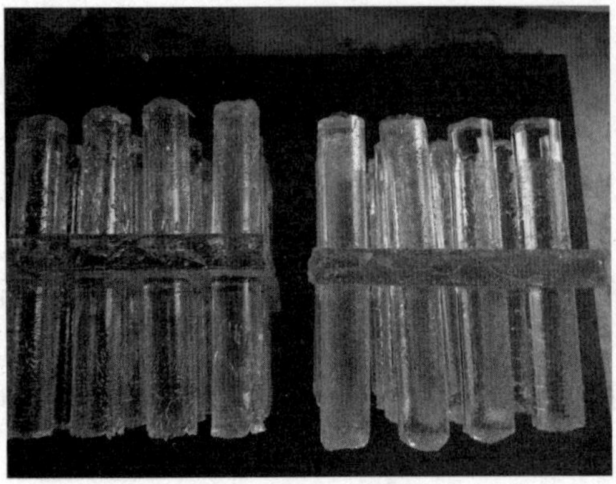

图3　导光体设计图

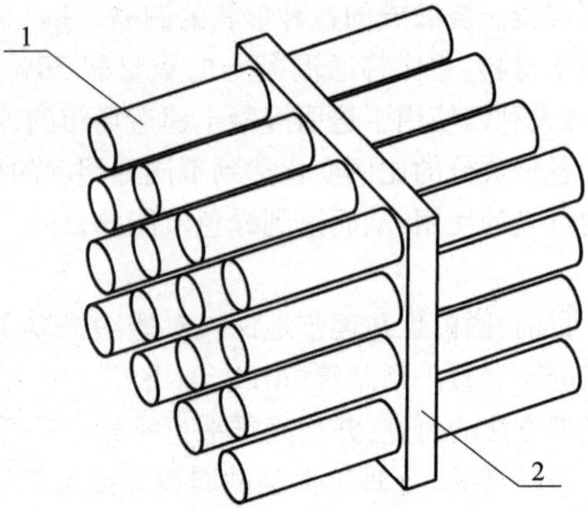


图4　导光体实物
1—导光分支;2—连接件

### 3.2　硅胶模具制作

硅胶模具(图5)的制作是本试验中制备树脂导光体的关键一步,制作完成的硅胶模具有抗腐蚀性强、柔韧性好、致密性好、便于树脂类制品脱模等特点,由于在脱模的过程中对模具损坏较小,因此可重复使用,降低了树脂导光体的生产成本。硅胶模具的制作包括以下几个工艺步骤:

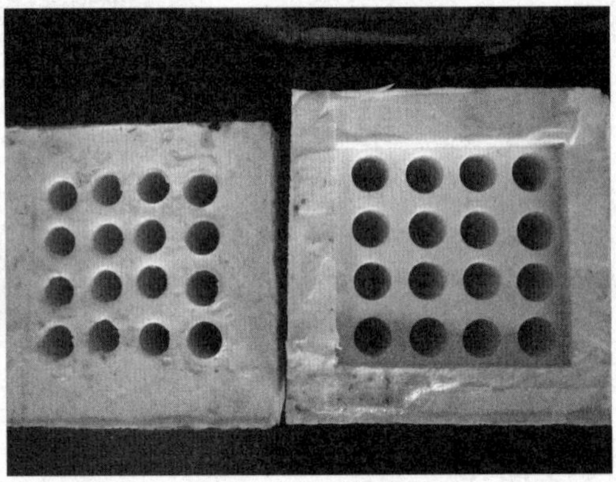

图5　硅胶模具

(1)制作导光体模型。选用直径为 16 mm、长为 100 mm 的细木棍 16 根作为导光分支,用边长为 90 mm、厚为 10 mm 的正方形薄木板作为连接部件,在木板上均匀钻 16 个直径为 16 mm 的圆孔,将木棍插入圆孔中,两侧各留 45.5 mm,最后用快硬胶固定。

(2)制作分模片。选取一边长为 132 mm、厚为 9 mm 的正方形木板,在中间切一个边长为 88 mm×88 mm 的镂空区域,四周距边缘 11 mm 处各打 2 个直径为 6 mm、深度为 7 mm 的圆孔,以便连接上、下模 ,如图 6 所示。

(3)制作围模。用木板制作一块可拆卸的硅胶浇筑模板,尺寸为 132 mm×132 mm×120 mm,为防止硅胶从围模缝隙流出,应将围模各部分用保鲜膜包裹起来。

(4)翻模法制作硅胶模具。如图 7 所示,将垫板、分模片以及导光体模型放置于围模中,在原形件表面均匀喷洒一层银晶油性脱模剂。

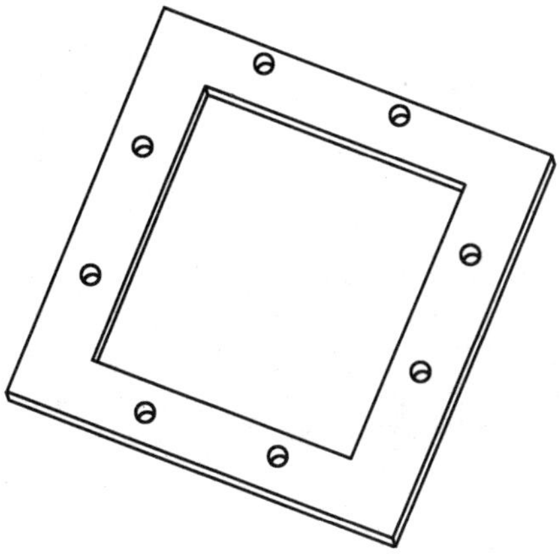

图6　分模片设计图

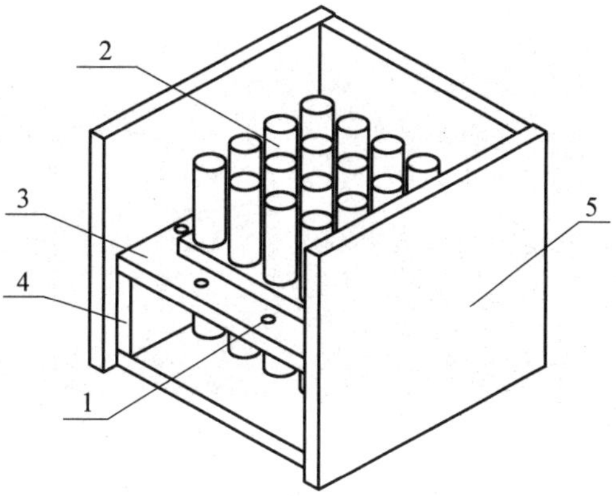


图7　围模设计图

1—上、下模连接件成型孔;2—导光体原形件;3—分模片;4—垫板;5—围模

(5)制作底模。如图8所示,根据底模的体积及密度计算硅胶用量,并将硅胶与固化剂按100∶2的比例,混合后快速、充分搅拌半分钟,随后缓缓倒入围模当中,为保证模具有足够的强度,硅胶液面至少要高于导光体上端20 mm。

(6)脱膜、拆模。待4 h后硅胶底模完成固化,将连接为一体的硅胶底模、原形件以及分模片从围模中整体取出,轻轻分离分模片,同时将围模内的垫板也取出,然后将原形件颠倒后重新放回围模中。在底模上缘平面均匀涂8号蜡,以方便后期分模。

再过4 h后拆模,将导光体模型从硅胶模具中取出,得到相互分离的底模及顶模,连接件以及连接件凹孔的存在保证了底模与顶模可连接密实,至此,硅胶模具制作完成。

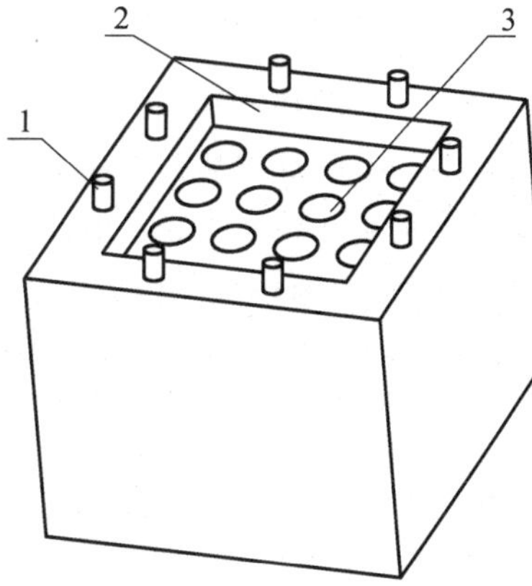


图8　底模设计图

1—连接件突起;2—连接部成型槽;3—导光分支成型孔

### 3.3　灌注树脂导光体成型

首先,根据导光体的体积及密度计算所需透明树脂的重量,并将树脂与促进剂按照100∶0.8的比例混合、搅拌均匀;其次,按100∶1的比例加入固化剂,再次搅拌均匀;再次,将盛有树脂的容器放入真空机中抽真空,在0.06～0.08 MPa的压强下持续15～20 s,在硅胶上、下模具内部均匀喷洒一层脱模剂,通过连接件将硅胶模上、下模具准确的合实,带孔一侧朝上放置;最后,将树脂从其中一孔倒入,在灌注树脂时模具各孔树脂液面会同步上升,固化2 h后,将成型的树脂导光体取出即可。

### 3.4　浇筑树脂透明混凝土

待导光体完全固化后,将导光体置于混凝土模具(图9)中浇筑成混凝土,养护后将两个导光面打磨光滑并抛光,树脂透明混凝土(图10)便制作完成。

图9　浇筑模具

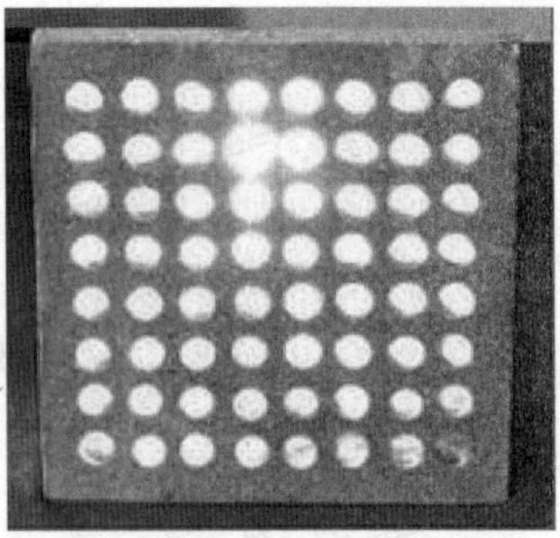

图10　树脂透明混凝土

# 4　树脂透明混凝土透光性能试验

树脂透光混凝土以透明树脂作为导光体，透明树脂的透光率直接决定树脂透明混凝土的透光性能。本试验采用不饱和聚酯树脂制作导光体，将导光体单元设计为柱状分支，并对树脂导光体进行一系列透光性能试验。

## 4.1　透光试验测试方法

本试验以 LED 强光灯作为光源，采用 Newport 2832-C 双通道光功率计以及两个 818-SL 探头分别测试导光体的入射及透射光功率，透射光功率与入射光功率之比即是导光体的透光率，如图 11 所示。具体试验步骤如下：

(1)探头调零。测试之前要对两个探头在同等光源条件下进行调零设置。因为利用双通道光功率计所测得的光功率计算透光率的前提是两个通道的初始状态要完全一致。

图11　透光率测试装置

(2)放置试件及探头。将两个探头放置在试件前后两侧，探头感光面均朝向光源一侧且感光面要与试件的前后两平面(两透光侧面)平行，为了避免入射探头遮挡光需要将入射探头置于入射面的一侧。

(3)定位光源。首先要保证到达探头的光线近似为平行光。由基础试验可知，若光源置于两探头的垂直平分线上，且光源离探头距离超过两米时，所测透光率趋于稳定。因此，本试验中将光源定位于两探头的垂直平分线上，距探头约 3 m 处。

## 4.2 透光试验结果分析

4.2.1 不同波长光线的透光率研究

本试验采用截面直径为 16 mm,长度分别为 20 mm、60 mm、100 mm 的导光体分支,运用上述装置控照上述步骤分别测量各导光分支在不同波长下的入射功率及透射功率,如图 12、图 13 所示,进而求得不同波长条件下试件的透光率,其分布规律如图 14 所示。

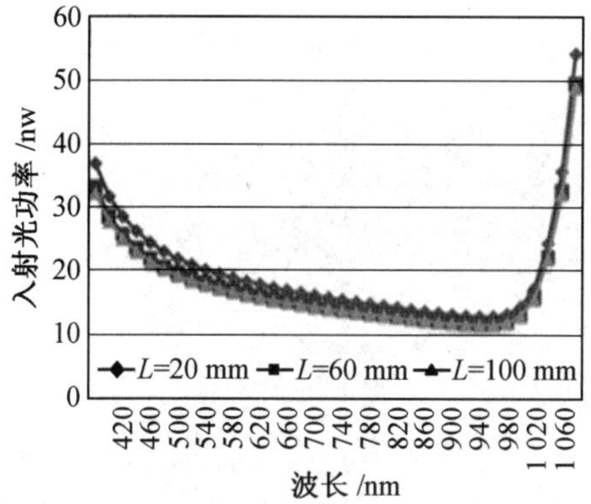


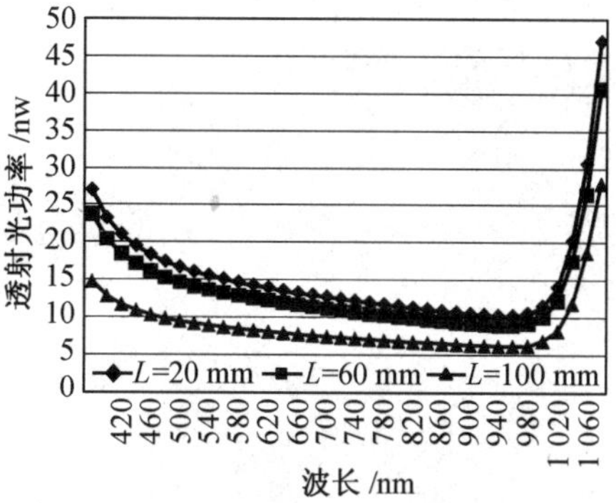


图 12 不同长度试件可见光入射光功率与波长的关系 图 13 不同长度试件可见光透射功率与波长的关系

由图 12、图 13 分析可得:当可见光的波长在 1 000 nm 范围内时,导光体的入射光功率和透射光功率随波长的增大而缓慢下降,且导光体的透射光功率随着导光体长度的增加而减小;当波长超过 1 100 nm 的波段处辐射能量最强,光功率急剧增大。虽然各波长段光功率值有差异,但入射光与透射光的变化规律一致性较好。

由图 14 分析可得:在可见光范围内,三种导光体的透光率均随波长增大而缓慢增大;且导光体长度越短,透光率越高;各波长范围透光率基本一致,而 1 000 nm 以外的红外光透过率明显提高。

4.2.2 导光体透光率随长度的变化规律

光线在树脂内不能实现全反射,其透光率会随着导光体长度的增加而降低。为了探究这种衰减规律,进而对导光分支长度的设计提供参考,本试验测量了一系列不同长度、不同截面尺寸的树脂棒的透光率,其分布规律如图 15 所示。

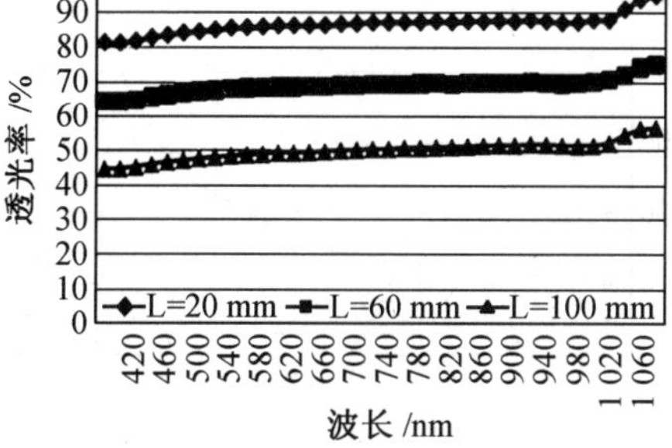


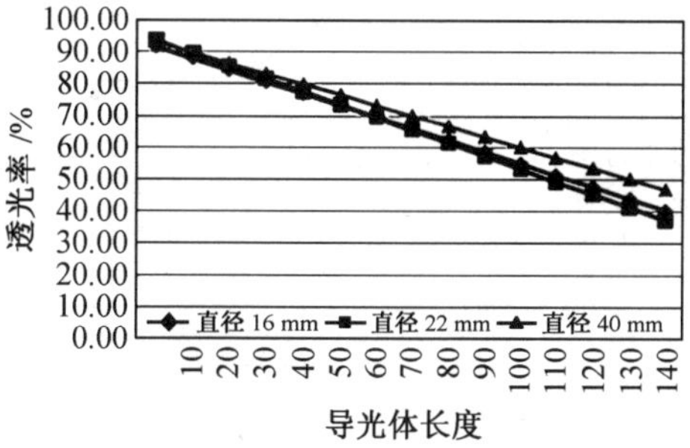


图 14 不同长度试件可见光透光率与波长的关系 图 15 试件透光率随长度的衰减规律

由图可知:树脂棒的透光率随长度的增加而衰减。当导光体长度超过 100 mm 时,透光率将低至 40%,所以在制作树脂类透光混凝土制品时,制品不宜过厚。本试验中所设计的导光体分支长度为 100 mm ,直径为 16 mm,导光体透光率约为 55%。

# 5 力学性能试验

将树脂导光体埋入混凝土中能大幅提高透光率,但也会对其抗压强度产生影响。为了验证导光体埋入混凝土中对混凝土抗压强度的负面影响,本试验用压力试验机测量透明混凝土的轴心抗压强度,与标准素混凝土试件的强度做对比。试块破坏前的情况如图 16 所示,破坏后的情况如图 17 所示,试验所得的数据见表 1,试验结果曲线如图 18 ~ 图 20 所示。

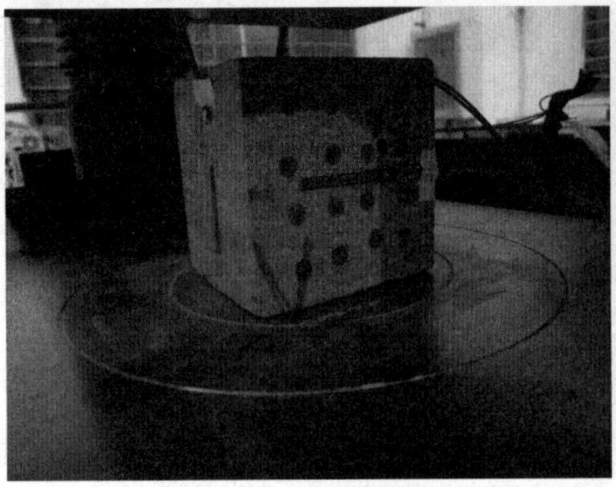

图 16 试件置于压力试验机上

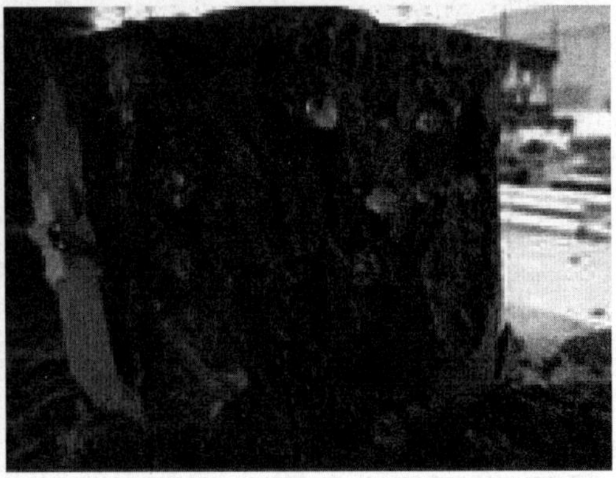

图 17 试件破坏后图片

表 1 各试件压力试验数据

| 导光体分支数 | 0 | 13 | 16 | 17 | 21 | 25 |
|---|---|---|---|---|---|---|
| 面积比/% | 0 | 13.0 | 16.0 | 17.0 | 21.0 | 25.0 |
| 轴心压力/kN | 464.3 | 381.12 | 315.5 | 305.1 | 298.3 | 282.8 |
| | 460.1 | 378.1 | 330.2 | 310.8 | 296.4 | 284.0 |
| | 468.7 | 380.1 | 328.4 | 312.1 | 303.0 | 284.6 |
| 平均值 | 464.34 | 379.8 | 324.7 | 309.3 | 299.2 | 283.8 |

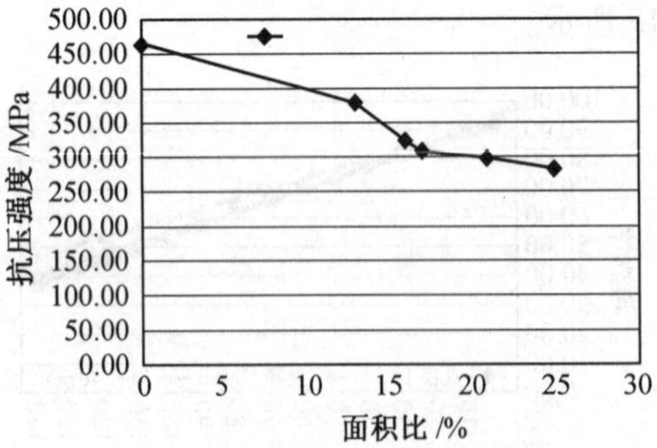


图 18 面积比与压力的关系曲线

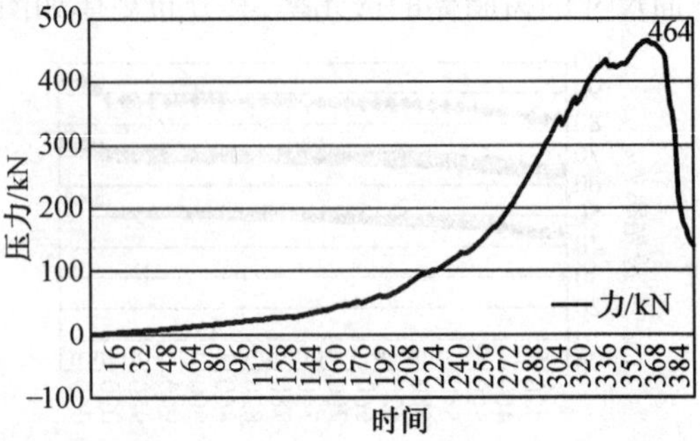


图 19 素混凝土轴心压力随时间变化的曲线

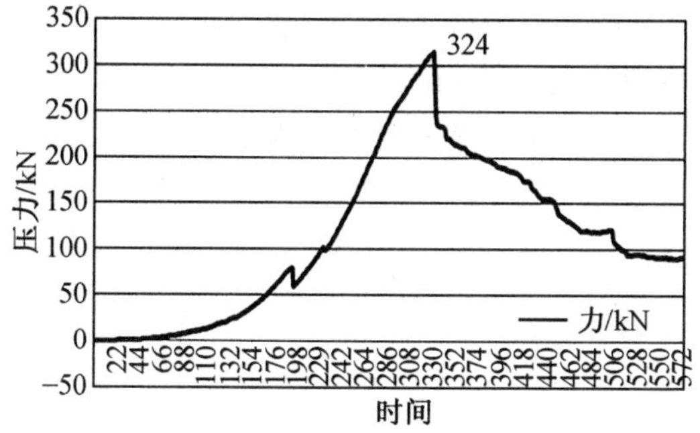


图 20　树脂透明混凝土轴心压力随时间变化的曲线

由图可以看出，树脂混凝土标准试块的抗压强度随着导光体所占面积比的增加而降低；素混凝土标准试块的抗压强度为 464 kN；当导光体所占面积比为 16% 时，树脂混凝土标准试块的抗压强度为 324 kN，强度下降的幅度并不大；当把面积比提高到 25% 时，树脂混凝土标准试块的抗压强度为 280 kN。所以当控制面积比为 25% 左右时，能最大限度地满足透光的功能要求，并且其抗压强度也能满足使用要求，可以用作非承重结构或受力较小的承重构件。

## 6　创新特色

（1）开发出一套用环氧树脂制备透明混凝土的生产工艺，并制作出树脂透明混凝土成品。树脂透光混凝土是将预制的树脂类导光体埋置在水泥基体中而得到的，其工艺流程包括树脂导光体设计及母模制作、模具制作、导光体成形和埋入水泥基体四步，其中，树脂导光体的预制是树脂透明混凝土制作的核心环节。该生产工艺可以保证产品很好地透射过不同波段的可见光和红外光，能提高其透光率以及透光材料与混凝土的黏结性，并将艺术观赏性和科学性相结合，具有广阔的市场需求。

（2）通过采用树脂导光体作为导光材料，大大提高了透明混凝土的透光率以及材料的黏结性，且能够保证力学强度，满足使用要求。

## 7　应用前景

由于透明混凝土具有高透明度，可透过太阳光，凭借其导光的特性和优越的力学性能，使透明混凝土用于建筑外墙体、室内墙体、屋顶、道路等领域，能够大大提高建筑的采光效果，降低照明能耗，促进建筑节能。在楼宇发生紧急断电的情况时，安全出口通过透明混凝土将光线透进来，为逃生提供指示。从建筑美学的角度来看，透明混凝土就像是被赋予了生命的艺术品，使人、建筑与自然更加和谐。因此，我们有理由相信，智能透明混凝土作为一种新的建筑材料，有广阔的应用前景。其广泛推广必定会带来建筑材料业的巨大革新。

### 参考文献

[1] 徐蕾，刘力. 透明混凝土的发展与实践[J]. 混凝土，2014(8)：115-118.

[2] 王信刚，陈方斌，章未琴，等. 发光透光水泥基材料的力学性能与光学特性[J]. 中国矿业大学学报，2013，42(2)：195-199.

[3] 卢求. 2008 建筑节能发展趋势[J]. 时代建筑,2008(2):132-133.
[4] 李惠,欧进萍. 智能混凝土与结构[J]. 工程力学,2007,24(S2):45-61.
[5] 周智,田石柱,欧进萍. 光纤传感器在土木工程中的应用[J]. 建筑结构,2002,32(5):65-68.

# 新型玄武岩纤维增强秸塑材料的力学性能及应用前景探析

任逸哲　俞　涛　顾悦言　杨心怡　陈锦祥

（东南大学 土木工程学院 江苏 南京 210096）

**摘　要**　本文阐述了一种玄武岩纤维增强的秸(秆)塑(料)复合材料的设计方案,并提出了一种新型的运营模式。首先在社会调研和方案调研的基础上指出秸秆建材发展的问题所在,并设计出一款新型复合材料:将秸秆短纤维和环氧树脂混合制成基体,利用玄武岩纤维仿甲虫前翅的纤维结构进行双螺旋铺层增强。增加3%质量分数的玄武岩纤维的秸塑材料抗弯强度提升63.6%,比增强率为20、10,优于单向纤维和短纤维的增强效果,已达到建筑用木材的要求。本文针对目前收购成本过高的问题提出了一种“先预加工后运输”的生产运输模式,并设计了生产流程和生产设备,可降低34%的运输成本。最后,本文分析了产品的环保效益。

**关键词**　复合材料;秸秆利用;玄武岩纤维;甲虫仿生;运输模式

## 1　引　言

### 1.1　研究背景

我国作为农业大国,秸秆资源丰富,目前有大量的秸秆就地焚烧,造成了严重的空气污染。秸秆焚烧会产生大量的碳氧化物、硫氧化物及粉尘,除了造成严重的空气污染,甚至还会造成陆路、空路交通事故,触发森林火灾。2001～2011年间,江苏省由秸秆焚烧所造成空气污染的天数平均为每年11～25天;另据报道焚烧秸秆还可能降低土壤肥力,焚烧秸秆后土壤有机质从1.48%减少到1.24%,土壤微生物死亡超八成。假设每年有10%的秸秆用于生产人造板,就可生产5 583万$m^3$人造板,取代约1.7亿$m^3$木材,相当于每年使230万$hm^2$的森林不被砍伐。同时若能利用各种秸秆材料代替传统红砖也可有效地保护土壤资源。

塑料污染方面,虽近几年在政府管控下情况有所好转,但还是存在大量的塑料污染物没有被合理利用。以北京为例,每年环境中的塑料袋约0.132万t、废农膜约0.3万t。塑料垃圾的长期堆放给鼠类、蚊蝇和细菌提供了繁殖的场所,严重威胁到人类的健康。如果将其填埋,因其不易降解会造成土壤板结使大片土地失去使用价值,影响农作物吸收养分和水分,同时还会污染地下水,阻碍植物根茎生长;此外混有塑料的生活垃圾也不适于堆肥和焚烧。

### 1.2　秸秆建材的隔热节能性能

据Goodhew和Griffiths研究,秸秆板材的导热系数为0.067 W/(m·K),利用秸秆制作的墙体材料的导热系数为0.13～0.19 W/m·K,因此秸秆成为开发天然隔热功能材料理想的原材料之一。不仅如此,由不同部位的秸秆生产的板材在性能上差异不大,从而边角料和废弃的秸秆建材可充分回收利用,达到无渣排放和循环再生利用及其节能的目的。

此外,秸秆建材在生产和运输过程中的能耗也比传统建材低很多。据报道生产每平方米秸秆建材用电 0.5 kW·h,用水 1.2 L,用燃料小于 1 g,使用后采取粉碎法回收,每平方米耗电不超过 0.3 kW·h。秸秆密度小,若用轻质板材制造的复合墙体代替传统墙体,则运输重量可以降低 90%,从而降低运输过程中的能耗。

### 1.3 秸秆建材的发展现状

我国有关秸秆建材的开发应用起步较晚——始于 20 世纪 70 年代。在各高校和科研院的带领下建立了一批生产线,但因技术原因,到 2000 年,生产线已寥寥无几。我国秸秆建材在 21 世纪后才迎来真正的高速发展期。四川国栋集团建成一条产量 5 万 $m^3$ 的生产线;2006 年 6 月我国首条自主研发和装配的秸秆板连续生产线投产;2009 年 10 月,全球首条定向结构秸秆板(OSSB)生产线在我国开工。目前,我国已建成年产 1.5 万 $m^3$、5 万 $m^3$ 的秸秆板生产线 10 余条,经营厂家 200 多家,初步形成了秸秆人造板产业。

## 2 方案设计

### 2.1 秸秆板材研究存在的问题

目前对于秸秆板材的研究主要集中在秸秆形态、秸秆表面处理、新型胶黏剂、施胶技术、成型技术和无胶黏剂秸秆板这几个方面,但都无法同时满足强度要求和环保要求,具体体现在以下几个方面:

(1)秸秆板材产业现阶段在原材料的收购和加工上没有一个合理的系统,秸秆收购困难,收购价格高,每吨秸秆收购价格在 400 元左右,秸秆板成本较高。

(2)由于秸秆本身的蜡质层和硅类化合物的存在,在板材的具体胶合过程中,普通的胶合剂难以适应,导致板材的内结合强度不高,相比其他种类纤维板存在差距。

(3)不同种类秸秆纤维的形态特性各异,各类秸秆纤维制成的秸秆板性质有所差异,且板材的生产过程中易产生细屑、粉尘,污染环境,降低利用率。

(4)目前市场上的秸秆板材的强度普遍偏低,现阶段一般用于桌椅、柜子等,可利用的途径较少,无法作为建筑材料进行利用。

因此,使用环保的玄武岩纤维材料对秸塑材料进行增强可以在提高强度的同时减少胶黏剂的使用量,有极高的研究价值。

### 2.2 仿甲虫前翅双螺旋纤维叠层结构的秸秆复合板

经过试验研究发现,单向排布的玄武岩纤维增强的和短纤维增强的秸塑材料在强度上还不能满足木材规范所规定的要求,因此,我们创造性地利用一种仿甲虫前翅的双螺旋结构排布的玄武岩纤维进行强度增强。

自然界中的生物为了生存和适应自然环境,往往会进化成别具一格的生物结构或拥有特殊的生物功能,利用精妙的仿生学原理,可以提高秸秆建材多方面的性能。陈锦祥教授等人对于甲虫生物构造进行了大量的研究,我们从他的研究成果中提取了几种有用的结构模型,并受此启发,提出了一种新型秸秆板的设计思路。2000 年陈锦祥教授在雄性独角仙前翅中,观察到了非等角的螺旋纤维叠层结构(图 1)。通过对 11 张照片进行观察测定,发现独角仙前翅相邻各层之间的夹角,最大约为 90°,最小约为 65°,多数分布在 72° ~ 80°之间(图 1(d))。

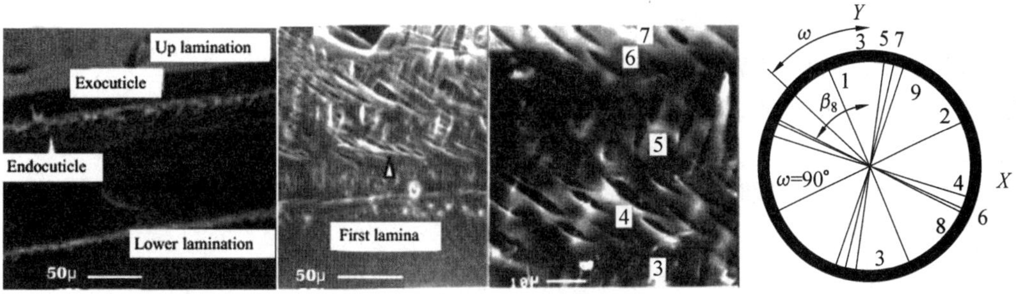


(a)X21 方向截面 (b)X21 方向几丁质纤维 (c) 中箭头位置处放大,其中数字代表距表面的层数 (d) 几丁质纤维层的纤维取向

图 1　独角仙前翅的纤维叠层结构

受此启发,我们开发出一种双螺旋铺层结构的玄武岩-秸塑复合材料。虽然甲虫前翅的纤维排布层间的差角是非严格相等的,但差别不大(基本在 10°以内),生物结构往往存在较大的偏差性,因此我们有理由相信,层间等角排列的螺旋结构,提升结构强度有很大作用,而且层间等角排列易于生产和加工。不难发现,这种螺旋排布的方式类似于生物学中 DNA 的双螺旋结构,因此命名。在这种双螺旋的排布方式中,单层纤维是由长秸秆纤维或短秸秆纤维和玄武岩纤维排列而成的,并以融化的塑料作为固化剂。玄武岩纤维可以增强单层秸秆纤维的轴向、横向强度,每相邻两层的铺设角度差在 70° ~ 90°,相间两层的铺设角度差在 20° ~ 30°,这样就形成一种双螺旋的铺设结构,铺层示意图如图 2、图 3 所示,数字表示每层的位置。这种结构排布既可以获得较大的轴向(拉伸)强度,同时又兼顾了垂直和斜向所需要的强度,增加了断裂韧性。对于此种板材我们拟采用以秸秆含量为变量设计一组对比试验,探究强度最佳时的秸秆含量。

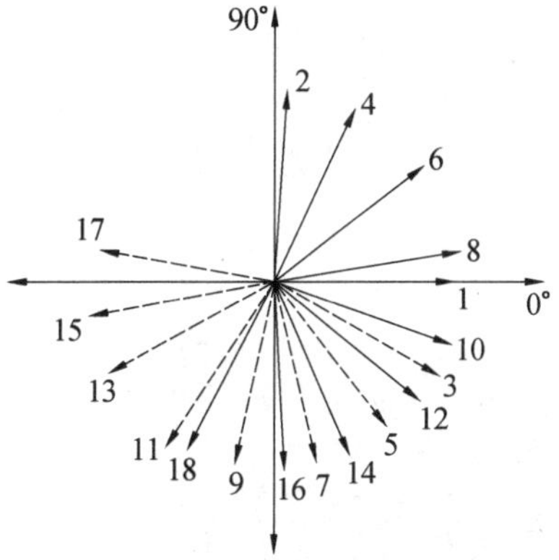


图 2　双螺旋结构铺层示意图

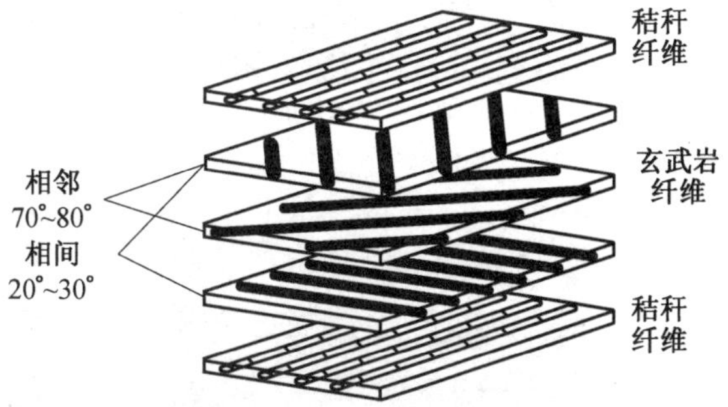


图 3　材料纤维铺层示意图

# 3 试样制作与力学性能测试

## 3.1 制作流程

制作流程需要注意的问题如下：

(1)强化纤维为玄武岩纤维。

(2)胶液配制时，环氧树脂配比是环氧树脂：固化剂：稀释剂=10：3：1，将树脂胶液搅拌充分。

(3)秸秆纤维预处理时，将秸秆粉与配制好的胶液按质量为1：1的比例均匀搅拌，使胶液浸润秸秆粉。

(4)铺放秸秆纤维时，先铺一层预处理后的秸秆纤维，再将制作好的玄武岩纤维按角度错层地铺放在秸秆纤维上，最后铺一层预处理后的秸秆纤维，并充分压实。

(5)利用抽真空装置进行抽真空处理，使得气泡从材料中析出，加大材料内部的密实度，提高其强度。

(6)固化、脱模时，用C形夹夹紧加盖的模具，然后将模具放入鼓风干燥箱中按照预定的固化温度(60 ℃加热1 h,120 ℃加热1 h)进行固化成型，待模具完全后冷却至室温方可脱模。

## 3.2 断面形态

通过观察断面形态可以看到，增加了玄武岩纤维的试件(图4(a)、(b))在弯曲破坏时裂缝非常明显，挠度较大；而未加玄武岩纤维的试件(图4(c)、(d))在弯曲破坏时裂缝相对较小，破坏时的挠度也较小。这表明，玄武岩纤维的抗压性能得以很好地发挥。秸塑材料抗压性能较好而抗拉性能较差，未经增强的试样当材料开裂时丧失承载力而退出工作，经玄武岩增强的试样可以带裂缝工作，抗压承载力主要由玄武岩纤维提供，因而承载能力提高。

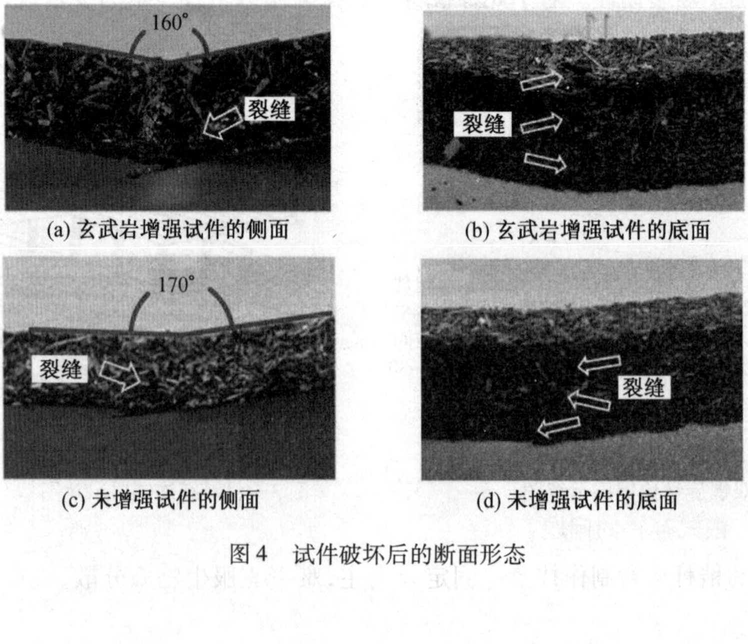

(a) 玄武岩增强试件的侧面 (b) 玄武岩增强试件的底面

(c) 未增强试件的侧面 (d) 未增强试件的底面

图4 试件破坏后的断面形态

### 3.3 力学性能

对制成的试样(250 mm×25 mm×10 mm)进行三点弯曲试验测试(万能测试机加载,加载速度为 10 mm/min,跨距为 160 mm),通过分析荷载-位移曲线(图 5(a))可以发现,增加玄武岩纤维后材料的强度有所增长,但添加单向玄武岩纤维后的增长效果不明显,这是由于单向的长玄武岩纤维仅提高了一个方向的强度,而秸秆基体相对较为松散,加载时裂缝会沿侧面发展并向上延伸从而丧失承载力,玄武岩纤维的性能没有很好地发挥。而双螺旋铺层排列的玄武岩纤维增强试件在后期的强度有明显增长,材料的延性大幅提升,这是由于玄武岩纤维改善了秸秆基体在多个方向的受力特性,材料整体性提高,玄武岩纤维能最大限度地发挥作用。通过多次试验计算,添加玄武岩纤维的试样的平均抗弯强度比不添加玄武岩纤维的试样大 63.6%,而试验控制的玄武岩纤维的质量分数为 3%,定义比增强率为

$$\partial=\frac{\Delta S}{C}$$

式中,$\Delta S$ 为抗弯强度的增长率;$C$ 为玄武岩纤维的含量。

卢国军、关苏军曾分别利用 6 mm 和 3 mm 的短玄武岩纤维增强过的木塑材料,绘制了抗弯强度提高率-玄武岩纤维含量散点的分布图,如图 5(b)所示,并计算出最大比增强率 $\partial_{卢}=10.35$,$\partial_{关}=1.59$,而本试样的$\partial=20.10$,由此可见其性能之优越。当然,秸塑材料和木塑材料性能相近但不能完全等价,双螺旋铺层的玄武岩纤维在秸塑材料中的增强性能是否优于玄武岩短纤维在秸塑材料中的增强性能还有待后续试验论证。本产品在秸秆含量为 30% 的抗拉强度已经达到了 30 MPa,大于建筑用木材的强度(杨木为 28 MPa)。

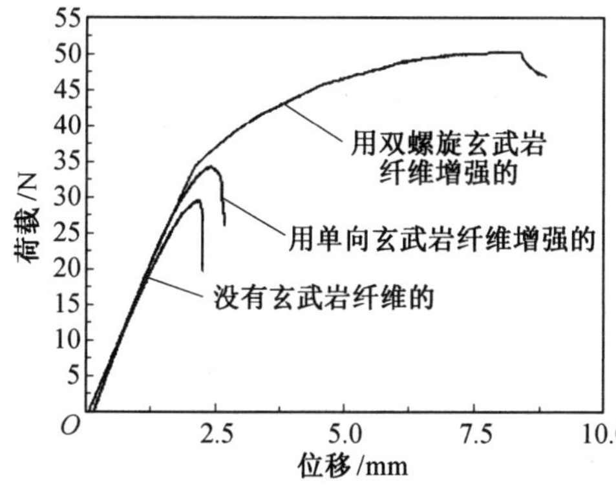


(a)试样抗弯强度测试,荷载-位移曲线

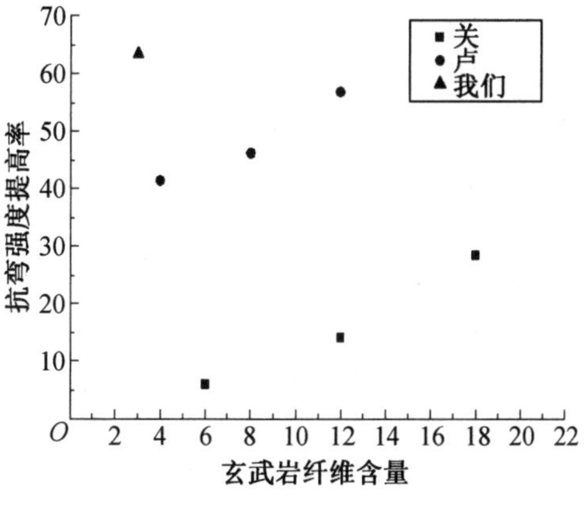


(b)本试样和其他玄武岩纤维增添方法的抗弯强度提高率-玄武岩纤维含量散点图

图 5 试验结果

# 4 生产运营模式

### 4.1 目前生产模式存在的问题

(1)现有的秸秆板材制作技术以固定式为主,难以克服生物质分散、收集半径大、能量密度低的缺点。

(2)现行的秸秆收集方式以人工为主,运输方式以直接运输秸秆为主,效率低下,且人工、运输成本高。

(3)现行秸秆处理方式经济效益低,难以使农户产生使用需求。

### 4.2 “预加工后运输”的运营模式

我们采用分块集中处理的方法,即在秸秆生产地采用机械集中收集,将收集后的秸秆用粉碎装置进行粉碎,用筛选装置筛选出指定长度的秸秆碎料,并在当地配备生产设备,直接使用粉碎筛选出的秸秆碎料,经生产设备生产出原始秸秆板材,最后将制备好的原始秸秆板材运输到城市中的指定工厂,在工厂中将原始秸秆板材进一步加工制成可投入使用的产品,如墙板、桌椅、柜子等。

其中,筛选装置放置在秸秆收集地,秸秆经机械集中收集后,可直接进行粉碎筛选处理,最后筛选出的秸秆碎料可通过运输带直接运输到生产设备进行制备。

### 4.3 本运营模式的经济效益(标准规格为 1.22 m×2.44 m×0.015 m)

(1)收购阶段。

普通秸秆处理的收购阶段,以 400 元/t 的价格从农户手中收购。本产品采用在原料生产地分点加工的运营模式,就地采集原料,省去了农户的运输成本,秸秆的收购价格可以降低约 300 元/t。

(2)运输阶段。

普通处理模式下,秸秆在原料集中地首先要进行压实处理,通过打捆机压实成捆,取尺寸为 $\phi$550 mm×520 mm 的秸秆捆,该体积下的等效密度约为 $\rho=405\ \text{kg/m}^3$。且在打捆过程中,生产该尺寸的秸秆捆所需电量约为 0.14 kW·h。本产品在原料生产地直接进行分点加工,成品规格为 $V=1.22\ \text{m}\times2.44\ \text{m}\times0.015\ \text{m}$, $m=27.15\ \text{kg}$。该体积下,等效密度约为 $\rho=608\ \text{kg/m}^3$。假设自卸单车平稳地以 50 km/h 匀速运行,且为汽油驱动,密度为 0.75 kg/L,消耗的总燃料为 $T=\dfrac{q}{(G-G_0)}\times\dfrac{1.15P\times D}{100}$(式中,$q$ 为材料运输量;$(G-G_0)$ 为装载质量,两者相等;$P$ 为货车满载条件下,燃料消耗量的限值;$D$ 为运输的距离)。在自卸单车满载条件下,燃料消耗量的限值为 $P=41.85$ L/100 km,油价为 5.9 元/L,运送距离为 $D=100$ km,自卸单车装货有效空间为 40 m$^3$。

普通处理方式时每吨原料秸秆的运输费用约为 15.24 元;每吨本产品秸秆板材的运输费用约为 10.15 元,相比之下降低了 34% 的运输成本。

### 4.4 生产设备设计

该生产设备主要由四个区间(图 5)组成:准备区间、铺料区间、注胶压密区间、高温热养区间。

准备区间可推入模具,上部可进行秸秆纤维装料;铺料区间主要由移动料斗和移动玄武岩纤维绷床组成,模板随传送弹运至指定位置后,由料斗来回数次匀速铺设指定厚度的秸秆纤维,随后绷床拉设三层玄武岩纤维成指定角度,为适应不同生产需求,绷床边沿部分分为三层,可前后灵活移动,以调整玄武岩纤维层角度,最后再在玄武岩纤维上铺设一层秸秆纤维,完成铺料;注胶压密区间同时实现注胶和压密,顶部盖板压紧模具,盖板留孔道连接废弃塑料溶胶贮池，加高压将溶胶充分压入各层纤维中；在高温热养区间成型后，进行脱模、切割、包装，即完成生产。

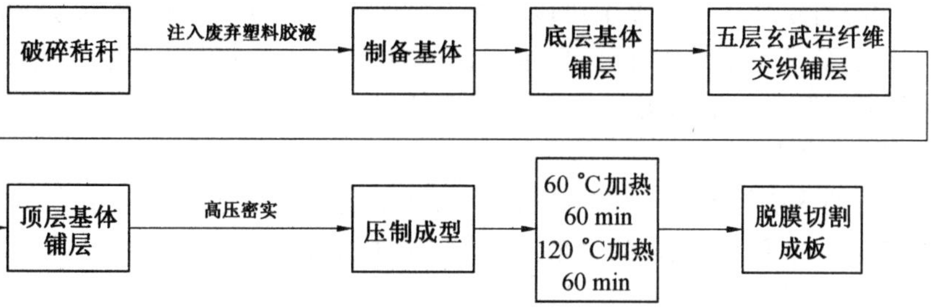


图3　生产流程

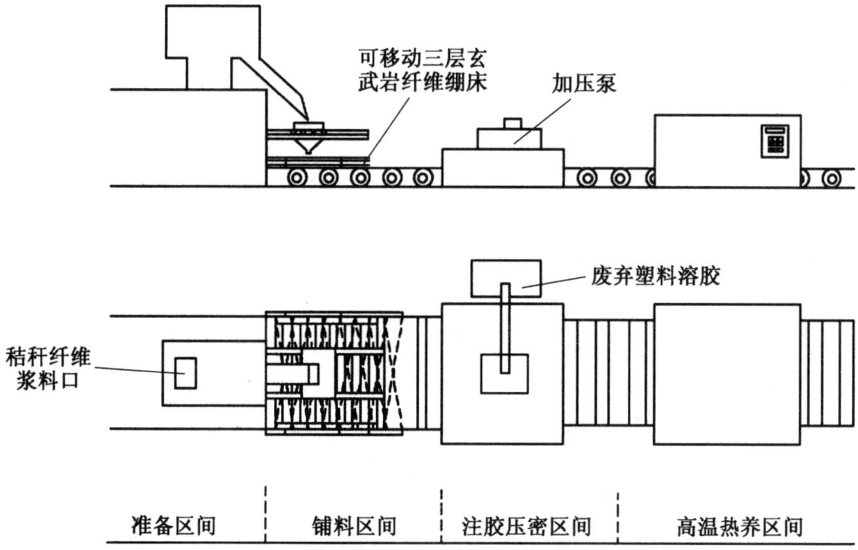


图5　生产设备草图

# 5　产品环保性分析

## 5.1　秸秆的其他处理方式的污染情况

（1）秸秆直接焚烧的处理方式。

**表1　焚烧秸秆的气体排放**　g/kg

| 分类 | CO | $CO_2$ | NO | $NO_2$ |
|---|---|---|---|---|
| 水稻秸秆 | 64.2 | 791.3 | 1.02 | 0.79 |
| 小麦秸秆 | 141.2 | 1 557.9 | 0.79 | 0.32 |
| 玉米秸秆 | 114.7 | 1 261.5 | 0.85 | 0.43 |

秸秆焚烧是我国雾霾形成的重要原因之一。焚烧秸秆的气体排放见表1。秸秆焚烧会产生大量的悬浮颗粒，以 PM2.5 为例，秸秆焚烧产生的 PM2.5 排放因子为 3.9 kg/t。每焚

烧一吨秸秆,排放的可吸入颗粒物PM2.5的质量为3.9 kg,加剧了空气污染,不利于身体健康。

最后,焚烧秸秆虽然一定程度上可以增加土壤中磷和钾的含量,但是也会造成大量氮素和有机质的流失,破坏土壤结构,降低保水能力;同时产生大量的碳氧化物和氮氧化物,不利于我国保护环境的基本国策的实行,不利于节能环保。

(2)秸秆发电的处理方式。

每两吨秸秆的热值相当于一吨标准煤,且秸秆发电的效率远低于常规的火电机组。加上秸秆材料密度小,热值低,高额的运输成本使得秸秆发电的成本约为煤电的1.5~2倍,大大增加了发电成本,经济效益低下。且每千克秸秆发电产生的碳氧化物的含碳量约为0.353 2 kg,若完全燃烧则全部转化为$CO_2$,每吨秸秆通过生物质发电的处理方式,最后排放$CO_2$的总量为1.295 t。排放大量$CO_2$不利于节能减排的实施。

### 5.2 本设计的环保优势(标准规格为$CO_2$)

(1)植物生长阶段。

在植物的整个生长周期中,光合作用可以大量地吸收空气中的$CO_2$。以水稻为例,单位面积水稻在整个生长周期中,吸收$CO_2$的总量为118.54 mol。得到秸秆的$CO_2$吸收率为158.1 mol/kg。生产一块标准板材需要原料秸秆为707×0.017 kg,所以每生产一块本产品板材,$CO_2$的吸收量为1 900 mol,即83.6 kg。

(2)运输阶段。

正常的处理模式下,秸秆在原料集中地首先进行压实处理,通过打捆机压实成捆。取尺寸为$\phi$550 mm×520 mm的秸秆捆,该体积下等效密度约为$\rho=405\ kg/m^3$,且在打捆过程中,生产该尺寸的秸秆捆所需的电量约为0.14 kW·h。本产品在原料生产地直接进行分点加工,成品规格为$V=1.22\ m\times2.44\ m\times0.015\ m$,$m=27.15$ kg等效密度约为$\rho=608\ kg/m^3$。假设自卸单车的速度以50 km/h平稳地、匀速运行,汽油驱动密度为0.75 kg/L,则每辆自卸单车单次行程的$CO_2$排放量为$Q_{CO_2}=\dfrac{0.75\times1.471\ 4\times2.62\times T}{1\ 000}$($T$为建材运输消耗的总燃料)。

普通处理方式下,运输阶段每千克秸秆排放$CO_2$ 33.57 g;每千克本产品秸秆板材排放$CO_2$ 5.76 g,相比之下排放量降低了80%。

## 6 前景展望

社会调研显示,大众对秸秆建材抱有的态度基本为观望态度。就秸秆制品而言,秸秆建材的认知度最低,而手工艺品的认知度却很高。大众对秸秆建材的未来发展趋势基本持中立态度,稍微偏向于乐观,但对秸秆建材的优势与不足有些许误解。总体来说,秸秆建材的宣传严重不到位,大众对秸秆建材的认知度不够,在了解度不深的情况下,这样的态度是非常正常的。我们可以加强对秸秆建材的宣传,尽早实现秸秆建材的市场化,体现出其优势性,这样才能鼓励更多人来支持该种建材的发展。

试验证明,本发明在力学性能(主要体现在抗拉、抗弯和延性上)和保温性能上优于传统普通建材,有效利用废弃材料生产建筑用材,既利用了废弃资源,减缓了环境污染,又减少了木材的使用,保护森林,达到减排的目的。此外,利用本发明制作的建筑构件可以显著地降低室内能耗。因此本发明在未来建材领域有很大的发展潜力。秸秆资源十分丰富,价格也相对低廉。据调查,原料收购价仅为 70 ~ 100 元/t,将原料粉碎成碎料后售价为 150 ~ 200 元/t,远低于建筑用原木的收购价。废旧塑料的收购价为 2 000 ~ 3 000 元/t,其价格也远低于目前普遍使用的胶黏剂。此种材料的生产成本约为传统木材或胶黏型秸秆板材的 1/4 ~ 1/3,成本大大降低,有较好的发展前景。

设计的运营模式高效、环保、节能、成本低,能更好地促进该产品的产业化。

## 参考文献

[1] 丁铭, 刘志宏, 丁光远. 江苏省秸秆焚烧污染现状及防治对策[J]. 环境监测管理与技术, 2012,24(5):72-74.

[2] 叶仁宏, 易福华. 焚烧秸秆的危害[J]. 农业装备技术, 2006,32(5):55-56.

[3] 左艳. 淮安市秸秆焚烧的现状与防治对策研究[J]. 安徽农学通报, 2013,19(6):94-95.

[4] 陈琳,沈文星,周定国. 我国秸秆人造板工业的发展现状与对策[J]. 福建林业科技, 2006, 33(3): 166-168.

[5] 赵利. 浅谈我国"白色污染"现状及对策[J]. 泰州科技,2011(6):26-29.

[6] GOODHEW S, GRIFFITHS R. Sustainable earth walls to meet the building regulation[J]. Energy and Buildings, 2005,37(5): 451-459.

[7] THOMSON A, WALKER P. Durability characteristics of straw bales in building envelopes [J]. Construction and Building Materials, 2014(68): 135-141.

[8] YAO F, WU Q, LEI Y, et al. Rice straw fiber-reinforced high-density polyethylene composite: Effect of fiber type and loading[J]. Industrial Crops and Products, 2008, 28(1):63-72.

[9] 刘华,张雷明,王乃谦. 秸秆人造板的现状与发展研究[J]. 中国新技术新产品, 2014, 3(上): 131.

[10] 谭福太. 秸秆建材燃烧特性及生命周期研究[D]. 广州: 华南理工大学, 2013.

[11] HAN G, CHENG W, MANNING M, et al. Performance of zinc borate-treated oriented structural straw board against mold fungi, decay fungi, and termites-a preliminary trial[J]. BioResources, 2012, 7(3): 2986-2995.

[12] 卢国军,王伟宏,王海刚. 改性玄武岩纤维增强木塑复合材料的研究[J]. 西南林业大学学报,2014,34(2):89-94.

[13] 关苏军,万春风,汪丽娜,等. 玄武岩纤维增强木塑复合材料的力学性能[J]. 复合材料学报,2011,28(5):162-166.

[14] 周定国. 关于稻秸秆人造板的几个问题[J]. 林产工业, 2008, 35(1):3-6.

# 自密实混凝土的配合比特征与硬化后的性能优缺点

赵一锦

（北京交通大学 土木建筑工程学院，北京，100044）

**摘　要**　本文首先简述了自密实混凝土的特点及其三大性能：流动性、抗离析性和自填充性；然后分别从砂率、胶凝材料、骨料、矿物掺和料几个方面介绍了自密实混凝土配合比设计原则所具有的高砂率、低水胶比、粗骨料量小、高矿物掺和料的特征；最后从力学性能、耐久性方面论述了自密实混凝土硬化后的性能优缺点。

**关键词**　自密实混凝土；配合比；特征

## 1　引　言

自密实混凝土被称为“近几十年中混凝土建筑技术最具革命性的发展”，是指在自身重力作用下，能够保持流动性和密实性，即使存在致密钢筋也能完全填充模板，同时获得很好均质性，并且不需要附加振动的混凝土。其在节约水泥用量、减轻环境污染、提高施工效率、降低施工噪音、减少人工等方面具有重大意义，解决了普通混凝土在施工过程中工作环境恶劣、振捣时产生巨大噪音影响居民休息、因工作人员经验原因产生的施工质量不足等实际问题。

## 2　自密实混凝土的性能

自密实混凝土作为高性能混凝土的一个分支，是在合适的配合比设计的基础上通过对不同级配的粗细骨料、不同的胶结材料和混凝土外加剂进行选择配制而成的。其性能主要体现在以下几个方面。

(1)流动性。流动性即混凝土在浇筑过程中具有的能填满整个模具，以保护钢筋的性能。流动性可以通过检测普通高性能混凝土坍落扩展度的方法测得。

(2)抗离析性。抗离析性即保证混凝土的粗细骨料、砂浆等所有组成成分均匀分布，具有不离析、不泌水的性能。日本和欧洲主要通过以下两种方法检测：一是测量10 L混凝土拌和物V形漏斗的时间(s)；二是计量坍落扩展度扩展到平均50 cm的时间(s)。

(3)自填充性。自填充性也称为间隙通过性，是保证混凝土浇筑过程中能顺利的通过钢筋的间隙，不产生空洞的性能。自密实混凝土的自填充性确保了混凝土的质量。自填充性根据箱型试验检测，日本的标准是停止流动后两侧相差8 cm以内视为合格。

# 3 自密实度混凝土配合比特征

与普通混凝土的配合比设计参数一样，自密实混凝土配合比的设计参数包括水灰比、砂率和用水量。从自密实混凝土的性能可以看出，自密实混凝土一个突出的矛盾在于流动性与抗离析性之间的矛盾。解决这一矛盾的关键是：减小集料的粒径，以较大的砂浆黏度来保证混凝土的稳定性，以较大的砂浆量来提供流动性。因此，自密实混凝土配合比必须满足砂率高、水胶比低、粗骨料量小、矿物掺和量高的特征。

## 3.1 砂率

砂率对混凝土和易性的影响非常显著。确定砂率的原则是：在保证混凝土拌和物具有的黏聚性和流动性的前提下，水泥浆最省时的最优砂率。根据自密实混凝土配合比设计试验，获得相关数据，见表1。由表可知：当砂率由44%提高到54%时，混凝土流动性有所改善，坍落扩展度逐渐增大，扩展速率增大。这是因为在水泥用量和水灰比一定的条件下，由于砂子与水泥浆组成的砂浆在粗骨料间起到润滑作用，可以减小粗骨料间的摩擦力，所以在一定范围内，随砂率增大，混凝土流动性增大。相应地由于砂率过高增加，粗细骨料的总表积增大，在水泥浆用量一定的条件下，骨料表面包裹的水泥浆量减少，使润滑作用下降，因此混凝土流动性降低。因此，在一定范围内，砂率高是自密实混凝土配合比的一大特征。

**表1 砂率对自密实混凝土工作性能的影响**

| 砂率/% | 扩展度试验坍落扩展度/mm | T500/s |
|---|---|---|
| 44 | 640 | 8.06 |
| 49 | 645 | 7.68 |
| 54 | 650 | 7.51 |

## 3.2 胶凝材料

胶凝材料指经过一系列物理、化学作用，能将散粒材料或块状材料黏结成整体的材料。常见胶凝材料例如石膏，可以起到调节水泥凝结时间的作用。硅酸胶体起致密作用，可提高混凝土的抗渗性和耐久性。根据坍落扩展度测试试验，试验结果如图1所示，可知：胶凝材料总量从530～580 kg变化时，图像近似呈线性变化，自密实混凝土的工作性能明显改善。

但之后由于同样的水灰比下，浆体量不足，工作性能无明显变化。且参考相关试验，改变自密实混凝土的水胶比，其和易性的变化见表2，即在组成材料一定的情况下，水胶比对混凝土的强度和耐久性起着关键性的作用，增加胶凝材料用量，使水胶比减小，是自密实混凝土配合比的另一特征。

**表2 水胶比变化对自密实混凝土和易性的影响**

| 水胶比 | 坍落度/mm | | | 扩展度/mm | | |
|---|---|---|---|---|---|---|
| | T0 | T60 | T90 | K0 | K60 | K90 |
| 0.4 | 275 | 276 | 278 | 695 | 695 | 705 |
| 0.41 | 275 | 278 | 275 | 705 | 720 | 730 |

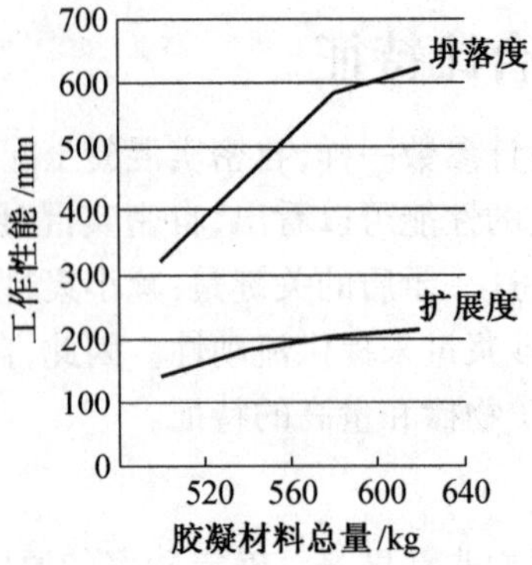


图 1

### 3.3 骨料

根据坍落度及坍落扩展度法、倒坍落度筒流出时间等几种试验方法，在保持其他条件基本相同的情况下，研究了不同粗骨料级配对自密实混凝土性能的影响，研究结果见表3。由此可知，粗骨料中细颗粒越多，流出时间就越小，所配制的混凝土的坍落度和坍落扩展度就越大，此时混凝土具有较高的流动性，早期强度略有下降；而当骨料中大粒径颗粒比例较多时，混凝土后期强度虽高，坍落度、坍落扩展度虽略有增大，但混凝土状态明显变差。因此，自密实混凝土中粗骨料量小是其配合比的另一特征。

表 3 粗骨料级配对自密实混凝土性能的影响

| 序号 | 粗骨料级配/% | | | 坍落度/cm | | 扩展度/cm | |
|---|---|---|---|---|---|---|---|
| | 5～10 mm | 10～20 mm | 20～25 mm | 0 h | 1 h | 0 h | 1 h |
| 1 | 30 | 40 | 30 | 23.5 | 23.5 | 65 | 57 |
| 2 | 50 | 30 | 20 | 25.5 | 24 | 67 | 59 |
| 3 | 30 | 20 | 50 | 24.5 | 24.5 | 68 | 64 |

### 3.4 矿物掺和料

指在混凝土搅拌前或在搅拌过程中，与混凝土其他组分一起，直接加入的人造或天然的矿物材料及工业废料，其目的是为了改善混凝土性能，调节混凝土的强度等级和节约水泥用量。例如，硅粉掺入混凝土可以改善混凝土拌和物的黏聚性和保水性；粉煤灰掺入混凝土可增大混凝土的流动性，减少泌水，改善和易性的作用。参考相关自密实混凝土配合比设计试验，试验结果如图2所示，可知：随着矿渣掺量的增加，混凝土的工作性能逐渐改善，扩展度的变化值虽然不是很明显，总的趋势是在不断增加的。但是掺入过量的磨细矿渣对抗压强度的发展不利，尤其是掺量达到30%后下降趋势尤为明显。因此，高矿物掺和料是自密实混凝土配合比的又一特征。

## 4 自密实混凝土硬化后的性能优缺点

自密实混凝土硬化后的性能主要体现在力学性能和长期耐久性方面。

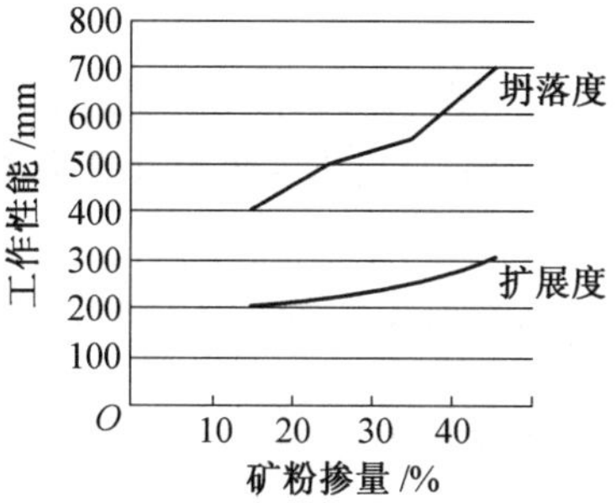


图2　矿粉掺量对自密实混凝土工作性能的影响

(1)优点。在力学性能方面,自密实混凝土具有更为密实、均质的微观结构。相同的水泥含量和水灰比情况下,自密实混凝土因为其致密的结构组成,抗压强度比普通混凝土强度高。在水胶比相同条件下,自密实混凝土的抗拉强度略高于普通混凝土。强度等级相同的自密实混凝土弹性模量比普通混凝土弹性模量小约15%,这与粉体颗粒含量提高,粉体颗粒黏结的粗骨料含量减低密切相关。通过拔出试验,研究自密实混凝土中不同形状钢纤维的拔出行为发现:自密实混凝土中钢纤维的黏结行为明显好于普通混凝土。这是因为自密实混凝土较高的黏结性和流动性改善了钢纤维与基体之间的界面结构,使得自密实混凝土中钢纤维的黏结行为比普通混凝土中的情况好。另外,虽然与相同强度的高强混凝土相比,自密实混凝土与普通高强混凝土都呈现出较大的脆性,但自密实混凝土具有更高的断裂韧性。在长期耐久性方面,由于掺入了高效减水剂和矿物掺合料,混凝土内部微观结构致密空隙小,抗渗性能也相应地提高。且自密实混凝土具有更高的抗冻融性能,氯离子的渗透深度也比普通混凝土的小。

(2)缺点。在长期耐久性方面,自密实混凝土的塑性收缩是由于加入了塑化剂和矿物掺合料,再加上自密实混凝土自身的强度发展特点造成的,如果在实际过程中,浇筑混凝土后未能及时养护,很容易产生塑性收缩开裂,出现早期裂缝,严重影响到自密实混凝土的耐久性。由于自密实混凝土中加入的高效减水剂和矿物掺合料,使自密实混凝土的体积出现不稳定性,对热应力和收缩引起的体积变形产生很大的负面影响,容易导致混凝土出现结构开裂的现象,导致其渗透性增大,耐久性下降;并且高效减水剂会加快水化速度,使混凝土的中心温度急剧升高,一定程度上也会威胁到自密实混凝土的耐久性。另外,高温条件下,自密实混凝土的耐火性能比高性能混凝土差。

## 5　结　论

(1)自密实混凝土的配制关键在于解决流动性与抗离析性之间的矛盾。

(2)自密实混凝土配合比具有砂率高、水胶比低、粗骨料量小、矿物掺和量高的特征。

(3)自密实混凝土抗压强度、抗拉强度较高,弹性模量较小,黏结性能较好,具有更高的断裂韧性、抗渗透性和抗冻融性。

(4)自密实混凝土体积不稳定,耐火性差。

**参考文献**

[1] 杜艳静, 叶燕华, 朱国平, 等. 自密实混凝土的收缩性能研究[J]. 混凝土, 2009(7):

27-30.
[2] 傅沛兴,贺奎. 自密实混凝土的配合比设计[J]. 建筑技术,2007,38(1):49-52.
[3] 徐杰,叶燕华,朱铁梅,等. 砂率对自密实混凝土工作性能的影响[J]. 混凝土,2013(4):101-103,115.
[4] 陈绪坤,尹明,陶津. 自密实混凝土配合比优化研究[J]. 山东建筑大学学报,2006,21(5):410-414.
[5] 郭栋,杨卫国,王京. 自密实混凝土配合比试验研究[J]. 四川建筑科学研究,2013,39(4):255-257.
[6] 梅世龙,蒋正武,孙振平. 骨料对自密实混凝土性能的影响[J]. 建筑技术,2007,38(1):53-55.
[7] 宿万. 自密实混凝土的性能和检验[J]. 现代商贸工业,2007,19(9):268-271.
[8] 阎培渝,阿茹罕,赵昕南. 低胶凝材料用量的自密实混凝土[J]. 混凝土,2011(1):1-4.
[9] 刘运华,谢友均,龙广成. 自密实混凝土研究进展[J]. 硅酸盐学报,2007,35(5):671-678.

# 以建筑垃圾为骨料的新型生态多孔混凝土的研究与应用

董贻晨　郭紫薇　詹达富　范雨生　王　超　雍　涵

（北京建筑大学 土木与交通工程学院，北京　102616）

**摘　要**　随着我国城镇化的快速发展，自然资源浪费、污染气体排放，导致城市环境问题日益严重。国家高度重视生态环境的建设，提出大力加快海绵城市的建设。为此，我们研究利用建筑垃圾中的废弃骨料，生产出植生型、透水型两大多孔混凝土。该类多孔混凝土主要是利用建筑垃圾中的废弃骨料，掺和外加剂，水泥等材料所制成的新型生态混凝土。其中，透水型混凝土能够保水、渗水、蓄水，重复利用天然降雨，节约水资源。高透水率、高强度的性能使其成为海绵城市建设的“绿色海绵体”；植生型混凝土可实现植物扎根于混凝土空隙之中生长，防止水土流失。同时，植物可利用光合作用吸收二氧化碳，减少碳排放，扩大植被面积，打造生态宜居城市。新型生态多孔混凝土在原料供给，生产应用过程中，节约天然石材和水土等资源，此外还可减少碳排放，缓解城市热岛效应，洪涝灾害，城市噪音等城市灾害。应用前景广阔，可持续利用价值高，改善城市面貌，是海绵城市建设中不可或缺的环节之一。

**关键词**　建筑垃圾；海绵城市；透水型混凝土；植生型混凝土

## 1　引　言

### 1.1　问题提出

随着我国城市化建设步伐的加快，每年工程竣工的面积达 20 亿 $m^2$，平均每天拆除建筑物面积达 2.5 亿 $m^2$，产生建筑垃圾 3 亿 t 以上。我国对建筑垃圾的处理主要采用简单的填埋处理方式，不仅垃圾围城占据着大量的土地资源，建筑垃圾中的硫酸根离子等也会对水土资源造成污染，甚至释放有毒气体。

在调研过程中，我们发现由于河岸、高速公路两旁缺少可固定植物根系的混凝土体系，导致土壤极易流失。城市内存在大量的密实道路铺砖，没有良好的透水性与透气性，降雨后无法透水、蓄水，无法有效地促进热量的扩散，而且密实砖无法吸音，因此城市内涝、热岛效应和声音污染的问题极其严重。为了解决城市化建设中的环境问题，我们以海绵城市建设为研究方向，完成我们的研究课题。

为解决建筑材料的浪费以及传统产品的功能有限等问题，本团队本着低能耗、低排放，达到建筑垃圾真正的排放量无限接近于零的理念，创新混凝土传统制作工艺，以建筑垃圾废弃骨料为主要材料，回收废弃建筑材料，并利用特殊外加剂和少量普通建筑材料，以多孔混凝土为主要研究方向,生产出植生型混凝土和透水型混凝土两大新型多孔混凝土。

### 1.2 国内外研究现状

由于环境保护的需要,水土保持、水质净化、退化生态环境的修复和重建得到了世界各国的重视。为解决保水、排水、保护水资源、保护生物种类的多样性等一系列生态环境问题,生态混凝土以其自身优异的生态效应得到了世界各国相关领域学者的高度重视,近些年来此研究领域在国际上得到了迅猛的发展。生态混凝土的研发、制备得到了世界各国的重视。多孔混凝土在国外应用非常普遍,制备多孔混凝土的技术已经相当成熟。

美国对再生骨料混凝土的研究十分重视,利用再生骨料的技术也处于世界领先地位。欧洲将环境保护和可持续发展作为发展战略,资源化垃圾建材已成为欧洲各国研究的重要课题。

日本制备多孔混凝土的技术已趋于成熟,一些发达国家也都在引进日本的一些先进技术,在多孔混凝土植被研究方面也进入了技术攻关阶段。日本采用生态混凝土修复、重建破坏的生态环境,如修建和恢复河道护岸、沟渠驳岸等。

目前,国内对多孔混凝土的使用不予重视,只有少部分高校以及公司在研究多孔混凝土的制备,技术相对比较落后。虽然国内生态混凝土的研究目前已迈出了第一步,但所配制出的该类混凝土强度较低,无法满足结构强度需求,限制了其在工程实际中的应用。在国家发出建设海绵城市的号召下,我们应该注重多孔混凝土的开发与应用,与世界各国齐步前行,为海绵城市的建设打下良好的基础。

## 2 设计原理

### 2.1 再生骨料的获取与筛选

再生骨料的制作过程如下:

(1)将建筑垃圾进行粗分,建筑垃圾大致可分为混凝土块、钢筋、玻璃、塑料、木材等几类,在现场将它们分开堆放;

(2)将建筑垃圾进行破碎,破碎混凝土材料和石材,目的是减小颗粒尺寸,增大其形状的均匀度;

(3)将建筑垃圾进行分选,提取有用成分对其进行二次精分;

(4)选取6~9.5 mm的碎石作为透水混凝土的骨料,粒径9.5~16.5 mm的碎石用于植生型混凝土的制备。

### 2.2 透水混凝土

透水混凝土的设计主要需要考虑两大因素:强度和透水率。由于二次使用的再生骨料在自身性质上相比普通石子相对较弱,导致必须对其进行用前处理(图1),由此传统混凝土的配比要求已不再适用。再生骨料透水混凝土的配制过程是:

(1)确定透水混凝土的设计透水量和透水系数;

(2)设计满足建筑再生混凝土集料堆积空隙率要求;

(3)确定建筑再生混凝土的颗粒粒径和级配;

(4)集胶比和胶凝材料(水泥及掺合料)用量确定;

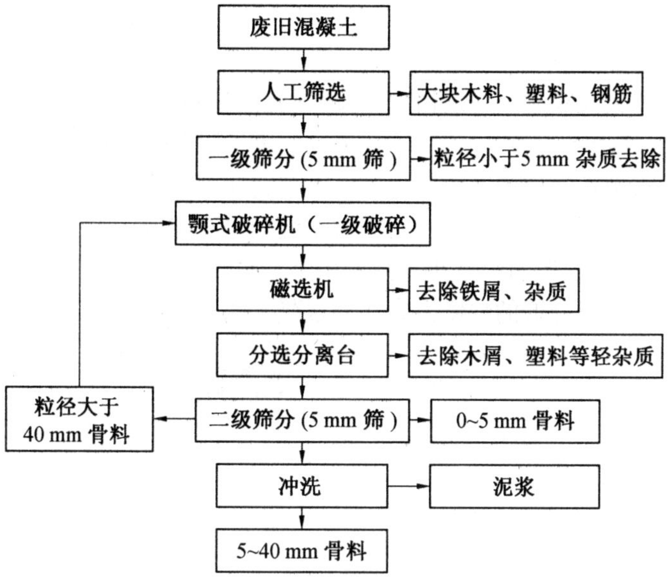


图 1　再生骨料的制备过程图

(5)用水量确定；

(6)外加剂掺量种类及用量确定；

(7)成型试件不同养护期透水性能测试；

(8)调整优化级配和配比；

(9)确定透水混凝土施工配比。

再生骨料透水混凝土配制中综合考虑了影响透水混凝土性能的因素：再生骨料的粒径、骨料用量、水胶比、胶凝材料掺量、外加剂量、用水量、孔隙率要求等因素。试验数据见表 1。

**表 1　试验数据**

| 再生骨料 | 目标水胶比 | 骨料粒径/mm | 孔隙率/% | 粗集料用量 $m_1$ /(kg·m$^{-3}$) | 水泥用量 $m_2$ /(kg·m$^{-3}$) | 粉煤灰用量 $m_3$ /(kg·m$^{-3}$) | 用水量 $m_4$ /(kg·m$^{-3}$) | 减水剂水量 $m_5$ /(kg·m$^{-3}$) | 28 d 强度/MPa |
|---|---|---|---|---|---|---|---|---|---|
| 1 | 0.28 | 4.75～9.5 | 15 | 406 | 428 | 47.6 | 133 | 4.76 | 6.2 |
| 2 | 0.28 | 9.5～13.2 | 20 | 388 | 351 | 39 | 109 | 3.9 | 5.2 |
| 3 | 0.28 | 13.2～16 | 25 | 360 | 178 | 31.9 | 87 | 3.11 | 2.8 |
| 4 | 0.31 | 4.75～9.5 | 15 | 406 | 355 | 37.2 | 115 | 3.72 | 6.8 |
| 5 | 0.31 | 9.5～13.2 | 20 | 388 | 265 | 29.4 | 91 | 2.94 | 5.6 |
| 6 | 0.31 | 13.2～16 | 25 | 360 | 404 | 44.9 | 139 | 4.49 | 4.4 |
| 7 | 0.34 | 4.75～9.5 | 15 | 406 | 254 | 28.2 | 96 | 2.82 | 6 |
| 8 | 0.34 | 9.5～13.2 | 20 | 388 | 386 | 42.9 | 146 | 4.29 | 5.2 |
| 9 | 0.34 | 13.2～16 | 25 | 360 | 320 | 35.6 | 121 | 3.56 | 2.6 |

试验结论如下:

(1)强度方面。

固定水胶比,增大孔隙率,导致骨料之间的接触面积降低,胶凝能力下降,强度会随之降低。在设计高孔隙率透水混凝土时,为了保障其强度,可调整水胶比和掺合料用量。其原理是:矿物掺合料的火山灰效应和微填充效应可改善再生骨料透水混凝土的工作性能和骨料间的黏结,最佳掺量有利于提高强度。由于透水混凝土孔隙率较大的缘故,使得水胶比对再生骨料透水混凝土强度的影响和普通混凝土相比有些不同,随着水胶比的增大,透水混凝土的强度有降低的趋势,但降低的幅度没有普通混凝土明显,如图 2 所示。

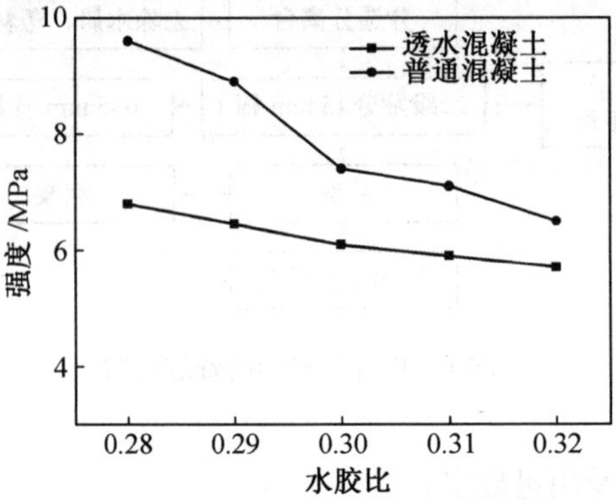


图 2　普通混凝土与透水混凝土强度与水胶比之间的关系对比折线图

(2)透水性能方面。

再生混凝土的透水性能是由孔隙率决定的,随着孔隙率的增大,再生骨料透水混凝土的透水系数增大。随着孔隙率的增大,会在混凝土内部形成许多连通的孔隙,让水流得以通过,即透水。骨料粒径以及胶凝材料用量对再生混凝土的透水性能也有影响,再生骨料之间的相互嵌入降低了骨料堆积孔隙率,影响了混凝土内部连通孔隙的形成,降低了其透水性能。采用小粒径的再生骨料,可以减少其相互嵌入的程度和削弱嵌入后的效果,提高孔隙率,有较高的透水性能;胶凝材料用量和水胶比对再生骨料混凝土透水性也有影响,随着水胶比的增大,透水系数增大;矿物掺和料的掺入有利于改善再生骨料透水混凝土的工作性能,但随着矿物掺和料掺量的增加,透水系数呈现降低的趋势。在上述分析的所有影响因素中,透水混凝土的透水性能受孔隙率影响最为明显,如图 3 所示。

## 2.3　植生型混凝土

植生混凝土的配制技术根据其自身特点大致可分为:植生混凝土的搅拌、植生混凝土的碱性改良、植生混凝土的基质配制。

### 2.3.1　植生混凝土的搅拌

在施工现场,普通混凝土为达到一定的密实度,普遍采用振动成型工艺。显然,该工艺不适合植生混凝土。通过研究发现,搅拌工艺对植生混凝土的强度和孔隙的影响较明显。我们通过对两种搅拌工艺的分析,来确定搅拌工艺对孔隙率和强度的影响程度,这两种搅拌工艺分别是:一次加料法,即将定量的胶凝材料、骨料、外加剂等一次性投入搅拌机中搅拌,最后加水搅拌,得到所需混凝土;水泥裹石法,即先用少量的水把骨料表面湿润,接着投入定

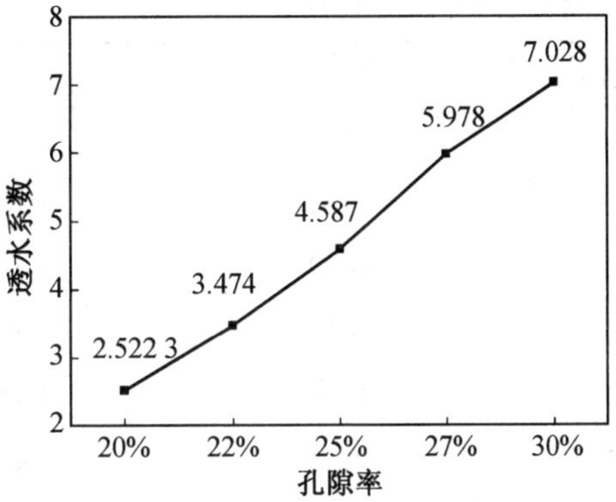


图 3　透水混凝土透水系数与孔隙率之间的关系折线图

量的胶凝材料并进行搅拌，最后再加足够的水进行搅拌，得到所需混凝土。对这两种方法的结果进行对比，我们可以发现采用水泥裹石法的植生混凝土强度提高明显，孔隙率下降较少。第一种方法较方便，第二种方法效果较好，制备时可根据情况选用合适的方法。

2.3.2　植生混凝土的碱性改良

试验表明，当混凝土表面 pH 在 8 ~ 9 之间时，最适合植物生长。我国受限于低碱度水泥资源的不足，由普通硅酸盐水泥制作的植生混凝土，其孔隙中水的 pH 超过 9，严重阻碍植物成长，因此对植生混凝土的碱性改良显得尤为重要。试验时在硫铝酸盐水泥熟料中掺入硬石膏、石灰石、矿渣、粉煤灰等碱度调节材料，分析其对熟料碱度和力学性能的影响，多次试验、测量，确定最佳的碱度调节材料及其掺量。试验数据见表 2，折线图如图 4 所示。加入掺和料可以在一定强度下获得更大的孔隙率和降低酸碱度，最佳掺和料掺量为 5.65 $kg/m^3$；同时，因水泥水化产生的 $Ca(OH)_2$ 等碱性物质，不可避免，要延长养护龄期。

**表 2　设计目标孔隙率、水胶比不同时的 28 d 碱度**

| 分组编号 | 设计目标孔隙率/% | 水胶比 | 外加剂掺量/($kg \cdot m^{-3}$) | 28 d 碱度 |
|---|---|---|---|---|
| N1 | 20 | 0.28 | 5.65 | 10.23 |
| N2 | 20 | 0.29 | 5.65 | 10.18 |
| N3 | 20 | 0.3 | 5.65 | 10.08 |
| N4 | 20 | 0.31 | 5.65 | 9.97 |
| N5 | 20 | 0.32 | 5.65 | 9.94 |
| N6 | 25 | 0.28 | 5.65 | 9.68 |
| N7 | 25 | 0.29 | 5.65 | 9.62 |
| N8 | 25 | 0.3 | 5.65 | 9.54 |
| N9 | 25 | 0.31 | 5.65 | 9.51 |
| N10 | 25 | 0.32 | 5.65 | 9.48 |
| N11 | 30 | 0.28 | 5.65 | 9.11 |
| N12 | 30 | 0.29 | 5.65 | 9.04 |

续表 2

| 分组编号 | 设计目标孔隙率/% | 水胶比 | 外加剂掺量/($kg \cdot m^{-3}$) | 28 d 碱度 |
|---|---|---|---|---|
| N13 | 30 | 0.3 | 5.65 | 8.97 |
| N14 | 30 | 0.31 | 5.65 | 8.93 |
| N15 | 30 | 0.32 | 5.65 | 8.88 |
| N16 | 35 | 0.28 | 5.65 | 8.45 |
| N17 | 35 | 0.29 | 5.65 | 8.41 |
| N18 | 35 | 0.3 | 5.65 | 8.33 |
| N19 | 35 | 0.31 | 5.65 | 8.24 |
| N20 | 35 | 0.32 | 5.65 | 8.21 |
| N21 | 40 | 0.28 | 5.65 | 7.95 |
| N22 | 40 | 0.29 | 5.65 | 7.81 |
| N23 | 40 | 0.3 | 5.65 | 7.77 |
| N24 | 40 | 0.31 | 5.65 | 7.71 |
| N25 | 40 | 0.32 | 5.65 | 7.65 |

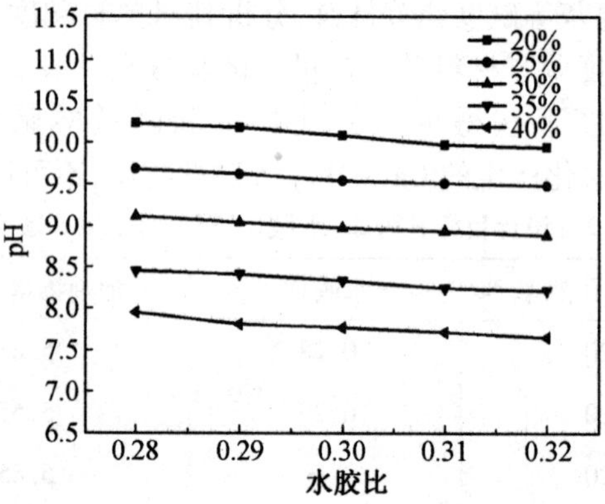


图 4　设计目标孔隙率、水胶比不同时 28 d 碱度折线图

### 2.3.3　植生混凝土的基质配制

植生混凝土的基质配制是指通过对植生混凝土孔隙内填充的材料的配置，为植物提供赖以生长的载体，更好地为植物生长提供养分和水分。植生混凝土的基质应具有较好的穿透性，滞水、滞肥性，还应当具有较好的酸碱性，材料来源广泛，无有害成分等优点。我们的植物生长基分为两部分：一是营养土；二是混凝土中的一种外加剂。营养土就是从市场上购买的营养土，它对种子萌发、植物早期的生长起到决定性作用；外加剂是氯化铁溶液，其质量分数在 13% ~20% 时效果最佳，氯化铁溶液可以很好地调整混凝土空隙中 pH 的大小，还可以在植物有了根系后为植物生长提供必需的无机离子，其调配工艺是将氯化铁溶液与减水剂混合，加入混凝土搅拌均匀，调整混凝土浆体部分的稠度。

# 3　创新特色

## 3.1　贴合海绵城市理念

国家大力提倡生态文明建设，强调加快建设海绵城市步伐。我们所研发的产品经过大量的试验以及准确的测验，以高于国家标准3倍的规格进行设计。我们的产品是利用再生骨料生产而成的，可谓是绿色的海绵体，渗透下来的天然雨水，可进行再次使用，节约水资源，真正做到自然积存、自然渗透、自然净化。

## 3.2　原材料的创新——建筑垃圾，变废为宝

我们所研发的生态多孔混凝土是利用建筑垃圾制作而成的，骨料、砂石、水泥占全部建筑垃圾的48% ~52%，这部分材料每年可达16.8亿t以上。换句话说，我们每年可节省16.8亿t以上的天然材料，同时加快原有建筑垃圾的利用率，释放大量的土地资源。目前，人们大大忽略了这一部分资源的利用价值，从而造成了资源的浪费，而国外早已将建筑垃圾循环利用起来。我们通过与生产再生骨料的厂家合作，将再生骨料、可利用砂石、水泥等材料完全投入到生态多孔混凝土的生产中，加入自制高效外加剂，使再生混凝土可完全达到产品指标。通过团队不断试验、调整配比，我们研发的再生多孔混凝土的强度符合《透水水泥混凝土路面技术规程》(CJJ/T 135—2009)的强度要求，透水率可达要求的2倍，将建筑垃圾变废为宝，推动了建筑废弃物资源化利用，提高了产品的附加值。

## 3.3　生产工艺的创新——独家配比，绿色工艺

在生产过程中，再生骨料上已有水泥包裹，再次生产时可减少水泥用量，间接地减少了水泥生产过程中二氧化碳的排放量，同时减少煤、碳等天然能源的消耗。我们主要研究的是生态多孔混凝土的配合比，通过调整水灰比、硅率、铝率，使水泥等胶凝材料恰好包裹住再生骨料，控制材料的使用量，避免胶凝材料过分堆积在再生骨料之间，不会造成资源的浪费。将生产工艺绿色化，实现资源的合理利用。

## 3.4　应用的创新

### 3.4.1　植生型混凝土——绿色海绵体，护坡小卫士

植生型混凝土，具有混凝土上能生长绿色植物的特性。利用植物的光合作用，吸收二氧化碳，减少二氧化碳在大气中的含量。以前的观点认为植物吸收了人类二氧化碳排放量的四分之一，新发现表明实际数字远不止这些，人们将植物吸收二氧化碳的能力低估了16%。经试验测算，每平方米阔叶植物一天可吸收33 kg的二氧化碳。由此初步测算，北京境内可铺设植生型混凝土的面积高达1 000万 $m^2$，每天可为北京吸收3.3亿kg的二氧化碳，不仅有效解决了由二氧化碳排放而导致的全球变暖、温室效应等一系列环境问题，还能为城市增加绿化面积，改善城市景观。如果能经过政府将植生型混凝土在全国推广，相信建设美丽中国的发展目标离我们并不遥远！

### 3.4.2　透水型混凝土——呼吸海绵体，城市大管家

我们通过研究发现，在保证透水型混凝土强度的前提下，增大混凝土的孔隙率，可为大自然的水循环提供良好通道，改善密实封闭的城市道路。高效率的吸水、蓄水、排水、用水，可有效改善城市热岛效应的问题，让城市畅快呼吸。多孔的混凝土结构还能吸音减噪，降低

城市的噪音污染。我们可以改变混凝土的灰色形象,将混凝土进行色彩定制,根据设计要求进行彩色混凝土的铺装,永不褪色,为城市风景增添一抹色彩。

# 4 应用前景

(1)植生型混凝土实现植物通过连续的空隙深深扎入混凝土中,帮助土壤涵水释水,减少自然资源的损失;利用植物的光合作用,减少大气中二氧化碳排放。

(2)透水型混凝土可改善传统道路砖不透水、不透气、散热差等缺点,通过研究特定的配比可使其透水性增强,保水蓄水、高效锁水,有效地利用天然降水,节约水资源,并且能增加散热量,除尘降噪。

(3)生态多孔混凝土将建筑垃圾变废为宝,可有效地解决城市建筑垃圾堆积问题。植生型混凝土可种植植物的种类多样,解决水土流失的问题;扩大城市植被面积,改善城市景观。透水型混凝土使地表水能够及时渗入地下,减轻城市内涝灾害;晴天时,实现热交换,解决城市热岛效应。混凝土的多孔结构还可改善城市噪音污染等问题。

(4)利用建筑垃圾中的骨料,可使成本降低,不仅解决了建筑垃圾占用土地资源的问题,还增加了产品的附加价值。国家政策支持,企业生产观念转变,使得应用前景广阔,持续利用价值高。

## 参考文献

[1] 李萌,陈宏书,王结良. 生态混凝土的研究进展[J]. 材料开发与应用,2010(10):89-94.

[2] 赵焕起. 建筑垃圾再生骨料干粉砂浆的制备和性能研究[D]. 济南:济南大学,2014.

[3] 朱东风. 城市建筑垃圾处理研究[D]. 广州:华南理工大学,2010.

[4] 王雷,许碧君,秦峰. 我国建筑垃圾处理现状与分析[J]. 环境卫生工程,2009,17(1):53-56.

[5] 李伟. 生态混凝土透水砖的研发及应用[J]. 砖瓦,2007(7):14-17.

[6] 李庆刚. 生态混凝土水分保持与供水措施研究[D]. 南京:南京水利科学研究院,2007.

[7] 陈宗平,占东辉,徐金俊. 再生粗骨料含量对再生混凝土力学性能的影响分析[J]. 工业建筑,2015(1):130-135.

[8] 刘海峰. 环境友好型植物生长多孔混凝土的研究与应用[D]. 南京:东南大学,2004.

[9] 王俊岭,王雪明,冯萃敏,等. 植生混凝土的研究进展[J]. 硅酸盐通报,2015,34(7):1915-1919.

[10] LI X P. Recycling and reuse of waste concrete in China: Part Ⅰ. Material behaviour of recycled aggregate concrete[J]. Resources, Conservation and Recycling, 2008, 53(1-2):36-44.

[11] LI X P. Recycling and reuse of waste concrete in China: Part Ⅱ. Structural behaviour of recycled aggregate concrete andengineering [J]. Resources, Conservation and Recycling, 2009, 53(3):107-112.

[12] 刘莹,彭松,王罗春. 再生骨料及再生混凝土的改性研究[J]. 再生资源研究,2005(1):

33-39.

[13] 杜婷,李惠强. 强化再生骨料混凝土的力学性能研究[J]. 混凝土与水泥制品,2003(2):19-20.

[14] ANN K Y, MOON H Y, KIM Y B, et al. Durability of recycled aggregate concrete using pozzolanic materials[J]. Waste Management,2008,28(6):993-999.

[15] LI J S, XIAO H N, ZHOU Y. Influence of coating recycled aggregate surface with pozzolanic powder on properties of recycled aggregate concrete[J]. Construction and Building Materials,2009,23(3):1287-1291.

[16] 张朝辉,王沁芳,杨娟. 透水混凝土强度和透水性影响因素研究[J]. 混凝土,2008(3):7-9.

[17] 卢育英,杨久俊. 利用再生骨料配制透水性混凝土[J]. 环境科学与技术,2008,31(3):91-94.

[18] 王琼,严捍东. 建筑垃圾再生骨料透水性混凝土试验研究[J]. 合肥工业大学学报:自然科学版,2004,27(6):682-686.

[19] 陈莹,严捍东. 利用再生骨料配制透水性混凝土[J]. 工业建筑,2005, 35(4):65-68.

[20] 周勇,肖汉宁,李九苏. 无砂透水性再生混凝土生产工艺研究[J]. 混凝土,2008(9):36-37.

[21] 刘兰,马瑞强. 透水性水泥混凝土的研制[J]. 新型建筑材料,2007(10):16-19.

[22] 刘荣桂,吴智仁,陆春华,等. 护堤植生型生态混凝土性能指标及耐久性概述[J]混凝土,2005(2) : 16-19.

[23] 沈丹. 透水混凝土材料的开发现状分析及其应用[D]. 杭州:浙江农林大学,2015.

[24] 杨聪强. 再生骨料绿色生态混凝土的应用研究[D]. 泉州:华侨大学,2013.

[25] 张雪丽,郑莲琼,周继宗,等. 透水混凝土研究综述[J]. 福建建材,2014(11):13-16.

[26] 姜伟民. 植生混凝土综述与开发应用研究[J]. 混凝土,2009(7):97-98,105.

# 超轻泡沫混凝土的试验研究

刘佳睿　徐可睿　郭鸣谦　谌　玥　刘嫄春

（东北农业大学 水利与建筑学院，黑龙江 哈尔滨 150030）

**摘　要**　融沉是多年冻土地区地基病害最主要的类型之一。超轻泡沫混凝土具有轻质、节能、耐火、保温、隔热等性能，作为多年冻土区建筑物地基保温隔热材料，目前存在强度低、体积稳定性不良、吸水率高等急需解决的问题。为解决这一问题，本文以超轻泡沫混凝土为研究对象，以化学发泡法为制备方法，通过多组配比试验，研究了双氧水掺量、二氧化锰掺量、料浆温度对超轻泡沫混凝土性能的影响，分析各外加剂与发泡规律之间的关系，对其性能和应用可行性进行了研究，最终制备出容重在 250 ~ 270 kg/m$^3$，28 d 抗压强度为0.25 ~ 0.35 MPa，导热系数为 0.060 ~ 0.065 W/(m·K)的超轻泡沫混凝土。

**关键词**　混凝土；多年冻土区；超轻泡沫混凝土性能；发泡规律

## 1　引　言

我国是世界第三大冻土国，多年冻土区的面积约为 215 万 km$^2$，占国土面积的 22.4%。冻土是指温度在 0 ℃以下，含有冰的各种岩石和土壤。冻土融沉现象是指冻土融化时的下沉现象。融沉是多年冻土地区地基病害的主要原因，多年冻土中冰的含量多，温度作用下冰的融化引起冻土融沉，使得地基变形超过允许值从而影响地基稳定，多年冻土地区出现的融沉现象，对多年冻土区的工程建设提出了更高的要求。1992 年，在青藏公路昆仑山越岭地段我国便将保温材料铺设于实体道路工程中，以此降低多年冻土上限；在青藏铁路多年冻土区大量采用热棒加固路基的方法也取得了成功。未来，对于多年冻土区建筑物的修建，以及“一带一路”建设过程中，如何有效地防止地基因融沉而导致的沉降，成为亟待解决的问题。

泡沫混凝土由于其独特的性能成为最主要的保温材料，可以有效地防止冻土融沉带来的不利影响，而超轻泡沫混凝土更是集轻质、节能、耐火、保温、隔热等性能于一体，在建筑节能领域发挥着越来越重要的作用。目前，国家政策也为泡沫混凝土的发展创造了有利的条件和发展空间，进一步推进了超轻泡沫混凝土的发展，研究超轻泡沫混凝土使其更适用于建筑保温工程具有重要的意义。

## 2　研究背景

目前，国外的保温技术已经比较成熟，超轻泡沫混凝土的应用也比较广泛，大量的保温材料在建筑中得到了全面的运用，例如应用在墙体以及围护结构中，应用在屋顶、地面以及防止空气渗透等方面。研究及应用最为广泛的泡沫混凝土密度一般在 300 kg/m$^3$ 以上，而对于密度小于 300 kg/m$^3$ 的超轻泡沫混凝土的研究比较少。

与国外研究成果相比，我国的超轻泡沫混凝土成品存在质量较差，全面的生产比较少以及生产的技术水准不高等问题，产品大多属于低档产品。同时超轻泡沫混凝土在地基保暖工程、外墙保温工程、屋面保温工程等方面的研究和运用都比较少。因此为了拓展其生产规模以及应用范围，应加强对超轻泡沫混凝土的研究。

# 3 试验原材料

## 3.1 凝胶材料

（1）为了满足强度的要求，选用天鹅水泥厂生产的 P. O42.5 普通硅酸盐水泥；

（2）为了满足强度和经济性的要求，选用某工厂提供的Ⅲ级 F 类粉煤灰。掺加粉煤灰可降低水泥用量和混凝土水化温升，提高混凝土的抗裂性和耐久性，减少水泥用量，同时对降低混凝土的表观密度也有一定作用。

## 3.2 发泡剂

泡沫混凝土的强度和表观密度的高低，主要取决于发泡的均匀程度、气泡的密度和直径等，本试验采用化学发泡的方法，为了控制发泡速率以及发泡孔径的大小，选用某公司生产的浓度为 30% 的过氧化氢溶液进行调配。

## 3.3 外加剂

通过对各类型减水剂与水泥、硅灰、粉煤灰的适应性试验进行比较分析，最终确定采用某公司生产的聚羧酸盐减水剂，减水率约为 15% ~20%，在保证高流动性的前提下，可显著提高强度。

采用二氧化锰和亚硝酸钠作为催化剂和早强剂，焦磷酸钠作为稳定剂，硬脂酸钙作为稳泡剂，丙烯酸酯共聚乳液作为增稠剂。

# 4 基准配合比的设计

## 4.1 凝胶材料的用量

根据泡沫混凝土导热系数的要求，初步设定泡沫混凝土的干密度为 200 kg/m$^3$，估算胶凝材料的用量为

$$\rho_{干}=S_a(M_c+M_{fa}) \tag{1}$$

式中，$\rho_{干}$为泡沫混凝土设计干密度（kg/m$^3$）；$S_a$ 为泡沫混凝土养护 28 $d$ 后，各基本组成材料的干物料总量和制品中非蒸发物总量所确定的质量系数，普通硅酸盐水泥 $S_a$ 取 1. 2；$M_c$ 为 1 m$^3$泡沫混凝土的水泥用量；$M_{fa}$为 1 m$^3$泡沫混凝土的粉煤灰用量。代入数据，求得胶凝材料的用量为 166. 67 kg/m$^3$，水泥用量为 133. 4 kg/m$^3$，粉煤灰用量为 33. 3 kg/m$^3$。

## 4.2 净用水量

净用水量的经验公式为

$$M_W=\varphi(M_c+M_{fa}) \tag{2}$$

式中，$M_W$ 为 1 m$^3$泡沫混凝土的基本用水量（kg）；$\varphi$ 为基本水料比，水料比是总用水量与各种干物料质量的比值，它是泡沫混凝土设计的一个重要技术参数，为满足和易性的要求，取

水料比为0.43,求得净用水量为72.02 kg/m³。

### 4.3 泡沫添加量

泡沫添加量,通过下式确定:

$$V_1 = \frac{M_{fa}}{\rho_{fa}} + \frac{M_c}{\rho_c} + \frac{M_W}{\rho_W} \tag{3}$$

$$V_2 = K(1 - V_1) \tag{4}$$

式中,$M_{fa}$为粉煤灰密度,取2 600 kg/m³;$M_c$ 为水泥密度,取3 100 kg/m³;$\rho_W$ 为水的密度,取1 000 kg/m³;$V_1$ 为加入泡沫前水泥、粉煤灰和水组成的浆体总体积;$V_2$ 为泡沫添加量;$K$ 为富余系数,考虑泡沫加入到浆体中再混合时的损失,设计取1.3。计算求得,泡沫添加量为1.13 m³。

### 4.4 泡沫剂的用量

泡沫剂的用量按下式确定:

$$M_y = V_2 \rho_{泡} \tag{5}$$

$$M_P = \frac{M_y}{\beta + 1} \tag{6}$$

式中,$M_y$为形成的泡沫液质量;$\rho_{泡}$为实测泡沫密度,经过试验测得,过氧化氢溶液发泡的泡沫密度约为9.86 kg/m³;$M_P$为1 m³泡沫混凝土的泡沫剂质量;$\beta$为泡沫剂稀释倍数。

代入数据得泡沫剂的用量为 $M_P = 8.57$ kg/m³。

### 4.5 外加剂的用量

为了使混凝土在拌制和发泡过程具有良好的和易性,通过添加减水剂的方式改变混凝土的水料比大小,进而改变混凝土的和易性,减水剂的用量为0.26%。

通过查阅大量文献以及进行对比试验,确定稳定剂和稳泡剂的用量为0.26%;催化剂二氧化锰的用量确定为0.568%;乳液按经验添加,添加量为1.2%;早强剂亚硝酸钠的添加量确定为6.4%。

## 5 试验工艺

由于化学发泡法的环境对发泡速率的影响极大,故在拌制过程中需要确定拌制环境和搅拌时间。

### 5.1 拌制水温的确定

泡沫混凝土在发泡过程中,若水温过高,会导致发泡速率过快,形成的气孔过大,易造成塌模的现象;若水温过低,则会导致发泡速率过慢,混凝土未发满的现象。

采用控制变量的试验方法,控制其他条件不变,仅改变搅拌水温,通过对比发现,当搅拌水温控制在25~30 ℃时,发泡较稳定。

### 5.2 搅拌时间的控制

这里的搅拌时间是指加入过氧化氢溶液后,为使溶液分布均匀而进行的搅拌。搅拌时间过长会降低泡沫混凝土发泡量,过短会使发泡剂分布不均匀。本试验最终确定在加入发泡剂后，用水泥胶砂搅拌机先慢拌 10 s，后快拌 5 s 后，使发泡效果最佳。

### 5.3 养护温度的确定

为使泡沫混凝土充分发泡，控制养护箱养护温度为 19 ~ 20 ℃，养护湿度为 90%。

## 6 试验结果与分析

在保持水灰比和外加剂一定的条件下，通过对双氧水掺量、二氧化锰掺量和料浆温度进行调整，研究它们对超轻泡沫混凝土性能的影响，试验的配合比及得到的性能参数见表 1。

表 1 试样的配合比及性能参数

| 编号 | 双氧水掺量/% | 二氧化锰掺量/% | 料浆温度/℃ | 28 d 抗压强度/MPa | 表观密度/($kg \cdot m^{-3}$) | 质量吸水率/% | 导热系数/$W \cdot (m \cdot K)^{-1}$ |
|---|---|---|---|---|---|---|---|
| 1 | 5.1 | 0.568 | 25 ~ 30 | 0.33 | 260 | 51 | 0.062 |
| 2 | 4.2 | 0.568 | 25 ~ 30 | 0.35 | 269 | 47 | 0.060 |
| 3 | 4.65 | 0.568 | 25 ~ 30 | 0.34 | 263 | 49 | 0.059 |
| 4 | 5.55 | 0.568 | 25 ~ 30 | 0.31 | 256 | 53 | 0.062 |
| 5 | 6.0 | 0.568 | 25 ~ 30 | 0.29 | 251 | 54 | 0.065 |
| 6 | 5.1 | 0.379 | 25 ~ 30 | 0.35 | 265 | 48 | 0.061 |
| 7 | 5.1 | 0.473 | 25 ~ 30 | 0.34 | 262 | 50 | 0.060 |
| 8 | 5.1 | 0.663 | 25 ~ 30 | 0.30 | 256 | 52 | 0.062 |
| 9 | 5.1 | 0.757 | 25 ~ 30 | 0.26 | 254 | 54 | 0.064 |
| 10 | 5.1 | 0.568 | 20 ~ 25 | 0.32 | 263 | 50 | 0.062 |
| 11 | 5.1 | 0.568 | 30 ~ 35 | 0.31 | 256 | 53 | 0.063 |

### 6.1 双氧水掺量对试验结果的影响

将表 1 中 1、2、3、4、5 组数据用折线图表示(图 1、图 2)。

从图 1 可以看出：超轻泡沫混凝土的表观密度随双氧水掺量的增加明显减小，据观察，较高的双氧水掺量虽然降低了表观密度，但同时容易出现发泡不均匀的情况。由图 2 可知：超轻泡沫混凝土的 28 d 抗压强度随双氧水掺量的增加明显减小，且双氧水掺量越多，强度减小越快。

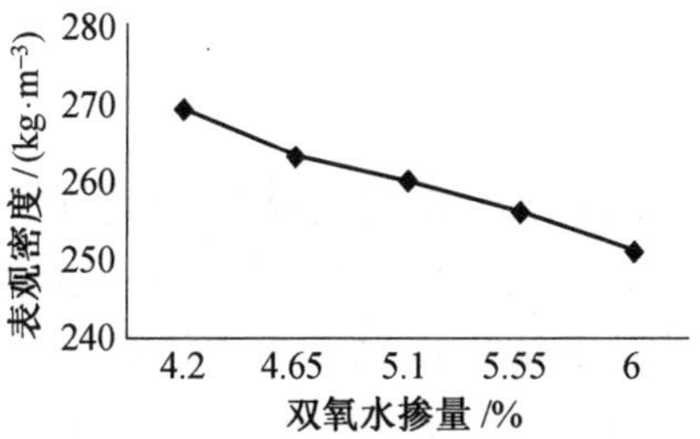


图 1 双氧水掺量对超轻泡沫混凝土表观密度的影响

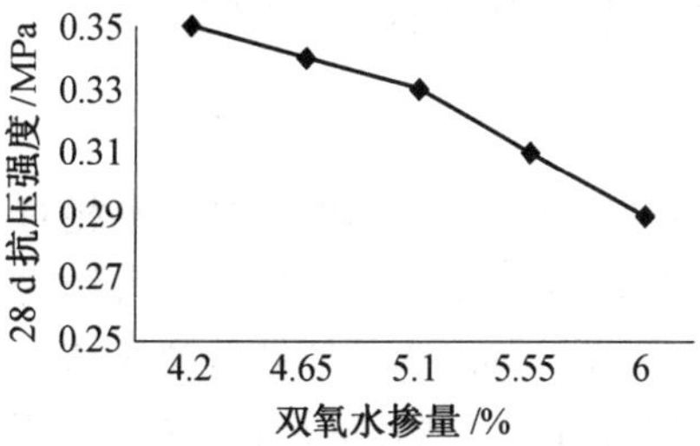


图 2 双氧水掺量对超轻泡沫混凝土强度的影响

### 6.2 二氧化锰掺量对试验结果的影响

将表 1 中 1、6、7、8、9 组数据用折线图表示(图 3、图 4)。

随着二氧化锰掺量的增加,超轻泡沫混凝土的抗压强度呈明显减少趋势,表观密度也减少。据观察,提高二氧化锰掺量虽然降低了表观密度,但同时容易出现与高双氧水掺量一致的发泡不均匀的情况。从图 4 中可以看出:超轻泡沫混凝土的抗压强度随着二氧化锰掺量的增大而急剧减小,掺量越多,减小的速率越快。通过观察,随着二氧化锰掺量的增加,反应越剧烈,难以产生均匀的气泡,所以强度会有所下降。

据试验观察,二氧化锰掺量减少时,发泡较均匀,故导热系数降低,当降低到一定值时,出现发泡不充分现象,导热系数随之增加。

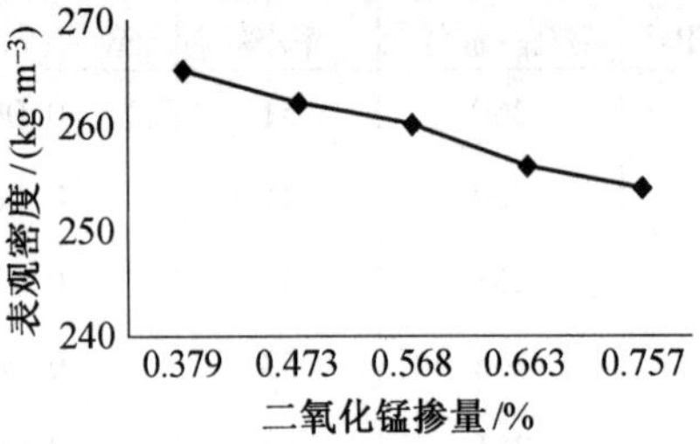


图 3 二氧化锰掺量对超轻泡沫混凝土表观密度的影响

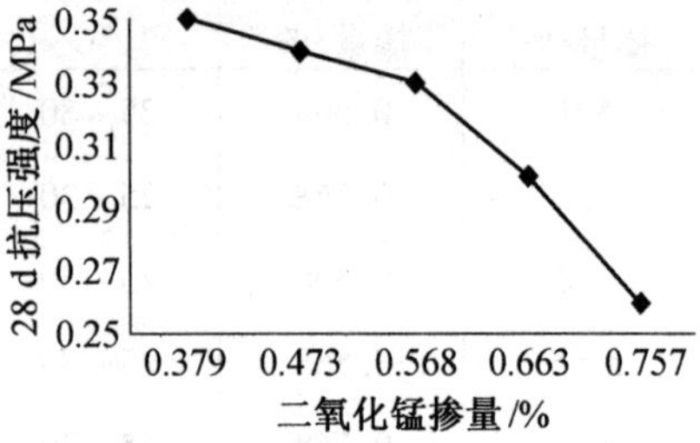


图 4 二氧化锰掺量对超轻泡沫混凝土强度的影响

### 6.3 料浆温度对试验结果的影响

将表 1 中 1、10、11 组数据用折线图表示(图 5、图 6)。

随着料浆温度的增加,超轻泡沫混凝土的表观密度与抗压强度都呈下降的趋势,但趋势不大,料浆温度决定了超轻泡沫混凝土早期强度的发展,但温度的增加,使双氧水分解加快,容易出现发泡不均匀的现象,对 28 d 抗压强度起不利作用。

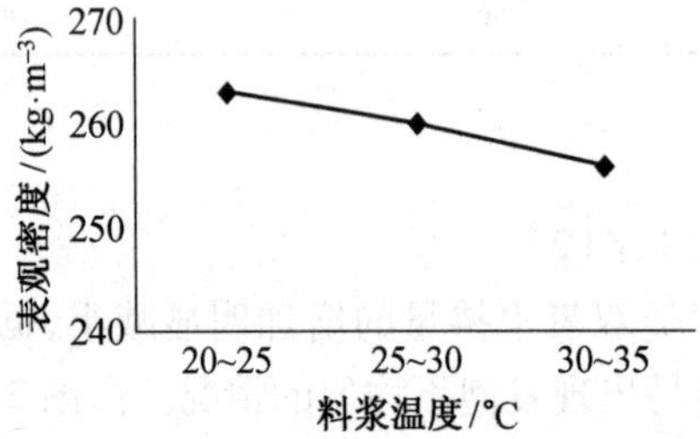


图 5 料浆温度对超轻泡沫混凝土表观密度的影响

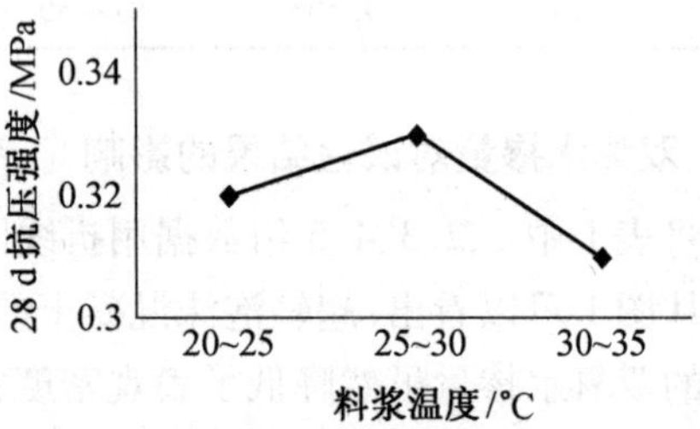


图 6 料浆温度对超轻泡沫混凝土强度的影响

## 7 经济分析和应用前景

### 7.1 经济分析

超轻泡沫混凝土虽然材料成本相对于普通保温材料、加气混凝土较高,但其可以实现现浇,节省了运输、加工制作成本和大量的生产消耗,同时其密度低,生产的原材料用量少。在建筑物楼面、屋面、内外墙体等建筑结构中使用超轻泡沫混凝土,通常可使建筑物降低自重 25% 左右,对于一些特殊结构,这一数值可以达到 30% ~40%,因此,在建筑工程中使用超轻泡沫混凝土可以显著地降低建筑成本,提高经济效益。

### 7.2 应用前景

制备的超轻泡沫混凝土具有以下优点：

(1)用工业废料粉煤灰作为填充料，一方面可以合理利用工业废料，符合新型建材以及绿色建材的要求；另一方面，粉煤灰的特殊化学组成使其可以通过火山灰效应对泡沫混凝土性能进行改善。

(2)由于超轻泡沫混凝土中含有大量的封闭小孔，使其具有良好的保温、隔热性能，同时它也是一种优异的隔音材料，在多数建筑物上均可采用。

(3)用普通硅酸盐水泥制备超轻泡沫混凝土，一方面可以充分发挥其高强度，高耐久性的作用；另一方面可以大大降低生产成本，发泡剂为市场上普通浓度的过氧化氢溶液，生产更安全，产品成本更低。

## 8 结 论

(1)超轻泡沫混凝土的强度和表观密度随双氧水掺量的增加而减少，且双氧水掺量越多，强度减小地越快，但其都会使得超轻泡沫混凝土有较高的质量吸水率，在一定范围内导热系数随着双氧水掺量的减小而减小，当双氧水掺量减小到一定值时，导热系数则会增加。

(2)二氧化锰掺量的变化对超轻泡沫混凝土的一些性能有明显影响，掺量的增加使得超轻泡沫混凝土的表观密度和强度大幅度下降。质量吸水率与二氧化锰掺量并无太大关联，二氧化锰掺量越少，导热系数也越低，但二氧化锰掺量减少到一定值时，导热系数反会增加。

(3)料浆温度对超轻泡沫混凝土的表观密度影响较前两者小，但对于强度有重要影响。温度高，双氧水分解较快，发泡不均匀，温度低，发泡易不饱满。料浆温度对质量吸水率和导热系数并无太大联系，依然是高质量吸水率，试块的开口孔隙和内部空隙较多。

### 参考文献

[1] 朱平，聂长华，纪黎，等. 泡沫混凝土在夏热冬冷地区的应用[J]. 建筑节能，2007(7)：43-45.

[2] 张磊蕾，王武祥. 泡沫混凝土的研究进展及应用[J]. 建筑砌块与砌块建筑，2010(1)：38-42.

[3] 谭伟，魏天伟，陈明，等. 对以双氧水为发泡剂的泡沫混凝土的探究[J]. 山西建筑，2013，39(24)：129-130.

# 五、现代施工技术与工程管理

## RPC应用于永久模板的分析与思考

林燕姿[1] 杨医博[1,2] 杨凯越[1] 吴志浩[1]
林少群[1] 丘广宏[1] 彭章锋[1] 燕 哲[1]
(1 华南理工大学 土木与交通学院,广东 广州 510640
2 华南理工大学 亚热带建筑科学国家重点实验室,广东 广州 510640)

**摘 要** "一带一路"战略的实施,为我国经济发展带来了新的历史机遇和挑战,土木工程的发展也面临着新的挑战。模板工程作为混凝土工程中至关重要的一部分,其发展也备受关注。永久模板解决了混凝土工程中传统模板系统施工过程耗费人力、物力的问题,相对于传统模板,永久模板可以免拆卸,可以缩短工期,节省施工成本,是一种可能的发展趋势。基于永久模板在施工中展现出的优越性,将具有超高性能的活性粉末混凝土(RPC)应用于永久模板中,能够有效提高永久模板的寿命,有较高的研究价值,符合"一带一路"的战略要求。本文重点讨论了永久模板和RPC的研究现状,以及RPC应用于永久模板的前景。

**关键词** 永久模板;活性粉末混凝土;超高性能;免拆卸

## 1 引 言

在2015年11月19~20日在北京召开的"'一带一路'土木工程国际论坛"上,来自中国、美国、加拿大、英国、意大利等10多个国家和地区的代表共同签署了《国际土木工程科技发展与合作倡议书》。倡议书建议,各国工程建设领域的学术团体,加强和开展"一带一路"国际土木工程科技发展与合作,促进各国经济、科技、文化的共同协调发展,促进各国经济与科技的共同进步。顺应时代发展的要求和"一带一路"战略的布局实施,研究创新实用的施工工艺和预制构件有利于土木工程行业的技术和产品输出,解决国内产能过剩的问题。

随着土木工程行业的发展,模板工程中出现了功能相对于传统模板更快捷、更高效的永久模板。永久(免拆)模板是指为现浇混凝土结构造型而专门设计并加工预制的某种特殊型材或构件,它们行使混凝土模板应具有的全部职能,却永远不拆除。不仅具有满足浇筑混凝土的支撑成型功能,还能成为建筑结构中的保留部分。既可参与建筑物承重,又能改善结构的受力性能和使用性能。然而由于材料性能、生产工艺以及成品运输等方面的限制,永久模板并未得到很好的推广,应用领域有限。

为了响应"一带一路"战略,使土木工程行业更好地实现可持续发展,对于永久模板的改良和推广势在必行。对于永久模板的改良总体而言有两个方向:材料和结构。

永久模板的支撑体系和模板的结构形式数量并不多,可供改善的空间比较小,无疑材料便成了改善永久模板性能的要点。那么什么样的材料能更好地发挥永久模板优势同时解决永久模板现存的问题呢?

本文对混凝土工程中模板工程的结构改进和材料改善进行了讨论分析,重点讨论了RPC应用于永久模板的前景。

## 2 永久模板的研究进展

由于永久(免拆)模板施工简便,节省工期,现已逐步应用于各类混凝土工程中。不仅具有满足浇筑混凝土的支撑成型功能,又能成为建筑结构中的保留部分。既可参与建筑物承重,又能改善结构的受力性能和使用性能。此外,根据建筑物的需要,永久性模板还可以附带防水、保温、隔热、隔声、装饰、提高耐久性、减少周转次数等功能,做到一次成型,省却了砂浆抹面、找平、二次装修、防水保温处理、面层装修装饰等工序,因而可以大大节约工程施工量和装饰、装修费用。

永久性模板不需要拆模,可以节约大量由于拆模和倒运模板所耗费的时间和费用,极大地缩短了工期,降低了工程造价,并减少了工人的劳动强度。从综合成本来看,使用新型永久性模板并不比使用传统模板的费用高,总费用甚至更低,具有很好的发展前景。与预制空心楼板比较,还具有整体抗震性能强和可减少楼板总厚度的特点。

此外,永久模板与多功能新型材料复合起来,或与高性能混凝土结合起来,形成一个整体结构之后,就会产生一种“超叠加效应”,使受力性能大为提高,结构的整体刚度亦可相应提高。

对于永久(免拆)模板的探索主要集中在材料的开发与应用方面,并迅速发展于第二次世界大战之后。第二次世界大战后,由于劳动力和资源的匮乏,急需基础设施建设的德国首次将钢筋混凝土薄壁构件作为永久模板使用,永久模板的雏形诞生。20世纪60年代后期,日本小田野会社研究出“超薄壁预制PC柱、梁模板施工法”,巩固了免拆模板在建筑工程中的位置。20世纪70年代,北美和西欧采用压型发泡聚苯乙烯塑料加工制作了永久性模板,并将其用于建筑物外墙。1970年,玻璃纤维增强水泥板(GRCP)首次应用于一座桥梁的底模当中。20世纪80年代,日本大林组公司利用高流动性混凝土,生产出了一种水泥基预制柱模板。同一时期,以英国为首的西方发达国家应用薄壁钢片材,将混凝土浇筑在固定模板里,所得的永久模板能协同承重且防火性能较好,同时在模板上制作出凹槽或压花形状以增加模板与混凝土的黏结力。20世纪90年代,德国学者Hillman和Murray首次提出纤维增强聚合物(FRP)永久模板的概念,但并未开展系统研究;美国人将FRP制成薄壁筒作为永久性模板,在其内部浇筑混凝土形成复合柱,并对这种柱的强度、延性、受力性能、长细比限制、抗冲击性能做了大量研究。20世纪末21世纪初,压型钢板等永久模板被广泛用于建设工程中,此项技术已趋于成熟,工程可靠性高。

对永久模板的研究现在已经相对成熟,按照永久模板的材料和功能大致可将永久模板这种一次性投入于结构主体的建筑材料,分为以下四大类:①以混凝土构件作为永久模板;②以型钢作为永久模板构件;③以芯板钢骨架为永久模板内胎模;④以多功能复合饰面型材作为永久模板。

然而,在研究永久模板初期,永久模板的发展并不十分顺利。主要的原因是永久模板的生产工艺和产品运输等受到多方面的限制，同时当时的土木工程材料不足以支持永久模板应用于一些比较大型的或者环境特殊甚至恶劣的混凝土工程中。

随着土木工程的发展，永久模板的发展限制被逐一解决，预制构件和装配式建筑的发展促进了永久模板生产工艺的发展，同时现代化工业的进步使大型预制构件的运输不再是混凝土工程的主要问题。各种多功能新型材料的出现更是解决了永久模板使用性能、使用寿命甚至力学性能等方面的问题。

在材料方面，新型的活性粉末混凝土可以解决永久模板在力学性能等多方面的问题。活性粉末混凝土（Reactive Powder Concrete，简称 RPC）是一种具有超高强度、韧性及耐久性的水泥基复合材料，具有较大的应用前景。目前国内外对 RPC 的材料、配合比、养护制度、耐久性和强度已经进行了大量的试验研究。在国外，RPC 已经有了一定的工程应用，而国内对其在工程上的应用也有了一定的研究。RPC 基材密实，具有极高的抗压强度和较高的抗拉强度和延性，抗渗透性能和抗侵蚀能力强，预制成模板构件具有极高的耐久性能。将 RPC 制成永久模板，与传统的钢筋混凝土结构相结合，作为结构的外部防护层，不仅能大大提高普通钢筋混凝土结构的抗裂能力，还能有效地提高结构整体的抗侵蚀能力等性能。RPC 运用于永久模板，可以很大程度上改善和提高永久模板的性能，扩宽了永久模板的应用领域，对混凝土工程的发展起至极大的推进作用。

在国内，对永久模板的研究也日趋全面和完善。东北林业大学进行了配有钢纤维的 RPC 免拆柱模的 RC 框架抗震性能试验，结果表明，通过对核心混凝土进行约束紧箍作用，可改善结构的整体工作性能，提高普通混凝土框架承载力及延性等抗震性能。哈尔滨工业大学进行了 U 型 UHPCC 永久模板对钢筋混凝土梁抗弯性能的影响的试验研究，研究表明永久模板对梁的开裂荷载有显著提高，且增加了梁的剪切延性。北京市市政工程研究院对一座 RPC 与钢桁架的组合结构形式的人行天桥的钢筋与 RPC 的黏结性能进行了探究，确定了 RPC 构件最小的有效保护层的最佳厚度，并通过弯板试验，解决了双向悬臂板件的受力问题，为 RPC 与钢桁架组合结构的人行天桥建设提供了可靠的参数依据。

# 3　活性粉末混凝土的研究进展

## 3.1　RPC 的特性

20 世纪 90 年代初，法国 Bouygues 实验室的 Richard 等人率先研制成功活性粉末混凝土（Reactive Powder Concrete，简称 RPC），这是一种新型的超高强度水泥基复合材料，由于增加了组分的细度和反应活性而得名。

相较于传统的普通混凝土，RPC 具有超高的抗压强度，可以有效减轻结构自重，减少相应的配筋和箍筋数量；RPC 的高韧性有利于提高结构抗震以及抗冲击性能；高耐火性可以提高钢筋混凝土结构的耐火、耐热性能。同时，RPC 优良的耐久性也是其不可忽视的优点，在腐蚀性较强或者结构要求较高的混凝土结构中发挥巨大的作用。在土木工程领域中，随着高层建筑和大跨结构数量的与日俱增，为 RPC 的应用和推广提供了巨大的发挥空间，并且在结构及桥梁改造、特种结构工程中也具有非常广阔的应用前景。具体而言，RPC 具有以下特点。

（1）超高的力学性能。RPC 的强度非常高，根据材料组分和制备条件、养护条件的不同,RPC 可以分为 RPC200 和 RPC800 两类。RPC 的抗压强度可以高达高性能混凝土(HPC)的 4 ~ 13 倍,更具有高于 HPC 约 200 倍的延性。而对于大多数混凝土结构的通病——脆性,掺有钢纤维的 RPC 已经明显改善了这一缺点。普通混凝土的断裂能为 120 J/$m^2$,而 RPC 的断裂能达 30 000 J/$m^2$,是普通混凝土的 200 多倍,极好地说明了掺了钢纤维的 RPC 具有极高的延性。

(2)密实的微观结构及优异的耐久性能。RPC 具有良好的内部微结构和极低的空隙率,因而 RPC 具有极低的渗透性、极高的抗环境侵蚀能力和好的耐磨性。

(3)优越的性价比。与普通混凝土或者 HPC 相比较,RPC 的单价相对较高,但是将 RPC 应用于土木工程当中,不仅可以使构件的混凝土用量减少近 2/3,还可以有效地减小结构物的自重。此外,RPC 具有较高的抗拉弯能力和抗剪性能,在结构中能够减少腹筋和辅助钢筋的数量,甚至不用配置钢筋,相比于相同强度的钢筋,RPC 的成本也是相对便宜的。

(4)环保性能。RPC 具有良好的环保性能。在相同承载力的情况下,RPC 的水泥用量只是普通混凝土和 HPC 的一半,在生产 RPC 时水泥生产过程中 $CO_2$ 的排放量也只有它们的一半左右,符合现下的可持续发展战略。

当然,由于其优越的性能 RPC 的价格可能相对较高,因此用于结构的主体工程不合实际,应用于永久模板既能发挥 RPC 的超高性能又不会有过高的费用,经济效益有保证。

### 3.2 RPC 的工程应用

活性粉末混凝土可应用的领域非常广泛,包括供水、废物处理、石油工业、锻造与冲压、探矿、一般机械、船舶制造、航空工程、建筑业、土木工程、低温工程、表面防护层、化学工业、机床、刀具、液压设备以及军事上用于防护设施等。具体在土木工程中,RPC 在预制结构产品领域、预应力结构领域、抗震结构领域和钢管混凝土领域等都有工程应用的发展空间和价值。

具体应用事例有:

在欧洲,为跨越 Bakar 海峡,Bakar 桥选用 432 m 跨径的 RPC 拱桥方案。桥面结构是一个总长 820 m 的 22 跨连续箱梁,桥面结构和主拱圈的截面为单箱三室,由 RPC 制成。

加拿大于 1994 年 10 月通过对 RPC200 的小批量实际试生产,证明了工业产 RPC 材料的可行性,并应用该种材料于 1997 年 7 月在 Quebec 省的舍布鲁克城市建成了世界上第一座用 RPC 材料修建的人行桥,获得了 1999 年 Nova 奖提名。舍布鲁克人行桥的实践,极大地推动了 RPC 材料在桥梁工程方面的应用和研究。

法国 Bouygues 公司与美国陆军工程师团合作,进行了 RPC 制品的实际生产,合作生产的 RPC 制品包括:大跨度预应力混凝土梁、污水处理过滤板、压力管道及放射性固体废料储存容器。

美国于 2001 年在伊利诺伊州用活性粉末混凝土建成了 18 m 直径的圆形屋盖。该屋盖未使用任何钢筋,设计中考虑了活性粉末混凝土的延性,直接承受拉、弯应力及初裂应力。现场拼装用时 11 d,如采用钢结构,现场拼装则需 35 d。该屋盖结构获 2003 年 Nova 奖提名。

对于 RPC 永久模板的研究目前国内也有不少。2014 年,东北林业大学的王钧等人就钢纤维 RPC 永久柱模的设计等进行了系列研究,提出了 RPC 永久柱模的侧板设计方法。2005

年北京交通大学的钟永梅也曾针对用活性粉末混凝土做永久模板进行相关研究，运用ANSYS对RPC模板的静力性能和破坏特征进行了分析，还提出了RPC-混凝土组合梁在使用阶段的理论公式，同时还建立有限元模型，利用有限元分析法，对不同截面组合梁的力学性能和破坏特征进行了分析。

北京交通大学土木建筑工程学院闫光杰教授通过对200 MPa级活性粉末混凝土的试验研究，研制出了适合我国原材料的200 MPa级RPC，得到RPC200的最佳配合比，以及最佳配合比RPC200的力学性能试验结果。由闫光杰研制的200 MPa级RPC制作的铁路桥梁人行道构件已通过专家的鉴定，用于青藏铁路桥梁的实际工程中，将这一新型材料应用于我国工程实践，更好地为我国现代化建设服务，具有广泛的现实意义。

北京交通大学设计研制了无筋RPC空心盖板、铁路人行道板及支架、20 m跨铁路低高度简支T形梁，都已应用或拟用于工程实践中。其中，应用于北京五环路桥上的无筋RPC空心盖板，采用工厂化预制生产，并且可以切割、开孔，现场安装简便，重量轻、耐久性好，能够有效降低主体结构恒载。

自2003年以来，用RPC混凝土开发出的雨水盖板、路桥线槽盖板等产品先后应用在青藏铁路、襄渝二线、迁曹铁路、郑西客专线等处。

针对目前高速铁路无砟轨道结构在荷载及环境因素综合作用下存在易开裂、耐久性差、维修困难等问题，杨剑等人提出了将材料性能优异的活性粉末混凝土应用于无砟轨道结构的解决方案。对比普通混凝土和活性粉末混凝土无砟轨道结构的受力性能和经济性指标，发现活性粉末混凝土无砟轨道结构具有较高的技术经济性。活性粉末混凝土在无砟轨道结构中的应用为解决目前无砟轨道结构所存在的问题找到了一条新的途径，同时为实现资源节约利用、发展轻型化高速铁路提供了参考。

北京交通大学的安明品、阎贵平、季文玉等人对RPC的搅拌工艺，不同添加活性材料、水胶比变化、钢纤维掺量、尺寸效应等关于配合比参数的变化方面进行了较为全面的研究和试验。

# 4 RPC应用于永久模板的前景分析

结合上述分析，用RPC永久模板代替普通模板是一种较新的尝试。这可以从根本上摒弃传统模板工程中需要使用大量模板系统并且需要拆卸模板的弊端，实现在工厂提前预制，且浇筑之后不需要振捣，在施工现场仅需按照预定位置安装就位，在水平方向和垂直方向进行调整后将预埋好的钢筋绑扎或焊接好，最后在两侧用支撑体系固定好便可开始浇筑混凝土。结合RPC对永久模板在材料性能方面进行改进，可使永久模板在使用上更具安全性和耐久性，拓宽永久模板的应用领域。在施工工艺上，除了设计试验用的永久模板模具，还尝试模拟施工现场的施工方式，设计施工方案，使永久模板的现场施工使用更具可行性、可操作性。

当然，目前RPC用于永久模板也存在一些问题：

(1)相关的RPC规范不完善，参考现行的高强度、高性能混凝土规范不尽适用，在一定程度上制约了RPC工程的发展。

(2)RPC模板和混凝土结构组合结构是多种不同材质的复合材料，两者之间的联结比较复杂,在梁构件中会存在水平滑移及竖向掀起等问题,剪力连接件的布置会直接影响组合梁的使用效果。

(3)混凝土结构通常都是带裂缝工作的,组合结构的裂缝发展比较复杂,目前的试验水平难以检测和模拟。

(4)RPC 的自收缩较小,混凝土自身也有收缩徐变,而且不同的工程中混凝土的收缩性能不一致,RPC 模板要相应调整。

(5)缺乏明确公认的 RPC 本构关系公式,仅仅参考纤维高强混凝土的本构关系进行计算,阻碍了 RPC 永久模板的工程应用。

## 5 结 论

综合上述分析,可以得到以下结论:

(1)相比于普通的混凝土构件,永久模板组成的复合混凝土构件的受力性能更加优越,整体混凝土结构的受力模式破坏形式也更加合理。

(2)RPC 具有优异的抗冻性、抗碳化性、抗氯离子侵蚀性、抗硫酸盐侵蚀性、抗化学溶液侵蚀性和耐磨性等多种特点,将其应用于新一代的模板系统——永久模板是土木工程发展的一个不可避免的潮流。

(3)无论是在理论依据、试验研究,还是在工程实际方面,RPC 永久模板还存在着不少问题和难点,这些都值得我们深入探讨和研究。

### 参考文献

[1] 王世旺. 永久模板漫谈[J]. 建筑工人,2000(9):34-35.
[2] 梁小燕,阎贵平. 活性粉末混凝土核磁共振试验研究[J]. 科学技术与工程,2005,5(11):752-754.
[3] 郑文忠. 钢筋活性粉末混凝土简支梁正截面受力性能试验研究[J]. 建筑结构学报,2011,32(6):125-134.
[4] 黄永清. 复合材料永久模板研究及其在桥梁上的应用[D]. 重庆:重庆交通大学,2010.
[5] 李行. 配有钢纤维 RPC 免拆柱模的 RC 框架抗震性能试验研究[D]. 哈尔滨:东北林业大学,2014.
[6] 林阳. 超高性能混凝土组合梁抗弯剪性能试验研究[D]. 哈尔滨:哈尔滨工业大学,2014.
[7] 司金艳. RPC 板与钢桁架组合结构研究分析[D]. 北京:北京市市政工程研究院,2012.
[8] RICHARD P, CHEYREZY M. Composition of Reactive Powder Concrete [J]. Cement and Concrete Research,1995,25(7):1501-1511.
[9] 闫光杰,阎贵平,方有亮. RPC200 人行道板抗弯承载力试验研究[J]. 中国安全科学学报,2004,14(2):87-90.
[10] 屈文俊,秦宇航. 活性粉末混凝土(RPC)研究与应用评述[J]. 结构工程师, 2007, 23(5): 86-92.
[11] 覃维祖. 活性粉末混凝土的研究[J]. 石油工程建设,2002, 28(3): 3.

[12] 白泓,高日. 活性粉末混凝土(RPC)在结构工程中的应用[J]. 建筑科学, 2003, 19(4): 51-54,42.

[13] ONEIL E F. High-Performance pipe products Fabricated with reactive powder concrete[J]. Proceedings of the Materials Engineering Conference, 1996, 10(14):1320-1329.

[14] 李显,吴飞海,寿权羊,等. 活性粉末混凝土(RPC)的工程性能及应用前景分析[J]. 中国水运,2012,12(7):225.

[15] 安明品,王庆生,丁建彤. 活性粉末混凝土的配制原理及应用前景[J]. 建筑技术, 2000, 32(1): 15-16.

[16] 余自若,阎贵平. 活性粉末混凝土(RPC)的断裂力学性能[J]. 中国安全科学学报, 2005,15(8):101-104,112.

# 超高性能混凝土永久模板模型柱试验研究

吴志浩[1]　杨医博[1,2]　杨凯越[1]　丘广宏[1]　燕　哲[1]　彭章锋[1]
林少群[1]　林燕姿[1]　郭文瑛[1]　王恒昌[1]
(1 华南理工大学土木与交通学院,广东 广州 510640
2 华南理工大学亚热带建筑科学国家重点实验室,广东 广州 510640)

**摘　要**　随着“一带一路”战略的实施,大量基础建设将在“一带一路”的高腐蚀性环境中进行。为解决海工混凝土耐久性差的问题,同时为了降低全寿命周期的成本,提出了采用超高性能混凝土作为柱体结构的薄壁永久模板的思路。首先进行模具设计,制作了方柱、圆柱超高性能混凝土永久模板;进而通过模型柱试验,指出超高性能混凝土永久模板柱的承载性能优于普通混凝土模板柱。

**关键词**　超高性能混凝土;永久模板;耐久性;柱;试验

## 1　引　言

随着“一带一路”战略的实施,大规模的基础建设将在“丝绸之路经济带”和“21 世纪海上丝绸之路”上进行。而沿线自然环境恶劣,大量的基础设施暴露在严酷环境下,如何保障和提高建筑物寿命成为备受关注的问题。

使用抗腐蚀、高耐久的保护层以保证主体结构寿命是一种可行的方案。超高性能混凝土(Ultra-High Perfomance Concrete, 简称 UHPC)是一种具有超高强度、韧性及耐久性的水泥基复合材料,目前国内外对 UHPC 的材料配合比、养护制度、耐久性和强度已经进行了大量的试验研究,其优越的力学性能和长期工作性能已被证实。但 UHPC 成本高昂,养护制度复杂,一直无法在主体结构中大量使用。

哈尔滨工业大学的吴国香针对实际施工和耐久性,对 UHPC 叠合墩柱进行了概念设计,但对叠合构件的承载力,抗震性能等未进行系统的研究和分析。

哈尔滨工业大学的林阳针对 U 型 UHPC 永久模板对钢筋混凝土梁抗弯性能的影响进行了研究,研究表明 UHPC 永久模板使梁的力学性能得到显著提高,开裂荷载及极限荷载均提高了 60% 以上,剪切和弯曲初裂位移均提高了 56% 以上,且增加了梁的延性。

东北林业大学的李行进行了配有钢纤维的 UHPC 免拆柱模的 RC 框架抗震性能试验,结果表明,对核心混凝土进行约束紧箍作用,可以改善结构的整体工作性能。与无柱模的普通 RC 框架相比,其承载力提高了 20% 左右,且加强了框架的延性和变形能力,结构的抗震性能也得到了改善。

哈尔滨工程大学的赵新宇针对 UHPC 管-钢筋混凝土典型叠合结构的性能进行了研究,研究表明,当 UHPC 厚度为 20 mm 时,在偏心荷载作用下封闭式圆管墩柱叠合结构承载力能提高 40%；在弯剪扭复合荷载作用下非封闭式 U 型叠合梁结构，极限荷载比普通梁构件高出 81%，承载力、延性和抗震性能都显著提高。

目前国内对 UHPC 组合柱的研究，大多停留在钢管-UHPC 组合柱的力学性能研究上，其各项性能虽然优异，但成本过高，难以大规模使用，因此可采用预制及使用 UHPC 永久模板的思路，使 UHPC 作为主体结构的保护层，既节约了成本，克服了施工和使用障碍，又能充分发挥 UHPC 的优势，大大提高结构的承载力和耐久性。基于 UHPC 和普通混凝土组合在刚度、弹塑性等方面与钢管-UHPC 组合有相似之处，在理想情况下的工作特性也有一定的类似。本文通过永久模板的破坏试验，利用缩尺模型对 UHPC 永久模板方柱、圆柱以及海工混凝土的方柱、圆柱进行破坏形态及力学性能的对比分析。

## 2 试验概况

试验试件包括两个 UHPC 永久模板圆柱、两个海工混凝土圆柱、两个 UHPC 永久模板方柱和两个海工混凝土方柱。其中海工构件与永久模板构件截面大小、配筋一致。

### 2.1 试件设计与制作

2.1.2 圆柱与方柱设计

为节约成本，易于操作，试件皆为大比例缩尺构件。方柱和圆柱高均为 300 mm，直径（或边长）均为 150 mm。为保证 UHPC 永久模板配筋后具有一定的保护层厚度和承载能力，圆柱和方柱的永久模板厚度均不缩尺，均采用 30 mm 的厚度，如图 1 所示。在永久模板中出于配筋率的考虑，配筋后不再在核心混凝土中配筋。圆柱和方柱基本参数见表 1。

**表 1 圆柱和方柱基本参数**

| 试件名称 | 直径（边长）/mm | 高/mm | 纵筋 | 配筋率/% | 箍筋 |
|---|---|---|---|---|---|
| 圆柱 | 150 | 300 | 6$\phi$8 | 1.79 | $\phi$6@125 |
| 方柱 | 150 | 300 | 8$\phi$8 | 1.71 | $\phi$6@125 |

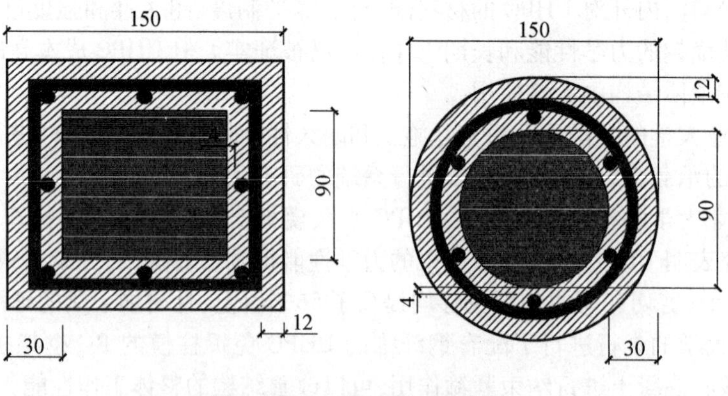


图 1 方柱和圆柱截面示意图

注：①斜线为 UHPC 永久模板，横线为核心混凝土；

②对于海工混凝土构件，斜线和横线均为海工混凝土，一次浇筑完成

2.1.2 模具设计

模具的设计参考了《混凝土结构试验方法标准》(GB/T 50152—2012)中对构件外形、尺寸的要求,同时结合实际工程中构件外形、尺寸的采用和构造措施,通过缩尺的方式,使模具的尺寸得到缩小,试验更加简易,并且考虑到混凝土自收缩的影响,不漏浆、拆模可行,使模具成型后的永久模板在后续进行的力学性能试验时获得的破坏形态、试验数据等,对实际构件具有指导意义。具体模具设计图及实物图如图2所示。

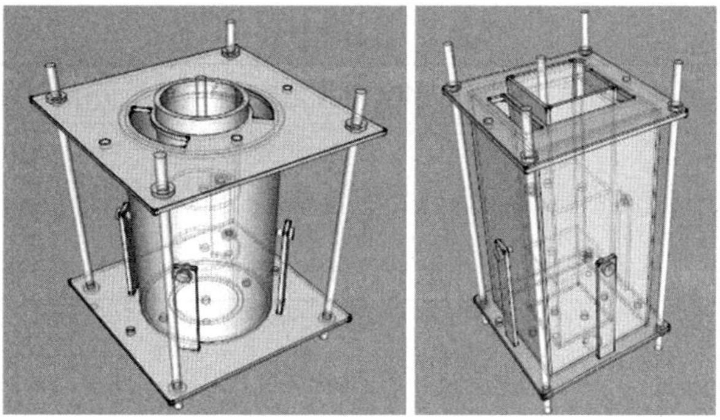

图2 永久模板圆柱和方柱设计图及模具图

2.1.3 构件制作

永久模板构件制作分为几个步骤:拼装模具—搅拌 UHPC—泵送 UHPC—养护(包括拆模)—现浇核心混凝土—养护。

海工混凝土构件制作步骤:拼装模具—一次浇筑完成—标准养护至28 d。

## 2.2 原材料

配制 UHPC 的材料如下:P. Ⅱ42.5 硅酸盐水泥,复合掺和料,石英砂分为粗、中、细三种(粒径分别为1.25~0.63 mm、0.63~0.315 mm、0.315~0.16 mm),钢纤维(长为12~14 mm,直径为0.18~0.22 mm),聚羧酸减水剂,水(采用自来水)。

海工混凝土及核心混凝土原材料如下:P. Ⅱ42.5 硅酸盐水泥,硅灰,Ⅱ级粉煤灰,S95级矿渣微粉,河砂,5~10 mm 瓜米石,聚羧酸减水剂。

## 2.3 混凝土配合比及力学性能

由于缩尺比例较大,保护层厚度较小,因此石子采用5~10 mm 碎石。

从减水剂种类和掺量、水泥种类、胶凝体系、砂率、钢纤维掺量及其他外加剂等变量中优选出了一组强度较高,流动性较好,耐久性较佳,收缩较小的 UHPC 配合比,具体见表2。

**表2 UHPC 试验配合比**

| 编号 | 单位体积用量/(kg·$m^{-3}$) | | | | |
|---|---|---|---|---|---|
| | 胶凝材料总量 | 石英砂 | 用水量 | 钢纤维 | 减水剂 |
| UHPC | 1 000 | 1 140 | 173 | 78.6 | 10 |

从减水剂掺量、砂率等变量中优选出核心混凝土配合比以及海工混凝土配合比,见表3。其中核心混凝土配合比由海工混凝土用膨胀剂取代胶凝材料质量的10%得到的配合比获得。

三种混凝土性能见表4。

表 3　核心混凝土、海工混凝土配合比

| 名称 | 单位体积用量/($kg \cdot m^{-3}$) | | | | | |
|---|---|---|---|---|---|---|
| | 胶凝材料总量 | 膨胀剂 | 石 | 砂 | 水 | 减水剂 |
| 海工混凝土 | 551 | 0 | 850 | 850 | 175 | 2 |
| 核心混凝土 | 496 | 55 | 850 | 850 | 175 | 2 |

表 4　混凝土性能

| 名称 | 龄期/d | 立方体抗压强度/MPa | 弹性模量/GPa | 坍落扩展度/mm | 电通量/C |
|---|---|---|---|---|---|
| UHPC | 28 | 164 | 52.2 | 810 | 2 |
| 海工混凝土 | 28 | 74 | 35.6 | 342 | 212 |
| 核心混凝土 | 28 | 73 | 36.2 | 325 | 243 |

# 3　柱试验

## 3.1　加载方案

待测试件为 4 个 UHPC 柱(编号分别为 UHPC-方 1、UHPC-方 2 和 UHPC-圆 1、UHPC-圆 2)以及 4 个海工混凝土柱(编号分别为海工-方 1、海工-方 2 和海工-圆 1、海工-圆 2)。试验先预压,然后采用 300 t 压力试验机进行加载。卸载后,在 900 kN 之前,每级荷载增量为 150 kN;在 900 kN 后,每级荷载增量为 50 kN。每级荷载持续 10 min,加载至加载曲线出现急剧下降,变形陡增,即宣告柱构件破坏。

## 3.2　破坏形态

轴心受压的永久模板柱(UHPC-方 1、2 和 UHPC-圆 1、2),在加载过程中柱子中部并未出现明显变形,如图 3 所示。虽然在加载过程中能听到钢纤维被扯断的声音,以及看到顶部有局部小范围的破坏剥落,但在即将破坏前未出现裂缝。破坏时虽然征兆明显,但承载力并未迅速降低。

海工混凝土柱在加载过程中没有出现裂缝,如图 4 所示,柱顶部有缓慢的剥落;破坏时,表面混凝土缓慢剥落,并无崩坏或溅射,钢筋弯曲屈服。

图 3　永久模板柱破坏形态

图 4　海工柱破坏形态

## 3.3 结果分析

### 3.3.1 方柱承载力及破坏曲线分析

方柱的承载力见表5,荷载-挠度关系曲线如图5所示。

由于UHPC-方1在加载时存在偏心压力,且接触面未完全填平,导致试件局部受压,应力分布不均匀,承载力和破坏方式与正常受压的UHPC柱均有较大差别,因此不能作为构件对比分析的依据。

从表5可看出,极限承载力方面:UHPC永久模板方柱>海工混凝土方柱。

UHPC永久模板(方柱)在结构到达极限状态前,存在裂缝发展阶段,具有一定的延性;而海工混凝土(方柱)开裂就立刻到达极限状态而失效,属脆性破坏。

**表5 方柱承载力**

| | UHPC-方1 | UHPC-方2 | 海工-方1 | 海工-方2 |
|---|---|---|---|---|
| 裂缝承载力/kN | 1 350 | 1 900 | 1 400 | 1 350 |
| 极限承载力/kN | 1 550 | 2 050 | 1 400 | 1 350 |

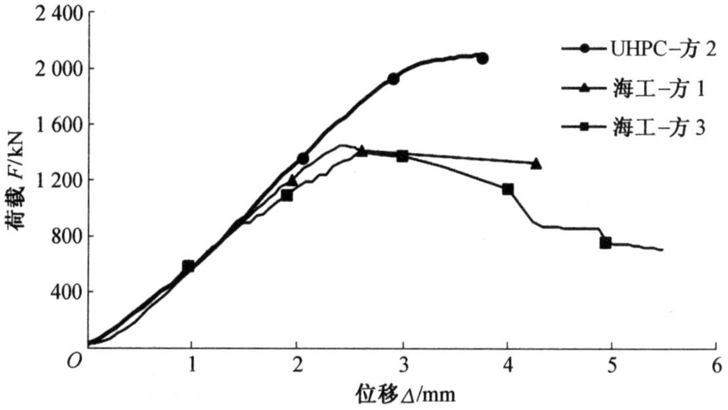


图5 方柱荷载-挠度曲线

### 3.3.2 圆柱承载力及破坏曲线分析

圆柱的承载力见表6,荷载-挠度关系曲线如图6所示。

从表6可看出,极限承载力方面:UHPC永久模板圆柱>海工混凝土圆柱。

与方柱类似,UHPC永久模板(圆柱)具有良好的延性,但其受力分布更加均匀,因而延性比方柱好;而海工混凝土(圆柱)裂缝荷载和极限荷载十分接近,延性仍然不足。

**表6 圆柱承载力**

| | UHPC-圆1 | UHPC-圆2 | 海工-圆1 | 海工-圆2 |
|---|---|---|---|---|
| 裂缝承载力/kN | 1 300 | 1 200 | 600 | 750 |
| 极限承载力/kN | 1 450 | 1 400 | 750 | 750 |

### 3.3.3 强度汇总及对比

对轴心受压的方、圆柱,采用$\sigma = F/A$换算截面抗压强度,式中,$F$为施加荷载;$A$为截面

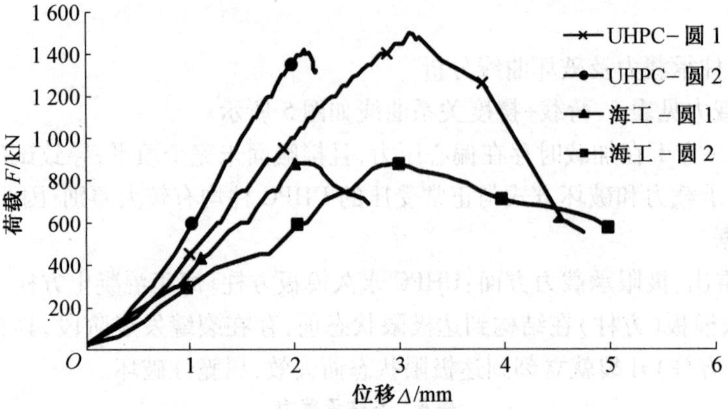


图6　圆柱荷载-挠度关系曲线

面积。承载力和强度汇总见表7、表8。以海工混凝土柱强度为100%，计算得到对应的永久模板柱的性能见表9。

**表7　方柱强度**

| | UHPC-方1 | UHPC-方2 | 海工-方1 | 海工-方2 |
|---|---|---|---|---|
| 裂缝强度/MPa | 60.0 | 84.4 | 62.2 | 60.0 |
| 极限强度/MPa | 68.9 | 91.1 | 62.2 | 60.0 |

**表8　圆柱强度**

| | UHPC-圆1 | UHPC-圆2 | 海工-圆1 | 海工-圆2 |
|---|---|---|---|---|
| 裂缝强度/MPa | 73.6 | 67.9 | 34.0 | 42.5 |
| 极限强度/MPa | 82.1 | 79.3 | 42.5 | 42.5 |

**表9　永久模板柱与海工混凝土柱的承载力对比**

| | UHPC-方 | UHPC-圆 |
|---|---|---|
| 裂缝强度 | 138% | 185% |
| 极限强度 | 149% | 190% |

从表7~9中可以看出，永久模板方柱构件平均极限强度为91.1 MPa（舍弃第1个数据），相较海工方柱提高了49%；永久模板圆柱构件平均极限强度为80.7 MPa，相较海工圆柱提高了90%。永久模板方柱和圆柱的平均裂缝强度为84.4 MPa和70.8 MPa，相较海工方柱和圆柱分别提高了38%和85%。

由此可见，UHPC柱构件的力学性能明显优于海工混凝土柱构件，永久模板大大提高了构件的刚度，且圆柱在裂缝承载力以及极限承载力方面提高更为显著，同时无明显应力集中现象；但在受力时方柱构件平均应力比圆柱高，材料利用得更加充分。

尽管圆柱的截面积比方柱小21%，但UHPC圆柱的承载力仍然比海工混凝土方柱略高一些，这说明UHPC组合结构在强度上有较大优势，在实际应用中可以减少构件的尺寸，带来经济效益。

### 3.4 计算分析

参考混凝土设计规范以及试验结果修正，得到永久模板柱极限承载力计算公式为

$$F=\alpha_{c1}f_c \cdot A_c+f_y \cdot A_s+\alpha_{c1} \cdot f_{cUHPC} \cdot A_{UHPC} \tag{1}$$

式中，$\alpha_{c1}$为棱柱体抗压强度与立方体抗压强度比，对于海工混凝土圆柱取0.56、海工混凝土方柱取0.8，对于UHPC取0.71；$f_c$为海工混凝土立方体抗压强度；$f_{cUHPC}$为UHPC立方体抗压强度。

代入式(1)中可得表10，可见除UHPC-方1外，其余试件的计算值基本准确。在均匀受压时虽然永久模板要受到轴向压力和核心混凝土的挤压拉力，但是承载力并未因此而明显下降，材料利用较为充分。

**表10 柱计算值与实测值**

| | UHPC方计算值 | UHPC-方1 | UHPC-方2 | UHPC圆计算值 | UHPC-圆1 | UHPC-圆2 |
|---|---|---|---|---|---|---|
| 极限承载力/kN | 2 037 | 1 550 | 2 050 | 1 484 | 1 450 | 1 400 |

### 3.5 模具改进

(1)为增强核心混凝土与永久模板之间的黏结力，应从模具方面进行改进，适当采取预埋锚固等措施，增强结构构件的整体性，提高其承载力，充分利用其材料属性。

(2)UHPC永久模板方柱在受力破坏时，在核心混凝土与UHPC模板四角交界处将出现应力集中现象。亟待改进模具，使永久模板变截面处变成圆角，减小截面突变处的应力集中现象。

## 4 结 论

通过上述模型试验，可以得到如下几个结论。

(1)UHPC永久模板柱可以提高柱的裂缝强度和承载力。方柱构件相较海工方柱分别提高了38%和49%；圆柱构件相较海工圆柱分别提高了85%和90%。

(2)在相同承载力的情况下，使用UHPC永久模板组合柱可大幅减少截面尺寸，使建筑物拥有更大的空间，带来经济效益。

(3)轴心受压下的UHPC永久模板柱承载力较高，两种混凝土协同工作，UHPC对核心混凝土的横向约束作用明显，在正常工作时无明显裂缝。应当避免荷载偏心过大，或者直接作用在UHPC永久模板上，以防止裂缝过早出现，降低结构的耐久性和使用寿命。

(4)由于有钢纤维的拉扯，永久模板柱延性较高，而使用UHPC永久模板的圆柱比使用UHPC永久模板的方柱的作用更加明显。因此在实际工程中应用较为安全。

(5)UHPC永久模板方柱的边角部位有应力集中现象，实际设计时应考虑设计成圆角，降低应力集中现象，否则可能无法达到预期承载力。

(6)为解决混凝土间边界处的应力传递问题，需要从模具出发，增强永久模板与核心混凝土之间的黏结力。

本文仅对缩尺模型进行研究，尺寸效应带来的影响还有待进一步验证。对于 UHPC 永久模板柱在复合受力下的工作性能、抗震性能、抗火性能、施工设计和施工技术等实际性能方面有待进一步的研究，以便应用到实际工程中去。

## 参考文献


[1] RICHARD P. Reactive powder concrete: a new ultra-high strength cementitious material [C]//The 4th Interational Symposium on Utilization of High Strength/High Performance Concrete. Paris: Presses des Ponts et Chaussees, 1996:1343-1349.

[2] 郑文忠. 钢筋活性粉末混凝土简支梁正截面受力性能试验研究[J]. 建筑结构学报, 2011,32(6): 125-134.

[3] 吴国香. 基于耐久性的超高性能纤维改性混凝土叠合墩柱设计概念[J]. 华北水利水电学院学报, 2012,33(6): 74-77.

[4] 林阳. 超高性能混凝土组合梁抗弯剪性能试验研究[D]. 哈尔滨: 哈尔滨工业大学, 2014.

[5] 李行. 配有钢纤维 UHPC 免拆柱模的 RC 框架抗震性能试验研究[D]. 哈尔滨: 东北林业大学, 2014.

[6] 赵新宇. UHPCC 管-钢筋混凝土典型叠合结构性能研究[D]. 哈尔滨: 哈尔滨工程大学, 2011.

[7] 李占辉. 圆钢管约束下活性粉末混凝土本构模型有限元分析[D]. 北京:北京交通大学, 2012.

# 约束浆锚钢筋搭接连接性能试验研究

张宪松　姜洪斌　翟希梅

（哈尔滨工业大学 土木工程学院，黑龙江 哈尔滨 150090）

**摘　要**　本文在钢筋约束锚固试验研究结论的基础上，按照搭接接头率为100%的情况，以钢筋直径、搭接长度、螺旋箍筋体积配箍率为影响因素，完成16个试件的搭接性能拉拔试验，得到了约束浆锚钢筋搭接连接的破坏模式及各因素的影响规律，给出了不同直径纵筋的极限搭接长度，为预制装配式混凝土结构连接的理论分析和工程设计提供了研究基础。

**关键词**　预制混凝土结构；装配式；搭接连接；配箍率；约束

## 1　引　言

约束浆锚钢筋搭接连接是我国首次发明的一种用于建筑工业化预制混凝土结构的钢筋连接方法，该方法是通过在预制混凝土构件受力钢筋及旁边预留孔洞周围设置约束螺旋筋，在构件吊装时搭接钢筋插入孔留孔洞内一定的搭接长度，通过孔洞内灌浆将钢筋连接成为一体。约束浆锚钢筋搭接连接示意图如图1所示。

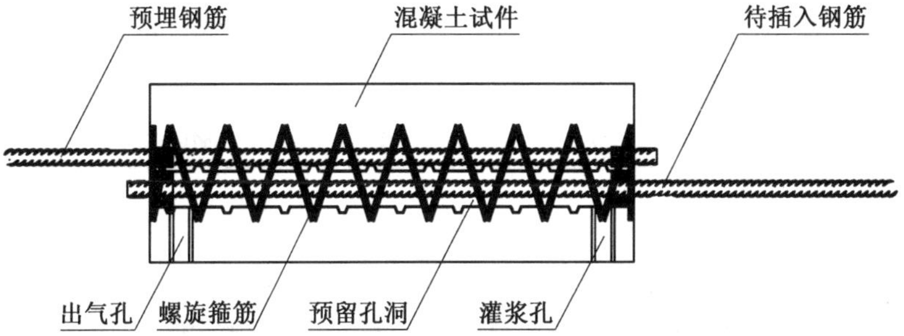


图1　约束浆锚钢筋搭接连接示意图

钢筋的搭接连接是混凝土结构中钢筋连接的主要方法之一。依据《混凝土规范》规定，钢筋搭接接头面积百分率为100%时，钢筋搭接长度应取基本锚固长度的1.6倍。为了增强连接效果，以便在预制混凝土结构构件连接中有效减小搭接长度，本文在约束锚固性能试验研究的基础上，通过设置约束螺旋箍筋的约束浆锚钢筋搭接连接试件进行拉拔试验，来验证减小搭接长度的可行性。

## 2　试验过程

### 2.1　试件设计

试验共设计制作了16个试件，对其进行单向拉伸试验。试件1～10采用HRB335钢筋,试件截面尺寸为 150 mm×100 mm。试件 11 ~ 16 采用 HRB400 钢筋,试件截面尺寸为 150 mm×150 mm。混凝土强度等级均为 C30,螺旋箍筋采用 HPB235 钢筋。试件具体参数见表 1。

**表 1 试件参数表**

| 编号 | 纵筋直径/mm | 搭接长度/mm | 环径/mm | 配箍形式 | 配箍率/% |
|---|---|---|---|---|---|
| 1 | 12 | 41*d* | 50 | $\phi$4@120 | 0.840 |
| 2 | 12 | 41*d* | 50 | $\phi$4@100 | 1.000 |
| 3 | 12 | 41*d* | 50 | $\phi$4@80 | 1.260 |
| 4 | 12 | 35*d* | 50 | $\phi$4@100 | 1.000 |
| 5 | 12 | 35*d* | 50 | $\phi$4@80 | 1.260 |
| 6 | 12 | 35*d* | 50 | $\phi$4@60 | 1.670 |
| 7 | 12 | 29.4*d* | 50 | $\phi$4@100 | 1.000 |
| 8 | 12 | 29.4*d* | 50 | $\phi$4@80 | 1.260 |
| 9 | 12 | 29.4*d* | 50 | $\phi$4@60 | 1.670 |
| 10 | 12 | 29.4*d* | 50 | $\phi$4@40 | 2.510 |
| 11 | 12 | 17.5*d* | 60 | $\phi$4@40 | 0.021 |
| 12 | 12 | 17.5*d* | 60 | $\phi$4@20 | 0.042 |
| 13 | 12 | 17.5*d* | 60 | $\phi$6@30 | 0.063 |
| 14 | 12 | 15*d* | 60 | $\phi$4@40 | 0.021 |
| 15 | 12 | 12.5*d* | 60 | $\phi$4@40 | 0.021 |
| 16 | 12 | 10*d* | 60 | $\phi$4@40 | 0.021 |

### 2.2 试件制备

(1)在螺旋箍筋上贴应变片(图 2)。

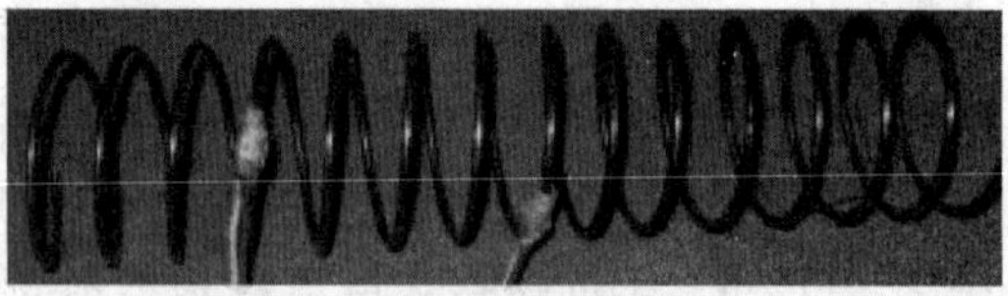

图 2 螺旋箍筋上贴应变片

对于 16 个试件,每个试件贴 2 个应变片,应变片贴在螺旋箍筋靠近加载端的 1/4 处和 1/2 处,沿着螺旋箍筋走向环向粘贴。用于测量构件受拉时螺旋箍筋的应变情况。

(2)将螺纹钢管、预埋钢筋和螺旋箍筋放入特制钢模中(图 3)。

预埋钢筋的一端伸出钢模 20 mm,螺旋箍筋的 1/4 处应变片的位置靠近预埋钢筋伸出钢模较短的一侧。

(3)浇筑混凝土并抽出螺纹钢管(图 4)。

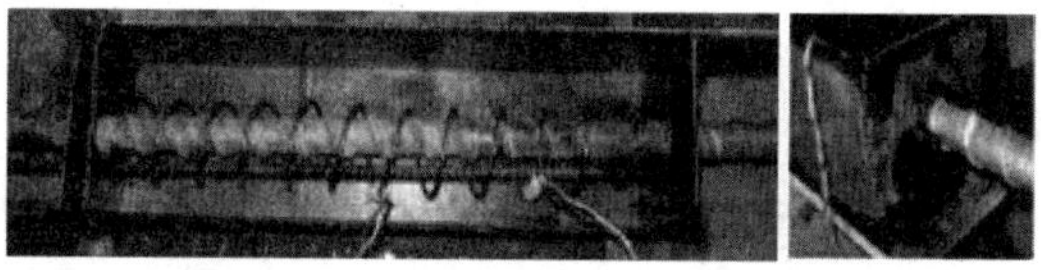

图 3

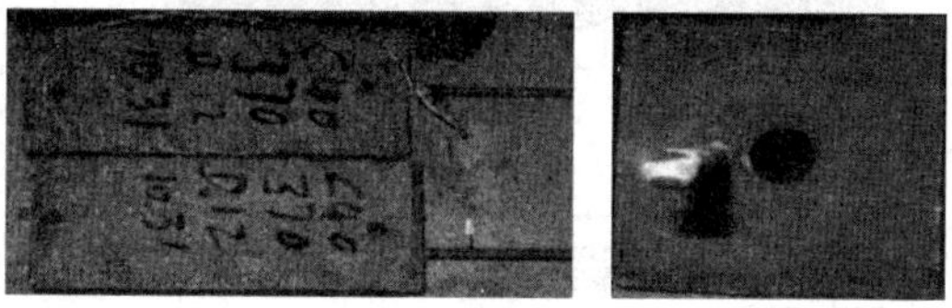

图 4

注意固定螺旋箍筋的位置和保护应变片不受到破坏,在浇筑时安放套管是为了留出灌浆孔和出气孔,在混凝土初凝后拔出套管和旋出带肋钢管。

(4)插入后插钢筋,并灌入灌浆料(图 5)。

图 5

第 21 天插入后插钢筋,灌入灌浆料,养护到 28 d。

### 2.3 材料性能

(1)钢筋强度。钢筋力学性能见表 2。

**表 2 钢筋力学性能**

| 钢筋类别 | 直径/mm | 屈服强度/MPa | 极限强度/MPa | 极屈比 |
|---|---|---|---|---|
| HRB400 | 12 | 424.6 | 620.4 | 1.46 |
| HRB335 | 12 | 385.73 | 611.76 | 1.58 |

(2)混凝土强度。

试件选用的混凝土强度为 C30。混凝土强度平均值为 34.57 MPa,抗压强度标准值为 31.16 MPa。

(3)灌浆料强度。

灌浆料的抗压强度为 73.85 MPa。

### 2.4 加载装置

试验采用手动液压千斤顶进行加载,用千分表测量钢筋的滑移量和试件变形,用应变仪测量钢筋应变值,并施加温度补偿措施。试验特制钢架,如图 6 所示。该装置长度可调,可实用不同搭接试验试件,加载方式为一端锚固,一端拉拔,节省一个加载千斤顶,且使试件试验方便、安全可靠、便于观察。又由于两根钢筋是依靠聚合物灌浆料和混凝土的黏结性能而连接的钢筋,不是同轴的,所以当有拉力的时候,会产生弯矩和剪力,所以考虑在两侧分别放置垫块(滚轴)来平衡弯矩。

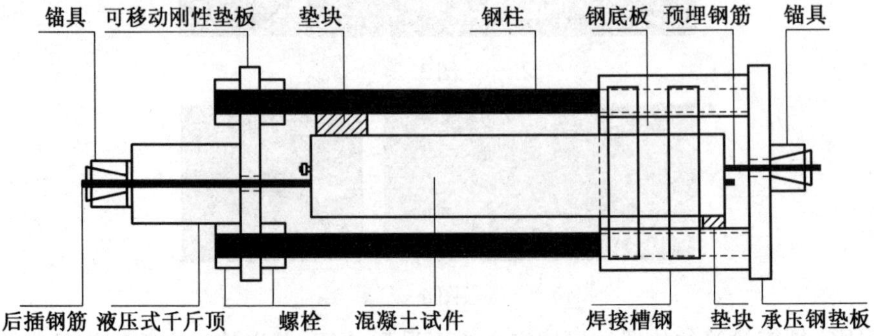


图6 搭接试验钢架示意图

## 2.5 加载方案

对于16个单拉试件,试验在200 kN手动液压穿心式千斤顶上进行(图7)。拉拔试验加荷采用连续加荷,直到试件屈服或破坏为止。

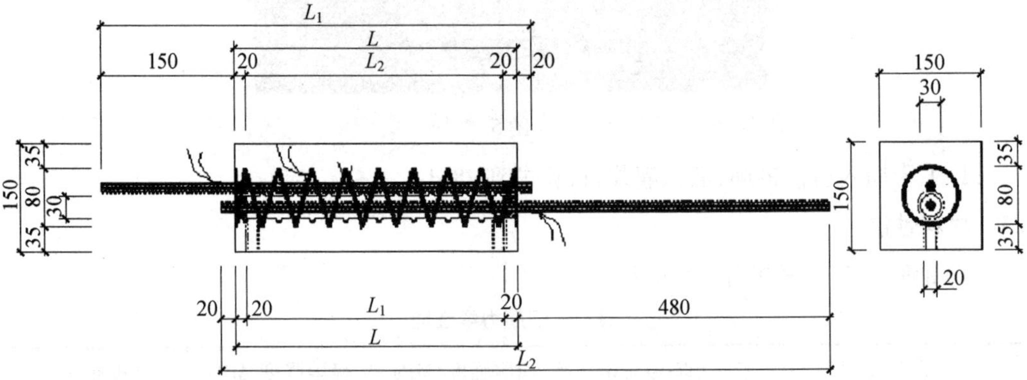


图7 搭接试验尺寸图

# 3 试验结果及分析

由表3可知,拉拔试件的破屈比与材性试验有区别,普遍要小于材性试验,是由于拉拔试验拉力增长较慢,使得极限强度较低。由国家标准《钢筋混凝土用钢》(GB 1499.2—2007)可知,满足条件的试件的破屈比应该不小于1.25。将各搭接长度的试件的破屈比汇总,得到图8散点图(对于试验中的直径12 mm的钢筋),随着螺旋箍筋体积配箍率的增加,试件由纵向劈裂破坏逐渐转变为钢筋在外部被拉断。通过配箍率增加的各个试件的对比可以看出,配箍率较大的试件破坏程度较小。螺旋箍筋体积配箍率相同时,搭接长度不同的试件,试件的破坏模式大致相同,且由图9可知,螺旋箍筋应变随着外荷载的增大而有上升变化的趋势,加载的过程中,螺旋箍筋应变有突然增大的变化,这是因为内部裂缝延伸至螺旋箍筋截面,混凝土退出工作,应力完全由螺旋箍筋承担所致,说明螺旋箍筋起到了约束作用。

**表 3　试件试验现象记录表**

| 试件编号 | 试件破坏图 | 滑移量 /mm | 屈服强度 /MPa | 破坏强度 /MPa | 破屈比 | 现象描述 | | | |
|---|---|---|---|---|---|---|---|---|---|
| | | | | | | 钢筋 | 纵裂 | 横裂 | 掉角 |
| 1 |  | 0 | 392 | 566 | 1.44 | 将拉断 | √ | | |
| 2 |  | 0 | 407 | 585 | 1.44 | 拉断 | | | √ |
| 3 |  | 0 | 376 | 568 | 1.51 | 拉断 | | | √ |
| 4 |  | 0 | 388 | 503 | 1.30 | 将拉断 | | √ | √ |
| 5 |  | 0 | 387 | 558 | 1.44 | 拉断 | | | √ |
| 6 |  | 0 | 378 | 549 | 1.45 | 拉断 | | √ | √ |
| 7 |  | 0 | 372 | 537 | 1.45 | 拉断 | | | √ |
| 8 |  | 0 | 378 | 521 | 1.38 | 拉断 | | √ | √ |
| 9 | 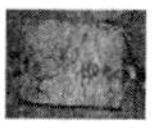 | 0 | 335 | 550 | 1.64 | 拉断 | | | |
| 10 |  | 0 | 378 | 598 | 1.62 | 拉断 | | | √ |
| 11 |  | 0.04 | 49 | 67 | 1.37 | 拉断 | | | |
| 12 |  | 0.15 | 48 | 62 | 1.29 | 拉断 | | | |
| 13 | 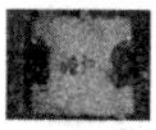 | 0.04 | 47 | 63 | 1.34 | 拉断 | | | |
| 14 |  | 5.5 | 53 | 87 | 1.64 | 拉断 | √ | | |
| 15 |  | ∞ | 50 | 76 | 1.52 | 将拉断 | √ | | |
| 16 |  | ∞ | 50 | 63 | 1.26 | 屈服 | √ | | |

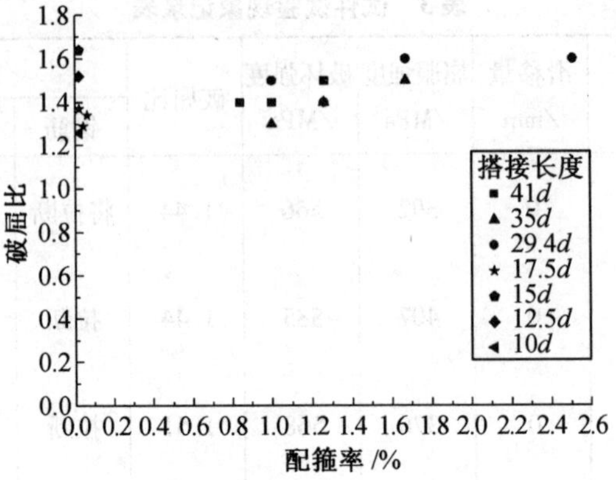


图 8　试件的破屈比散点图

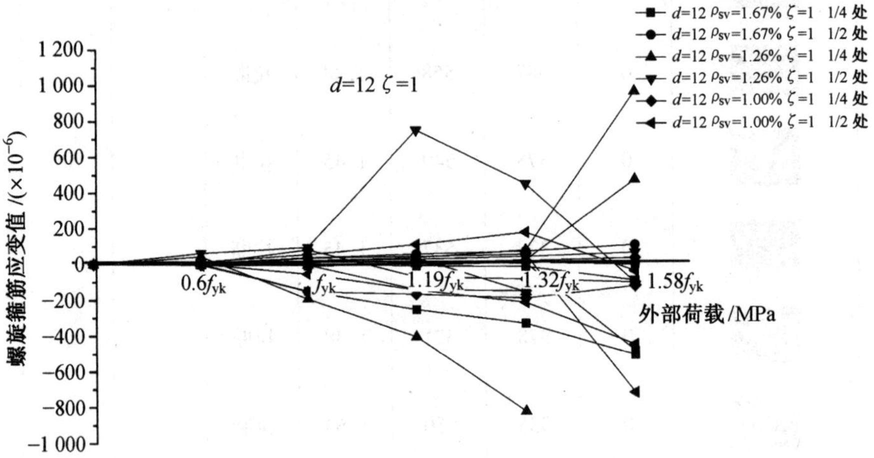


图 9　试件 7、8、9 的螺旋箍筋应变图

随着搭接长度的减小，当搭接长度为 17.5$d$ 时，试件没有发生明显破坏，螺旋箍筋应变最大值如图 10 所示，不超过 100 $\mu\varepsilon$，所以还有进一步减小搭接长度的可能性。

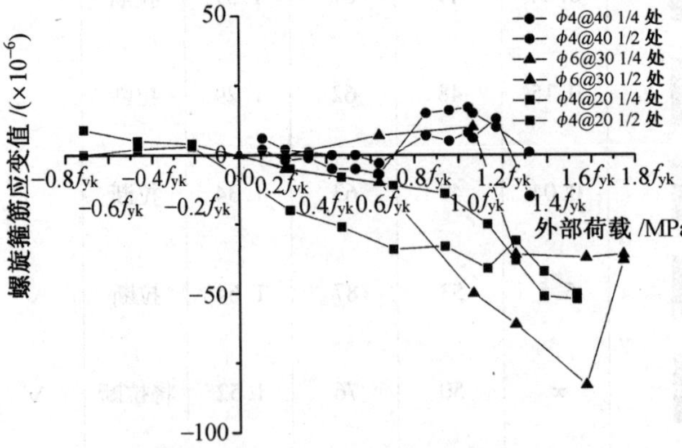


图 10　试件 11、12、13 的螺旋箍筋应变

当搭接长度为 15$d$ 时，外部钢筋被拉断，且破屈比达到 1.64，试件没有发生明显的破损

现象，同时没有发生黏结破坏，搭接效果满足一级接头要求，箍筋应变最大值如图 11 所示，不超过 100 $\mu\varepsilon$，可见螺旋箍筋和混凝土还处于共同工作阶段，内部并没有出现裂缝，所以搭接性能还具有较高的安全保障。当搭接长度为 12.5$d$ 时，外部钢筋将被拉断，破屈比达到 1.52，但最终发生黏结破坏，不能满足要求。当搭接长度为 10$d$ 时，试件破屈比达到 1.26 时就发生了劈裂破坏，所以可以确定直径 12 mm 钢筋的极限搭接长度为 15$d$。

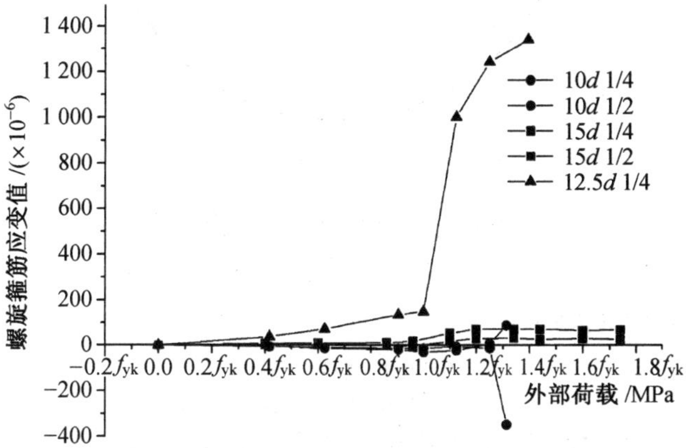


图 11　试件 14、15、16 的螺旋箍筋应变图

# 4　极限搭接长度理论分析

在试件处于弹性阶段时，试件内部受力钢筋、螺旋箍筋、混凝土三者共同工作，在环向压应力 $q$ 的作用下，试件内部混凝土没有开裂之前，周围混凝土应变与螺旋箍筋应变相等，即

$$\varepsilon_{SV} = \varepsilon_C = \varepsilon \tag{1}$$

随着荷载 $F$ 的增大，混凝土即将开裂，采用混凝土变形模量 $E_C$ 来确定应力和应变的关系。混凝土、螺旋箍筋的应力应变关系如下：

$$\sigma_C = E'_C\varepsilon_C = \gamma E_C\varepsilon_C \tag{2}$$

$$\sigma_{SV} = E_{SV}\varepsilon_{SV} \tag{3}$$

式中，$\sigma_C$ 为混凝土应力；$\sigma_{SV}$ 为螺旋箍筋应力；$\varepsilon_C$ 为混凝土应变；$\varepsilon_{SV}$ 为螺旋箍筋应力；$E'_C$ 为混凝土变形模量；$E_C$ 为混凝土弹性模量；$E_{SV}$ 为螺旋箍筋弹性模量；$\gamma$ 为混凝土弹性系数。

将式(1) 代入式(2)，再与式(3) 联立可求出：

$$\sigma_{SV} = \frac{E_{SV}}{\gamma E_C}\sigma_C = \frac{\alpha_E}{\gamma}\sigma_C \tag{4}$$

式中，$\alpha_E$ 为螺旋箍筋弹性模量和混凝土弹性模量的比值。

当混凝土即将开裂时，$\gamma = 0.5$ 且 $\sigma_C = f_{tk}$，此时的螺旋箍筋应力为

$$\sigma_{SV} = 2\alpha_E f_{tk} \tag{5}$$

根据极限搭接长度试件，建立简化模型进行分析，主要分析试件螺旋箍筋内部核心区域，如图 12 所示。

根据模型建立力的平衡方程：

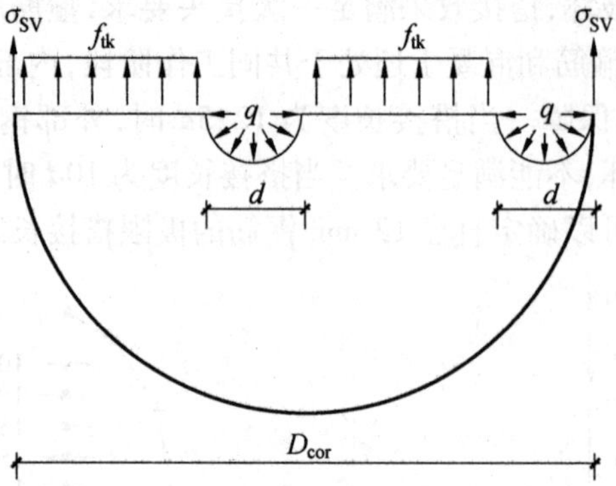


图 12　试件核心区简化计算模型

$$2\sigma_{SV}A_{SV} + (D_{cor} - 2d)f_{tk}S_v = 2qdS_v \tag{6}$$

根据之前课题组分析结果：

$$q = \frac{\cos\beta - \mu\sin\beta}{\sin\beta + \mu\cos\beta} \cdot \frac{F}{\pi d l_1} \tag{7}$$

由《混凝土结构设计规范》可知，螺旋箍筋的体积配箍率 $\rho_{SV}$ 为

$$\rho_{SV} = \frac{4A_{SV}}{D_{cor}S_v} \tag{8}$$

式中，$A_{SV}$ 为单根螺旋箍筋截面面积；$D_{cor}$ 为螺旋箍筋形成环的直径；$S$ 为螺旋箍筋间距；外部钢筋受力为 $F = \sigma_s \pi d^2/4$，$\sigma_s$ 为外部钢筋拉应力。

由公式(4) ~ (7) 联立方程(8) 即可求得配箍率与搭接长度的理论关系式：

$$l_1 = \frac{\cos\beta - \mu\sin\beta}{\sin\beta + \mu\cos\beta} \cdot \frac{d^2}{2(\alpha_E D_{cor}\rho_{SV} + D_{cor} - 2d)} \cdot \frac{\sigma_s}{f_{tk}} \tag{9}$$

式中，$l_1$ 为纵筋搭接长度；$\rho_{SV}$ 为螺旋箍筋配箍率；$\sigma_s$ 为外部纵筋拉应力；$f_{tk}$ 为混凝土抗拉强度的标准值；$d$ 为钢筋直径；$D$ 为螺旋箍筋环径；$\mu$ 为钢筋与混凝土的摩擦系数；$\alpha_E$ 为螺旋箍筋弹性模量和混凝土弹性模量比值；$\beta$ 为开裂临界面与钢筋纵轴的夹角。

极限搭接长度为合理配箍下钢筋的最短搭接长度，且搭接性能应满足一定的要求。极限搭接长度试验中，以外部钢筋被拉断作为搭接满足要求的主要标准，故认为极限搭接长度下，外部钢筋最终能达到极限抗拉强度。对于一般情况下，可取 $\beta$ 为 45°，钢筋表面摩擦系数 $\mu$ 取 0.3，代入即将开裂状态下的搭接长度计算公式(9)，可得

$$l_1 = 0.54\frac{d^2}{2(\alpha_E D_{cor}\rho_{SV} + D_{cor} - 2d)} \cdot \frac{f_{stk}}{f_{tk}} \tag{10}$$

式中，$f_{stk}$ 为钢筋抗拉强度标准值，此时 $l_1$ 表示外部钢筋达到抗拉极限时所需要的搭接长度。

为考虑进一步适合工程应用，将 $f_{stk}$ 转换为 $f_y$，一般钢筋的强屈比可达到 1.5，即钢筋的抗拉强度是钢筋屈服强度的 1.5 倍，对于 HRB400 级钢筋，计算公式可化为

$$l_1 = 0.32\frac{d^2}{(\alpha_E D_{cor}\rho_{SV} + D_{cor} - 2d)} \cdot \frac{f_y}{f_t} \tag{11}$$

式中，$f_y$ 为钢筋屈服强度设计值；$f_t$ 为混凝土的抗拉强度设计值。

将试验试件具体数值代入公式(11)可得,纵筋直径 12 mm 的钢筋,在配箍率为 2.09%的情况下,计算所得的即将开裂状态下的极限搭接长度为 $18d$。

可以看出,即将开裂理论计算搭接长度要比试验的搭接长度大 1.2 倍,分析其搭接长度较大的原因主要有以下几点:①未考虑螺旋箍筋以外的混凝土保护层的影响;②螺旋箍筋内部有灌浆料和混凝土两种材料,混凝土轴心抗拉强度要小于灌浆料,而理论公式中将灌浆料当作混凝土对待,灌浆料抗拉强度取混凝土抗拉强度标准值;③混凝土和灌浆料在箍筋约束下其轴心抗拉强度都有所增加,而理论公式中则忽略了这种影响。可见,根据即将开裂状态确定的搭接长度是偏于安全的。

# 5 结　论

本文以研究约束浆锚钢筋搭接连接技术的钢筋极限搭接长度及影响连接性能的因素为目的,采用单向拉伸的加载制度,完成了 16 个钢筋直径为 12 mm 的约束浆锚钢筋搭接连接试件的试验和分析工作,得到以下几个结论:

(1)螺旋箍筋约束措施可以改善钢筋搭接连接的受力性能。随着螺旋箍筋体积配箍率的增大,试件的极限承载力会有所增加,破坏模式也有所差别。对于相同螺旋箍筋体积配箍率的试件,搭接长度不同时,试件的破坏模式大致相同。

(2)在配箍率为 2.09%的条件下,通过逐渐减小钢筋的搭接长度,观察试验现象及破坏模式,得出了在此配箍条件下,直径 12 mm 钢筋的极限搭接长度为 $15d$。

(3)根据约束浆锚钢筋搭接连接试件核心区简化模型分析,推导出约束浆锚连接试件在即将开裂状态下极限搭接长度的计算公式,并且将理论值与试验值进行对比,进一步验证了试验结果的正确性。

## 参考文献

[1] 姜洪斌,张海顺,刘文清,等. 预制混凝土结构插入式预留孔灌浆钢筋锚固性能[J]. 哈尔滨工业大学学报,2011(4): 28-31.

[2] 刘文清,姜洪斌,耿永常,等. 插入式预留孔灌浆钢筋搭接连接构件:中国,ZL 200820090150.6[P]. 2009-04-08.

[3] 中华人民共和国住房和城乡建设部. 钢筋机械连接通用技术规程:JGJ 107—2010[S]. 北京:中国建筑工业出版社,2010.

[4] 张海顺. 预制混凝土结构插入式预留孔灌浆钢筋锚固搭接试验研究[D],哈尔滨:哈尔滨工业大学, 2009.

[5] 赵培. 约束浆锚钢筋搭接连接试验研究[D]. 哈尔滨:哈尔滨工业大学,2011.

[6] 倪英华. 约束浆锚连接极限搭接长度试验研究[D]. 哈尔滨:哈尔滨工业大学,2014.

[7] 宋玉普, 赵国藩. 钢筋与混凝土之间的黏结滑移性能研究[J]. 大连理工大学学报, 1987,26(2):93-100.

# 工程项目风险评价与管理控制研究

李 涛

(南京工业大学 土木工程学院,江苏 南京 210000)

**摘 要** 研究工程项目风险评价与管理控制是为了确保完成项目目标,同时达到质量和工期的要求。这篇文章对国内外的工程项目风险评价和管理控制等方面的问题进行了综述,介绍了工程项目风险评价的基本概念和管理风险的方法以及控制方法,总结出了目前工程项目风险管理方面存在的问题,最后得出由于对工程项目风险的认识和分析不够以及运用方法缺乏正确性而导致工程项目风险发生的结论。本文基于当前国际行情以及大量相关参考文献展开研究。随着社会经济发展,工程项目风险管理的重要性逐渐体现在中国工程项目建设过程中,工程项目风险评价与管理控制研究是建立社会主义市场经济体制的需要,也是中国市场向世界敞开大门的必要条件。

**关键词** 结构工程;项目风险;评价方法;管理控制

## 1 引 言

随着中国经济的不断发展,在工程项目的领域中出现大量投资。所以,工程项目的数量和规模也日渐陡增。工程项目本身是一个很复杂的技术系统,又处在一个复杂的自然社会当中,所以在其实施过程中必然会受到来自各方面不确定性因素的影响和威胁,最终导致工程项目功亏一篑。因此,加强项目的风险管理非常必要。企业的项目风险管理能力直接决定了工程项目风险管理的效果。当前,我国大部分企业的项目风险管理能力和风险管理水平不高,其中缺乏有效的数据信息资源和先进适用的风险分析方法与工具是两个重要的制约因素。

随着社会的不断发展,人们对生活的要求也逐渐提高,这其中就包括对工程项目的质量以及风险管理的要求。实施风险管理措施,不仅保证了项目的质量,而且还极大地增加了企业的收入。然而,项目风险管理在我国仍然存在很多问题,如法律法规的不健全、人们风险管理意识薄弱等。本文就是基于这样的社会背景以及参考大量国内外文献研究的。

## 2 国内外文献研究

### 2.1 工程项目风险理论的研究

2.1.1 工程项目风险管理理论研究

20 世纪 30 年代初,一个系统的工程项目风险管理理论诞生于美国。当时,美国率先提出了这一概念,之后讨论和研究了各种形式的工程项目风险管理问题,但那个时候的风险管理内容和范围很窄。

在20世纪50年代和60年代,国际工程项目风险管理与控制研究的理论逐渐形成体系,并逐渐走向专业化。随着风险意识慢慢深入人心,风险的管理与控制逐步渗透到了各行各业,并逐步建立了一些专业的风险管理研究机构,如美国的RJMS、IPMA、ARIS。

外国的很多工程项目专家都对项目风险进行了多角度研究。Boehm将工程项目风险管理过程分为了两个阶段:一是风险评价,二是风险控制。Fairley则提出了工程项目风险管理的5个步骤,分别为风险识别、风险因素分析、风险缓解策略的制定、备份计划的制定、危机的恢复。Chapman提出了工程项目风险管理的7个阶段,分别为项目关键点的定义、风险管理策略的确定、风险的定义、风险的承担和关系、责任的分布、责任的承担、偏差度的评价。

2.1.2 工程项目风险的分析研究

1993年,Tahetal用风险结构的分析原理,从风险的源头到风险的后果进行了系统的分类研究。1995年,Wirbaetal按照HRBS方法对风险进行分类。1999年,Carr为了定性分析项目风险,在风险评估模型的基础上继续开发了HRBS。后来,Hayesetal提出了系统的工程项目风险识别、风险分析和风险应对方法以及Raftery的风险管理指南。

2.1.3 工程项目风险评价理论研究

工程项目风险评价方法主要有自我评价法和标杆评价法。

自我评价法可以计算工程项目风险水平,其值越高,项目风险水平越高,适合小企业或者刚起步的企业。而标杆评价法能反映项目在市场中的竞争地位,因此标杆评价法适合行业标杆的挑战者。但是笔者认为,工程项目的评价方法还应包括风险分析。目前,国际上工程项目的评价方法都对项目风险分析较少,只对敏感性分析,而敏感性分析仅考虑因素对评价指标的影响,不能反映风险对项目选择的影响程度。

只体现项目评价的风险分析,不考虑问题的客观风险,特别是对那些不确定的或随机性因素较多的项目而言,不进行风险分析就相当于只对其中某一种特定情况做出了分析,反而会使人们对项目的评价产生不信任感。项目的不确定因素是普遍客观存在的,在这些不确定性因素的影响下,任何决策都要冒一定的风险。这就要求我们在评价时从众多的因素中找出哪些因素可能会带来风险,这些因素会引起什么后果,一旦不幸的事件发生,是否会带来致命的打击,如何在风险面前做出稳妥的决策等。

### 2.2 工程项目风险管理与控制的研究

随着新的风险管理理论与技术的不断发展,工程项目风险管理与控制也向着整合、全面、多角度的方向发展。经过国际上多年的理论研究和讨论,以及在实践中的初步应用,国际学术界已经达成了关于工程项目风险管理理论的协议,即风险管理是一项系统工程,它涉及许多方面,要综合多方面原因及运用多方面手段进行管理控制。

工程项目风险管理与控制的目的,是通过对项目的不确定因素的管理和控制的研究,来减少损失、控制成本。当前,我国项目风险管理与控制处于初级阶段,人们风险意识差,风险管理理论和方法未能及时推出。例如,工程保险作为我国建筑工程项目风险管理的重要手段在我国起步较晚。然而由于种种原因,我国的工程保险并不流行。目前我国工程项目风险管理方面还存在着控制领域的空白。

# 3 建设工程项目风险管理的概述

## 3.1 工程项目风险的特点

### 3.1.1 风险的普遍存在性与客观存在性

自社会发展以来,人们就面临着不同的风险。随着科学技术的发展以及生产力的进步,社会又创造了新的风险,也使得风险的事故损失越来越大。风险客观存在于人的自觉性中,因为物质运动的本质和社会发展规律的内在因素都是由事物本身和客观规律决定的。

### 3.1.2 风险发生的偶然性与必然性

某一具体风险发生的概率小,其存在偶然性,但通过对很多风险事故数据的观察和统计分析,发现其运动规律明显,这表明可以用概率统计等现代分析法计算风险发生的必然性。

### 3.1.3 工程项目风险发展的突变性

突变发生在项目的内部或者外部时,项目风险和后果的性质将遵循突变。由于该项目一直进行,一些风险将慢慢得到解决,但在同一时间,每个项目的过程可能会产生新的风险。

### 3.1.4 工程项目风险的多样性与层次性

不同类型的风险因素,导致项目风险在施工期内变化,以及各种风险因素和外部世界交叉影响,显示出了工程项目风险的层次结构。

## 3.2 当前我国工程项目存在的风险问题

我国许多企业的风险管理模式还处于积累阶段:基于经验、操作简单、缺乏有效的科学管理程序、抵抗风险能力差、风险意识薄弱。

### 3.2.1 风险管理规范性的缺失

我国绝大多数企业还没有建立完善的风险管理体系,在潜在的低标对象面前,中标成功率很低。对项目过程中不断出现的各种变化估计不足,从而风险出现时不能及时采取措施。由于缺乏数据支持,往往临时处理风险仅凭低效率的经验。

### 3.2.2 风险管理系统机制的不完善

我国大多数企业风险管理没有明确目标,在企业中设置组织不考虑风险管理部门和职能。企业内部抗风险能力差,一定程度上增加了组织风险。

### 3.2.3 风险管理意识薄弱

我国企业经营者的风险意识不足,不能把风险管理作为项目管理的重要内容。虽然也采取一些风险管理措施,但仅在项目质量、安全保障等方面采取措施,缺乏系统明确的目标。施工企业高层管理者往往把重点放在服务质量上,忽视了施工技术的管理。

### 3.2.4 企业风险规避能力欠缺

国内大多数企业缺乏风险规避能力。很多企业仅依靠一个律师、一个审计或者一个顾问的现象非常普遍。企业和项目部的组织机构设置并没有考虑风险管理部门和职能部门,一旦遭遇风险,企业从上到下都处于困境,规避、抵抗风险能力差。

# 4 工程项目风险的识别与评价

## 4.1 工程项目风险识别的依据

### 4.1.1 工程项目策划

在项目建设过程中,项目规划人员将从不同的角度,根据业主的目标,通过系统分析项目总体战略研究计划的建设活动,以预测整个过程的建设活动,使建设活动的三维关系最佳结合,以确保得到一个令人满意和可靠的经济效益。

### 4.1.2 工程项目管理规划

工程项目管理计划是项目管理的纲领性文件,是业主聘用监理咨询公司的重要依据。项目管理规划涉及项目整个实施阶段,属于物业发展项目管理的范畴。如果采用工程总承包模式,业主方还可以委托一个项目总承包制定项目管理计划。其他参与建设项目的单位,如设计单位、施工单位、供应单位等,还需要编制项目管理计划,但只涉及项目的一个方面。

### 4.1.3 工程项目有关档案

项目有关档案是指被识别、排序的项目文件,包括以前做过类似工程的系统记录、项目进度、错觉分析等。

### 4.1.4 目前工程项目风险存在的种类

按责任方可以把风险划分为雇主风险、承包商风险以及第三方风险。这3种风险可能独立存在,也可能构成风险的混合体。例如,由于承包商管理水平问题和雇主支付问题,导致一个项目的延迟就是风险混合体。根据风险因素和风险的主要方面来分类,又可分为技术风险、环境风险和经济风险。

## 4.2 工程项目风险识别的评价与分析

### 4.2.1 工程项目风险的定性分析

定性风险分析通常是在风险应对规划过程中建立的一个经济高效的方法。实施定性风险的分析工具主要包括风险概率和影响评估、概率和影响矩阵、数据质量评价、风险分类、风险评估和专家判断等。实施定性风险分析是可信的,就是需要使用准确的数据。

### 4.2.2 工程项目风险的定量分析

定量风险分析是指可能对风险分析和分类有重要影响的因素的分析。定量分析工程项目风险,使分析更具体、可信度更高,可以为风险决策提供科学的数据。工程项目风险的定量分析可以分为以下几种:

(1)决策树法。

决策树法适合未来可能有几种不同的情况,并根据数据推断出各种问题的概率。决策树的选择和随机因素的有序表达可形成一棵树。决策者可以根据决策树构造决策过程,通过对全局过程的决策进行分析,并在此基础上对决策过程进行多角度思考,从而做出最优决策进行分析。

(2)敏感性分析。

敏感性分析是计算各种不确定因素的主要经济指标的变化率和敏感程度的一种方法。敏感性分析是分析不确定的项目变化的内部收益率,找出影响该项目的因素,然后进行分析。

(3)影响图。

影响图是一个由终点和弧集组成的有向图。概率影响图是一种特殊形式的影响图,它将影响图理论、概率论和处理随机事件之间的关系有机融合在一起,来推理随机事件。影响图的复杂在于其是一个新颖而有效的图形化语言,但有着无可比拟的优势。

(4)层次分析法。

层次分析法是由美国学者 T. L. Saaty 最早提出了一种多目标评价决策方法。其是将复杂问题的基本原理分解为若干因素,并在所有的要素中进行计算、比较,以获得不同因素的比重,为决策提供正确依据。

### 4.3 工程项目风险评价的方法

#### 4.3.1 自我评价法

工程项目风险的自我评价法,本身是实际项目风险与项目目标风险评价的比较。各类工程项目风险分析与管理研究表明,该方法可以计算工程项目的风险水平,较高的值则表明项目的风险水平较高。

#### 4.3.2 标杆评价法

工程项目风险的标杆评价法是将实际项目风险和同行业中处于领先地位的工程项目风险进行比较。由于工程项目风险自我评估的主观因素较大,因此标杆评价法对相关工程项目风险评价更具有意义。通过与同行业中处于领先地位的项目风险比较,能客观地反映工程项目风险水平和项目在市场中的竞争地位。

### 4.4 工程项目风险评价的意义

工程项目风险评价是项目风险管理的基础,只有不断关注工程项目风险评价的实践,使项目管理者关注具体项目风险,才能对项目风险因素的影响和机会进行分析。所以工程项目风险评价的意义为:

(1)可以对项目风险进行分析和综合评价,确定其顺序。

(2)挖掘工程项目风险之间的关系。虽然工程项目风险因素众多,看似无关紧要,但有时是由一个共同的风险源引发的。工程项目风险评价应从总体项目开始,理清各项目风险之间的因果关系。

(3)在各种风险相互转化的情况下,研究如何将威胁转化为机遇,明确项目风险是客观依据。

(4)量化确定风险的概率和后果,减少不确定的风险概率和后果估计,为工程项目的风险应对和监控管理策略提供科学依据。

## 5 工程项目风险的管理与控制

### 5.1 应对工程项目风险的措施

控制项目的风险,是为了最大限度地减少损失,最终减少或避免财产损失和人员伤亡,以此获得最大的利润。

5.1.1　工程项目风险的规避

风险规避指的是当项目风险威胁的不良后果太严重时,并且没有其他策略可供选择,这时主动放弃项目或改变项目的目标和行动计划,从而规避风险,不失为一种好的选择。

5.1.2　工程项目风险的降低

减少项目风险是指通过一些方法来降低面临的风险。风险降低措施可分为四类:一是教育和培训员工,提高他们对潜在风险的认识;二是采取一些保护措施减少风险损失;三是通过实施过程保证系统的一致性;四是对人员和财产进行保护。

5.1.3　工程项目风险的转移

风险转移战略是将风险转移给他人或其他组织,其目的是通过合同或协议,一旦发生意外事故时将风险转移。具体实施可以通过金融风险转移、非金融风险转移等特点进行。

5.1.4　工程项目风险的自留

由于项目风险的发生,项目风险的成本可作为项目的附加成本,采取积极行动承担工程事故后果,这样有利于工程的进一步进行。因为不是所有的风险都可以转移,有些风险必须自留。此外,在某些情况下,自己拥有一部分风险也合理。通常承包人的风险是经过仔细分析考虑后而决定的,有的时候风险自留比转让更有利。

**5.2　工程项目风险管理与控制的方法**

工程项目风险管理与控制可能涉及执行其他策略、实施紧急或备份计划。项目风险应对负责人应定期向项目经理汇报负责计划的有效性、突发性后果和应对风险的纠正措施。风险管理与控制的主要方法有:

(1)加强风险管理教育,树立科学的风险管理意识。建立风险管理的法律意识,并依法履行,通过法律手段解决违约问题。

(2)项目风险管理的法律法规建设,建立风险管理体系。我国很多制度还处于探索阶段,缺乏对工程保险的实施细则。

(3)规范业主行为,使经营管理进入法制化轨道。加大市场规范力度,通过改革和完善工程质量监督体系,促进业主支付担保制度,规范业主行为。

(4)建立企业内部风险管理体系和机制,加强风险管理技术。提高识别风险的能力和加强风险信息采集,把握风险规律。另外,承包商要列出潜在风险清单,分类和衡量比较,确定风险相对重要性。

**5.3　工程项目管理与控制的意义**

5.3.1　确保工程项目如期实现

项目持续时间是整个项目周期中的一个重要部分。有效地控制整个项目的项目建设期,就是从整体投资项目中节约投资成本。由于项目投入使用,在激烈的市场经济竞争中,更能有效地捕捉商机;由于项目投入使用,减少项目的总投资,从而降低固定资产折旧的运营成本,缩短项目投资回收期。

5.3.2　确保工程项目质量的实现

工程质量是衡量工程项目实现的重要符号。实施全面质量管理,全面、全方位、全过程地进行施工管理。提高全体工程人员的质量意识,充分采取质量第一的理念,对工程质量的影响因素进行严格的管理。

## 5.4 当前我国工程项目管理与控制存在的问题

### 5.4.1 管理模式不合理

我国企业经济效益不高,主要原因是不合理的建设项目管理模式,而目前我国建设项目管理模式是由计划经济模式的管理流传的。

### 5.4.2 管理方法的落后

(1)工期制定方面。

进度计划依赖于过去的经验,用简单的横道图编制方法,而不是采用先进的网络规划技术。

(2)人员素质方面。

目前,建设项目的直接作业人员素质不高,技术人员流动性非常大,技术业务培训难度大,技术水平参差不齐,难以保证施工质量,因此各项目之间的质量差异非常大。

(3)控制方面。

在项目实施过程中,只有较少的控制理论和方法的应用,特别是前馈控制和日常控制的具体应用。定量的控制手段是罕见的,使用的控制方法的可选性是非常大的。

### 5.4.3 组织形式不科学

(1)管理上高度集中。

区域管理的公司和各工程公司没有独立决策权,容易导致决策拖延,而不能及时适应市场变化,而且也很难调动各部门的积极性。

(2)组织机构的设计不合理。

产品线的统一形式适用于组织结构固定的生产企业,而市场变化快,产品具有单件性,建设企业不适用。

(3)部门设置不科学。

一些施工企业没有考虑开发新产品和新的业务发展,公司只根据专业分工,每一个建设项目都是动用所有的专业工程公司,造成资源浪费。

(4)用工制度不灵活。

由于建筑行业具备的生产能力不平衡,即使在任务不充分的情况下,企业也会承担大量的固定工资,增加企业的负担。

## 参考文献

[1] 王家远,刘春乐. 建设项目风险管理[M]. 北京:中国水利水电出版社,2004.

[2] 周宜波. 风险管理概论[M]. 湖北:武汉大学出版社,1992.

[3] 王卓甫. 工程项目风险管理理论、方法与应用[M]. 南京:河海大学出版社,2003.

[4] GEOFFREY K. Guest figure project management [M]. Beijing: Mechanical Industry Press, 2007.

[5] JOHN B, NICHOLAS M. Business and technology oriented project management [M]. Beijing: Tsinghua University Press, 2000.

[6] TUMMALA V, BURCHETT J. Applying a risk management process (RMP) to manage cost

risk of EHN transmission line project [J]. International Journal of Project Management, 1999, 17(4):223-235.
[7] 陈起俊.工程项目风险分析与管理[M]. 北京:中国建筑工业出版社,2007.
[8] 刘洪浩.浅议项目风险管理理论[J]. 学理论,2011,24(4):233-350.
[9] 袁志彬.城市工程项目风险管理[J]. 中国石油大学胜利学院学报,2011,2(7):38-50.
[10] 龚小兰.工程承包合同风险管理初探[J]. 科技进步与对策,2000,11(2):247-386.

# 大型钢桁架提升吊点优化的最小势能原理及应用

毕雨田　范小春

（武汉理工大学 土木工程与建筑学院，湖北 武汉 430070）

**摘　要**　大型钢桁架整体提升施工工艺已在我国钢结构施工中大量采用。本文基于应变能原理，对某大型钢桁架结构吊点布置进行了可行性分析。详细阐述了钢桁架整体提升工艺的施工工艺。通过 12 种不同吊点设置方法，运用有限元分析软件 SAP2000，探讨了基于最小势能原理的大型钢桁架提升吊点优化方法，获得了钢桁架整体应变能的变化规律，在综合经济和施工条件的情况下，确定了 10 个吊点的最优方案。分析了最优吊点方案下结构的受力状态、变形状态和稳定模态，满足设计、施工等各项要求。该研究方法可为类似工程提供一定的参考价值。

**关键词**　最小势能原理；大型钢桁架；整体提升；吊点优化；模态分析

## 1　引　言

大型钢结构具有施工周期短、抗震性能好、结构灵活、造型优美等优点，近年来，在国内大量兴建。尤其是奥运会、亚运会等体育赛事在我国的承办，带动了大型钢结构在我国的飞速发展。目前，大型钢结构施工主要采用整体提升或者整体顶升技术。该方法无须大型机械吊装设备，施工简洁、方便、工期短，在狭小空间的应用更为突出。因此，整体提升技术是 21 世纪新型建筑施工技术之一。虽然其优点很多，但技术还不成熟，且结构在提升过程中的受力状态比较复杂，如何确保钢桁架在提升过程中的安全性以及结构成型后的受力状态与设计状态一致，一直是工程界研究的热点问题。

提升吊点数量及位置的确定是钢桁架整体提升的关键技术之一。钢桁架吊点确定原则：①要求起吊过程中结构在自身重力作用下的变形和受力较为均匀且不改变结构原有的受力状态。②考虑结构吊装过程中的姿态调整以及杆件受力问题。钢桁架在吊装过程中吊点不应过少，否则结构易绕着吊点旋转失去稳定；也不宜过多，否则施工成本及施工难度加大。本文基于最小势能原理对某大型钢桁架提升吊点进行优化研究。

## 2　最小势能原理

对于线弹性体，在不考虑结构加载和卸载过程中能量消耗的情况下，外力所做的功在数值上就等于杆件微应变产生的应变能。

结构任意单元上任一点的应力和应变为

$$\sigma = \boldsymbol{D}\varepsilon , \varepsilon = \boldsymbol{B}_e \boldsymbol{\delta}_e \tag{1}$$

式中，$\boldsymbol{D}$ 为弹性矩阵，$\boldsymbol{D}^{\mathrm{T}}=\boldsymbol{D}$；$\boldsymbol{B}_{\mathrm{e}}$ 为单元应变矩阵；$\boldsymbol{\delta}_{\mathrm{e}}$ 为单元节点位移列阵。

单元的应变能为

$$U_{\mathrm{e}}=\int_{v_{\mathrm{e}}}\frac{1}{2}\boldsymbol{\delta}_{\mathrm{e}}^{\mathrm{T}}\boldsymbol{B}_{\mathrm{e}}^{\mathrm{T}}\boldsymbol{D}\boldsymbol{B}_{\mathrm{e}}\boldsymbol{\delta}_{\mathrm{e}}\mathrm{d}v=\frac{1}{2}\boldsymbol{\delta}_{\mathrm{e}}^{\mathrm{T}}\boldsymbol{k}_{\mathrm{e}}\boldsymbol{\delta}_{\mathrm{e}} \tag{2}$$

式中，$\boldsymbol{k}_{\mathrm{e}}$ 为单元刚度矩阵，$\boldsymbol{k}_{\mathrm{e}}=\int_{v_{\mathrm{e}}}\boldsymbol{B}_{\mathrm{e}}^{\mathrm{T}}\boldsymbol{D}\boldsymbol{B}_{\mathrm{e}}\boldsymbol{\delta}_{\mathrm{e}}\mathrm{d}v$。

结构的应变能为

$$U=\sum_{\mathrm{e}}U_{\mathrm{e}} \tag{3}$$

由应变能的计算推导过程可知：应变能与应力、应变等单一指标相比具有显著的优点：① 综合性强，可综合考虑应力、应变等方面；② 能量是标量，不涉及方向问题，容易计算和比较分析；③ 从应变能出发，考虑结构的性能更加全面。

构件的总体势能为

$$\Omega=U-\sum_{i=1}^{n}P_i\Delta_i \tag{4}$$

由卡氏第一定理，得

$$\frac{\partial U}{\partial \Delta_i}=P_i \tag{5}$$

由式(4) 和式(5)，得

$$\frac{\partial \Omega}{\partial \Delta_i}=0 \tag{6}$$

由卡氏第一定理的成立条件可知：式(6)是结构处于平衡状态的充分必要条件。而式(6)未涉及结构本身的任何情形，因此也被称为最小势能原理，即弹性杆件或结构处于稳定平衡状态的充分和必要条件，就是该杆件或者结构在变形状态下的势能为最小值。同时由于线弹性体在加载过程中的外力功在数值上恒等于该物体的应变能，因此在线弹性状态下，势能在绝对值上等于该物体的应变能。

## 3 最小势能原理在钢桁架提升中应用的可行性

结构的整体应变能会因为不做功的约束数量的增加而减小，或者因为不做功约束的减少而增加。因此，施工中的吊点数量、支撑点数量和位置的不同都会对结构整体或者单元应变能产生影响，这使应变能考察施工约束状态的合理性成为可能。

结构的施工过程是把已确定形式的结构或者结构单元通过外力使其就位并拼接安装的过程。吊装过程必须保证结构或者单元的变形受力在设计允许范围内。由式(5)可知，结构整体应变能高的时候，杆件应力会相应处于较高的状态。所以从宏观角度来看，结构或单元的变形及应力可体现在应变能上。在施工过程中，结构单元一般只受恒载。在不同约束情况下，结构单元会产生不同的整体应变能水平，这就为应变能选择约束方案提供依据。基于最小势能原理的吊点优化框图如图 1 所示。

## 4 工程实例分析

某钢桁架顶标高为 53.40 m，由 7 榀主桁架组成，桁架自身最大高度为 21 m，最大跨度

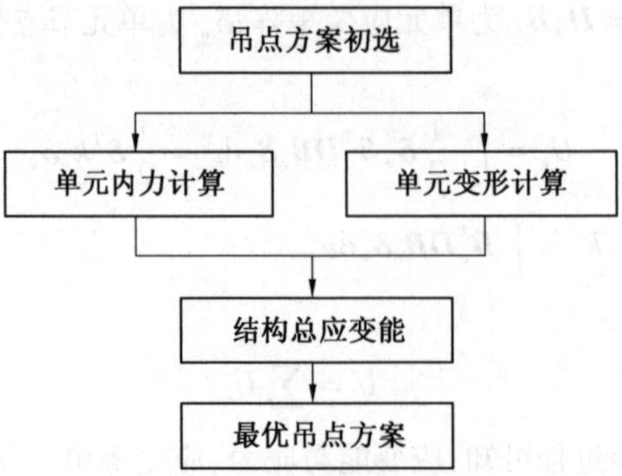


图1　基于最小势能原理的吊点优化框图

为63 m,为双层桁架,单榀桁架最重约为400 t,总质量约为1 450 t。其钢桁架整体提升工艺步骤如下:

(1)将钢桁架4榀主桁架在地面拼装完成,安装临时加固杆件,如图2(a)所示。

(2)安装提升临时装置和设备,调试提升系统,如图2(b)所示。

(3)试提升150 mm高,并在桁架底部与胎架之间的间隙增加垫块,再次检查桁架及临时装置连接节点的可靠性,如图2(c)所示。

(4)确保安全后,钢桁架整体正式提升,如图2(d)所示。

(5)钢桁架提升至设计标高下1 m左右时,暂停提升,调整钢桁架提升部分的长度,以保证钢桁架顺利提升、对口,如图2(e)所示。

(6)提升钢桁架距离设计标高约100 mm左右时,停止提升;调整各个接口处桁架的标高,完成主弦杆的对接工作;拆除临时装置和提升系统,如图2(f)所示。

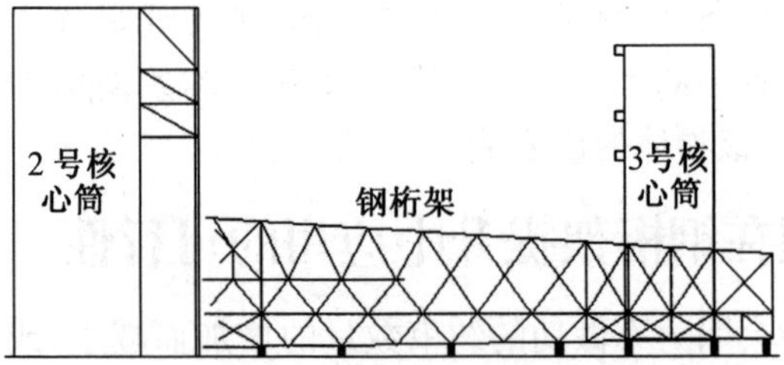


(a)钢桁架在地面拼装

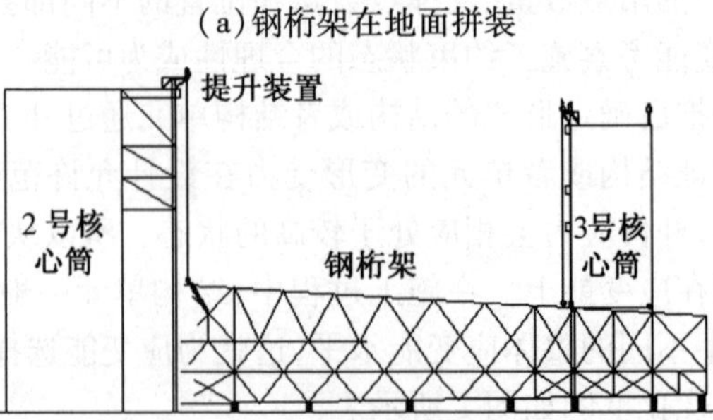


(b)安装提升临时装置和设备

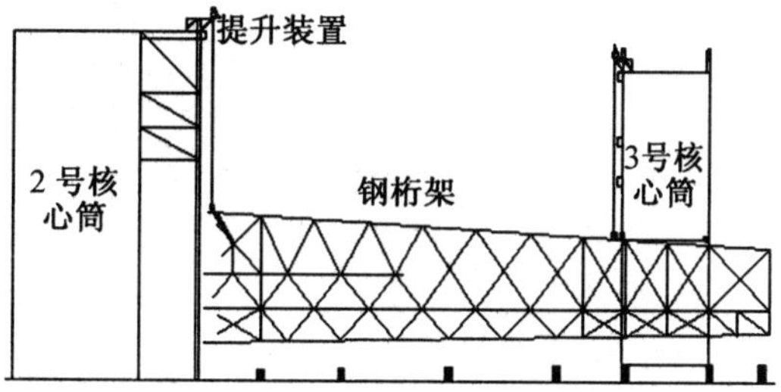

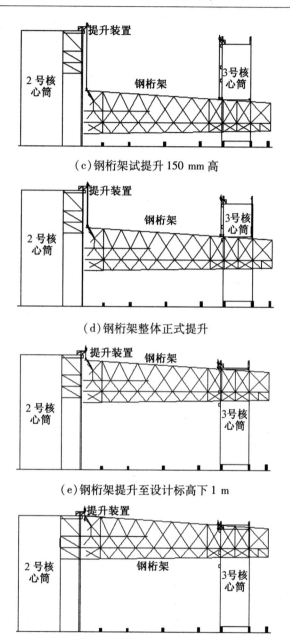

(c)钢桁架试提升 150 mm 高

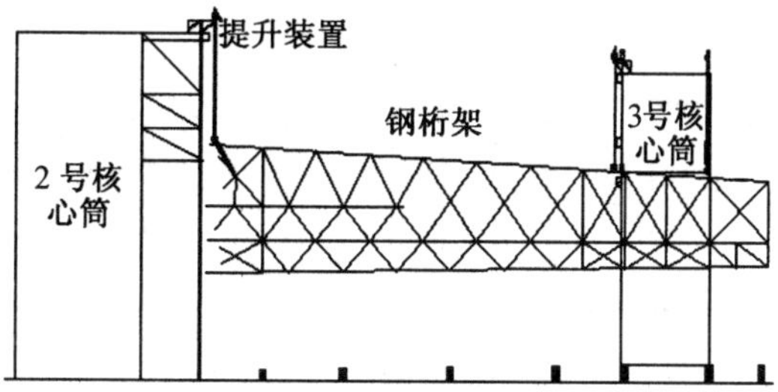


(d)钢桁架整体正式提升

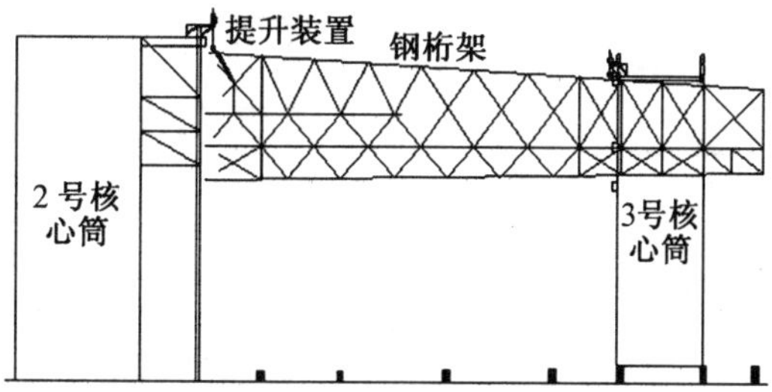


(e)钢桁架提升至设计标高下 1 m

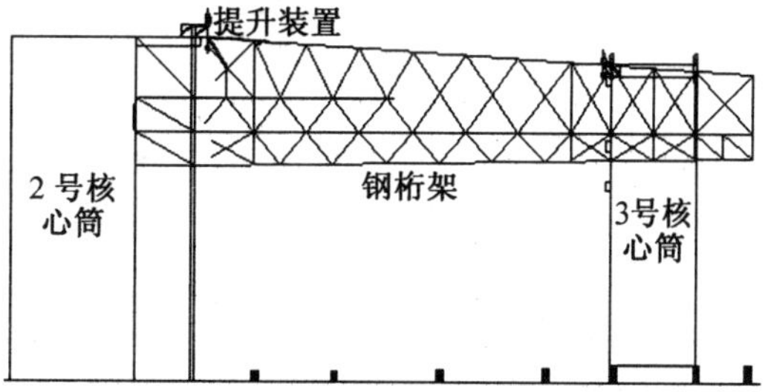


(f)钢桁架提升就位

图 2　钢桁架整体提升工艺示意图

因施工条件的限制,提升吊点布置在 2 号、3 号核心筒附近。为预防钢桁架提升时变形增大或者倾覆,约束点要成对布置在主桁架上弦节点。其桁架计算模型如图 3 所示。约束点的布置情况如图 4 所示。应用有限元软件 SAP2000 对结构进行分析,结构应变能的计算结果见表 1。

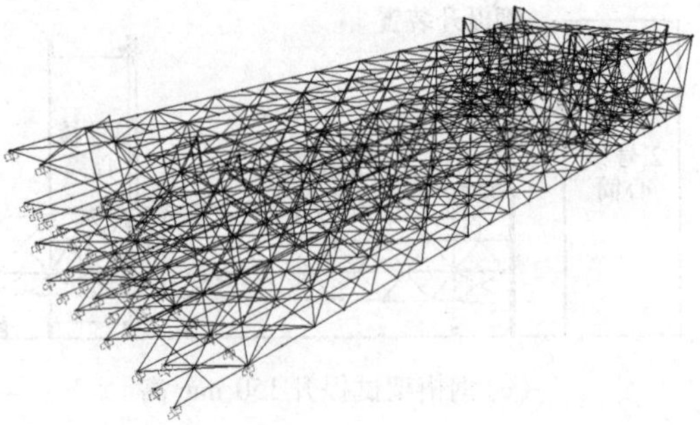

图3　计算模型

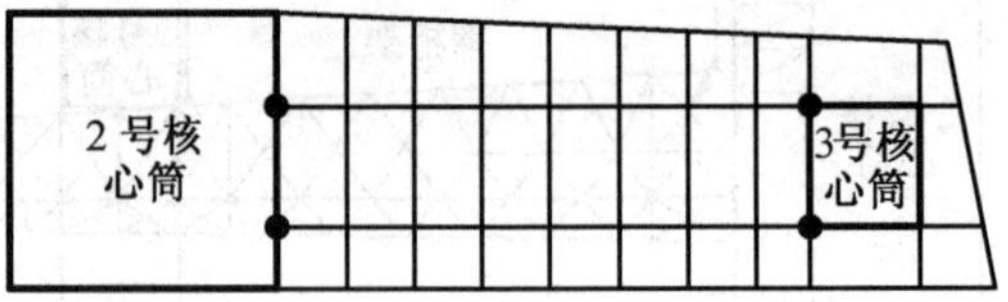


(a)4–1

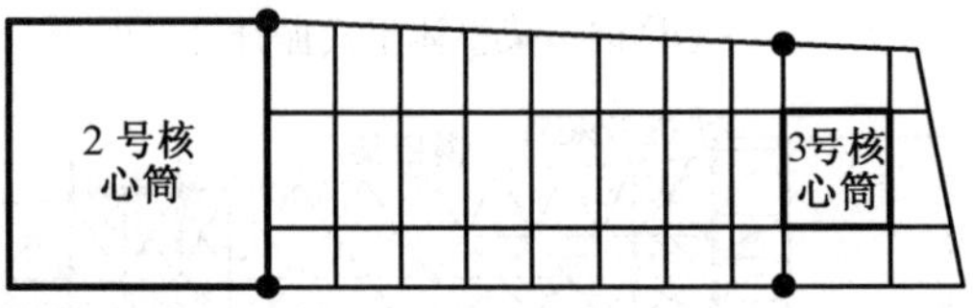


(b)4–2

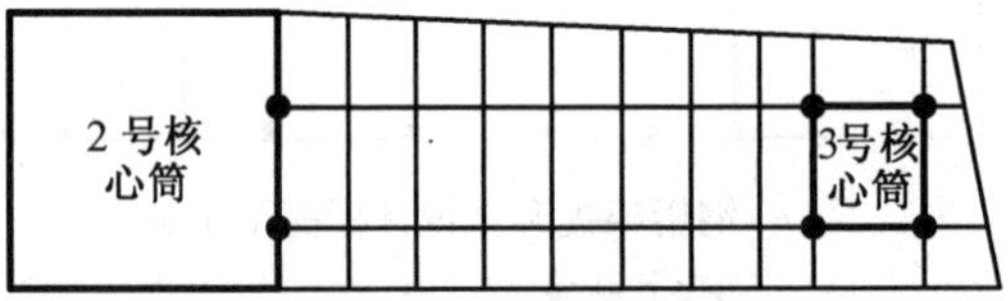


(c)6–1

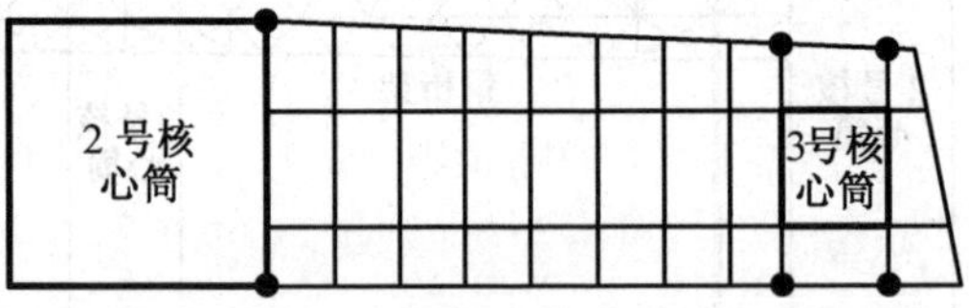


(d)6–2

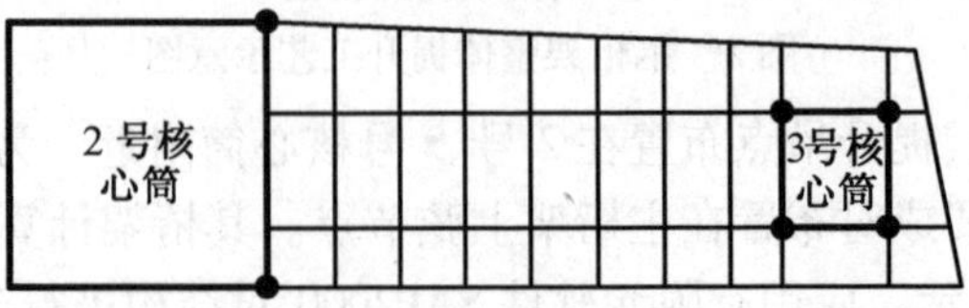


(e)6–3

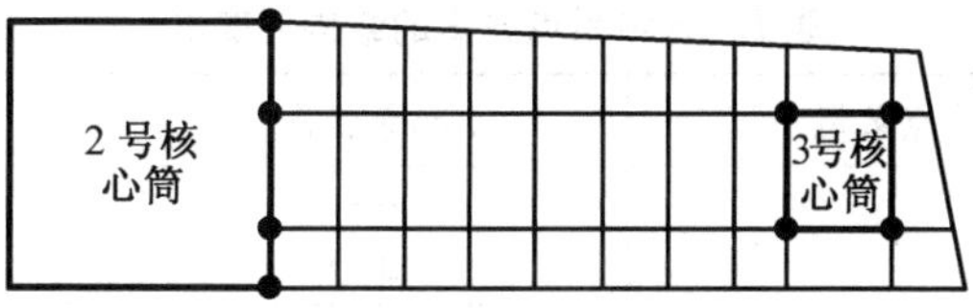


(f)8-1

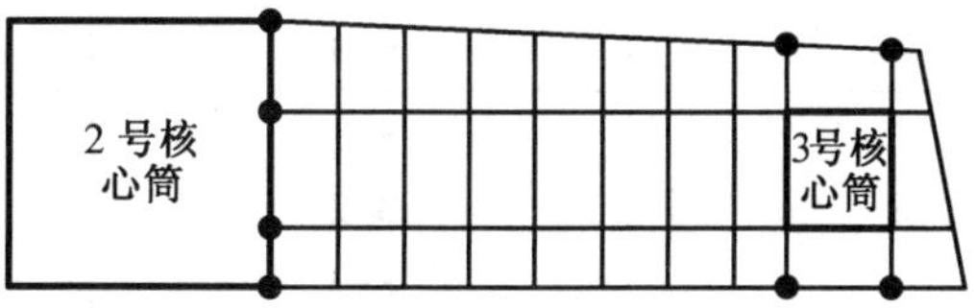


(g)8-2

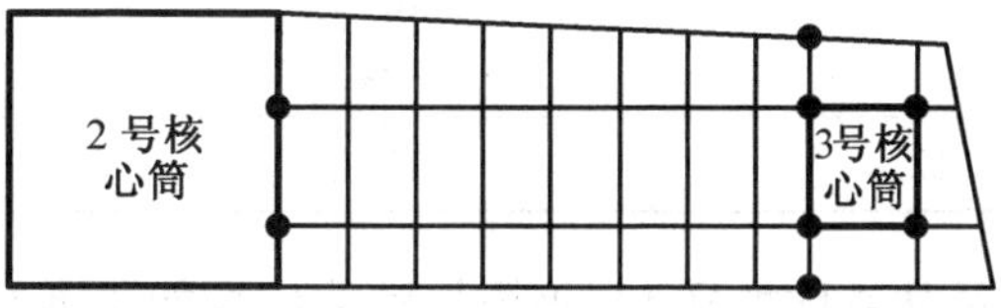


(h)8-3

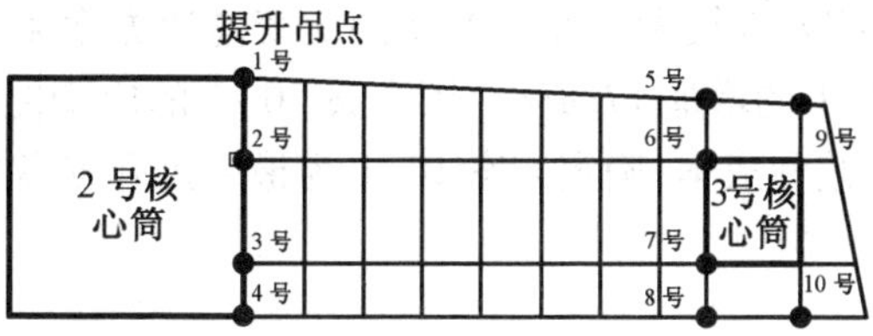


(i)10-1

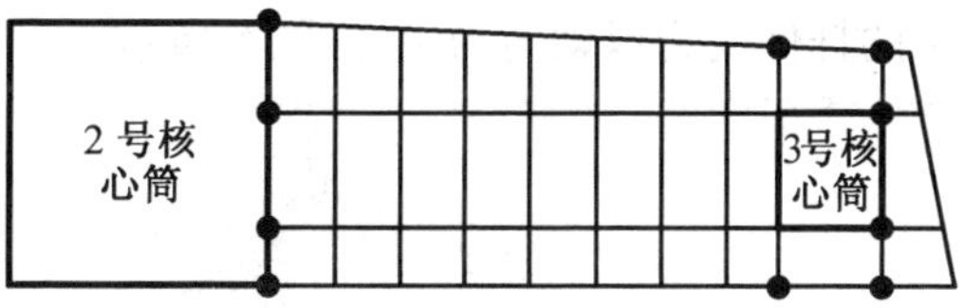


(j)10-2

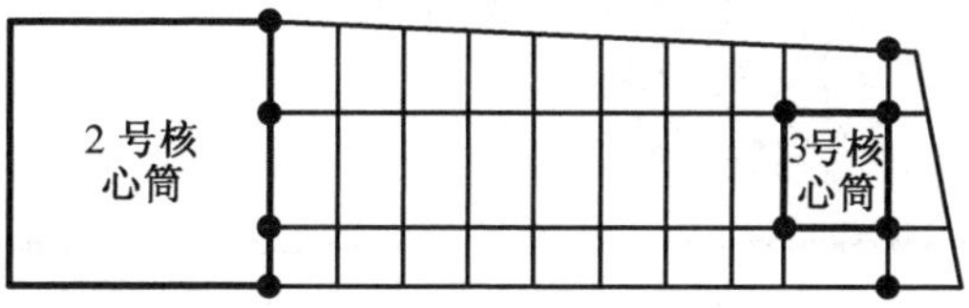


(k)10-3

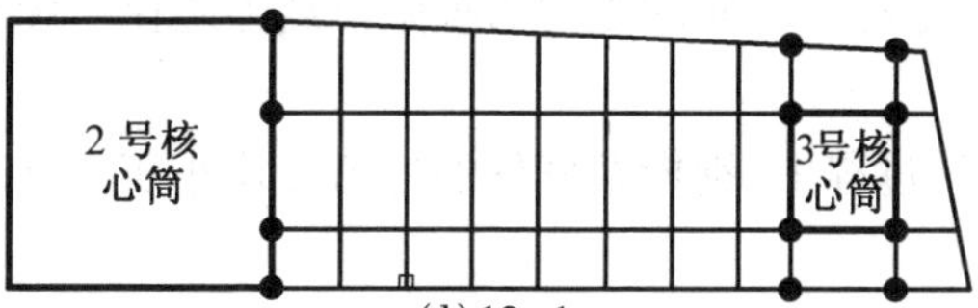


(l)12-1

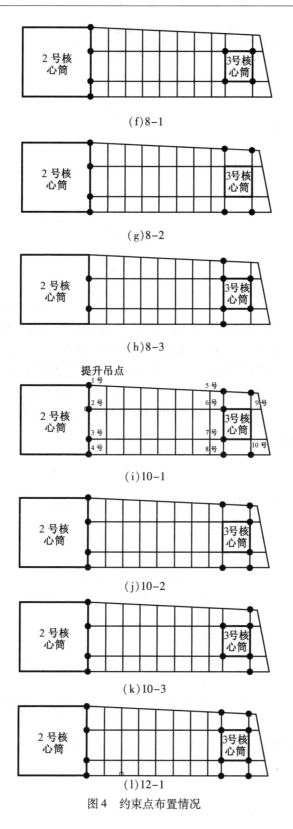

图 4　约束点布置情况

表1　各种吊点方案的结构应变能

| 编号 | 吊点数量 | 布置情况 | 结构应变能/kJ |
|---|---|---|---|
| 1 | 4 | 4-1 | 223.45 |
| 2 | | 4-2 | 303.77 |
| 3 | 6 | 6-1 | 181.84 |
| 4 | | 6-2 | 203.35 |
| 5 | | 6-3 | 192.33 |
| 6 | 8 | 8-1 | 130.15 |
| 7 | | 8-2 | 142.56 |
| 8 | | 8-3 | 137.50 |
| 9 | 10 | 10-1 | 72.40 |
| 10 | | 10-2 | 85.27 |
| 11 | | 10-3 | 78.86 |
| 1 | 12 | 12-1 | 69.50 |

由表1可知,吊点数量从4增加到12,钢桁架整体应变能逐渐减少。方案4-2、6-2和8-2的应变能分别是方案12-1的4.37倍、2.93倍和2.05倍。当吊点数量相同,但吊点布置不同时,其总体应变能相差也较大。方案4-2的应变能比方案4-1的增加35.9%;方案10-2的应变能比方案10-1的增加17.8%。因方案10-1的应变能与方案12-1的仅相差2.90 kJ,综合考虑施工工艺和成本,确定方案10-1为最终提升方案。

# 5　施工仿真分析

## 5.1　结构受力状态

在重力作用下,钢桁架的杆件受力以轴力为主,如图5所示。

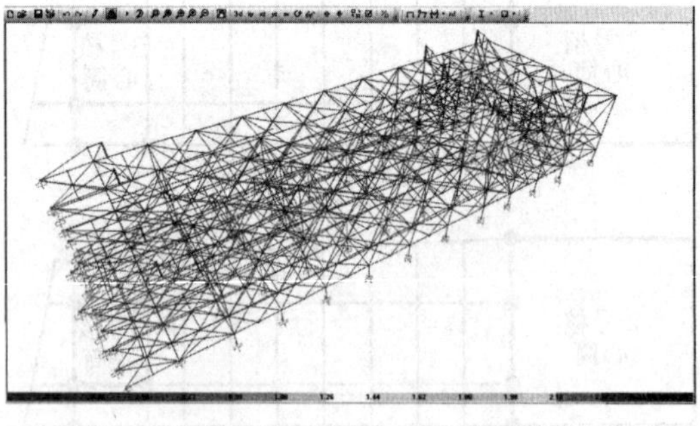

图5　重力作用下轴力图

钢桁架杆件的应力比是指杆件实际受力与极限承载力之比。图6给出了吊点附近杆件的应力比。

由图6可知,结构提升过程中,钢桁架杆件的应力比均小于0.2,其杆件应力较小,结构安全。

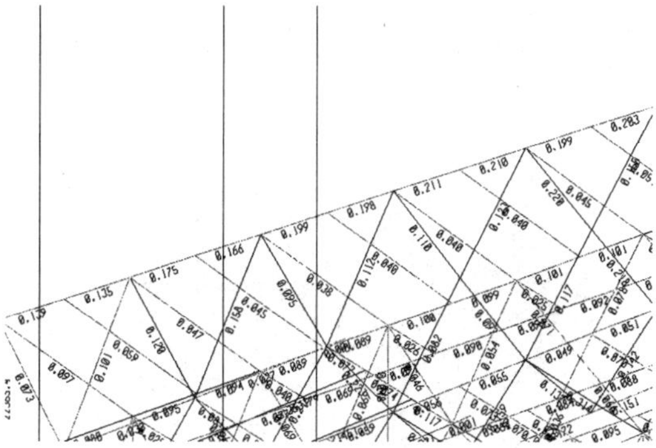

图 6　吊点附件杆件的应力比图

## 5.2　结构变形状态

结构整体提升过程中的变形与未变形状态的位移对比如图 7 所示。

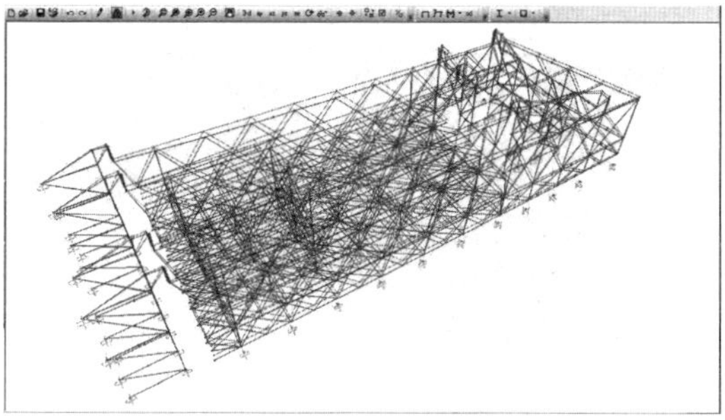

图 7　结构变形图

2 号吊点受力最大。选取 2 号吊点变形及对应的跨中变形有代表性,其跨中变形 116.49 mm,吊点变形 101.04 mm,两者差值约为 15 mm。结构主要位置的变形见表 2。

**表 2　结构主要位置的变形**　mm

| 吊点 | 1 | 5 | 2 | 6 | 3 | 7 | 4 | 8 | 9 | 10 |
|---|---|---|---|---|---|---|---|---|---|---|
| 吊点变形 | 85.37 | 70.14 | 101.04 | 91.41 | 95.84 | 85.21 | 82.45 | 71.10 | 59.87 | 63.87 |
| 跨中变形 | 94.14 | | 116.49 | | 109.59 | | 92.95 | | 74.90 | |

由表 2 可知,主体结构的跨度为 63 m,最大变形为结构最大跨度的 1/4 200,变形很小,满足规范要求。

## 5.3　模态分析

结构的模态反应吊装过程中结构的稳定状态。钢桁架的第一阶失稳发生在钢桁架中间部分;第二阶失稳较靠近两边核心筒;第三阶失稳发生在靠近中间部分或者两边核心筒都有可能,如图 8 所示。各阶失稳的临界荷载安全系数见表 3。

**表 3　临界荷载安全系数**

| 阶数 | 第一阶 | 第二阶 | 第三阶 | 第四阶 | 第五阶 | 第六阶 |
|---|---|---|---|---|---|---|
| 安全系数 | 2.90 | 3.41 | 4.50 | 5.05 | 5.51 | 5.90 |

由表 3 可知,结构的临界荷载安全系数最小值为 2.90,结构在吊装过程中处于安全状态。

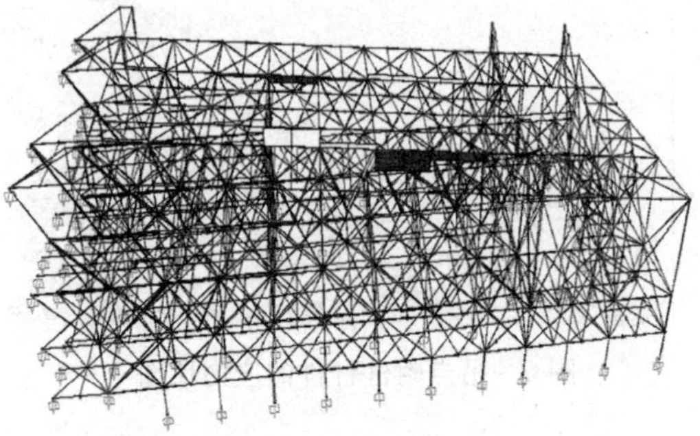

(a)第一阶失稳状态图

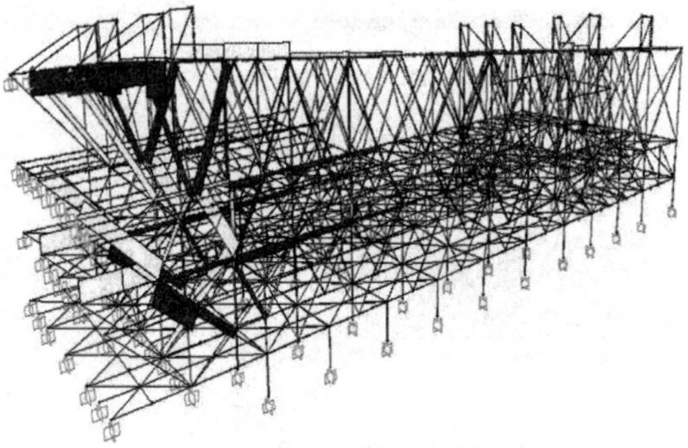

(b)第二阶失稳状态图

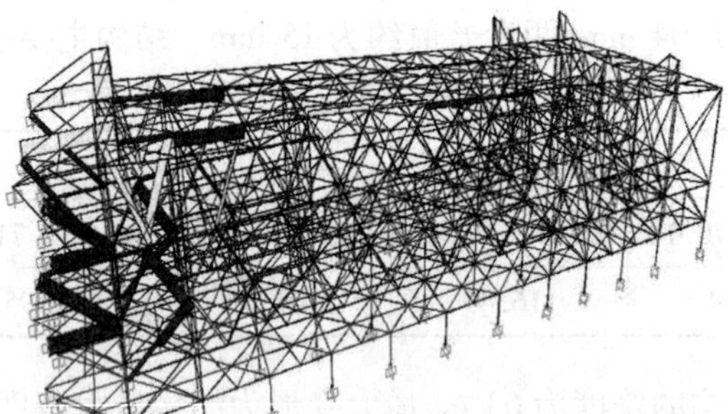

(c)第三阶失稳状态图

图 8

# 6 结 论

(1)探讨了最小势能原理在大型钢桁架提升吊点方案优化中的应用。

(2)分析了 12 种不同的吊点方案,获得了 10 个吊点的最优方案 10-1。

(3)对提升方案进行了受力、变形和稳定模态分析,其结果均满足设计要求。

## 参考文献

[1] 杨英雄，李章政. 几种常见空间结构在我国的应用和发展[J]. 工程结构，2004，24(3)：69-71.

[2] 陈冬冬. 大跨度网架结构整体提升技术研究与应用[D]. 重庆:重庆大学,2010.

[3] 杨桂通. 弹性力学简明教程[M]. 北京:清华大学出版社，2006.

[4] J. H. 阿吉里斯. 能量原理与结构分析[M]. 北京:科学出版社，1998.

[5] 姚刚，谢巍，居虎. 基于应变能法的大跨度钢桁架四吊点选取分析[J]. 重庆大学学报，2009，32(9):1080-1085.

[6] 张冰. 大跨度空间结构建造过程中吊点和支撑位置合理性研究[D]. 杭州:浙江大学，2006.

[7] 秦文炳. 基于应变能准则的斜拉桥结构优化设计研究[D]. 南京:河海大学，2007.

[8] BARENS M. Form and stress engineering of tension structure [J]. Structural Engineering Review，1994，6(3)：31-33.

[9] STEPHEN E. The prediction of safe lifting behavior [J]. Journal of Safety Research，2005，36(8):63-73.

[10] 北京金土木软件公司. SAP2000 中文版使用指南[M]. 2 版. 北京:人民交通出版社，2011.

# 六、道桥设计与交通管理

## 高强透水混凝土路面试验研究

彭幸海　李九苏

（长沙理工大学 交通运输工程学院，湖南 长沙 410114）

**摘　要**　为解决透水混凝土路面强度低、易松散、易堵塞等技术"瓶颈"，提出了基于活性粉末混凝土的高强透水混凝土制备方法。通过单因素试验和正交试验方法，确定了高强混凝土配合比；采用物理成孔方法，制备了4种不同孔隙率的高强透水混凝土。制得的高强透水混凝土在透水系数达到13.02 mm/s时，相应的7 d抗压强度达到61.37 MPa，性能指标显著优于传统透水混凝土（抗压强度：5.5～39.4 MPa，透水系数：0.3～14 mm/s）。为解决传统透水混凝土路面维修难的问题，提出了自下而上的清孔方法，试验结果表明其具有良好的力学与透水性能、堵塞物清除效果更为显著。

**关键词**　道路工程其他；高强透水混凝土研究；活性粉末混凝土；透水路面

## 1　引　言

2015年10月16日，国务院办公厅发布了《国务院办公厅关于推进海绵城市建设的指导意见》，标志着海绵城市政策体系的顶层设计基本成型。而透水路面是实现海绵城市建设的主要途径。在大力发展循环经济和节能减排的背景下，促使透水混凝土向着高强和耐久等方向发展。在国内研究学者的努力下，透水混凝土路面施工已形成相关技术规范，完善的管理系统。但现在的透水混凝土路面还主要存在强度低、易松散、易堵塞等技术瓶颈，科研人员为解决这些问题从材料选择、配合比设计、施工方法等方面着手进行研究，已制备了强度达40 MPa的透水混凝土。透水路面具有良好的透水性能，雨天不积水，表面不打滑，确保了行人的安全，改善了绿化环境，但较低的强度限制了它的推广应用。在技术层面上，国内外透水混凝土的配制技术一直采用无砂大孔混凝土的设计思路，始终存在强度和透水系数相矛盾的问题。为解决传统透水混凝土路面强度低、易松散、易堵塞等技术难题，本文提出从材料及结构上进行转变，即以高强材料作为载体，人工物理构造透水通道，自下而上清堵机制，试验结果表明其有效地改善了透水混凝土的力学、透水性能，将推动透水混凝土路面的应用与发展，促进公路建设超绿色。

## 2　原材料与试验方法

### 2.1　原材料

试验原材料包括52.5级硅酸盐水泥、52.5级普通硅酸盐水泥、矿粉、粉煤灰（Ⅱ粉煤灰)、混凝土专用硅粉、石英砂(过0.315 mm的方孔筛)、聚丙烯纤维(6～9 mm)、萘系减水剂、聚羧酸高效减水剂(含固量40%,减水率30%)、UEA膨胀剂、自来水、硅溶胶、丁苯乳液、消泡剂。

### 2.2 试验方法

在进行高强混凝土的抗压强度以及抗折强度试验时参考了《公路工程水泥及水泥混凝土试验规程》(JTG E30—2005)中水泥试验部分的方法;透水混凝土抗压强度参照了《公路工程水泥及水泥混凝土试验规程》(JTG E30—2005)中的硬化水泥混凝土性能试验部分方法,试件尺寸为100 mm×100 mm×100 mm,抗压强度结果均进行了折减(0.95);透水系数的测定参照了《透水水泥混凝土路面技术规程》(CJJT 135—2009)的试验方法。

## 3 试验结果与分析

### 3.1 高强混凝土配合比设计

3.1.1 单因素初步配合比设计

参考活性粉末混凝土配合比设计成功案例,初次拟定试验材料及用量。控制单一变量,进行初步配合比确定,主要从力学性能进行分析测试。未做说明,则养护条件相同。每个编号采用三个试件,抗压强度试件尺寸100 mm×100 mm×100 mm,抗折强度试件采用水泥胶砂试模40 mm×40 mm×160 mm成型,抗压强度和抗折强度数值取3个试件测试的平均值,抗折强度14 MPa表示超量程,测试结果见表1～8。

表1 粉煤灰、丁苯乳液、水胶比对混凝土力学性能的影响

| 编号 | 硅酸盐水泥/($kg\cdot m^{-3}$) | 粉煤灰/($kg\cdot m^{-3}$) | 石英粉/($kg\cdot m^{-3}$) | 减水剂(萘系)/($kg\cdot m^{-3}$) | 膨胀剂/($kg\cdot m^{-3}$) | 纤维/($kg\cdot m^{-3}$) | 丁苯乳液/($kg\cdot m^{-3}$) | 水/($kg\cdot m^{-3}$) | 水胶比/($kg\cdot m^{-3}$) | 抗压强度(7 d)/MPa | 抗折强度(7 d)/MPa |
|---|---|---|---|---|---|---|---|---|---|---|---|
| 1.1 | 1 035 | 0 | 411 | 8.28 | 36 | 0.7 | 0 | 351 | 0.34 | 68.28 | 9.34 |
| 1.2 | 1 035 | 0 | 411 | 8.28 | 36 | 0.7 | 0 | 270 | 0.26 | 74.64 | 11.09 |
| 1.3 | 80%×1 035 | 20%×1 035 | 411 | 8.28 | 36 | 0.7 | 0 | 270 | 0.26 | 84.00 | 11.10 |
| 1.4 | 1 035 | 0 | 411 | 8.28 | 36 | 0.7 | 12 | 270 | 0.26 | 74.68 | 14.00 |

从表1编号1.1与1.2相比,水胶比0.34降至0.26,混凝土抗压强度和抗折强度明显增加,且通过观察,在水胶比为0.26时,混凝土流动性较好,故水胶比暂时选择0.26;表1编号1.2与1.3相比,掺入粉煤灰对混凝土强度有明显提高,这是因为粉煤灰中粒径很小的微珠和碎屑,在水泥石中可以相当于未水化的水泥颗粒,极细小的微珠相当于活泼的纳米材料,能明显地改善和增强混凝土的结构强度,提高匀质性和致密性;表1编号1.2和编号1.4相比,丁苯乳液的加入主要对混凝土的抗折强度产生影响,但对抗压强度无明显增强作用,丁苯乳液主要改善混凝土的收缩性能,可选择使用,在此不详细说明。

从表2可以看出,编号2.1与2.2相比,硅溶胶的加入反而使混凝土力学性能有所降低,但硅溶胶具有较大的比表面积和吸附性,较好的黏结性和良好的耐高温性、耐水性、抗滑性等高度分散性,可以改善混凝土的路用性能,可选择使用;编号2.1与2.3相比,萘系和聚

羧酸减水剂的同时加入不利于混凝土的强度发挥，这是两种减水剂出现不相容的情况所致，所以宜选择一种减水剂；结合表1编号1.2与表2编号2.1，硅酸盐水泥和普通硅酸盐水泥制备的混凝土力学性能相差不大，但使用硅酸盐水泥时，混凝土流动性明显优于普通硅酸盐水泥，故选择使用硅酸盐水泥。

**表2 水泥、减水剂、硅溶胶对混凝土力学性能的影响**

| 编号 | 普通硅酸盐水泥/(kg·m$^{-3}$) | 石英砂/(kg·m$^{-3}$) | 减水剂/(kg·m$^{-3}$) | 膨胀剂/(kg·m$^{-3}$) | 纤维/(kg·m$^{-3}$) | 硅溶胶/(kg·m$^{-3}$) | 水胶比/(kg·m$^{-3}$) | 抗压强度(7 d)/MPa | 抗折强度(7 d)/MPa |
|---|---|---|---|---|---|---|---|---|---|
| 2.1 | 1 035 | 411 | 萘8.28 | 36 | 0.7 | 0 | 0.26 | 72.90 | 12.25 |
| 2.2 | 1 035 | 411 | 萘8.28 | 36 | 0.7 | 20(2%) | 0.26 | 65.64 | 11.24 |
| 2.3 | 1 035 | 411 | 复合萘+聚羧酸(6+6 mL) | 36 | 0.7 | 0 | 0.26 | 58.83 | 10.60 |

**表3 消泡剂对混凝土力学性能的影响**

| 编号 | 水泥/(kg·m$^{-3}$) | 石英粉/(kg·m$^{-3}$) | 减水剂(聚羧酸)/(kg·m$^{-3}$) | 纤维/(kg·m$^{-3}$) | 消泡剂/(kg·m$^{-3}$) | 丁苯乳液(含固量50%)/(kg·m$^{-3}$) | 水/(kg·m$^{-3}$) | 水胶比(未折算)/(kg·m$^{-3}$) | 抗压强度(7 d)/MPa | 抗折强度(7 d)/MPa |
|---|---|---|---|---|---|---|---|---|---|---|
| 3.1 | 1 035 | 411 | 12 | 36 | 5(0.4%) | 12 | 250 | 0.24 | 70.12 | 11.05 |
| 3.2 | 1 035 | 411 | 12 | 36 | 0 | 12 | 250 | 0.24 | 86.34 | 14.00 |

表3中，在前两次试验的基础上，继续增加纤维用量，进一步降低水胶比，发挥聚羧酸减水剂的高效性，同时，由于聚羧酸减水剂的加入混凝土容易起泡，对混凝土结构造成不利影响，故加入消泡剂改善，试验结果表明，新拌混凝土起泡现象明显减少，流动性很好，且其力学性能较为合理。

**表4 石英砂用量、矿粉对混凝土力学性能的影响**

| 编号 | 胶凝材料(800) | | | | 石英砂/(kg·m$^{-3}$) | 外加剂 | | | 水(水料比0.24)/(kg·m$^{-3}$) | 添加剂 | | | 抗压强度(7d)/MPa | 抗折强度(7d)/MPa |
|---|---|---|---|---|---|---|---|---|---|---|---|---|---|---|
| | 水泥/(kg·m$^{-3}$) | 粉煤灰/(kg·m$^{-3}$) | 矿粉/(kg·m$^{-3}$) | 硅粉/(kg·m$^{-3}$) | | 减水剂/(kg·m$^{-3}$) | 消泡剂/(kg·m$^{-3}$) | 膨胀剂/(kg·m$^{-3}$) | | 硅溶胶/(kg·m$^{-3}$) | 丁苯乳液/(kg·m$^{-3}$) | 纤维/(kg·m$^{-3}$) | | |
| 4.1 | 800 | 0 | 0 | 0 | 1 000 | 12 | 4 | 36 | 192 | 24 | 16 | 0.7 | 66.03 | 9.53 |
| 4.2 | 720 | 80 | 0 | 0 | 1 000 | 12 | 4 | 36 | 192 | 24 | 16 | 0.7 | 67.28 | 14.00 |
| 4.3 | 680 | 80 | 40 | 0 | 1 000 | 12 | 4 | 36 | 192 | 24 | 16 | 0.7 | 63.89 | 11.15 |

表4中，增加石英砂用量，降低胶凝材料用量，混凝土流动性较差，强度有所降低，宜控制石英砂数量不超过胶凝材料用量；膨胀剂的加入目的是补偿混凝土干缩和密实混凝土，保持混凝土的稳定性，矿粉的加入主要参考水泥-粉煤灰-矿粉胶凝材料体系考虑混凝土的开裂性能；表4编号4.2和4.3表明矿粉替代一部分水泥对混凝土力学性能有不利影响，故舍弃。

**表5 养护条件对混凝土力学性能的影响**

| 编号 | 水泥/(kg·m⁻³) | 石英砂/(kg·m⁻³) | 减水剂(聚羧酸)//(kg·m⁻³) | 纤维+膨胀剂/(kg·m⁻³) | 粉煤灰/(kg·m⁻³) | 丁苯乳液/(kg·m⁻³) | 硅溶胶/(kg·m⁻³) | 水/(kg·m⁻³) | 养护 | 抗压强度(7 d)/MPa | 抗折强度(7 d)/MPa |
|---|---|---|---|---|---|---|---|---|---|---|---|
| 5.1 | 80%×1 035 | 411 | 12 | 36 | 20%×1 035 | 12 | 20 | 250 | ① | 55.00 | 9.18 |
| 5.2 | 80%×1 035 | 411 | 12 | 36 | 20%×1 035 | 12 | 20 | 250 | ② | 64.71 | 10.21 |
| 5.3 | 80%×1 035 | 411 | 12 | 36 | 20%×1 035 | 12 | 20 | 250 | ③ | 73.11 | 10.55 |

表5中:①代表自然养护;②代表温湿度养护2天再自然养护;③代表全程温湿度养护(40(±5)℃,湿度≥90%)。从表5可以看出,采用3种不同养护条件,全程温湿度养护效果最佳,这是因为一方面湿度养护,可以使水泥继续水化创造条件,温度升高,可以增大初期水化速度。

**表6 减水剂对混凝土力学性能的影响**

| 编号 | 水泥/(kg·m⁻³) | 石英砂/(kg·m⁻³) | 减水剂(13 g) | 纤维/(kg·m⁻³) | 粉煤灰/(kg·m⁻³) | 矿粉/(kg·m⁻³) | 水/(kg·m⁻³) | 抗压强度(7 d)/MPa | 抗折强度(7 d)/MPa |
|---|---|---|---|---|---|---|---|---|---|
| 6.1 | 931 | 411 | 萘系 | 36 | 104 | 50 | 270 | 64.15 | 8.80 |
| 6.2 | 931 | 411 | 聚羧酸 | 36 | 104 | 50 | 270 | 70.22 | 7.45 |
| 6.3 | 931 | 411 | 萘系+聚羧酸 | 36 | 104 | 50 | 270 | 57.89 | 8.38 |

表6配料为全粉料,以进一步研究流动性对成型的影响和对强度的影响和试验结果表明采用聚羧酸减水剂效果最佳,且其流动性好,因为聚羧酸减水剂与各种水泥的相容性好;纤维用量增至36 kg/m³并未对混凝土强度产生增强作用,且有较多纤维浮于试件表面。

**表7 硅粉、丁苯乳液对混凝土力学性能的影响**

| 编号 | 胶凝材料(1035) | | | | 石英砂/(kg·m⁻³) | 外加剂 | | | 水(水料比0.24)/(kg·m⁻³) | 添加剂 | | | 抗压强度(7 d)/MPa | 抗折强度(7 d)/MPa |
|---|---|---|---|---|---|---|---|---|---|---|---|---|---|---|
| | 水泥/(kg·m⁻³) | 粉煤灰/(kg·m⁻³) | 矿粉/(kg·m⁻³) | 硅粉/(kg·m⁻³) | | 减水剂/(kg·m⁻³) | 消泡剂/(kg·m⁻³) | 膨胀剂/(kg·m⁻³) | | 硅溶胶/(kg·m⁻³) | 丁苯乳液/(kg·m⁻³) | 纤维/(kg·m⁻³) | | |
| 7.1 | 931 | 104 | 0 | 0 | 411 | 12 | 0 | 36 | 250 | 0 | 20 | 0.7 | 69.18 | 10.33 |
| 7.2 | 879 | 104 | 0 | 52 | 411 | 12 | 0 | 36 | 250 | 0 | 20 | 0.7 | 76.92 | 11.19 |
| 7.3 | 879 | 104 | 0 | 52 | 411 | 12 | 0 | 36 | 250 | 0 | 0 | 0.7 | 83.83 | 14.00 |
| 7.4 | 848 | 104 | 0 | 83 | 411 | 12 | 0 | 36 | 250 | 0 | 0 | 0.7 | 69.82 | 14.00 |

从表7编号7.1和7.2可以看出,硅粉的加入使得混凝土力学性能大大提高,这是因为硅粉在混凝土中同时起填充材料和火山灰材料使用。使用硅粉后,大大降低了水化浆体中的孔隙尺寸,改善了孔隙尺寸分布,于是使强度提高;编号7.2和7.3比较表明丁苯乳液的掺入过多对混凝土强度有一定的不利影响,可减少其用量;编号7.3和7.4表明,硅粉用量为52 kg/m³时,混凝土性能更佳,相比其他各组试验,其力学性能最优,优先考虑使用,但硅粉掺量过多会造成混凝土流动性差,使其力学性能下降。

**表 8　硅粉、膨胀剂对混凝土力学性能的影响**

| 编号 | 胶凝材料(1035) | | | | 石英砂/($kg \cdot m^{-3}$) | 外加剂 | | | 水(水料比 0.24)/($kg \cdot m^{-3}$) | 添加剂 | | | 抗压强度(7 d)/MPa | 抗折强度(7 d)/MPa |
|---|---|---|---|---|---|---|---|---|---|---|---|---|---|---|
| | 水泥/($kg \cdot m^{-3}$) | 粉煤灰/($kg \cdot m^{-3}$) | 矿粉/($kg \cdot m^{-3}$) | 硅粉/($kg \cdot m^{-3}$) | | 减水剂/($kg \cdot m^{-3}$) | 消泡剂/($kg \cdot m^{-3}$) | UEA 膨胀剂/($kg \cdot m^{-3}$) | | 硅溶胶/($kg \cdot m^{-3}$) | 丁苯乳液/($kg \cdot m^{-3}$) | 纤维/($kg \cdot m^{-3}$) | | |
| 8.1 | 1035 | 0 | 0 | 0 | 411 | 15 | 0 | 36 | 250 | 0 | 12 | 0.7 | 63.88 | 10.36 |
| 8.2 | 985 | 0 | 0 | 50 | 411 | 15 | 0 | 36 | 250 | 0 | 12 | 0.7 | 71.00 | 10.65 |
| 8.3 | 1035 | 0 | 0 | 0 | 411 | 15 | 0 | 16 | 250 | 0 | 12 | 0.7 | 65.54 | 10.13 |

结合表 7 及从表 8 编号 8.1 与 8.2 对比可知，适量硅粉的加入对混凝土力学性能有明显改善；表 8 编号 8.1 和 8.3 相比较表明 UEA 膨胀剂对强度无明显影响，可以选择使用。

通过单因素对比试验，我们可以得出以下结论：

(1)矿粉的加入对混凝土力学性能产生不利影响，故不做胶凝材料。

(2)消泡剂可以减少聚羧酸减水剂引起的起泡，但通过优化配合比后可以防止起泡，故选择不用。

(3)石英砂用量不宜过多，过多会造成新拌混凝土流动性偏差，强度降低。

(4)综合 1 ~ 8 组试验，得出初步原材料和配合比，其中水泥采用 52.5 级硅酸盐水泥，减水剂采用聚羧酸高效减水剂，养护条件采用全程温湿养护，初步配合比见表 9。

**表 9　初步配合比**　　$kg/m^3$

| 胶凝材料(1035) | | | | 石英砂 | 外加剂 | | | 硅溶胶 | 丁苯乳液(含固量 50%) | 纤维 | 水(水料比 0.24) |
|---|---|---|---|---|---|---|---|---|---|---|---|
| 水泥 | 粉煤灰 | 矿粉 | 硅粉 | | 减水剂 | 消泡剂 | UEA 膨胀剂 | | | | |
| 879 | 104 | 0 | 52 | 411 | 12 | 0 | 36 | 0 | 0 | 0.7 | 250 |

### 3.1.2　多因素多水平优化设计

以单因素试验为基础，对配合比进一步优化，进行正交试验设计，使用四因素三水平正交表(见表 10 和表 11)，具体因素及其水平如下。

(1)UEA 膨胀剂($kg/m^3$)：26，36，44。

(2)硅溶胶($kg/m^3$)：0，6，13.19。

(3)丁苯乳液($kg/m^3$)：0，12，14。

(4)养护条件：全程温湿养护 40(±5)℃，湿度≥90%，浸水常温养护，浸水并控制温度为 45 ℃。

**表 10　抗压强度正交试验结果**

| 因素<br>编号 | UEA 膨胀剂 /(kg · m$^{-3}$) | 硅溶胶 /(kg · m$^{-3}$) | 丁苯乳液 /(kg · m$^{-3}$) | 养护条件 | 抗压强度/MPa |
|---|---|---|---|---|---|
| 1 | 36 | 0 | 0 | 温湿 | 71.66 |
| 2 | 36 | 6 | 12 | 浸水常温 | 65.02 |
| 3 | 36 | 13.19 | 24 | 浸水 45 ℃ | 65.55 |
| 4 | 26 | 13.19 | 0 | 浸水常温 | 78.63 |
| 5 | 26 | 0 | 12 | 浸水 45 ℃ | 62.24 |
| 6 | 26 | 6 | 24 | 温湿 | 61.17 |
| 7 | 44 | 6 | 0 | 浸水 45 ℃ | 82.60 |
| 8 | 44 | 13.19 | 12 | 温湿 | 58.45 |
| 9 | 44 | 0 | 24 | 浸水常温 | 57.21 |
| $1_j$ | 202.04 | 191.11 | 191.28 | 191.28 | |
| $2_j$ | 202.23 | 208.79 | 200.86 | 200.86 | |
| $3_j$ | 198.26 | 202.63 | 183.93 | 210.39 | |
| $K_j$ | $K_1=3$ | $K_2=3$ | $K_3=3$ | $K_4=3$ | |
| $1_j/K_j$ | 67.35 | 63.70 | 63.76 | 63.76 | |
| $2_j/K_j$ | 67.41 | 69.60 | 66.95 | 66.95 | |
| $3_j/K_j$ | 66.09 | 67.54 | 61.31 | 70.13 | |
| 极差($D_j$) | 1.32 | 5.89 | 5.64 | 6.37 | |

**表 11　抗折强度正交试验结果**

| 因素<br>编号 | UEA 膨胀剂 /(kg · m$^{-3}$) | 硅溶胶 /(kg · m$^{-3}$) | 丁苯乳液 /(kg · m$^{-3}$) | 养护条件 | 抗折强度/MPa |
|---|---|---|---|---|---|
| 1 | 36 | 0 | 0 | 温湿 | 8.75 |
| 2 | 36 | 6 | 12 | 浸水常温 | 11.48 |
| 3 | 36 | 13.19 | 24 | 浸水 45 ℃ | 10.25 |
| 4 | 26 | 13.19 | 0 | 浸水常温 | 9.36 |
| 5 | 26 | 0 | 12 | 浸水 45 ℃ | 12.70 |
| 6 | 26 | 6 | 24 | 温湿 | 9.45 |
| 7 | 44 | 6 | 0 | 浸水 45 ℃ | 10.42 |
| 8 | 44 | 13.19 | 12 | 温湿 | 10.45 |
| 9 | 44 | 0 | 24 | 浸水常温 | 10.26 |
| $1_j$ | 31.51 | 31.71 | 28.53 | 28.65 | |
| $2_j$ | 30.48 | 31.35 | 34.63 | 31.10 | |
| $3_j$ | 31.13 | 30.06 | 29.96 | 33.37 | |
| $K_j$ | $K_1=3$ | $K_2=3$ | $K_3=3$ | $K_4=3$ | |
| $1_j/K_j$ | 10.50 | 10.57 | 9.51 | 9.55 | |
| $2_j/K_j$ | 10.16 | 10.45 | 11.54 | 10.37 | |
| $3_j/K_j$ | 10.38 | 10.02 | 9.99 | 11.12 | |
| 极差($D_j$) | 0.34 | 0.55 | 2.03 | 1.57 | |

从表10和表11可以得出：各因素对混凝土抗压强度影响大小为养护条件>硅溶胶>丁苯乳液>UEA；抗折强度影响大小为丁苯乳液>养护条件>硅溶胶>UEA；表10编号4与编号7抗压强度较高；表11编号7和编号8抗折强度较高，综合原材料成本，新拌混凝土流动性、养护条件、力学性能、确定最终配合比最佳为编号4，见表12，设水泥为1，其他以相对水泥用量表示，养护条件为浸水常温养护。

表12　高强水泥基材料配合比设计　kg/m$^3$

| 胶凝材料 | | | 石英砂 | 外加剂 | | | 水 | 可选 | |
|---|---|---|---|---|---|---|---|---|---|
| 水泥 | 粉煤灰 | 硅粉 | | 膨胀剂 | 减水剂 | 聚丙烯纤维 | | 硅溶胶 | 丁苯乳液 |
| 100 | 11.83 | 5.92 | 46.75 | 2.87 | 1.36 | 0.08 | 28.40 | 0.70 | 2 |

## 3.2　高强透水混凝土透水与清堵机制

由于该透水混凝土的透水思路与传统透水混凝土不同，故在此进行本透水路面的简单说明，以方便读者对以下试验的理解。

### 3.2.1　透水原理

当雨水落至透水混凝土路面，雨水迅速流入竖直集水孔，经竖直集水孔汇流至横向排水孔通道，将雨水排出至路面两侧排水沟或经特定渠道进行雨水收集或使其自然渗透至地下，补充地下水。

### 3.2.2　制作方法

结合示意图1～3对透水混凝土制作及清堵方法进行简单介绍。

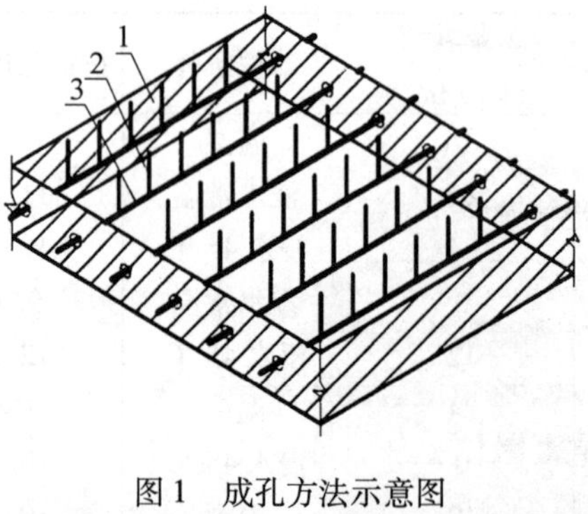


图1　成孔方法示意图

1—模板；2—竖向集水孔成孔构件；3—横向排水孔成孔构件

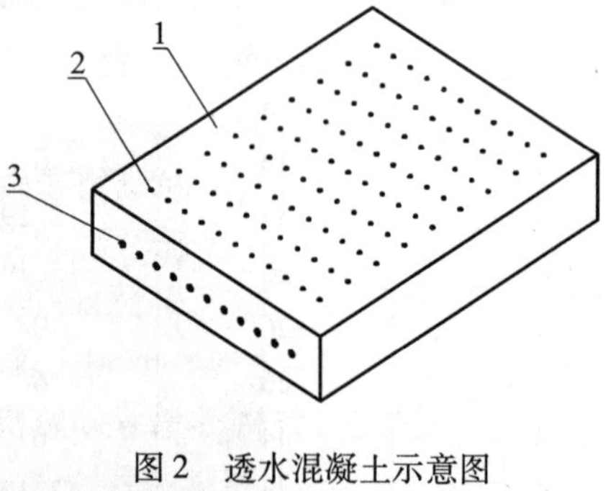


图2　透水混凝土示意图

1—混凝土体；2—竖向集水孔；3—横向排水孔

## 3.3　高强透水混凝土性能

透水系数是反映水通过混凝土孔隙的速度，表征混凝土排水性能最直接和最有效的指标，其反映着混凝土中孔隙的多少与连通状况。对100 mm×100 mm×100 mm立方体试件进行成孔设计，其中孔洞采用直径为4 mm的塑料管成型，对比4种不同孔隙率，对透水混凝土进行抗压强度和透水系数测定。通过试验测得新拌混凝土初凝时间为2 h 45 min。建议成孔时间为拌和混合料加入全部水后6.5～8 h。

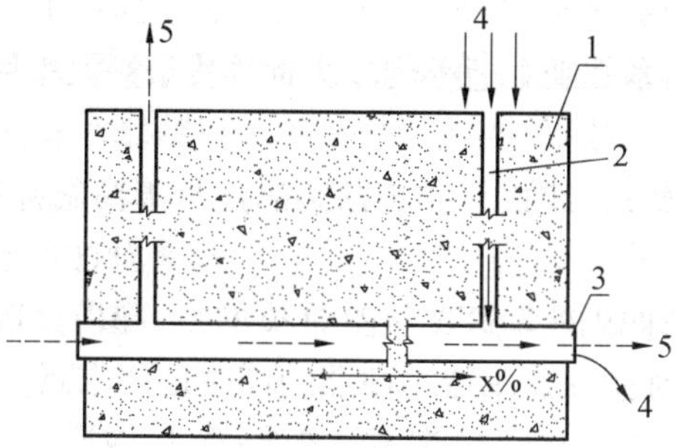


图3　透水及清理维修方案示意图
1—混凝土体；2—竖向集水孔；3—横向排水孔；4—透水路径/堵塞路径；5—清堵路径

3.3.1　强度

不同的孔隙率有不同的强度，强度决定透水路面能否承受较大荷载，决定了透水路面的整体质量，依据《普通混凝土力学性能试验方法标准》（GB/T 5081—2002）进行强度试验。首先将水泥、粉煤灰、硅粉、砂、聚丙烯纤维倒入强制式搅拌机中，搅拌均匀；然后向其中加入一半混合均匀的水与聚羧酸高效减水剂混合物，搅拌 3 min；再将剩余的水与高效减水剂混合物加入其中，搅拌 3 ~ 5 min，拌和物拌和均匀，呈现流动状态，出料。及时将拌和物填入钢模内，静置 24 h 后拆模并标号。进行标准养护，7 d 后进行抗压强度测试。试验分析试件如图 4 所示。

3.3.2　透水系数

孔隙率的大小决定了混凝土透水能力的大小，透水能力是评价透水混凝土功能是否优异的重要指标。透水系数测试仪根据 JC/T 945—2005 中混凝土透水测试原理，自行设计制作。测试时将预先浸泡的滚蜡试体置入测试仪中，然后用橡皮泥密封测试仪与试体之间的接缝；测定时向测试仪加水至一定高度水位，控制水的流入量，维持一定的水位，透过试体渗水，待渗透水流量稳定后，用量筒测定一定时间段的透水量。简易测试装置如图 5 所示。

透水系数按照下式计算：

$$K_T = QL/(AHt) \tag{1}$$

式中，$K_T$为温度为 $T$ ℃时的透水系数；$Q$ 为时间 $t$ 内的渗透水量；$t$ 为时间；$H$ 为平均水位差；$A$ 为试样断面积；$L$ 为两侧压孔中心之间的试样高度。

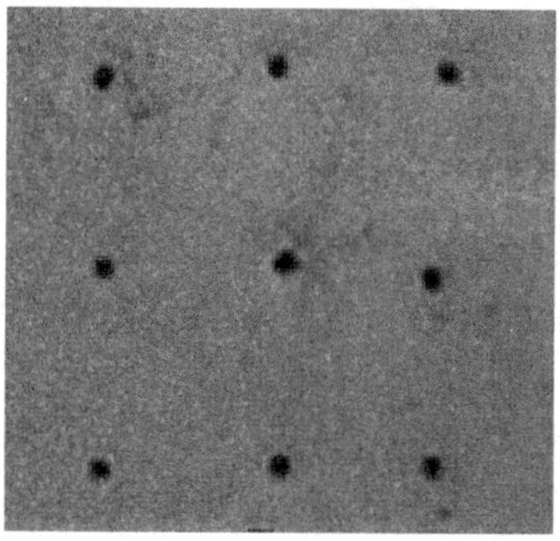

图4　试验分析试件俯视图

图5　透水系数简易测试仪器

3.3.3　试验结果与分析

从图6可以看出，透水系数随孔隙率的增大而增大，这是因为孔洞越多，透水路径越多，水流可以更快地排走，随着孔隙率继续增大，其透水系数增长得越来越缓慢，这是由于随着孔洞的增多，间距变小，各孔洞之间相互影响造成的；但随着孔隙率的增大，透水混凝土的强度也随之降低，这是因为随着孔隙率的增大，混凝土体受力时更容易出现应力集中，也就是说混凝土的密实度降低，从而更容易破坏。更重要的是，随着孔隙率的变化，透水系数越来越大，强度越来越低，而工程中在满足透水性能的同时还要求具有一定的强度，从表13可以看出，当透水系数达到13.02 mm/s时，透水混凝土(7 d)抗压强度达到了61.37 MPa，性能指标显著优于传统透水混凝土(抗压强度5.5～39.4 MPa，透水系数0.3～14 mm/s)，能满足工程需要。

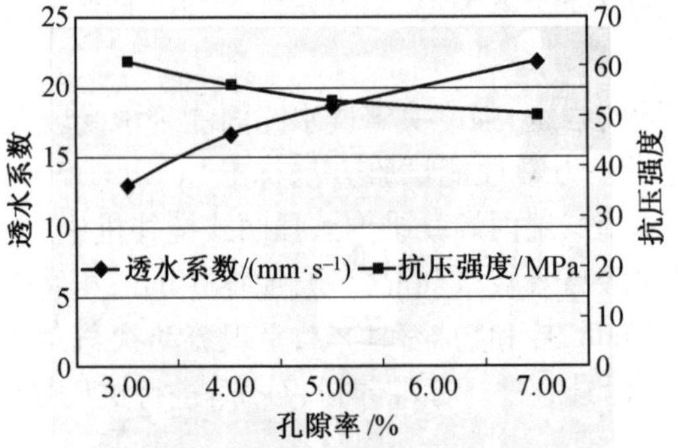


图6　孔隙率对透水混凝土力学和透水性能的影响

**表13　4种孔隙率下的透水系数及抗压强度**

| | 3×3 | 3×4 | 4×4 | 4×5 |
|---|---|---|---|---|
| 孔隙率/% | 3.22 | 4.29 | 5.72 | 7.15 |
| 透水系数/(mm·$s^{-1}$) | 13.02 | 16.69 | 18.58 | 21.84 |
| 抗压强度(7 d)/MPa | 61.37 | 56.67 | 53.39 | 50.79 |

注：3×3代表试样表面孔洞按3行3列成矩阵分布，其他同理；透水系数为同一温度下测得

# 4　结　论

(1)试验原材料采用52.5级硅酸盐水泥、粉煤灰、混凝土专用硅粉、石英砂，经过0.315 mm的方孔筛、聚丙烯纤维、聚羧酸高效减水剂、普通自来水、UEA膨胀剂、硅溶胶、丁苯乳液。在要求较低的情况下，可以只采用52.5级硅酸盐水泥、粉煤灰、混凝土专用硅粉、石英砂(粒径可适当放宽范围)、聚丙烯纤维、聚羧酸高效减水剂、普通自来水。

(2)高强混凝土配合比设计下的高强水泥基材，通过人工物理成孔，可以达到透水功能，自下而上的清堵方法更为有效。

(3)综合4种不同孔隙率下的透水系数和抗压强度，建议选择孔隙率为3.22%，此时，透水系数达到13.02 mm/s，大于0.5 mm/s，7 d抗压强度达到63.17 MPa，传统透水混凝土路面强度性能(28 d)为30 MPa(CJJ/T 135—2009 透水水泥混凝土路面技术规程)。

## 参考文献

[1] 薛飞,崔艳玲. 透水路面的现状及探索[J]. 河南建材,2015(4):226-227,229.
[2] 吴金花,韩超,胡敏. 高强透水混凝土的配合比设计与性能研究[J]. 建材发展导报,2013(14):40-41.
[3] 李伟. 高强混凝土透水砖的研制[J]. 建筑砌块与砌块建筑,2007(2):25-27.
[4] 满都拉. 聚丙烯纤维对再生粗集料透水性混凝土的影响[J]. 硅酸盐通报,2015, 3(34):694-699, 706.
[5] 郑文忠,吕雪源. 活性粉末混凝土研究进展[J]. 建筑结构学报,2015,36(10):44-58.
[6] 钱红岗,焦楚杰,赖俊,等. 活性粉末混凝土的配合比设计及试验验证[J]. 混凝土,2016(5):125-128,131.

# 一种针对潮汐交通车道变道的控制系统

赵晨阳　康俊涛　丁注秋　龚步洲
（武汉理工大学 土木工程与建筑学院，湖北 武汉 430070）

**摘　要**　城市链的扩大及周边卫星城的不断发展使得城市及周边交通普遍存在着的“潮汐交通现象”开始凸显出来，在早晚上下班高峰期，道路双向车流量差异较大，一侧道路严重拥堵，另一侧道路利用率不足。新型系统通过设置潮汐车道提示牌、交通信号灯、变道线，采用提示牌、信号灯配合双黄虚线与白虚线的相互切换，改变两行车方向车道的布置，形成潮汐车道，运用基于单片机程序控制提示牌亮起、信号灯与变道线切换的方法，控制潮汐车道的开始与结束，实现半智能化控制。研究成果对解决当前潮汐交通现象带来的重交通方向车辆延误较大轻交通方向道路资源利用率低下以及现有潮汐车道变道效率低、安全性低等问题有借鉴意义。

**关键词**　城市交通运输；潮汐车道；变道；控制系统；控制方法

## 1　引　言

### 1.1　国外应用总体情况

国外对潮汐车道的研究与应用均较早，20 世纪末，美国首先对车道的使用进行了研究，并在华盛顿通往新泽西的林肯大道设置了最早的潮汐车道，之后潮汐车道在国外逐步流行起来，其应用不断扩大的同时，相应的研究日益深入。目前国外潮汐车道基本构成包括：①基本设施，即能快速复位、可移动的安全分隔栏；②附属的交通安全设备，包括数据收集、交通管理、信息交流、能源供应、提示与显示设备；③可复位的拥堵警告与安全保护系统；④数据分析、监控、管理的中心系统。其应用范围较广，可应用于各种桥梁、人行道路、马路、有双向车道的隧道的维修改造工程中。加利福尼亚州金门大桥就是国外潮汐车道应用中的典型实例，金门大桥连接了旧金山与马林郡的郊区，桥上为双向 6 车道，其中 2 条可变车道，上午中间隔离栏向左移 1 车道，形成 4 进 2 模式；下午反之。还有诸如美国亚利桑那州，加拿大的温哥华狮门大桥，英国谢菲尔德市的 A61 皇后路等地也均有应用。

国外潮汐车道的相关理论研究表明合理地应用潮汐车道将有效地节约能源并使得道路资源得到充分利用，其潮汐车道的广泛应用也证明了潮汐车道的可行性，并积累了一定经验，为潮汐车道的进一步发展和完善打下了基础。

### 1.2　国内应用总体情况

和国外相比，国内潮汐车道的应用相对较晚，从 21 世纪开始才逐步应用。

随着大型城市发展成型，进出城道路扩建受限，周围卫星城市建设日益健全。“潮汐交通现象”越发严重，早晨入城方向与晚间出城方向拥堵现象极为严重，相反一侧却车辆稀疏，两个方向车流量差异极大，各地的潮汐车道也都是在此基础上设立的。

国内潮汐车道经过多年发展，相关设计方法、研究成果日益增多，而且在现实生活中出现了相应的应用案例，总体上与国外技术相类似。国内潮汐车道设计方法主要归纳为3类：①将高架桥上的一个或者多个车道作为潮汐车道，如南京汉中门桥路段，以上下桥口为起终点策划可变车道方案，根据车道状况、道路设施条件和交通流分析结果，将中间2车道同时作为可变车道，在早高峰时间段（7：00～9：00），2条可变车道均为自西向东方向（进城方向），交通组织形式为四进两出；晚高峰时间段（17：00～20：00），2条可变车道均为自东向西方向（出城方向），交通组织形式为两进四出；其他时间段两条可变车道为一进一出，交通组织形式为三进三出。②在原有的道路上设置隔离设施，形成单独隔离的潮汐车道，如河北石家庄和平路红军街至友谊大街1 700多米长的路采取了电动中央护栏和“水马”（塑料隔离墩）相结合的隔离方式，通过移动隔离栏实现不同行车方向车道数量的改变，交通组织方式与第一种类似。③在原有的道路上选取其中一个或者多个车道，采用信号控制并设置辅助的标志标线，实现潮汐车道的设计，如北京市海淀区紫竹院路通过安置指示牌与显示器，控制潮汐车道的行车方向，若指示为绿色箭头，可通行；如指示为红叉，则禁止进行。

总的来说，各大城市在进一步改造潮汐车道的过程中提供了许多鲜活的例子与改造的方向，潮汐道路也将随着改造的深入而不断扩大其应用范围，同时它也逐渐被人群所接受，日益成为解决潮汐交通状况的一大利器。

### 1.3 潮汐车道存在的问题（以石家庄市应用状况为例）

然而随着潮汐车道应用的逐渐深入，当前潮汐车道一方面展现出了其提高道路利用率、改善交通状况等方面的特点，另一方面也暴露出变道效率低、安全性低等问题。石家庄市潮汐车道从开始应用直至停止应用经历了几个不同阶段，使得潮汐车道的弊端充分暴露了出来。

2012年8月1日石家庄和平路水源街至友谊大街路段潮汐车道正式运行。之前此路段为双向六车道，在早晚高峰时会出现单方向车辆拥堵而另一方向车辆稀少的情况。在潮汐车道运行后，道路改为双向七车道，在车辆高峰时段采用变道助推车移动塑料分隔栏的方法将车辆较多一侧变为4车道。

但此方法还有诸多不便，变道时需要有特殊车辆运行变道，且变道时间较长，1 700多米的潮汐车道路段需20 min才能变道成功，所以技术部门又将变道方法进行了改进，将中央分隔栏底座安装上机械轮，使其在固定时间可以人为控制自动变道，这样就免去了助推车，且变道时间大大缩短。此方法能很好解决变道速度慢带来的诸多不便。

经过一年多的运行，在机械老化、维修不及时和人员调动不便等问题的情况下，潮汐车道又进行了大幅改动，将原来的中央分隔栏去除，改用车道上方的信号灯控制的方法。此方法虽便捷但有较多问题，很多不熟悉道路的司机因没有注意分道情况很容易出现逆行现象，且没有中央分隔带很容易发生交通事故，所以信号灯控制并不是一个可以长期实行的办法。

现在的和平路潮汐车道已经基本停止运行，但为了解决早晚高峰潮汐交通的问题，和平路潮汐车道路段东侧固定设置4条车道，基本解决了早高峰潮汐交通的问题。晚高峰时西行并在路口右转的机动车可以驶入非机动车道左侧，非机动车道右侧供自行车行驶，中间采用分隔线分离,采用这种方法也基本能解决晚高峰的问题。

潮汐车道的多种组织方法在石家庄市均得到采用,解决一部分问题的同时又带来了诸多二次问题。无论是助推车移动分隔栏还是可移动围栏等物理隔离分隔车道的变道方法均使得变道效率降低,造成了车辆二次拥堵;而信号灯引导的变道方法,又使得变道的安全性降低,不熟悉路况的司机很容易出现误解。因而合理地改造当前潮汐车道的设计,对于潮汐车道的进一步推广是十分必要的,而解决潮汐车道变道效率低与安全性低的问题又是解决潮汐车道问题的重点。

# 2　新型潮汐车道控制系统

## 2.1　系统组成

为了解决现有潮汐车道设计中变道程序复杂、变道效率低、安全性低的问题而设计一种新型的潮汐车道的控制系统。

为了解决当前潮汐车道的问题,本控制系统主要包括潮汐车道主控系统、LED 显示控制系统、变道系统、能源系统。主控系统是由基于 51 单片机的主控单元以及拓展单元(检测与报警单元)组成;显示控制系统由 LED 显示控制器、提示牌组成;变道系统由三极管开关模块、潮汐车道信号灯、潮汐车道变道带组成;能源系统由蓄电池、外接电源、太阳能电池板组成。

## 2.2　系统各部分详述

控制系统及能源系统:由金属外壳、能源部分及电子控制部分组成。外壳为无顶金属盒与钢化玻璃盖组成;能源部分由外接电源、太阳能电池板及蓄电池组成,太阳能电池板镶嵌于每条车道线单元 3 条灯带之间,在阳光充足时将电能储存于蓄电池内,当光照不足,蓄电池由外接电源供电,保障设备的正常运行;电子控制部分包括主控单元、拓展单元等,主控单元主要控制变道设备的运行,拓展单元负责接收车流量,当监测到符合潮汐交通条件时,传递信息给主控单元,之后主控单元根据原有程序控制执行变道过程。此外还有报警装置,当电子设备出现故障时,能及时反映给值班人员,便于维护。

潮汐车道 LED 提示牌:安设于潮汐车道入口前一定距离处,提示潮汐车道变道的时间、具体位置以及所进行的变道过程。变道位置设于具有明显潮汐交通现象的路段的出入口处,变道时间通过前期对该路段车流量统计情况确定,并在指定变道时间前 5 min 亮起以提醒过往车辆潮汐车道变道即将开始。

潮汐车道信号灯:在潮汐车道出入口上方各安设一个(可与红绿灯安设于同一位置),采用能进行红叉与绿箭头切换的信号灯,红叉禁止车辆通行,用于排空车道以满足下一步行车方向切换的需求,绿色箭头用于指示该路段当前行进方向。

潮汐车道变道线:潮汐车道两侧的变道线均包含 3 条车道线,中间为一条白虚线,相邻两侧各一条黄虚线,取代常见的车道线,根据不同的时段进行黄白车道线的切换,完成变道过程,两条变道线分隔部分车道形成潮汐车道。每侧变道线均由若干个变道线单元组成,每个单元尺寸为 15 cm×75 cm(代替常见车道线的虚线),每个单元由 $3n$ 条 LED 灯带组成,中间为 $n$ 条点亮发白光的 LED 灯带组成,并与其他单元共同组成一条点亮为白虚线的车道线,两侧各 $n$ 条点亮发黄光的灯带,并与其他单元组成两条点亮为黄虚线的车道线。每个单元由透光性能较好的并能承受车辆碾压的高强玻璃封装,该玻璃有一定粗糙度,方便车辆通过,有一定散射效果,以增强 LED 灯光的透射效果。每个单元嵌入道路路面以下,上表面与路面平齐。单元与单元间相互连接,并由若干控制单元控制 LED 提示牌的亮起、车道信号灯的切换以及车道线黄白线的切换。潮汐车道系统原理如图 1 所示。

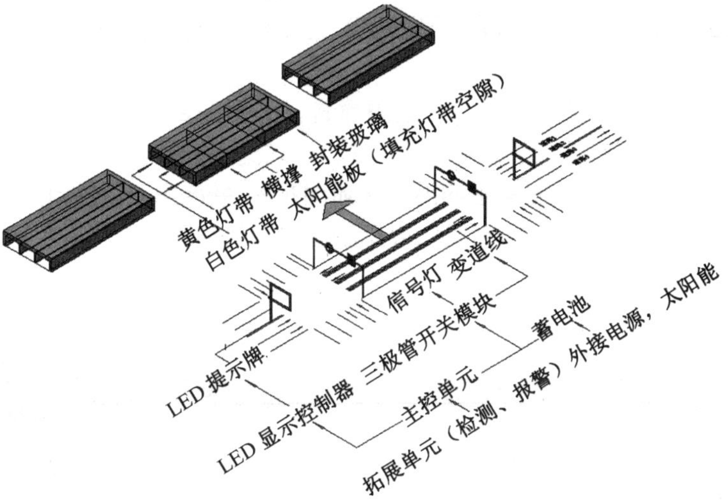


图 1 潮汐车道系统原理图

## 2.3 针对新型控制系统的控制方法

以某双向四车道为例,该车道具有明显的潮汐交通现象,交通平峰期通行方向不变,在早(晚)高峰时车流量在两个方向有明显的差异。因而在出现单向拥堵的状况时需调节两个方向车道的数量,在早(晚)高峰,1、2 车道(3、4 车道)车流量明显多于 3、4 车道(1、2 车道),则需增加 1、2 车道方向(3、4 车道方向)的车道数,可将 3 车道(2 车道)行车方向反向。为完成该变道过程,应用新型潮汐车道控制系统,具体控制方法如下。

该车道变道前如图 2 所示,道路中央双黄线分隔双向车道,车辆正常行驶。

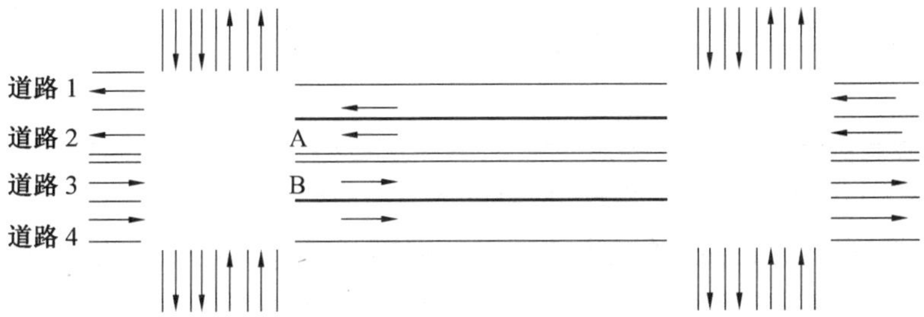


图 2 某双向四车道

变道过程 1 如图 3 所示,当即将开始潮汐车道变道时,潮汐车道提示牌 1 亮起并显示“潮汐车道变道时间××,前方×米为潮汐道路,禁止通行,请并道前行”字样,同时潮汐车道信号灯 1、2(红叉)亮起,禁止车辆驶入潮汐车道以排空潮汐道路的车辆。

变道过程 2 如图 4 所示,一段时间后,潮汐道路车辆排空,提示牌 2 亮起并显示“前方潮汐道路,可变道行驶”,信号灯2由红叉转变为绿箭头,提示潮汐道路可通行,并指示行车方向,引导车辆变道驶入潮汐道路。

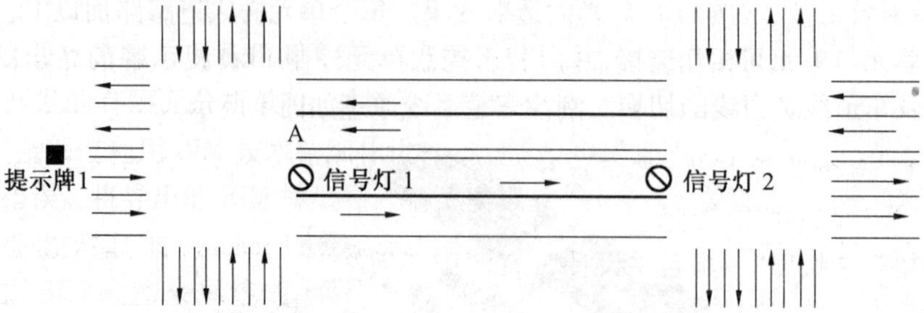


图3　变道过程1

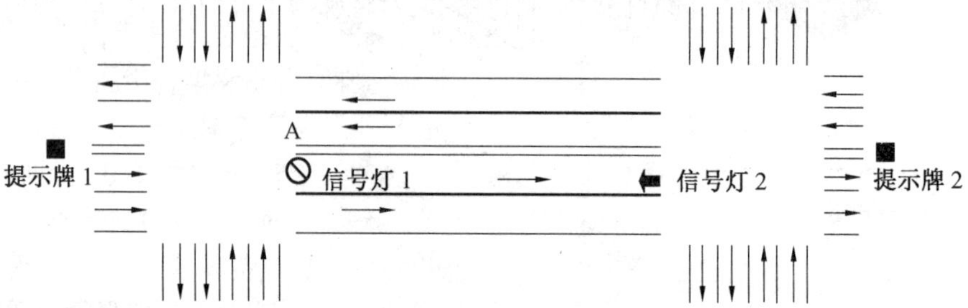


图4　变道过程2(信号灯)

与此同时,两条变道线开始进行双黄虚线与白虚线的切换,如图5所示,图中粗实线的车道线熄灭,粗虚线车道线亮起,两个方向车道数量比例变为3:1,其余无变化的线路无具体说明。

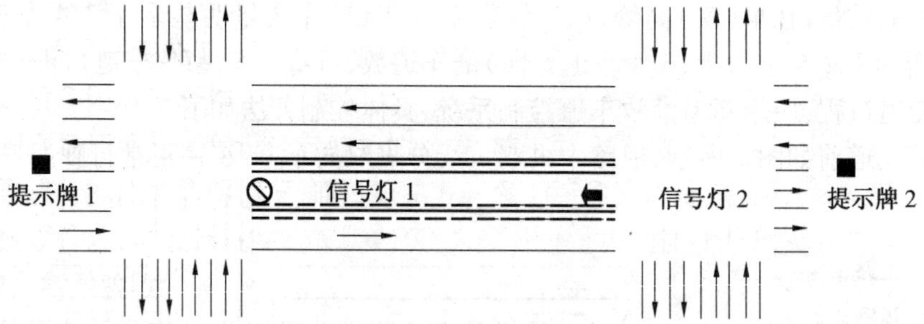


图5　变道过程2(车道线)

经过两个变道过程,完成车道变道的过程,实现两个行车方向车道比例的切换,如图6所示。

当潮汐交通现象结束时,须结束变道过程,恢复原交通行驶状况,变道结束控制过程如下:

变道结束过程1如图7所示,提示牌1字样变化为“前方潮汐车道即将恢复,待信号灯变为绿箭头时即可驶入”,提示牌2字样变化为“潮汐车道即将封闭,禁止驶入”,同时信号灯2由绿箭头转变为红叉,以排空车道。

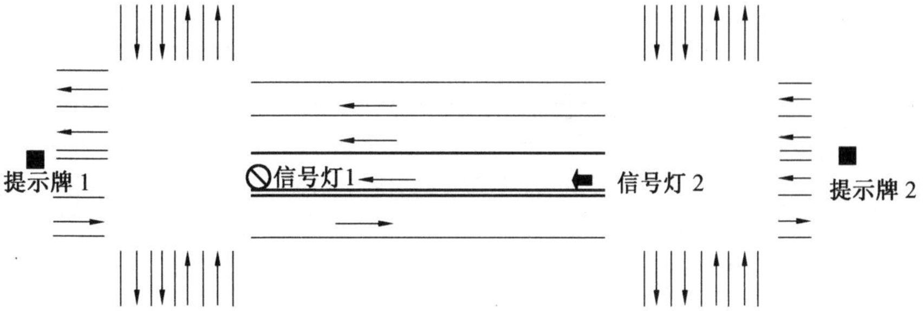


图 6　变道完成

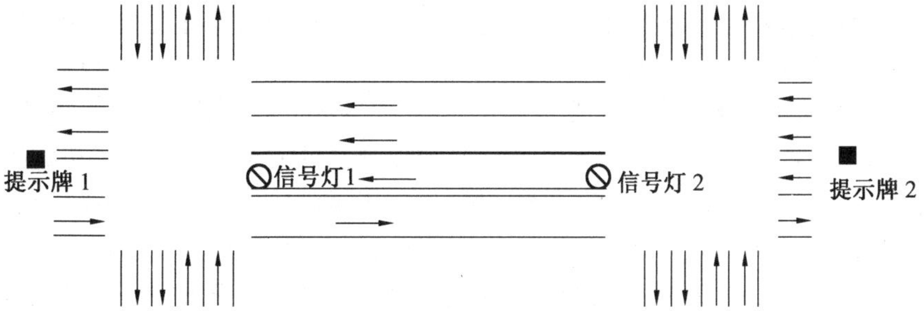


图 7　变道结束过程 1

变道结束过程 2 如图 8 所示，一段时间后，潮汐道路车辆排空，信号灯 1 由红叉转变为绿箭头，提示潮汐道路可通行，并指示行车方向，引导车辆变道驶入潮汐道路。

与此同时，两条变道线开始进行双黄虚线与白虚线的切换，图中绿色的车道线熄灭，红色的变道线亮起，两个方向车道数量恢复为 1∶1，其余无变化的线路无具体说明。

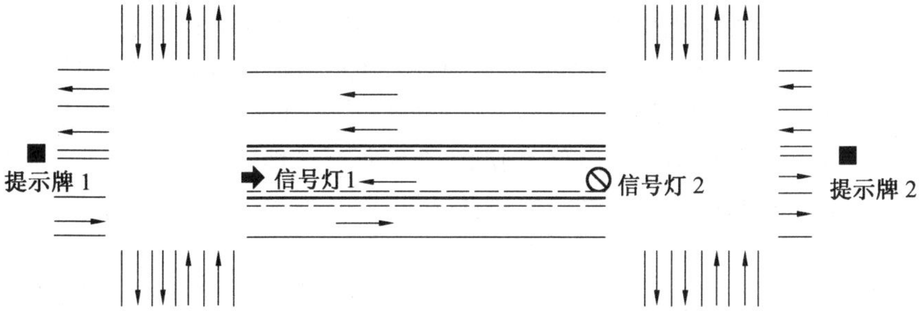


图 8　变道结束过程 2

潮汐车道结束后恢复原状如图 9 所示。

潮汐车道变道及结束过程详见图 2 ~ 图 9。

必要时可在潮汐车道中间路段增加信号灯的数量，以明确行车方向，增强行车的安全性。排空车辆时间以及变道起始与终止时间可根据前期调查初步确定，并由交警根据车流量监控状况指挥调控。

## 2.4　新型潮汐车道的高效性与安全性分析

本控制系统着重针对变道的高效性进行了设计，首先控制具有高效性，基于单片机的程

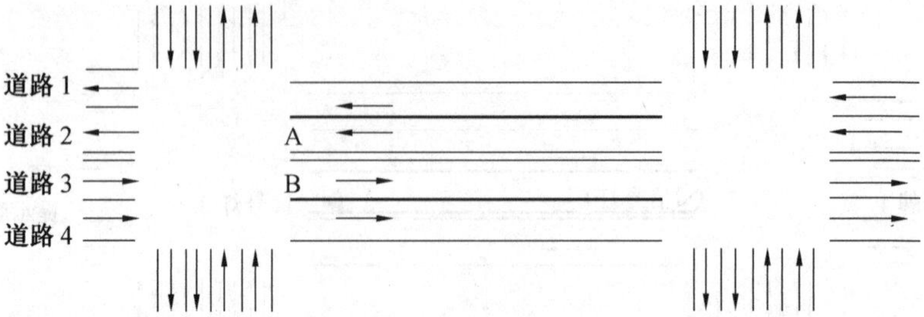


图 9　潮汐车道恢复状况

序化控制,减少了人为的指挥与控制,提高了引导的高效性;其次车辆引导具有高效性,通过信号灯的指向引导车辆的行进方向,只需要通过主控单元控制信号灯的指示状态的改变,进而引导车辆的行进路径,车流行驶路径引导高效;最后信号灯的控制是基于已有的交通规范进行的设计,司机能更快地适应这种变道程序,自然车辆的方向引导是十分高效的。

忽略了安全的高效性是没有意义的,本系统对于变道的安全性也进行了相应的设计:首先提示牌的设计是增强变道安全的第一道屏障,通过提示牌的提示为车道变道做准备,给司机一定的预判,是避免司机出错的关键;其次变道线的设计是基于已有交通规范设计的双黄线与单白线的切换,一方面利用双黄线不可跨越的规定将两个行车方向的车道分隔开,互不干扰,另一方面黄白线设计没有改变已有的交通规范,提高了司机的适应性,同样增强了变道的安全性。

## 3　应用前景分析

首先,基于已有潮汐车道的改造设计,提升了车道变道的高效性与安全性,弥补了当前潮汐车道的不足,因而可以广泛用于具有明显潮汐交通现象的双向四车道、六车道、八车道等道路并为道路的拓宽改造提供了一种新思路,可以将四车道道路扩充成五车道,六车道扩充成七车道,通过本系统完成变道调整两个行驶方向的车道数目以适应不同时段的交通量。

其次,当前国内外潮汐车道并未采用类似变道方法,且 led 灯带成本低,在市场上技术成熟、应用广泛,太阳能板的应用也降低了成本,然而本系统能高效且安全地完成车道变道的过程,提高了道路的利用率,因而经济效益良好。

## 4　结　语

综上所述,本控制系统基于已有潮汐车道的设计基本思路,通过程序化的控制完成潮汐车道提示牌、信号灯、变道线的合理化控制,达到了提高潮汐车道变道高效性与安全性的目的,为解决潮汐交通状况提供了一定的解决思路。

### 参考文献

[1] 徐良杰, 余金林, 赵欣,等. 一种城市道路上下游交叉口潮汐车道及其设计方法:中国, CN201410329136.7[P].2014-10-01.

[2] 孟杰, 孟志广, 黄富斌,等. 潮汐可变车道设置研究[J]. 市政技术, 2015, 33(6):31-33.

[3] 梁伯栋，罗怡文，向怀坤. 深圳二线关潮汐车道设置的方案论证——以梅林关和布吉关为例[J]. 深圳职业技术学院学报，2013，12(3):51-54.
[4] 杨莉. 火炬大道设置可变车道方案研究[D]. 重庆:重庆交通大学，2015.
[5] 西西. 北京即将开通第二条潮汐车道[J]. 汽车与安全，2014(9):100-101.
[6] 王珊. 深圳市新洲路段试行潮汐车道[J]. 汽车与安全，2014(9):102-103.
[7] 王敏，王江锋，熊若曦，等. 朝阳路潮汐车道运行效果评价[J]. 长安大学学报(自然科学版)，2015(S1):240-244.
[8] 耿巍，刘向阳. 南京市“潮汐交通”可变车道的应用[J]. 交通标准化，2014，42(15):54-56.
[9] SCHWIETERING C，FELDGES M. Improving traffic flow at long-term roadworks[J]. Transportation Research Procedia，2016(15):267-282.

# 基于非接触测量技术的断层隧道模型试验方案研究

万国庆　文云波　黄　峰

（重庆交通大学 土木工程学院，重庆 40074）

**摘　要**　根据软弱破碎围岩变形破坏的复杂性，选择生活中易见的环保简易材料模拟断层隧道围岩状况，并通过室内模型材料试验获取相关参数，最终模型材料以重晶石粉为细集料、石英砂（搭配两种直径的粗细砂）为粗集料、酒精松香溶液为黏结剂、填充料为云母/石膏等，利用自主设计的模型试验台，千斤顶等加载系统，采用非接触式测量技术，再现隧道开挖过程，并观察记录隧道在开挖过程中的破坏机制，分析围岩的应力场特征。在分析了众多研究的基础上，根据实际的试验条件，研究出一种新的试验方案，并进行试验研究。

**关键词**　模型相似材料；断层；非接触式测量系统；隧道围岩

## 1　引　言

21 世纪以来，随着经济的增长和城市化水平的提高，对城市的总体性要求也越来越高，这就更加促进了隧道及地下工程的快速发展，特别是在城市化与土地资源的矛盾日益突出的今天。与此同时，隧道开挖引起的地质灾害问题也渐渐凸显出来，备受关注，因此对隧道进行严格的断面测量是保障隧道施工安全、提高施工效率、优化隧道设计、提高隧道质量的一个重要举措，更进一步保障生命财产安全。

然而，目前国内外对隧道的理论研究还没有达到一个完善的地步，对其结构计算和数值模拟还不能客观地分析隧道围岩的稳定性，因此，对隧道进行变形监测对提高工程进度及安全性起到了决定性作用。本文在众多试验的基础下，自主试验出一种新的模型材料及配比，并在分析多种量测技术的情况下，利用自主设计的模型试验台、千斤顶等加载系统，选用非接触式全场应变量测技术，再现隧道开挖过程，并观察记录隧道在开挖过程中的破坏机制，分析应力场特征，从而为以后的隧道及地下工程的建设奠定基础。

## 2　相似材料研究背景及选取

### 2.1　相似材料研究现状背景

根据相似理论，在模型试验中应用模型材料来制作模型。因此相似模型材料的选取、配比及其制作方法会对模型材料的物理力学性质产生重大影响，进而会对结果造成影响。目前，越来越多的国内外科研学者对相似模型材料的研究越来越重视。根据资料研究，意大利等国家的科研设计单位主要采用以下两种相似材料：

（1）以铅氧化物和石膏的混合物为主料，有时掺入砂子或小圆石作为辅助材料，以起到调节材料强度的作用，相似模型材料能够满足较大容重要求。

(2)采用环氧树脂、重晶石粉和甘油为基本组料，其强度和弹性模量均高于第一类模型材料。而第二类模型材料则需要高温固化，固化过程还会产生不利于安全试验的有毒气体。

目前在国内主要是采用重晶石粉为主料，以酒精松香溶液、石膏、石蜡、凡士林或者机油为黏结料，并配以石英砂、膨润土、铁粉等为增加容重和弹模的辅助材料。

另外在此要引入断层的定义，为了能够更好地模拟出断层，需充分理解断层带的围岩情况及物理力学性质。对地壳受力产生断裂，沿破裂面两侧岩块发生显著相对位移的构造。其规模不等，但都破坏了岩层的连续性和完整性，易被风化侵蚀。

对于各种断层、破碎带、软弱夹层等对实际工程具有较大危险系数的特殊岩体，中国科学院(中科院)地理所的吴玉庚提出以下相似材料组：黏土和凡士林；砂和凡士林；砂、黏土、凡士林和石膏；黏土和液状石蜡；砂、石膏和凡士林；黏土、凡士林和石膏粉；黏土和滑石粉；黏土和甘油等。

由于该类结构面相对特殊的特性，所以根据其特性只能选取一些特殊的组合材料来设计替代，一般有以下几条原则：

(1)厚度满足几何相似条件。

(2)固定并维持断层面的法向变位相等。

(3)考虑夹层的接触面摩擦系数而忽略其他因素。

在分析了众多对于断层隧道模拟的试验后，结合断层所具有的性质，最后选择层间夹纸进行模拟。

### 2.2 相似材料的选取配比试验

在结合了大量的试验研究基础上，材料主要以重晶石粉、石膏、石英砂、滑石粉、酒精松香溶液等为主要材料。在材料配制过程中，按照一定的配比将重晶石粉、石英砂在盆子中充分搅拌，并适当添加石膏或者滑石粉，然后添加酒精松香溶液作为黏结剂，充分搅拌。之后把已搅拌均匀的模型材料在模具($D=39.5$ cm/$H=80$ cm)中分层击实，每一个配比做 10 个试样，5 个一组，分别做单轴抗压试验和三轴试验，另外利用环刀制作 4 个式样以进行直剪试验。

在进行多项模型材料组合的试验之后，在无侧限抗压仪(图 1)、直剪仪(图 2)、GDS 三轴试验仪(图 3)等的综合测试下，选用以重晶石粉为细集料、石英砂(搭配两种直径的粗细砂)为粗集料、酒精松香溶液为黏结剂、填充料为云母/石膏等的相似材料，其配比为重晶石：粗砂：细砂：石膏：酒精松香=1：0.25：0.2：0.5：0.10，经试验论证，该组合能满足各项力学指标和应力-应变关系。

## 3 模型试验台设计

一般而言，模型箱的尺寸越大，越能真实地反映围岩的实际情况，并能去除边界效应。因此进行模型箱的设计应使其具有以下功能，即尺寸及设计要满足几何相似比并且要大、结构可靠、边界条件简单明确、箱体结构和模型土总重度适度的要求。

通过对结构的力学分析，得到高强度钢板在隧道模型箱体运用十分广泛，在大尺寸或者需要加载的模型箱中，需要在钢板上安装角钢来增大刚度从而减少模型箱的变形。此外，为

图1　无侧限抗压仪

图2　直剪仪

图3　GDS三轴试验仪

了能够更好地进行数字散斑测量,前后应做成可开合的玻璃,在材料添加到试验箱中,可进行散斑布设,也方便之后的数字照相。

由于本模型的几何相似比为1∶30,考虑使其具有多功能,能够适用于各种隧道试验,并让其易于组装和拆卸,因此选用模型箱的尺寸为3 m(长)×0.55 m(宽)×2.4 m(高),其由23块刚度较大的钢板组成,其中底部采用10 mm厚的钢板,其余采用6 mm的钢板,钢板边统一采用80 mm×80 mm×6 mm角钢,在模型中间处引入1 m(长)×1 m(宽)×0.01 m(厚)

的钢化玻璃，便于观察、量测模型试验的变化过程，并用螺丝把 23 块钢板连接起来，试验模型尺寸和模型建成后实际照片如图 4 和图 5 所示。

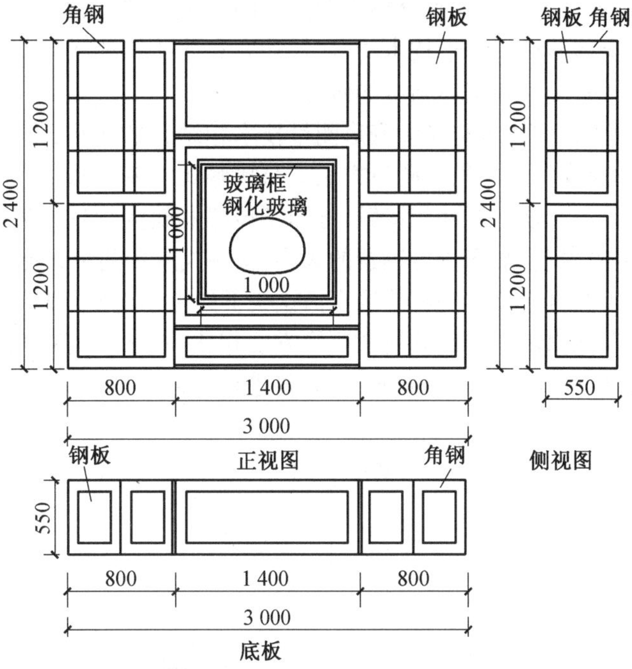


图 4　模型箱体的具体尺寸

图 5　模型箱体实物图

## 4　非接触式测量技术

非接触式测量是指以光电、电磁等技术为基础，在不接触被测物体表面的情况下，得出物体参数信息的测量方法。因此近几年来，随着计算机技术的快速发展，人们开发了各种高精度的现代光测力学技术和数字图像相关技术来对材料全场变形进行非接触式的精确测量。

数字照相量测技术(图6)在相关研究中又被称为数字散斑相关或PIV(Particle Image Velocimetry)方法,它们基本原理相同,都是以数字图像相关分析为变形计算的核心算法。它可以经过图像相关匹配的方法来分析变形前后的散斑图像,跟踪试件表面标识点的运动来得到变形场,即位移分布。由于技术的实时、动态和非接触测量等优点,已有不少学者将其用于混凝土的损伤、变形和破坏领域的研究。

数字散斑是图像处理技术与光学变形测量技术相结合的产物,是基于物体表面散斑灰度分析获取位移和应变信息的光学测量方法。与接触式应变测量法相比,数字散斑的测量过程简单,测量时设备无须与试件相接触,省却了传感器较为烦琐的安装过程,消除了传感器安装所引起的测量误差;受限于传感器的大小,接触式应变测量只能反映传感器所在部位的应变信息,而数字散斑相关方法可获取摄像镜头下的全场应变信息;由于摄像机可连续拍摄,可方便地实现动态测量。与传统光学测量方法相比,数字散斑对光路的要求相对简单,其试验光源可用自然光或普通的照明光,不需要进行干涉条纹的处理,且其对测试环境、隔振要求较低。

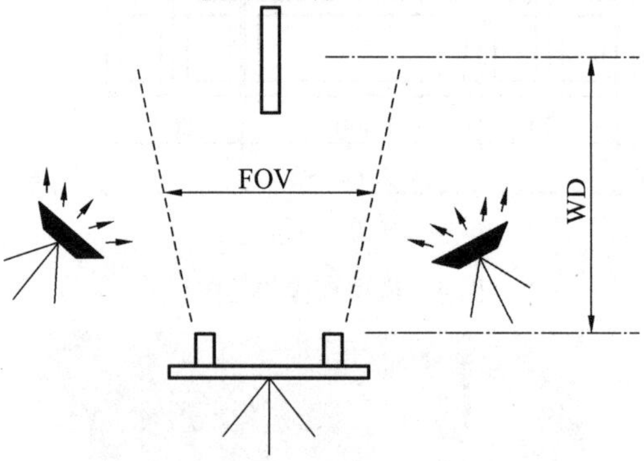


图6　相机与光源布局

## 5　试验初步设计步骤

本次试验在桥梁与隧道实验室进行,具体试验步骤如下。

(1)试验框架的拼装:从下往上分层次对模型试验箱进行拼接,在拼接的过程中需要对中间玻璃进行保护。

(2)试验材料的准备:根据前期相似材料试验得出的模型材料配比对材料进行估算,用电子秤称取各种试验材料所需要的质量。

(3)试验材料填充:用搅拌机将称取的材料充分搅拌均匀,在填筑材料前,需提前在模型箱内壁涂抹一层凡士林,以减少材料与模型箱之间的摩擦力,降低边界效应对模型试验的影响。在模型箱内相似材料由下往上分层进行摊铺,并进行断层的模拟,添加层间夹纸,然后用振动器在模型框内充分振动,使材料尽量混合均匀不留孔隙,每一层铺装后需对其进行材料密度的测试,以满足试验所需的材料参数。

(4)预埋衬砌及监测系统:选取试验需要埋设的仪器和工具,并确保其能正常使用,通过数据采集器将压力盒和电脑连通,当模型材料铺装到测试设计位置时把压力盒、应变片按要求放置，在放置过程中主要保护压力盒、应变片不受到损坏，每次埋好后都需要对其进行测试，看是否完好。当材料填到隧道开挖面时，需要把衬砌预埋在开挖轮廓线边，以保证试验开挖顺利进行。

(5)加载系统布置：安装并调试试验加载系统的反力架，在模型材料顶部放上一块坚硬的钢板，把千斤顶安放到指定的位置。

(6)数字照相系统的布设(图7)：在试件的前方安装图像采集系统。将摄像机集中在试件的中央部位，调整视场范围。同时调整镜头的光圈，在一定的光强环境下使采集到的图像达到最大清晰度。对调整好的记录装置进行标定。

图7

(7)开挖及加载(图8)：试验人员利用之前预埋的开挖工具沿着玻璃轮廓线进行开挖，开挖完成后，通过千斤顶对围岩进行分级加载；加载过程要缓慢进行，保证试验过程为准静态过程。同时开启各个监测设备，数据采集器记录整个加载过程中的应力；非接触式视频测量系统记录整个加载过程中视频图像，也可以监测模型表面任意点的位移。

图8

(8)数据处理：用软件对拍摄到的散斑图(图9)进行分析，计算得到各个状态的位移场和应变场分析隧道模型变形破坏机理；分析压力盒得到的应力结果，从而分析隧道模型(图10)的压力拱特点；结合试验现象综合分析隧道模型的结构层位态特征。

图 9　散斑制作

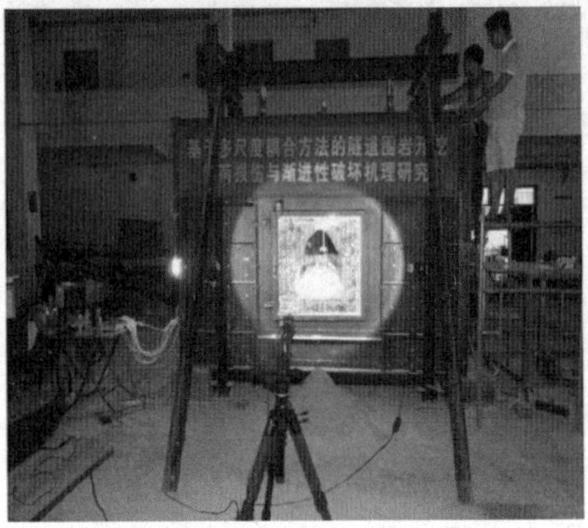

图 10　模型试验

## 6　试验创新

自主研发的全新的模型试验箱,能更好地适应围岩情况,并能较好地模拟隧道开挖试验。试验通过不断变更材料的组合以及隧道掘进的方式,便可适应真实情况,具有灵活性。隧道开挖过程中采用全新的非接触式全场应变测量系统,可提供较为完整的力学性能参数,并能更加直观地反映隧道在模拟开挖过程中的应力场特征。

## 7　结　论

在进行了多次综合模型试验和数值模拟后,其初步结论如下:

(1)围岩的破坏区域主要位于拱顶上方,并有小区域两侧边墙和拱底破坏。

(2)软弱破碎带对围岩破坏影响很大,在加载过程中,软弱破碎区域先开始破坏,围岩应力减小。

**参考文献**

[1] 彭海明,彭振斌,韩金田,等. 岩性相似材料研究[J]. 广东土木与建筑,2002(12):13-14,17.

[2] 张宁,李术才,李明田,等. 新型岩石相似材料的研制[J]. 山东大学学报(工学版),

2009(4):149-154.
[3] 李晓红,卢义正,康勇,等. 岩石力学试验模拟技术[M]. 北京:科学出版社, 2007:2-47.
[4] SPAGNOLO G S,PAOLETTI D. Digital speckle correlation for on-line real-time measurement [J]. Optics Communications,1996,132(1):24-28.
[5] 李元海,靖洪文,曾庆有. 岩土工程数字照相量测软件系统研发与应用[J]. 岩石力学与工程学报,2006,25(S2):3859-3866.
[6] 刘光利,姜红艳.数字散斑相关方法的原理及土木工程应用简介[J].安徽建筑大学学报,2015,23(6):52-58.

# 基于绿色理念的中小跨径钢混组合桥梁产业链研究

钟以琛　赵　铎　吴庆霖　张宸瑜

（长安大学 公路学院，陕西 西安 710018）

**摘　要**　随着国家对绿色建筑的不断探索，桥梁建设采用绿色技术，实现工业化生产，是未来桥梁产业发展的必然趋势。本文在调查研究和数据分析的基础上，通过对中小跨径钢混组合桥梁产业链进行课题研究，借助大数据分析和云计算技术与桥梁建设深度融合，合理优化产业链配置，形成一整套完整的桥梁产业链流程，科学提出"互联网+桥梁"的运作思路，促进桥梁产业向智能、安全、耐久、环保方向发展，为桥梁建设提供了技术支持。特别是桥梁建设运用节段预制拼装和 BIM 技术，对于推动土木建筑领域绿色循环、低碳发展和桥梁产业节能环保具有积极作用。

**关键词**　桥梁工程；中小跨径钢混组合梁；桥梁产业链；绿色建筑；BIM 技术

## 1　引　言

随着国家对绿色环保、低碳发展的逐步重视，桥梁建设遵循"低碳循环、资源节约"理念，引入绿色桥梁技术，实现工业化生产，是未来桥梁创新发展的重要方向，也是桥梁产业成就强国梦想的重要途径。根据《国家公路网规划》，"十三五"期间桥梁建设任务依然繁重，交通运输部提出建设综合交通、智慧交通、绿色交通和平安交通的发展目标，为桥梁建设指明了方向。特别是"一带一路"倡议的提出，为中国桥梁走向世界带来了新机遇。创新桥梁产业链体系，促进桥梁产业向智能、安全、耐久、环保方向发展，是交通建设领域不断探索的重要课题。通过对中小跨径钢混组合梁为产品的桥梁产业链进行课题研究，引入绿色交通理念，通过互联网、物联网、大数据和云计算等信息技术与桥梁建设深度融合，推进桥梁设计标准化、生产工业化、施工机械化、材料节约化、管理信息化，具有较好的应用前景。

## 2　研究内容及技术路线

研究内容及技术路线如图 1 所示。

## 3　钢板组合梁产品简介

钢板组合梁是在钢结构和钢筋混凝土结构基础上发展而来的新型结构，兼有钢结构和钢筋混凝土结构的优点。课题以钢板组合梁为研究对象，进行流程化的高效生产设计。相比普通混凝土桥梁，钢板组合梁使钢结构和混凝土结构各自在施工性能、耐久性、经济性等方面的优点各尽其用，具有更强大的竞争力。对比混凝土桥梁，虽然工程造价和养护费用

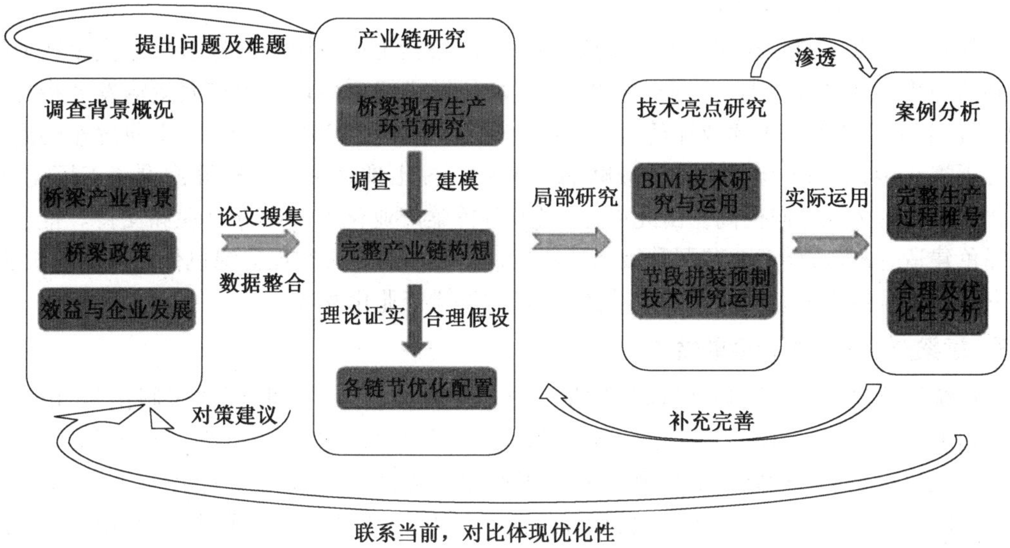


图1　研究内容及技术路线

低，但盐害和性能退化问题不可回避，钢桥则存在疲劳、压屈、腐蚀等问题；组合结构桥梁可从钢桥和混凝土桥中找到结合点，使设计、施工、维护更具有全寿命经济性。同时，钢板组合梁部件质量轻、体积小，便于批量生产和存放运输，适合作为工厂化生产的桥梁产品，方便进行产业链改造。

钢板组合梁桥主要部件分为混凝土桥面板、工字形钢梁、栓钉剪力键。部品在工厂生产，减少环境污染，现场施工清洁安全，钢材可部分回收，维护成本相比传统桥梁更低廉。国内钢铁产能过剩，钢结构生产成本降低，为钢板组合梁桥发展带来了新机遇。

# 4　桥梁产业化发展的相关背景

## 4.1　桥梁产业化发展现实状况

近年来，我国桥梁建设突飞猛进，一大批高难度、技术复杂的现代化大桥建设，使我国实现了从桥梁大国向桥梁强国的迈进。据统计，2014 年我国公路桥梁总数 75.71 万座。其中，中小跨径桥梁 68.1 万座，约占桥梁总数的 90%；各类危桥 7.96 万座，约占桥梁总数 10.5%，改造任务十分艰巨。应当看到，我国桥梁建设与桥梁强国相比，还存在技术差距，主要是全寿命周期设计、混凝土耐久性及钢结构疲劳荷载验算等基础研究不够，中小跨径桥梁结构体系需要改进，绿色桥梁建造水平相对滞后。“十二五”期间，钢结构桥梁用钢占钢产量的比例为 5% ~6%，中小跨径桥梁中的钢结构所占比例不到 1%，远低于发达国家水平。目前，我国公路钢结构桥梁不足 1%，而钢结构桥梁在日本占到 41%，在美国占到 33%，由此可见，我国钢结构桥梁的发展需求与发达国家还有很大差距。未来 20 年，我国将建设 20 000 km的国家高速公路，需要新建大量不同类型、不同跨径的桥梁，钢结构桥梁发展空间巨大。必须在质量和耐久性上狠下功夫，并在设计、施工和运营阶段采用绿色技术，实现桥梁建设新突破。

### 4.2 桥梁产业化相关政策背景

随着工业水平的提升和低碳环保意识的提高,桥梁工业化生产并逐步形成完整产业链是必然趋势。2013 年 5 月,交通运输部印发《加快推进绿色循环低碳交通运输发展指导意见》,提出到 2020 年基本建成绿色循环低碳交通运输体系。2015 年 5 月,交通运输部副部长冯正霖在《对我国桥梁技术发展战略的思考》中,提出推动中小型桥梁建设向工厂化、标准化和结构耐久性方向提高。由此可见,国家对桥梁产业化模式十分重视和支持。推进桥梁绿色建造、促进桥梁产业转型升级和节能减排迫在眉睫。必须抓住绿色低碳发展的机遇,借助发达国家推进桥梁产业化的成功经验,指导桥梁产业化发展。

### 4.3 桥梁产业化相关社会效益

传统桥梁建设"一项目一设计",质量管理以过程控制为主,即所谓"定制化"。由于工业化程度不高、施工质量不稳定、建设效率低、材料损耗大,产生大量噪声、粉尘和污水,不能满足节能环保要求。桥梁产业化则是发挥工业化优势,质量管理以成品控制为主,即所谓"标准化"。在工业化生产条件下,桥梁部件流水线生产、施工现场装配式作业,由于施工无粉尘、噪声和污水,减少了环境污染和交通干扰,缩短了建设工期,可以使施工能耗减少约 20%、节水 80%、节能 70%、节材 20%、节时 70%、节地 20%,实现"五节一环保",对于桥梁产业节能减排和绿色循环、低碳发展具有积极作用。

### 4.4 桥梁产业化相关技术背景

当前,对桥梁发展影响最大的是节段预制拼装技术和建立在计算机技术基础上的 BIM (Building Information Modeling)技术。节段梁预制拼装将桥梁划分若干较短节段,经过逐榀匹配、流水预制、现场拼装的施工技术,是绿色桥梁建设的核心技术,具有安全、质量、耐久、经济优势。桥梁设计、施工和运营阶段应用 BIM 技术,必将为桥梁产业带来全新技术革命,在提高管控能力、改善现场环境、减少信息流失等方面有巨大的潜在效益。

## 5 以中小跨径钢混组合结构桥梁为产品的绿色产业链

建立在大量文献研究和对桥梁建设单位调查的基础上,本课题针对未来会出现的绿色桥梁产业链模式,科学提出一套合理完整的产业链运作方案,主要为供求链和信息链,如图 2 所示。

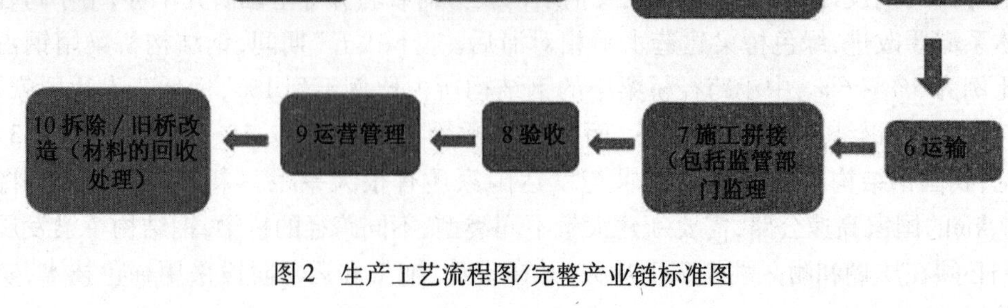

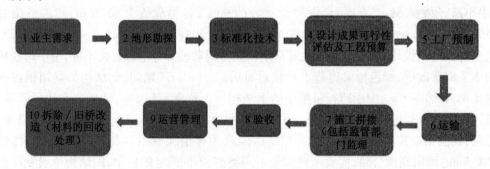


图 2　生产工艺流程图/完整产业链标准图

## 5.1 绿色产业链前提构想

### 5.1.1 组建新型路桥集团

新兴产业链的组建一般由核心企业根据市场需求发起,组建产业链的核心企业就是新兴产业链的链主。链主完成绿色产业链的初步设计,确定操作策略、预测用户需求。对于新兴桥梁产业链,链主可由工程总承包企业转型,或由总承包单位和勘察设计院联合创办(新型路桥集团)。新型路桥集团主要负责开发、经营、管理和服务活动,自主经营、独立核算。

### 5.1.2 设计院的职能转变

传统桥梁建造按照"一项目一设计",资源配置围绕单一项目展开,设计院主要是对单一的桥梁进行专门的定制化设计,造成人力、物力和资源浪费。在新型桥梁产业链中,设计单位尽可能多地设计使用标准部件,尽可能地设计相容性高的整桥方案供业主选择,即"一桥多地建设,多项目一设计";同时保留定制化服务,对特殊需求客户进行整套定制化设计。

## 5.2 绿色桥梁产业链流程

绿色桥梁产业链流程如图 3 所示。

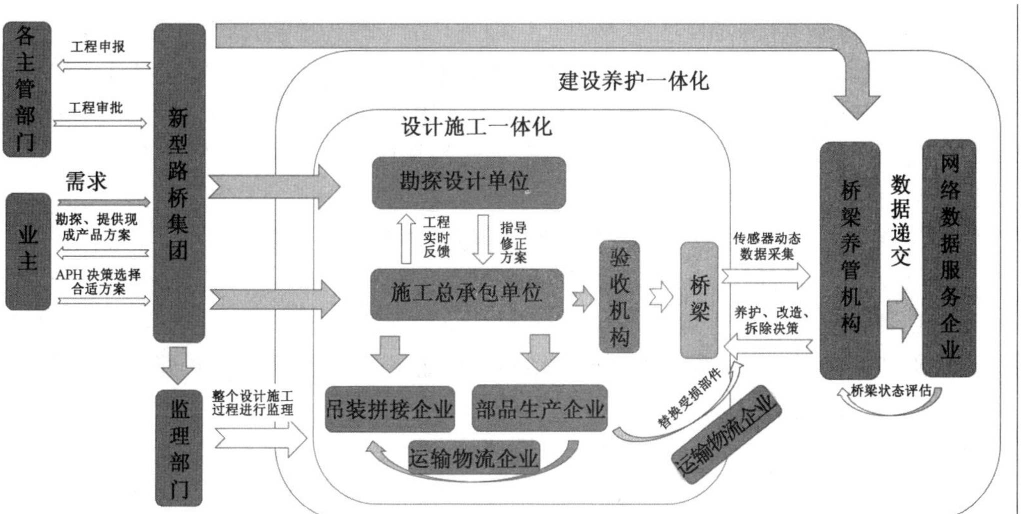


图 3 绿色桥梁产业链流程

### 5.2.1 前期准备

桥梁建设采用多种融资模式,结合现行 BOT、PPP 模式,相较于政府组建项目公司,更能调动路桥集团和相关企业参与竞标的积极性。新型路桥集团联系勘察设计院,实地勘探或从地质部门获得地质信息,构建数字地质模型,并通过 LBS(Location Based Service)技术在虚拟中进行地质放样,方便方案选择。将地质信息建立共享机制和数字地球模型,不仅对桥梁施工具有参照作用,也将对未来桥梁养护发挥重要作用。

### 5.2.2 桥梁标准化设计方案选定

通过对地质勘探基本信息的研究,勘察设计院给出可行的"桥梁商品"方案,即预先标准化设计的通用程度高的成品方案。基于 BIM 技术在桥梁工程中的应用优势,商品方案主要形式应为 BIM 框架下的整桥方案,如利用当前的 Revit、Architecture 进行方案三维模型的展示;DProfile 展示说明该方案的概念和成果预算。业主通过方案对比,运用 AHP 进行桥梁方案决策,把复杂问题分解成各个组成因素,并将因素按支配关系分组形成递阶层次结构。

5.2.3 绿色桥梁方案可行性评估

为避免设计方案与现场环境不符合,方案选定后,勘察设计院根据 BIM 导出桥梁模型,用于二次开发的有限元分析软件,对桥梁结构结合地质情况进行有限元分析,确保安全可靠,并对复杂部位利用 BIM 技术精细化设计,运用 Autodesk Navisworks 进行模型碰撞检查,避免出现错误。将导出的 BIM 模型导入施工模拟软件,大致计算工程量(如 QTO);对施工全过程精细化模拟(如 Synchor Professional 提供的功能),留出人工操作空间,再次优化设计方案。根据 BIM 模型全局统筹,通过方案修正,相关软件精细化计算工程预算(国外的 Innovaya和 Solibri;国内的鲁班软件),将结果递交新型路桥集团进行方案审核。设计施工和后期运营养护均由新型路桥集团负责,使分工更加明细,趋于专业化。最后,将成果信息上传至桥梁工程建造平台,方便业主和相关企业及时了解动态并作出相应调整。

5.2.4 钢混组合梁标准化预制

节段预制工厂选址应考虑地势平坦、排水畅通,地质条件好,对工业化生产无较大影响;四周交通便利,方便原材料和产品运输。工厂内进行的节段梁预制,即在标准化生产线上生产固定规格的节段拼装工字梁、节段预制混凝土桥面板和剪力连接键。节段梁具有轻型、薄壁、结构轻巧、节段简单等特点,加固维修过程中,不用整体更换桥梁,只需更换受损的钢绞线,就能保证桥梁功能正常恢复,真正实现低碳建设、绿色施工和环保节能。

5.2.5 桥梁部品运输

钢板组合梁相比传统桥梁,主要部件预制混凝土桥面板、工字形钢梁均在厂房生产成为质量、体积较小的小型部件,场外运输便捷,成本低廉,运输过程中碳排放量更少。桥梁部件通过运输工具载运至施工现场进行拼装,由于对运输工具的要求不高,以中小跨径钢混组合梁为产品的产业链环节中可以更方便地吸纳新的运输企业入门,对 BIM 构建更为有益。

5.2.6 桥梁吊装施工

新型路桥集团联系合作单位,对相关桥梁部品进行现代化的现场吊装作业;同时在施工过程中遇到现场环境与工程设计有偏差的地方,施工技术人员可以在给出的 BIM 施工模型中对问题点进行标注并注明情况,通过第三方开发的桥梁工程信息平台,将问题在第一时间反馈给勘察设计院,与设计院交流解决问题,为施工过程中的灵活处理提供有效途径。

5.2.7 桥梁验收

未来的绿色桥梁产业链中,可借助信息采集设备验收,将验收现场各种信息传递给桥梁检测单位,通过远程协调指挥,完成质量管理和验收工作,并对桥梁质量等级进行评定决策。在施工监理方面,可运用监控系统远程监理,远程异地指导施工,加强设计部门、施工部门间的联系,及时沟通解决问题,提高桥梁施工效率。相比传统桥梁单一的验收方式,智能化、产业化的新型桥梁产业链将更加低碳环保、节省资源,实现了资源合理配置。

5.2.8 桥梁运管养护

随着各种大数据、云计算的兴起,桥梁行业将掀起全新革命。桥梁全产业链背景下的管养环节,在大数据、云计算等先进互联网技术的帮助下,由路桥公司委托管养机构对桥梁各项指标参数采用传感器技术、现代通信技术和计算机技术采集,传入管养机构的数据平台,延伸至产业链下游——由管养机构雇佣第三方专业数据处理平台进行风险评估预测等云计算服务,并将数据反馈给管养机构,对桥梁健康检测及养护维修做出最终决策。

中小跨径钢混组合桥梁实现标准化、工业化生产后,在修复方面同样具有卓越优势。通过上一环节桥梁健康监测评估系统,反馈出桥梁基本运营情况,如果桥梁某处健康评估达到阀值,需要对该处或该节段桥梁零部件进行修复或替换,确保桥梁健康运营。钢混组合桥梁的部件可以单独替换,养护成本更加低廉,使用年限延长;各部件大部分在工厂预制,减少碳排放量,更加低碳环保。

5.2.9 旧桥拆除改造

随着桥梁使用时间的增加,材料出现老化、疲劳,设计制造或施工质量不过关,会导致桥梁“先天不足”;桥面桥身保养不到位,长期过载使用,会使桥梁“后天不足”;呈几何倍数增加的汽车荷载量,会加快桥面磨损老化。为提高桥梁通行能力,消除安全隐患,必须对旧桥拆除重建或者加固改造。搜集汇总旧桥有关数据,以 BIM 技术为主、专业人员参考为辅,科学确定技术方案。运输工厂标准化生产的部件到施工现场拼装,完工后视为对产业化生产的桥梁进行养护管理。新型旧桥加固改造是桥梁产业链的缩影,也是桥梁产业化的尝试。针对中小跨径桥梁特点,将产业化理念和工业化生产用于旧桥改造,可以清晰体现桥梁产业化的优势,使得桥梁产业链更加完善,推动整个链条有序运作。

# 6 技术创新亮点——BIM 技术

对于 BIM 技术的应用,针对结构复杂的各类桥梁,应建立桥梁从设计、施工以及之后管理养护的全生命周期流程链接(图 4)。

## 6.1 BIM 技术在绿色桥梁设计中的应用亮点

6.1.1 方案展示

通过 Revit 等 BIM 相关软件的使用,快速生成地形、地面建筑、水域、道路以及桥梁主体结构,可以提供最直观的整体与细节的视觉呈现,方便业主进行决策。

6.1.2 方案精细化设计

(1)对于已给出的现行设计方案进行细节处的修改,复杂结点进行三维精细化设计,避免出现错漏,对于复杂结点的板件关系进行检查,排除碰撞。

(2)通过 BIM 模型与有限元分析软件的结合,确保关键部位安全可靠。

(3)为后期维护提供三维的电子地图档案。

6.1.3 施工模拟及协同设计(利用 Revit 平台进行多专业多任务段的协同)

(1)桥梁上下部结构之间,相邻跨之间等结构协同设计。

(2)桥梁结构与电气、排水和过桥管线协同设计。

(3)充分考虑施工可行性协同设计,确保人员操作焊接空间可行性;根据吊装质量和加工运输实际能力,考虑节段尺寸划分;设计过程考虑现场工装次序,确保可实施性。

6.1.4 自动绘制二维施工图的二次开发

(1)自动三维建模。读取写好的路线数据、上下部结构构造信息,输入部、跨信息、标高等,在 revit 中迅速生成全桥三维模型。

(2)将结构上部模型导入计算软件,生成上部梁计算模型。

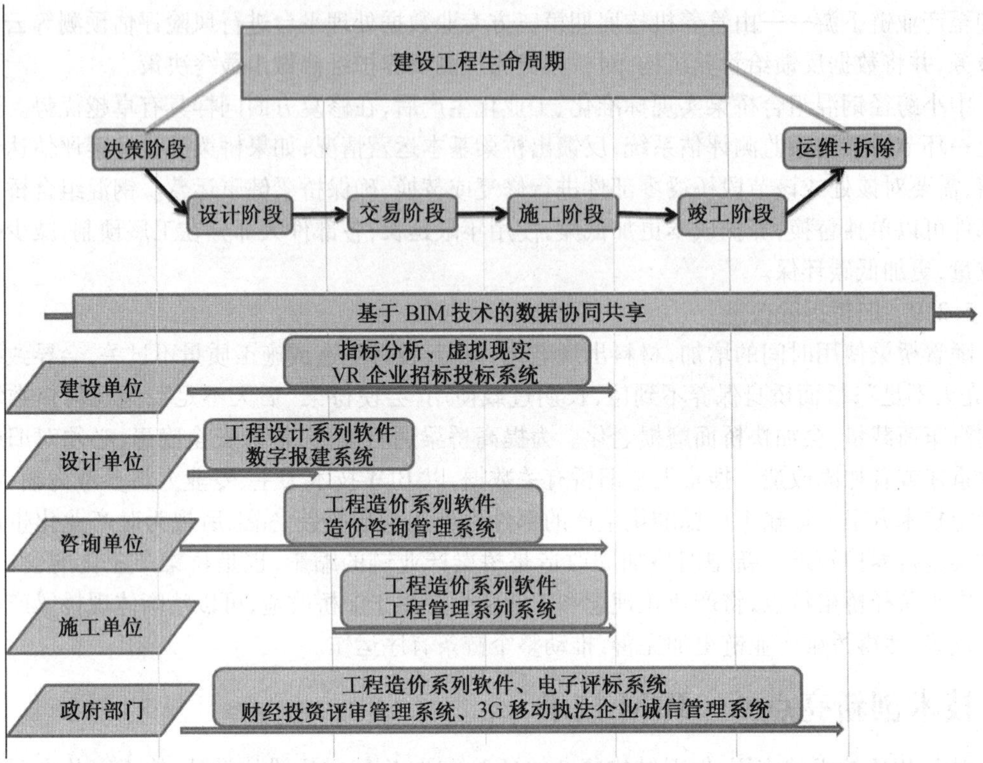


图 4　全生命周期流程链接

(3)读取上部构造数据文件,在 CAD 中生成二维图纸与数量表。

6.1.5　基于三维模型的二维出图与数量统计

工程设计、生产加工、施工安装、运营维护是桥梁产业的 4 个典型阶段。不同阶段应用不同软件工具,通过协同设计、二次开发、施工仿真等,最终实现设计与施工的紧密结合。

### 6.2　BIM 技术在绿色桥梁施工中的应用亮点

基于施工图设计阶段的全桥三维模型,根据施工方案进行三维仿真,重点关注施工工序、工期安排、碰撞排除、通行通航等,验证各桥段施工工艺和各节段、各部件安装顺序及各种施工方案。通过施工模拟,对周边环境(水域、土壤等)情况进行模拟整治。并采用场内分段制作、现场分段拼装滑移、现场分段吊装的方法,模拟各装置同步作业,合理铺开作业面,科学安排吊装占位。利用施工仿真,选择起重机吨位、起重臂长与仰角,安排起重机喂送路径。吊装过程中,排除起重机与临时支架、已安装节段与拼装平台的碰撞,确保施工安全。利用合作开发的施工管理平台,结合现场监控设备,远程管理桥梁施工,包括现场事件的记录与传输共享、远程进度管理、备忘与提醒等。桥梁建成后,也可用于运营维护。

### 6.3　BIM 应用总结

BIM 在方案阶段既可用于演示,也可用于结构受力分析和方案优化。运用 BIM 技术,可以解决复杂关键结点的设计难题和各专业、各部件之间协同设计问题,并对工厂节段加工工艺流程、关键结点施工工序进行预演,对人、机、料的投入和工期进行准确把控,对吊装路径、次序进行安排,减少施工影响。结合二次开发的管理平台,对施工现场进行有效管理。

# 7 结　论

桥梁产业化是桥梁工业化的发展目标,桥梁工业化是桥梁产业化的基本前提,也是绿色桥梁建设的重要手段。对于数量众多的中小跨径桥梁,推行工业化生产是绿色桥梁产业的发展方向。研究项目站在创新发展的角度考虑新型桥梁产业链的组建,通过对中小跨径钢混组合梁为产品的绿色桥梁产业链进行探讨,提出“互联网+桥梁”的思路,借助大数据分析和云计算技术,引领桥梁工业化,打造新型桥梁产业链体系,大力发展中小跨径钢混组合结构桥梁,对于加快绿色桥梁建设进程、推动土木建筑领域低碳发展将起到积极作用。

## 参考文献

[1] 项海帆. 中国桥梁产业的现状及其发展之路[J]. 预应力技术,2010(6):9-10.
[2] 尤文刚. 中小跨径桥梁的应用分析[J]. 北方交通,2011(1):44-47.
[3] 何清华,钱丽丽,段运峰,等. BIM 在国内外应用的现状及障碍研究[J]. 工程管理学报,2012,26(1):12-16.
[4] 郑淑静. 浅析桥梁钢结构行业的发展前景[J]. 中国建筑金属结构,2013(12):74.

# 斜拉桥合理索力调整与优化研究

常　迪　常新洋　薛继仁

（中南大学 土木工程学院，湖南 长沙 410083）

**摘　要**　桥的索力问题属于高次超静定问题，且是工程实际问题，是所学结构力学的延伸。我们通过这次研究，将基础理论知识运用到实际工程中去，并提出新的简单实用方法，为工程实际服务。

本次研究课题着重研究斜拉桥合理成桥索力调整与优化的方法，首先用与影响矩阵法结合的最小能量原理求解斜拉桥合理成桥索力的理论值，但这种方法无法保证弯矩在可行域内，导致需要反复进行迭代计算。为避免这种情况，我们结合应力平衡法，通过约束应力来约束弯矩，从而用这种有约束的最小弯矩法获得更加合理的成桥索力更加合理。其次，考虑到在实际施工过程中会存在施工误差和其他因素影响而不可能达到设计值。之后我们继续采用最小二乘法来对成桥状态下拉索索力进行优化。最后在 MIDAS 上进行模拟仿真计算，从而得出结果。

**关键词**　桥梁工程；成桥索力；影响矩阵；最小能量原理；应力平衡法；Midas

## 1　引　言

### 1.1　问题提出

近年来，随着施工技术的进步，斜拉桥成为建设较大跨度桥梁的首选。在斜拉桥中，拉索和桥塔属于主要受力构件，通过改变拉索索力的大小，可以改善主梁甚至全桥（梁、塔、索）的受力状况，使全桥内力分布达到理想成桥状态。此外，斜拉桥索力的微小变化都可能会使主梁受力状态发生显著改变，有“牵一索而动全桥”之称。另外，随着斜拉桥跨度的增加和主梁刚度的减小（适应大跨要求，考虑风载），斜拉桥索力大小的改变对主梁内力的影响也越来越明显，成为整个斜拉桥受力的关键。因此，确定合理的斜拉索力对于一座斜拉桥的建设有重要意义。

在斜拉桥的施工过程中，考虑到很多其他因素的影响，可能会产生主梁变形与理想成桥状态相差很大，斜拉索索力与理想状态下的索力有一定出入，而且超出允许误差的情况，因为成桥状态的斜拉索索力直接关系到成桥以后运营时的受力状况，所以在施工时全桥合龙后，要根据实测斜拉索索力值与理想成桥状态下斜拉索索力值的差异，制定斜拉索索力调整方案，使得全桥的内力分布状况与理想成桥状态相比偏差最小。

总之，因为斜拉索的存在，斜拉桥为内力、位移可调体系，它的调整一般是通过改变斜拉索索力的大小来实现的。在设计中，通过索力调整可实现理想的成桥状态——“梁平塔直”；在施工中，调整索力可减小斜拉桥由于施工误差和其他不确定因素导致的位移内力误差;成桥后,也可通过调整索力来消除成桥后因为收缩徐变引起的内力改变。在更换斜拉索时,调整索力是让全桥重新达到成桥运营状态的最主要方法。因此调整索力是在施工过程中与后期换索中很重要的一步。

### 1.2 研究现状

关于如何确定成桥索力以及索力的调整与优化,国内外学者做了很多研究,并且已经应用到工程实际中,用于指导施工建设。确定成桥索力按照成桥目标分类主要分为以下几种方法:

(1)刚性支承连续梁法。把斜拉索提供的弹性竖向支承视为刚性的竖向支承,按普通连续梁求出这些刚性支承的反力,以此作为斜拉索的竖向分力。

(2)内力平衡法。该法以控制截面内力为目标,通过合理选择索力来实现这一目标。

(3)弯曲能量最小法。以结构(包括梁、塔、墩)弯曲应变能作为目标函数,以索力作为基本变量,求出弯曲应变能的最小值,从而得出成桥状态索力大小。

此外,还有零位移法、弯矩最小法、指定应力法、用索量最小法等基本原理与上述3种方法相通,这里不做赘述。

上面介绍的每个确定斜拉桥理想成桥状态的方法都有各自的优点和局限性。随着结构分析计算的程序化实现以及人们对斜拉桥非线性更加深入的了解,上述有些方法逐渐被淘汰,而且在大跨度、超高次、超静定斜拉桥设计中,只使用上述一种方法很难满足精度要求,最终也很难确定一个比较合理的成桥状态,所以目前在大跨度斜拉桥的设计中,都是综合利用上面几种方法来确定合理成桥状态。

对于成桥后索力调整的研究,目前理论上大多是通过影响矩阵法计算出每根索(可以更少)要调整的索力,使关心截面上控制变量的偏差最大限度地减小,对于成桥状态,控制变量以内力和索力为主。

## 2 理想成桥索力

由于弯矩耗费了大部分的材料,因此可以用结构弯曲应变能的多少作为衡量结构经济性能的标准。所以关于成桥索力的确定,我们利用与影响矩阵法结合的有约束的最小能量法来计算。

无约束的最小能量法的优点在于对判断成桥状态是否合理给出了一个既便于数学表达又基本符合设计要求习惯的目标函数。但因缺乏必要的限制条件而导致计算结果同样不能满足设计师的要求,如梁单元应力可能超过应力设计值,所以在此要对梁上下翼缘的应力进行约束。

### 2.1 约束目标

离散的杆系结构可写成

$$U = \sum_{i=1}^{m} \frac{L_i}{4E_iI_i}(M_{L_i}^2 + M_{R_i}^2) \tag{1}$$

式中,$m$ 为结构单元总数;$L_i$、$E_i$、$I_i$ 分别为第 $i$ 号单元的杆件长度、材料弹性模量和截面惯矩;$M_{L_i}$、$M_{R_i}$ 分别为单元左、右端弯矩。

令调索前左、右端弯矩向量分别为$\{M_{L_0}\}$、$\{M_{R_0}\}$，施调索力向量为$\{T\}$，则调索后弯矩向量为

$$\begin{cases}\{M_L\} = \{M_{L_0}\} + [C_L]\{T\} \\ \{M_R\} = \{M_{R_0}\} + [C_R]\{T\}\end{cases} \tag{2}$$

式中，$[C_L]$、$[C_R]$分别为索力对左、右两端弯矩的影响矩阵，将式(2)代入式(1)中：

$$U = C_0 + \{M_{L_0}\}^T[B][C_L]\{T\} + \{T\}^T[C_L]^t[B]\{M_{L_0}\}^T + \{T\}T[C_L]^T[B][C_L]\{T\} + \{M_{R_0}\}^T[B][C_R]\{T\} + \{T\}^T[C_R]^T[B]\{M_{R_0}\}^T + \{T\}^T[C_R]^T[B][C_R]\{T\} \tag{3}$$

## 2.2 约束条件

斜拉桥索力应满足：

$$\{T\} > 0 \tag{4}$$

$$\{P_L\} \leqslant \{P_D\} + \{P_A\}\{T\} \leqslant \{P_U\} \tag{5}$$

主梁截面上下缘在恒载和活载组合下的应力应满足：

$$f_c \leqslant \frac{M_d}{W_{x1}} - \frac{N_d + N_y}{A} + \sigma_s \leqslant f_t \tag{6}$$

$$f_c \leqslant \frac{M_d}{W_{x2}} - \frac{N_d + N_y}{A} + \sigma_s \leqslant f_t \tag{7}$$

式中，$f_c$为混凝土的抗压设计强度；$f_t$为石混凝土的抗拉设计强度；$W_{x1}$为上翼缘的抗弯截面模量；$W_{x2}$为下翼缘的抗弯截面模量；$N_d$为恒载（除预应力外）产生的主梁轴向力（以压力为正）；$M_d$为包括全部预加力在内的所有恒载产生的主梁弯矩（以引起下缘拉应力为正）；$N_y$为全部有效预加力（符号为正）。

为避免约束过强使得目标函数没有最优解，这里只对索力和应力进行约束。

以上优化数学模型为有约束的线性规划问题，可以采用梯度投影法求解。由于目标函数与约束函数对变量的梯度都可以用显式表达，所以该方法适合本文模型，并且由此使得优化计算速度和精度大大提高，且算法稳定。

# 3 成桥状态索力调整

施工过程中，虽然按照计算的理想索力来张拉拉索，但是由于构件自重、刚度、施工精度、索力误差、温差等影响，施工阶段结构实际状态将远不能达到理想状态，这时就需要对索力进行调整。此外在第一步计算理想索力时没有对位移进行约束，所以在这里用最小二乘法一并约束索力和位移。

目标方程为

$$\sum_{i=1}^{n} \Delta T_i^2 + \Delta\delta_i^2 \tag{8}$$

式中，$\Delta T_i$为实际索力与理想索力的差（理想索力为上文求得的理想索力）；$\Delta\delta_i$为位移与理想位移的差（理想位移为0）。

目标是使目标函数达到最小。对于不同结构的约束目标可以采用不同的权重，其中权

重越大,控制目标受控程度越高,所以对重要的指标可以取较高权重。

# 4 算例

本例采用单塔斜拉桥,跨度 32 m。斜拉桥由主梁、索塔、斜拉索三部分组成,结构形式为塔、墩、梁固结,主梁为箱形连续梁,材料为 C50 混凝土,截面特性如图 1 所示。

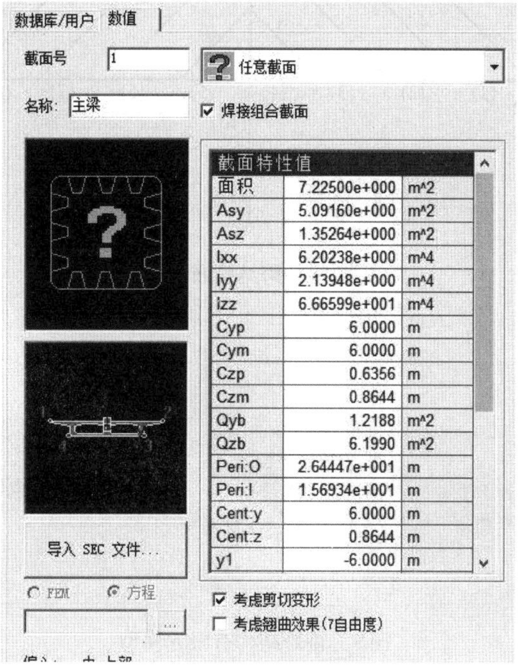


图 1 主梁截面特性表

采用 C55 混凝土,长 2 m、宽 1 m 的矩形截面。斜拉索为面积为 0.02 $m^2$ 的实腹式圆形截面,材料为 Wire1670,由于是单塔斜拉桥,所以不考虑桥塔弯矩(图 2)。在自重和二期恒载作用下,求合理的成桥索力,二期恒载集度 $q=35\ kN/m$。

采用 MIDAS 有限元程序建立求解模型(图 3)。该桥共有 8 根斜拉索,采用平面桁架单元进行模拟,其弹性模量是由恩斯特公式修正的弹性模量,主梁和主塔采用平面梁单元模拟。由于该桥梁、墩、塔固结,因此采用刚性连接模拟。

分析斜拉桥索力计算模型,可以得出斜拉索力对主梁左右节点弯矩的影响矩阵为

左端:

$$\boldsymbol{C}_{\mathrm{L}}=\begin{bmatrix}-0.224 & -0.639 & -1.214\\ -0.448 & -1.279 & -0.219\\ -0.672 & 0.216 & 0.243\end{bmatrix} \tag{9}$$

右端:

$$\boldsymbol{C}_{\mathrm{R}}=\begin{bmatrix}-0.224 & -0.639 & -0.681\\ -0.448 & -0.764 & -0.219\\ -0.159 & 0.216 & 0.243\end{bmatrix} \tag{10}$$

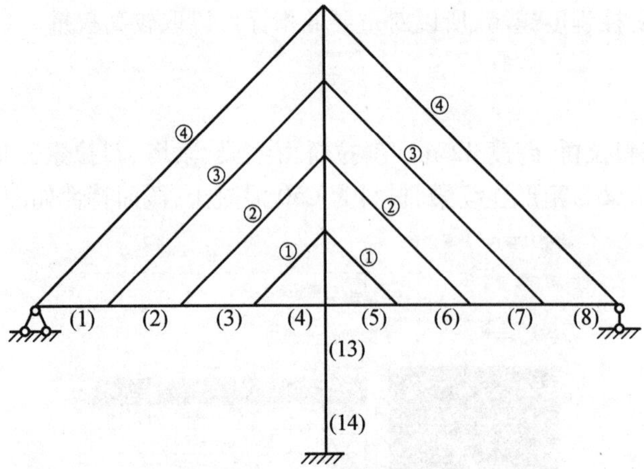


图 2　桥跨结构布置图

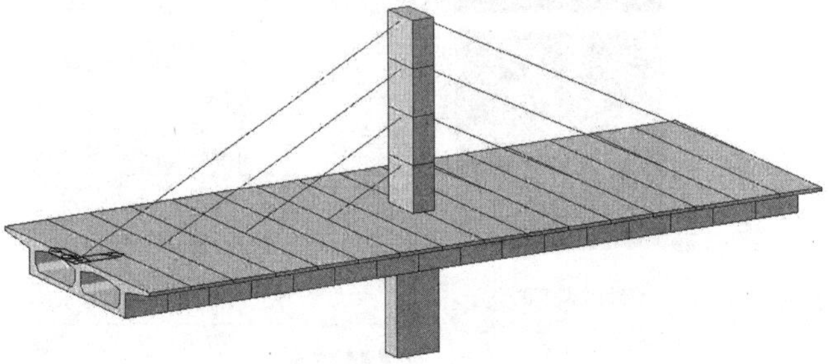

图 3　桥跨结构有限元模型

将影响矩阵代入方程(5)中，可以求出在弯曲应变能最小的情况下,各拉索的索力为

$$T=\begin{bmatrix}3\ 264.4\\1\ 896.2\\1\ 592.5\end{bmatrix}\tag{11}$$

此时梁的弯矩图如图 4、图 5 所示。

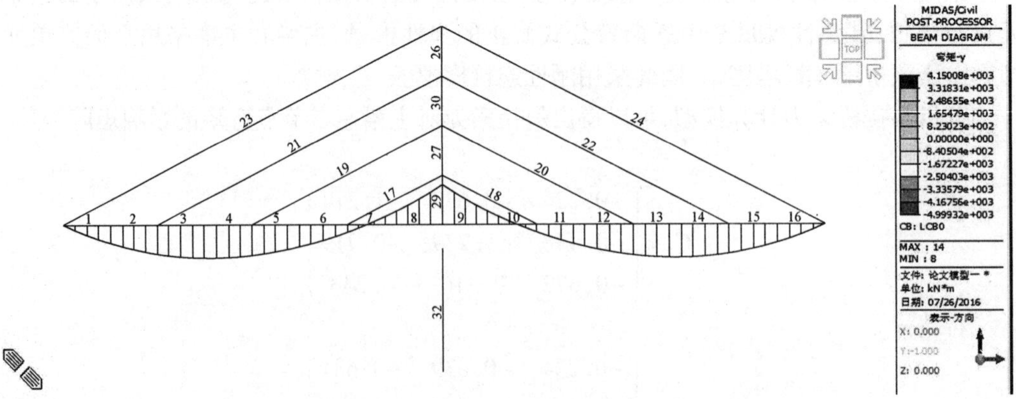


图 4　加索力之前的弯矩图

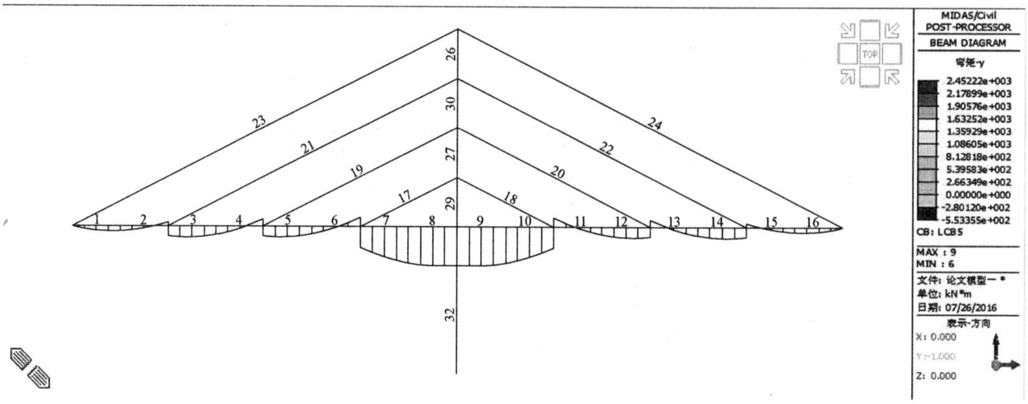


图 5　调索之后桥梁的弯矩图

从图 5 可以发现,通过最小能量法优化后的索力大大减小了梁两端的弯矩,梁跨中弯矩较大,且在这种状态下梁的应力均不超过允许范围。

弯矩和挠度均在允许范围内,根据以上分析,使用本文方法确定的成桥恒载受力状态较为合理。

# 5　结　论

(1)本文结合影响矩阵法,采用有约束的最小弯曲能量法确定成桥状态,具有较高的合理性和实用性,且方便快捷。

(2)采用多控制目标的索力调整方法,保证成桥索力更加合理。

(3)加权系数的选取让设计者有较大的选择余地,可根据不同设计意图得到多个成桥受力方案。

## 参考文献

[1] 杨俊.基于影响矩阵的大跨桥梁合理成桥状态与施工控制研究[D].武汉:武汉理工大学道路与铁道工程系,2008.

[2] 肖汝诚,项海帆.斜拉桥索力优化的影响矩阵法[J].同济大学学报,1996,26(3):235-239.

[3] 乔建东,陈政清.确定斜拉桥索力的有约束优化方法[J].上海力学,1999,20(1):49-55.

[4] ROSEN J B. The gradient projection method for nonlinear programming, part I, linear constraints[J]. Journal of SIAM,1960,8(1):182-217.

# 双时滞影响下的桥梁减震半主动控制系统研究

曹雪琴　马　婧　胡思苗

（重庆交通大学 土木工程学院，重庆 400074）

**摘　要**　迄今为止，桥梁减震装置的发展已较为成熟，但在考虑时间滞后的复杂性上还存在一定局限。本文通过探究双时滞因素的影响，建立了一套半主动控制系统，旨在利用时滞补偿达到较好的桥梁减震效果。首先，通过对连续梁桥和减震系统进行建模分析，构建了带有两个时滞调和项的桥梁结构运动控制方程。然后，探讨了桥梁减震半主动控制系统的局部稳定性。最后，以某座大跨连续梁桥为工程实例，进行了半主动控制振动反应的数值仿真分析。计算结果表明，在一定条件下，双时滞补偿可以取得较好的减震控制效果。

**关键词**　桥梁减震；半主动控制；时滞动力系统；局部稳定性；增益矩阵

## 1　引　言

近年来，随着大量桥梁建设工程的开展，诸多关于桥梁稳定的问题也开始涌现出来。桥梁所处的外部环境不断变化，当其无法适应外部环境的动荷载作用（如地震及风震作用）时，我们需要将桥梁结构设计成为一种能够抵抗外部动力荷载的被动型结构。同时由于减震系统在工作时不可避免地会在信号传输、计算、执行等过程中消耗一定的时间，因此时滞对于减震中的影响不容忽视。

基于上述桥梁减震中存在的问题，本文主要针对带有双时滞因素的桥梁减震半主动控制系统进行研究。首先，我们对连续梁桥和减震系统进行建模分析，利用线性增益矩阵构建出带有两个时滞调和项的桥梁结构运动控制方程。其次，探讨桥梁减震半主动控制系统的局部稳定性。最后，以某座大跨连续梁桥为工程实例，进行半主动控制地震反应的数值仿真分析。

## 2　控制方法概述

### 2.1　主动控制

结构主动控制是利用外部能量，在结构受激励振动过程中，对其施加控制力或改变动力特性，从而有效地减小结构的振动。目的是使主动控制系统在满足相应的状态方程和各种约束条件下，选择合适的增益矩阵与最优的控制参数，使系统的性能指标达到较优的状态。

### 2.2　半主动控制

半主动控制属于参数控制，其控制过程依赖于结构反应及外部激励信息，通过少量能量而实时改变结构的刚度或阻尼等参数，达到降低结构振动的目的。与主动控制相比，半主动控制不需要大量外部能量的输入，只用少量的能量调节就能够主动地利用结构振动往复相对变形或速度，从而实现半主动最优控制。

# 3　半主动控制计算

## 3.1　连续梁桥有限元模型

本研究对象是一座全长 350 m 的 3 跨预应力混凝土连续梁桥，墩高 68 m，跨径布置为（78 m+136 m+78 m）。主梁截面形式为单箱单室截面，支座采用盆式橡胶支座，连续梁桥有限元模型如图 1 所示。

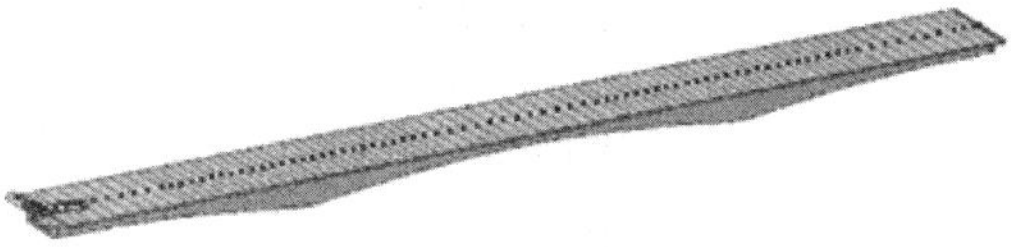

图 1　连续梁桥有限元模型

## 3.2　连续梁桥力学模型

本文以连续梁桥为基本研究对象，图 2 表示的是在总体坐标系（$u_j, j=1,\cdots,n$）下，具有 $n$ 个自由度的纵向振动连续梁模型，它用来模拟连续梁的动力行为。

以上述梁为基准，在荷载 $F$ 作用下（其中 $F$ 为外部因素），连续梁产生的总位移为 $f$，两者之间的关系式为

$$f=\frac{l}{AE}F \tag{1}$$

式中，$l$ 为自由端长度；$A$ 为横截面面积；$E$ 为弹性模量。

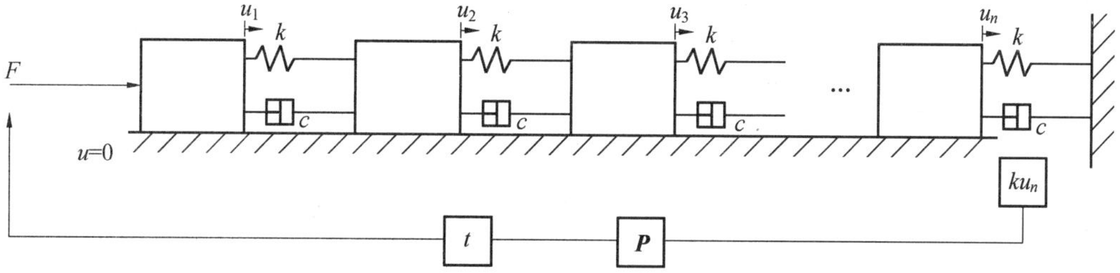


图 2　带有时滞 $\tau$ 且具有 $n$ 个自由度的连续梁桥模型

$k$— 刚度；$c$— 阻尼参数；$\boldsymbol{P}$— 比例反馈增益矩阵

同理，在 $n$ 个自由度的力学模型中有：

$$u_1=n\frac{F}{k} \tag{2}$$

式中，$u_1=f$。

故刚度 $k$ 可表示为

$$k=n\frac{AE}{l} \tag{3}$$

以 $\omega_n$ 表示连续梁纵向振动的固有频率，其可由以下公式求得

$$\omega_n = \frac{\pi}{2l}\sqrt{\frac{E}{\rho}} \tag{4}$$

此处只考虑单自由度的情况，即 $n = 1$，尽量使参数 $m$ 与此离散模型的固有频率值相匹配。

$$m = 4\frac{\rho A l}{\pi^2} \tag{5}$$

式中，$m$ 为质量；$\rho$ 为密度。

减震器中的阻尼 $c$ 则被视为内部因素，其值与 $k$、$\zeta_1$、$\omega_n$ 成比例变化：

$$c = \frac{2\zeta_1}{\omega_n}k \tag{6}$$

式中，$\zeta_1$ 为阻尼比，取值范围为[0,1]，钢筋混凝土结构一般取值在 0.03 ~ 0.08 之间，本文选取阻尼比为 0.05；$c$ 为阻尼参数；$k$ 为刚度。

当控制力 $F(t) = Pku_i(t - \tau)$ 作用于连续梁的自由端时，连续梁的形变特征如图 2 所示。当不考虑外部阻尼因素时，图 2 中的摩擦系数 $\mu$ 为 0。假定受压控制力远远小于临界屈曲荷载，得出的连续梁模型运动控制方程为

$$\boldsymbol{M}\ddot{u}(t) + \boldsymbol{C}\dot{u}(t - \tau_2) + \boldsymbol{K}u(t) = \boldsymbol{B}ku(t - \tau_1)(\boldsymbol{M} \geqslant 0, \boldsymbol{C} \geqslant 0, \boldsymbol{K} \geqslant 0, t \geqslant t_0) \tag{7}$$

$$\boldsymbol{M}\ddot{u}(t) + \boldsymbol{C}\dot{u}(t) + \boldsymbol{K}u(t) + \boldsymbol{B}u(t - \tau_1) = 0 \tag{8}$$

当 $\boldsymbol{u} = \mathrm{col}[u_1, \cdots, u_n]$ 时，相应的矩阵如下：

$$\boldsymbol{M} = m\boldsymbol{I}, \boldsymbol{C} = \frac{c}{k}\boldsymbol{K}$$

其中

$$\boldsymbol{K} = \begin{bmatrix} k & -k & 0 & \cdots & 0 \\ -k & 2k & \ddots & \ddots & \vdots \\ 0 & \ddots & \ddots & \ddots & 0 \\ \vdots & \ddots & \ddots & \ddots & -k \\ 0 & \cdots & 0 & -k & 2k \end{bmatrix}_{n\times n}$$

$$\boldsymbol{B} = \begin{bmatrix} 0 & \cdots & -pk \\ 0 & \cdots & 0 \\ \vdots & \ddots & \vdots \\ 0 & \cdots & 0 \end{bmatrix}_{n\times n}$$

式中，$\boldsymbol{I}$ 为 $n \times n$ 阶矩阵。

在时滞研究中，本文先计算当 $\tau_2 = 0$ 时的特殊情况，利用 Matlab 中的 dde23 算法对方程(7)进行求解，计算结果如下图所示。

每幅图的左侧代表桥梁半主动控制纵向位移随滞后时间 $\tau_1$ 的变化曲线，右侧代表纵向位移与其一阶导数的相图。由图 3 ~ 图 6 可以看出，当时滞常数 $\tau_1 = 1.2$ s 时，半主动控制趋于不动点；当滞后时间取为 1.3 s 时，半主动控制即将趋于稳定；当滞后时间取为 1.4 s 时，半主动控制即将发散。经多次试验取值，当滞后时间取为 1.315 s 时，半主动控制基本趋于

稳定。

同理,时滞常数 $\tau_2$ 也可以用同样的方法求得。

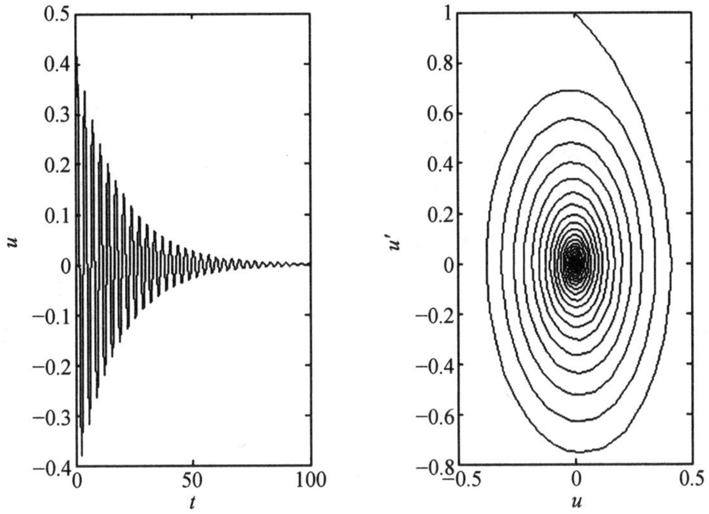

图 3　时滞关系图($\tau_1 = 1.2$ s)

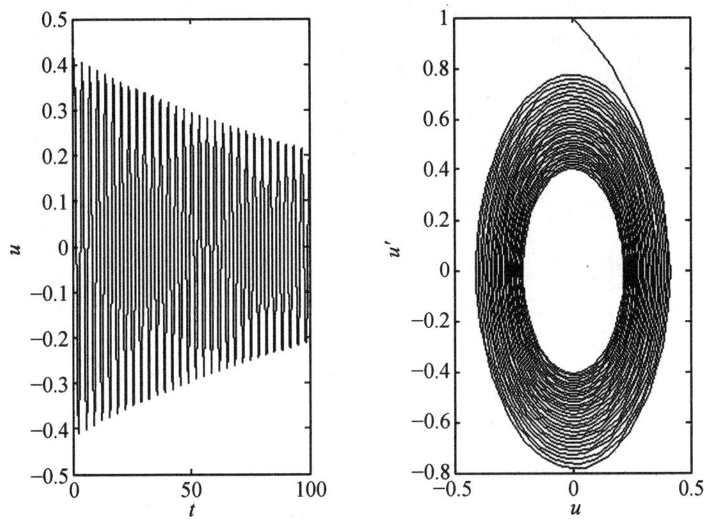

图 4　时滞关系图($\tau_1 = 1.3$ s)

### 3.3　单自由度桥梁模型稳定性分析

前文详细介绍了单自由度的稳定性域的推导过程。由于稳定性域构建于系统的控制参数平面,而桥梁减震装置中的机械和几何参数则被认为是固定的,故得到常比例增益矩阵 $\boldsymbol{P}$ 和时滞 $\tau$。

对于单自由度的情况,方程(7) 可简化为

$$m\ddot{u}_1(t) + c\dot{u}_1(t-\tau_2) + ku_1(t) - \boldsymbol{P}ku_1(t-\tau_1) = 0 \tag{8}$$

式中,$\tau_1$ 是半主动控制系统的时滞;$\tau_2$ 是阻尼器产生的延迟,大概在 30 ~ 50 ms。整个系统

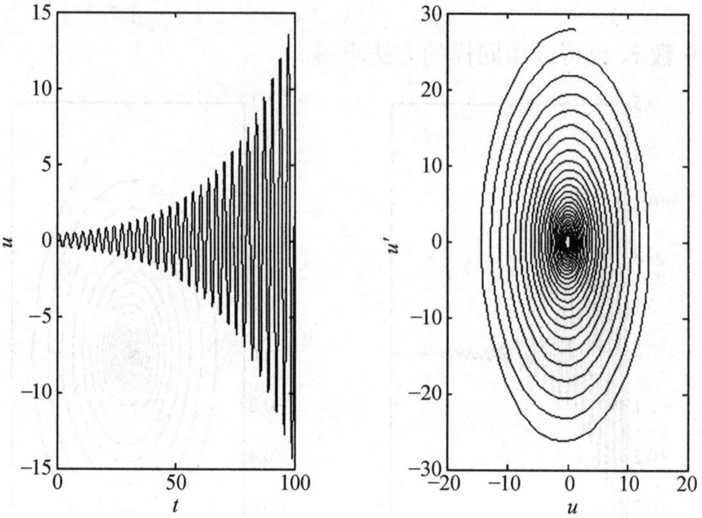

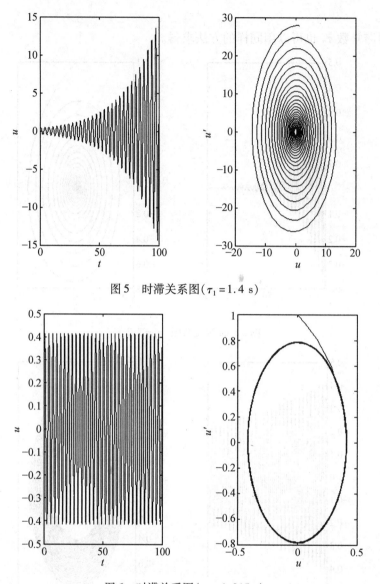

图 5　时滞关系图($\tau_1 = 1.4$ s)

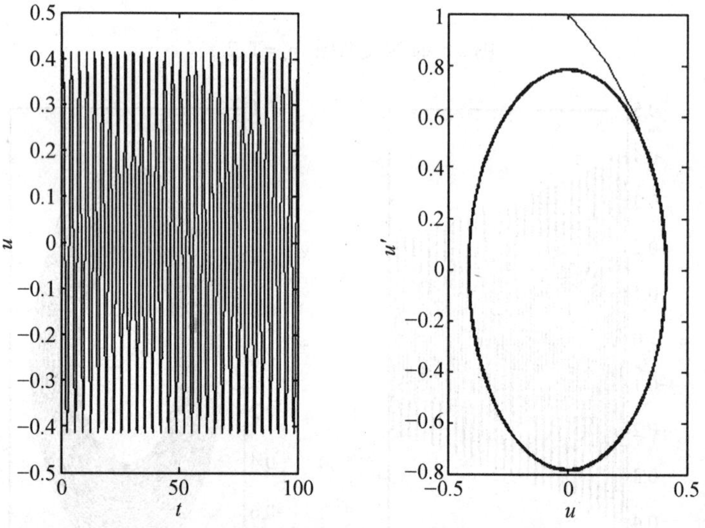


图 6　时滞关系图($\tau_1 = 1.315$ s)

的时滞可达到近 1 s,这与桥梁的基频处于同一量级,极易引起系统失稳。

应用拉普拉斯变换或代替试验方案中的 $u_1 = e^{\lambda t}$,其中 $\lambda$ 为方程的特征值,故可以得到特征方程:

$$D(\lambda):\lambda^2 + \omega_n^2 - \boldsymbol{P}\omega_n^2 e^{-\lambda\tau} = 0 \tag{9}$$

这种方法可以用来计算二维曲线的稳定性边界,从而得知双时滞调和振荡器经历了 Hopf 分岔。更确切地说,特征值是穿过虚轴的。所以当 $\lambda = i\omega$ 时,特征方程被分为实数部分和虚数部分,故有:

$$\mathrm{Re}\,D(i\omega):-\omega^2 + \omega_n^2 - \boldsymbol{P}\omega_n^2\cos(\omega\tau) = 0 \tag{10}$$

$$\mathrm{Im}\,D(i\omega):\boldsymbol{P}\omega_n^2\sin(\omega\tau) = 0 \tag{11}$$

由于特征方程是滞函数,故特征方程的根也是时滞函数。众所周知,当系统有零特征值或者一个纯虚根时,稳定性会变化。当时滞长度变化时,常数解的稳定性也可能变化。

以上方程可以用来求解常比例增益矩阵 $\boldsymbol{P}$ 和时滞 $\tau$,具体求解方法如下:

$$\boldsymbol{P} = \pm\sqrt{\frac{\omega^4}{\omega_n^4} + 2(-1 + 2\zeta_1^2)\frac{\omega^2}{\omega_n^2} + 1} \tag{12}$$

$$\tau = \frac{1}{\omega}\left(\arctan\left(\frac{2\zeta_1\omega\omega_n}{\omega_n^2 - \omega^2}\right) + j\pi\right) \quad (j \in \mathbf{N}) \tag{13}$$

为了确定特征值在关键点的运动情况,需要根据参数求得特征方程 $D(\boldsymbol{\lambda})$ 的偏导数。因为特征值的虚数部分对其稳定性无影响,所以只有实数部分才是有意义的。因此,通过隐函数可计算得到

$$\mathrm{Re}\,\frac{\partial D}{\partial P}\Big|\lambda = \mathrm{i}\omega = \frac{\boldsymbol{P}\omega_n^4\tau - 2\omega_n^2\omega\sin(\omega\tau)}{[\boldsymbol{P}\omega_n^2\tau\cos(\omega\tau)]^2 + [2\omega - \boldsymbol{P}\omega_n^2\tau\sin(\omega\tau)]^2} \tag{14}$$

$$\mathrm{Re}\,\frac{\partial D}{\partial \tau}\Big|\lambda = \mathrm{i}\omega = \frac{-2\boldsymbol{P}\omega_n^2\omega^2\cos(\omega\tau)}{[\boldsymbol{P}\omega_n^2\tau\cos(\omega\tau)]^2 + [2\omega - \boldsymbol{P}\omega_n^2\tau\sin(\omega\tau)]^2} \tag{15}$$

表 1 列出了一部分二维曲线的偏导数值。其中所有的上下标注都是有意义的,且所有的分母都为正。

**表 1　偏导数 $\frac{\partial D}{\partial \boldsymbol{P}}$ 和 $\frac{\partial D}{\partial \tau}$ 的实数部分**

| 偏导数 | $\mathrm{Re}\,\frac{\partial D}{\partial P}$ | $\mathrm{Re}\,\frac{\partial D}{\partial \tau}$ |
|---|---|---|
| 0 | $\frac{\boldsymbol{P}\omega_n^4\tau}{\boldsymbol{P}^2\omega_n^4\tau^2}$ | 0 |
| 1 | $\frac{\boldsymbol{P}\omega_n^4\tau^3}{\boldsymbol{P}^2\omega_n^4\tau^4 + 4\pi^2}$ | $\frac{2\boldsymbol{P}\omega_n^2\pi^2}{\boldsymbol{P}^2\omega_n^4\tau^4 + 4\pi^2}$ |
| 2 | $\frac{\boldsymbol{P}\omega_n^4\tau^3}{\boldsymbol{P}^2\omega_n^4\tau^4 + 16\pi^2}$ | $\frac{-8\boldsymbol{P}\omega_n^2\pi^2}{\boldsymbol{P}^2\omega_n^4\tau^4 + 16\pi^2}$ |
| … | … | … |
| $n$ | $\frac{\boldsymbol{P}\omega_n^4\tau^3}{\boldsymbol{P}^2\omega_n^4\tau^4 + (2n\pi)^2}$ | $\frac{(-1)^{n-1}2n^2\boldsymbol{P}\omega_n^2\pi^2}{\boldsymbol{P}^2\omega_n^4\tau^4 + (2n\pi)^2}$ |

图 7 为增益矩阵 $\boldsymbol{P}$ 和延迟时间 $\tau$ 的函数关系,近似曲线即稳定性域的边界。在此边界上,半主动控制系统的运动轨迹呈周期性变化,即临界稳定状态;在近似曲线之内的区域,系统的运动轨迹趋于不动点;在近似曲线之外的部分,系统的运动轨迹发散,处于不稳定状态。

# 4　研究结果

计算结果表明,在一定条件下,双时滞补偿可以取得较好的减震控制效果。时间滞后对桥梁半主动控制的影响非常显著,且时滞使得半主动控制系统对地震反应的减震效果降低,减震效果随着时滞常数的增大而变差。

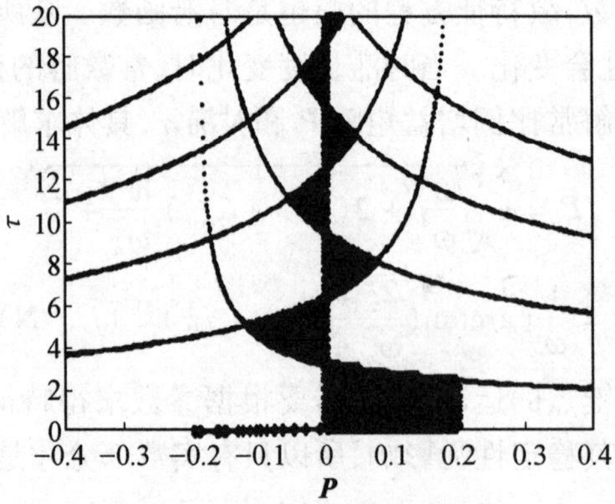


图 7　不动点的局部稳定性域($\zeta_1=0$)

注:阴影部分为稳定区域

## 5 结 论

本文基于某座连续梁桥的工程实例,建立了双时滞作用下的阻尼器半主动控制系统动力方程。由此,可以得到以下结论:

(1)通过对理想控制系统的线性反馈增益矩阵进行简单的修改,实现了一种解决时滞效应的反馈补偿方案。

(2)在模拟过程中,假设结构性能不随时间而改变,但在严重地震时的元素经常处于弹塑性或塑性阶段,在这种情况下,当前的控制算法是不足的,与其同步进行的工作是在开发过程中,将考虑了线性增益矩阵的变化视为一种模型结构性质变化的已知功能。

### 参考文献

[1] MOHAMED A R, NAYFEH A H. Active control of nonlinear oscillations in bridges. ASCE Journal of Engineering Mechanics, 1987,113(N3):335-348.

[2] WARNITCHAI P, FUJINO Y, PACHECO D M, et al. An experimental study on active tend oncontrol of cable-stayed bridges, Earthquake Engineering and Structural Dynamics, 1993 (22):93-111.

[3] 丁皓江,何福保,谢贻权,等. 弹性和塑性力学中的有限单元法[M]. 北京:机械工业出版社,1989:1-215.

[4] 徐龙河,周云,李忠献. MRFD 半主动控制系统的时滞与补偿[J]. 地震工程与工程振动,2001,21(3):127-131.

[5] 亓兴军,李小军,周国良. 行波效应对大跨刚构连续桥梁半主动控制影响分析[J]. 地震学报,2006,28(2):190-196.

# 公路下伏溶洞路基填筑技术研究

杨卓栋　何忠明　范海山　吴贺鹏　李奕娜　刘　帅

（长沙理工大学 交通运输工程学院，湖南 长沙 410114）

**摘　要**　在岩溶地区修建高速公路或其他与路基建设相关基础工程时，隐伏溶洞或土洞是影响路基稳定性的重要因素。针对现有工程建设中存在的问题，对比传统的处治技术，本文提出了用埋拱法辅以改良型土工格栅处理岩溶路基，不但可以有效防治高速公路中出现的公路路基塌方、路面不均匀沉降等问题，也达到了保证人民的生命财产安全、提高行车舒适度的目标，同时能在解决岩溶路基危害的前提下，极大降低施工成本，缩短施工时间。

**关键词**　岩溶路基；埋拱法；改良型土工格栅；处治新技术

## 1　引　言

我国的地质地貌复杂，岩溶区域范围广，高速公路等基础工程穿越岩溶地区的情况常有发生。下伏溶洞常常引起路基塌陷和不均匀沉降，影响了公路的施工建设。我国每年因岩溶塌陷塌坑造成的经济损失高达数亿元，同时岩溶塌陷大大降低了公路的舒适度。

近年来对岩溶路基的处治技术主要有以下几点：

（1）对于路堑边坡上威胁路基稳定的干溶洞，可用干砌片石或浆砌片石堵塞。

（2）路基基底的溶洞，应采用桥涵通过；当干溶洞不大时，可采用砂砾石、碎石、干砌片石、浆砌片石等回填密实。

（3）路基基底干溶洞的顶板太薄或顶板较破碎时，可采取加固或顶板炸除之后以桥涵跨越。

（4）当路基溶洞位于边沟附近且较深时，可采用钢筋混凝土板封闭，并应防止边沟水渗漏到溶洞。

（5）为防止溶洞的沉陷或坍塌，以及处理岩溶水引起的病害，可视溶洞的具体情况分别采用洞内加固（如桩基加固、衬砌加固）、盖板加固、封闭加固（锚喷加固）等技术。

然而用干砌片石或浆砌片石堵塞干溶洞等方法，施工不方便且效果并不显著，同时作用时间短，对水文环境会产生一定的影响。

综上所述，寻找一种既不影响环境同时效果显著的处治新技术显得非常重要。本文提出的埋拱法为工程实例提供参考。

## 2　埋拱法设计原理

### 2.1　设计思路

本作品采用埋拱法的设计，拱（图 1）作为传统的支护方式，有着独特的受力特点，在短距离下有很强的支护能力。拱的截面采用工字形,并且做成双拱的模式来减轻自重,同时采用拉索固定来减少拱的横向位移。

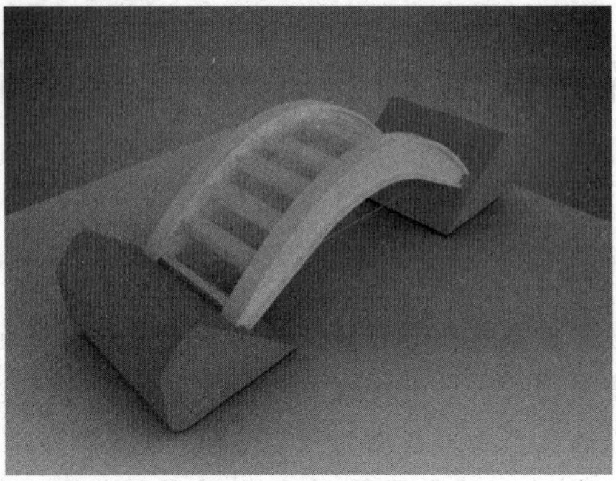

图1　拱结构模型

## 2.2　结构设计

本作品主要应用于中型溶洞的支护上(直径20 m左右)。

(1)拱形设计:通过简化受力,计算最佳拱的中轴线,基本确定了拱的形状。

(2)拱上端曲线采用抛物线线型,拱下端的曲线采用直线-圆弧-直线的组合线性,以此来应对分布力与集中力的共同作用。

结构设计:拱截面采用工字形,并且做成双拱的模式减轻自重,同时增大与土层的接触面积。考虑到在岩溶地区土质的问题,采用拉索固定以减少拱的横向位移。支座的设计上考虑因尖角会产生土质的破坏,采用缓和曲线以增大与土层的接触。

(3)辅助结构:埋拱后,在拱的上方放置土工格栅,进一步使拱受力均匀,同时起到辅助支撑作用。

拱支撑于两个不规则的桥台之上,使上面传来的向下的力分散于两侧的土壤之中,拱的截面采用工字形,并且下方用拉索链接以稳定其结构。目前通过模拟可以基本确定在$2.8\times 10^7$ N压力下拱纵向可以保证3 mm之内的变形,理想条件下可以达到1.5 mm之内。

图2~图4是拱的三视尺寸图。

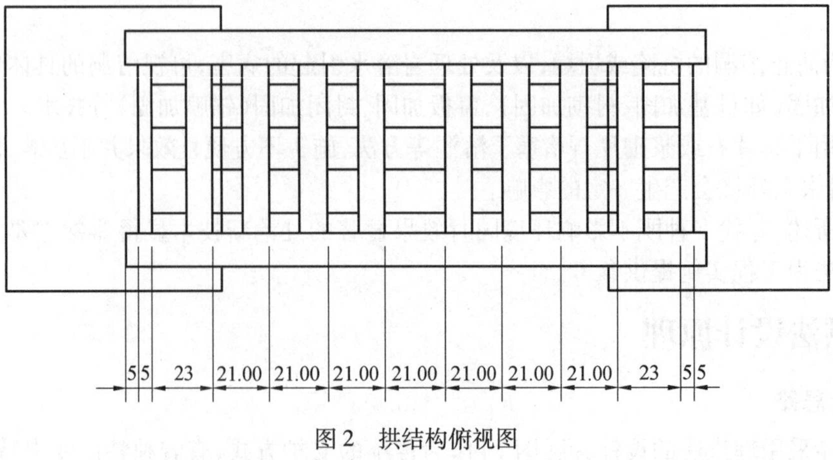


图2　拱结构俯视图

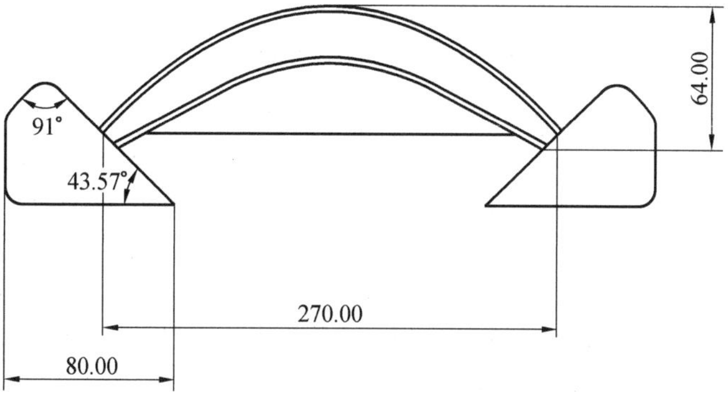


图 3　拱结构主视图

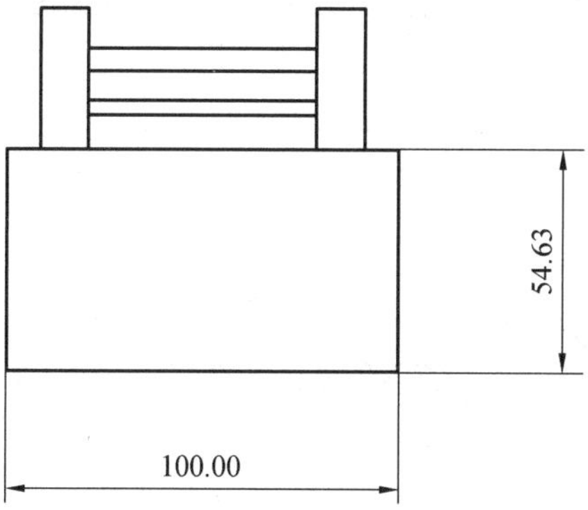


图 4　拱结构左视图

整个结构简图如图 5 所示,拱埋至深度:2 m,土工格栅所在位置为 1 m 处,计算以三视图尺寸为例。

# 3　埋拱结构的数值分析

埋拱结构相关参数见表 1。

**表 1　埋拱结构相关参数**

| | 拱的相关参数 |
|---|---|
| 拱的密度 | $\rho_{混}=2.6\times10^3$ kg/m$^3$ |
| 土的密度 | $\rho_{土}=2.4\times10^3$ kg/m$^3$ |
| 拱的弹性模量 | $E_h=3.65\times10^4$ MPa |
| 土的回弹模量 | 130 MPa |
| 拱的泊松比 | $\mu=0.20$ |

作用在拱上的土的直接荷载为

$$F_{土}=1\ 038.4\ \text{kN}$$

作用在拱上的车辆动载荷如图 5 所示。对于双向 6 车道高速公路,宽度为 30 m,按照一级公路标准给予附加荷载模式。

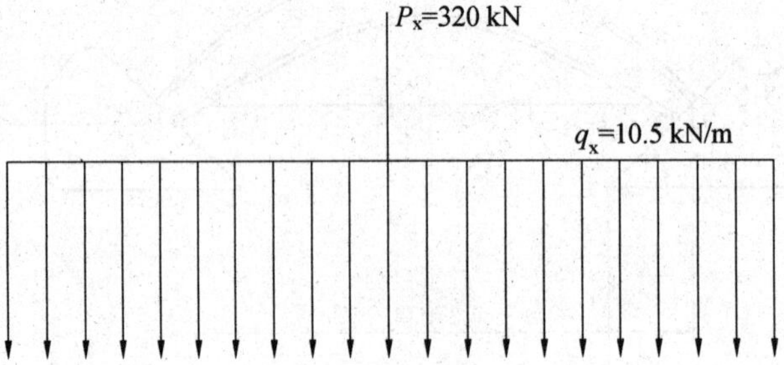


图 5　公路荷载模式图

结构受力简图如图 6 所示。

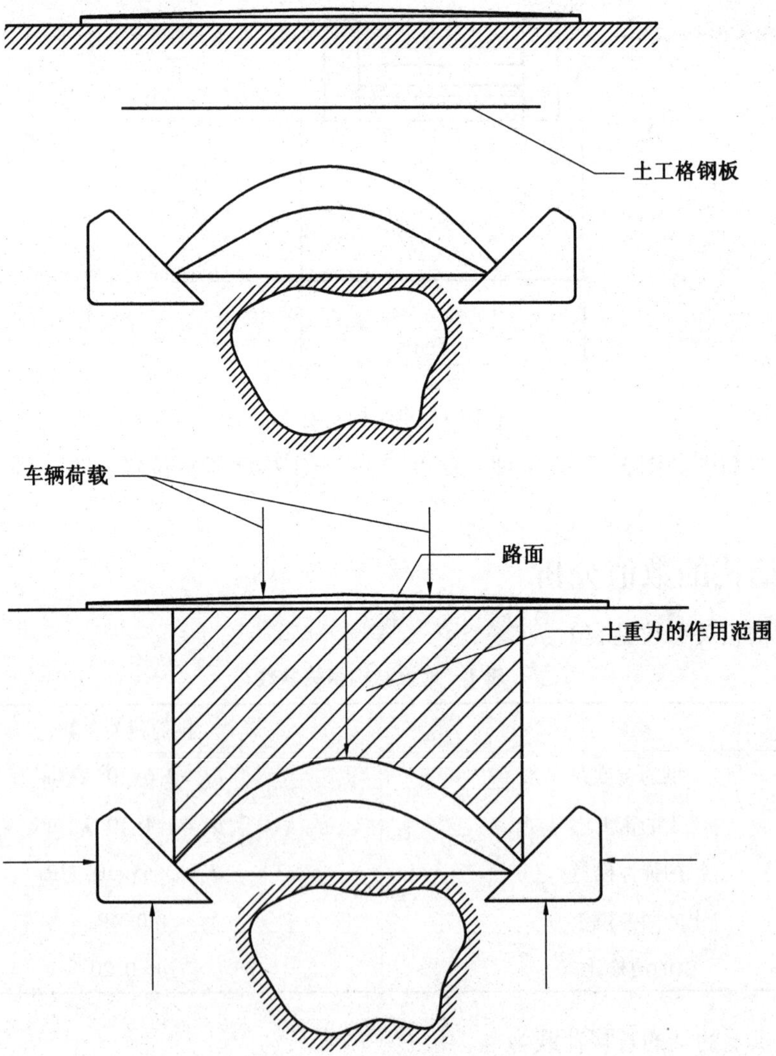


图 6　拱结构受力简图

这里的力经过土工格栅的重新调整后变成均匀力向下传递，大小估计为

(1)有车辆荷载时：

$$q_x = 53.1\ \text{kN/m}$$
$$F = 320\ \text{kN}$$

(2)无车辆荷载时：

$$q_x = 38.1\ \text{kN/m}$$

受力简图如图7所示。

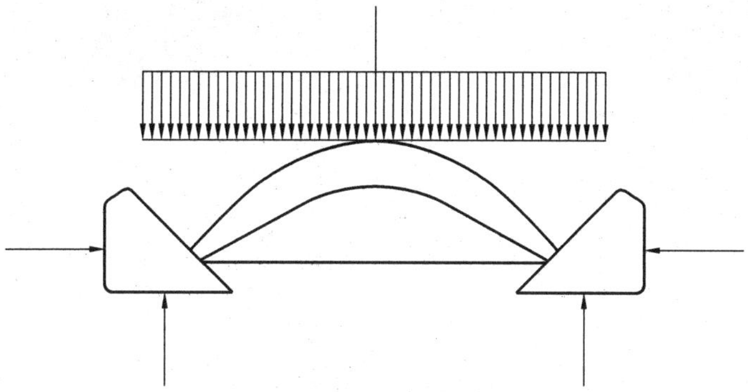

图7　受力简图

经过计算得到在有车辆荷载时，拱中部变形量约为3.1 mm，此时，中间部分土的孔隙率增加0.31%，基本对于压实率无太大影响，可满足行车要求。

另外，墩部的竖向荷载约为1 166 kN，每侧均为533 kN，可得到这部分土质的压强为666 MPa，大于土的回弹模量，因此在埋拱之前，应适当采用水泥砂浆改善土质以达到支撑666 MPa的压力。同时，侧向压力约为700 MPa，因此，这部分土质也需要适当增强，因考虑到加固土质成本，本作品选择在拱下部增加一组拉索来减少横向受力。

# 4　数值结果分析

关于应变，通过ANSYS Workbench 15.0(大型通用有限元分析(FEA)软件)进行模拟受力分析。

通过对中间加拉索和不加拉索进行对比分析，得到分析结果如下。

(1)不加拉索情况：另一边支座水平移动5.1～5.6 mm。

(2)不加拉索情况：拱顶纵向变形为5.6～6.1 mm。

(3)加拉索情况：另一边支座水平移动4.8～5.2 mm。

(4)加拉索情况：拱顶纵向变形为5.2～5.7mm。

其中，最好的情况为两侧的土质非常结实，将参数设置为两侧的支座均为固定端约束，其余的参数与最坏的模拟相同，得到的结果为：

①拱顶纵向形变为1.1～1.2 mm；

②拉索最大应变为0.6～0.7 mm；

③拉索最大应力为80 Pa～2.6 MPa。

其中，纵向的变形为1 mm左右，横向拉索变形大概在0.7 mm左右，拉索的受力基本处

于低应力状态，整个结构受力良好。图 8 是 ANSYS 的结构受力结果。

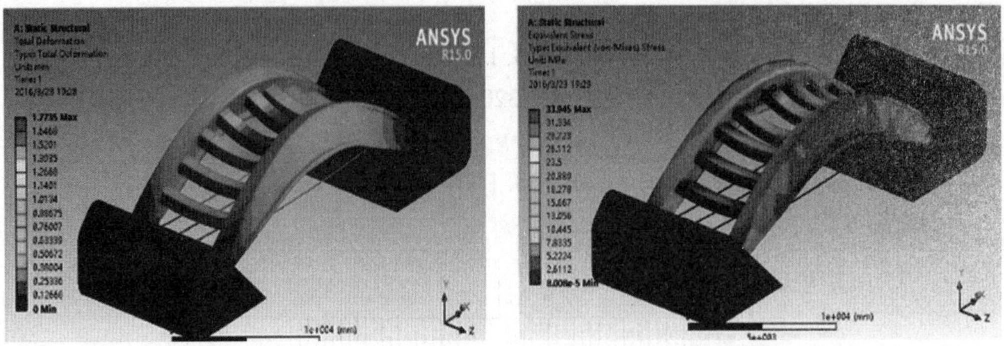


(a) 等效应力　　　　(b) 等效应变

图 8　ANSYS 的结构受力结果

# 5　结　论

通过 Equivalent Stress（等效应力分析），可以得到整个结构的应力分布云图。从图中可以看出以下两点：

（1）结构整体受力良好，可以有效地防治高速公路中出现的公路路基塌方、路面不均匀沉降等问题。

（2）最大应力（危险点）出现在拱顶的支撑梁和拱与支座的连接部位，参考应力的集中进行结构上的优化与升级。本作品采用适当提高结构的接触面积来显著减少应力的集中，例如，在拱与支座的接触采用常用插入的方法来提高接触面积。

由于支座的应力很小，可以适当减轻支座的质量来获得结构和材料上的优化。

危险点详细的受力结果如图 9 所示。

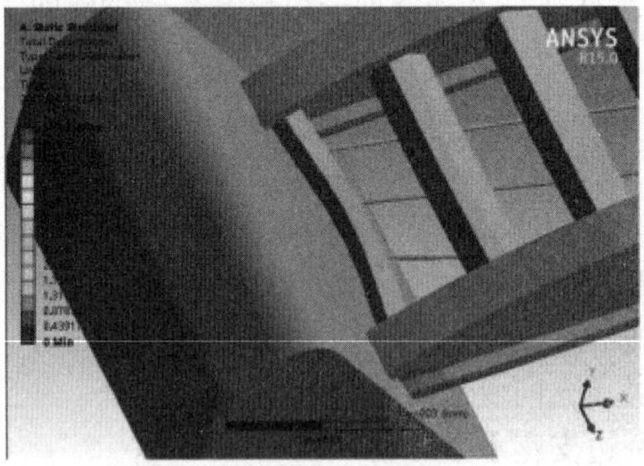


图 9　危险点受力

通过图 10 可以看到，在接触地方的横梁的变形达到了 3 mm，因此，最后的横梁材料我们决定不采用钢筋混凝土，因为最后的横梁要与拉索链接，因此需要一种抗弯能力较强的材料。

## 参考文献

[1] 袁红庆. 高速公路岩溶路基处理措施研究[J]. 华东交通大学学报,2007(2):33-36,65.

[2] 杨立中,王建秀.国外岩溶塌陷研究的发展及我国的研究现状[J].中国地质灾害与防治学报, 1997(S1):14-18.

[3] 蒋小珍.岩溶塌陷发育条件的试验研究[J].中国地质灾害与防治学报,1998(S1):191-195.

[4] 倪宏革,周庆坡.浅埋隐伏型岩溶路基塌陷机理与注浆加固方法[J].铁道工程学报,2005(6):17-19,36.

[5] 邹维勇.覆盖型岩溶路基病害整治[J].四川建筑,2008(3):79-81.

[6] 陈明磊.冲击压实技术在高填石路基施工中的应用[J].交通科技,2013(1):108-110.

# 七、地下空间结构

## 无水砂层盾构施工的渣土改良试验研究

林　鹏　孙旭东　聂鹏博　胡佳丽　张诗雨　刘　勇

（石家庄铁道大学 土木工程学院，河北 石家庄 050043）

**摘　要**　石家庄地铁一号线采用土压平衡盾构法施工。渣土的可塑性、流动性、透水性等性能直接影响掘进效率和设备的寿命，而解决此问题的关键技术是渣土改良，本方案针对无水砂层特点，以经济适用性为原则，用膨润土与泡沫改良剂两种土体改良材料，对不同类型砂土进行了一系列试验，旨在通过这些试验，找到合适的膨润土及泡沫改良剂的参数，以期对现场施工起到一定指导作用。试验具体包括：对改良后砂土进行坍落度试验、直剪试验。通过分析试验数据得出泡沫的最佳浓度和发泡倍率，最优膨润土泥浆浓度和泡沫与膨润土的最佳掺入比。

**关键词**　土压平衡式盾构；无水砂层；渣土改良；膨润土；泡沫

## 1　引　言

当前，随着城市建设水平的不断提高和建设范围的不断扩展，地铁工程面临越来越多的挑战，尤其是城市建成区，高楼密集，管线错综复杂，对地面沉降和地层稳定要求极高。地铁工程的主要工作是对地下隧道的开挖，即盾构施工。土压平衡式盾构是最常用的盾构方法之一。在掘进过程中，渣土的可塑性、流动性、透水性等性能直接影响掘进效率和设备的寿命。性质欠佳的渣土易在盾构机刀盘处形成泥饼，在土仓、螺旋输送机处发生堵塞或者喷涌的现象，出土过程中大大磨损刀盘，这些都是盾构施工中亟待解决的问题。出土顺利与否，将直接决定掘进速度、掘进成本，甚至是地铁工程的成败。所以，进行渣土改良是必要且决定性的，其价值和意义重大。

## 2　石家庄市水文地质特点

### 2.1　地下水特点

石家庄市是全国缺水最严重的地区之一，人均占有水资源 244 $m^3$，仅为全国平均水平1/8。在1996年之前石家庄市地表水资源丰富，地下水开采量小，基本能处于采补平衡态。进入21世纪，对地下水的开采量逐渐增大，其中滹沱河中游和石家庄市市区地下水水位下降趋势最为明显。2007年，石家庄市浅层地下水水位埋深的总趋势是由西北向东南由浅变深。由于石家庄市受地下水降落漏斗的控制，地下水位埋深由周边地区向中心地带逐渐增大，平均水位埋深33.92 m，其中漏斗中心水位埋深46.62 m，1975～2007年平均水位下降23 m，下降速度为0.79 m/a。

### 2.2 砂层分类及石家庄市砂层特点

常见的砂层主要有粗砂、中砂、细砂、粉砂、砾砂。砂层的主要性质有：稳定性、气密性、摩擦性、流动性、透水性。

石家庄市地铁一号线全长约40 km，由西王站始，自南村站终，途经中山广场站、解放广场站、平安大街站等20余站点。一号线沿线地下砂层主要组成为砂卵砂砾石、中粗砂夹砂质砂土和黏质砂土，地质条件极为复杂，因此在施工中要注意对施工参数的不断调整。

## 3 渣土改良的目的

因地质条件的变化，在砂层的盾构施工中遇到大量难题，而渣土改良的目的就是在于解决以下困难。

（1）螺旋输送机堵塞：粒径较小的渣土在出土过程中容易固结在机身外壳内表面和螺旋轴内部，造成出土不畅甚至无法出土。

（2）刀具磨损严重：掘进过程中刀盘转动岩屑摩擦刀盘表面，或在软弱岩层掘进过程中，由于砂层中富含硬度大的石英，开挖掌子面直接与刀盘表面接触，从而大大磨损刀盘。摩擦会产生的大量摩擦热，高温下的刀盘面临着严峻的考验。

## 4 渣土改良剂及特性

渣土改良所使用的主要添加剂是膨润土泥浆、泡沫和水，通过刀盘的旋转或者螺旋输送机使添加剂与土渣混合。

（1）膨润土泥浆：膨润土泥浆可以增强渣土的流动性、不透水性和黏滞性。改善刀盘和土仓的工作环境，有利于出土时的运输。

（2）泡沫：可明显改变渣土的性能，当遇到透水性较强的砾石层或风化花岗岩岩层时，泡沫的改良效果要明显优于膨润土泥浆。

（3）水：在渣土干燥，流动性极差的情况下，仅使用膨润土泥浆和泡沫改良渣土的效果并不好，加入适量的水可以改善这一情况。但加水具有两面性，容易提高渣土含水量，造成出土困难和污染环境。

## 5 试验方案

试验时先向渣土中单独加入一定比例的泡沫或膨润土泥浆进行试验，再进行泡沫与膨润土泥浆的混合添加剂的试验，然后分别通过坍落度试验对改良剂及其配比做出初步的选择。其中，用于试验的渣土取自石家庄地铁3号线西三教项目部，分为两类——中粗砂和细砂。

预期经改良后的渣土具有较好的和易性，坍落度的合理范围拟定为15～20 cm，同时观察改良后的渣土是否有析水和离析现象发生。通过坍落度试验确定若干组合理配比之后，再进行直剪试验，从中选出最优配比。

# 6 试验过程

## 6.1 泡沫及膨润土泥浆制备

6.1.1 泡沫的制备

泡沫发生器构造及原理如图 1 所示。按照一定的浓度,称取水和泡沫剂配置泡沫溶液;关闭泡沫发生器上的所有阀门,打开进液阀门,将泡沫溶液注入发泡装置的液体储存罐,关闭进液阀门;打开空气压缩机,调节控制旋钮,将气压控制在 0.2 MPa 时,打开进气阀门,将压缩空气送入泡沫发生器中,同时调节气体和液体控制开关,直到出泡稳定。

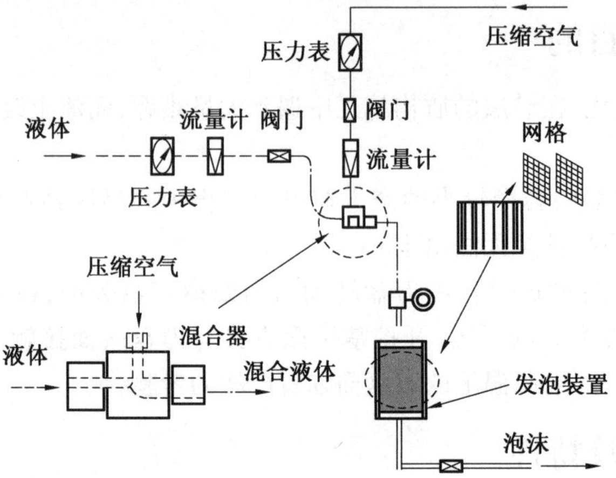


图 1 泡沫发生装置示意图

6.1.2 膨润土泥浆的制备

分别按照水与膨润土的质量比为 6 : 1、8 : 1、10 : 1、12 : 1、14 : 1 配置 5 种泥浆溶液,搅拌泥浆至均匀,静置 24 h。

## 6.2 试验方法

6.2.1 泡沫半衰期的测量

半衰期测试装置如图 2 所示,将衰落筒用水润湿内壁,置于电子天平上,调零;将泡沫注于衰落筒内,记下天平读数 $m_0$,将衰落筒至于三脚架上,量筒置于电子天平上,调零,使衰落筒液体流出口对准量筒的中心;秒表开始计时,待天平读数为 $\frac{1}{2}m_0$ 时,记下秒表时间,即半衰期 $t_{1/2}$。

6.2.2 坍落度试验

试验所用坍落筒及振捣棒如图 3 所示,坍落度试验一般用于检验拌和物的流动性。进行坍落度试验,将拌和物装入到坍落度筒内,每装满 1/2 用振捣棒垂直插捣 20 次捣实,装满后刮平,清除掉周边洒落的拌和物。然后将坍落筒垂直向上缓慢提起,移至一旁,拌和物受到自身重力作用将产生坍落现象,量出向下坍落的尺寸(mm)即为坍落度。观察拌和物坍落度随时间的变化及其四周的泌水情况。

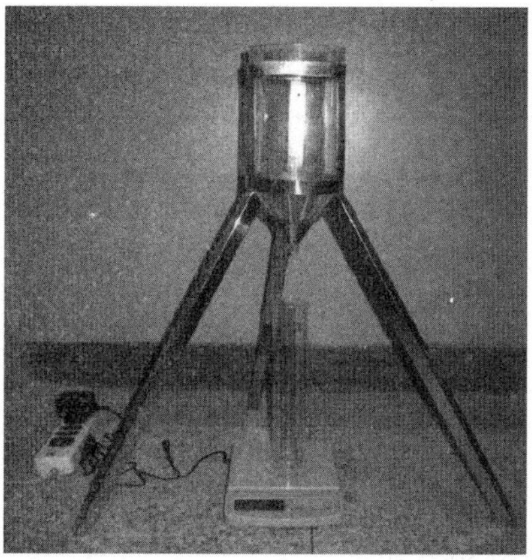

图 2　泡沫半衰期测试装置

图 3　坍落筒及振捣棒

6.2.3　直剪试验

经过坍落度试验后,选出最接近理想坍落度的配合比组,重新进行试件制作,配合完成后的试件进行直剪试验。将拌和均匀的试件利用三速等应变直剪仪进行土样的抗剪强度测试,通过求得的土样抗剪强度数值,进而求出土样相应的黏聚力与内摩擦角。记录数值与改良前的砂土的 $c$、$\varphi$ 值进行比较,并观察相应的变化。

# 7　试验数据分析

## 7.1　泡沫性能数据分析

经过试验测量,泡沫发泡倍率及半衰期随发泡液的变化规律见表 1,随着发泡液质量分数从 1% 增加到 5%,发泡倍率随发泡液质量分数的增加而增加,从 12 倍增加到 35 倍左右;泡沫的半衰期从 490 s 延长到 710 s,呈逐渐递增趋势。考虑到经济性原则,决定选取质量分数为 3% 的发泡溶液进行后续的渣土改良工作。

**表 1　泡沫性能结果记录**

| 质量分数/% | 发泡倍率 | 半衰期/s |
|---|---|---|
| 1 | 12 | 490 |
| 2 | 18 | 570 |
| 3 | 23 | 610 |
| 4 | 29 | 670 |
| 5 | 35 | 710 |

## 7.2　坍落度试验数据分析

7.2.1　单独加泡沫改良结果分析

通过初步试验观察，虽然通过不断地注入泡沫也可以达到改良土体的目的，但是，从经济角度来看，非常不经济，提高了工程造价，同时，无水砂层土质由于土体中微小颗粒含量较少，导致内摩擦角大，黏聚力小，单靠泡沫并不能够提高土体的黏聚力，于是再观察用膨润土泥浆改良土体的效果。

7.2.2　单独加膨润土泥浆改良结果分析

将配置好的膨润土泥浆与砂土体积比为 1：10、1.5：10、2：10、2.5：10、3：10、3.5：10、4：10 的比例计算泥浆需要量后，加入需要改良的砂土或者黏土中，经过充分搅拌，使用预先准备好的坍落筒测定经过膨润土泥浆改良后渣土的坍落度，并记录数据，通过坍落度初步判定单独加泥浆的改良效果，得出单独使用膨润土为改良剂时，适合中粗砂和粉质黏土的膨润土泥浆与砂土体积比。

试验发现单一改良剂的经济性与可行性较差，提出泥浆与泡沫共同改良的试验方案。

7.2.3　泥浆与泡沫共同改良结果分析

通过预试验确定了大致配比后，将泥浆与泡沫按不同比例进行混合，然后与砂土混合并进行坍落度试验。对于中粗砂和细砂，改良后的数据分别见表 2、表 3。

**表 2　中粗砂改良试验**

| 序号 | 膨润土泥浆中水与土质量比 | 膨润土泥浆与砂土体积比 | 泡沫添加比例/% | 坍落度/cm |
|---|---|---|---|---|
| 1 | 6：1 | 2：10 | 25 | 21 |
| 2 | 8：1 | 2：10 | 20 | 18 |
| 3 | 10：1 | 2：10 | 15 | 16 |
| 4 | 6：1 | 1.5：10 | 20 | 14 |
| 5 | 8：1 | 1.5：10 | 15 | 11 |
| 6 | 10：1 | 1.5：10 | 25 | 19 |
| 7 | 6：1 | 1：10 | 15 | 9 |
| 8 | 8：1 | 1：10 | 25 | 14 |
| 9 | 10：1 | 1：10 | 20 | 12 |

**表 3　细砂改良试验**

| 序号 | 膨润土泥浆中水与土质量比 | 膨润土泥浆与砂土体积比 | 泡沫添加比例/% | 坍落度/cm |
|---|---|---|---|---|
| 1 | 6∶1 | 2∶10 | 25 | 19 |
| 2 | 8∶1 | 2∶10 | 20 | 17 |
| 3 | 10∶1 | 2∶10 | 15 | 14 |
| 4 | 6∶1 | 1.5∶10 | 20 | 17 |
| 5 | 8∶1 | 1.5∶10 | 15 | 14 |
| 6 | 10∶1 | 1.5∶10 | 25 | 18 |
| 7 | 6∶1 | 1∶10 | 15 | 9 |
| 8 | 8∶1 | 1∶10 | 25 | 15 |
| 9 | 10∶1 | 1∶10 | 20 | 11 |

通过表 2、表 3 可以看出，对于中粗砂，添加水和土的质量比为 8∶1 的膨润土泥浆，泥浆与渣土质量比为 2∶10，然后再添加体积比为 20% 的泡沫，渣土的坍落度能够达到 18 cm，流塑性较好；添加 10∶1 的泥浆，添加比例为 2∶10，搅拌均匀后再添加 15% 的泡沫，渣土的坍落度为 16 cm，较为接近"理想土体"，流塑性基本上也能满足要求。

对于细砂，添加水和土的质量比为 8∶1 的膨润土泥浆，泥浆与渣土的质量比为 2∶10，然后再添加体积比为 20% 的泡沫，渣土的坍落度能够达到 17 cm，流塑性较好；添加水和土的质量比为 6∶1 的泥浆，泥浆与渣土质量比为 1.5∶10，搅拌均匀后再添加体积比为 20% 的泡沫，渣土的坍落度为 17 cm，流塑性较好。

## 7.4　直剪试验数据分析

通过坍落度试验选出最接近理想坍落度的几组配合比之后，重新制作试样，进行直剪试验，试验数据分别见表 4、表 5、表 6。

**表 4　重塑土物理力学指标表**

| 重塑土 | 垂直压力 $P$/kPa | 测微表读数 $R$ | 抗剪强度 $S$/kPa | 黏聚力 $c$/kPa | 内摩擦角 $\varphi$/(°) |
|---|---|---|---|---|---|
| 中粗砂 | 100 | 42 | 78 | 0 | 38 |
| | 200 | 83 | 156 | | |
| | 300 | 124 | 234 | | |
| | 400 | 166 | 312 | | |
| 细砂 | 100 | 38 | 70.6 | 0.6 | 35 |
| | 200 | 75 | 140.5 | | |
| | 300 | 112 | 210.7 | | |
| | 400 | 150 | 280.8 | | |

表5 中粗砂直剪试验数据表

| 泥浆 水与土质量比 | 泥浆 比例 | 泡沫/% | 垂直压力 P/kPa | 测微表读数 R | 抗剪强度 S/kPa | 黏聚力 /kPa | 内摩擦角 /(°) |
|---|---|---|---|---|---|---|---|
| 8∶1 | 2∶10 | 20 | 100 | 40 | 75 | 15.3 | 32.1 |
| | | | 200 | 74 | 140.3 | | |
| | | | 300 | 99.4 | 187.5 | | |
| | | | 400 | 132 | 249 | | |
| 10∶1 | 2∶10 | 15 | 100 | 43 | 80.2 | 12.4 | 34.2 |
| | | | 200 | 79 | 148 | | |
| | | | 300 | 108 | 203.4 | | |
| | | | 400 | 144 | 271 | | |

表6 细砂直剪试验数据表

| 泥浆 水与土质量比 | 泥浆 比例 | 泡沫/% | 垂直压力 P/kPa | 测微表读数 R | 抗剪强度 S/kPa | 黏聚力 /kPa | 内摩擦角 /(°) |
|---|---|---|---|---|---|---|---|
| 8∶1 | 2∶10 | 20 | 100 | 39 | 73.6 | 15.9 | 30 |
| | | | 200 | 69.8 | 131.3 | | |
| | | | 300 | 101 | 189 | | |
| | | | 400 | 131 | 246.7 | | |
| 6∶1 | 1.5∶10 | 20 | 100 | 37 | 70.8 | 17.6 | 28 |
| | | | 200 | 66 | 123.6 | | |
| | | | 300 | 94 | 177.2 | | |
| | | | 400 | 123 | 230.4 | | |

通过对比表4、表5、表6中数据可以看出，改良后的中粗砂的黏聚力得到明显的提高，同时也降低了内摩擦角。其中，当采用水与土质量比为8∶1的泥浆，泥浆与渣土质量比为2∶10，之后再添加体积比为20%的泡沫，对于中粗砂的改良更好一些；对于细砂来说，采用水与土质量比为6∶1的泥浆，添加比例为1.5∶10，之后再添加20%的泡沫，改良效果更好。

## 8 结 论

本试验中主要通过坍落度和直剪试验找出渣土的最优配比。首先通过坍落度选出流塑性较好的改良土，之后再对改良土进行抗剪试验，求出渣土的黏聚力与内摩擦角，最终选出最佳配比。

通过试验的对比分析,可以得出结论:混合添加剂的改良效果明显优于单一添加剂,而且在添加剂用量上相对也减少了,具体的数据为:使用6∶1与8∶1水与土质量比的泥浆改良效果较好,泥浆与渣土质量比一般为2∶10,实际情况中的添加量应再依据盾构掘进现场具体地质情况进行折算,同时泡沫的添加比例尽量不超过重塑土体积的20%,否则渣土流塑性会超过"理想状态"。通过试验得出的数据在石家庄地铁3号线一期工程西三教项目部进行了实际应用,改良效果明显,对施工起到了很好的指导作用。

试验中通过添加膨润土泥浆,提高了砂性土的黏聚力;通过添加泡沫又降低了砂性土的摩擦角,减少了盾构机刀盘的磨损,同时也保证了螺旋输送机的正常排土。混合添加剂不仅改良效果良好,而且在一定程度上节约了材料,达到了节约工程造价的目的。

本次试验主要针对中粗砂和粉质黏土进行改良,主要是为了了解膨润土和泡沫对改良渣土的改良效果,并进行分析,对于其他土质的改良,可以进行后续试验。

## 参考文献

[1] 汪国锋. 北京砂卵石地层土压平衡盾构土体改良技术试验研究[D]. 北京:中国地质大学,2011.

[2] 李玲玲. 石家庄市水文地质条件分析[J]. 甘肃科技,2013,29(15):38-39,60.

[3] 魏康林. 土压平衡盾构施工中泡沫和膨润土改良土体的微观机理分析[J]. 现代隧道技术,2007,44(1):73-77.

[4] 王卫华. 泡沫剂在土压平衡盾构中的应用研究[D]. 北京:中国地质大学,2010.

[5] 魏康林. 土压平衡式盾构施工中"理想状态土体"的探讨[J]. 城市轨道交通,2007,10(1):67-70.

# 近距离双线地铁盾构引起地层变形的模型试验

叶雨秋　徐路畅　蔡忱男　彭　勃

（武汉理工大学 土木工程与建筑学院，湖北 武汉 430000）

**摘　要**　城市地铁工程发展加快，地铁盾构所引起的地面变形影响不可忽视。双线近距离隧道之间存在相互影响，针对双线隧道研究的不足，通过单、双平板下沉二维模型试验分别模拟单、双线隧道开挖引起的地层损失，利用 PIV 技术获取地层变形。利用单平板下沉数据得到地层变形数据，拟合得到 Peck 公式参数，再通过叠加方法得到双线平板试验的变形曲线，将叠加计算曲线与实测沉降变形进行对比，对距离与埋深的影响进行了探讨。揭示了近距离隧道地面变形为单峰正态曲线，可采用等代法进行计算，最终确定了计算参数。

**关键词**　岩土工程；模型试验；Peck 公式；双线隧道

## 1　引　言

随着城市建设的发展，盾构法施工在城市交通和市政工程中有了广泛的应用。目前国内外对单线和多圆盾构施工引起的土体沉降研究较多，而地铁及其他地下交通工程往往以双线隧道的形式穿越地层。双线平行盾构施工引起的最大沉降值与沉降槽宽度都要大于单线盾构，对周围建筑、环境、人民财产安全有很大影响。相比单线隧道，双线隧道存在相邻隧道的相互影响，其地表沉降的计算更为复杂。Peck 提出的方法涉及的参数少，应用的范围最广。目前基于 Peck 公式的双线平行盾构地面沉降经验计算方法，主要可以分为两大类。

第一类方法是直接采用 Peck 公式计算总的地表沉降。Peck 通过对芝加哥双线地铁隧道进行了研究，发现对于近距离双线平行盾构施工隧道，总体沉降槽形式与正态分布曲线类似，从而提出了等代大圆法，即将双线平行隧道的两个圆用一个大圆来代替，大圆半径 $R'=R+D/2$。但是，等代法适用条件没有界定，当两隧道间距增大时，沉降槽仍为双峰形式。

第二类方法是通过 Peck 公式对两侧隧道的沉降分别进行计算，然后进行叠加。刘波等人提出了基于 Peck 公式的叠加的沉降计算公式。该方法较为简单，但对于双线隧道不同埋深、不同间距的情况，等代法和叠加法的适用条件还需要进一步界定。采用等代法和叠加法时，相邻隧道仍然存在相互影响，能否采用 Peck 公式进行简单的等代或叠加还需进一步的探讨。

基于此现状，采用多沉陷门（multi-trapdoor）模型试验装置，将钢棒相似土作为填料，开展了单沉陷门与双沉陷门的二维模型试验。将单沉陷门模型试验结果拟合得到的 Peck 公式参数代入双线叠加公式中，并与双沉陷门模型试验表面沉降结果进行了对比。通过数据分析确定了单峰等代法与叠加法的适用范围。同时，基于单峰等代的 Peck 公式拟合结果，引入了峰值修正系数与沉降槽宽度修正系数，提出了单峰等代法的双线隧道表面沉降 Peck

修正公式及修正系数计算方法。

## 2 Peck 公式与叠加公式

Peck 假定沉降在隧道轴向均匀分布，同时在地表的横向分布呈正态曲线形式，提出了公式：

$$S(x) = S_{\max} \cdot \exp\left(-\frac{x^2}{2i^2}\right) \tag{1}$$

式中，$S$ 为地面任一点的沉降值；$S_{\max}$ 为地面沉降的最大值，对应隧道轴线位置；$i$ 为从沉降曲线对称中心到曲线拐点的距离，一般称为“沉降槽宽度”；$x$ 为从沉降曲线中心到计算点的距离。

沉降在隧道轴向均匀分布，同时在地表的横向分布呈正态曲线形式。式(1) 可进一步写为

$$S(x) = \frac{AV_1}{i\sqrt{2\pi}}\exp\left(-\frac{x^2}{2i^2}\right) \tag{2}$$

式中，$A$ 为开挖面积；$V_1$ 为地层损失率。

根据伦敦地区的经验，$i$ 与隧道埋深 $H$ 之间存在以下简单的线性关系：

$$i = KH \tag{3}$$

式中，$K$ 为沉降槽宽度参数(Trough Width Parameter)，主要取决于土性，对于无黏性土此值在 0.2 ~ 0.3 之间。

刘波等人[8] 按照叠加原理得到的双线平行隧道开挖引起的地表横向沉降计算公式

$$S(x) = \frac{A_1V_{11}}{\sqrt{2\pi}\,i_1}\exp\left[-\frac{(x-D/2)^2}{2i_1^2}\right] + \frac{A_2V_{12}}{\sqrt{2\pi}\,i_2}\exp\left[-\frac{(x+D/2)^2}{2i_2^2}\right] \tag{4}$$

式中，$A_1$、$A_2$ 分别为第 1、2 条隧道横截面面积；$V_{11}$、$V_{12}$ 分别为第 1、2 条隧道修建引起的地层损失率；$i_1$、$i_2$ 分别为第 1、2 条隧道修建引起的沉降槽宽度；$D$ 为两个隧道中心间距。

## 3 隧道开挖模型试验设置

采用课题组开发的多沉陷门模型试验装置来模拟隧道开挖过程中引起的地表垂直变形量。

试验采用的模型试验箱装置如图 1 所示。该试验箱装置由砂箱、加载组件和挡板下移组件组成，砂箱内部尺寸 1200 mm×800 mm×300 mm(长×高×宽)，最大填筑高度 800 mm。每块钢制挡板均可以通过与下方位移控制系统相连接，独立成为一个活动沉陷门，或者固定在试验箱外框上，沉陷门下沉量可以精确地控制。

模型试验测试采用粒子图像测速(PIV)作为位移测试技术。模型试验图像采集系统由数码相机、50 mm 低畸变定焦镜头、脚架和闪光灯等组成。记录沉陷门每下沉 1 mm 时填土层的变形图像，采用 PIV 技术对试验图片进行处理。首先按照设定的像素网格对照片进行划分，再通过对比每个网格的位移获取全场位移矢量。

## 4 模型试验方案设计与结果分析

结合实际工程安排了 3 组单沉陷门试验(试验 S1、S2、S3)，埋深 $H$ 分别为 225 mm、

375 mm和525 mm。安排了6组双沉陷门试验，埋深 $H$ 分别为225 mm、375 mm 和525 mm，间距分别为225 mm 和300 mm。

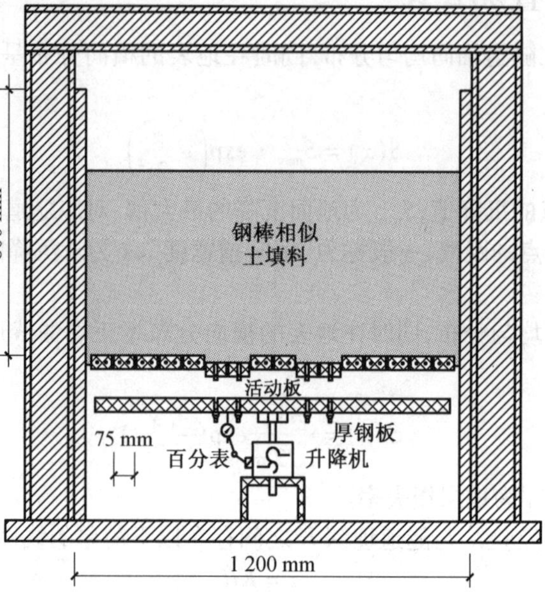


图1　模型试验装置图

利用PIV技术处理单沉陷门试验图像，对3组单沉陷门的模型试验结果进行分析，得到的图片与PIV数据对比如图2所示。

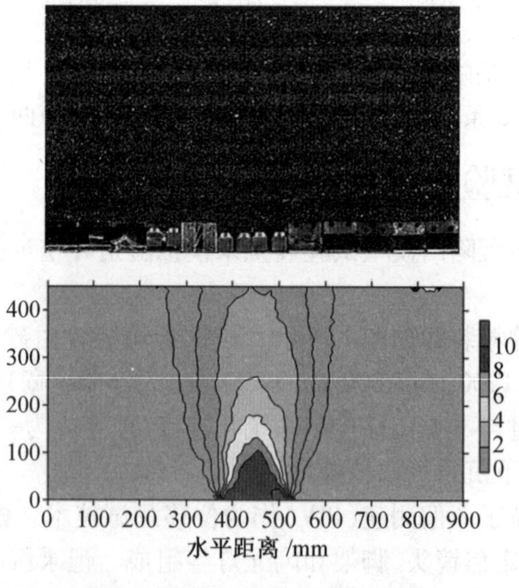


图2　试验S3图片及变形云图

由实测沉降曲线确定沉降槽宽度和最大沉降量，并由公式(5)确定实际的地层损失率。

$$V_1=\frac{S_{\max}\times\sqrt{2\pi}\,i}{A} \tag{5}$$

通过对3组单沉陷门试验的实测表面沉降数据进行拟合,3组试验的Peck公式参数见表1。

**表1　单沉陷门试验拟合参数表**

| $H$/mm | $S_{max}$/mm | $i$/mm | $V_1$/% | $K$ |
| --- | --- | --- | --- | --- |
| 225 | 0.78 | 54.8 | 0.61 | 0.24 |
| 375 | 0.46 | 82.3 | 0.54 | 0.22 |
| 525 | 0.32 | 115.2 | 0.52 | 0.22 |

再进行双沉陷门试验,对3组试验照片进行分析,得到的图片与PIV数据对比如图3所示。

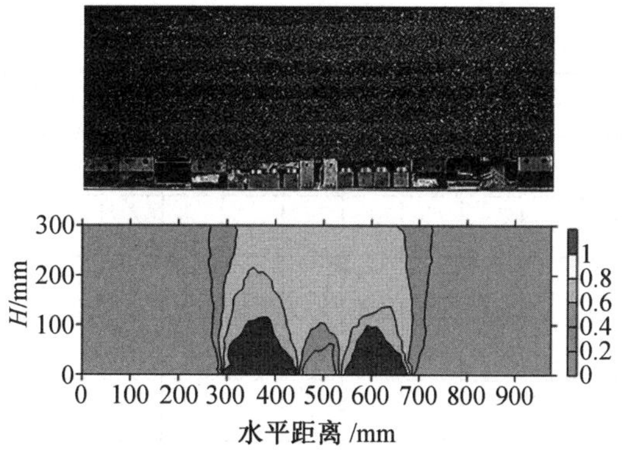


图3　试验D2图片及变形云图

将表1中单沉陷门试验获得的Peck公式参数代入叠加公式(4)中,将叠加公式的计算结果与实测表面沉降曲线进行对比,其中3项试验值与叠加计算值相差较大,如图4所示。

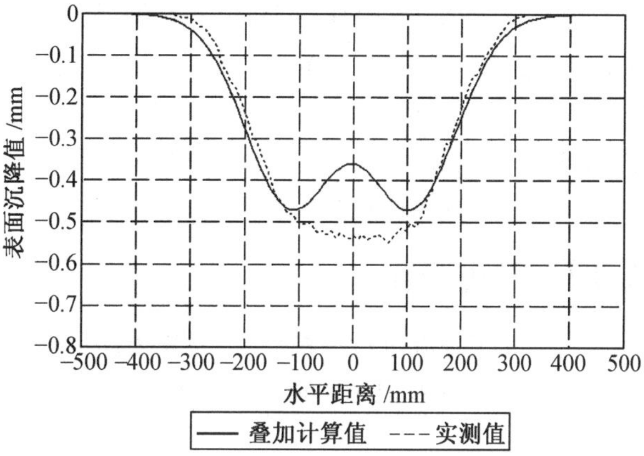


(a)试验D2

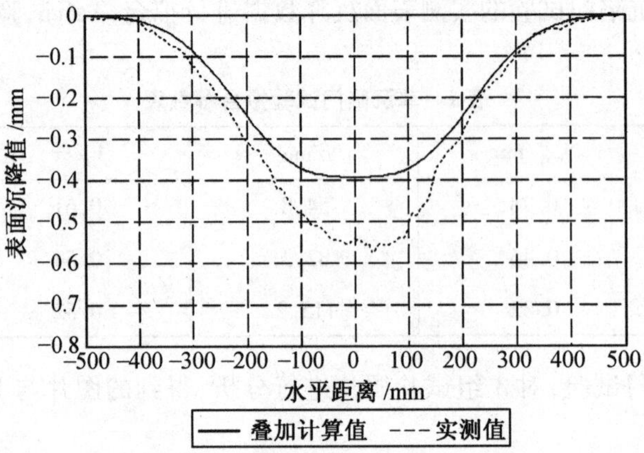


(b)试验 D3

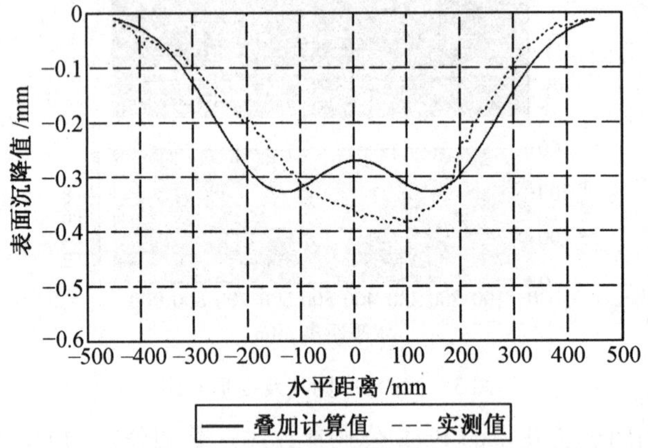


(c)试验 D6

图 4 双沉陷门表面沉降实测曲线与拟合曲线

由试验数据对比得出,试验 D1、D4、D5 简单叠加公式与实际情况拟合良好;试验 D2、D3、D6,简单叠加公式已不适用。由此可推断,当隧道直径和埋深一定时,随着隧道间距减小到某一临界界限时,叠加法将不再使用。当叠加法不适用时,实测曲线过渡到单峰形态,以下还将采用单峰等代法对实测表面沉降进行拟合分析。

# 5 双线隧道地表沉降方法修正

通过对叠加公式不适用的 3 组情况进行单峰拟合,发现表面沉降槽仍然满足 Peck 公式的曲线形式。但双沉陷门条件下曲线峰值和整体沉降槽宽度发生了改变,可以通过对 Peck 公式进行修正来达到预测效果。

对于 Peck 公式引入峰值修正系数 $C$ 和沉降槽宽度修正系数 $\mu$,并将 Peck 公式改写成

$$S(x)=2C\frac{A_1V_{L1}+A_2V_{L2}}{\mu(i_1+i_2)\sqrt{2\pi}}\exp\left\{-\frac{2x^2}{[\mu(i_1+i_2)^2]}\right\} \tag{6}$$

根据式(6)进行拟合,得到试验 D2 的 $C=1$,$\mu=1.69$;试验 D3 的 $C=1.26$,$\mu=1.42$;试验 D6 的 $C=1.03$,$\mu=1.65$。修正后与实际情况的拟合效果如图 5 所示。

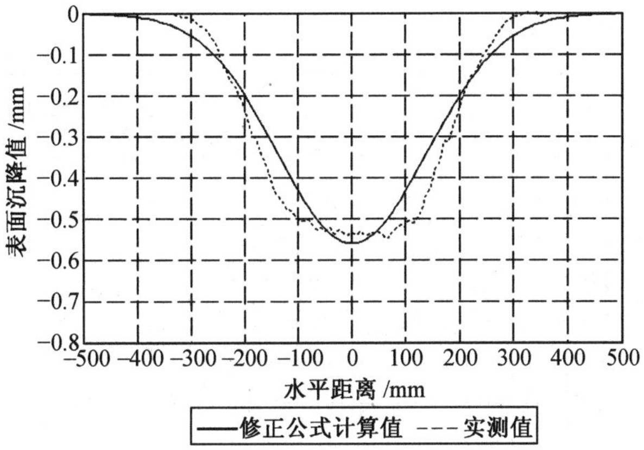


(a)试验 D2

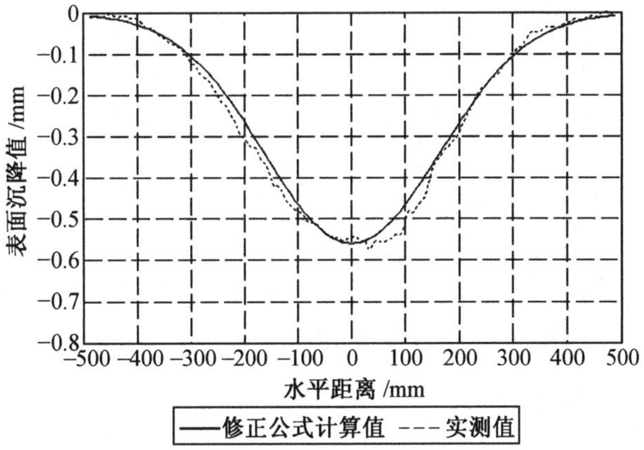


(b)试验 D3

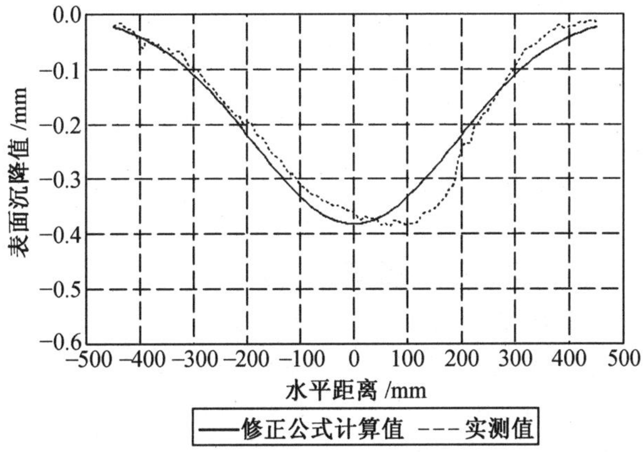


(c)试验 D6

图 5　双沉陷门试验公式修正拟合曲线

可以发现,当引入 $C$、$\mu$ 作为修正系数后,拟合情况良好,理论值与实测值误差较小。说明了对 Peck 公式进行修正得到的计算式(6)对于双线隧道等代单峰型具有适用性。$C$ 和 $\mu$

与 $H/D$ 的关系如图 6、图 7 所示。

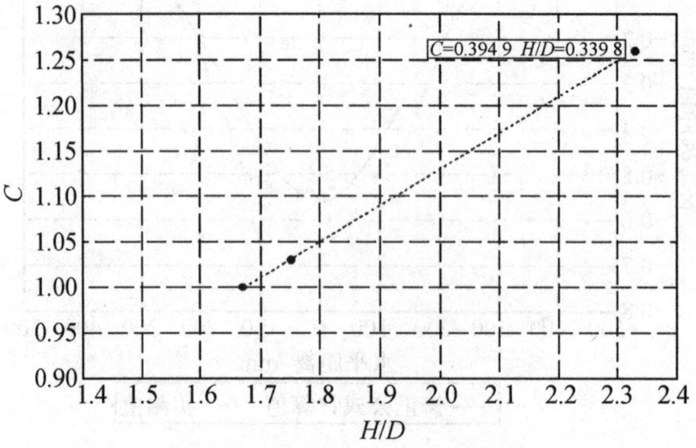


图 6　峰值修正系数拟合图

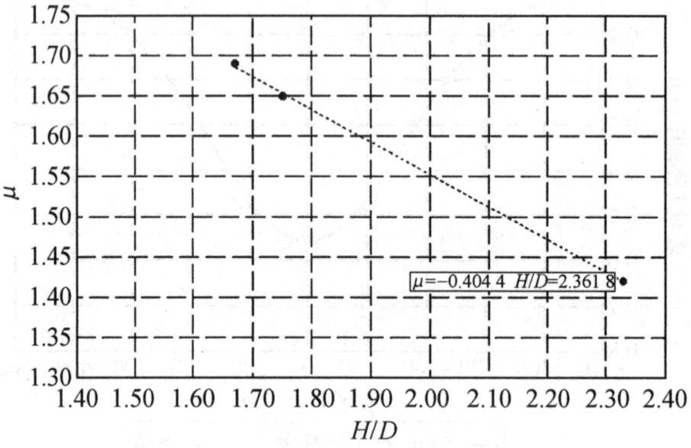


图 7　沉降槽宽度修正系数拟合图

拟合结果见式(7)、式(8)：

$$C=0.4H/D+0.34 \tag{7}$$

$$\mu=-0.4H/D+2.36 \tag{8}$$

基于观测得到的实测数据，对同一组试验，地表最大沉降量和地层损失率均随沉陷门下移量线性增长，沉陷门下移量对沉降槽宽度无显著影响。因此，拟合参数 $C$ 和 $\mu$ 的计算公式不受下移量影响，公式(7)和(8)适用于不同的隧道变形和地层损失率的情况。

以上分析提出了修正的等代法地表沉降预测公式。但该方法还存在一些不足，如仅考虑土体损失，没有考虑开挖方式和土的性质差异等因素；受试验装置的限制，仅考虑了两隧道同时施工的影响，没有考虑隧道先后施工的影响。下一步可对装置进行改进，对隧道常见的先后施工情况进行更深一步的研究，并结合现场实测进一步验证沉降预测方法的适用范围，并对计算参数进行修正。

# 6 结 论

根据本文的试验数据分析,可以得到以下初步结论:

(1)采用钢棒相似土二维沉陷门模型试验可以很好地模拟隧道开挖所引起的地表沉降,沉降槽宽度、曲线形态与 Peck 公式相吻合。

(2)双线隧道沉陷门试验的表面沉降出现了单峰型和双峰型两种曲线形态。随着中心距的减小、隧道埋深的增大,加速了沉降曲线由双峰模式向单峰模式的转变。

(3)出现单峰型后,曲线形态仍然满足 Peck 公式假设的正态分布形式。引入曲线峰值影响系数和沉降槽宽度修正系数,提出了基于 Peck 公式的双线等代叠加法地表沉降计算方法。

由于二维模型试验条件与实际工程边界条件的差别,等代法中修正系数与实际情况可能存在差别,结论有待实际工程的检验。

## 参考文献

[1] 张庆贺,朱忠隆,杨俊龙,等. 盾构推进引起土体扰动理论分析及试验研究[J]. 岩石力学与工程学报,1999,18(6):699-703.

[2] 张云,殷宗泽,徐永福. 盾构法隧道引起的地表变形分析[J]. 岩石力学与工程学报,2002,21(3):388-392.

[3] 魏纲. 盾构法隧道施工引起的土体变形预测[J]. 岩石力学与工程学报,2009,28(2):418-424.

[4] 孙统立,李浩,韦良文. 多圆盾构土体位移特征及其应用[J]. 现代隧道技术,2012,49(5):34-38.

[5] PECK R B. Deep excavations and tunneling in soft ground[C]//Proceedings of the 7th International Conference of Soil Mechanics & Foundation Engineering. Mexico:Balkema A A,1969: 225-290.

[6] 刘波,陶龙光,丁城刚,等. 地铁双隧道施工诱发地表沉降预测研究与应用[J]. 中国矿业大学学报,2006,35(3):356-361.

# 加筋土挡墙优化设计方法研究

张　彬　刘致浩　杜　涛　周国帅

（青岛理工大学 土木工程学院，山东 青岛 266000）

**摘　要**　本文通过试验模型模拟工程中的加筋土挡墙结构，通过理论计算、数值模拟和现场试验等环节来寻求布筋的最优方案。理论计算为布筋提供理论依据，继而通过数值模拟和现场试验，优化布筋方案，目的是为工程实践提供依据。

**关键词**　土压力；加筋土挡墙；数值模拟；现场试验

## 1　引　言

加筋土挡墙是由面板、筋带和填土组成，用于承受土侧压力的复合加筋土挡土结构。建造加筋土挡墙的目的在于支挡墙后土体，防止土体发生坍塌和滑移。近年来，加筋土挡墙广泛应用于房屋建筑、水利、铁路、公路、港湾等工程。例如，地下室外墙和室外地下人防通道的侧墙是土挡墙，桥梁工程的岸边桥台也是土挡墙。随着加筋土挡墙设计理论和施工技术的不断完善，加筋土挡墙技术已经能够有效保证挡墙的安全性和稳定性。如何在保证挡墙安全性和稳定性的前提下，实现筋材用量的最省，已引起更多人们的关注。本文通过模型试验模拟挡土结构工程实际情况，通过数值分析和现场试验总结规律，寻求最优布筋方案，从而为工程挡墙布筋提供优化设计参考依据。

## 2　模型试验

### 2.1　试验砂箱的尺寸以及挡墙、筋材、填料的选择

（1）砂箱：尺寸 75 cm×50 cm×50 cm（长×宽×高），由 1 个底板和 3 个固定立面板构成，第 4 个立面板是可移动板，用于挡墙构筑时提供临时的支撑力（图 1）。砂箱材料为15 mm 厚度的胶合木质板，此外砂箱内表面要平整。可移动立板可以通过螺钉或螺丝与砂箱暂时固定（图 1 两侧平行直立面板由 1 根直径 6 mm 光面钢筋连接，以在可移动面板移走时固定两侧立面板）。钢筋轴心在箱顶之下 1.5 cm 处，距砂箱可移动板内表面 2 cm（图 1）。

（2）填料：干燥洁净的中粗砂。

（3）挡墙面板：为标准等级纸板（白卡纸），尺寸为 50 cm×50 cm，厚 1.2 mm。

（4）筋材：为无纹 100 g 规格的信封用牛皮纸。

（5）面板与加筋材料的连接材料：包装用胶带标准等级，宽 48 mm。胶带仅作为连接面板用，不得用作加筋材料，不得与模型箱侧壁接触。

（6）加载用具：矩形加载板（40 cm×20 cm，1.8 cm 厚）、26 L 加载桶（用于施加竖向荷载）、铁锹（用于铲砂）、数显测力计（用于施加水平荷载）、双向塑料土工格栅（尺寸 45 cm×

45 cm,置于挡墙顶面与加载桶之间,用于施加水平荷载)。

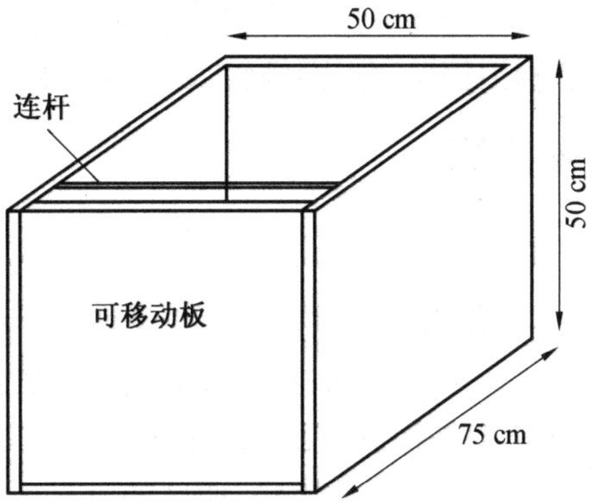


图 1　砂箱及其尺寸

## 2.2　加筋土挡墙建造要求

(1)装配阶段。

用 50 cm×50 cm 的标准等级纸板作为挡墙面板,参照图 2 进行折叠,使得折叠后的面板适合砂箱尺寸。折叠的两侧和底部伸向砂箱内,以防止砂土漏失。对筋材(牛皮纸)进行剪裁,将筋材与面板连接。把面板紧靠可移动板内壁放置。

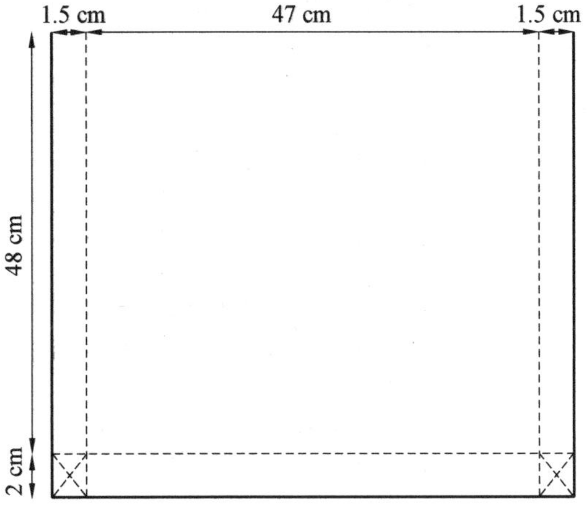


图 2　面板折叠示意图

(2)建造阶段。

往砂箱内铲砂,同时将筋材布置好。砂箱内砂土填充完毕后,砂土表面要平整,砂表面至箱顶距离不要大于 1 cm。

(3)附加竖向和水平荷载施加阶段。

把试验箱的可移动板拿掉。稳定 1 min 后,在墙顶放置一块双向塑料土工格栅,格栅伸出墙面 10 cm,用砂土填满格栅网孔,再在其上放置矩形加载板,加载板边缘距离墙面 7 cm。向加载箱中倒入砂土作为附加竖向荷载。附加竖向荷载为 50 kg。稳定 1 min,若挡墙没有失效,则开始施加水平荷载。用数显测力计水平拉墙面一侧土工格栅以施加水平荷载。注意加载速度要小,缓慢施加拉力。本次试验水平荷载大约施加 10 kg。

挡墙破坏或失效的判定：挡墙发生明显的整体或局部垮塌，则视为挡墙破坏；挡墙在没有发生明显破坏的情况下，面板上任何一点碰到试验箱的前表面，视为变形失效；挡墙在施加附加荷载过程中，如果加载桶因挡墙变形而倾斜，且与模型箱连杆接触，也视为变形失效。

# 3 加筋土挡墙设计及计算

## 3.1 计算基本假定

(1)在面板背面作用的是主动土压力，主动土压力系数 $K_a=\tan^2(45°-\varphi/2)=0.238$。

(2)竖向荷载按 50 kg 进行计算，作用面为 40 cm×20 cm 的长方形，则由竖向荷载换算得均布荷载 $q_0=625\ \mathrm{kg/m^2}$，水平荷载按 10 kg 进行计算。

(3)加筋土挡墙内部分为锚固区和非锚固区，两区的分界面即为主动土压力的破裂面，无效长度 $L_a$ 采用 0.3$H$ 折线法确定，假定破裂面如图 3 所示，设计计算公式为

$$L_{ai}=\begin{cases}0.3Hh_i & \leqslant H/2\\ 0.6(H-h_i)h_i & >H/2\end{cases}\tag{1}$$

(4) 拉筋有效长度(锚固区内) 产生有效摩阻力抵抗拉拔，不考虑拉筋无效长度产生的摩阻力。

(5) 拉筋和填料之间的摩擦系数，在拉筋长度范围内任意位置都是定值，本次试验取 $f=\tan\varphi_{sp}=0.462$(取筋材与土之间的摩擦角 $\varphi_{sp}=24.8°$)。

(6) 加筋与侧面板摩擦不计，面板内部光滑。

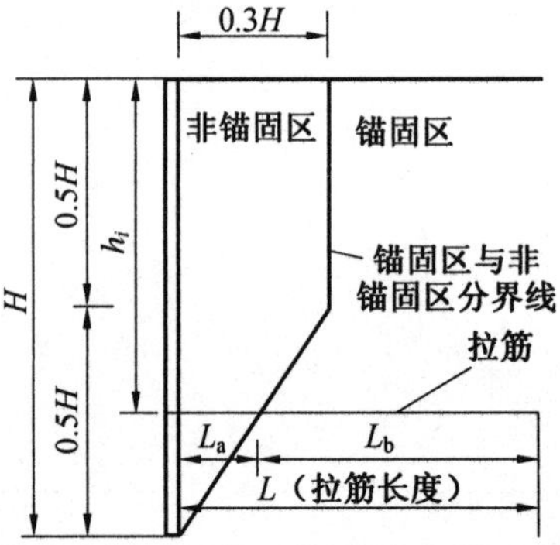


图3 0.3$H$ 折线法模型图

## 3.2 详细理论计算过程

(1) 面板水平压力计算。

$$\sigma_{hi}=\sigma_{hi1}+\sigma_{hi2}+\sigma_{hi3}\tag{2}$$

式中，$\sigma_{hi1}$ 为填土水平土压力；$\sigma_{hi2}$ 为荷载水平土压力；$\sigma_{hi3}$ 为水平拉力引起的水平土压力。

① 土体自重引起的土压力 $\sigma_{hi1}$(图 4)。

由于

$$\sigma_{vi}=\gamma h_i\tag{3}$$

$$\sigma_{hi1}=K_a\sigma_{vi}\tag{4}$$

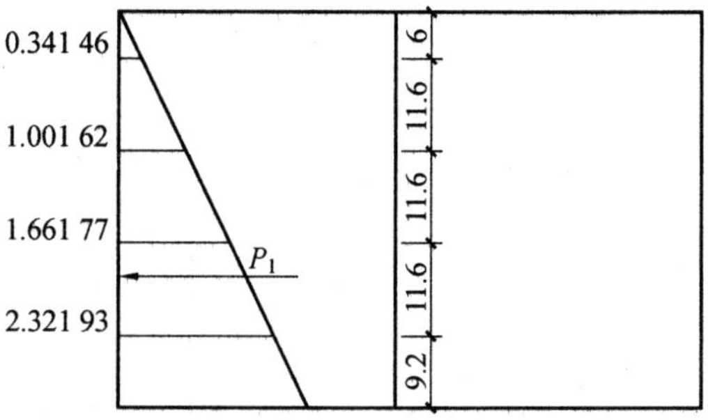


图4　自重应力引起的土压力分布图

$$\sigma_{v1} = 1.260\ \text{kPa}, \sigma_{v2} = 3.696\ \text{kPa}$$
$$\sigma_{v3} = 6.132\ \text{kPa}, \sigma_{v4} = 8.568\ \text{kPa}$$

可得

$$\sigma_{h11} = 0.299\ 88\ \text{kPa}, \sigma_{h21} = 0.879\ 60\ \text{kPa}$$
$$\sigma_{h31} = 1.459\ 42\ \text{kPa},\ \sigma_{h41} = 2.039\ 18\ \text{kPa}$$

② 竖向荷载对墙背产生的土压力(图5)。

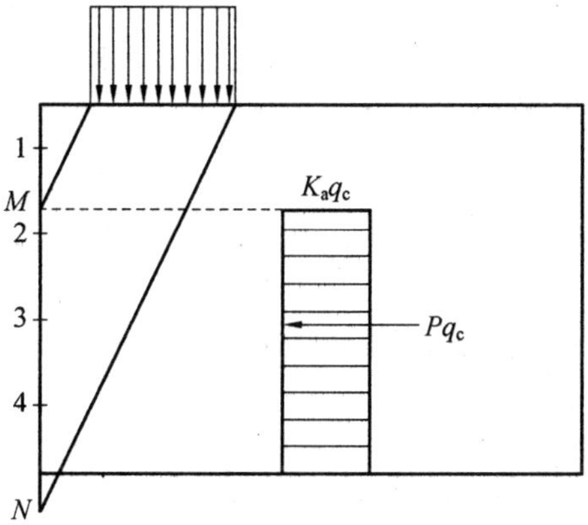


图5　竖向荷载引起的应力分布

$$\theta = 45° - \frac{\varphi}{2} = 26° \tag{5}$$

则

$$h_M = \frac{0.07}{\tan\theta} = 0.143\ 52(\text{m})$$
$$h_N = \frac{0.27}{\tan\theta} = 0.553\ 58(\text{m})$$

由于 $h_N > H = 0.47$,故可取竖向荷载影响范围为 $h_M \leqslant h \leqslant H$ ,且在影响范围内 $q_0$ 不变,故 $\sigma_{hi2} = K_a \cdot q_0 = 1.457\ 75$。

又由于第一层筋带不在影响范围内,可得

$$\sigma_{h12} = 0.000\ 00\ \text{kPa}, \sigma_{h22} = 1.457\ 75\ \text{kPa}$$
$$\sigma_{h32} = 1.457\ 75\ \text{kPa}, \sigma_{h42} = 1.457\ 75\ \text{kPa}$$

③ 水平荷载引起的土压力 $\sigma_m$(图6)。

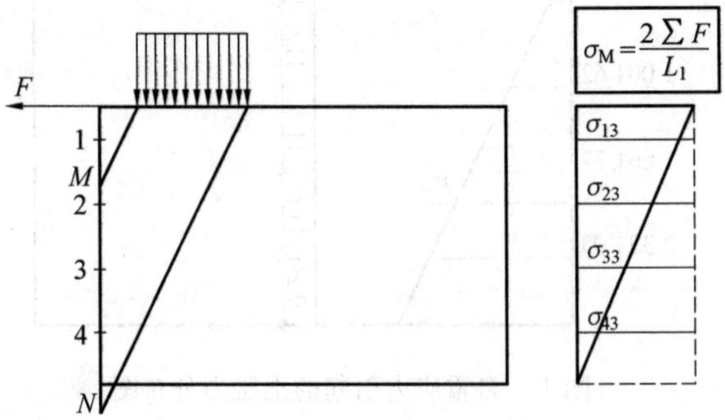


图6　水平荷载引起的应力分布图

由 ② 可知,$L_1 = h_N = 0.553\ 58(\mathrm{m})$,故

$$\sigma_{hi3} = 2 \cdot \frac{\sum F}{l_1} = 0.354\ 06(\mathrm{m})$$

考虑安全性因素,取全墙范围内等大且为 $\sigma_m$,所以

$$\sigma_{h13} = \sigma_{h23} = \sigma_{h33} = \sigma_{h43} = \sigma_m = 0.354\ 06(\mathrm{m})$$

**表1　挡墙所受侧压力计算表**

| 层数 | 深度 $h$ /m | 填土部分 $\sigma_{hi1}$ /kPa | 竖向荷载部分 $\sigma_{hi2}$ /kPa | 水平荷载 $\sigma_{hi3}$ /kPa | 总水平压力 $\sigma_{hi}$/kPa | 每层单位墙宽土压力 /(kN · m$^{-1}$) | 每层土压力 $T_i$/kN |
|---|---|---|---|---|---|---|---|
| 1 | 0.060 | 0.299 88 | 0 | 0.354 06 | 0.653 94 | 0.075 86 | 0.035 65 |
| 2 | 0.176 | 0.879 60 | 1.457 75 | 0.354 06 | 2.691 41 | 0.312 20 | 0.146 73 |
| 3 | 0.292 | 1.459 42 | 1.457 75 | 0.354 06 | 3.271 23 | 0.379 46 | 0.178 35 |
| 4 | 0.408 | 2.039 18 | 1.457 75 | 0.354 06 | 3.850 99 | 0.446 71 | 0.209 96 |

(2) 拉筋所受垂直压力计算(有效应力计算)

$$\sigma_{vi} = \sigma_{vi1} + \sigma_{vi2} \tag{6}$$

填土部分:

$$\sigma_{vi1} = \gamma \cdot h_i \tag{7}$$

竖向荷载部分:

$$\sigma_{vi2} = \frac{q_0 \cdot l_0}{l_i} \tag{8}$$

① 填土部分。

$$\sigma_{v11} = 1.260\ \mathrm{kPa}, \sigma_{v21} = 3.696\ \mathrm{kPa}$$

$$\sigma_{v31} = 6.132\ \mathrm{kPa}, \sigma_{v41} = 8.568\ \mathrm{kPa}$$

② 竖向荷载部分 $\sigma_{vi2} = \frac{q_0 \cdot l_0}{l_i}$,以30°扩散法计算(图7)。

$$\sigma_{v12} = 4.549\ \mathrm{kPa}, \sigma_{v22} = 3.296\ \mathrm{kPa}$$

$$\sigma_{v32} = 2.793\ \text{kPa}, \sigma_{v42} = 2.423\ \text{kPa}$$

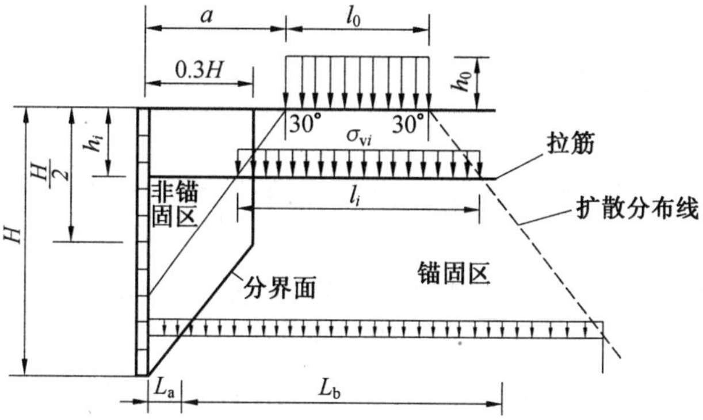


图 7　30° 扩散法计算模型图

筋材受力计算见表 2。

**表 2　筋材受力计算表**

| 层数 | 深度 $h$ /m | 填土部分 $\sigma_{vi1}$ /kPa | 竖向荷载部分 $\sigma_{vi2}$/kPa | 有效应力 $\sigma_{vi}$/kPa |
|---|---|---|---|---|
| 1 | 0.060 | 1.260 | 4.549 | 5.809 |
| 2 | 0.176 | 3.696 | 3.296 | 6.992 |
| 3 | 0.292 | 6.132 | 2.793 | 8.925 |
| 4 | 0.408 | 8.568 | 2.423 | 10.991 |

(3) 拉筋的设置及布置。

第 $i$ 层拉筋所受拉力为

$$T_{Pi} = 2f \cdot \sigma_{vi} \cdot S_i \tag{9}$$

式中，$f$ 为摩擦系数，$f = \tan \varphi_{sp} = 0.462$；$S_i$ 为第 $i$ 层拉筋的有效面积。

考虑规范中对于单筋抗拔、整体抗拔、抗滑移、抗倾覆等要求采用以下配筋，每条筋材的宽度 1.2 cm。

$$F_2 = 0.036\ 68$$

理论计算布筋见表 3。

**表 3　理论计算布筋表**

| | 第一层 | 第二层 | 第三层 | 第四层 |
|---|---|---|---|---|
| 每条长度 $L_i$/m | 0.3 | 0.5 | 0.5 | 0.5 |
| 每层条数 $n_i$ | 4 | 4 | 4 | 4 |
| 筋材埋深 /m | 0.06 | 0.176 | 0.292 | 0.408 |
| 筋条间距 /m | 0.094 | 0.094 | 0.094 | 0.094 |

(4) 方案验算。

① 单筋抗拔验算：单筋抗拔系数为

$$K_{\mathrm{i}} = \frac{2f \cdot \sigma_{\mathrm{vi}} \cdot S_i}{T_i / n_i} \tag{10}$$

每条筋带受力大小为

$$F_{\mathrm{i}} = \frac{T_{\mathrm{i}}}{n_i} \tag{11}$$

式中，$T_i$ 为第 $i$ 层土的总水平拉力；$n_i$ 为第 $i$ 层筋材条数；$S_i$ 为第 $i$ 层单根筋材的面积。则第一层

$$K_1 = \frac{2f \cdot \sigma_{\mathrm{v1}} \cdot S_1}{T_1 / n_1} = \frac{2 \times 0.462 \times 5.809 \times 0.3 \times 0.012}{0.356\,5/4} = 2.17 > 1.0$$

$$F_1 = \frac{T_1}{n_1} = \frac{0.356\,5}{4} = 0.008\,91$$

同理可得

第二层

$$K_2 = 1.06 > 1.0,\ F_2 = 0.036\,68$$

第三层

$$K_3 = 1.11 > 1.0,\ F_3 = 0.044\,59$$

第四层

$$K_4 = 1.16 > 1.0,\ F_4 = 0.052\,49$$

② 整体抗拔验算。

$$[K] = \frac{\sum_{i=1}^{4} K_i \cdot T_i}{\sum_{i=1}^{4} T_i} = \frac{K_1 T_1 + K_2 T_2 + K_3 T_3 + K_4 T_4}{T_1 + T_2 + T_3 + T_4} = 1.18 > 1.0$$

③ 抗滑移验算。

$$F_{\mathrm{S_1}} = \frac{\mu(\gamma \cdot H \cdot L + q_0 \cdot l_0)}{0.5 \cdot H^2 \cdot K_{\mathrm{a}} + q_0 \cdot K_{\mathrm{a}}(H - h_{\mathrm{m}}) + 0.5\sigma_{\mathrm{m}} \cdot H} = 1.7 > 1.5$$

④ 抗倾覆验算。

$$F_{\mathrm{S_2}} = \frac{K_1 T_1 (H - h_1) + K_2 T_2 (H - h_2) + K_3 T_3 (H - h_3) + K_4 T_4 (H - h_5) + F_{水平} H}{0.5\gamma H^2 K_{\mathrm{a}} bH/3 + q_0 K_{\mathrm{a}} (H - h_{\mathrm{m}}) b (H - h_{\mathrm{m}})/2 + F_{水平} H} = 1.83 > 1.5$$

式中，$F_{水平}$ 为水平荷载大小。

计算结果分析：从上文计算结果可知第一层推力很小，按上述方案得出的第一层每条筋材拉力也很小，所以第一层布筋主要考虑变形问题（抗拔问题）；越往下每层的推力越大，按上述方案得出的每层的每条筋材的拉力也越大，所以越往下就越要考虑筋材的断裂破坏问题。

# 4 数值模拟结果分析

采用 MIDAS-GTS 软件对砂箱进行无荷载条件下数值模拟，土体单元采用 Mohr-Coulomb 屈服准则。施加相应的约束，得到砂箱在无荷载条件下应力应变和位移的近似分布规律，边坡 $X$ 方向（水平向外）位移分布如图 8(a) 所示，总位移分布如图 8(b) 所示。从图中可

以看出，砂箱中砂土的位移大体呈现从上到下逐渐降低的趋势，且有中间大、两边小的规律。结合上部筋带无效长度较长的特点，我们得出在实际布筋过程中应遵循“上部筋带比下部筋带长，中间筋带比两侧筋带长”的原则。

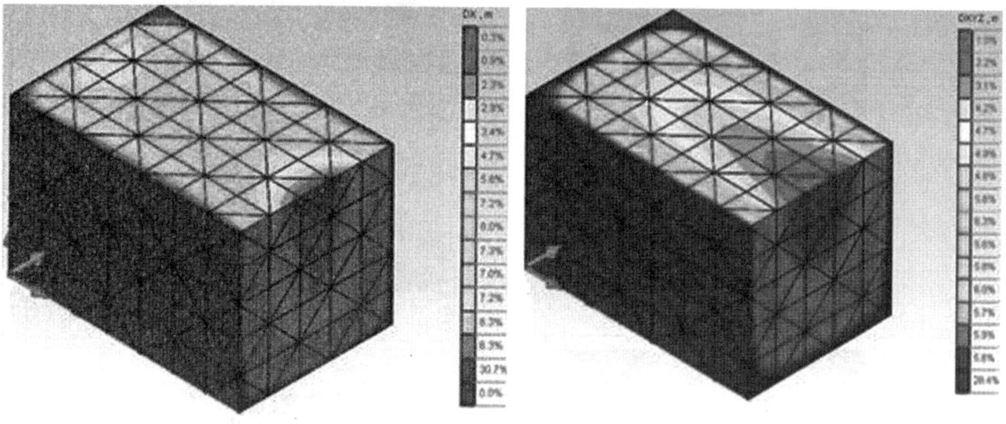

(a) (b)

图 8　砂箱位移分布示意图

## 5　现场试验结果及优化设计分析

根据多次现场试验（图 9 ~ 图 12），可以得到如下经验：

（1）将筋带拉紧并将端部嵌入下部砂土约 15 ~ 20 mm，可有效地减小可移动面板移除后的初始变形，并提高结构承载力。分层回填后用手轻轻夯实砂土可以增加回填材料的密实度，减小结构的变形。

（2）挡墙结构建造阶段的不认真可能会造成砂土泄露或可移动挡板移除后初始变形过大。

（3）可移动挡板移除后以及加载过程中，面板外表面上分布着有规律的“小凹陷”，其位置正是筋材所在位置。这说明回填材料与筋材之间有相对位移，筋材与回填材料的摩擦作用限制了土体的变形。

（4）加筋土挡墙的变形主要由筋材的拉伸变形、筋材与回填材料之间的相对位移控制。试验过程中，通过观察可以看出面板变形是随着时间和加载的进行不断发展，最大变形位于面板的中下部距地面约 15 ~ 20 cm 处，该位置面板两侧易发生弯折，故在中下部应减小加筋的间距，扩大加筋的宽度。

（5）在既定加筋方案的基础上适当减少靠侧面板加筋与侧面板的距离，可有效减少砂土从面板边缘流出，从而减小了面板破坏的可能。

（6）为尽可能保持面板稳定，在荷载一定的前提下，布筋应本着“上部控制变形，下部控制断裂”的原则，以谋求筋材的利用最大化。

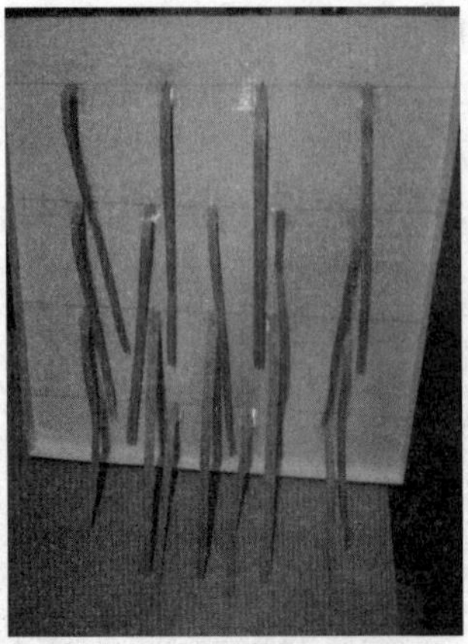

图 9　加筋黏结布置图

图 10　砂箱填充图

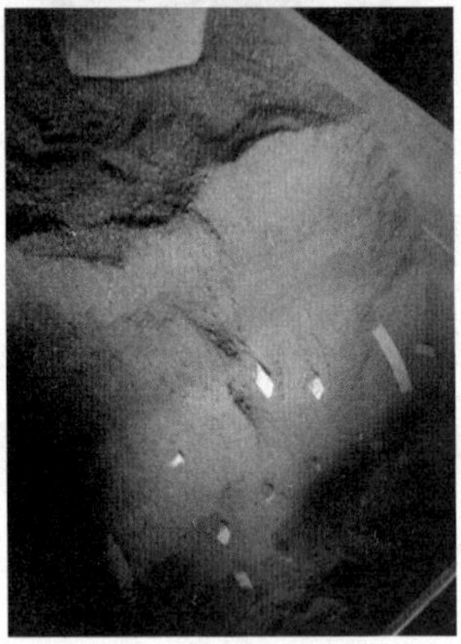

图 11　土体破坏图

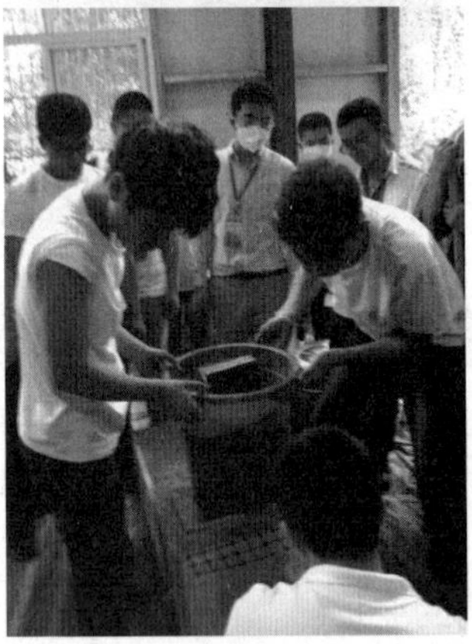

图 12　水平荷载加载图

由上面的理论计算、数值模拟云图分析及多次试验结果综合分析，最终确定将方案优化，如图 13 所示。图 13 所示为加筋布置立面图。表 4 所示为加筋参数明细图。其中，第一层筋材总面积为 132 $cm^2$，第二层筋材总面积为 140 $cm^2$，第三层筋材总面积为 151 $cm^2$，第四层筋材总面积为 80 $cm^2$，四层筋材总面积为 503 $cm^2$。

**表 4　加筋参数明细表**

| | 第一根 | 第二根 | 第三根 | 第四根 | 第五根 |
|---|---|---|---|---|---|
| 第一层 | 30 cm×1.0 cm | 30 cm×1.2 cm | 30 cm×1.2 cm | 30 cm×1.0 cm | 无 |
| 第二层 | 25 cm×1.0 cm | 30 cm×1.0 cm | 30 cm×1.0 cm | 30 cm×1.0 cm | 25 cm×1.0 cm |
| 第三层 | 30 cm×1.0 cm | 28 cm×1.2 cm | 28 cm×1.2 cm | 28 cm×1.2 cm | 30 cm×1.0 cm |
| 第四层 | 20 cm×1.0 cm | 20 cm×1.0 cm | 20 cm×1.0 cm | 20 cm×1.0 cm | 无 |

# 6　结　论

本文通过设计计算、数值模拟及模型试验分析得到，相对于传统的重力式土挡墙，加筋土挡墙是一种柔性结构，具有较好的变形能力和抗震能力，对地基的承载能力要求也不高，具有很多结构无法比拟的优越性，因而近年来在工程实践中得到广泛应用。本文根据公路加筋土工程设计规范初步计算了自嵌式加筋土挡墙的理论加筋方案，根据数值模拟云图改进了布筋方案，继而通过现场试验观察土挡墙结构破坏的形式，探究加筋土挡墙的工作特性，总结模型试验规律，寻求最优布筋方案。可以看出，理论计算结果和现场试验结果有一定差异，通过数值模拟和多次现场试验后，最终确定了布筋方案。另外，由于试验中偶然因素的影响以及加筋土作用机理的复杂性，模型试验与实际工程之间还有一定的距离，其间的关系还有待进一步研究。加筋布置立面图如图 13 所示。

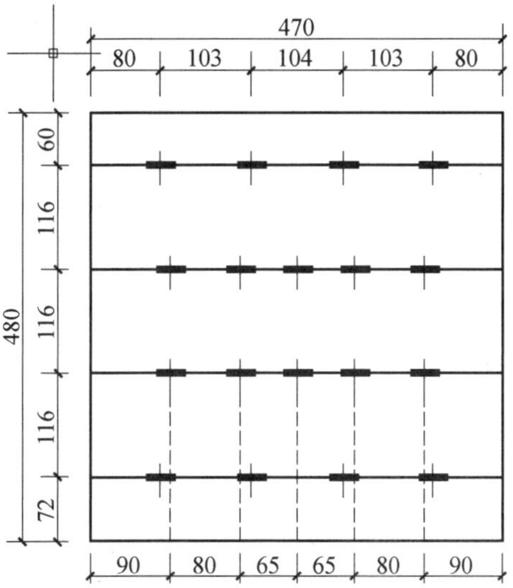


图 13　加筋布置立面图

## 参考文献

[1] 顾慰慈. 土墙土压力计算手册[M]. 北京：中国建筑工业出版社，2005.

[2] 龚晓南，高有潮. 深基坑工程设计施工手册[M]. 北京：中国建筑工业出版社，1999.

[3] 高大钊. 岩土工程标准规范实施手册[M]. 北京：中国建筑工业出版社，1997.

[4] 山西省交通厅. 公路加筋土工程设计规范：JTJ 015—1991[S]. 北京：人民交通出版社，1992.

[5] 叶观宝，张振，徐超. 加筋土挡墙模型试验研究[J]. 勘察科学技术，2010(2)：3-5.

[6] 杨广庆，吕鹏，庞巍. 返包式土工格栅加筋土高挡墙现场试验研究[J]. 岩土力学，2008，29(2)：517-522.

[7] 徐俊，王钊. 上限法分析加筋土挡墙破裂面及临界高度[J]. 武汉大学学报(工学版)，2006，39(1)：63-66.

[8] 雷胜友，惠会清. 加筋土挡墙压力计算方法[J]. 交通运输工程学报，2005，15(2)：47-50.

[9] 李海光. 新型支挡结构设计与工程实例[M]. 北京：人民交通出版社，2004.

[10] 何光春. 加筋土工程与设计施工[M]. 北京：人民交通出版社，2000.

# 滑坡体稳定性分析及治理方案设计

宋佳豪　钱均益　袁　维

（石家庄铁道大学 土木工程学院，河北 石家庄 050000）

**摘　要**　针对某高速公路滑坡体的现场情况，基于极限平衡法对滑坡体的力学参数进行反演分析，进而建立了该滑坡体的地质力学模型，最后，对以下3种处置方案的治理效果进行了比较分析：①开挖卸荷+浆砌片石护面墙防护；②开挖卸荷+重力式挡墙防护；③开挖卸荷+喷锚支护。计算结果表明：以上第①种、第③种处置措施皆可提高边坡的安全系数，但是，第①种处置方式最为有效合理。

**关键词**　边坡工程；浆砌片石防护；喷锚支护；极限平衡法；参数反演

## 1　引　言

随着高速公路的发展，在工程建设过程中或道路通车后路堑边坡滑坡体失稳事例时有出现，如漳龙高速堑坡坍滑、洛三高速边坡滑移及101国道某段边坡失稳。滑坡体稳定性问题日益突出，为工程埋下隐患，滑坡体失稳将造成交通中断，甚至造成巨大的经济损失和不良的社会影响，同时大大增加了后期维护处置费用。为治理这一随着发展而来的工程问题，本文将针对滑坡体的工程案例，提出滑坡体治理方案及分析结果比对，为高速公路同类性质的滑坡体治理提供设计思路和工程参考价值。

### 1.1　工程概况

滑坡体位于河北省北部山区某高速路段，其深挖方坡面下方为强风化石质边坡，上部为土质边坡，中间为弱风化石质边坡，整体坡高约30 m。由于部分路段的上部土质边坡未防护，其顶部已出现三条圈椅状的张拉裂缝，裂缝宽度约为0.3～0.6 m，滑动体土体呈错台状，错台后缘的滑坡壁近似直立，最靠近临空面的错台往下错动1.0 m左右，后面两级错台朝临空面发生倾倒变形，其距离坡顶临空面的距离大约为3.0～4.0 m。由此可见，当前此处的滑坡体已处于危险状态，随时都有滑塌的可能，已严重威胁高速公路上的行车安全。

### 1.2　研究内容

为治理该滑坡体，本文选取滑坡体中间部位剖面建立二维地质模型，采用极限平衡法根据边坡当前的破坏形态和裂缝分布范围进行参数反演分析，得到了边坡岩土体合适的力学参数，进而建立了该滑坡体的地质力学模型。提出了开挖卸荷+浆砌片石护面墙防护、开挖卸荷+重力式挡墙防护、开挖卸荷+喷锚支护3种治理方案，并再次采用极限平衡法对上述处置方案的治理效果进行了比较分析。计算结果表明，以上3种处置措施皆可提高边坡的安全系数，其中，开挖卸荷+浆砌片石护面墙防护处置方式最有效。

## 2 边坡岩体的参数反演

通过正反分析法先利用工程经验假定待反演的岩体参数，通过极限平衡法正演分析得到岩体结构的位移及滑动面位置，然后将其与实际工程概况相比较，修改待调整的反演参数，逐步逼近工程概况的实测值，从而确定待反演的岩体参数。正反分析法，可适用于线性或非线性的岩体参数反演问题，但需要大量的调整试算。

采用上述方法选择中间地段滑坡体，根据实地考察获取的信息及所选剖面形态建立边坡的二维地质模型，整个边坡模型分为3层，坡高为30 m，土层高度为6 m，坡率为1∶0.5，泥岩厚度为17 m，土石混合胶结物高度为7 m，泥岩和土石混合胶结物的坡度为75°，坡顶土体的倾角为15°，如图1所示。通过反复试算，将得到的滑动面与现场进行对比，最终在表1所示参数情况下得到图2所示的边坡状态安全系数和临界滑动面。其中，边坡现状的最小安全系数为0.87，主要分布在距离边坡外缘临空面4 m附近。因此我们认为，以上数据与边坡现场实际情况较为吻合，反演的参数较为可靠。

**表1　滑坡体各岩层物理力学参数**

| 地层 | 容重/($kg \cdot m^{-3}$) | 黏聚力/kPa | 内摩擦角/(°) |
|---|---|---|---|
| 土体 | 18 | 10 | 18 |
| 泥岩 | 19.5 | 95 | 28 |
| 土石混合体 | 19 | 70 | 30 |

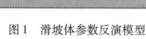

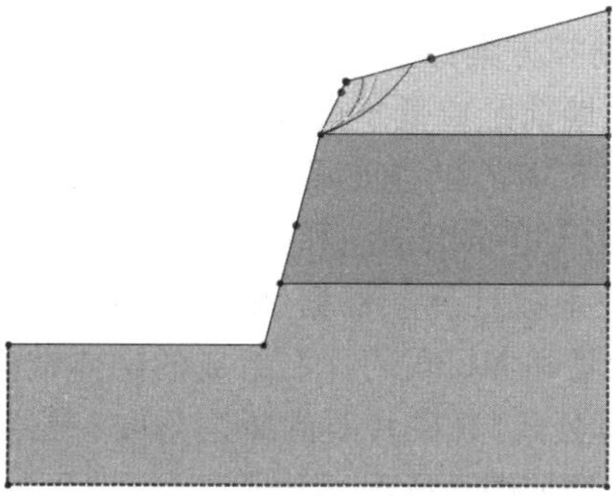

图1　滑坡体参数反演模型

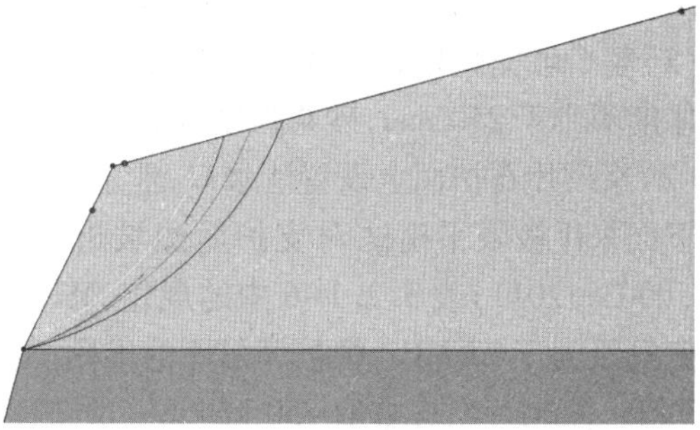

图2　滑动面形态

## 3 边坡治理措施研究

首先对失稳滑坡体进行开挖卸荷，边坡进行开挖卸荷后泥岩和土石混合体层坡率为1∶0.5，上部土体的坡率为1∶0.75。开挖卸荷后滑坡体如图3所示。

根据《公路路基设计规范》(JTGD 30—2015)的相关要求，高速公路边坡的安全系数符合以下规定，则可认为边坡处于稳定性状态：正常工况1.20～1.30；地震工况1.10～1.20。

根据《建筑抗震设计规范》(GB 50011—2010)中附录A的要求，边坡所在地区的地震加速度峰值取0.05$g$。根据《公路工程抗震规范》(JTG B 02—2013)中8.2.6条规定，采用拟静力法进行抗震稳定性验算，根据公式8.2.6-1和公式8.2.6-2可知，该边坡的水平地震

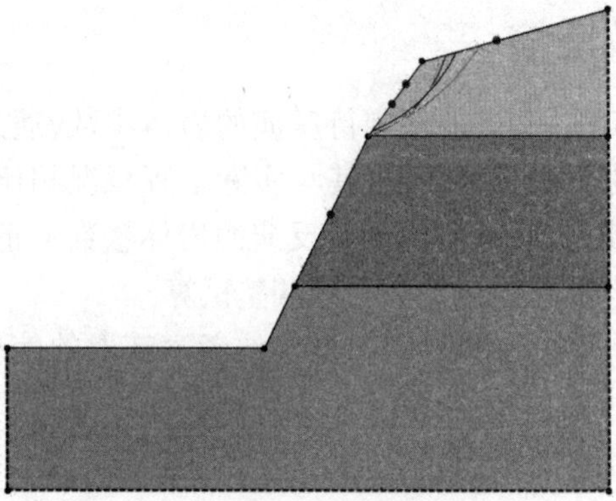

图3　开挖卸荷后滑坡体模型

作用系数为0.034,竖向地震作用系数为0。

由以上条件可列出3种治理方案,每种治理方案考虑正常、地震两种工况,采用极限平衡法对以上总共6种工况进行分析计算,得出可能的滑动面及安全系数。

极限平衡法是工程实践中使用最为广泛的一种方法。这种方法主要是通过分析作用于不稳定土体的静力平衡 ,根据摩尔-库仑强度准则判断边坡的稳定性,最为常见的极限平衡法是条分法,条分法主要方法有:Bishop 法、Spencer 法、Morgenstern 法等。通过以上方法得到假定滑动面上的平均安全度即安全系数,从而分析支护后坡体的稳定性。

### 3.1　开挖卸荷+浆砌片石护面墙防护

根据《公路路基设计规范》(JTG D30—2015)中5.2(坡面防护)及附录G(排水、防护、支挡结构材料强度要求)的相关要求,建议此边坡防护方案如下:

(1)整个坡面采用浆砌片石护面墙支护。护面墙前趾应低于边沟铺砌的地面。浆砌片石的厚度不小于250 mm,砂浆强度等级不小于M7.5,片石的强度不小于MU30。

(2)浆砌片石护面上设置泄水口,泄水口直径为150 mm,横向和纵向间距为2.0 m。

下面采用极限平衡法对支护后边坡进行安全系数计算。根据《砌体结构设计规范》(GB 50003—2011)表3.2.1-6中的规定,M7.5砂浆和MU30的片石组成的砌体结构的抗压强度等级为2.97 MPa,根据摩尔库仑准则的换算公式,浆砌片石的摩擦角取35°,黏结力取763 kPa。浆砌片石容重取150 kN/m$^3$。防护后模型如图4所示。

#### 3.1.1　正常工况

支护后正常工况下以上3种计算方法的安全系数见表2。由表2可知,各种计算方法的安全系数均大于规范的要求值,因此,可认为边坡在正常工况下是符合稳定性要求的。

**表2　开挖卸荷+浆砌片石护面墙防护正常工况下各计算方法的安全系数**

| 计算方法 | Bishop 法 | Spencer 法 | Morgensten 法 |
|---|---|---|---|
| 安全系数 | 1.290 | 1.340 | 1.330 |

#### 3.1.2　地震工况

支护后地震工况下各种计算方法得到的安全系数见表3。由表3可知,各种计算方法的安全系数均大于规范的要求值,因此,可认为边坡在地震工况下是符合稳定性要求的。

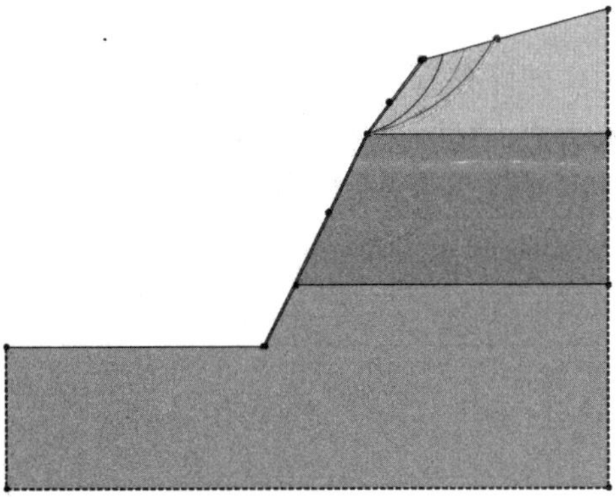

图 4　开挖卸荷+浆砌片石护面墙防护模型

**表 3　开挖卸荷+浆砌片石护面墙防护地震工况下各计算方法安全系数**

| 计算方法 | Bishop 法 | Spencer 法 | Morgensten 法 |
|---|---|---|---|
| 安全系数 | 1.280 | 1.330 | 1.330 |

## 3.2　开挖卸荷+重力式挡墙防护

根据《公路路基设计规范》(JTG D30—2015)中 5.4 条,挡土墙、附录 G,排水、防护、支挡结构材料强度要求、附录 H,挡土墙设计计算的相关要求,建议此边坡防护方案应按如下方法实施。

边坡采用浆砌片石重力式挡土墙支护,墙高不大于 10 m,墙顶宽度不小于 0.5 m。基础埋置深度不小于 1.0 m,并低于边沟砌体地面不小于 0.2 m。浆砌片石的厚度不小于 250 mm,砂浆强度等级不小于 M7.5,片石的强度不小于 MU30。

根据《砌体结构设计规范》(GB 50003—2011)表 3.2.1-6 中的规定,M7.5 砂浆和 MU30 的片石组成的砌体结构的抗压强度等级为 2.97 MPa,根据摩尔库仑准则的换算公式,浆砌片石的摩擦角取 35°。根据《砌体结构设计规范》(GB 50003—2011)附录 A 中的规定,毛料石砌块高度不小于 200 mm。浆砌片石抗剪强度 0.29 MPa,密度取 150 $kN/m^3$。防护后模型如图 5 所示。

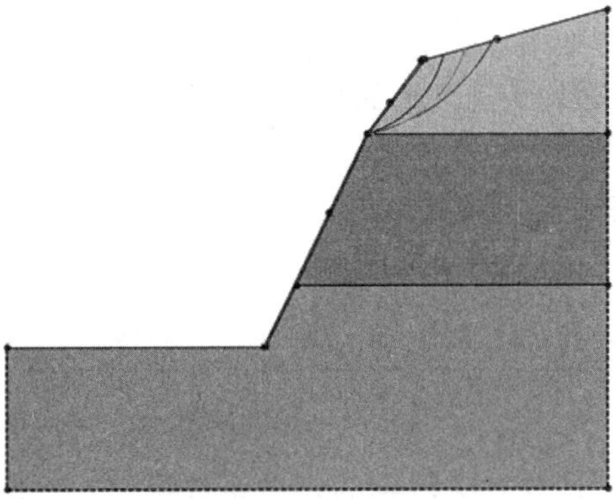

图 5　开挖卸荷+重力式挡墙防护模型

3.2.1　正常工况

支护后正常工况下以上3种计算方法的安全系数见表4。由表4可知,各种计算方法的安全系数均小于规范的要求值,因此,可认为边坡在正常工况下是不符合稳定性要求的。

**表4　开挖卸荷+重力式挡墙防护正常工况下各计算方法安全系数**

| 计算方法 | Bishop 法 | Spencer 法 | Morgensten 法 |
|---|---|---|---|
| 安全系数 | 1.24 | 1.23 | 1.23 |

3.2.2　地震工况

因本方案在正常工况下不能满足设计规范要求,故不再考虑地震工况。

### 3.3　开挖卸荷+喷锚支护

根据《公路路基设计规范》(JTG D30—2015)中5.5条边坡锚固及《岩土锚杆与喷射混凝土支护工程技术规范》(GB 50086—2015)中5.3条非预应力锚杆类型与适用条件的相关要求,建议此边坡防护方案应按如下方法实施。

(1)整个坡面采用非预应力全长黏结型普通水泥砂浆锚杆挂网喷射混凝土的喷锚支护方式治理,杆体材料HRB400钢筋,杆体钢筋直径为16～32 mm。钻孔直径不小于42 mm,且不大于100 mm。

(2)使用水泥砂浆做钢筋保护层,保护层厚度不小于8 mm。采取杆体居中的构造措施。

(3)水泥砂浆强度不低于M20。

(4)钢筋网材料使用HPR300钢筋,钢筋直径为6～12 mm,钢筋间距为150～300 mm,钢筋保护层厚度不小于20 mm。钢筋网喷射混凝土支护的厚度不小于100 mm,不大于250 mm。

(5)边坡上设置泄水口,泄水口直径为150 mm,横向和纵向间距为2.0 m。

根据《混凝土结构设计规范》(GB 50010—2010)表4.2.3-1中的规定,HRB400钢筋抗拉强度设计值为360 N/mm$^2$,HPR300钢筋抗拉强度设计值为270 N/mm$^2$。土锚握裹强度取水泥砂浆抗剪强度,M20混凝土抗剪强度设计值1.76 N/mm$^2$。

3.3.1　正常工况

支护后正常工况下模型如图6所示,以上3种计算方法的安全系数见表5。由表5可知,各种计算方法的安全系数均大于规范的要求值,因此,可认为边坡在正常工况下是符合稳定性要求的。

**表5　开挖卸荷+喷锚支护正常工况下各计算方法安全系数**

| 计算方法 | Bishop 法 | Spencer 法 | Morgensten 法 |
|---|---|---|---|
| 安全系数 | 1.21 | 1.18 | 1.18 |

3.3.2　地震工况

支护后地震工况下各种计算方法得到的安全系数见表6。由表6可知,各种计算方法的安全系数均大于规范的要求值,因此,可认为边坡在地震工况下是符合稳定性要求的。

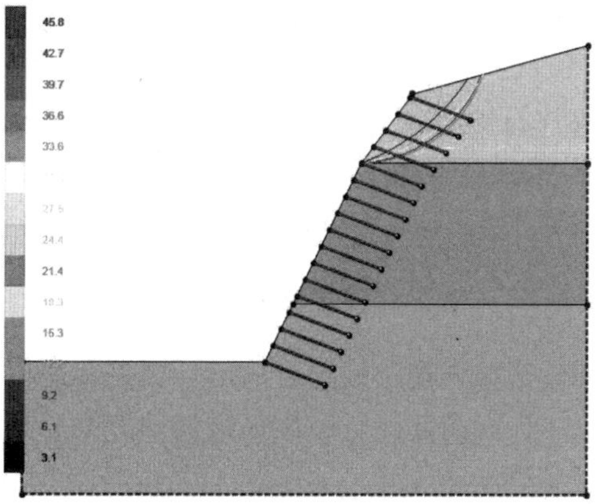

图6　开挖卸荷+喷锚支护防护模型

**表6　开挖卸荷+喷锚支护地震工况下各计算方法安全系数**

| 计算方法 | Bishop 法 | Spencer 法 | Morgensten 法 |
|---|---|---|---|
| 安全系数 | 0.83 | 0.83 | 0.83 |

# 4　边坡治理措施对比

通过以上计算可知,针对该边坡,在各相关规范要求的情况下,第三节提出的开挖卸荷+浆砌片石护面墙防护、开挖卸荷+重力式挡墙防护、开挖卸荷+喷锚支护3种治理方案中,开挖卸荷+浆砌片石护面墙防护与开挖卸荷+喷锚支护均可以很好地提高边坡的安全系数并满足规范中对安全系数的要求,开挖卸荷+重力式挡墙防护则不能提高边坡的安全系数。

但公路路基边坡防护形式应与周围景观相协调,达到防治路基病害、保证路基稳定、改善环境景观、保持生态平衡的目的,尽量采用经济合理、技术可行、安全可靠的防护方案。

开挖卸荷+浆砌片石护面墙防护与开挖卸荷+喷锚支护两种设计方案的比较:

(1)两种方案均可以达到《公路路基设计规范》中关于高速公路边坡安全系数的相关要求。

(2)喷锚支护施工难度与工程造价均高于浆砌片石护面墙。

(3)浆砌片石护面墙外观较喷锚支护美观。

# 5　结　论

根据以上分析,第三节提出的开挖卸荷+浆砌片石护面墙防护与开挖卸荷+喷锚支护两种治理方案均可提高边坡的安全系数,并满足《公路路基设计规范》(JTG D30—2015)中关于高速公路边坡安全系数的相关要求,开挖卸荷+重力式挡墙防护则不能提高边坡的安全系数。

但考虑到工程造价及美观,建议使用开挖卸荷+浆砌片石护面墙防护方案应采取下列措施:

(1)对边坡进行开挖卸荷,使泥岩和土石混合体层坡率为1∶0.5,上部土体的坡率为1∶0.75。

(2)整个坡面采用浆砌片石护面墙支护。护面墙前趾应低于边沟铺砌的地面。浆砌片石的厚度不小于250 mm,砂浆强度等级不小于M7.5,片石的强度不小于MU30。

(3)浆砌片石护面上设置泄水口,泄水口直径为150 mm,横向和纵向间距为2.0 m。

## 参考文献

[1] 黄波.漳龙高速公路路堑边坡失稳及处置对策[J].公路交通科技,2000,17(6):34-36.

[2] 吴顺川,高永涛,金爱兵.失稳高陡路堑边坡桩锚加固方案分析[J].岩土力学与工程学报,2005,24(21):3954-3958.

[3] 王建军,奚守仲.某高路堑岩石边坡失稳机制及加固措施研究[J].公路,2011(6):24-28.

[4] 班宏泰,覃文文,赵昕,等.岩体参数的反演分析方法[J].科技创新导报,2008(8):7-8.

[5] 中华人民共和国交通运输部.公路路基设计规范[Z].2015-02-15.

[6] 中华人民共和国住房和城乡建设部,中华人民共和国国家质量监督检验检疫总局.建筑抗震设计规范[Z].2010-05-31.

[7] 中华人民共和国交通运输部.公路工程抗震规范[Z].2013-12-10.

[8] 褚雪松,庞峰,李亮,等.边坡稳定有限元强度折减法与极限平衡法对比[J].人民黄河,2011,33(10):93-95.

[9] 中华人民共和国住房和城乡建设部,中华人民共和国国家质量监督检验检疫总局.砌体结构设计规范[Z].2011-07-26.

[10] 中华人民共和国住房和城乡建设部.岩土锚杆与喷射混凝土支护工程技术规范[Z].2015-05-11.

[11] 中华人民共和国住房和城乡建设部,中华人民共和国国家质量监督检验检疫总局.混凝土结构设计规范[Z].2010-08-18.

[12] 陈洪波,许明举,赖丙娣.公路路基边坡之工程防护技术[J].山西建筑,2007,33(1):281-282.

# 八、土木工程法规与人才培养

## “短命建筑”成因及法律规制

潘昱坤　姜　超　姜伟豪　郑蒙蒙　周　正　燕海朋　何福顺

（青岛理工大学 土木工程学院、高等职业学院，山东 青岛 266033）

**摘　要**　近年来“短命建筑”的事件时有发生，危及生命安全，经济损失较大，政府公信力受到挑战，人民群众反响强烈，引起了社会广泛的关注和诟病。本文研究为有效遏制“短命建筑”、实现我国建筑“长寿化”提供可靠的理论基础。通过文献、网络调查、访谈和实地考察等方法，指出工程行为缺陷、土地使用规划随意变动、房屋不当使用、意外不可抗力、自然老化是产生“短命建筑”的五大成因，采用归纳演绎的方法，科学界定“短命建筑”的定义，剖析“短命建筑”法律规制存在的问题，提出：①提高建筑法律系统性、综合性、协调性，增设“短命建筑”的相关法律条文，制定严格的规划审批制度，在法律层面明确“短命建筑”法律责任的范围、适用对象、处罚标准；②刑事责任、民事责任、行政责任协同实施，加大责任处罚力度；③加快出台我国《建筑技术法规》，严控建筑材料，强化安全投入，严格执行验收标准，严禁擅自改变承重结构和使用用途，规范使用年限，完善维护维修制度等法律规制措施。

**关键词**　短命建筑；法律规制

## 1　引　言

在控制建筑物使用寿命，减少“短命建筑”方面，英国、法国、美国、日本等一些发达国家开展时间早，经过长时间的发展和完善，在政策、技术和设备等方面均比较成熟。纵观发达国家的成功经验，无一不是立法先行，通过法律手段从根源上遏制“短命建筑”的产生。我国目前尚未对“短命建筑”做出明确定义，未出台针对性、统一性强的专项法律，致使对“短命建筑”进行有效、精准法律的约束和规制步履艰辛。

从根源上解决“短命建筑”的问题是一个系统工程，涉及规划、勘察、设计、建造、维护以及政策等各个层面和环节，与建设单位、设计单位、施工单位、监理单位等企业、建设、发展改革、财政、国税、地税、规划、国土资源房管、物价、城管执法、市政公用、环保、质监等多个行政管理部门相关，表现为技术、经济、环境、社会等诸多问题。实践证明单纯通过提高建筑物质量、加强宣传、依靠市场自觉转型等方式尚不能完全解决“短命建筑”的问题。法律作为最基本、最有力的社会管理手段，是规制各社会主体行为的有力武器。只有法律规制，将建筑寿命的管理规范化、制度化、程序化，在技术、政策、经济、市场、管理等方面进行约束和规制，才能形成一个完善的建筑寿命法律管理体系，真正从根源上解决“短命建筑”的问题。所以，对产生“短命建筑”的成因进行调查、明确“短命建筑”的相关定义、对“短命建筑”的立法及其相应的法律规制提出科学可行的建议,是社会亟须解决的课题,具有前瞻性,体现当代土木工程专业大学生的社会担当。

# 2 “短命建筑”的定义、现状及危害

## 2.1 “短命建筑”的定义

我国现行的各类规范中并未对“短命建筑”做出明确的定义。通过查阅文献、网络调查、访谈和实地考察等方式深入剖析了 2003 ~ 2015 年内中国、美国、日本、韩国、土耳其等国家有关“短命建筑”的上百个案例,归纳总结出“短命建筑”的定义为“因各种因素(包括人为因素、自然因素)未到设计寿命而丧失居住功能、损坏甚至倒塌的建筑”。

## 2.2 国内外建筑寿命现状

根据我国《民用建筑设计通则》(GB 50352—2015)规定:民用建筑的设计使用年限分为 4 个等级:第一等级为 100 年以上,适用于纪念性建筑和特别重要的建筑;第二等级为50 年,适用于普通建筑和构筑物;第三等级为 25 年,适用于易于替换结构构件的建筑;第四等级为 5 年,适用于临时性建筑。

原住建部副部长仇保兴在第六届国际绿色建筑与建筑节能大会上表示:“我国是世界上每年新建建筑量最大的国家,每年 20 亿 $m^2$ 新建面积,相当于消耗了全世界 40% 的水泥和钢材,却只能持续 25 ~ 30 年。”据同期的调查数据显示,世界平均建筑寿命最长的国家为英国 137 年,其次为法国 102 年,美国 74 年,而地震频发的日本,其平均建筑寿命也有近 60 年。这些数据直观地反映出中国近代建筑的寿命与世界发达国家存在巨大差距,深入挖掘“短命建筑”的原因,对其进行有效的法律规制是可持续发展的必然趋势。

## 2.3 “短命建筑”产生的危害

“短命建筑”对社会、经济、环境以及人们的日常生活各方面会产生极大的危害。

### 2.3.1 危及人民群众的生命财产安全

“短命建筑”会严重损害使用者的利益,给人民生命财产安全带来严重的威胁,造成恶劣的社会影响。

### 2.3.2 严重损害政府公信力

由于政府政绩观不正确、城市规划不合理、追求面子工程等原因造成的“短命建筑”,会引发社会激烈的反应,严重损害政府的公信力。

### 2.3.3 造成巨大的经济损失

“短命建筑”所引发的经济损失十分巨大。中国建筑科学研究院 2014 年发布的《建筑拆除管理政策研究》报告指出,“十一五”期间,寿命小于 40 年而被拆除的面积为 20 亿 $m^2$。按照每平方米拆除费用 1 000 元人民币估算,每年要花费接近 4 000 亿元人民币用于建筑的过早拆除。

### 2.3.4 浪费能源和资源

“短命建筑”造成水、砂石、森林等自然资源以及人力资源的大量浪费,也造成水泥、钢材、能源的过度消耗。我国目前 95% 的建筑属高耗能建筑,建造和使用建筑直接、间接消耗的能源已占全社会总能耗的 46.7%。我国单位建筑面积能耗是发达国家的 2 ~ 3 倍,而多数高耗能建筑的实际寿命尚未达到设计寿命的一半。

2.3.5 污染环境

"短命建筑"拆建过程中会严重污染环境。大量的重复建设会制造大量的建筑垃圾,建筑营造所形成的污染约占总污染的34%,消除这些污染往往需要比较复杂的技术和大量的资金投入,并且很难使污染破坏的环境完全复原。

# 3 "短命建筑"成因的调研

我们通过网络、书籍、期刊等多种途径查阅了大量有关国内外"短命建筑"的学术论文、新闻报道、研究报告、法律法规等文献资料,并访谈和实地考察了部分青岛市北区旧城改造项目,对我国"短命建筑"的成因进行了分析。按照产生的性质不同,可将其分为五类:①工程行为过程中的缺陷;②土地使用规划发生变动;③建筑物生命周期内使用不当;④战争、暴动等社会异常事件及地震、台风等不可抗力;⑤建筑物使用过程中的自然老化和损坏。

## 3.1 工程行为过程中的缺陷

由于工程行为不规范,近些年"豆腐渣"工程频繁出现。前期勘察不准确、不全面,建筑设计不严谨,建造安全设施费用投入不足,安全设施不到位,施工材料质量不达标、建造及竣工验收过程未严格按照规范执行,监理企业水平低、制度不完善、缺乏有效的管制手段等,是造成建筑"短命"的重要原因。尤其是建造安全设施费用投入不足,将直接造成建筑物自身的质量隐患。

## 3.2 土地使用规划发生变动

利益的驱动和群众参与程度低是造成城乡规划中土地使用权随意变动的重要因素。在城乡规划中,由于利益驱动以及领导意志作用过大,导致规划土地使用用途随意修改、自由增删,"规划"与"实施"出现断层,建设处于一种散乱无序的状态。并且,我国城乡规划透明度低、缺少民众参与,规划的改变或者某些建筑的拆除往往只考虑领导的意见,部分老旧建筑物内部配套设施功能缺失,但主体结构强度依然满足使用需求,开发商与规划者往往选择推倒重建,老旧建筑一拆了之,人为缩短建筑寿命。

## 3.3 建筑物生命周期内使用不当

在建筑物的使用过程中,部分业主缺乏科学的局部改造观念,仅为满足自己的需求而私自对既有建筑主要结构进行加盖、拆除,盲目改造,野蛮装修,造成建筑结构破坏,导致建筑物损坏甚至坍塌。

## 3.4 战争、暴动等社会异常事件及地震、台风等不可抗力

战争、暴动等社会异常事件,以及雷电、暴雨、龙卷风、地震、洪水、泥石流、海啸、山体滑坡等自然灾害,都会对建筑物产生严重的损坏,丧失继续使用的能力。据统计,在第二次世界大战期间白俄罗斯明斯克市被毁面积达80%,波兰华沙被摧毁的建筑面积达85%,德国柏林被摧毁的建筑比例也高达75%。在2008年汶川地震中,汶川县约1/3的房屋倒塌,绵竹县90%山区房屋倒塌。社会事件和自然事件的不可抗力也是导致"短命建筑"的重要原因。

### 3.5 建筑物使用过程中的自然老化和损坏

建筑物在建成使用之后,受到各种自然因素的影响,开始损坏。但是由于建筑物后期检测和维护服务不到位,大多数的建筑在寿命周期内得不到有效的维护,自然老化得到及其他相关问题无法得到及时的处理,使建筑自然老化严重,大大缩短了其使用寿命。

## 4 "短命建筑"的法律规制

### 4.1 规制的意义

解决"短命建筑"的问题涉及社会、经济、环境等诸多方面,需要全社会的广泛参与,是一个系统工程。既要在技术层面加强管理,更需在政策、经济、市场、管理层面进行法律规制。

纵观发达国家建筑长寿化的成功经验,无一不是立法先行,严格执法。因此,将"短命建筑"的管理纳入规范化、制度化、程序化的法制轨道,是解决"短命建筑"问题的有效途径。

### 4.2 规制存在的问题

我国现有关于"短命建筑"的法律法规、政策、管理制度不够健全,实践中缺乏相应的法律依据和操作规程,并且执法的过程不严格,不能做到"有法可依、有法必依、执法必严"。

4.2.1 法规体系不够完备,专项立法欠缺

缺乏针对性强的专项立法。《中华人民共和国建筑法》等我国建筑行业的专项立法,仅对建筑寿命仅做了一些纲要性、概括性规定,未对"短命建筑"做出明确的定义,并且由于法律调整面窄、标准低,缺乏详细的规定,无法对"短命建筑"进行有效的规制。我国当前的法律大多是从"工程行为缺陷"的角度间接对"短命建筑"进行控制,多涉及建筑物的质量,而对其他可造成"短命建筑"的因素没有做出明确规定,法律法规的可操作性不强,缺少强制性。

4.2.2 执法缺乏严肃性

在对"短命建筑"执法的过程中并没有完全按照各项制度执行,各种违法乱纪行为被"高抬贵手",甚至存在执法犯法,以权压法,钻法律空子的现象。

4.2.3 立法上公众参与制度的缺位

民众是建筑物的主要使用者,但是中国的建筑立法,无论是关于建筑的基本法律还是地方性法规,都没有规定"公众参与"的相关内容。对于建筑物使用的法律规定,公众的参与程度低、深度浅、范围窄,民众很难表达自己真正的利益需求。

4.2.4 现有法律法规对于"短命建筑"缺乏强制约束力

就我国目前的相关法律规定而言,很难对"短命建筑"进行有效的防止。《建筑法》是规范我国各项建筑活动的基本法律,然而,这部法律对于建筑使用寿命的长短却没有明确具体的标准和要求,仅在第六十条使用了"合理使用寿命"等内涵模糊的词语,没有关于建筑寿命方面的法律责任规定。这就造成建设单位只保证竣工验收时的建筑质量,对后期质量问题乃至整个建筑寿命不负责任。

4.2.5 "短命建筑"刑事、民事、行政责任不全面,缺乏有效的约束力

我国庞大的法律体系中很少有关于"短命建筑"的刑事法律责任的相关规定。并且,法

律中没有规定“短命建筑”相关责任的刑事犯罪具体形态,仅在《刑法》第一百三十七条“工程重大安全事故罪”中规定:“建设单位、设计单位、施工单位、工程监理单位违反国家规定,降低工程质量标准,造成重大安全事故的,对直接责任人员,处五年以下有期徒刑或者拘役,并处罚金;后果特别严重的,处五年以上十年以下有期徒刑,并处罚金。”民事责任不够全面,对因“短命建筑”问题而导致的人身、财产损害的归责原则、赔偿范围、赔偿机制未有明确的法律规定。行政责任方面,法律责任的判定和执法缺乏精准化的规定,处罚力度低,法律的震慑力、约束力大大下降。

4.2.6 法律条文定义模糊,相关政府部门职责不明确

现行法律对于部分概念界定模糊,对于建筑不同的损害程度应承担的责任没有明确的标准。政府管理缺位,缺乏对“短命建筑”全面的控制和管理,管理上存在盲点,职能上缺乏连贯,多头管理时有发生。

### 4.3 规制“短命建筑”的法律建议

(1)提高建筑法律系统性、综合性、协调性,增设“短命建筑”的相关法律条文,制定严格的规划审批制度。

根据我国的实际情况,建立以《建筑法》为核心,以其他具体法律、法规和标准为枝干,融合包括民法、产品质量法、消费者权益保护法、刑法等相关法律的建筑法律体系。增设有关“短命建筑”的相关法律条文,明确老旧危房的标准与检定规程。通过广泛的民意调查,建立涵盖产生“短命建筑”全部原因法律规制体系,明确“短命建筑”刑事、民事、行政责任的适用对象与责任范围。

制定严格的规划审批制度,为提高规划的权威性制定明确的规范标准,加大“短命建筑”责任人追责力度。规划一经制定,未经法定程序任何人不得擅自变更。对于达到一定建筑面积的工程,如要更改规划,须逐层上报并备案。举办听证会,由建筑、规划、文物、文化等行业的权威人士组成委员会,共同论证决定是否允许拆除。将权力约束在制度的笼子里,增设提议拆除、申请拆除、批准拆除3个法定环节,明确相关责任人,实行决策终身追究制,涉及违法违纪要从严从重处罚。对官员决策失误导致的浪费社会财富的行为,严格追究其行政甚至刑事责任。

(2)刑事责任、民事责任、行政责任协同实施,强化“短命建筑”责任追究中主观恶意的决定作用。

刑事责任、民事责任、行政责任协同实施,严格追究每一位责任人的相关责任,通过运用强行制裁、行政监管和经济控制等手段,对“短命建筑”进行有效的规制。

对“短命建筑”出现的主观恶意加大刑事处罚。由于“短命建筑”造成的侵犯他人生命财产安全的现象要严厉打击,加大惩罚性赔偿力度,增加侵权成本,使其一旦受到法律制裁不仅无利可图,而且得不偿失,真正做到“有法可依、有法必依、执法必严”。

(3)加快出台我国《建筑技术法规》,严控建筑材料,强化安全投入、严格执行验收标准、严禁擅自改变承重结构和使用用途、规范使用年限、完善维护维修制度等法律规制措施。

加快出台我国《建筑技术法规》,建立和完善以行政法规和部门规章为主干,地方建筑法规为补充的建筑技术法规体系,明确规定建筑工程的质量、安全、卫生、环保以及保障社会公共利益的技术要求,从技术的源头杜绝“短命建筑”的产生。

严格把控建造用材质量,绝对杜绝瘦身钢筋、地条钢等可能危及建筑使用安全的材料。

强化建造安全投入、严格执行验收标准。对规划、设计、建造以及后期维护进行全过程管理,对每一个环节都要作出详尽的要求,制定具体的规范标准,加大确保工程行为安全的投入力度,有效地预防"短命建筑"的产生。加大监管力度,认真审核施工记录,把控过程,明确责任,确保工程质量。

严禁擅自改变承重结构和建筑物使用用途,对于建筑物的改造要及时报备主管部门,依法核查。

规范使用年限,完善维护维修制度。结合建筑物的设计质量、施工质量、使用维护等多重因素,研究制定不同类型、不同环境的建筑物实际使用年限标准,对"短命建筑"进行科学界定,便于"短命建筑"问题的有效治理。建立一套完善的建筑物后期检测、维护与改造的体系,给每一栋建筑物建立专属档案,定期对其进行检测,记录有关数据,进行有效的后期维护。对未到规定使用年限便将建筑物随意拆除的单位及个人给予相应的处罚,对建筑用途改变、结构强度条件完好的建筑可以对其进行相应的配套设施改造,继续使用。

# 5 结 论

对"短命建筑"进行有效的法律规制是一个系统的工作,只有从法律角度入手,才会真正对"短命建筑"的现象进行有效的规制,完善我国建筑法律法规刻不容缓。

**参考文献**

[1] 朱菁,张沛,李奕霏,等. 法治视角下《城乡规划法》完善思路初探[J]. 现代城市研究,2011(2):37-44.

[2] 刘美丁,殷跃建. 从城市建筑经济寿命过短看城市规划"留白"[J]. 知识经济,2009(2):78-79.

[3] 陈冠宏. 中国"短命建筑"思考[J]. 深圳职业技术学院学报,2012(1):67-71.

[4] 杜启荣,周其俊. "短命建筑"浪费资源不可估量,专家呼吁亟须建立建筑寿命评价体系[J]. 建筑工人,2011(5):46.

[5] 张旭,石玲莉,张奔牛. "短命建筑"的成因与预防对策[J]. 重庆建筑,2011(1):18-21.

[6] 牛立文. 关于遏制我国"短命建筑"现象的建议[J]. 前进论坛,2011(5):15.

[7] 路忽玲,周介竹. "短命建筑"的成因及解决办法[J]. 内江科技,2008(9):43.

[8] 陈健. 可持续发展观下的建筑寿命研究[D]. 天津:天津大学,2007.

# 依托结构设计竞赛,培养大学生创新能力

胡伟业　付　果　贺文涛

(长沙理工大学 土木与建筑学院,湖南 长沙 410114)

**摘　要**　在国家提出“一带一路”的背景下,后备人才的培养、创新能力的提升被提高到国家层面,土木工程领域面临一系列机遇与挑战。以大学生结构设计竞赛为背景,介绍参赛者自学课外知识并灵活运用到比赛模型中的过程,归纳出结构设计竞赛对于培养大学生创新能力的重要作用,竞赛平台不但促进了土木工程学科的教学改革和发展,也为大学生创新能力的培养提供了参考。实践表明,以学生为主体,以竞赛为载体,以多元化外部环境为保障,能有效提高大学生的创新能力,以此满足新战略下土木工程领域对创新型高端人才的需求。

**关键词**　结构设计;一带一路;实践;创新能力

## 1　引　言

“一带一路”倡议旨在主动地与古代“丝绸之路”沿线国家发展经济合作伙伴关系,共同打造经济共同体、命运共同体和责任共同体。“一带一路”给土木工程领域带来了新契机,泛亚高速铁路网的建设,地质环境复杂、建设难度高的大型工程占比很大,亟须创新能力强的人才。全国大学生结构设计竞赛是土木工程学科培养大学生团队意识和创新精神的最高水平的学科竞赛。“大土木、宽口径”培养模式下培养的应用型人才绝不是只会机械照搬的工匠,而是有创新思维能力的技术人员,而创新意识的培养和创造力的锻炼正是此类比赛的主旨。本文将从参赛者自学3D打印技术备赛过程入手,分析结构设计竞赛对于大学生创新能力培养的重要作用。

## 2　自学3D打印及其在第九届全国大学生结构设计竞赛中运用

### 2.1　赛题要求

本次全国大学生结构设计竞赛赛题是以滇缅公路为背景,总体模型由给定的山体模型、制作的桥梁模型和作为底座连接用的承台板三部分组成。模型须进行两次动加载试验,包括小车荷重和配置在内,第一级加载为2 kg移动荷载,第二级加载为4 kg移动荷载。加载成绩由各级加载成功时,计算所得荷重比分数和动载完成时间分数组成。B段桥梁结构由杆件与节点及连接部件装配而成,节点及连接部件采用给定的ABS塑料,打印材料由3D打印机打印生成。加载时,桥梁结构发生整体倾覆、垮塌等,导致小车掉落,或者因操作失误,小车从赛道掉落都属于加载失败。

## 2.2 自学3D打印技术过程

### 2.2.1 三维绘图软件的选择

可绘制3D图的软件主要包括3DMAX、Auto CAD、UG等软件。3DMAX侧重于图形美观及后期渲染,不便于绘制出精密的三维图,因此不适用于本次竞赛。Auto CAD可以用于二维绘图、详细绘制、设计文档和基本三维设计;而UG则为专用的三维设计软件,其三维绘图功能较Auto CAD更加全面且在界面及操作等方面显得更加人性化,使用捕捉等命令时更迅速,熟练之后绘图速度更快。故最终选择UG为3D绘图软件并进行学习。

### 2.2.2 绘图技巧的摸索

由于赛题和打印机条件所限,节点的设计方面要简洁大气。为了绘图便利以及适应手工制作杆件的精度,节点主要由简单形体进行组合、合并。为了加快同类节点绘图速度,组合之后的图形可在合并之前先保存一份副本。考虑到ABS塑料存在各向异性的特点,在节点的设计之前应进行材性试验,且运用到结构上还应结合桥梁结构模型的受力。同时,为了防止应力集中的出现,绘图时应在转角位置使用圆角。

### 2.2.3 ABS塑料的材性试验

节点连接件的好坏很大程度上取决于ABS塑料性能是否得到充分发挥,因此熟悉材料性能对B段桥非常重要。由于打印成品顺纹与横纹方向强度的差别可能导致材料实际强度与参考强度产生差异,因此,为了解材料性能,在小吨位万能试验机上进行拉伸试验(图1)和压缩试验(图2)。

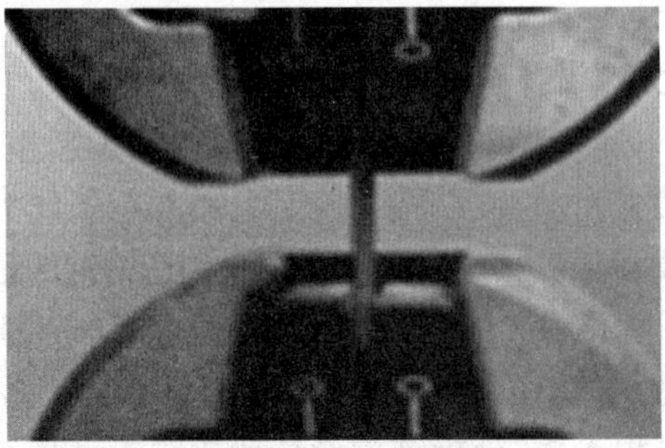

图1 拉升试验

图2 压缩试验

根据试验需要分别打印3个截面直径为4 mm、长为50 mm的顺纹及横纹试件(其中两端夹持部分长10 mm,中间部分长30 mm)。经过轴向拉伸试验,得到的试验数据见表1。

**表1 不同打印方式抗拉强度对比**

| 序号 | 纹路 | 质量/g | 横截面积/mm$^2$ | 最大拉力/N | 强度/MPa | 荷重比/(N·g$^{-1}$) |
|---|---|---|---|---|---|---|
| 1 | 顺纹 | 0.72 | 12.6 | 349 | 27.8 | 485 |
| 2 | 横纹 | 0.71 | 12.6 | 222 | 17.7 | 312 |

结论:通过表1所得数据可得,不同打印方式所得的极限抗拉强度及荷重比因打印纹路的不同而不同。相同条件下,顺纹拉伸较横纹拉伸,强度及荷重比均有较大提升。

使用不同打印方式分别打印3个截面直径为5 mm、高为7 mm的圆柱顺纹及横纹试件,在小吨位万能试验机上进行压缩试验,测试结果见表2。

**表 2　不同打印方式抗压强度对比**

| 序号 | 纹路 | 质量/g | 横截面积/mm² | 最大拉力/N | 强度/MPa | 荷重比/(N·g⁻¹) |
|---|---|---|---|---|---|---|
| 1 | 顺纹 | 0.13 | 19.6 | 860 | 43.8 | 6 612 |
| 2 | 横纹 | 0.12 | 19.6 | 842 | 42.9 | 7 013 |

结论:通过表 2 所得数据,得知在相同条件下,顺纹压缩较横纹压缩,试件的极限抗压强度及荷重比均未有明显不同。

### 2.3　3D 打印节点在 B 段桥最终体系中的运用

经过各种体系试验,桥面板均未得到有效利用,为解决这一问题,实践了直接使用柔性桥面跑车,创造性地设计了拉索结合简支梁桥结构体系。使用拉索柔性桥面装配式结构,充分利用了桥面作为受力构件,结构更简洁,传力明确,在使结构用料更省的同时减少了节点数量,但对节点设计的创新性有了更高要求。结合前期对 3D 打印技术的掌握以及 ABS 塑料材性试验结论,根据此体系结构受力特点,创新设计出了各种样式的节点并打印成型,装配成 B 段桥(主要复杂节点如图 3 所示)。经过大量的实践与优化,最终得到正式参赛的结构体系如图 4 所示,结合 A 段桥以及小车通行时间最终取得了一等奖的好成绩。

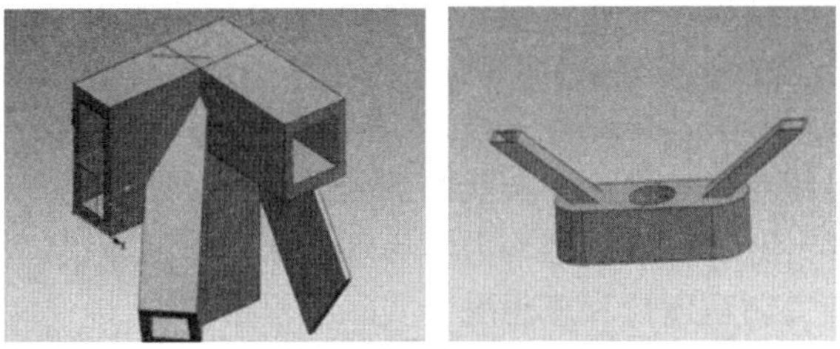

图 3　B 段桥主要复杂节点图

图 4　拉索结合简支梁桥

## 3　结构设计竞赛在大学生创新能力培养中的重要作用

### 3.1　结构设计竞赛培养大学生创新意识

当前土木工程专业本科生普遍存在的问题是创新能力与意识不足,与国家“一带一路”倡议对于人才的需求相矛盾。而结构设计竞赛恰好提供了这样一个平台,由于竞赛提供了创新思想实施的对象与过程,学生的创新意识、创新能力和个性能得到充分发掘、施展。创新不是不切实际的幻想而是基于成功实例地创造新的结构体系或者在局部体现新的突破。例如,本队参加第九届全国大学生结构设计竞赛作品“云影桥”,B 段桥受 A 段桥拉索张拉桥面结构试验成功的启发,通过改进创新出全新体系,主体结构的创新之处在于两墩之间直接用竹皮做桥面板,桥面板以下无其他构件,与两边虎口与棱台搭接处采用梁式结构,由结合创新设计的各类节点装配而成,最终以优异的成绩荣获比赛一等奖。结构设计竞赛是参赛队员将自己深思熟虑或者灵光一现的想法精心设计制作成创新成果的完美舞台。3D 打印技术的运用是 B 段桥制作的重中之重,而创新又是运用 3D 打印技术中的重中之重,设计节点时要勤于思考,不拘泥于传统节点式样和现有节点形式,在合理的基础上大胆创新;注重实际运用，在实践中找问题，例如，备赛过程中只有将设计的节点打印成型，与杆件装配成体系，并进行多次加载试验才会发现问题，解决问题才会积累经验不断优化；增强团队合作意识，互相交流学习，头脑风暴是创新的必备前提；思维方式的转换，多角度思考节点的设计以及与体系的合理结合，不仅适用于结构设计竞赛中的创新，对于个人的发展也十分重要。3D 节点的设计首先是参赛成员积极摸索绘图软件的技巧，结合对打印设置的熟悉创新出多种节点式样，通过与杆件装配式结合，确定最优装配式体系，合理节点的优化设计也是在种种细节上进行创新，通过不断思考创新，提高整体稳定性以及装配式桥段荷质比，思考创新节点样式及其优化过程也就是创新意识和能力的培养过程。节点设计及打印成型从绘图到运用需要多学科的交叉融合，机械设计、新材料探索、拓扑优化、力学、结构设计等方向的理念都在全过程中得以体现，各种方向的涉猎学习让每一位参赛选手初步形成了跨学科知识融合的概念，这对提高参赛大学生的创新意识和能力大有裨益。

### 3.2 结构设计竞赛对于教学模式改革的启示

#### 3.2.1 教学改革及方法改进

大学生创新实践能力的培养已成为高等学校教育与教学改革的重点和核心。结构设计竞赛的开展为土木工程学科教学改革指出了新方向。理论课程教学要引导学生积极深入思考，构建学生为主、教师为辅的教学模式，形成师生相互的主动性、内容形式的生动性、思维能力的创新性，使课程生态系统科学、和谐、快速地运行。课外增加实践环节，开放实验室供学生进行课外训练，注重增加学生动手参与各类学科竞赛、科研项目等的创新机会，培养创新兴趣。适当采取精英化小班教学，通过增设竞赛类选修课等手段，为有创新兴趣的同学增加接触课外知识的机会，由不同老师根据各自特点分为理论和实践两部分进行针对性教学。鼓励学生学习和运用实用知识，例如，可以在结构设计原理、结构力学等理论课程中，引入结构设计竞赛相关知识，鼓励学生思考如何将相关创新理论和思想融于实际工程结构中，以便更好地基于实际进行创新。促进教学与实践、理论与应用的有机统一，从而推动创新型人才培养模式的形成。

#### 3.2.2 “引进来，走出去”政策实施

定期请校内外创新成果突出的老师或者在各类实践创新活动中取得好成绩的同学举办讲座，与大家交流分享经验，营造良好的创新学术氛围，培养学生对于创新的兴趣，使学生的创新能力不断提高。重视教师队伍的国际化建设，对学有余力的同学进行英文培养，在主动学习国外最新学科知识的同时邀请国外教师来校交流最新学术创新成果，将国外最前沿的研究成果通过结构设计竞赛等载体进行传递，在培养创新意识和能力的同时增加国际视野，为学生毕业更好地适应“一带一路”倡议做准备。

鼓励学生外出参加暑期学校等交流学习活动。各大知名高校暑期会举办各种形式的暑期学校、夏令营等学术交流活动，主要内容有参观实验室、师生座谈会、名师讲座等。学校积极宣传鼓励学生参与其中，让学生有机会和专家名师以及各个学校的优秀学生进行面对面的交流学习，形成思维碰撞，对于培养学生学科素养、增加创新兴趣有极大的帮助。鼓励学生外出参加各类学科竞赛、进行创新成果汇报交流也是“走出去”的一个重要手段。首先，学校要在各类竞赛参赛过程中给予强有力的经费支持，俗话说“巧妇难为无米之炊”，竞赛经费是竞赛活动组织的必备保障；其次，教练队伍的选聘以及试验场地和设备的保障也要以

学生为主,在合理的范围内切实满足学生的个性化需求。顺应当前国家鼓励创新的形势,学校每年度举办一次创新成果汇报展,通过评奖评优等奖励手段激发学生和指导老师的参与热情,并推荐优秀作品外出交流,在校园内营造你争我赶的良好创新氛围。

## 4 结 论

从第九届全国大学生结构设计竞赛中3D打印技术的学习和应用入手,分析了结构设计竞赛对于培养大学生实践创新能力的重要意义。参与者的实践创新能力通过结构设计竞赛得到长足发展,这一模式也给土木工程教学模式改革提供了几点启发:作为提供学生学习环境的学校,应抓住学科竞赛这一契机,尽力在各方面提供适合学生发展的外部环境,进行教学改革及方法改进,提供更多供学生培养实践创新能力的机会,积极实施“引进来,走出去”政策;学生则应抓住有利条件,主动学习提高,让自己的实践创新能力得到发展,以适应“一带一路”倡议对国际化创新型人才的需求。

### 参考文献

[1] 程涛. 结构模型设计竞赛与土木工程专业教学改革[J]. 力学与实践,2010(6):91-94.
[2] 王辉,郑钰莹. 结构设计竞赛对学生创新能力培养作用的探讨[J]. 中国电力教育,2013(22):53-54,62.
[3] 付果. 土木工程大学生创新训练中心建设实践研究[J]. 中国建设教育,2015(1):46-49.
[4] 刘小燕,陈历强,张建仁. 土木工程专业结构设计课程群建设的研究与实践[J]. 当代教育论坛(下半月刊),2009(5):64-65.
[5] 童小东,吴刚,周臻,等. 大学生实践能力训练组织模式探索与实践——以结构创新竞赛为例[J]. 高等建筑教育,2012(5):136-138.